“十二五”普通高等教育本科国家级规划教材配套参考书

电路 第6版
学习指导与习题分析

◆ 主编　刘崇新　罗先觉

中国教育出版传媒集团
高等教育出版社·北京

内容提要

本书是“十二五”普通高等教育本科国家级规划教材《电路》（第6版）的配套教学用书，主要面向学生和自学读者。全书内容次序与《电路》（第6版）一致，每章包括重点和难点、学习方法指导、典型例题和习题分析，有助于学生理解基本概念，掌握基本原理和基本计算方法，开拓学习思路，提高解题技巧。

本书适合学习“电路”课程的学生使用，对学生准备硕士研究生入学考试有所裨益，也可供教师作为教学参考书使用。

图书在版编目(CIP)数据

电路(第6版)学习指导与习题分析/刘崇新，罗先觉主编. --北京：高等教育出版社，2024.6（2026.2重印）

ISBN 978-7-04-062163-1

Ⅰ. ①电… Ⅱ. ①刘… ②罗… Ⅲ. ①电路理论-高等学校-教学参考资料 Ⅳ. ①TM13

中国国家版本馆CIP数据核字(2024)第095550号

Dianlu Xuexi Zhidao yu Xiti Fenxi

策划编辑 王 楠　　责任编辑 王 楠　　封面设计 李卫青　　版式设计 马 云
责任绘图 黄云燕　　责任校对 马鑫蕊　　责任印制 耿 轩

出版发行 高等教育出版社
社 址 北京市西城区德外大街4号
邮政编码 100120
印 刷 山东韵杰文化科技有限公司
开 本 787mm×1092mm 1/16
印 张 27.25
字 数 560千字
购书热线 010-58581118
咨询电话 400-810-0598
网 址 http://www.hep.edu.cn
http://www.hep.com.cn
网上订购 http://www.hepmall.com.cn
http://www.hepmall.com
http://www.hepmall.cn
版 次 2024年6月第1版
印 次 2026年2月第7次印刷
定 价 54.00元

物 料 号 62163-00

新形态教材网使用说明

电路
第6版
学习指导与习题分析

主编　刘崇新　罗先觉

1　计算机访问https://abooks.hep.com.cn/62163或手机微信扫描下方二维码进入新形态教材网。

2　注册并登录后，计算机端进入"个人中心"，点击"绑定防伪码"，输入图书封底防伪码（20位密码，刮开涂层可见），完成课程绑定；或手机端点击"扫码"按钮，使用"扫码绑图书"功能，完成课程绑定。

3　在"个人中心"→"我的学习"或"我的图书"中选择本书，开始学习。

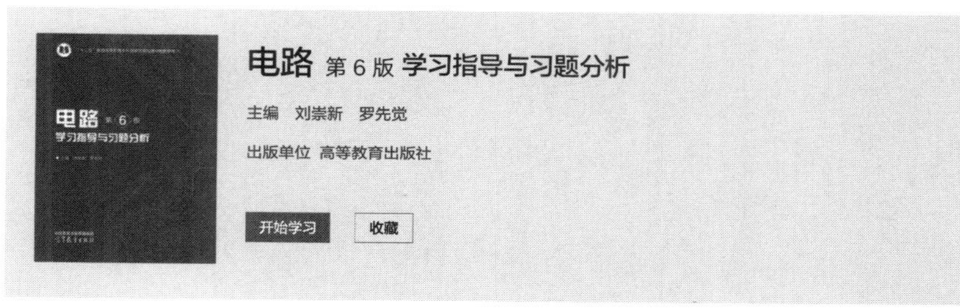

绑定成功后，课程使用有效期为一年。受硬件限制，部分内容可能无法在手机端显示，请按照提示通过计算机访问学习。

如有使用问题，请直接在页面点击答疑图标进行咨询。

https://abooks.hep.com.cn/62163

作者声明

前言

本书是《电路》(第6版)的配套教学参考书,主要是为学生和广大自学读者编写的。全书内容共分为18章,次序安排与《电路》(第6版)一致。每章均包括重点和难点、学习方法指导、典型例题和习题分析。其中重点和难点部分对各章的重点、难点进行了归纳总结;学习方法指导部分给出了学习每章内容的基本思路;而典型例题部分则与《电路》(第6版)中某些习题比较接近,有利于读者理解基本概念和掌握解题方法;习题分析部分则为读者展示了《电路》(第6版)习题的解题思路及其难点、疑点和解题技巧,尽可能帮助读者理清思路,引导读者深入思考和掌握“电路”课程的基本内容。

本书的编写计划和编写大纲由刘崇新、罗先觉负责,参加编写工作的有刘崇新、罗先觉、王曙鸿、赵彦珍、江慰德、刘正兴、陈燕,全书由刘崇新统稿、修改和补充。

限于编者的水平和经验,本书中不妥和错误之处在所难免,欢迎读者批评指正。意见请寄西安交通大学电气工程学院(邮编:710049),也可发送电子邮件至 liucx@mail.xjtu.edu.cn。

编　者

2023年4月于西安交通大学

目录

第一章
电路模型和电路定律

第一章课件

一、重点和难点

1. 电压和电流的参考方向

电流、电压是电路分析的基本物理量，在分析电路时，必须首先指定电流和电压的参考方向，才能进行分析和计算。因此，透彻地理解电流和电压的参考方向是本章重点之一。正确认识电压、电流的实际方向与参考方向的联系和差别以及根据电压、电流的参考方向正确判断元件是吸收功率还是发出功率是学习中的难点。

2. 元件的伏安特性

元件的伏安特性是元件本身的约束，是电路分析和计算的基本依据之一，因此，熟练掌握和应用电阻元件、独立电源（电压源和电流源）和受控电源的电压和电流关系也是本章的一个重点。正确理解独立电源与受控电源的联系和差别是其中的难点。

3. 基尔霍夫定律

基尔霍夫定律是集总参数电路的基本定律，它包括基尔霍夫电流定律（KCL）和基尔霍夫电压定律（KVL）。基尔霍夫定律只跟元件的相互连接有关，与元件的性质无关，无论元件是线性的还是非线性的，时变的还是时不变的，它都成立。基尔霍夫定律是分析一切集总参数电路的根本依据，许多重要的电路定理、一些常用的电路分析方法都是由这两个定律归纳、推导、总结得出的，因此，基尔霍夫定律是本章的重点。掌握和熟练运用基尔霍夫定律分析和计算电路是本章的难点。

二、学习方法指导

1. 电路分析的变量

电压、电流和功率是电路分析的常用变量，其中电压和电流又是电路分析的基本变量。电路分析的任务就是求解这些变量。

(1) 电流

单位时间内通过导体横截面的电荷量定义为电流。电流用 i 表示,且有

$$i=\frac{\mathrm{d}q}{\mathrm{d}t} \tag{1-1}$$

规定电流的方向为正电荷运动的方向。在实际电路分析中,当电路为复杂电路或交变电流电路时,电流的实际方向往往很难事先判断,因此引入参考方向的概念。

电流的参考方向:预先假定的正方向。参考方向可以任意指定,在分析电路时按参考方向计算电流。电流为代数量,如果电流值为正,说明其实际方向与参考方向相同;反之,其实际方向与参考方向相反。

(2) 电压

单位正电荷 q 从电路中一点 A 移至另一点 B 时电场力做功的大小定义为该两点之间的电位差,即电压。电压用 u 表示,且

$$u=\frac{\mathrm{d}W}{\mathrm{d}q} \tag{1-2}$$

规定电压的方向为电位降的方向。同电流一样,电压的实际方向也常难以事先确定,因此也需要指定电压的参考方向。

电压的参考方向:预先假定的电位降方向。在分析电路时按参考方向计算电压,电压为代数量,如果电压值为正,说明其实际方向与参考方向相同;反之,其实际方向与参考方向相反。

(3) 电压和电流的关联参考方向

为分析电路方便,对一个元件或一段电路,常指定其电流从电压的"+"极性端流向"-"极性端,这种电流和电压取一致的参考方向,称为关联参考方向,如图 1-1(a)所示;反之,电流和电压取不一致的参考方向,称为非关联参考方向,如图 1-1(b)所示。

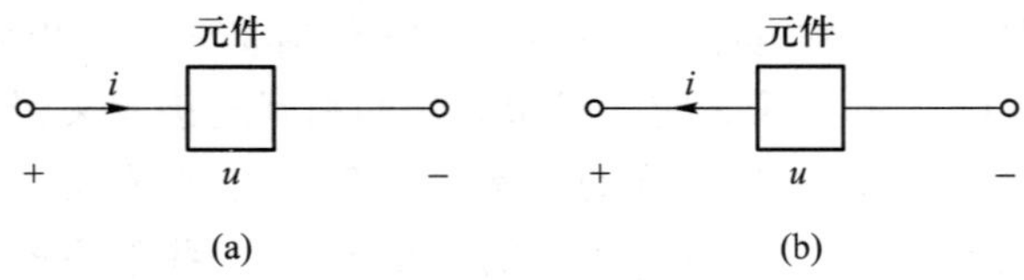

图 1-1　电压和电流关联参考方向和非关联参考方向

参考方向在电路分析中起着十分重要的作用。分析电路时应注意:

① 无论分析什么电路,必须首先指定电压和电流的参考方向,然后才能建立电路方程。

② 如果题中给定了参考方向,就按给定的参考方向进行分析和计算。

(4) 功率

单位时间内电场力所做的功称为电功率,简称功率。功率用 p 表示,则

$$p=\frac{\mathrm{d}W}{\mathrm{d}t}=\frac{u\mathrm{d}q}{\mathrm{d}t}=ui \tag{1-3}$$

在关联参考方向下，$p=ui$ 表示元件吸收的电功率。当 $p>0$ 时，元件实际吸收能量；当 $p<0$ 时，元件实际发出能量。

在非关联参考方向下，$p=ui$ 表示元件发出的电功率。当 $p>0$ 时，元件实际发出能量；当 $p<0$ 时，元件实际吸收能量。

2. 电路元件及其伏安特性

电阻元件、电源元件和受控电源元件是常用的电路元件。元件的伏安特性是指流过元件的电流和元件两端电压之间的关系，是元件本身的约束，是电路分析的基础之一。因此，必须熟练掌握元件的伏安特性。

（1）电阻元件及其伏安特性

电阻元件是表征材料或器件对电流呈现阻力、损耗能量的元件。其电压-电流关系（伏安关系）可用 $u-i$ 关系方程来描述：$f(u,i)=0$。

线性电阻元件是具有耗能、无记忆性和双向性的二端元件。

线性电阻元件的伏安特性满足欧姆定律，即电阻元件的端电压与通过它的电流成正比。在电压和电流取关联参考方向时，其伏安特性可表示为

$$u=Ri\ \text{或}\ i=\frac{u}{R}=Gu\ \text{或}\ R=\frac{u}{i} \tag{1-4}$$

其中，R 称为电阻元件的电阻，单位为 Ω（欧姆）；G 称为电阻元件的电导，单位为 S（西门子）。

在电压和电流取关联参考方向时，电阻元件吸收的功率为

$$p=ui=i^2R=\frac{u^2}{R} \tag{1-5}$$

从 t_0 时刻到 t 时刻，电阻元件消耗的能量为

$$W_R=\int_{t_0}^{t}p\mathrm{d}t=\int_{t_0}^{t}ui\mathrm{d}t \tag{1-6}$$

（2）电源元件及其伏安特性

电源元件又称独立源元件，属于有源元件，在电路中起激励作用。电源元件分为电压源和电流源两类。

1）电压源

① 理想电压源。其两端电压总能保持定值或一定的时间函数，且电压值与流过它的电流 i 无关的元件称为理想电压源。电压源有两个基本性质：a. 电压源两端电压由电源本身决定，与外电路无关，与流经它的电流大小、方向无关；b. 流经电压源的电流由电压源和外电路共同决定。

在电压源电压和电流取非关联参考方向时，理想电压源发出的功率为

$$p=u_{S}i \tag{1-7}$$

理想电压源不允许短路。

② 实际电压源。实际电压源是有损耗的,其电路模型可用理想电压源和电阻的串联组合表示,该电阻称为电压源的内阻。

实际电压源也不允许短路。因其内阻小,若短路,电流很大,可能烧毁电压源。

2) 电流源

① 理想电流源。不管外部电路如何,其输出电流总能保持定值或一定的时间函数,其值与它的两端电压 u 无关的元件称为理想电流源。电流源有两个基本性质:a. 电流源的输出电流由电流源本身决定,与外电路无关,与它两端电压大小、方向无关;b. 电流源两端的电压由电流源及外部电路共同决定。

在电流源电流和电压取非关联参考方向时,理想电流源发出的功率为

$$p=ui_{S} \tag{1-8}$$

理想电流源不允许开路。

② 实际电流源。实际电流源有损耗,其电路模型用理想电流源和电阻的并联组合表示,该电阻称为电流源的内阻。

实际电流源也不允许开路。因其内阻很大,若开路,端电压很大,可能烧毁电流源。

(3) 受控电源元件及其伏安特性

受控电源又称非独立电源。电压(或电流)的大小和方向受电路中某部分电压(或电流)控制的电源,称为受控源。受控源为四端元件。根据控制量和被控制量是电压 u 或电流 i,受控源可分为4种类型:电压控制的受控电压源(VCVS)、电流控制的受控电压源(CCVS)、电压控制的受控电流源(VCCS)和电流控制的受控电流源(CCCS)。

分析含受控源的电路时,必须注意:

① 受控源不能做电路的一个独立激励,它只反映电路中某处的电压或电流受另一处电压或电流的控制关系。

② 含受控源电路的分析方法、原理如同含独立电源的电路,即:可先把受控源当作独立源来处理。

3. 基尔霍夫定律

基尔霍夫定律是分析一切集总参数电路的根本依据。基尔霍夫定律包括基尔霍夫电流定律和基尔霍夫电压定律,简称 KCL 和 KVL,反映电路中所有支路电流和电压所遵循的基本规律。基尔霍夫定律仅与元件的相互连接有关,而与元件的性质无关,无论元件是线性的还是非线性的,时变的还是时不变的,KCL 和 KVL 总是成立的。对一个电路应用 KCL 和 KVL 时,应对各节点和支路编号,指定各支路电流和支路电压的参考方向,指定有关回路的绕行方向。基尔霍夫定律与元件的特性构成了电路分析的基础。

(1) 基尔霍夫电流定律(KCL)

KCL 是描述电路中与节点相连的各支路电流间相互关系的定律。它的基本内容

是：在集总电路中，任何时刻，对任意节点，所有流出或流入该节点的支路电流的代数和恒等于零。数学表达式可表示为

$$\sum i=0 \tag{1-9}$$

KCL 又可叙述为：对于集总参数电路中的任意节点，在任意时刻流出该节点的电流之和等于流入该节点的电流之和。

KCL 不仅适用于电路中的节点，对电路中包围几个节点的闭合面也是适用的，即：通过一个闭合面的支路电流代数和总是等于零；或者说，流出闭合面的电流等于流入闭合面的电流。

应用 KCL 时必须注意：电流是流出节点（闭合面）还是流入节点（闭合面），均根据电流的参考方向判断。

（2）基尔霍夫电压定律（KVL）

KVL 是描述电路的回路中各支路（或各元件）电压之间关系的定律。它的基本内容是：在集总电路中，任何时刻，沿任一回路，所有支路电压的代数和恒等于零。数学表达式可表示为

$$\sum u=0 \tag{1-10}$$

应用 KVL 时首先要指定回路的参考方向。

KVL 还可应用于任一假想的回路。如图 1-2 所示电路，对假想回路列 KVL 方程，有

$$u_{ab}=u_1-u_2$$

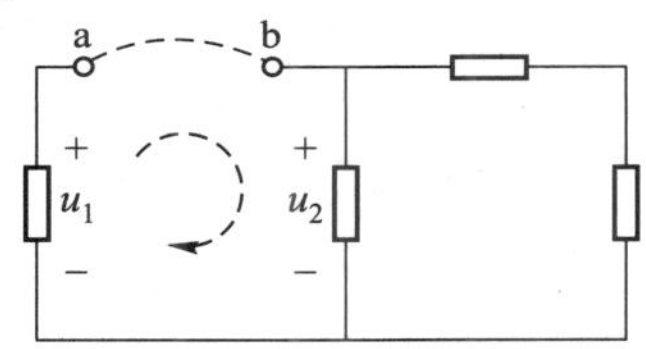

图 1-2　对任一假想回路列 KVL 方程

三、典型例题

例 1-1　电路如图 1-3(a)所示。(1) 求电流 I_1、I_2 和 I_3；(2) 求各个独立电源所发出的功率；(3) 说明电路是否满足功率平衡。

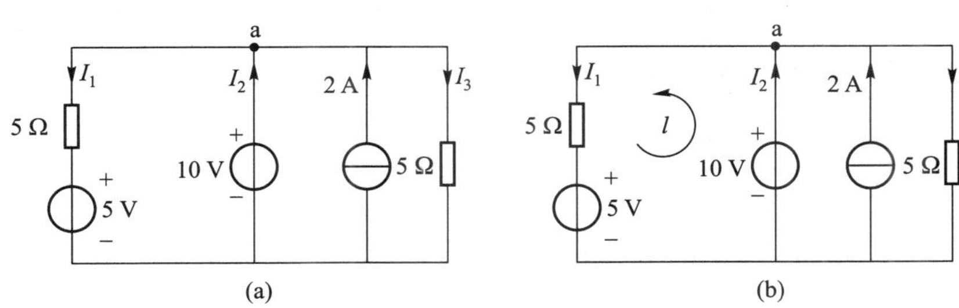

图 1-3　例 1-1 图

解：(1) 首先选择回路，并任意指定回路绕向，如图 1-3(b)所示，对回路 l 列 KVL 方程，有

$$-10+5I_1+5=0$$

求解得到

$$I_1=1\ \text{A}$$

根据欧姆定律,得

$$I_3=\frac{10}{5}\ \text{A}=2\ \text{A}$$

对节点 a 列 KCL 方程,有

$$I_1-I_2+I_3-2=0$$

求解得到

$$I_2=1\ \text{A}$$

(2) 5 V 电压源所发出的功率为

$$P_{S1}=-5\times1\ \text{W}=-5\ \text{W}$$

10 V 电压源所发出的功率为

$$P_{S2}=10\times1\ \text{W}=10\ \text{W}$$

2 A 电流源所发出的功率为

$$P_{S3}=2\times10\ \text{W}=20\ \text{W}$$

(3) 两个 5 Ω 的电阻所吸收的功率为

$$P_{2R}=I_1^2\times5\ \Omega+I_3^2\times5\ \Omega=(5+20)\ \text{W}=25\ \text{W}$$

$$P_{总吸收}=P_{2R}-P_{S1}=[25-(-5)]\ \text{W}=30\ \text{W}$$

$$P_{总发出}=P_{S2}+P_{S3}=(10+20)\ \text{W}=30\ \text{W}$$

故

$$P_{总发出}=P_{总吸收}$$

电路满足功率平衡。

例 1-2 电路如图 1-4(a)所示,试求各支路电流。

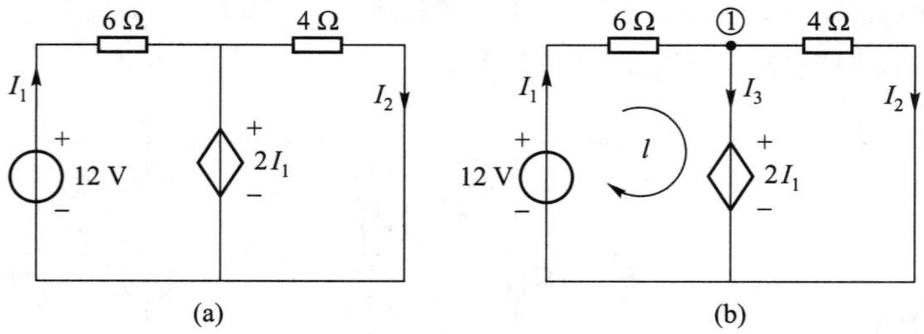

图 1-4 例 1-2 图

解:设受控源所在支路电流为 I_3,如图 1-4(b)所示。电路中的受控源为电流控制的电压源。选择回路 l,并对回路 1 列写 KVL 方程,有

$$6I_1+2I_1=12$$

解得

$$I_1=1.5\ \text{A},\quad I_2=\frac{2I_1}{4}=0.75\ \text{A}$$

对节点①列写 KCL 方程，有

$$-I_1+I_2+I_3=0$$

解得

$$I_3=I_1-I_2=0.75\ \text{A}$$

例 1-3　电路如图 1-5 所示，求电流 I 和电压 U。

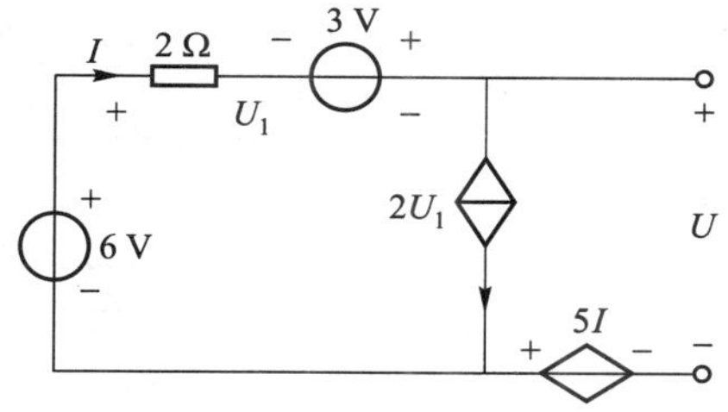

图 1-5　例 1-3 图

解：$U_1=2\times2U_1-3$

解得

$$U_1=1\ \text{V}$$

故

$$I=2\ \text{G}\times U_1=2\ \text{A},\quad U=-U_1+6\ \text{V}+5\ \Omega\times I=15\ \text{V}$$

本题中含电压控制的受控电流源。分析时，可先把受控源当独立源处理，此时，受控电流源电流即为电流 I，而受控电压源则提供了 $5I$ 的电压。

例 1-4　电路如图 1-6(a)所示，试求解其中的电流 I。

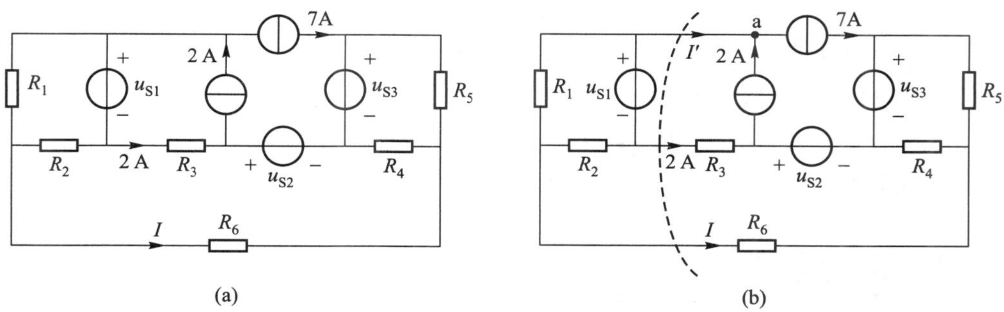

图 1-6　例 1-4 图

解：首先对图 1-6(b)中的节点 a 列 KCL 方程，有

$$I'=(7-2)\ \text{A}=5\ \text{A}$$

然后，对闭合面列 KCL 方程，有

$$I'+2+I=0$$

解得

$$I=-7\ \text{A}$$

例 1-5　电路如图 1-7(a)所示，试求电压 U_0，说明受控电流源实际吸收功率还是发出功率。

解：在图 1-7(b)中，对回路 1 列 KVL 方程，有

$$(5\times10^3+5\times10^3)I_0=50$$

解得

$$I_0=5\times10^{-3}\ \text{A}$$

对节点 a 列 KCL 方程，有

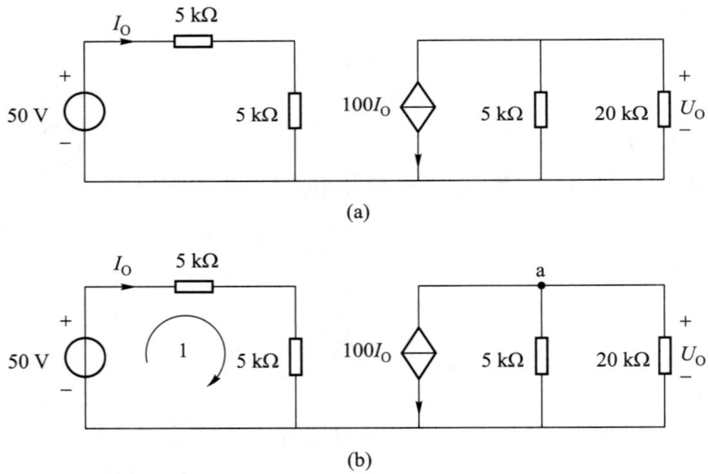

图 1-7　例 1-5 图

$$100I_O+\frac{U_O}{5\times10^3}+\frac{U_O}{20\times10^3}=0$$

代入 I_O 的值,解得

$$U_O=-2\times10^3\ \text{V}$$

受控电流源发出的功率为

$$P_{CCS}=-U_O\times100I_O=1\ 000\ \text{W}>0$$

因此,受控电流源实际发出功率。

四、习题分析

1-1　题 1-1 图中:

(1) u、i 的参考方向是否关联?

(2) ui 乘积表示什么功率?

(3) 如果在图(a)中 $u>0,i<0$,图(b)中 $u>0,i>0$,元件实际发出功率还是吸收功率?

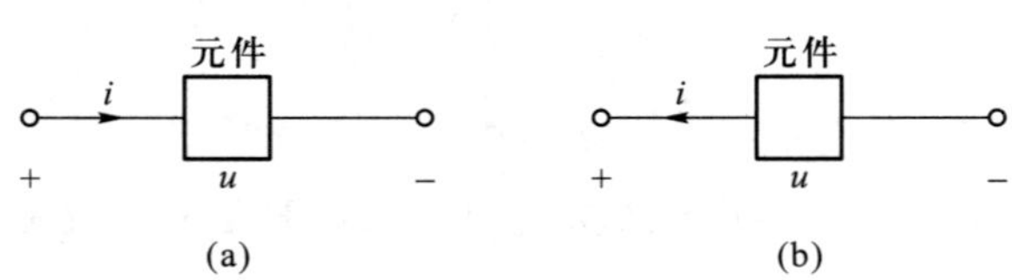

题 1-1 图

解:(1) 题 1-1 图(a)中,u、i 在元件上为关联参考方向;题 1-1 图(b)中,u、i 为非关联参考方向。

(2) 题 1-1 图(a)中,$p=ui$ 表示元件吸收的功率;题 1-1 图(b)中,$p=ui$ 表示元件发出的功率。

（3）在题 1-1 图（a）中，$p=ui<0$，表示元件吸收负功率，实际发出功率；在题 1-1 图（b）中，$p=ui>0$，元件实际发出功率。

1-2　在题 1-2 图（a）与（b）中，对于 N_A 与 N_B，u、i 的参考方向是否关联？此时乘积 ui 对 N_A 与 N_B 分别意味着什么功率？

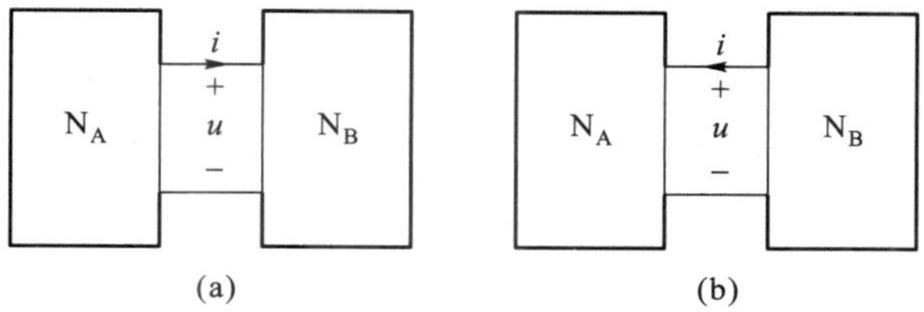

题 1-2 图

解：u、i 参考方向的关联与否，须对某一元件、支路或端口而言。题 1-2 图（a）中，u、i 的方向对 N_A 是非关联的，对 N_B 则是关联的；因此，$p=ui$ 表示了 N_A 发出的功率，也即 N_B 所吸收的功率。在题 1-2 图（b）中，u、i 的方向对 N_A 是关联的，对 N_B 是非关联的；因此，$p=ui$ 表示了 N_A 吸收的功率，也即 N_B 发出的功率。

这些结论不论 u、i 的乘积是正或负，都是成立的。例如，如果在图（a）中，$p=ui<0$，则实际 N_A 吸收功率，而 N_B 发出功率，但就 $p=ui$ 的代数式来说，所表示的仍是 N_A 发出或 N_B 吸收的功率。

1-3　在题 1-3 图（a）中，已知 $I_1=500\text{ mA}$，$I_S=100\text{ mA}$，$U=30\text{ V}$。求 N_A 与 N_B 以及电流源所吸收的功率。在图（b）中，已知 $U_2=10\text{ V}$，$I_1=2\text{ A}$，$U_S=30\text{ V}$。求 N_A 与 N_B 以及电压源所吸收的功率。

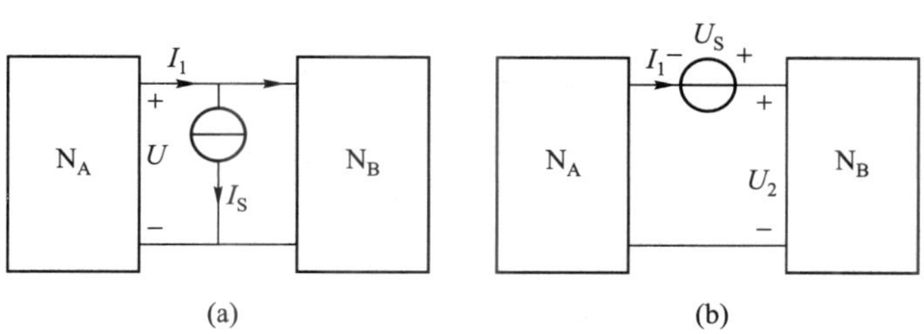

题 1-3 图

解：在题 1-3 图（a）中，N_A 吸收的功率为

$$P_{N_A}=-UI_1=-30\times500\times10^{-3}\text{ W}=-15\text{ W}$$

N_B 吸收的功率为

$$P_{N_B}=U(I_1-I_S)=30\times(500-100)\times10^{-3}\text{ W}=12\text{ W}$$

电流源吸收的功率为

$$P_{I_S}=UI_S=30\times100\times10^{-3}\text{ W}=3\text{ W}$$

在题1-3图(b)中，N_A 吸收的功率为

$$P_{N_A}=(U_S-U_2)I_1=(30-10)\times 2\ W=40\ W$$

N_B 吸收的功率为

$$P_{N_B}=U_2I_1=10\times 2\ W=20\ W$$

电压源吸收的功率为

$$P_{U_S}=-U_SI_1=-30\times 2\ W=-60\ W$$

1-4　求解电路以后，校核所得结果的方法之一是核对电路中所有元件的功率平衡，即一部分元件发出的总功率应等于其他元件吸收的总功率。试校核题1-4图中电路所得解答是否正确。

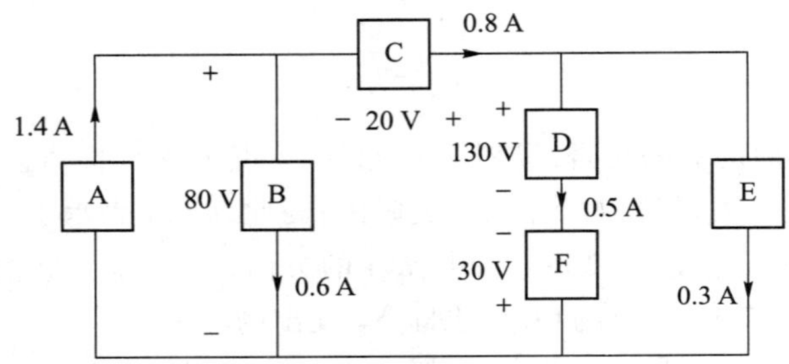

题1-4图

解：元件A发出的功率为

$$P_{A发}=80\times 1.4\ W=112\ W$$

元件B吸收的功率为

$$P_{B吸}=80\times 0.6\ W=48\ W$$

元件C发出的功率为

$$P_{C发}=20\times 0.8\ W=16\ W$$

元件D吸收的功率为

$$P_{D吸}=130\times 0.5\ W=65\ W$$

元件E吸收的功率为

$$P_{E吸}=(130-30)\times 0.3\ W=30\ W$$

元件F发出的功率为

$$P_{F发}=30\times 0.5\ W=15\ W$$

元件A、C和F发出的总功率为

$$P_{发}=P_{A发}+P_{C发}+P_{F发}=(112+16+15)\ W=143\ W$$

元件B、D和E吸收的总功率为

$$P_{吸}=P_{B吸}+P_{D吸}+P_{E吸}=(48+65+30)\ W=143\ W$$

$P_{发}=P_{吸}$，因此整个电路功率平衡。

1-5　在指定的电压 u 和电流 i 的参考方向下，写出题1-5图所示各元件的 u 和 i

的约束方程(即 VCR)。

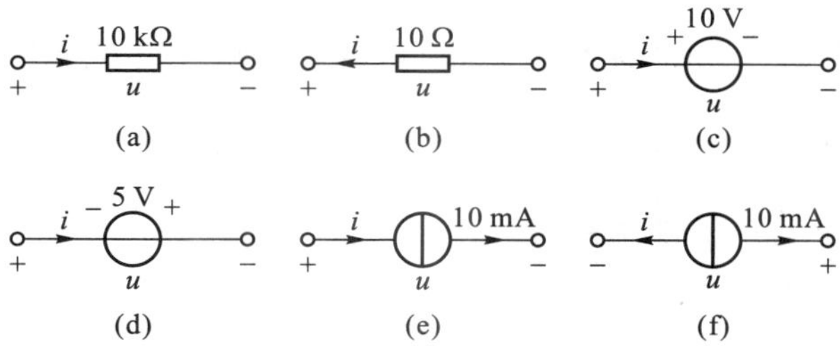

题 1-5 图

解:(1) 题 1-5 图(a)中,u、i 为关联参考方向,$u=10\times10^3\ i$。

(2) 题 1-5 图(b)中,u、i 为非关联参考方向,$u=-10\ i$。

(3) 题 1-5 图(c)中,u 与电压源的激励电压方向相同,$u=10$ V。

(4) 题 1-5 图(d)中,u 与电压源的激励电压方向相反,$u=-5$ V。

(5) 题 1-5 图(e)中,i 与电流源的激励电流方向相同,$i=10\times10^{-3}$ A。

(6) 题 1-5 图(f)中,i 与电流源的激励电流方向相反,$i=-10\times10^{-3}$ A。

1-6　试求题 1-6 图中各电路中电压源、电流源及电阻的功率(须说明是吸收功率还是发出功率)。

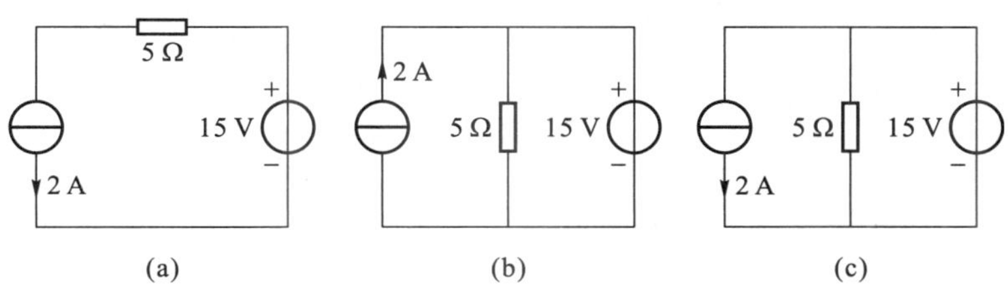

题 1-6 图

解:题 1-6 图(a)中,流过 15 V 电压源的 2 A 电流与激励电压 15 V 为非关联参考方向,因此,电压源发出功率 $P_{U_S发}=15\times2\ W=30\ W$;2 A 电流源的端电压 $U_A=(-5\times2+15)\ V=5\ V$,此电压与激励电流为关联参考方向,因此,电流源吸收功率 $P_{I_S吸}=5\times2\ W=10\ W$。电阻消耗功率 $P_R=I^2R=2^2\times5\ W=20\ W$。电路中,$P_{U_S发}=P_{I_S吸}+P_R$,功率平衡。

题 1-6 图(b)中,电压源中的电流 $I_{U_S}=\left(2-\dfrac{15}{5}\right)\ A=-1\ A$,其方向与激励电压关联,15 V 电压源吸收功率 $P_{U_S吸}=15\times(-1)\ W=-15\ W$,电压源实际发出功率 15 W。2 A 电流源两端的电压为 15 V,与激励电流 2 A 为非关联参考方向,2 A 电流源发出功率 $P_{I_S发}=15\times2\ W=30\ W$。电阻消耗功率 $P_R=\dfrac{15^2}{5}\ W=45\ W$。电路中,$P_{I_S发}=P_{U_S吸}+P_R$,功率平衡。

题 1-6 图(c)中,电压源中电流 $I_{U_S}=\left(2+\frac{15}{5}\right)$ A = 5 A,方向与 15 V 激励电压非关联,电压源发出功率 $P_{U_S发}=15\times5$ W = 75 W。电流源两端电压 $U_A=15$ V,方向与 2 A 激励电流关联,电流源吸收功率 $P_{I_S吸}=15\times2$ W = 30 W。电阻消耗功率 $P_R=\frac{15^2}{5}$ W = 45 W。

电路中 $P_{U_S发}=P_{I_S吸}+P_R$,功率平衡。

1-7 以电压 U 为纵轴,电流 I 为横轴,取适当的电压、电流标尺,在同一坐标上,画出以下元件及支路的电压、电流关系(仅画第一象限)。

(1) $U_S=10$ V 的电压源,如题 1-7 图(a)所示。

(2) $R=5\ \Omega$ 线性电阻,如题 1-7 图(b)所示。

(3) U_S、R 的串联组合,如题 1-7 图(c)所示。

解:(1) 题 1-7 图(a)中电压源的伏安特性为 $U=10$ V。

(2) 题 1-7 图(b)中电阻的伏安特性为 $U=5I$。

(3) 题 1-7 图(c)中支路的伏安特性为 $U=10-5I$。

现将作图标尺取为 $m_u=2$ V/cm,$m_i=0.5$ A/cm。伏安特性示于题解 1-7 图之中。

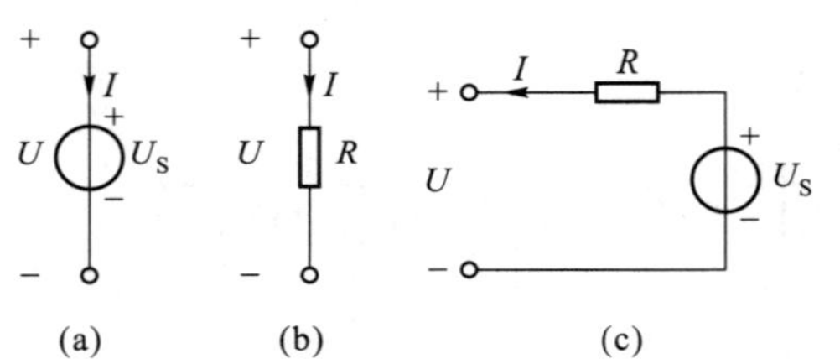

题 1-7 图

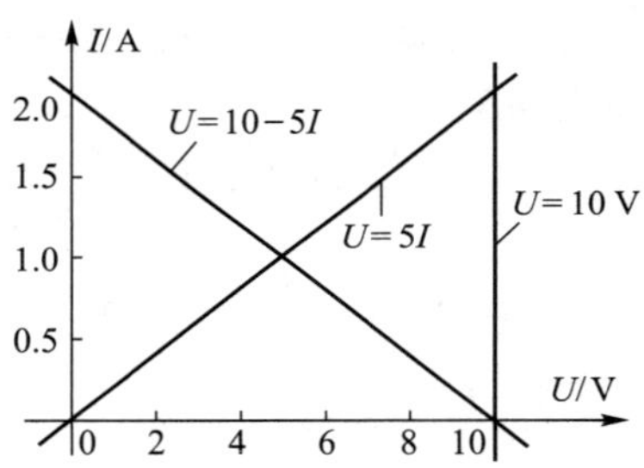

题解 1-7 图

1-8 题 1-8 图中各元件的电流 I 均为 2 A。

(1) 求各图中支路电压。

(2) 求各图中电源、电阻及支路的功率,并讨论功率平衡关系。

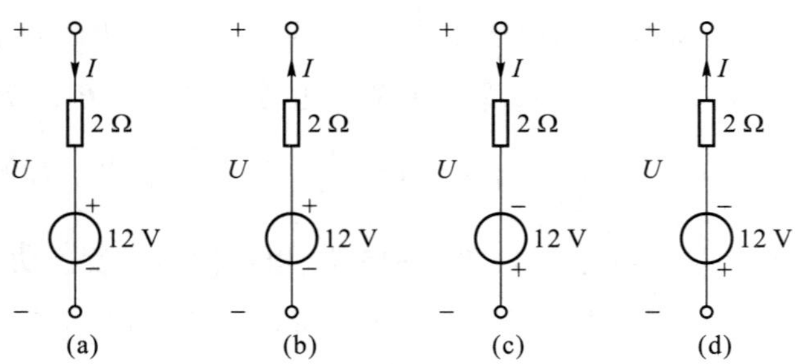

题 1-8 图

解:(1) 从 KVL 可以得到各图的电压方程并计算出电压。

题 1-8 图(a)中,$U=12\ \text{V}+2\ \Omega\times I=16\ \text{V}$。

题 1-8 图(b)中,$U=12\ \text{V}-2\ \Omega\times I=8\ \text{V}$。

题 1-8 图(c)中,$U=-12\ \text{V}+2\ \Omega\times I=-8\ \text{V}$。

题 1-8 图(d)中,$U=-12\ \text{V}-2\ \Omega\times I=-16\ \text{V}$。

(2) 将电压方程两端均乘以 I,就可得到功率方程。

题 1-8 图(a)中功率方程为 $UI=12\ \text{V}\times I+2\ \Omega\times I^2$,根据电压、电流方向的关联关系,$UI$ 为支路吸收的功率 $P_{支吸}$,$12\ \text{V}\times I$ 为电压源吸收的功率 $P_{U_S吸}$,$2\ \Omega\times I^2$ 为电阻吸收的功率 P_R。功率平衡关系为 $P_{支吸}=P_{U_S吸}+P_R$。这是一条用电支路:支路吸收 32 W,电压源吸收 24 W,电阻消耗 8 W。

题 1-8 图(b)中功率方程为 $UI=12\ \text{V}\times I-2I^2$。其中 UI 为支路发出的功率,即 $P_{支发}=UI=16\ \text{W}$,$12\ \text{V}\times I$ 为电压源发出的功率,即 $P_{U_S发}=12\ \text{V}\times I=24\ \text{W}$,$P_R$ 为电阻消耗的功率,$P_R=2\ \Omega\times I^2=8\ \text{W}$,现 $P_{支发}=P_{U_S发}-P_R$。这是一条放电支路。

题 1-8 图(c)中功率方程为 $UI=-12\ \text{V}\times I+2\ \Omega\times I^2$。就功率表达式来说,$UI$ 是支路吸收的功率 $P_{支吸}$,$12\ \text{V}\times I$ 为电压源发出的功率 $P_{U_S发}$,$2\ \Omega\times I^2$ 为电阻消耗的功率 P_R,功率平衡方程为 $P_{支吸}=P_R-P_{U_S发}$,电阻消耗的功率一部分来自支路外,另一部分由支路中的电压源供给。这还应是一条用电支路。但是现在 $U<0$,$P_{支吸}<0$,考虑到 $P_{支吸}=-P_{支发}$,故上式应改为 $P_{支发}=P_{U_S发}-P_R$,这与放电支路(b)的情况相同。

题 1-8 图(d)中功率方程为 $UI=-2\ \Omega\times I^2-12\ \text{V}\times I$,意味着 $P_{支发}=-P_R-P_{U_S吸}$。从此代数式可看出:$P_{支发}$、P_R 与 $P_{U_S吸}$ 三者不可能同时为正,其中至少有一项功率为负(三项功率也不可能同时为负)。现在由于 $U<0$,因此 $P_{支发}<0$,上式可改写为 $P_{支吸}=P_{U_S吸}+P_R$,这和图(a)的情况相同。

支路的功率情况,仅为三种:第一种,支路吸收功率,电源吸收功率;第二种,支路发出功率,电源发出功率;第三种,支路吸收功率,电源发出功率。电阻总为耗能。

1-9　试求题 1-9 图中各电路的电压 U,并分别讨论其功率平衡。

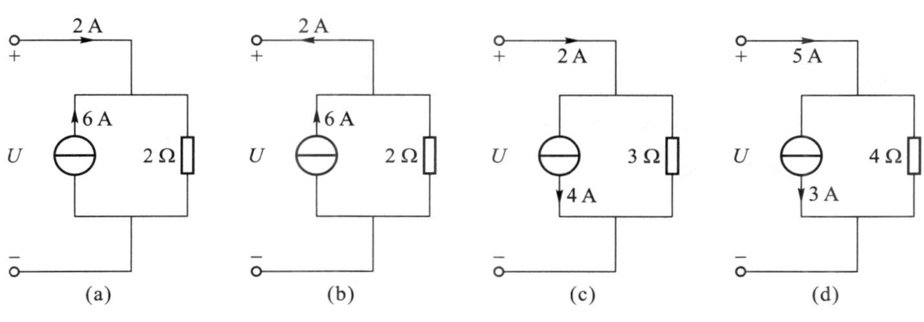

题 1-9 图

解:图中各电路从电阻两端求支路电压。

(1) 题 1-9 图(a)中,$U=2\times(2+6)\ \text{V}=16\ \text{V}$。$U$、$I$ 方向关联,支路吸收功率 $P_{支吸}=$

$UI=16\times2\ \text{W}=32\ \text{W}$；电流源两端电压与激励电流非关联，电流源发出功率 $P_{I_S发}=16\times6\ \text{W}=96\ \text{W}$；电阻功率 $P_R=\frac{16^2}{2}\ \text{W}=128\ \text{W}$。可见 $P_{支吸}=P_R-P_{I_S发}$。功率方程也可从电流方程 $I=\frac{U}{2\ \Omega}-6\ \text{A}$ 两端乘以 U 后得到。

（2）题1-9图（b）中，$U=(6-2)\times2\ \text{V}=8\ \text{V}$。$P_{支发}=UI=8\times2\ \text{W}=16\ \text{W}$，电流源发出功率 $P_{I_S发}=U\times6\ \text{A}=8\times6\ \text{W}=48\ \text{W}$，电阻功率 $P_R=\frac{8^2}{2}\ \text{W}=32\ \text{W}$。功率平衡为 $P_{支发}=P_{I_S发}-P_R$。

（3）题1-9图（c）中，$U=(2-4)\times3\ \text{V}=-6\ \text{V}$。支路吸收功率 $P_{支吸}=UI=(-6)\times2\ \text{W}=-12\ \text{W}$，电流源吸收功率 $P_{I_S发}=U\times4\ \text{A}=-24\ \text{W}$，电阻功率 $P_R=\frac{6^2}{3}\ \text{W}=12\ \text{W}$。功率平衡式本为 $P_{支吸}=P_{I_S吸}+P_R$，但现在由于 $U<0$，故 $P_{支吸}$、$P_{I_S吸}$ 均 <0，功率关系可将上式两端乘以负号，得到 $P_{支发}=P_{I_S发}-P_R$，这是一条放电支路。

（4）题1-9图（d）中，$U=(5-3)\times4\ \text{V}=8\ \text{V}$。支路吸收功率 $P_{支吸}=UI=8\times5\ \text{W}=40\ \text{W}$，电流源吸收功率 $P_{I_S吸}=8\times3\ \text{W}=24\ \text{W}$，电阻消耗功率 $P_R=\frac{8^2}{4}\ \text{W}=16\ \text{W}$。$P_{支吸}=P_{I_S吸}+P_R$。

1-10　题1-10图中各电路的受控源是否可看为电阻？求各图中a、b端钮的等效电阻。

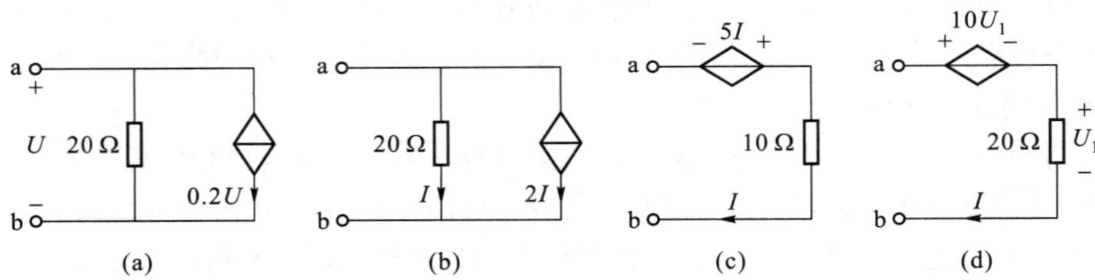

题1-10图

解：如果一个受控源可求得其两端的电压与受控源的电流成正比，该受控源就可看作一个电阻，其阻值为受控源上电压与关联方向电流的比值。如果这个比值是正数，受控源就相当于一个正电阻；如果比值是负数，受控源就相当于一个负电阻。

（1）题1-10图（a）中，受控源中的电流 $I_{CS}=0.2\ \text{S}\times U$；$U$ 为受控源两端的电压，方向与电流方向关联。受控源相当于电阻

$$R_{CS}=\frac{U}{0.2\ \text{S}\times U}=5\ \Omega$$

而

$$R_{ab}=\frac{20\times5}{20+5}\ \Omega=4\ \Omega$$

（2）题 1-10 图(b)中，受控源两端电压为 U，电流 $2I$ 与 U 方向关联，故

$$R_{\mathrm{CS}}=\frac{U}{2I}=\frac{20\ \Omega\times I}{2I}=10\ \Omega$$

而

$$R_{\mathrm{ab}}=\frac{10\times20}{10+20}\ \Omega=6.667\ \Omega$$

（3）题 1-10 图(c)中，受控电压源的电压为 $5\ \Omega\times I$，但与电压源中的电流方向非关联，因此 CCVS 相当于电阻

$$R_{\mathrm{eq}}=\frac{-5\ \Omega\times I}{I}=-5\ \Omega$$

而

$$R_{\mathrm{ab}}=10\ \Omega+R_{\mathrm{eq}}=(10-5)\ \Omega=5\ \Omega$$

（4）题 1-10 图(d)中，受控源两端电压为 $10U_1$，电流 I 方向与之关联，且有 $I=\frac{U_1}{20\ \Omega}$，因此，受控源相当于电阻 $R_{\mathrm{eq}}=\frac{10U_1}{I}=\frac{10U_1}{U_1/20}\ \Omega=200\ \Omega$，而

$$R_{\mathrm{ab}}=(200+20)\ \Omega=220\ \Omega$$

以上各题中求 R_{ab} 时，也可直接由 U_{ab} 与输入电流的比值一次求出 R_{ab}。另一方面，也可通过观察来求出受控源相当的电阻。例如在题 1-10 图(b)中，处于同样电压下，20 Ω 流过的电流为 I，而 CCCS 元件电流为其 2 倍，其相当的电阻是 20 Ω 的一半，即 10 Ω。

1-11　电路如题 1-11 图所示，试求：

（1）图(a)中，i_1 与 u_{ab}。

（2）图(b)中，u_{cb}。

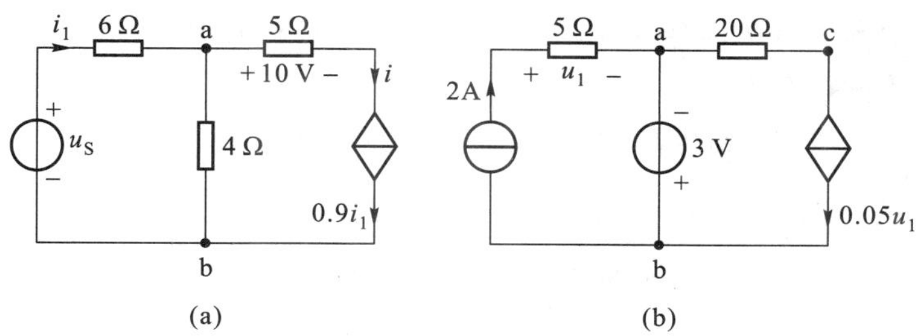

题 1-11 图

解：（1）如题 1-11 图(a)所示，CCCS 中的电流根据题意有

$$0.9i_1=i=\frac{10}{5}\ \mathrm{A}=2\ \mathrm{A}$$

因而

$$i_1=\frac{2}{0.9}\ \mathrm{A}=2.222\ \mathrm{A}$$

再应用 KVL,有

$$u_{ab}=4\ \Omega\times(i_1-i)=4\ \Omega\times(i_1-0.9i_1)=4\ \Omega\times0.1i_1=\frac{4\times0.1\times2}{0.9}\ V=0.889\ V$$

(2) 题 1-11 图(b)中,有

$$u_1=5\times2\ V=10\ V$$

故

$$u_{cb}=u_{ca}+u_{ab}=-20\times0.05u_1-3=(-20\times0.05\times10-3)\ V=-13\ V$$

1-12　葛洲坝水电站至上海的高压直流输电线示意图如题 1-12 图所示。输电线每根对地耐压为 500 kV,导线额定电流为 1 kA。每根导线电阻为 27 Ω(全长 1 088 km)。当首端线间电压 U_1 为 1 000 kV 时,可传输多少功率到上海?传输效率是多少?

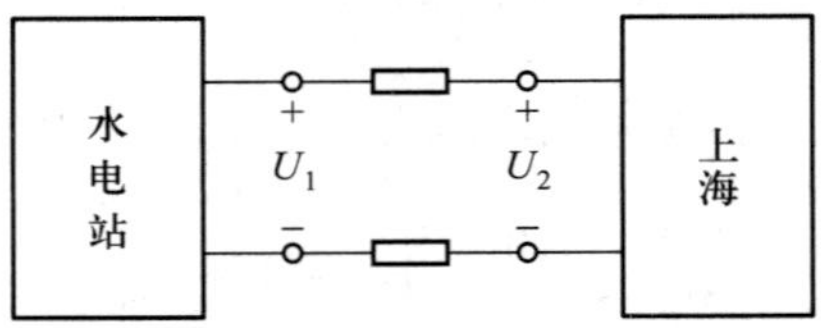

题 1-12 图

解:若 R_1 为两根导线的总电阻,则

$$R_1=2\times27\ \Omega=54\ \Omega$$

当输电线始端电压 $U_1=2\times500\times10^3\ V=1\ MV$,满载 $I=1$ kA 时,有

$$U_2=U_1-R_1I=(10^6-54\times10^3)\ V=946\ kV$$

始端发出功率 $P_1=U_1I=10^6\times10^3\ W=10^9\ W=1\ GW$,习惯表示为 $100\times10^4\times10^3$ W,即 100 万千瓦。

终端接收功率 $P_2=U_2I=946\times10^3\times10^3\ W=0.946\ GW$,或 94 万 6 千千瓦。

线路功率传输损失为

$$\Delta P=P_1-P_2=54\ MW(5万4千千瓦)$$

传输效率为

$$\eta(\%)=\frac{P_2}{P_1}\times100\%=94.6\%$$

1-13　对题 1-13 图所示电路,若:

(1) R_1、R_2、R_3 不定。

(2) $R_1=R_2=R_3$。

在以上两种情况下,尽可能多地确定各电阻中的未知电流。

解:给定未知电流参考方向如题 1-13 图所示。

(1) 当 R_1、R_2、R_3 阻值不定时,对 R_1、R_2、R_3 三个电阻所构成的回路(网孔)无法列出 KVL 方程,因此 i_1、i_2、i_3 不定;但 i_4 可根据封闭面 S 形成的广义节点(或超节点)写出 KCL 方程,有

$$i_4+6=3+4$$

即

$$i_4=(7-6)\ \text{A}=1\ \text{A}$$

在 N_1 节点列出 KCL 方程，有

$$i_5+(-10)=2+1$$

即

$$i_5=13\ \text{A}$$

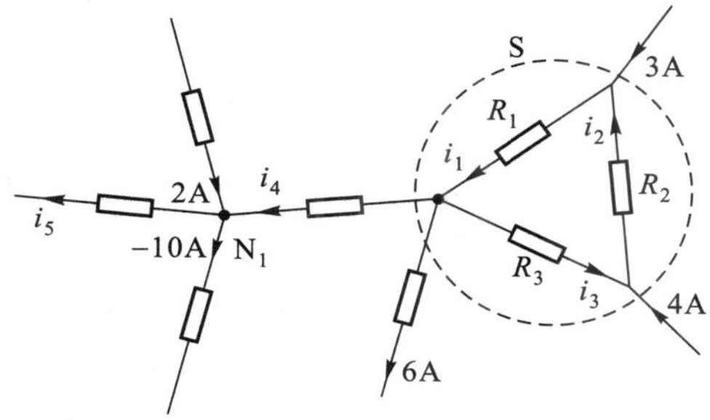

题 1-13 图

（2）当 $R_1=R_2=R_3$ 时，对封闭面 S 所包含的电路（包含了三个节点、一个网孔）可写出两个 KCL 方程和一个 KVL 方程，它们分别为

$$\begin{cases} i_1-i_2=3 \\ i_2-i_3=4 \\ Ri_1+Ri_2+Ri_3=0 \end{cases}$$

应用克拉默法则求解。行列式 $\Delta=3,\Delta_1=10,\Delta_2=1,\Delta_3=-11$，故

$$i_1=\frac{\Delta_1}{\Delta}=\frac{10}{3}\ \text{A}=3.333\ \text{A}$$

$$i_2=\frac{\Delta_2}{\Delta}=\frac{1}{3}\ \text{A}=0.333\ \text{A}$$

$$i_3=\frac{\Delta_3}{\Delta}=-\frac{11}{3}\ \text{A}=-3.666\ \text{A}$$

i_4 与 i_5 仍不变。

1-14　在题 1-14 图所示电路中，已知 $u_{12}=2\ \text{V}, u_{23}=3\ \text{V}, u_{25}=5\ \text{V}, u_{37}=3\ \text{V}, u_{67}=1\ \text{V}$，尽可能多地确定其他各元件的电压。

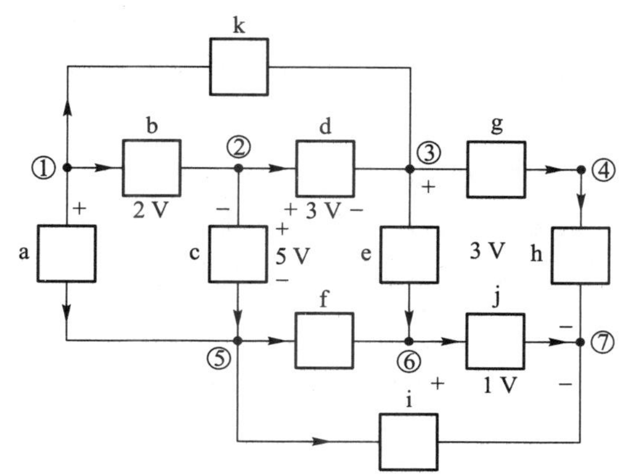

题 1-14 图

解：为求解方便起见，现将给定的各电压值及参考方向在图上标出。利用 KVL 两

点的电压值与所取的路径无关的性质,可得各元件的电压分别为

$$u_a=u_b+u_c=(2+5)\ V=7\ V$$

$$u_b=2\ V$$

$$u_c=5\ V$$

$$u_d=3\ V$$

$$u_e=u_{37}+u_{76}=(3-1)\ V=2\ V$$

$$u_f=-u_c+u_d+u_e=(-5+3+2)\ V=0\ V$$

$$u_g+u_h=u_{37}=3\ V,\text{但 } u_g、u_h \text{ 仍为未知}$$

$$u_i=u_f+u_j=u_f+u_{67}=(0+1)\ V=1\ V$$

$$u_j=1\ V$$

$$u_k=u_b+u_d=(2+3)\ V=5\ V$$

1-15 电路如题 1-15 图所示,试求每个元件发出或吸收的功率。

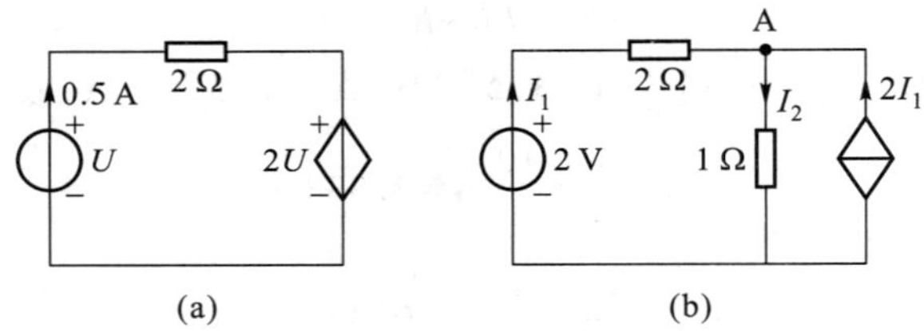

题 1-15 图

解:(1) 题 1-15 图(a)中,应用 KVL 可得到方程

$$-U+2\times0.5+2U=0$$

解得

$$U=-1\ V$$

电压源电压 U 与电流方向非关联,因此电压源发出功率为

$$P_{I_S发}=U\times0.5\ A=(-1)\times0.5\ W=-0.5\ W(\text{实际吸收功率 }0.5\ W)$$

电阻功率为

$$P_R=0.5^2\times2\ W=0.5\ W$$

VCVS 两端电压 $2U$ 与流入电流方向关联,故吸收功率为

$$P_{U_S吸}=2U\times0.5\ A=-1\ W(\text{实际发出功率 }1\ W)$$

显然,$P_{I_S发}=P_{U_S吸}+P_R$。

(2) 题 1-15 图(b)中,在节点 A 应用 KCL,可得

$$I_2=I_1+2I_1=3I_1$$

再在左侧回路应用 KVL,可得到

$$2I_1+3I_1=2$$

解得

$$I_1=0.4\ \text{A}$$

由各电压、电流方向的关联关系可知，电压源发出功率为

$$P_{U_{\text{S}}发}=2I_1=0.8\ \text{W}$$

CCCS 发出功率为

$$P_{\text{CS}发}=3I_1\times2I_1=3\times0.4\times2\times0.4\ \text{W}=0.96\ \text{W}$$

2 Ω 电阻消耗功率为

$$P_{R_1}=I_1^2\times2\ \Omega=0.32\ \text{W}$$

1 Ω 电阻消耗功率为

$$P_{R_2}=(3I_1)^2\times1\ \Omega=1.44\ \text{W}$$

显然，$P_{U_{\text{S}}发}+P_{\text{CS}发}=P_{R_1}+P_{R_2}$。

1-16　利用 KCL 与 KVL 求题 1-16 图中 I（提示：利用 KVL 将 180 V 电源支路电流用 I 来表示，然后在节点①写 KCL 方程求解）。

解：由 KVL 可得

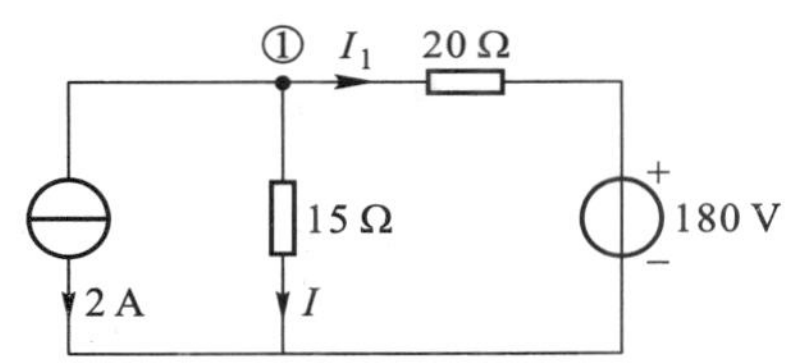

题 1-16 图

$$15I=20I_1+180$$

故

$$I_1=\frac{15I-180}{20}$$

在节点①列写 KCL 方程，有

$$2+I+\frac{15I-180}{20}=0$$

可解得

$$I=4\ \text{A}$$

本题是一个双电源电路，要用 KCL、KVL 方程联立求解。本题中采用的方法是将列方程的过程与消去变量的过程相结合，使得解题过程较为简捷。这是一种很有用的解题技巧。

1-17　（1）已知题 1-17 图（a）中，$R=2\ \Omega$，$i_1=1\ \text{A}$，求电流 i。

（2）已知题 1-17 图（b）中，$u_{\text{S}}=10\ \text{V}$，$i_1=2\ \text{A}$，$R_1=4.5\ \Omega$，$R_2=1\ \Omega$，求 i_2。

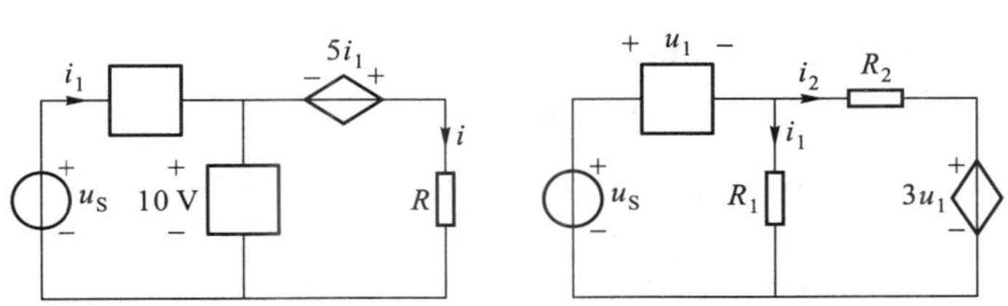

(a)　(b)

题 1-17 图

解：（1）在题 1-17 图（a）右侧回路中，应用 KVL，可得到

$$-10-5i_1+Ri=0$$

即

$$i=\frac{10+5i_1}{R}$$

代入 i_1 及 R 值,就得到

$$i=\frac{10+5}{2}\ \mathrm{A}=7.5\ \mathrm{A}$$

(2) 在题1-17图(b)左侧回路中,应用KVL,有

$$u_1=u_S-R_1i_1=(10-2\times4.5)\ \mathrm{V}=1\ \mathrm{V}$$

再在右侧回路列写KVL方程,可得

$$i_2=\frac{R_1i_1-3u_1}{R_2}=\frac{9-3}{1}\ \mathrm{A}=6\ \mathrm{A}$$

1-18　(1) 试求题1-18图(a)所示电路中控制量 I_1 及电压 U_0。

(2) 试求题1-18图(b)所示电路中控制量 u_1 及电压 u。

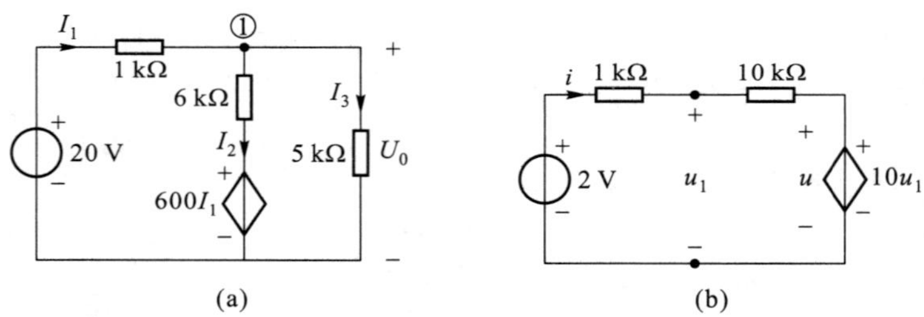

题1-18图

解:(1) 选择控制量电流 I_1 为求解对象,结合KVL和VCR以消去其他未知量而得解。

应用KVL,可将 I_2、I_3 以 I_1 来表达,即

$$I_2=\frac{U_0-600I_1}{6\times10^3},\quad I_3=\frac{U_0}{5\times10^3}$$

其中,U_0 可由电压源支路的KVL得到,有

$$U_0=20-1\times10^3I_1$$

将 U_0 代入上述 I_2、I_3 表达式,再在节点①应用KCL,就可得到

$$I_1=I_2+I_3=\frac{20-1\times10^3I_1-600I_1}{6\times10^3}+\frac{20-1\times10^3I_1}{5\times10^3}$$

解得

$$I_1=5\ \mathrm{mA},\quad U_0=15\ \mathrm{V}$$

(2) 先将电流 i 写成控制量 u_1 的表达式,即

$$i=\frac{2-u_1}{1\times10^3}$$

再在回路中列写 KVL 方程，可得

$$u_1=10\times10^3\times\frac{2-u_1}{1\times10^3}+10u_1$$

解得

$$u_1=20\ \text{V}$$

而

$$u=10u_1=200\ \text{V}$$

1-19　某同学用电能监控计量插座（一种可测小功率、电能的数字仪表）测得他家中一些家用电器在待机及正常工作情况下的消耗功率，列表如下：

家用电器用电量表

家用电器	小风扇	台灯	等离子TV46寸		液晶TV42寸		CRT TV20寸		手提电脑		台式电脑		Modem（猫）	数字机顶盒
状态	工作	工作	工作	待机	工作	待机	工作	待机	工作	充电	工作	待机	工作	工作
功率/W	4.7	15.4	300	12	197	0.7	60	3.4	68	45	96	45	3	5

家用电器	智能机顶盒		空调1.5HP		空调1HP		台式音响	DVD播放器		数字电子钟	喷墨打印机	Mini-iPad	iPhone
状态	工作	待机	工作	待机	工作	待机	工作	工作	待机	工作	工作	充电	充电
功率/W	5.9	0.3	1 000	3.4	770	4	34	7.5	1.7	22	1.8	7.9	11

家用电器	电冰箱	电饭锅	微波炉	抽油烟机	电开水壶	电热水淋浴器	无绳电话底座	传统手机	LED充电手电筒
状态	工作	工作	工作(平均)	工作	工作	工作	充电	充电	充电
功率/W	140	1 210	1 200	26—170	1 570	1 650	1	4.8	0.4

上表中功率均为交流功率，计算电流时，参见主教材 §9-4，可取平均功率因数 $\cos\varphi=0.85$。

（1）在夏天白日，除厨房外，各家用大电器待机状态下，耗电功率多少？

（2）在夏天晚上，厨房及各家用大电器均在使用时，耗电功率多少？

（3）求在夏天，所有电器都在待机状态时的耗电功率。由于待机，月消耗电能多少度电？

（4）入户导线、熔断器（或断路器）应如何选用？

（5）估计一下夏天整户月消耗多少度电。

解：除厨房外，各家用大电器包括等离子 TV46 寸、液晶 TV42 寸、空调 1.5HP 以及空调 1HP 4 种;厨房电器包括电冰箱、电饭锅、微波炉、抽油烟机、电开水壶以及电热水淋浴器 6 种。

(1) 在夏天白日,除厨房外,各家用大电器待机状态下,耗电功率为

$$P_{DD}=(12+0.7+3.4+4)\ \text{W}=20.1\ \text{W}$$

(2) 在夏天晚上,厨房及各家用大电器均在使用时,耗电功率为

$$P_{CDG}=(140+1\,210+1\,200+170+1\,570+1\,650+300+197+1\,000+770)\ \text{W}=8\,207\ \text{W}$$

(3) 在夏天,所有电器都在待机状态时的耗电功率为

$$\begin{aligned}P_{TD}&=(12+0.7+3.4+45+45+3+5+0.3+3.4+4+1.7+7.9+11+1+4.8+0.4)\ \text{W}\\&=148.6\ \text{W}\end{aligned}$$

若每月按 30 天计算,由于待机,月消耗电能为

$$W_{MD}=30\times24\times P_{TD}/1\,000=30\times24\times148.6/1\,000\ 度=106.992\ 度$$

(4) 入户导线、熔断器(或断路器)根据所有电器都工作时的最大工作电流来选用。

所有电器都工作时,耗电功率为

$$\begin{aligned}P_{max}=(&4.7+15.4+300+197+60+68+96+3+5+5.9+1\,000+\\&770+34+7.5+22+1.8+7.9+11+140+1\,210+1\,200+170+\\&1\,570+1\,650+1+4.8+0.4)\ \text{W}=8\,555.4\ \text{W}\end{aligned}$$

设额定工作电压为 220 V,平均功率因数取 0.85,则最大工作电流为

$$I_{max}=\sqrt{2}\frac{P_{max}}{U\cos\varphi}=\sqrt{2}\frac{8\,555.4}{220\times0.85}\ \text{A}\approx64.70\ \text{A}$$

若考虑裕量约为 1.25 倍,则最大工作电流约取 80 A。

(5) 厨房电器均工作时的功率为

$$P_{CG}=(140+1\,210+1\,200+170+1\,570+1\,650)\ \text{W}=5\,940\ \text{W}$$

若厨房电器每天工作 2 h,除厨房电器外,其他所有电器每天连续工作 12 h,夏天整户月消耗电能为

$$W_{MG}=30\times[2\times5\,940+12\times(8\,555.4-5\,940)]/1\,000\ 度=1\,297.944\ 度$$

1-20 电解铝工业是耗电大户,每吨电解铝耗电 10 000 度电以上。某电解铝工厂通过改革将电解铝的耗电率降低了接近 10%,该厂每年生产电解铝近 1 000 万吨。每年可节约电多少度?用电成本(以每度工业用电 0.53 元来计算)降低多少元?

解:每年可节约电能为

$$W_Y=1\,000\times10^4\times10\,000\times0.1\ 度=10^{10}\ 度$$

每年降低的用电成本为

$$M_Y=0.53W_Y=5.3\times10^9\ 元=53\ 亿元$$

1-21 某五号可充电电池的规格为:1.2 V,2 000 mAh。

(1) 该电池充足电后,电池所含的电能为多少?

(2) 将这一能量能做的功形象化地表示。

（3）如果充电效率为 50%，当充电电流为 250 mA 时，充电时间应为多少？

解：（1）该电池充足电后，电池所含的电能为

$$W_B = 1.2\times 2\,000\times 10^{-3}/1\,000 \text{ 度} = 2.4\times 10^{-3} \text{ 度}$$

（2）这一能量能做的功可形象化地表示为

$$P_B = \frac{1\,000W_B}{60\times 60} = 6.67\times 10^{-4}\ \text{W} = 0.667\ \text{mW}$$

（3）如果充电效率为 50%，当充电电流为 250 mA 时，充电时间为

$$t = \frac{2\,000}{250\times 0.5}\ \text{h} = 16\ \text{h}$$

第二章 电阻电路的等效变换

第二章课件

一、重点和难点

1. 电路等效变换的概念

电路等效变换的概念在电路理论中非常重要。电路等效变换的方法是电路分析中经常使用的方法，运用等效变换可以将复杂的电路化简为单回路或双节点的电路，因此，深刻理解等效变换的概念和熟练运用等效变换的方法化简电路是本章的重点。其中正确认识等效变换的条件和等效变换的目的是难点。

2. 电阻的串联、并联和串并联

电阻的串联、并联和串并联是电阻之间主要的连接方式，一个由电阻组成的无源一端口网络，总是可以用一个等效电阻来等效替换，从而可简化电路的分析和计算，因此，熟练判别电阻的串联、并联和串并联并能运用电阻网络等效变换的方法化简电路是本章的重点。其中，判别电路中电阻的串并联关系是进行电阻网络等效变换的难点。

3. 实际电源的两种模型及其等效变换

实际电压源的模型是理想电压源与电阻的串联组合，实际电流源的模型是理想电流源与电阻（电导）的并联组合。实际电源两种模型可以等效变换，应用实际电源两种模型的等效变换方法来化简电路也是本章的重点（注意这种等效是对外电性能等效）。受控电压源、电阻的串联组合和受控电流源、电阻（电导）的并联组合可以采用实际电源两种模型的等效变换方法来进行变换，此时，应把受控源当作独立源处理，但是注意在变换的过程中控制量必须保持完整而不被改变。在此，受控电压源、电阻的串联组合和受控电流源、电阻（电导）的并联组合之间的等效变换是电源等效变换中的难点。

4. 无源一端口网络的输入电阻

无源一端口网络的输入电阻定义为此一端口的端电压与端电流之比值。理解输入电阻和等效电阻的关系,熟练掌握求解输入电阻的方法是本章重点。含受控源的一端口电阻网络输入电阻的求解是学习中的难点。

二、学习方法指导

1. 电路等效变换的概念

任何一个复杂的电路,向外引出两个端子,且从一个端子流入的电流等于从另一端子流出的电流,则称此电路为二端电路(或一端口电路)。若二端电路仅由无源元件组成,则称无源二端电路。若二端电路仅由电阻元件组成,则称纯电阻二端电路。

结构和参数完全不相同的两个二端电路 N_1 与 N_2,如图 2-1(a)和(b)所示,当它们的端口具有相同的电压、电流关系(VCR)时,称 N_1 与 N_2 是等效电路。

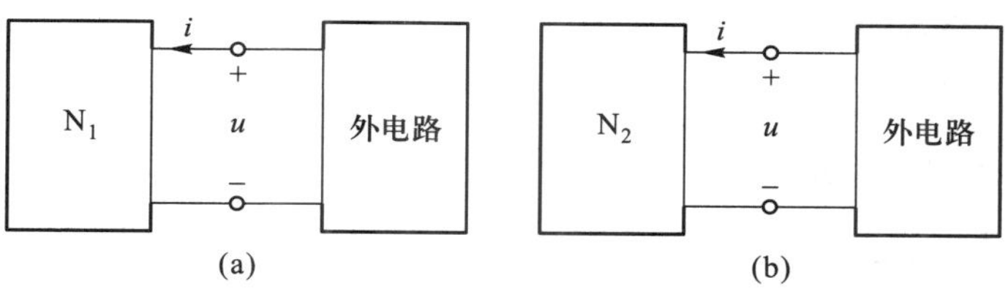

图 2-1　电路的等效变换

电路等效变换的目的是化简电路,方便计算。进行等效变换时,注意电路等效变换的条件是两个电路对外具有相同的 VCR,即“对外等效”的概念,也就是对外部特性等效,而两个电路的内部则是不同的。

2. 电阻的等效变换

(1) 电阻的串联

串联电阻的等效电阻为各个串联电阻之和,且等效电阻大于任一个串联电阻。

各个电阻上的电压值与电阻值成正比,电阻值大的分得的电压大,所以串联电阻电路可以用作分压电路。

各电阻消耗(吸收)的功率与其电阻值成正比;等效电阻消耗(吸收)的功率等于各电阻消耗(吸收)的功率之和。

(2) 电阻的并联

并联电阻的等效电阻的倒数等于各个并联电阻倒数之和,等效电阻小于任一个并联电阻。

并联电导的等效电导为各个并联电导之和,且等效电导大于任一个并联电导。

最常用的两个电阻并联时求等效电阻的公式如下:

$$R_{eq}=\frac{R_1R_2}{R_1+R_2}$$

各并联电阻上的电流与它们各自的电导值成正比,电导值大者分得的电流大。因此,并联电阻电路可用作分流电路。

各电阻消耗(吸收)的功率与其电导值成正比;等效电阻消耗(吸收)的功率等于各电阻消耗(吸收)的功率之和。

(3) 电阻的串并联

电阻的串联和并联相结合的连接方式称为电阻的串并联,也称电阻的混联。

(4) 电阻的Y形联结和Δ形联结的等效变换

Y-Δ电路的等效变换属于多端子电路的等效,在应用中,除了正确使用电阻变换公式计算各电阻值,还必须正确连接各对应端子。

其公式的简记方法为

$$R_{\mathrm{Y}}=\frac{\Delta\text{形相邻电阻乘积}}{\sum R_{\Delta}} \quad \text{和} \quad G_{\Delta}=\frac{\mathrm{Y}\text{形相邻电导乘积}}{\sum G_{\mathrm{Y}}}$$

若三个电阻相等(对称),则有

$$R_{\Delta}=3R_{\mathrm{Y}}$$

3. 电源的等效变换

(1) 电压源的等效变换

1) 电压源的串联

n个电压源串联,可以用一个等效电压源来替代,等效电压源的电压等于各个串联电压源电压的代数和。

2) 电压源的并联

只有当电压源的电压相等且电压极性一致时,电压源才能并联。

3) 电压源与任意元件的并联

电压源与任意元件的并联对外可等效为此电压源,如图2-2(a)所示为电压源和任意元件的并联,其等效电路如图2-2(b)所示。

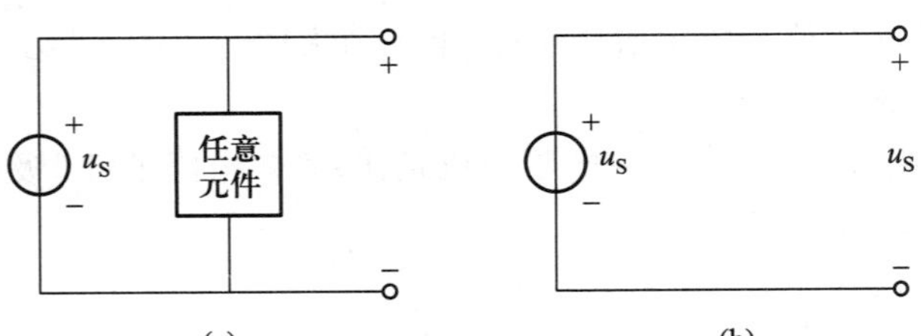

图2-2　电压源与任意元件的并联及其等效电路

(2) 电流源的等效变换

1) 电流源的串联

只有当电流源的电流相等且电流方向一致时,电流源才能串联。

2）电流源的并联

n 个电流源并联，可以用一个电流源等效替代，等效电流源的电流等于各个并联电流源电流的代数和。

3）电流源与任意元件的串联

电流源与任意元件的串联对外可等效为此电流源，如图 2-3(a)所示为电流源和任意元件的串联，其等效电路如图 2-3(b)所示。

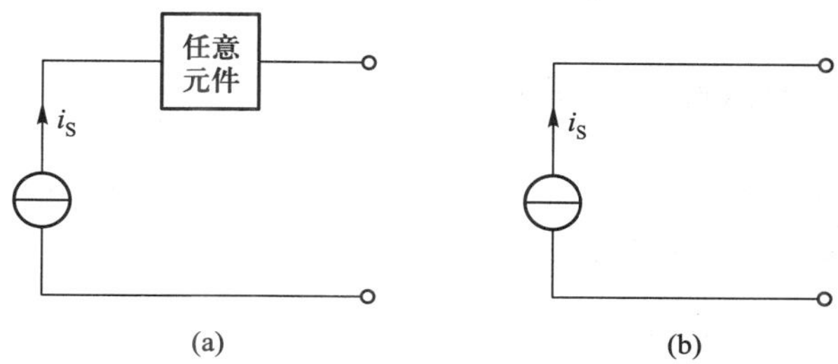

图 2-3　电流源与任意元件的串联及其等效电路

（3）实际电源的两种模型及其等效变换

实际电源的电路模型可以是理想电压源与电阻的串联组合或者是理想电流源与电阻（电导）的并联组合，如图 2-4(a)和(b)所示。

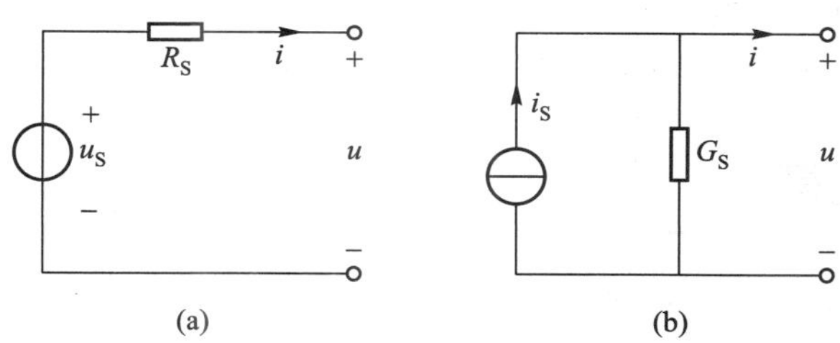

图 2-4　实际电源的两种电路模型

实际电源两种模型可以等效变换，等效变换的条件为

$$i_S = \frac{u_S}{R_S} \text{和 } G_S = \frac{1}{R_S}$$

或者

$$u_S = i_S R_S \text{ 和 } R_S = \frac{1}{G_S}$$

受控电压源与电阻的串联组合和受控电流源与电阻（电导）的并联组合可以采用实际电源两种模型的等效变换方法来进行变换，此时，应把受控源当作独立源处理，但是注意在变换的过程中控制量必须保持完整而不被改变。如图 2-5 所示，其中，图(a)等效变换为图(b)的条件是

$$u_c = i_c R = \beta i R$$

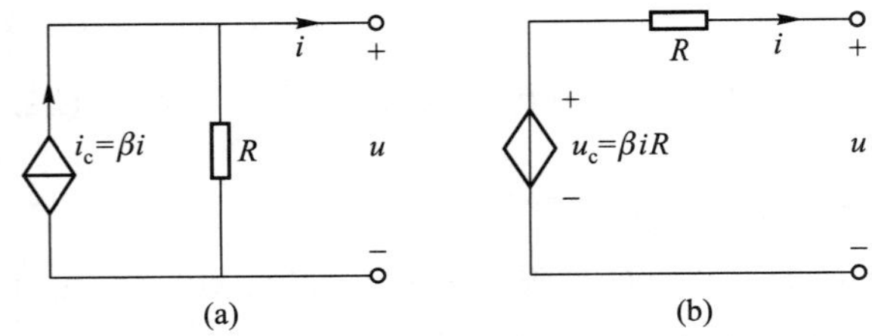

图 2-5 受控电源的等效变换

4. 无源一端口网络的输入电阻

无源一端口网络的输入电阻定义为此一端口的端电压与端电流之比值，如图 2-6 所示，无源一端口网络的输入电阻为

$$R_i=\frac{u}{i}$$

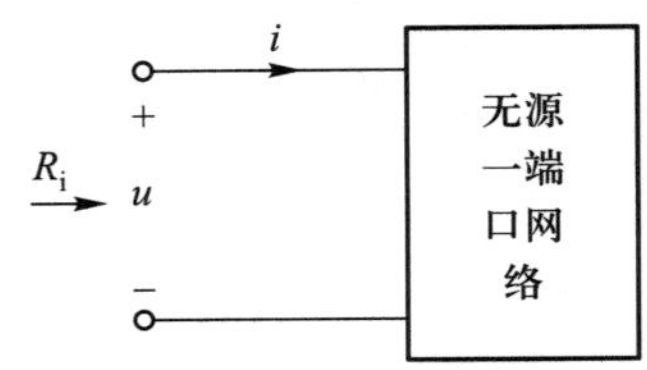

图 2-6 无源一端口网络的输入电阻

无源一端口网络的输入电阻和其等效电阻的数值是相等的。所以，可通过求等效电阻来得到输入电阻的值。

求解无源一端口网络输入电阻的方法有两种：

① 当无源一端口网络为仅含电阻的网络时，其输入电阻可通过电阻的串联、并联或 Y-Δ 变换等化简的方法求得。

② 当无源一端口网络含受控源时，则需采用附加电源法。

三、典型例题

例 2-1 电路如图 2-7(a)所示，求等效电阻 R_{ab}。

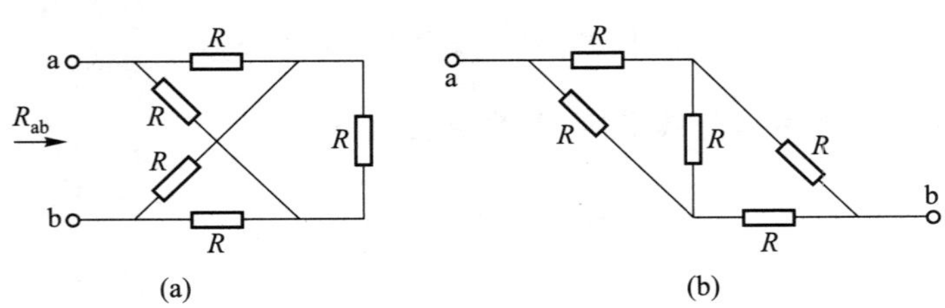

图 2-7 例 2-1 图

解：电路可变形为图 2-7(b)所示电路，这是一个平衡电桥，所以，$R_{ab}=(R+R)//(R+R)=R$。

例 2-2 电路如图 2-8(a)所示，求电流 I。

解：采用等效变换法，变换过程如图 2-8(b)(c)和(d)所示，由此可得电流为

$$I=\frac{10}{9}\ \text{A}$$

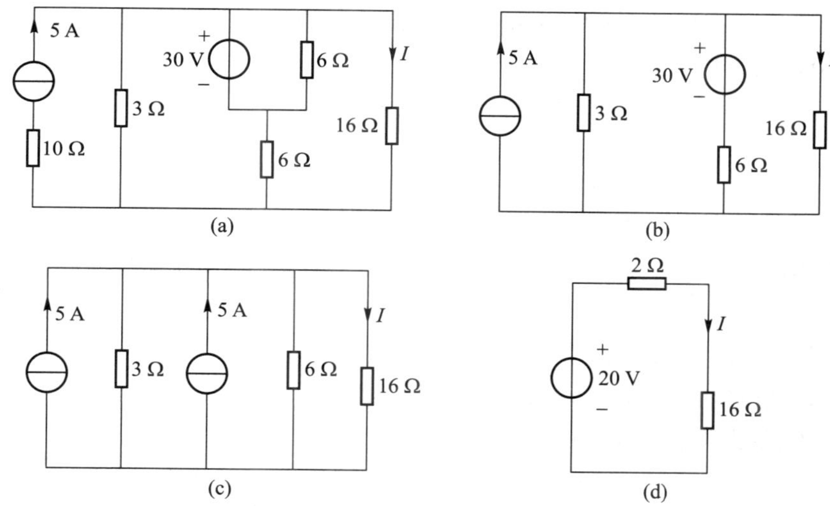

图 2-8　例 2-2 图

例 2-3　试求图 2-9(a)所示无源一端口网络的输入电阻 R_i。

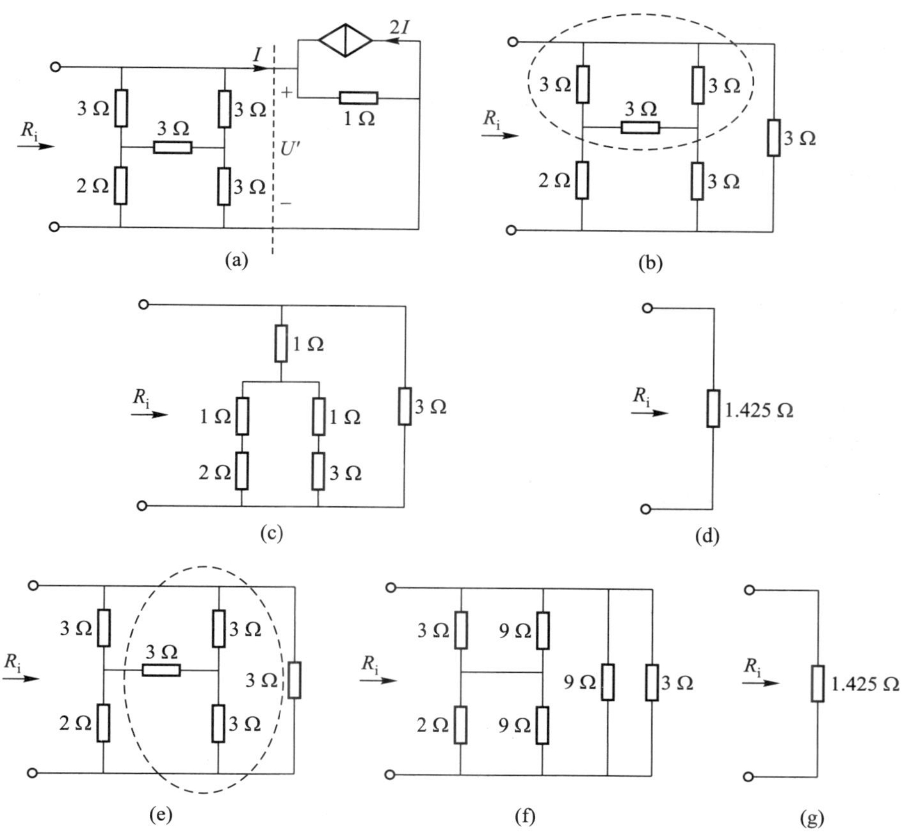

图 2-9　例 2-3 图

解:将图中所示虚线处断开,采用附加电源法求虚线右侧二端网络的输入电阻 R_i',这里附加电源为电压源,则有

$$U'=(I+2I)\times 1\ \Omega$$

所以

$$R_i'=\frac{U'}{I}=3\ \Omega$$

这样,原电路可化简为图 2-9(b),再进行如图 2-9(c)和(d)的化简过程后,可得

$$R_i=1.425\ \Omega$$

也可采用另一种化简过程,如图 2-9(e)(f)和(g)所示。

例 2-4　电路如图 2-10 所示,求电压 u 和电流 i。

解:首先,求得无源一端口电路的等效电阻为

$$R_{eq}=\left[1+\frac{3\times(2+4)}{3+2+4}\right]\Omega=3\ \Omega$$

然后,求得 12 V 电压源所在支路的电流为

$$i'=\frac{12}{3}\ \text{A}=4\ \text{A}$$

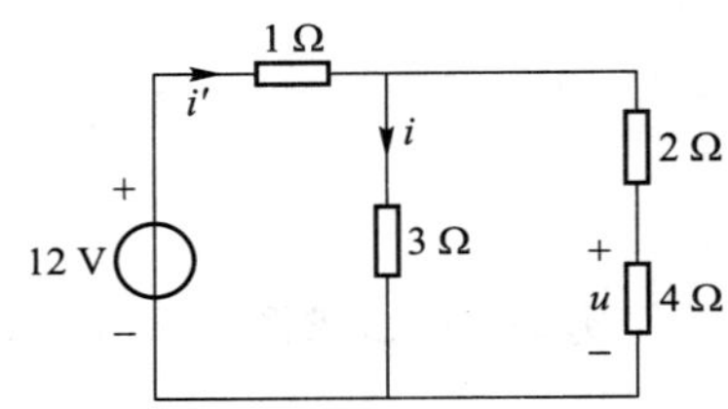

图 2-10　例 2-4 图

最后,根据分流公式求得

$$i=\frac{2+4}{3+(2+4)}i'=\frac{6}{9}\times 4\ \text{A}=\frac{8}{3}\ \text{A}$$

根据分压公式求得

$$u=\frac{4}{2+4}\times(3\ \Omega\times i)=\frac{16}{3}\ \text{V}$$

例 2-5　电路如图 2-11(a)所示,试求电压 U_O 和电流 I_O。

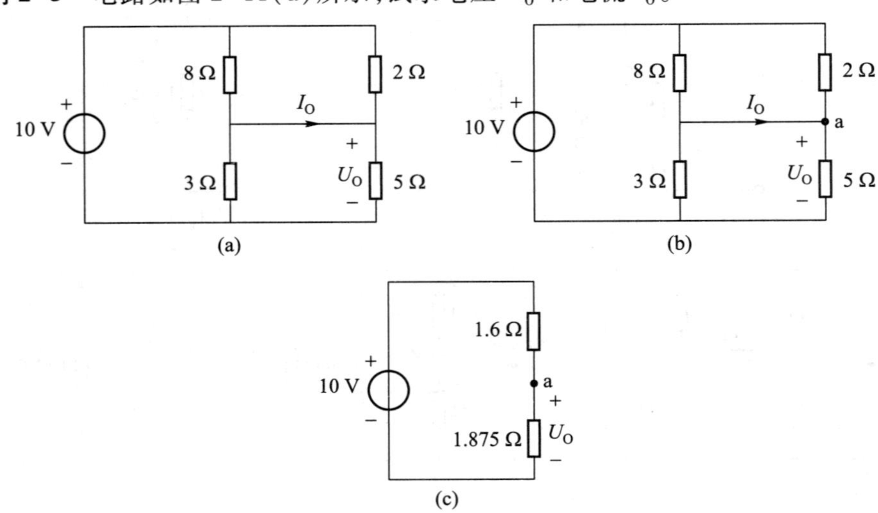

图 2-11　例 2-5 图

解:将图 2-11(b)化简为图 2-11(c),根据分压公式,有

$$U_0=\frac{1.875}{1.875+1.6}\times 10\ \text{V}=5.396\ \text{V}$$

在图 2-11(b)中,对节点 a 列写 KCL 方程,有

$$I_0=\frac{U_0}{5\ \Omega}-\frac{10\ \text{V}-U_0}{2\ \Omega}=\left(\frac{5.396}{5}-\frac{10-5.396}{2}\right)\ \text{A}=-1.223\ \text{A}$$

四、习题分析

2-1　电路如题 2-1 图所示,已知 $u_S=100\ \text{V}$,$R_1=2\ \text{k}\Omega$,$R_2=8\ \text{k}\Omega$。试求以下 3 种情况下的电压 u_2 和电流 i_2、i_3。

(1) $R_3=8\ \text{k}\Omega$。

(2) $R_3\to\infty$(R_3 处开路)。

(3) $R_3=0$(R_3 处短路)。

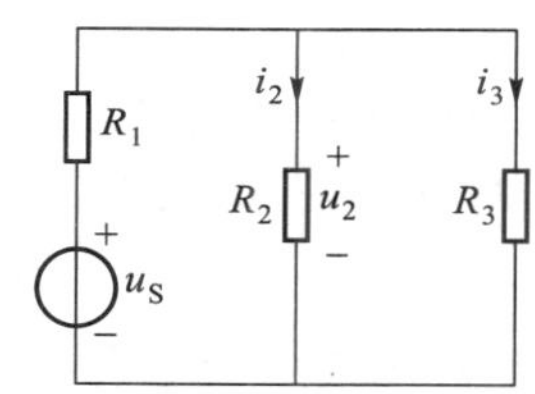

题 2-1 图

解:(1)这是一个电阻混联电路,当 $R_3=8\ \text{k}\Omega$ 时,由于 $R_2//R_3=\frac{8\times 8}{8+8}\ \text{k}\Omega=4\ \text{k}\Omega$,因此,$u_2$ 可按 R_1 与 $R_2//R_3$ 构成的分压电路而求得。于是有

$$u_2=\frac{4\times 10^3}{2\times 10^3+4\times 10^3}\times 100\ \text{V}=66.67\ \text{V}$$

而

$$i_2=i_3=\frac{u_2}{8\ \text{k}\Omega}=\frac{66.67}{8\times 10^3}\ \text{A}=8.333\ \text{mA}$$

(2) 当 $R_3\to\infty$ 时,按分压公式

$$u_2=\frac{8\times 10^3}{2\times 10^3+8\times 10^3}\times 100\ \text{V}=80\ \text{V}$$

$$i_2=\frac{u_2}{R_2}=\frac{80}{8\times 10^3}\ \text{A}=10\ \text{mA},\quad i_3=0$$

(3) 当 $R_3=0$ 时,有

$$u_2=0,\quad i_2=0$$

$$i_3=\frac{u_S}{R_1}=\frac{100}{2\times 10^3}\ \text{A}=50\ \text{mA}$$

2-2　电路如题 2-2 图所示,其中电阻、电压源和电流源均为已知,且为正值。

(1) 求电压 u_2 和电流 i_2。

(2) 若电阻 R_1 增大,对哪些元件的电压、电流有影

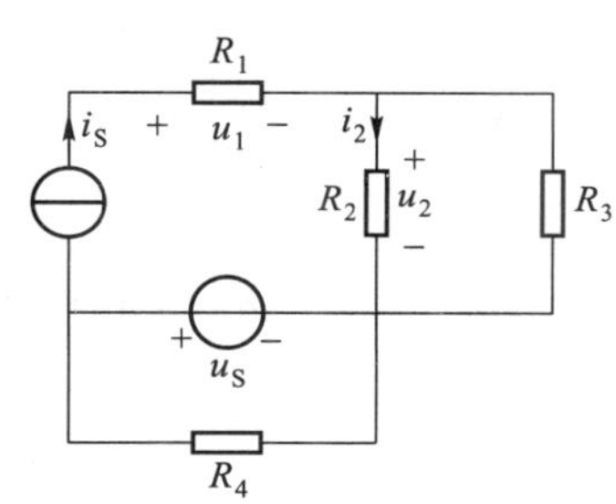

题 2-2 图

响? 影响如何?

解:(1) $u_1=R_1 i_S, u_2=\dfrac{R_2R_3}{R_2+R_3}i_S$。

(2) u_1 将随 R_1 的增大而增大;u_2、R_2、R_3 与 R_4 中的电流均不变;电流源电压 u_{i_S} 也将随 R_1 的增大而增加。

2-3 题 2-3 图中 $u_S=50$ V,$R_1=2$ kΩ,$R_2=8$ kΩ。现欲测量电压 u_O,所用电压表量程为 50 V,灵敏度为 1 000 Ω/V(即每伏量程电压表相当于 1 000 Ω 的电阻)。

(1) 被测量 u_O 为多少?

(2) u_O 的真值 u_{Ot} 为多少?

(3) 如果测量误差以下式表示

$$\delta(\%)=\frac{u_O-u_{Ot}}{u_{Ot}}\times 100\%$$

此时测量误差是多少?

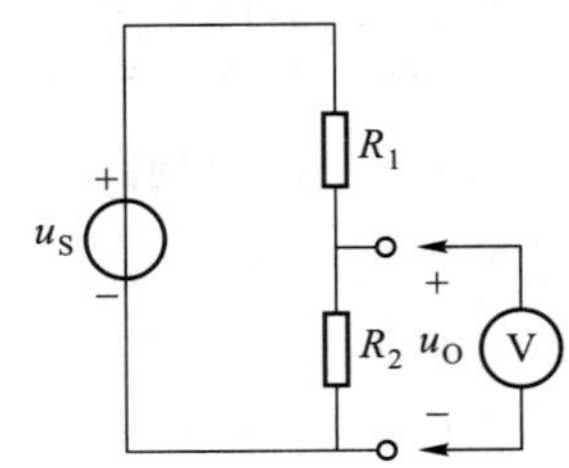

题 2-3 图

解:由于使用电压表的 50 V 量程,电压表的内阻为

$$R_V=50\times 1\ 000\ \Omega=50\ \text{k}\Omega$$

(1) 电路中接上电压表后,R_2 与 R_V 并联电阻为

$$R_2'=R_2//R_V=\frac{8\times 50}{8+50}\ \text{k}\Omega=6.897\ \text{k}\Omega$$

被测电压 u_O 可按分压公式来计算,即

$$u_O=\frac{R_2//R_V}{R_1+(R_2//R_V)}\cdot u_S=\frac{6.897\times 10^3}{2\times 10^3+6.897\times 10^3}\times 50\ \text{V}=38.76\ \text{V}$$

(2) 被测电压的真值(亦相当于 $R_V\to\infty$ 时的测量值)为

$$u_{Ot}=\frac{R_2}{R_1+R_2}\cdot u_S=\frac{8\times 10^3}{2\times 10^3+8\times 10^3}\times 50\ \text{V}=40\ \text{V}$$

(3) 相对测量误差为

$$\delta(\%)=\frac{u_O-u_{Ot}}{u_{Ot}}\times 100\%=\frac{38.76-40}{40}\times 100\%=-3.1\%$$

2-4 求题 2-4 图所示各电路的等效电阻 R_{ab},其中 $R_1=R_2=1\ \Omega$,$R_3=R_4=2\ \Omega$,$R_5=4\ \Omega$,$G_1=G_2=1$ S,$R=2\ \Omega$。

解:(1) 如题 2-4 图(a)所示,由于 R_4 被短路,因此 R_1、R_2、R_3 三个电阻相互并联后,再与 R_5 串联,有

$$R_{ab}=R_5+[R_1//R_2//R_3]=\left(4+\frac{1}{1+1+\dfrac{1}{2}}\right)\Omega=(4+0.4)\ \Omega$$

$$=4.4\ \Omega$$

(2) 如题 2-4 图(b)所示,由于电导的串联公式类似于电阻的并联公式,故 G_1、G_2

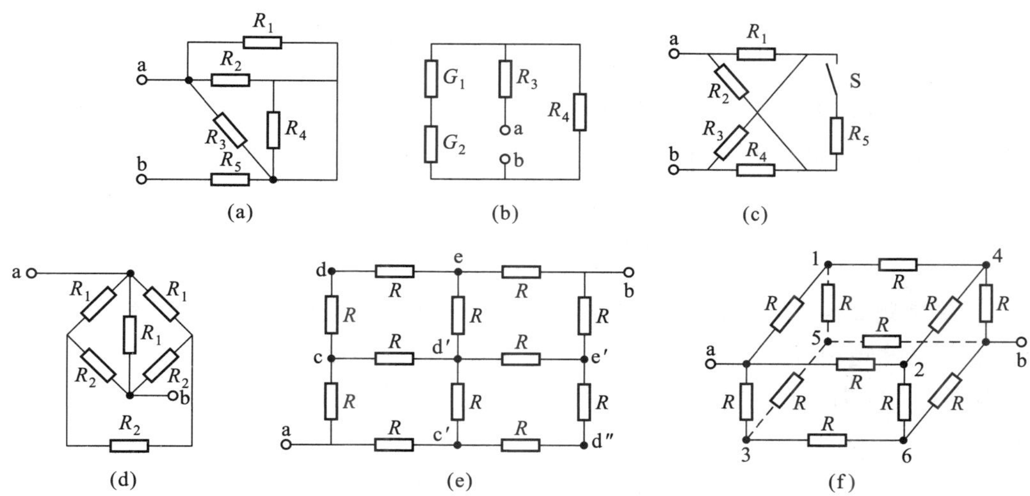

题 2-4 图

串联的电导为

$$G=\frac{G_1G_2}{G_1+G_2}=0.5\ \mathrm{S}$$

其阻值为

$$R=\frac{1}{G}=2\ \Omega$$

所以

$$R_{ab}=R_3+(R_4//R)=\left(2+\frac{2\times2}{2+2}\right)\ \Omega=3\ \Omega$$

（3）题 2-4 图（c）是一个电桥电路，R_5 是其对角线。由于桥臂电阻满足电桥平衡条件$\frac{R_1}{R_3}=\frac{R_2}{R_4}$，电桥平衡。开关 S 合上时，$R_5$ 中无电流，S 打开时，对角线上也无电压。计算 R_{ab} 时，将对角线视为开路或短路均得同样结果。

对角线视为短路时，有

$$R_{ab}=(R_1//R_2)+(R_3//R_4)=\left(\frac{1}{1+1}+\frac{2\times2}{2+2}\right)\ \Omega=(0.5+1)\ \Omega=1.5\ \Omega$$

对角线视为开路时，有

$$\begin{aligned}R_{ab}&=(R_1+R_3)//(R_2+R_4)\\&=\frac{(1+2)(1+2)}{(1+2)+(1+2)}\ \Omega=1.5\ \Omega\end{aligned}$$

两者结果相同。

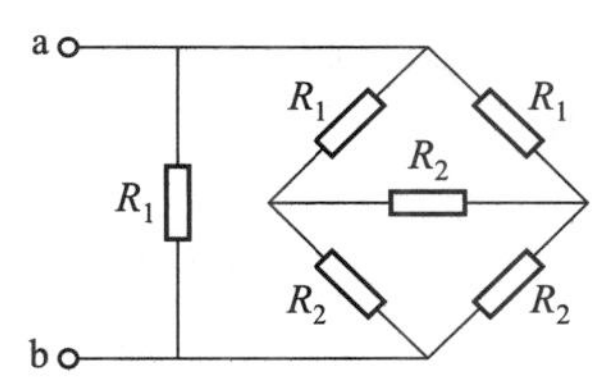

题解 2-4 图（d）

（4）将题 2-4 图（d）所示电路重画如题解 2-4 图（d）所示，R_{ab} 是 R_1 和一个平衡电桥的等效电阻相并联，即

$$R_{ab}=R_1//\left(\frac{R_1+R_2}{2}\right)=\frac{1}{1+1}\ \Omega=0.5\ \Omega$$

(5) 题 2-4 图(e)是一个对称网络,如果通过 a、b 节点作一条中分线,中分线两侧的电路相同,可以认为 d、d′、d″三点的电位相同,则

$$R_{ab}=2\times\left(\frac{R+\dfrac{R}{2}}{2}\right)=\frac{3}{2}R=3\ \Omega$$

(6) 将题 2-4 图(f)所示电路重画如题解 2-4 图(f)的图(a)所示。该图中立方体每边线段代表电阻 R。这是一个对 ab 中轴线立体对称的电路,因此,节点 1、2、3 同电位;节点 4、5、6 也是同电位。将同电位点连起,R_{ab} 就可通过题解 2-4 图(f)的图(b)求得为

$$R_{ab}=\frac{R}{3}+\frac{R}{6}+\frac{R}{3}=\frac{5}{6}R$$
$$=1.667\ \Omega$$

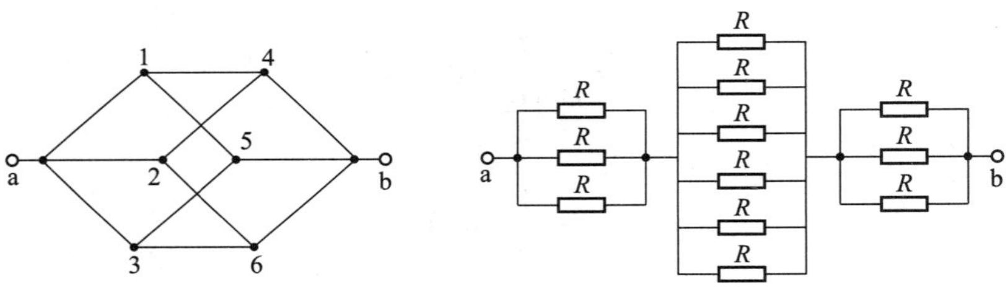

(a)　　　　(b)

题解 2-4 图(f)

2-5　用 Δ-Y 等效变换法求题 2-5 图中 a、b 端的等效电阻。

(1) 将节点①、②、③之间的三个 9 Ω 电阻构成的 Δ 形电路变换为 Y 形电路。

(2) 将节点①、③、④与作为内部公共节点的②之间的三个 9 Ω 电阻构成的 Y 形电路变换为 Δ 形电路。

解:(1) 变换后如题解 2-5 图(a)所示,则有

$$R_{ab}=\left[3+\frac{(3+9)\times(3+3)}{(3+9)+(3+3)}\right]\ \Omega=7\ \Omega$$

(2) 连接成 Y 形的 3 个 9 Ω 电阻经变换成为 3 个连成 Δ 形的 27 Ω 电阻。变换后如题解 2-5 图(b)所示,则有

$$R_{ab}=\frac{1}{\dfrac{1}{27}+\dfrac{1}{\dfrac{9\times27}{9+27}+\dfrac{3\times27}{3+27}}}\ \Omega=7\ \Omega$$

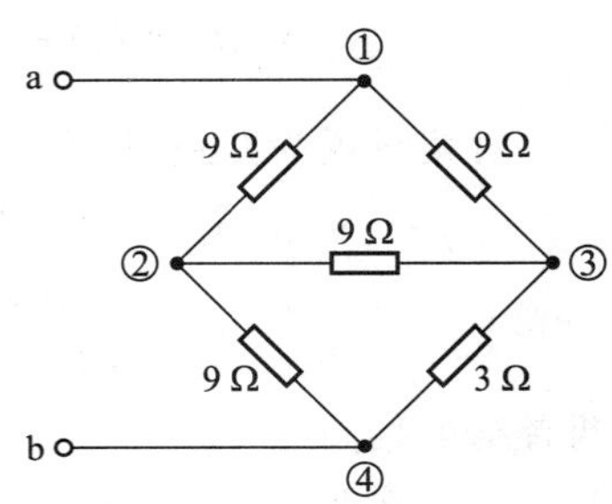

题 2-5 图

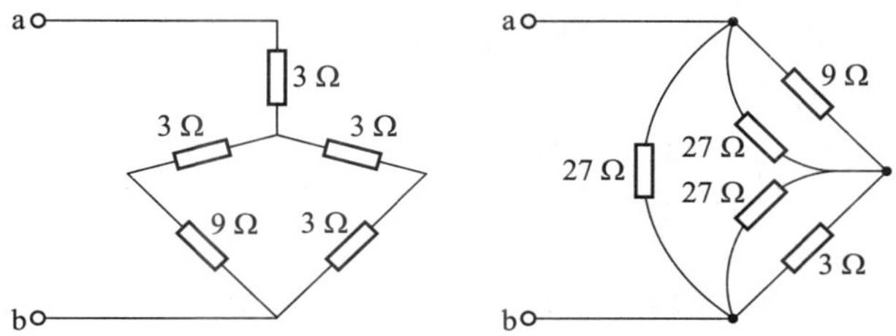

(a)　　(b)

题解 2-5 图

2-6　利用 Y-Δ 等效变换求题 2-6 图中 a、b 端的等效电阻。

解:将 Δ 形联结的电阻转换为 Y 形联结后,等效电路如题解 2-6 图所示,有

$$R_{ab}=\left[\frac{10}{11}+\frac{1}{11}+\frac{\left(\frac{3}{11}+\frac{8}{11}\right)\times\left(\frac{2}{11}+\frac{9}{11}\right)}{\left(\frac{3}{11}+\frac{8}{11}\right)+\left(\frac{2}{11}+\frac{9}{11}\right)}\right]\Omega=1.5\ \Omega$$

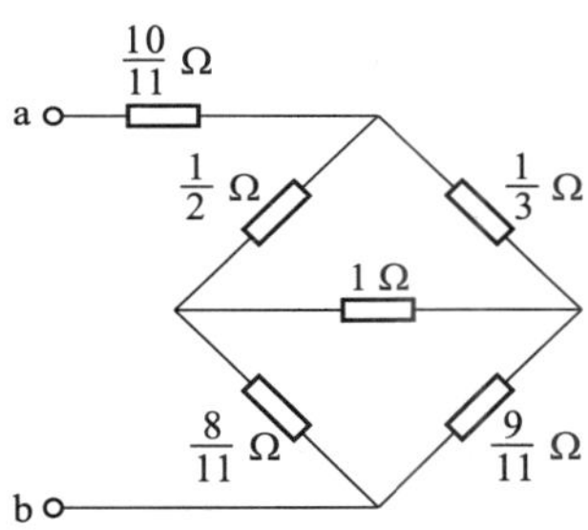

题 2-6 图

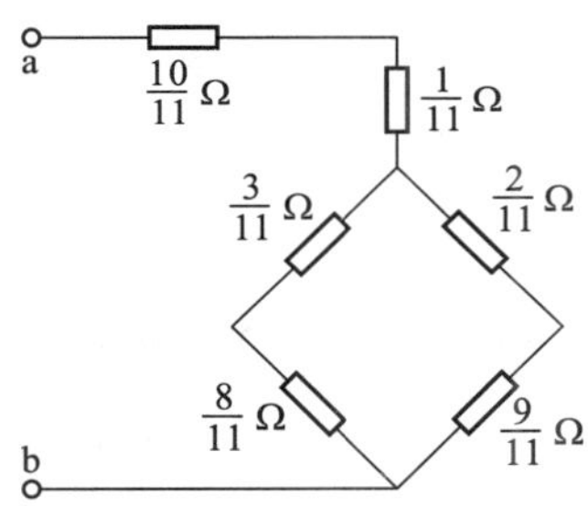

题解 2-6 图

2-7　在题 2-7 图(a)电路中,$u_{S1}=24$ V,$u_{S2}=6$ V,$R_1=12$ kΩ,$R_2=6$ kΩ,$R_3=2$ kΩ。题 2-7 图(b)为经电源变换后的等效电路。

(1) 求等效电路的 i_S 和 R。

(2) 根据等效电路求 R_3 中的电流和消耗的功率。

(3) 分别在题 2-7 图(a)(b)中求出 R_1、R_2 及 R_3 消耗的功率。

(4) u_{S1}、u_{S2} 发出的功率是否等于 i_S 发出的功率? R_1、R_2 消耗的功率是否等于 R 消耗的功率? 为什么?

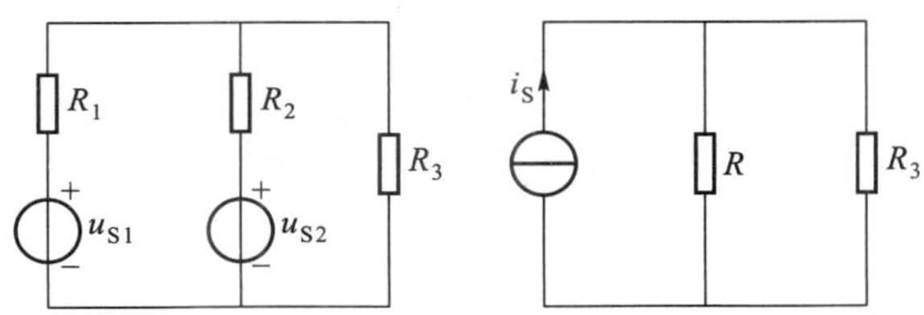

(a)　　(b)

题 2-7 图

解:(1)将题 2-7 图(a)中电压源与电阻的串联组合变换为电流源与电阻的并联组合,可求得题 2-7 图(b)中

$$i_S=\left(\frac{24}{12\times10^3}+\frac{6}{6\times10^3}\right)\ \text{A}=(2+1)\ \text{mA}=3\ \text{mA}$$

$$R=R_1//R_2=\frac{12\times6}{12+6}\ \text{k}\Omega=4\ \text{k}\Omega$$

(2) R_3 中电流为

$$i=\frac{R}{R+R_3}\cdot i_S=\frac{4}{4+2}\times3\ \text{mA}=2\ \text{mA}$$

R_3 消耗的功率为

$$p_{R_3}=i^2R_3=8\ \text{mW}$$

(3) 在题 2-7 图(a)中,由于

$$u=R_3i=2\times10^3\times2\times10^{-3}\ \text{V}=4\ \text{V}$$

故

$$i_1=\frac{u_{S1}-u}{R_1}=\frac{24-4}{12\times10^3}\ \text{A}=1.667\ \text{mA}$$

$$i_2=\frac{u_{S2}-u}{R_2}=\frac{6-4}{6\times10^3}\ \text{A}=0.333\ \text{mA}$$

故电压源 u_{S1}、u_{S2} 发出的功率分别为

$$p_{u_{S1}}=u_{S1}i_1=24\times\frac{5}{3}\times10^{-3}\ \text{W}=40\ \text{mW}$$

$$p_{u_{S2}}=u_{S2}i_2=6\times\frac{1}{3}\times10^{-3}\ \text{W}=2\ \text{mW}$$

电阻 R_1、R_2、R_3 消耗的功率分别为

$$p_{R_1}=i_1^2R_1=\left(\frac{5}{3}\times10^{-3}\right)^2\times12\times10^3\ \text{W}=33.33\ \text{mW}$$

$$p_{R_2}=i_2^2R_2=\left(\frac{1}{3}\times10^{-3}\right)^2\times6\times10^3\ \text{W}=0.667\ \text{mW}$$

$$p_{R_3}=i^2R_3=(2\times10^{-3})^2\times2\times10^3\ \text{W}=8\ \text{mW}$$

在题 2-7 图(b)中,等效电源发出的功率及等效电阻消耗的功率分别为

$$p_S=ui_S=4\times3\times10^{-3}\ \text{W}=12\ \text{mW}$$

$$p_R=\frac{u^2}{R}=\frac{4^2}{4\times10^3}\ \text{W}=4\ \text{mW}$$

(4) 可见

$$p_S\neq p_{u_{S1}}+p_{u_{S2}},\quad p_R\neq p_{R_1}+p_{R_2}$$

这是因为电源作等效变换仅是对外部等效,在题 2-7 图(a)和(b)所示两个电路中,R_3

中的电流、电压、功率是相同的；对被变换部分内部，则并不等效。

2-8　求题 2-8 图所示电路中对角线电压 U 及总电压 U_{ab}。

解：将不平衡桥形电路左方由 10 Ω、10 Ω、5 Ω 构成的 Δ 形联结等效变换为 Y 形联结，如题解 2-8 图所示。各电阻的数值分别为

$$R_1=R_3=\frac{5\times10}{10+10+5}\ \Omega=2\ \Omega,\quad R_2=\frac{10\times10}{10+10+5}\ \Omega=4\ \Omega$$

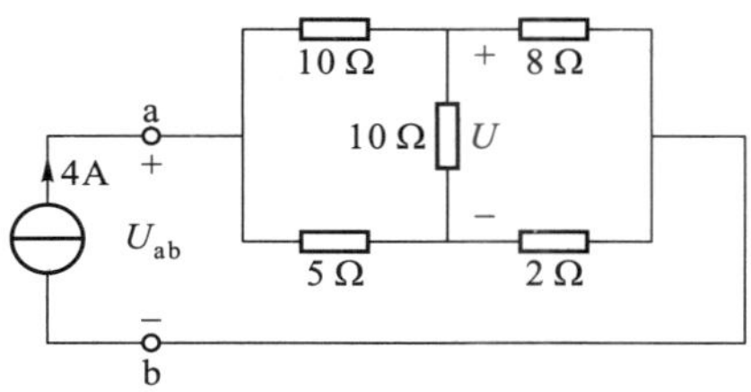

题 2-8 图

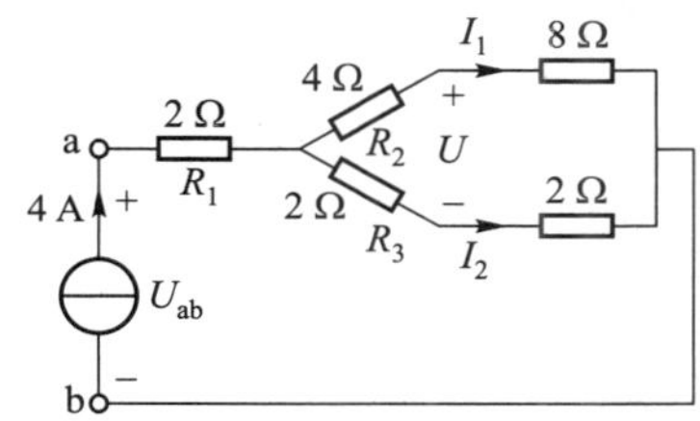

题解 2-8 图

流过右方 8 Ω、2 Ω 电阻的电流分别为

$$I_1=\frac{2+2}{8+4+2+2}\times4\ \text{A}=1\ \text{A},\quad I_2=\frac{8+4}{8+4+2+2}\times4\ \text{A}=3\ \text{A}$$

故得

$$U=8\ \Omega\times I_1-2\ \Omega\times I_2=(8-6)\ \text{V}=2\ \text{V}$$

从 a、b 端看进去的入端电阻为

$$R_{ab}=\left(2+\frac{12\times4}{12+4}\right)\Omega=(2+3)\ \Omega=5\ \Omega$$

得到

$$U_{ab}=4\ \text{A}\times R_{ab}=4\times5\ \text{V}=20\ \text{V}$$

2-9　题 2-9 图所示为由桥 T 电路构成的衰减器。

（1）试证明当 $R_2=R_1=R_L$ 时，$R_{ab}=R_L$，且有 $u_o/u_i=0.5$。

（2）试证明当 $R_2=\dfrac{2R_1R_L^2}{3R_1^2-R_L^2}$ 时，$R_{ab}=R_L$，并求此时电压比 $\dfrac{u_o}{u_i}$。

证明：（1）桥 T 电路在 a、b 端子加电源时，右方的电阻 R_1 为其对角线。当 $R_2=R_1=R_L$ 时，电桥平衡，对角线中无电流，可将其断开如题解 2-9 图（a）所示。可见

$$R_{ab}=2R_L//2R_L=R_L$$

且

$$u_o=0.5u_i$$

即

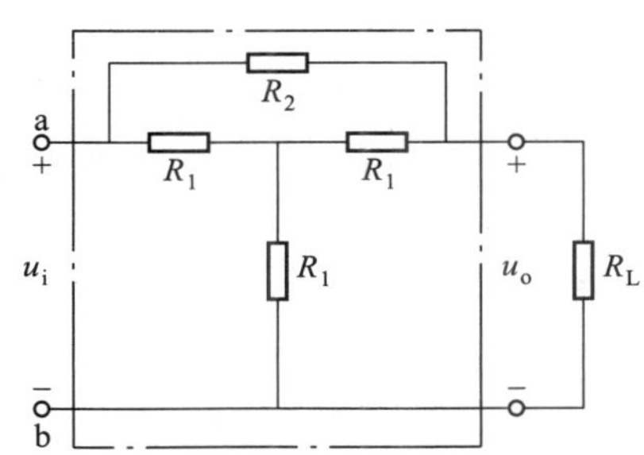

题 2-9 图

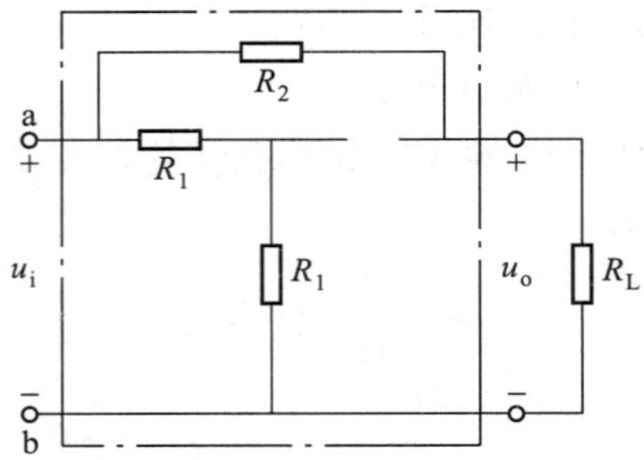

(a)

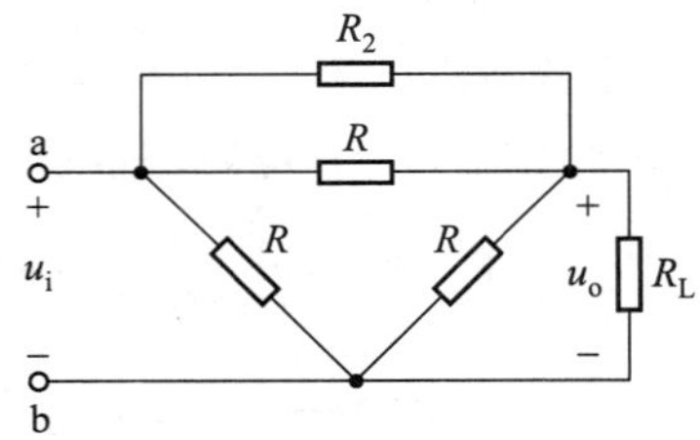

(b)

题解 2-9 图

$$\frac{u_o}{u_i}=0.5$$

(2) 当 $R_2=\dfrac{2R_1R_L^2}{3R_1^2-R_L^2}$时,电桥不平衡。现将由三个 R_1 电阻构成的 Y 形联结变换为 Δ 形联结,如题解 2-9 图(b)所示。其中 Δ 形电阻 $R=3R_1$,令

$$R_2'=R_2//R=\frac{\dfrac{2R_1R_L^2}{3R_1^2-R_L^2}\times 3R_1}{\dfrac{2R_1R_L^2}{3R_1^2-R_L^2}+3R_1}=\frac{6R_1R_L^2}{9R_1^2-R_L^2}=\frac{6R_1R_L^2}{(3R_1+R_L)(3R_1-R_L)}$$

$$R_L'=R_L//R=\frac{3R_1R_L}{3R_1+R_L}$$

而

$$R_2'+R_L'=\frac{6R_1R_L^2}{(3R_1+R_L)(3R_1-R_L)}+\frac{3R_1R_L}{3R_1+R_L}=\frac{3R_1R_L}{3R_1-R_L}$$

R_{ab} 为 $R_2'+R_L'$与 $3R_1$ 的并联,利用$\dfrac{R_1}{a}//\dfrac{R_1}{b}=\dfrac{R_1}{a+b}$的关系,可得到

$$R_{ab}=\frac{3R_1}{\dfrac{3R_1-R_L}{R_L}+1}=R_L$$

$$u_o=\frac{R_L'}{R_2'+R_L'}u_i=\frac{3R_1R_L}{3R_1+R_L}\,\frac{3R_1-R_L}{3R_1R_L}=\frac{3R_1-R_L}{3R_1+R_L}$$

2-10　在题 2-10 图(a)中,$u_{S1}=45\ \text{V}$,$u_{S2}=20\ \text{V}$,$u_{S4}=20\ \text{V}$,$u_{S5}=50\ \text{V}$;$R_1=R_3=15\ \Omega$,$R_2=20\ \Omega$,$R_4=50\ \Omega$,$R_5=8\ \Omega$;在题 2-10 图(b)中 $u_{S1}=20\ \text{V}$,$u_{S5}=30\ \text{V}$,$i_{S2}=8\ \text{A}$,$i_{S4}=17\ \text{A}$,$R_1=5\ \Omega$,$R_3=10\ \Omega$,$R_5=10\ \Omega$。利用电源的等效变换求题 2-10 图(a)(b)中电压 u_{ab}。

解:(1) 将题 2-10 图(a)所示各电压源与电阻的串联组合变换为电流源与电阻的并联组合,如题解 2-10 图(a)所示,其中

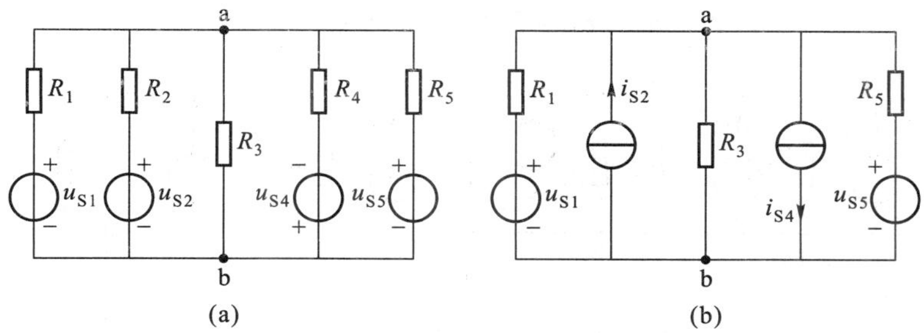

题 2-10 图

$$i_{S1}=\frac{u_{S1}}{R_1}=\frac{45}{15}\text{ A}=3\text{ A},\quad i_{S2}=\frac{u_{S2}}{R_2}=\frac{20}{20}\text{ A}=1\text{ A}$$

$$i_{S4}=\frac{u_{S4}}{R_4}=\frac{20}{50}\text{ A}=0.4\text{ A},\quad i_{S5}=\frac{u_{S5}}{R_5}=\frac{50}{8}\text{ A}=6.25\text{ A}$$

等效电流源为

$$i_S=i_{S1}+i_{S2}-i_{S4}+i_{S5}=(3+1-0.4+6.25)\text{ A}=9.85\text{ A}$$

内阻为

$$R=R_1//R_2//R_3//R_4//R_5=\frac{1}{\frac{1}{15}+\frac{1}{20}+\frac{1}{15}+\frac{1}{50}+\frac{1}{8}}\ \Omega=\frac{600}{197}\ \Omega$$

注：当多个电阻并联求等效电阻时，可找出其最小公倍数。如 $R_1\sim R_5$ 的最小公倍数为 600，就可写出

$$R=\frac{1}{\frac{40}{600}+\frac{30}{600}+\frac{40}{600}+\frac{12}{600}+\frac{75}{600}}\ \Omega=\frac{600}{40+30+40+12+75}\ \Omega=\frac{600}{197}\ \Omega$$

故

$$u_{ab}=Ri_S=\frac{600}{197}\times 9.85\text{ V}=30\text{ V}$$

（2）将题 2-10 图（b）所示各电压源与电阻的串联组合变换为电流源与电阻的并联组合，如题解 2-10 图（b）所示，其中

$$i_{S1}=\frac{u_{S1}}{R_1}=\frac{20}{5}\text{ A}=4\text{ A},\quad i_{S5}=\frac{u_{S5}}{R_5}=\frac{30}{10}\text{ A}=3\text{A}$$

等效电流源为

$$i_S=i_{S1}+i_{S2}-i_{S4}+i_{S5}=(4+8-17+3)\text{ A}=-2\text{A}$$

等效电阻为

$$R=R_1//R_3//R_5=\frac{10}{2+1+1}\ \Omega=2.5\ \Omega$$

故

$$u_{ab}=Ri_S=2.5\times(-2)\ \mathrm{V}=-5\mathrm{V}$$

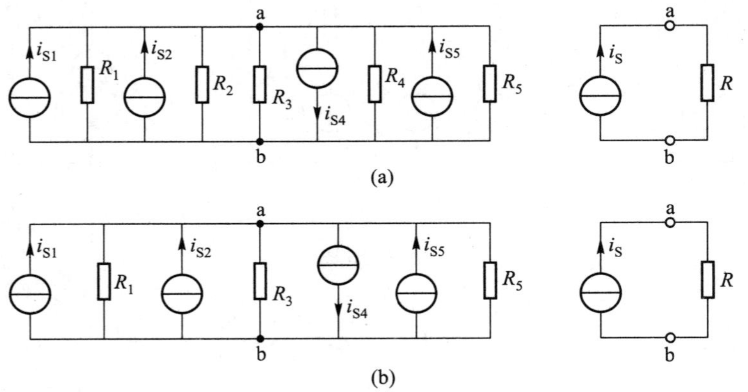

题解 2-10 图

2-11 利用电源的等效变换,求题 2-11 图所示电路的电流 i。

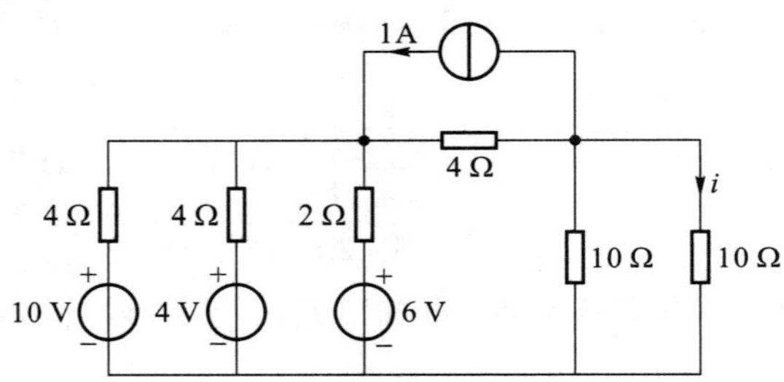

题 2-11 图

解:将并联的电压源支路变换为等效电流源;串联的电流源支路变换为电压源,如题解 2-11 图(a)所示。并联的各电流源合并为一个电流源后再变换为电压源。两个电压源串联后成为题解 2-11 图(b)和(c)所示的等效电路。从题解 2-11 图(c)可得到

$$i_1=\frac{2.5}{5+5}\ \mathrm{A}=0.25\ \mathrm{A}$$

而

$$i=0.5i_1=0.125\ \mathrm{A}$$

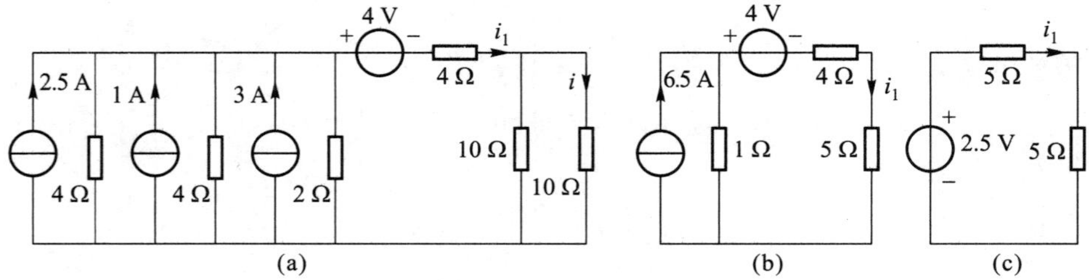

题解 2-11 图

2-12　利用电源的等效变换，求题 2-12 图所示电路中的电压比$\frac{u_o}{u_S}$。已知 $R_1=R_2=2\ \Omega$，$R_3=R_4=1\ \Omega$。

解：保留控制电压 u_3 所在电阻 R_3，将左侧电压源电路变换为电压源、电阻支路；右侧的受控电流源变换为受控电压源支路，如题解 2-12 图所示。

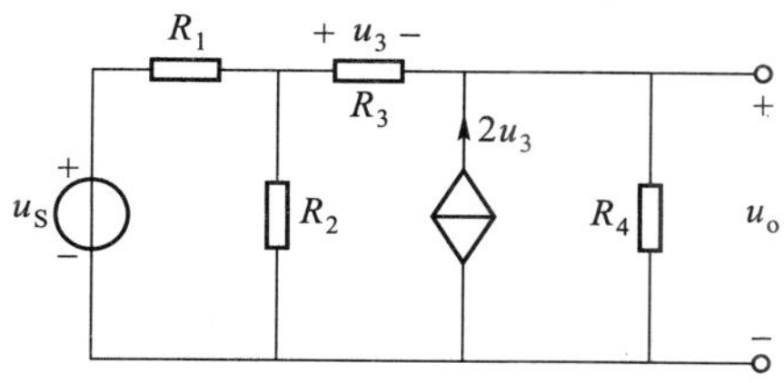

题 2-12 图

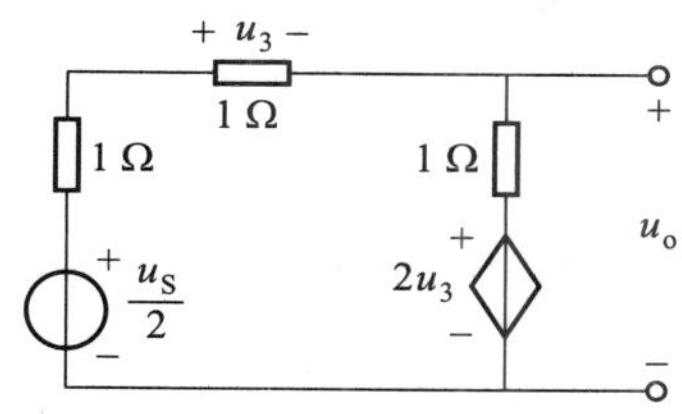

题解 2-12 图

在回路中可写出 KVL 方程为

$$\frac{u_S}{2}=3u_3+2u_3$$

即

$$u_S=10u_3,\quad u_3=0.1u_S$$

从图中可看出 $u_o=3u_3$，故

$$u_o=3\times0.1u_S=0.3u_S$$

2-13　题 2-13 图所示电路中 $R_1=R_3=R_4$，$R_2=2R_1$，CCVS 的电压 $u_c=4R_1i_1$，利用电源的等效变换求电压 u_{10}。

解：将受控电压源支路变换为受控电流源，如题解 2-13 图所示，可得

$$u_{10}=(i_1+2i_1)[2R_1//(R_1+R_1)]=3R_1i_1 \tag{①}$$

由 KVL，可得

$$R_1i_1=u_S-u_{10}$$

代入式①，有

$$\frac{u_{10}}{3}=u_S-u_{10}$$

解得

$$u_{10}=0.75u_S$$

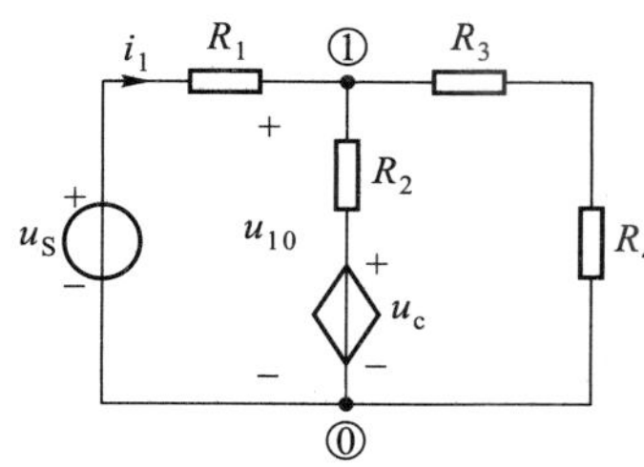

题 2-13 图

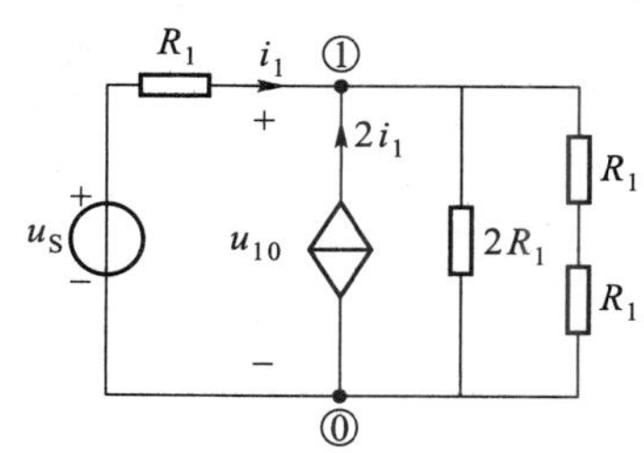

题解 2-13 图

2-14 试求题 2-14 图中的输入电阻。

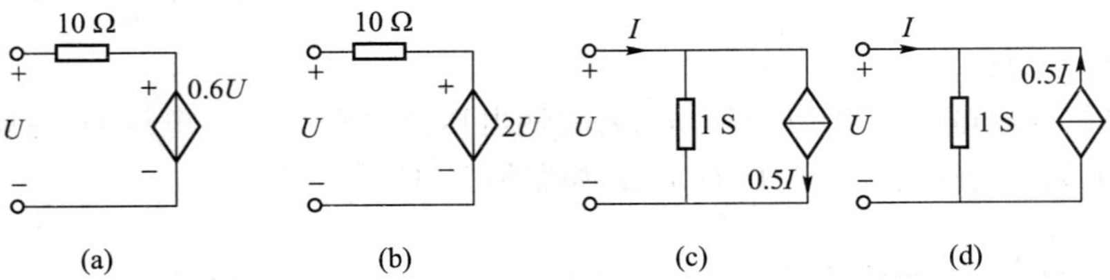

题 2-14 图

解:对题解 2-14 图(a)列 KVL 方程,有

$$U=10\ \Omega\times I+0.6U$$

因此,该一端口的输入电阻为

$$R_{ia}=\frac{U}{I}=\frac{10}{0.4}\ \Omega=25\ \Omega$$

对题解 2-14 图(b)列 KVL 方程,有

$$U=10\ \Omega\times I+2U$$

因此,该一端口的输入电阻为

$$R_{ib}=\frac{U}{I}=\frac{10}{-1}\ \Omega=-10\ \Omega$$

对题解 2-14 图(c)列 KCL 方程,有

$$I=U\times 1\ \text{S}+0.5I$$

因此,该一端口的输入电阻为

$$R_{ic}=\frac{U}{I}=0.5\ \Omega$$

对题解 2-14 图(d)列 KCL 方程,有

$$I+0.5I=U\times 1\ \text{S}$$

因此,该一端口的输入电阻为

$$R_{id}=\frac{U}{I}=1.5\ \Omega$$

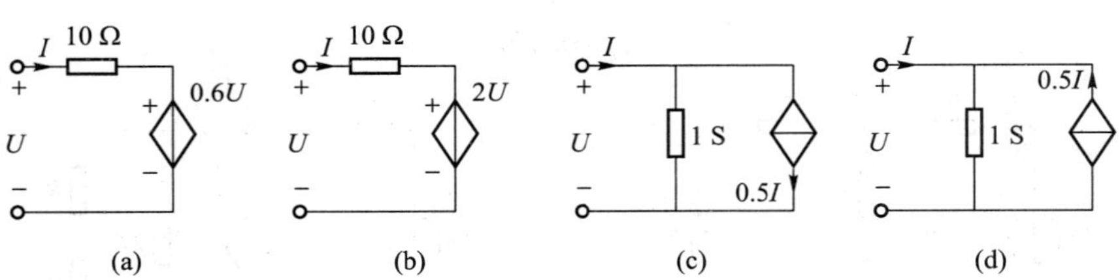

题解 2-14 图

2-15 试求题 2-15 图的输入电阻 R_{ab}。

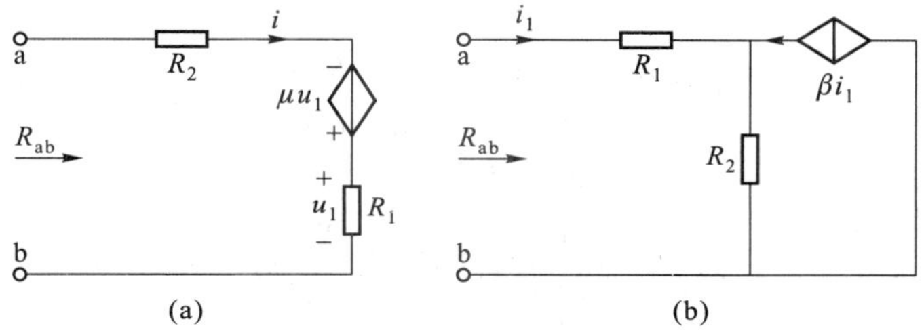

题 2-15 图

解:(1) 题 2-15 图(a)中 VCVS 的控制量 $u_1=R_1 i$,i 即为流过受控源本身的电流,故 VCVS 可看作一个电阻,阻值为$-\mu R_1$(此电压与 i 方向非关联,故为负电阻)。从 a、b 端看入的电阻为

$$R_{ab}=R_2+(-\mu R_1)+R_1=R_1(1-\mu)+R_2$$

(2) 由题 2-15 图(b)可直接写出 u_{ab} 与 i_1 的关系为

$$u_{ab}=R_1 i_1+R_2(i_1+\beta i_1)$$

故

$$R_{ab}=\frac{u_{ab}}{i_1}=R_1+(1+\beta)R_2$$

读者也可试将 CCCS 与 R_2 的并联组合等效变换为 CCVS 与 R_2 的串联组合,直接求出 a、b 端的输入电阻。

2-16　试求题 2-16 图的输入电阻 R_i。

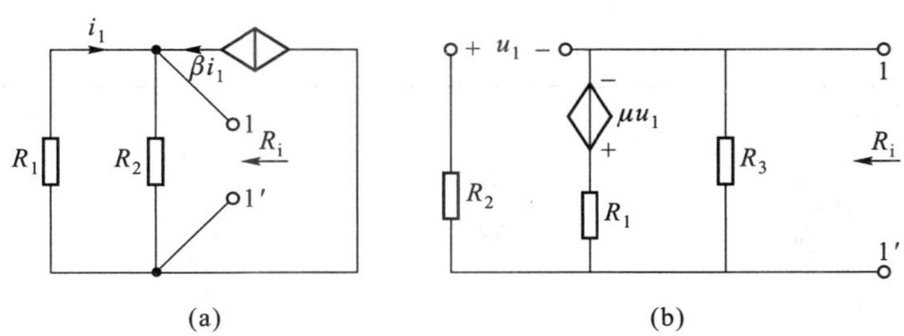

题 2-16 图

解:(1) 如题 2-16 图(a)所示,在 1′-1 端子两端施加电压 u,可看出流入 1′端子的电流为

$$i=\frac{u}{R_2}+(1+\beta)i_1 \qquad ①$$

由于 $i_1=\dfrac{u}{R_1}$,代入式①就得到

$$i=\frac{u}{R_2}+(1+\beta)\frac{u}{R_1}$$

而

$$R_i=\frac{u}{i}=\frac{1}{\frac{1}{R_2}+\frac{1+\beta}{R_1}}=\frac{R_1R_2}{R_1+R_2(1+\beta)}$$

从 R_i 表达式可看出它为 R_2 与 $\frac{R_1}{1+\beta}$ 的并联，而 $\frac{R_1}{1+\beta}$ 则是 R_1 电阻与 CCCS 并联的电阻。事实上，CCCS 与 R_1 并联，具有相同的电压，但其电流则是 R_1 中电流的 β 倍，故 CCCS 相当于阻值为 $\frac{R_1}{\beta}$ 的电阻，而 $R_1//\frac{R_1}{\beta}=\frac{R_1}{1+\beta}$。

(2) 如题 2-16 图(b)所示，由于 R_2 中无电流，因此 $u_1=u_{1'1}$。将 VCVS 与 R_1 的串联组合变换为 VCCS 与 R_1 的并联组合，如题解 2-16 图(b)所示。将 VCCS 的值写为 $\frac{\mu u}{R_1}=\frac{u}{\frac{R_1}{\mu}}$，其方向与端电压非关联，故 VCCS 相当于负电阻 $-\frac{R_1}{\mu}$，而

$$R_i=R_3//R_1//\left(-\frac{R_1}{\mu}\right)=R_3//\frac{R_1}{1-\mu}$$
$$=\frac{R_1R_3}{R_1+(1-\mu)R_3}$$

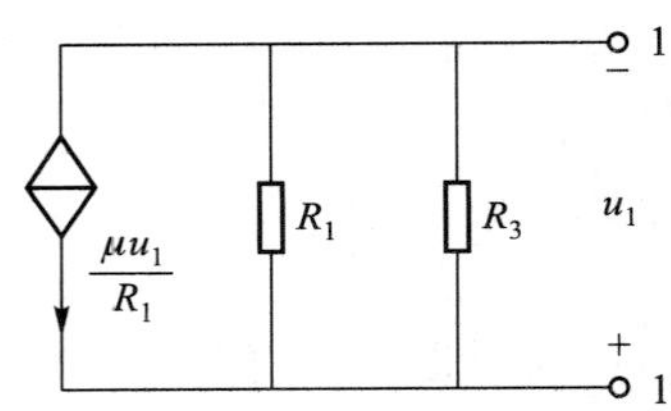

题解 2-16 图(b)

表 2-1 列出了各种含受控源电路的等效电阻。

表 2-1　各种含受控源电路的等效电阻

电路	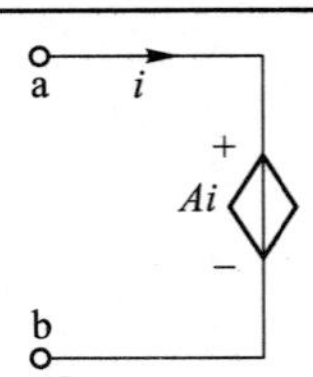 ①	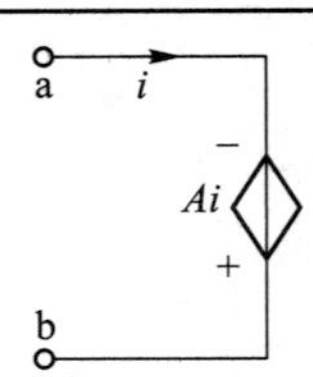 ②	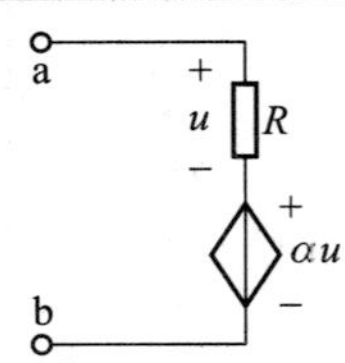 ③	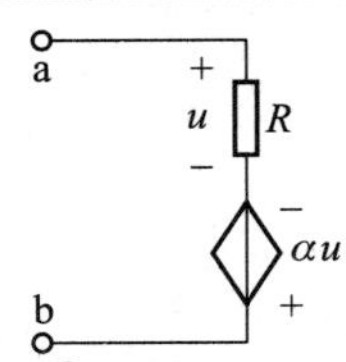 ④
R_{ab}	A	$-A$	$R+\alpha R$	$R-\alpha R$
电路	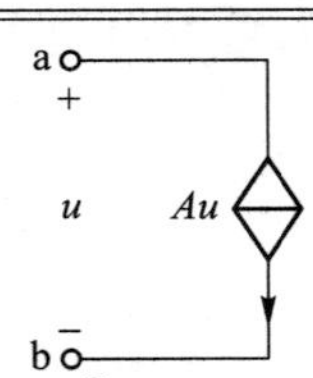 ⑤	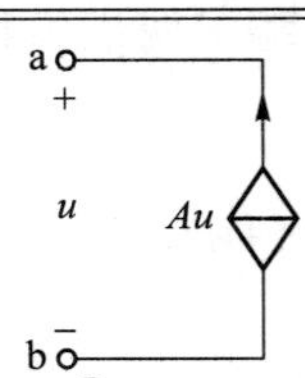 ⑥	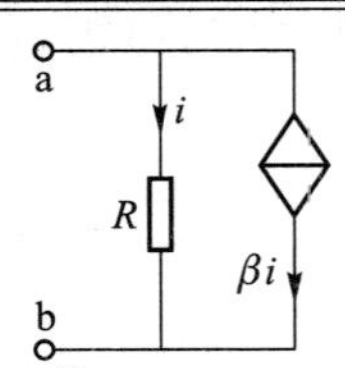 ⑦	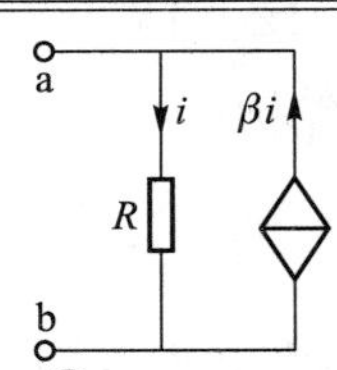 ⑧
R_{ab}	$\frac{1}{A}$	$-\frac{1}{A}$	$R//\frac{R}{\beta}=\frac{R}{1+\beta}$	$R//\left(-\frac{R}{\beta}\right)=\frac{R}{1-\beta}$

续表

电路	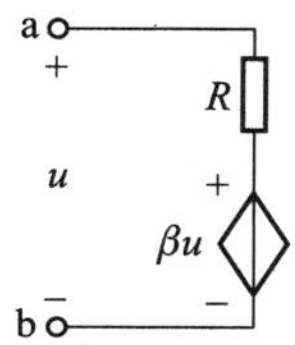 ⑨	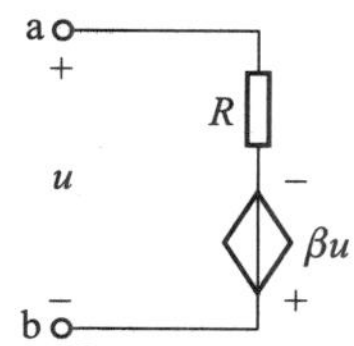 ⑩	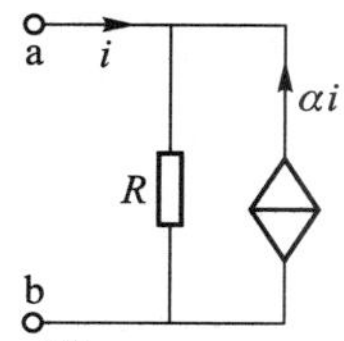 ⑪	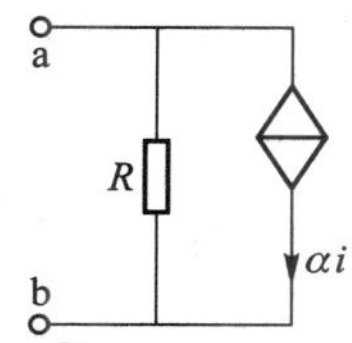 ⑫
R_{ab}	$\frac{R}{1-\beta}$	$\frac{R}{1+\beta}$	$R(1+\alpha)$	$R(1-\alpha)$

2-17　题 2-17 图所示电路中全部电阻均为 1 Ω，求输入电阻 R_i。

解：由于 a、b 端子右边的电路是一个平衡电桥，可以将 c、d 端短接，此时 a、b 端右侧的电阻为

$$\left(\frac{1\times1}{1+1}+\frac{1\times1}{1+1}\right)\ \Omega=1\ \Omega$$

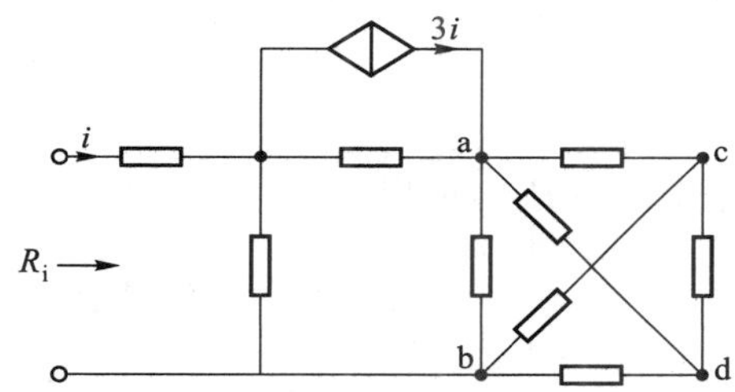

题 2-17 图

原电路再进行电源等效变换，如题解 2-17 图(a)(b)(c)和(d)所示。从题 2-17 图(d)可知，CCVS 相当于一个$-\frac{6}{5}$ Ω 的电阻，因此

$$R_i=\left(\frac{8}{5}-\frac{6}{5}\right)\ \Omega=\frac{2}{5}\ \Omega=0.4\ \Omega$$

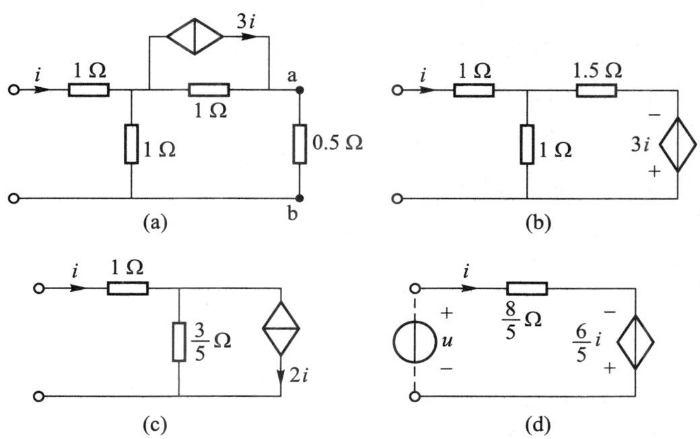

题解 2-17 图

2-18　题 2-18 图为一个多量程电压表的电路图。表头灵敏度为 50 μA，内阻为 2 kΩ。现将电压量程扩大为 5 V，25 V，50 V 与 100 V 四挡。试根据电压的分压公式求所需的附加电阻 R_1、R_2、R_3 与 R_4。

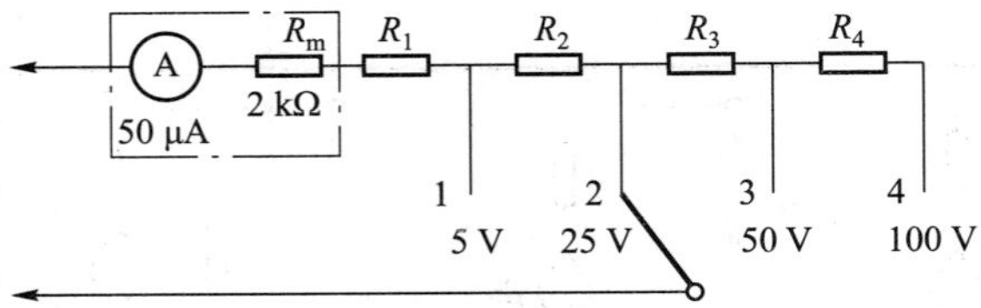

题 2-18 图

解:表头灵敏度 I_m 为 50 μA,内阻 R_m 为 2 kΩ,若将电压表的量程扩大为 U_X,所需的附加电阻为 R_X,则

$$I_m=\frac{U_X}{R_m+R_X}$$

解得

$$R_X=\frac{U_X}{I_m}-R_m$$

若将电压表的量程扩大为 5 V,25 V,50 V 与 100 V 四挡,所需的附加电阻分别为

$$R_1=\left(\frac{5}{50\times10^{-6}}-2\times10^3\right)\ \Omega=98\ \text{k}\Omega$$

$$R_2=\left(\frac{25}{50\times10^{-6}}-2\times10^3\right)\ \Omega=498\ \text{k}\Omega$$

$$R_3=\left(\frac{50}{50\times10^{-6}}-2\times10^3\right)\ \Omega=998\ \text{k}\Omega$$

$$R_4=\left(\frac{100}{50\times10^{-6}}-2\times10^3\right)\ \Omega=1\ 998\ \text{k}\Omega$$

***2-19** 题 2-19 图为实际使用的万用表中多量程电流表的部分电路,n_1 至 n_5 为各挡电流量程对表头电流值的倍数。现在要求各挡电流为:500 μA,1 mA,5 mA,50 mA,500 mA。即相应倍数为:$n_1=10$,$n_2=20$,$n_3=100$,$n_4=1\ 000$,$n_5=10\ 000$。请计算 5 个分流电阻 $R_1\sim R_5$ 的阻值。(提示:这是一个环形分流器。计算时,先从第一挡 $n_1=10$ 来算出五个分流电阻的总值,再从第二挡算出后四个分流电阻的和,直至最后一挡。)

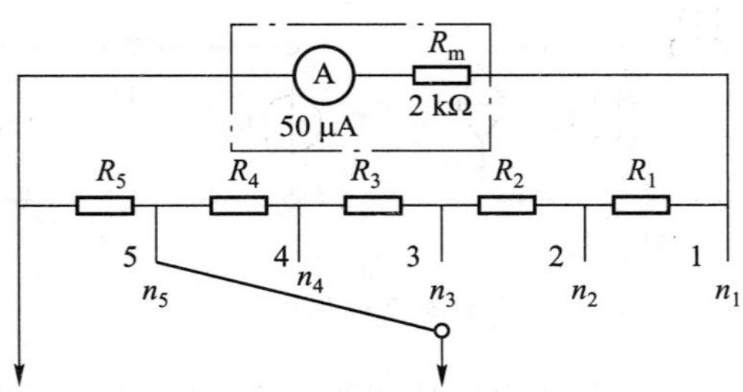

题 2-19 图

解:第一挡 $n_1=10$ 时

$$I_m=\frac{\sum_{k=1}^{5}R_k}{R_m+\sum_{k=1}^{5}R_k}I_1$$

解得

$$\sum_{k=1}^{5}R_k=\frac{I_m}{I_1-I_m}R_m$$

代入数据,得

$$\sum_{k=1}^{5}R_k=\frac{50\times10^{-6}}{500\times10^{-6}-50\times10^{-6}}\times2\ 000\ \Omega=222.22\ \Omega$$

第二挡 $n_2=20$ 时

$$I_m=\frac{\sum_{k=2}^{5}R_k}{R_m+\sum_{k=1}^{5}R_k}I_2$$

解得

$$\sum_{k=2}^{5}R_k=\frac{I_m}{I_2}\left(R_m+\sum_{k=1}^{5}R_k\right)$$

代入数据,得

$$\sum_{k=2}^{5}R_k=\frac{50\times10^{-6}}{1\times10^{-3}}(2\ 000+222.22)\ \Omega=111.11\ \Omega$$

第三挡 $n_3=100$ 时

$$\sum_{k=3}^{5}R_k=\frac{I_m}{I_3}\left(R_m+\sum_{k=1}^{5}R_k\right)=\frac{50\times10^{-6}}{5\times10^{-3}}(2\ 000+222.22)\ \Omega=22.22\ \Omega$$

第四挡 $n_4=1\ 000$ 时

$$\sum_{k=4}^{5}R_k=\frac{I_m}{I_4}\left(R_m+\sum_{k=1}^{5}R_k\right)=\frac{50\times10^{-6}}{50\times10^{-3}}(2\ 000+222.22)\ \Omega=2.22\ \Omega$$

第五挡 $n_5=10\ 000$ 时

$$R_5=\frac{I_m}{I_5}\left(R_m+\sum_{k=1}^{5}R_k\right)=\frac{50\times10^{-6}}{500\times10^{-3}}(2\ 000+222.22)\ \Omega=0.22\ \Omega$$

所以

$$R_4=\sum_{k=4}^{5}R_k-R_5=(2.22-0.22)\ \Omega=2\ \Omega$$

$$R_3=\sum_{k=3}^{5}R_k-\sum_{k=4}^{5}R_k=(22.22-2.22)\ \Omega=20\ \Omega$$

$$R_2=\sum_{k=2}^{5}R_k-\sum_{k=3}^{5}R_k=(111.11-22.22)\ \Omega=88.89\ \Omega$$

$$R_1=\sum_{k=1}^{5}R_k-\sum_{k=2}^{5}R_k=(222.22-111.11)\ \Omega=111.11\ \Omega$$

*2-20 题2-20图为倒L形电阻衰减器。如要求负载电阻 $R_L=50\ \Omega$ 能与信号源内阻 $R_S=300\ \Omega$ 匹配。求此时电阻 R_1,R_2 的值,并求衰减量是多少分贝(有关分贝的概念见主教材§11-3)。

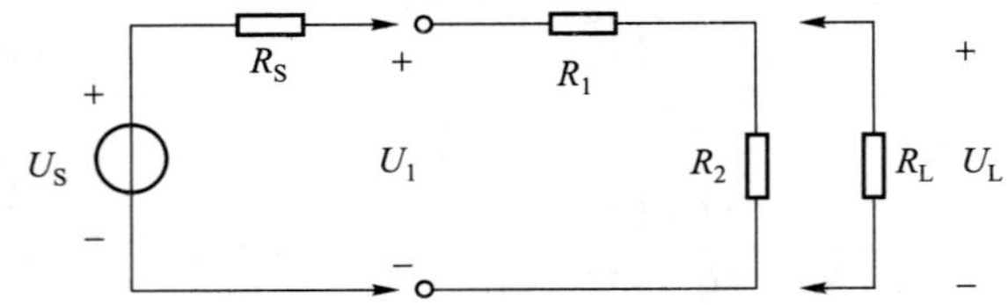

题 2-20 图

解:若要求负载电阻 R_L 与信号源内阻 R_S 匹配,则

$$\begin{cases}R_S=R_1+\dfrac{R_2R_L}{R_2+R_L}\\ R_L=\dfrac{(R_S+R_1)R_2}{(R_S+R_1)+R_2}\end{cases}$$

联立求解,得

$$\begin{cases}R_1=\sqrt{R_S(R_S-R_L)}\\ R_2=R_L\sqrt{\dfrac{R_S}{R_S-R_L}}\end{cases}$$

代入 R_S 和 R_L 的值,得

$$\begin{cases}R_1=\sqrt{300\times(300-50)}\ \Omega=273.86\ \Omega\\ R_2=50\times\sqrt{\dfrac{300}{300-50}}\ \Omega=54.77\ \Omega\end{cases}$$

衰减量为

$$\alpha=20\ \lg\frac{R_S+R_1+R_2}{R_2}=20\ \lg\frac{300+273.86+54.77}{54.77}=21.20\ \text{dB}$$

第三章 电阻电路的一般分析

一、重点和难点

第三章课件

1. KCL 和 KVL 独立方程数的概念

等效变换法是化简分析电路的有效方法，但它改变了原电路的结构，不便于系统分析。而一般分析法就是一种不要求改变电路结构的方法。首先，选择一组合适的电路变量（电流或电压），根据 KCL 和 KVL 及元件的电压、电流关系（VCR）建立该组变量的独立方程组，即电路方程，然后，从方程组中解出电路变量。采用一般分析法求解电路，必须确定一个具有 n 个节点和 b 条支路的电路的 KCL 和 KVL 独立方程的数目。

2. 回路电流法(网孔电流法)

回路电流法是选回路电流为电路变量列写电路方程求解电路的方法，它适合于回路数较少的电路，适合于平面电路和非平面电路。如果在平面电路中，以网孔电流为电路变量列写电路方程求解电路的方法，称为网孔电流法。根据回路电流法（网孔电流法）的步骤简便正确地列写电路的回路电流（网孔电流）方程是本章的重点内容之一，而独立回路的确定以及含无伴独立电流源和无伴受控电流源电路的回路电流方程的列写是学习中的难点。

3. 节点电压法

节点电压法是选节点电压为电路变量列写电路方程求解电路的方法，它适合于节点数较少的电路。根据节点电压法的步骤简便、正确地列写电路的节点电压方程是本章的一个重点，而含无伴独立电压源和无伴受控电压源电路的节点电压方程的列写是学习中的难点。

二、学习方法指导

1. KCL 和 KVL 独立方程数

(1) KCL 方程的独立方程数

一个 n 个节点和 b 条支路的电路,其独立的 KCL 方程数为$(n-1)$,即求解电路问题时,只需选取$(n-1)$个节点来列出 KCL 方程。

(2) KVL 方程的独立方程数

一个 n 个节点和 b 条支路的电路,其独立的 KVL 方程数为其基本回路数,即:$b-(n-1)$。求解电路问题时,需选取 $b-(n-1)$个独立回路来列出 KVL 方程。

2. 支路电流法

以支路电流为电路变量列写电路方程求解电路的方法称为支路电流法。列写支路电流方程的一般步骤为:

① 选定各支路电流的参考方向。

② 根据 KCL 对$(n-1)$个独立节点列写电流方程。

③ 选取 $b-(n-1)$个独立回路,指定回路绕行方向,按照式(3-1)所示列写规则对回路列写 KVL 方程。

$$\sum R_k i_k = \sum u_{Sk} \tag{3-1}$$

式中,$R_k i_k$ 为回路中第 k 条支路的电阻上的电压,和式遍及回路中所有的支路,且当 i_k 参考方向与回路方向一致时,前面取"+"号;不一致时,取"-"号。u_{Sk} 为第 k 条支路的电源电压,包括电压源电压和等效电压源电压。当 u_{Sk} 与回路方向一致时,前面取"-"号;反之,前面取"+"号。

3. 网孔电流法

在平面电路中,选网孔电流为电路变量,根据 KVL 列写电路方程求解电路的方法称为网孔电流法。

(1) 网孔电流方程的列写

列写网孔电流方程的一般步骤如下所示:

① 指定网孔电流参考方向。

② 按照式(3-2)所示列写规则对网孔列写 KVL 方程。

$$R_{kk} i_{mk} + \sum R_{kj} i_{mj} = \sum u_{Skk} \tag{3-2}$$

式中,R_{kk} 为第 k 个网孔的自阻,R_{kj} 为第 k 个网孔和第 j 个网孔间的互阻。自阻总为正,互阻的正、负则视两个网孔电流在共有支路上参考方向是否相同而定,方向相同时为正,方向相反时为负。若两个网孔间没有共有支路,或有共有支路但其电阻为零,则互阻为零。i_{mk} 和 i_{mj} 分别为第 k 和第 j 个网孔电流。u_{Skk} 为第 k 个网孔的总电压源的电压,各电压源的方向与网孔电流方向一致时取“-”值,不一致时取“+”值。

(2) 无伴电流源支路的处理

没有并联电阻的电流源称为无伴电流源。

根据无伴电流源在电路中所处位置,有两种处理方法。

① 当无伴电流源仅处于一个网孔时,让网孔电流等于无伴电流源电流。

② 当无伴电流源处于两个网孔的公共支路上时,可采用附加变量法,即:将无伴电流源端电压设为未知量,同时,增加一个网孔电流方程。

(3) 受控源支路的处理

当电路中含受控源支路时,可先把受控源当作独立源,然后按常规方法列写网孔电流方程,最后,将受控源的控制量用网孔电流表示,代入方程,并将方程整理为标准形式。

4. 回路电流法

以回路电流为电路变量,根据 KVL 列写电路方程求解电路的方法称为回路电流法。

(1) 回路电流方程的列写

列写回路电流方程的一般步骤如下所示:

① 选择一个树,确定一组独立回路,并指定回路电流的参考方向。

② 按照式(3-3)所示列写规则对回路列写 KVL 方程。

$$R_{kk}i_{lk}+\sum R_{kj}i_{lj}=\sum u_{Skk} \tag{3-3}$$

式中,R_{kk} 为第 k 个回路的自阻,R_{kj} 为第 k 个回路和第 j 个回路间的互阻。自阻总为正,互阻的正负则视两个回路电流在共有支路上参考方向是否相同而定,方向相同时为正,方向相反时为负。若两个回路间没有共有支路,或有共有支路但其电阻为零,则互阻为零。i_{lk} 和 i_{lj} 分别为第 k 和第 j 个回路电流。u_{Skk} 为第 k 个回路的总电压源的电压,各电压源的方向与回路电流方向一致时取“-”值,不一致时取“+”值。u_{Skk} 中还包括电流源和电阻并联组合经等效变换形成的电压源电压。

(2) 无伴电流源支路的处理

有两种处理方法:

① 选择独立回路,当无伴电流源仅处于一个回路时,让回路电流等于无伴电流源电流。

② 采用附加变量法,即:将无伴电流源端电压设为未知量,同时,增加一个回路电流的附加方程。

(3) 受控源支路的处理

当电路中含受控源支路时,可先把受控源当作独立源,然后按常规方法列写回路电流方程,最后,将受控源的控制量用回路电流表示代入方程,并将方程整理为标准形式。

5. 节点电压法

在电路中任意选择某一节点为参考节点，其他节点与此参考节点之间的电压称为节点电压。以节点电压为电路变量，根据KCL列写电路方程求解电路的方法称为节点电压法。

（1）节点电压方程的列写

列写节点电压方程的一般步骤如下所示：

① 任意选择一个节点为参考节点，标定其余$(n-1)$个独立节点。

② 对$(n-1)$个独立节点，以节点电压为未知量，按照式(3-4)列写规则列写其KCL方程。

$$G_{kk}u_{nk}+\sum G_{kj}u_{nj}=\sum i_{Skk} \tag{3-4}$$

式中，G_{kk}为第k个节点的自导，G_{kj}为第k个节点和第j个节点间的互导。自导总为正，它等于连接于各节点的支路电导之和。互导总是负的，它等于连接于节点间的支路电导的负值。u_{nk}和u_{nj}分别为第k和第j个节点电压。i_{Skk}为第k个节点的注入电流，注入电流等于流向节点的电流源电流的代数和，流入节点者前面取“+”号，流出节点者前面取“-”号。电流源还包括电压源和电阻串联组合经等效变换形成的电流源。

（2）无伴电压源支路的处理

无电阻与之串联的电压源称为无伴电压源。

当无伴电压源作为一条支路连接于两个节点之间时，该支路的电阻为零，即电导等于无限大，支路电流不能通过支路电压表示，此时在列写节点电压方程时，需要采用以下两种处理方法：

① 采用附加变量法：以电压源电流为变量，增补节点电压与电压源电压间的关系。

② 选合适的参考节点，即：选无伴电压源的负极为参考节点。

（3）受控源支路的处理

当电路中含受控源支路时，可先把受控源当作独立源，然后按常规方法列写节点电压方程，最后，将受控源的控制量用节点电压表示并代入方程，将方程整理为标准形式。

三、典型例题

例 3-1　电路如图3-1(a)所示，试列写电路的节点电压方程。

解法一：设流过无伴电压源u_{S2}支路的电流为i_u，如图3-1(b)所示，则电路的节点电压方程为

$$\left(\frac{1}{R_1}+\frac{1}{R_3}\right)u_{n1}-\frac{1}{R_3}u_{n2}+i_u=\frac{1}{R_1}u_{S1}+2i_1$$

$$-\frac{1}{R_3}u_{n1}+\frac{1}{R_3}u_{n2}-i_u=i_S$$

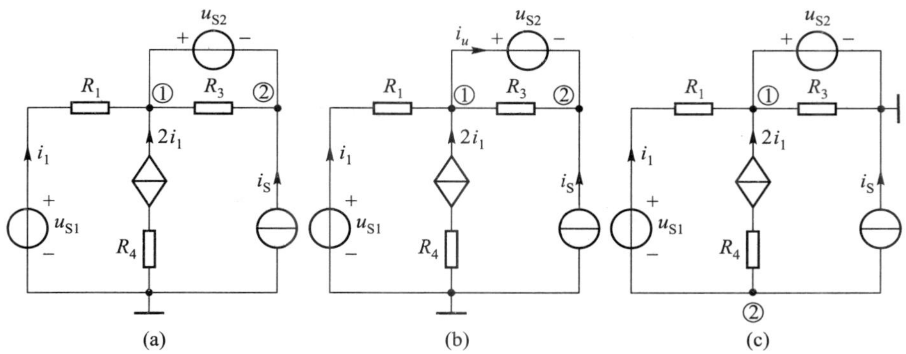

图 3-1　例 3-1 图

附加方程为

$$u_{n1}-u_{n2}=u_{S2}$$

$$i_1=-\frac{u_{n1}-u_{S1}}{R_1}$$

解法二：将无伴电压源负极选为参考点，如图 3-1(c)所示，则电路的节点电压方程为

$$u_{n1}=u_{S2}$$

$$-\frac{1}{R_1}u_{n1}+\frac{1}{R_1}u_{n2}=-\frac{1}{R_1}u_{S1}-2i_1-i_S$$

附加方程为

$$i_1=-\frac{u_{n1}-u_{S1}-u_{n2}}{R_1}$$

例 3-2　电路如图 3-2(a)所示，试列写电路的回路电流方程。

解法一：选如图 3-2(b)所示回路，则电路的回路电流方程为

$$(R_1+R_2)I_1-R_2I_2=u_S$$

$$-R_2I_1+(R_2+R_3+R_4)I_2-R_4I_3+R_3I_4=0$$

$$-R_4I_2+(R_4+R_5)I_3=-\beta u_2$$

$$I_4=-\alpha i_1$$

附加方程为

$$i_1=I_1$$

$$u_2=R_2(I_1-I_2)$$

解法二：选如图 3-2(c)所示回路，设无伴受控电流源的端电压为 u_{i_S}，则电路的回路电流方程为

$$(R_1+R_2)I_1-R_2I_2=u_S$$

$$-R_2I_1+(R_2+R_4)I_2-R_4I_3=-u_{i_S}$$

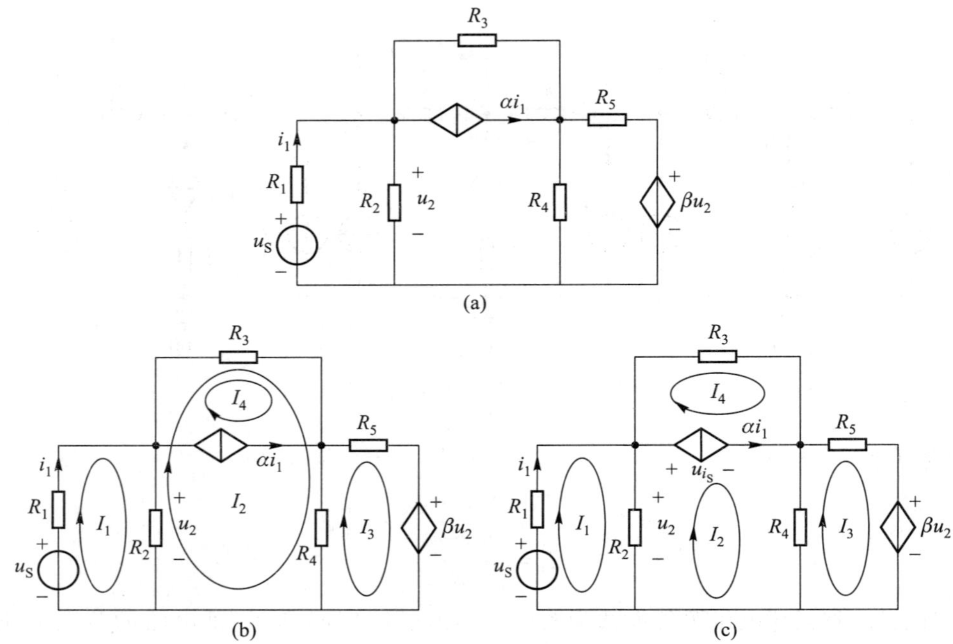

图 3-2　例 3-2 图

$$-R_4I_2+(R_4+R_5)I_3=-\beta u_2$$

$$R_3I_4=u_{i_S}$$

附加方程为

$$\alpha i_1=I_2-I_4$$

$$i_1=I_1$$

$$u_2=R_2(I_1-I_2)$$

例 3-3　电路如图 3-3(a)所示,试求 I_O、U_O。

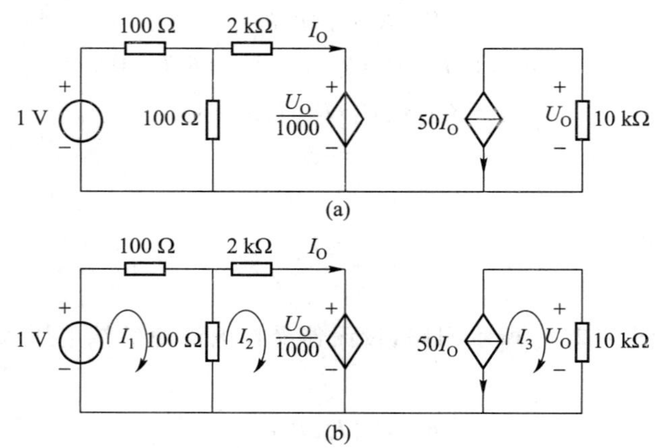

图 3-3　例 3-3 图

解:采用网孔电流法,选择网孔如图 3-3(b)所示,则网孔电流方程为

$$(100+100)I_1-100I_2=1$$

$$-100I_1+(100+2\,000)I_2=-\frac{U_\text{O}}{1\,000}$$

$$I_3=-50I_\text{O}$$

附加方程为

$$I_\text{O}=I_2$$

$$U_\text{O}=10\,000I_3$$

求解上述方程,得

$$I_\text{O}=\frac{1}{3\,100}\ \text{A}=0.323\ \text{mA}$$

$$U_\text{O}=-\frac{5\,000}{31}\ \text{V}=-161.29\ \text{V}$$

四、习题分析

3-1　在以下两种情况下,画出题 3-1 图所示电路的图,并说明其节点数和支路数:

(1) 每个元件作为一条支路处理。

(2) (独立或受控)电压源和电阻的串联组合,电流源和电阻的并联组合作为一条支路处理。

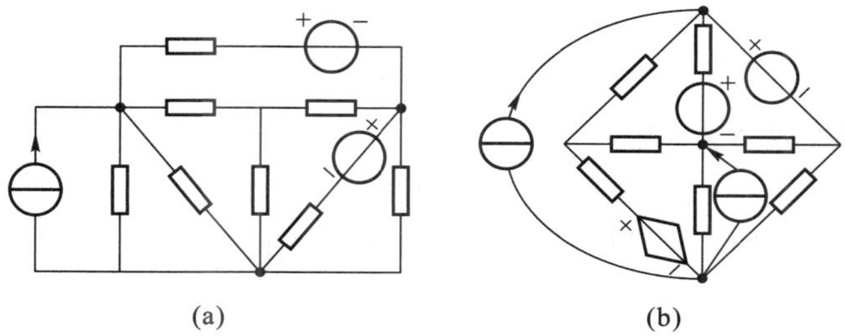

题 3-1 图

解:(1) 将每个元件作为一条支路时,题 3-1 图(a)与(b)的图分别如题解 3-1 图(a1)与(b1)所示。

题解 3-1 图(a1)中,节点数 $n=6$,支路数 $b=11$。

题解 3-1 图(b1)中,节点数 $n=7$,支路数 $b=12$。

(2) 将电压源和电阻的串联组合、电流源和电阻的并联组合均作为一条支路时,题 3-1 图(a)和(b)电路的图分别示于题解 3-1 图(a2)与(b2)之中。

题解 3-1 图(a2)中,节点数 $n=4$,支路数 $b=8$。

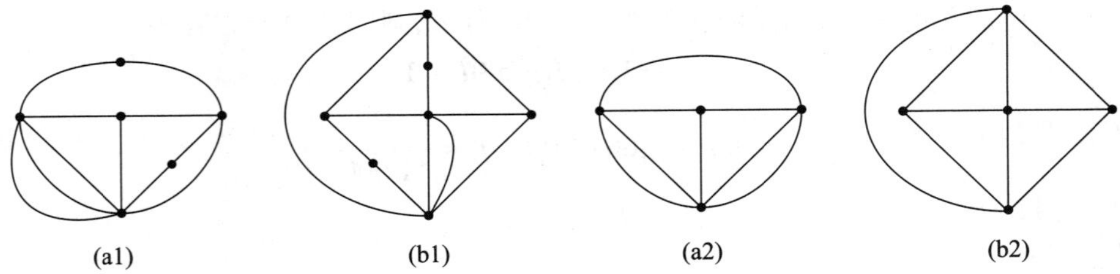

题解 3-1 图

题解 3-1 图(b2)中,节点数 $n=5$,支路数 $b=9$。

3-2 指出题 3-1 中两种情况下,KCL、KVL 独立方程各为多少。

解:(1) 题解 3-1 图(a1)中,KCL 独立方程数为

$$n-1=6-1=5$$

KVL 独立方程数为

$$b-n+1=11-6+1=6$$

题解 3-1 图(b1)中,KCL 独立方程数为

$$n-1=7-1=6$$

KVL 独立方程数为

$$b-n+1=12-7+1=6$$

(2) 题解 3-1 图(a2)中,KCL 独立方程数为

$$n-1=4-1=3$$

KVL 独立方程数为

$$b-n+1=8-4+1=5$$

题解 3-1 图(b2)中,KCL 独立方程数为

$$n-1=5-1=4$$

KVL 独立方程数为

$$b-n+1=9-5+1=5$$

3-3 对题 3-3 图(a)(b)所示图,各画出 4 个不同的树,树支数各为多少?

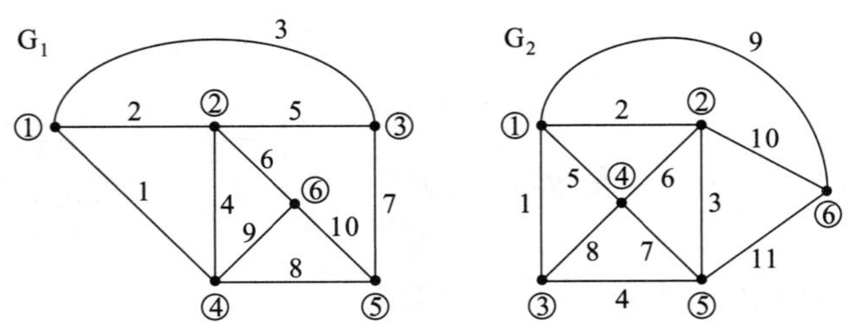

题 3-3 图

解:图的树支数为

$$b_T = n-1$$

题 3-3 图(a)中,$b_T = 6-1 = 5$;题 3-3 图(b)中,$b_T = 6-1 = 5$。

题解 3-3 图(a)(b)分别画出 G_1 与 G_2 的 4 个树。

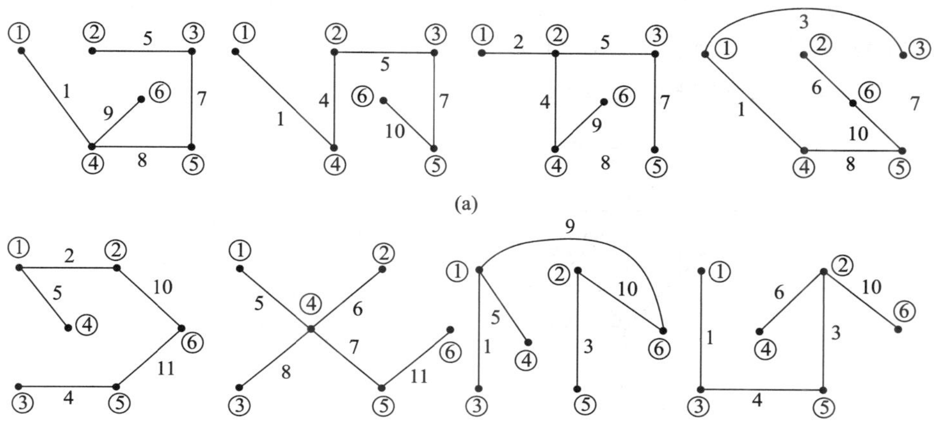

题解 3-3 图

3-4　题 3-4 图所示桥形电路共可画出 16 个不同的树,试一一列出(由于节点数为 4,故树支数为 3,可按支路号递增的穷举方法列出所有可能的组合,如 123,124,…,126,134,135,…,从中选出树)。

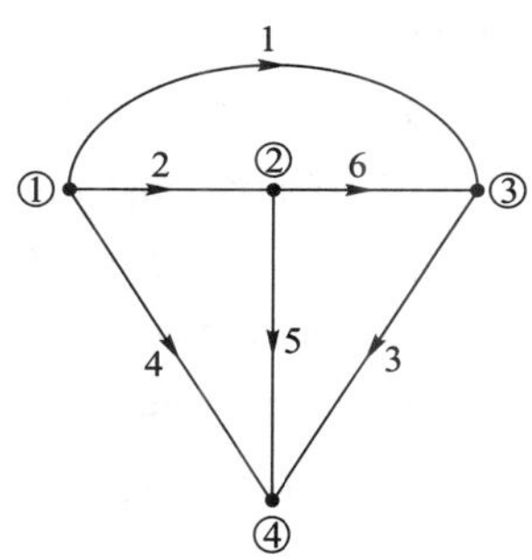

题 3-4 图

解:该图的 16 个不同的树分别为:支路(1,2,3)(1,2,4)(1,2,5)(1,3,5)(1,3,6)(1,4,5)(1,4,6)(1,5,6)(2,3,4)(2,3,5)(2,3,6)(2,4,6)(2,5,6)(3,4,5)(3,4,6)和(4,5,6)。相应的图形如题解 3-4 图所示。

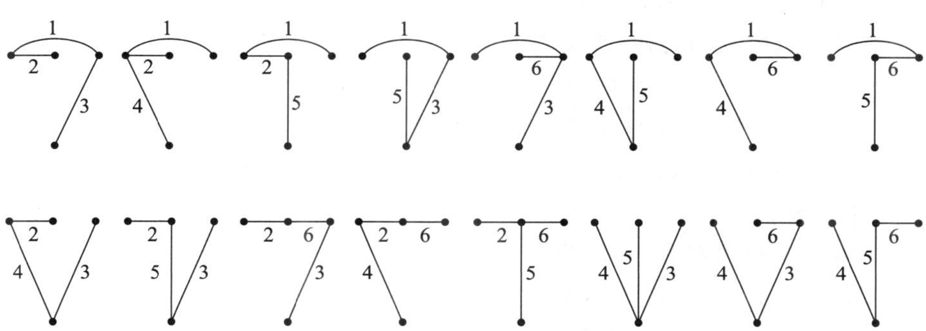

题解 3-4 图

3-5　对题 3-3 图所示的 G_1 和 G_2,任选一树并确定其基本回路组,同时指出独立回路数和网孔数各为多少。

解:树支数 $b_T=n-1$,连支数 $l=b-b_T=b-n+1$。

(1) 题3-3图(a)所示 G_1,$b=10$,$n=6$,$l=5$。取支路(1,2,5,6,7)为树,相应连支为(3,4,8,9,10),如题解3-5图(a)所示。

基本回路组为支路(2,3,5)(1,2,4)(1,2,5,7,8)(1,2,6,9)以及(5,6,7,10)。

(2) 题3-3图(b)所示 G_2,$b=11$,$n=6$,$l=6$。取支路(5,6,7,8,10)为树,连支为支路(1,2,3,4,9,11),如题解3-5图(b)所示。

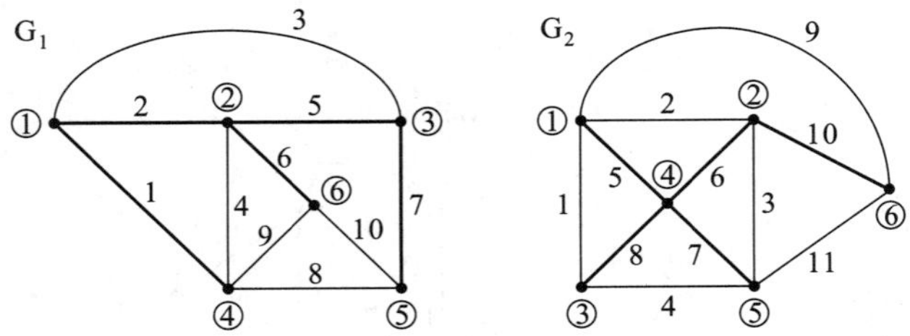

(a)　　(b)

题解3-5图

相应的基本回路为支路(1,5,8)(2,5,6)(3,6,7)(4,7,8)(5,6,9,10)以及(6,7,10,11)。

3-6　对题3-6图所示非平面图,设:

(1) 选择支路(1,2,3,4)为树。

(2) 选择支路(5,6,7,8)为树。

独立回路各有多少?求其基本回路组。

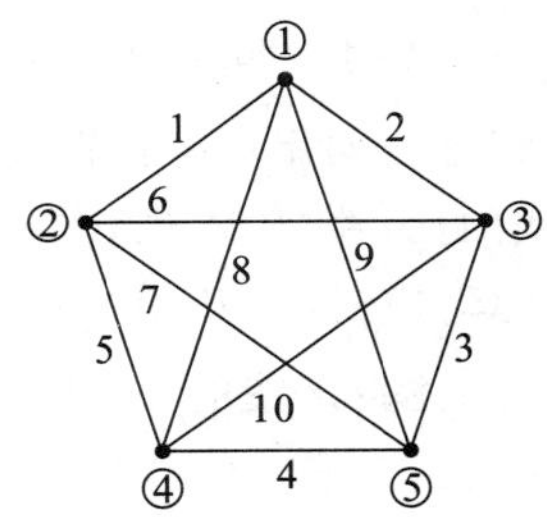

题3-6图

解:题3-6图示出一个节点数最少的非平面图。其中 $b=10$,$n=5$,树支数 $b_T=n-1=4$。现取支路(1,2,3,4)为树,相应的连支为支路(5,6,7,8,9,10)。形成的基本回路为支路(1,2,3,4,5)(1,2,6)(1,2,3,7)(2,3,4,8)(2,3,9)以及(3,4,10)。

若取支路(5,6,7,8)为树,连支则为支路(1,2,3,4,9,10)。形成的基本回路为支路(1,5,8)(2,5,6,8)(3,6,7)(4,5,7)(5,7,8,9)以及(5,6,10)。

3-7　题3-7图所示电路中 $R_1=R_2=10\ \Omega$,$R_3=4\ \Omega$,$R_4=R_5=8\ \Omega$,$R_6=2\ \Omega$,$u_{S3}=20\ \text{V}$,$u_{S6}=40\ \text{V}$,用支路电流法求解电流 i_5。

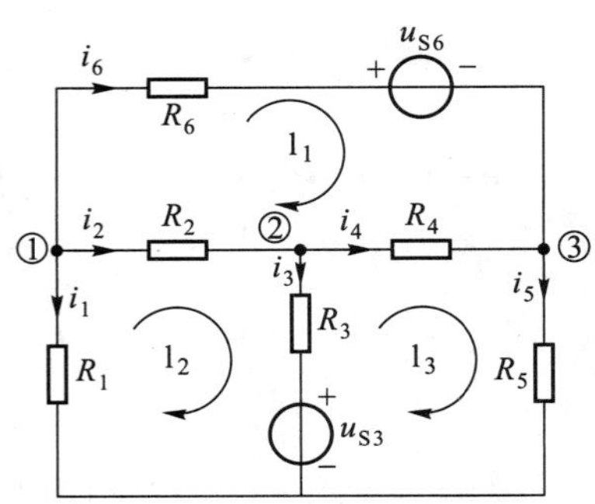

题3-7图

解:为减少变量数和方程数,将电压源和与其串联的电阻组合作为一条支路。本题中 $b=6$,$n=4$。3个独立回路和支路电流 $i_1\sim i_6$ 的参考方向如题3-7图所示。

列出KCL方程如下:

节点①　$i_1+i_2+i_6=0$

节点②　$-i_2+i_3+i_4=0$

节点③　$-i_4+i_5-i_6=0$

列出 KVL 方程，并代入元件参数值，可得

回路 l_1　$2i_6-8i_4-10i_2=-40$

回路 l_2　$10i_2+4i_3-10i_1=-20$

回路 l_3　$-4i_3+8i_4+8i_5=20$

这 6 个方程组成的联立方程可简化写为

i_1	i_2	i_3	i_4	i_5	i_6	b
1	1	0	0	0	1	0
0	-1	1	1	0	0	0
0	0	0	-1	1	-1	0
0	-10	0	-8	0	2	-40
-10	10	4	0	0	0	-20
0	0	-4	8	8	0	20

手算求解此联立方程有很大的计算工作量。可在 MATLAB 上求解得 $i_5=-0.956$ A。

3-8　用网孔电流法求解题 3-7 图中电流 i_5。

解：设网孔电流 i_{m1}、i_{m2}、i_{m3} 如题解 3-8 图所示。网孔方程为

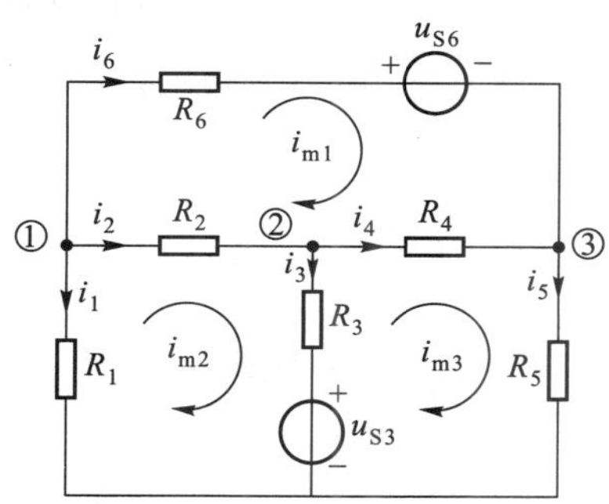

题解 3-8 图

$$\begin{cases}20i_{m1}-10i_{m2}-8i_{m3}=-40\\-10i_{m1}+24i_{m2}-4i_{m3}=-20\\-8i_{m1}-4i_{m2}+20i_{m3}=20\end{cases}$$

应用克拉默法则（行列式法则）求解，求出 i_{m3} 即可，则

$$\Delta=\begin{vmatrix}20&-10&-8\\-10&24&-4\\-8&-4&20\end{vmatrix}=5\ 104,\quad \Delta_3=\begin{vmatrix}20&-10&-40\\-10&24&-20\\-8&-4&20\end{vmatrix}=-4\ 880$$

$$i_{m3}=\frac{\Delta_3}{\Delta}=\frac{-4\ 880}{5\ 104}\ \text{A}=-0.956\ \text{A}$$

$$i_5=i_{m3}=-0.956\ \text{A}$$

3-9　用回路电流法求解题 3-7 图中电流 i_3。

解：如果用网孔电流法求解 i_3，则必须解出 i_{m2} 和 i_{m3}。应用回路法求解时，可以将待求电流 i_3 仅被包含在一个回路电流中。求出一个回路电流就可求得 i_3。

取回路电流 i_{l1}、i_{l2}、i_{l3}，如题解 3-9 图所示。回路方程为

$$\begin{cases}20i_{l1}-10i_{l2}-18i_{l3}=-40\\-10i_{l1}+24i_{l2}+20i_{l3}=-20\\-18i_{l1}+20i_{l2}+36i_{l3}=0\end{cases}$$

$$\Delta=\begin{vmatrix}20&-10&-18\\-10&24&20\\-18&20&36\end{vmatrix}=5\ 104$$

$$\Delta_2=\begin{vmatrix}20&-40&-18\\-10&-20&20\\-18&0&36\end{vmatrix}=-7\ 920$$

$$i_3=i_{l2}=\frac{\Delta_2}{\Delta}=\frac{-7\ 920}{5\ 104}\ \text{A}=-1.552\ \text{A}$$

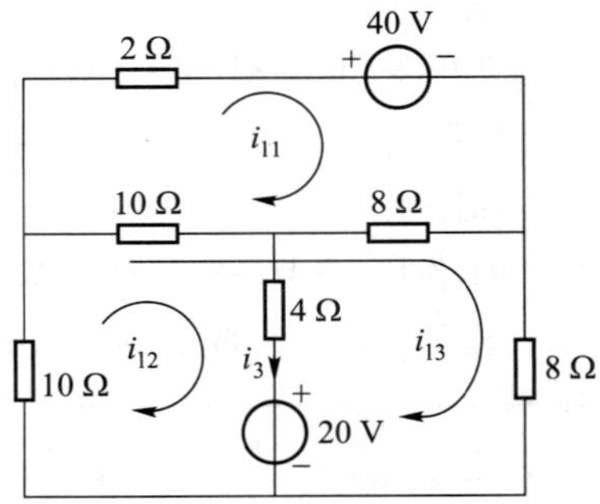

题解 3-9 图

回路电流的选取有一定的灵活性。选取回路电流时必须注意：① 回路电流的数目 $l=b-n+1$ 要足够；② 所选取的必须是一组独立回路。

3-10　用回路电流法求解题 3-10 图所示电路中 5 Ω 电阻中的电流 i。

解：为减少计算工作量，可将右方电阻经混联后看作 $\frac{8\times(5+3)}{8+(5+3)}$ Ω，即 4 Ω 电阻。这是一个 2 个独立回路的电路，给定回路电流 i_{l1}、i_{l2} 方向，从题解 3-10 图可得到回路方程为

$$\begin{cases}12i_{l1}-6i_{l2}=0\\-6i_{l1}+13i_{l2}=48\end{cases}$$

应用克拉默法则求解，有

$$\Delta=\begin{vmatrix}12&-6\\-6&13\end{vmatrix}=156-36=120$$

$$\Delta_2=\begin{vmatrix}12&0\\-6&48\end{vmatrix}=576$$

故

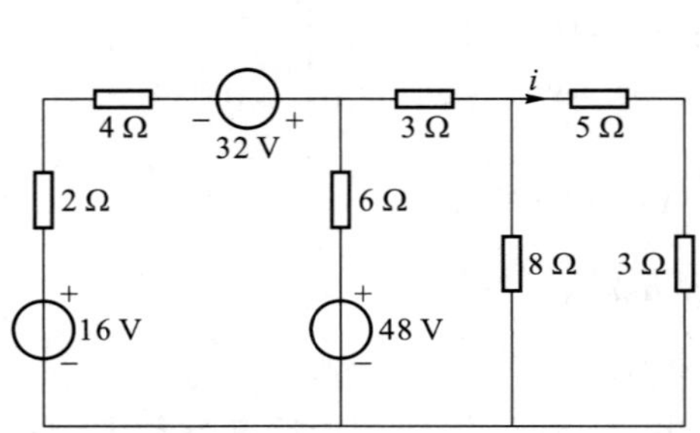

题 3-10 图

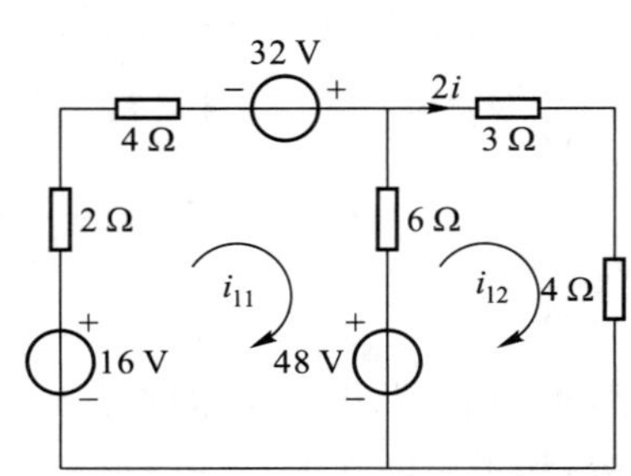

题解 3-10 图

$$i_{12}=\frac{\Delta_2}{\Delta}=\frac{576}{120}\ \text{A}=4.8\ \text{A}$$

而 i 可从原图求得

$$i=\frac{i_{12}}{2}=\frac{4.8}{2}\ \text{A}=2.4\ \text{A}$$

3-11　用回路电流法求解题 3-11 图所示电路中电流 I。

解:题 3-11 图所示电路中有一个无伴电流源支路。选取回路电流时,使得仅有一个回路电流通过该无伴电流源,就可省却该回路的 KVL 方程,使计算量减少。现取如题解 3-11 图所示的 3 个回路。回路电流方程为

$$\begin{cases}(5+5+30)I_{l1}+(5+5)I_{l2}-5I_{l3}=30\\(5+5)I_{l1}+(5+5+20)I_{l2}-25I_{l3}=30-5\\I_{l3}=1\end{cases}$$

整理后得到

$$\begin{cases}40I_{l1}+10I_{l2}=35\\10I_{l1}+30I_{l2}=50\end{cases}$$

可解得

$$I_{l1}=0.5\ \text{A}$$

即

$$I=0.5\ \text{A}$$

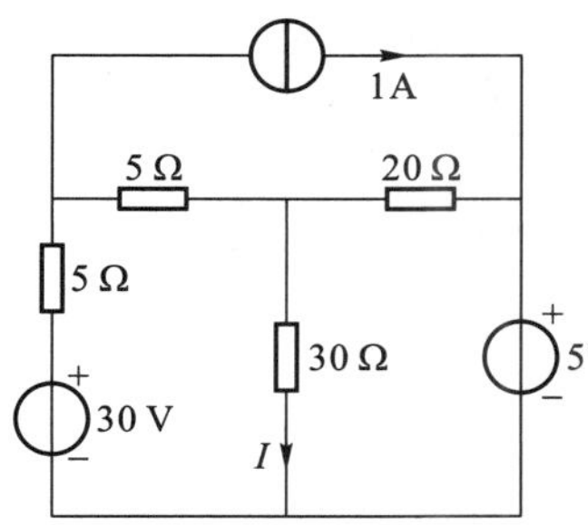

题 3-11 图

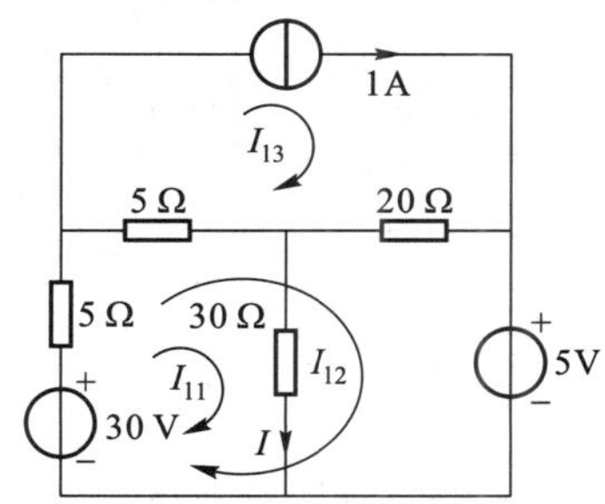

题解 3-11 图

3-12　用回路电流法求解题 3-12 图所示电路中电流 I_α 及电压 U_o。

解:本题电路中有一个电流控制无伴电流源,现指定 3 个回路电流如题解 3-12 图所示。回路电流方程为

$$\begin{cases}21.5I_1-2.5I_2-15I_3=0\\-2.5I_1+12.5I_2-2I_3=-14\\I_3=1.4I_1\end{cases}$$

整理得

$$\begin{cases}0.5I_1-2.5I_2=0\\-5.3I_1+12.5I_2=-14\end{cases}$$

可解得

$$I_1 = I_\alpha = 5\ \mathrm{A},\quad I_2 = 1\ \mathrm{A}$$

$$U_o = -4I_1 - 8I_2 - 14 = (-4\times5 - 8\times1 - 14)\ \mathrm{V} = -42\ \mathrm{V}$$

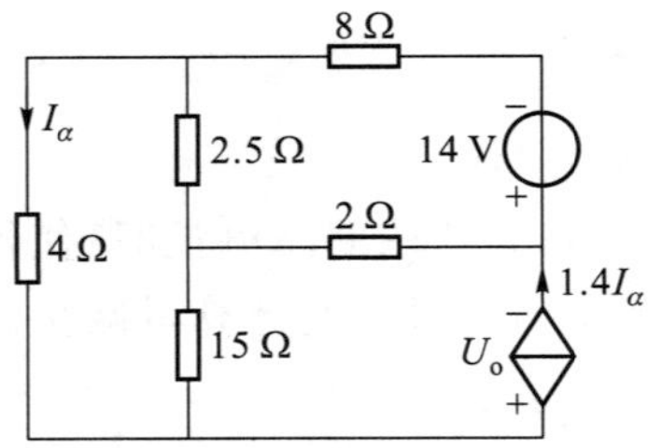

题 3-12 图

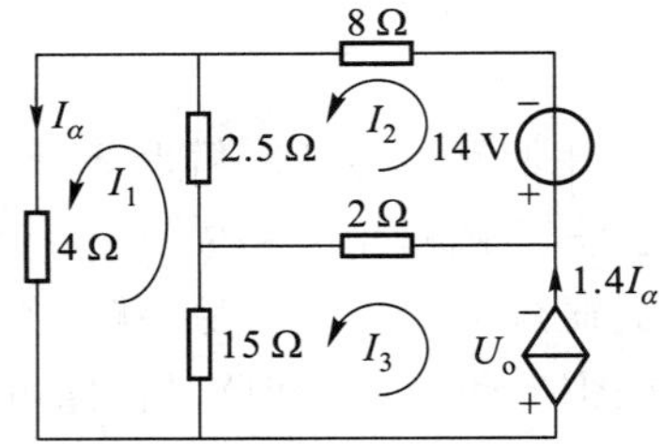

题解 3-12 图

3-13　用回路电流法求解:

(1) 题 3-13 图(a)中的 U_x。

(2) 题 3-13 图(b)中的 I。

(在本题中,应考虑如何选择独立回路,可使解题的工作量最少。)

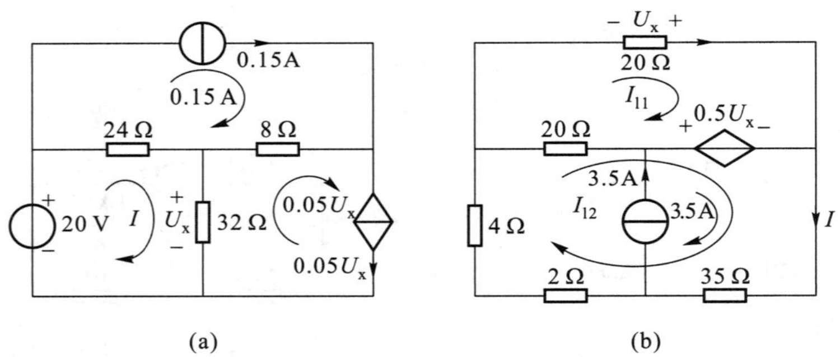

题 3-13 图

解:(1) 题 3-13 图(a)所示电路中有 2 个无伴电流源,其一为受控源。现取回路电流如题 3-13 图(a)所示。由于其中 2 个回路电流单独流过无伴电流源,其值分别为 0.15 A 及 0.05 U_x。现仅需在回路电流 I 所在回路列写 KVL 方程。列写回路方程时,在回路中采用逐段列写电压的方法,从 20 V 电压源的负极端出发,沿顺时针方向,各段电压分别为−20 V,24(I−0.15),32(I−0.05U_x)等,因此得到 KVL 即回路方程为

$$-20 + 24(I - 0.15) + 32(I - 0.05U_x) = 0$$

附加控制量方程为

$$U_x = 32(I - 0.05U_x)$$

联立求解这两个方程,可解得

$$U_x = 8\ \mathrm{V}$$

(2) 如题 3-13 图(b)所示,取回路电流时,使 3.5 A 无伴电流源仅有一个回路电

流通过，这个回路电流就是 3.5 A。各回路电流如题 3-13 图(b)所示。仍用逐段列写电压的方法列写 I_{l1}、I_{l2} 这 2 个回路的 KVL 方程，分别为

$$20I_{l1}-0.5U_x+20(I_{l1}-I_{l2})=0$$

$$20(I_{l2}-I_{l1})+0.5U_x+35(I_{l2}+3.5)+6I_{l2}=0$$

附加受控源控制量方程为

$$U_x=-20I_{l1}$$

整理为

$$50I_{l1}-20I_{l2}=0$$

$$-30I_{l1}+61I_{l2}=-122.5$$

可解得

$$I_{l2}=-2.5\ \text{A}$$

而

$$I=I_{l2}+3.5=1\ \text{A}$$

3-14　用回路法求解题 3-14 图所示电路中 I_x 以及 CCVS 的功率。

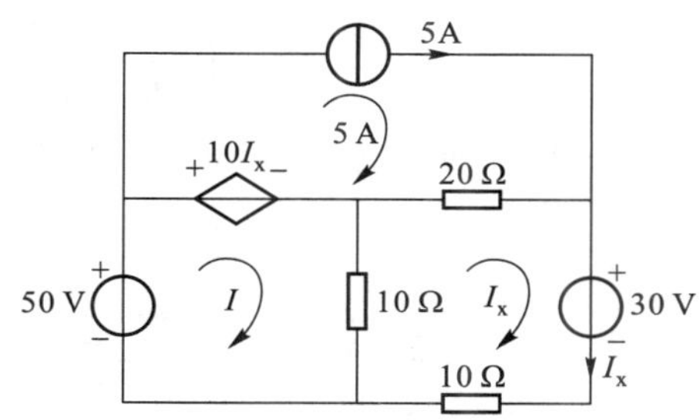

题 3-14 图

解：三个回路电流取为 I、I_x 及 5 A，如题 3-14 图所示。对 I、I_x 所在回路逐段写 KVL 方程，有

$$\begin{cases}-50+10I_x+10(I-I_x)=0\\30+10I_x+10(I_x-I)+20(I_x-5)=0\end{cases}$$

可求得

$$I=5\ \text{A},\quad I_x=3\ \text{A}$$

受控源 CCVS 中电流 $I_{CS}=5-I=0$，故 CCVS 的功率为零。

3-15　列出题 3-15 图(a)(b)所示电路的节点电压方程。

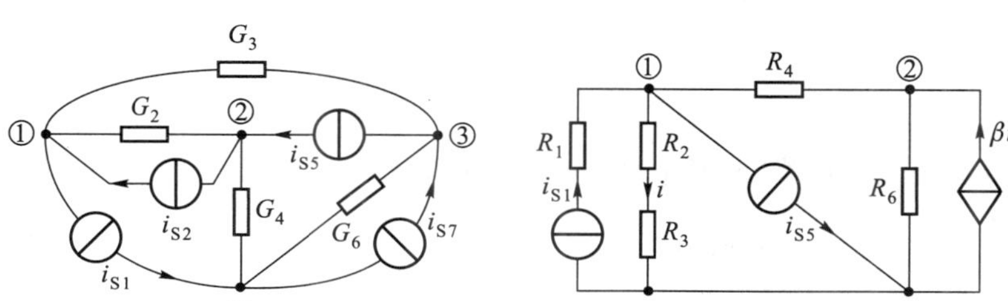

(a)　(b)

题 3-15 图

解：(1) 将各节点编号如题 3-15 图所示，节点⓪为参考节点。

自导 $G_{11}=G_2+G_3$，$G_{22}=G_2+G_4$，$G_{33}=G_3+G_6$；互导 $G_{12}=-G_2$，$G_{13}=-G_3$，$G_{23}=0$；注入电流 $i_{S11}=-i_{S1}+i_{S2}$，$i_{S22}=-i_{S2}+i_{S5}$，$i_{S33}=-i_{S5}+i_{S7}$。节点电压方程为

$$\begin{cases}(G_2+G_3)u_{n1}-G_2u_{n2}-G_3u_{n3}=-i_{S1}+i_{S2}\\-G_2u_{n1}+(G_2+G_4)u_{n2}=i_{S5}-i_{S2}\\-G_3u_{n1}+(G_3+G_6)u_{n3}=i_{S7}-i_{S5}\end{cases}$$

(2) 如题3-15图(b)所示电路,节点电压方程为

$$\begin{cases}\left(\dfrac{1}{R_2+R_3}+\dfrac{1}{R_4}\right)u_{n1}-\dfrac{1}{R_4}u_{n2}=i_{S1}-i_{S5}\\-\dfrac{1}{R_4}u_{n1}+\left(\dfrac{1}{R_4}+\dfrac{1}{R_6}\right)u_{n2}=\beta i\\i=\dfrac{u_{n1}}{R_2+R_3}\end{cases}$$

整理为

$$\left(\frac{1}{R_2+R_3}+\frac{1}{R_4}\right)u_{n1}-\frac{1}{R_4}u_{n2}=i_{S1}-i_{S5}$$

$$\left(-\frac{1}{R_4}-\frac{\beta}{R_2+R_3}\right)u_{n1}+\left(\frac{1}{R_4}+\frac{1}{R_6}\right)u_{n2}=0$$

3-16　列出题3-16图(a)(b)所示电路的节点电压方程。

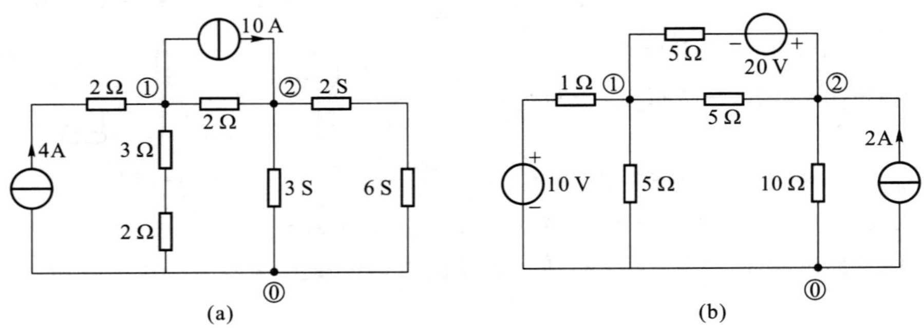

题3-16图

解:(1) 如题3-16图(a)所示电路,写方程时要注意2 S电导与6 S电导串联公式,应为$\dfrac{2\times6}{2+6}$ S。节点电压方程为

$$\begin{cases}\left(\dfrac{1}{2}+\dfrac{1}{3+2}\right)u_{n1}-\dfrac{1}{2}u_{n2}=4-10\\-\dfrac{1}{2}u_{n1}+\left(\dfrac{1}{2}+3+\dfrac{2\times6}{2+6}\right)u_{n2}=10\end{cases}$$

经整理后,得

$$\begin{cases}0.7u_{n1}-0.5u_{n2}=-6\\-0.5u_{n1}+5u_{n2}=10\end{cases}$$

（2）如题 3-16 图(b)所示电路，节点电压方程为

$$\begin{cases}\left(1+\dfrac{1}{5}+\dfrac{1}{5}+\dfrac{1}{5}\right)u_{n1}-\left(\dfrac{1}{5}+\dfrac{1}{5}\right)u_{n2}=\dfrac{10}{1}-\dfrac{20}{5}\\ -\left(\dfrac{1}{5}+\dfrac{1}{5}\right)u_{n1}+\left(\dfrac{1}{5}+\dfrac{1}{5}+\dfrac{1}{10}\right)u_{n2}=2+\dfrac{20}{5}\end{cases}$$

整理后，得

$$\begin{cases}1.6u_{n1}-0.4u_{n2}=6\\ -0.4u_{n1}+0.5u_{n2}=6\end{cases}$$

3-17　题 3-17 图所示为由电压源和电阻组成的一个独立节点的电路，用节点电压法证明其节点电压为

$$u_{n1}=\frac{\sum G_k u_{Sk}}{\sum G_k}$$

此式又称弥尔曼定理。

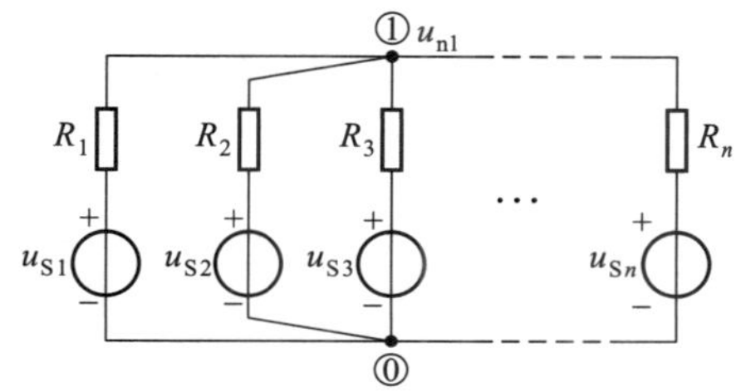

题 3-17 图

证明：节点①的自导为

$$G_{11}=\frac{1}{R_1}+\frac{1}{R_2}+\cdots+\frac{1}{R_n}=G_1+G_2+\cdots+G_n=\sum_{k=1}^{n}G_k$$

注入节点①的电流为

$$\begin{aligned}i_{S11}&=\frac{u_{S1}}{R_1}+\frac{u_{S2}}{R_2}+\cdots+\frac{u_{Sn}}{R_n}=G_1u_{S1}+G_2u_{S2}+\cdots+G_nu_{Sn}\\&=\sum_{k=1}^{n}G_ku_{Sk}\end{aligned}$$

由节点电压方程

$$G_{11}u_{n1}=i_{S11}$$

便可得到

$$u_{n1}=\frac{i_{S11}}{G_{11}}=\frac{\sum\limits_{k=1}^{n}G_ku_{Sk}}{\sum\limits_{k=1}^{n}G_k}$$

3-18　列出题 3-18 图(a)(b)所示电路的节点电压方程。

解：（1）节点编号如题 3-18 图(a)所示。节点电压方程为

$$\begin{cases}\left(1+1+\dfrac{1}{2}+1\right)u_{n1}-\left(1+\dfrac{1}{2}\right)u_{n2}-u_{n3}=2+\dfrac{4}{1}+\dfrac{2}{2}\\ -\left(1+\dfrac{1}{2}\right)u_{n1}+\left(1+\dfrac{1}{2}+\dfrac{1}{2}\right)u_{n2}=-\dfrac{2}{2}+3\\ -u_{n1}+\left(1+\dfrac{1}{2}\right)u_{n3}=-2\end{cases}$$

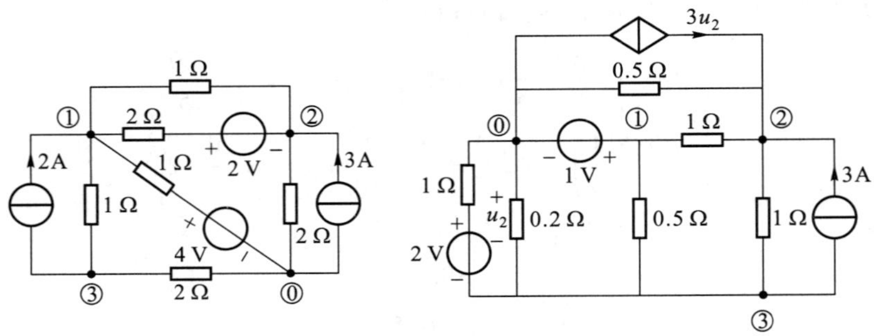

(a)　　　　(b)

题 3-18 图

经整理得

$$\begin{cases}3.5u_{n1}-1.5u_{n2}-u_{n3}=7\\-1.5u_{n1}+2u_{n2}=2\\-u_{n1}+1.5u_{n3}=-2\end{cases}$$

(2) 题 3-18 图(b)所示电路中有一个无伴电压源,编号时将其一端的节点作为参考节点,节点①可不列 KCL 方程,而附加以辅助方程 $u_{n1}=1$。节点电压方程为

$$\begin{cases}-u_{n1}+(2+1+1)u_{n2}-u_{n3}=3+3u_2\\-2u_{n1}-u_{n2}+(1+5+2+1)u_{n3}=-3-\dfrac{2}{1}\end{cases}\tag{①}$$

附加方程及控制量方程为

$$\begin{cases}u_{n1}=1\\u_2=-u_{n3}\end{cases}$$

代入方程组①,可将节点电压方程整理为

$$\begin{cases}4u_{n2}+2u_{n3}=4\\-u_{n2}+9u_{n3}=-3\end{cases}$$

3-19　用节点电压法求解题 3-19 图所示电路中各支路电流。

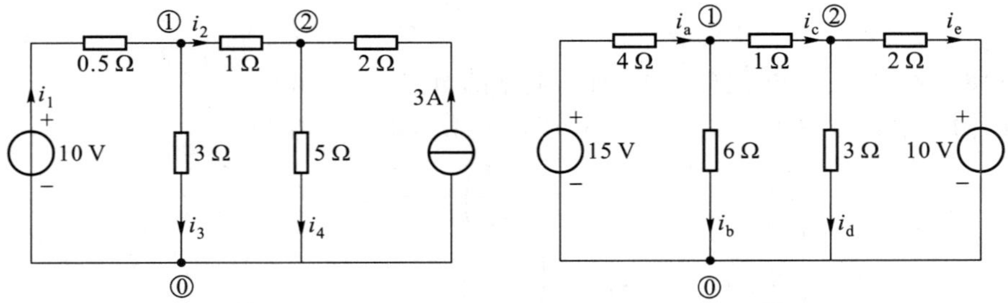

(a)　　　　(b)

题 3-19 图

解:(1) 节点编号如题 3-19 图(a)所示。节点电压方程为

$$\begin{cases}\left(2+\dfrac{1}{3}+1\right)u_{n1}-u_{n2}=\dfrac{10}{0.5}\\ -u_{n1}+\left(1+\dfrac{1}{5}\right)u_{n2}=3\end{cases}$$

经整理,得到

$$\begin{cases}\dfrac{10}{3}u_{n1}-u_{n2}=20\\ -u_{n1}+1.2u_{n2}=3\end{cases}$$

可解得

$$u_{n1}=9\ \text{V},\quad u_{n2}=10\ \text{V}$$

根据给定的各支路电流方向,可得到各支路电流为

$$i_1=\frac{10-u_{n1}}{0.5}=2\ \text{A}$$

$$i_2=\frac{u_{n1}-u_{n2}}{1}=-1\ \text{A}$$

$$i_3=\frac{u_{n1}}{3}=3\ \text{A}$$

$$i_4=\frac{u_{n2}}{5}=2\ \text{A}$$

各电流可在参考节点验证是否满足 KCL,因为 $i_1+3=i_3+i_4=5$,故答案正确。

(2) 节点编号如题 3-19 图(b)所示,节点电压方程为

$$\begin{cases}\left(\dfrac{1}{4}+\dfrac{1}{6}+1\right)u_{n1}-u_{n2}=\dfrac{15}{4}\\ -u_{n1}+\left(1+\dfrac{1}{3}+\dfrac{1}{2}\right)u_{n2}=\dfrac{10}{2}\end{cases}$$

经整理得

$$\begin{cases}17u_{n1}-12u_{n2}=45\\ -6u_{n1}+11u_{n2}=30\end{cases}$$

可解得 $u_{n1}=7.435\ \text{V}$,$u_{n2}=6.783\ \text{V}$,给定参考方向的各支路电流为

$$i_a=\frac{15-u_{n1}}{4}=\frac{15-7.435}{4}\ \text{A}=1.891\ \text{A}$$

$$i_b=\frac{u_{n1}}{6}=\frac{7.435}{6}\ \text{A}=1.239\ \text{A}$$

$$i_c=\frac{u_{n1}-u_{n2}}{1}=\frac{7.435-6.783}{1}\ \text{A}=0.652\ \text{A}$$

$$i_d=\frac{u_{n2}}{3}=\frac{6.783}{3}\ \text{A}=2.261\ \text{A}$$

$$i_e=\frac{u_{n2}-10}{2}=\frac{6.783-10}{2}\ \text{A}=-1.608\ \text{A}$$

3-20　题 3-20 图所示电路中电源为无伴电压源,用节点电压法求解电流 I_S 和 I_O。

解:节点编号如题 3-20 图所示,节点电压方程为

$$\begin{cases}U_{n1}=48\\ -\frac{1}{5}U_{n1}+\left(\frac{1}{5}+\frac{1}{2}+\frac{1}{6}\right)U_{n2}-\frac{1}{2}U_{n3}=0\\ -\frac{1}{3+9}U_{n1}-\frac{1}{2}U_{n2}+\left(\frac{1}{3+9}+\frac{1}{2}+\frac{1}{1+1}\right)U_{n3}=0\end{cases}$$

整理后,可得到

$$\begin{cases}26U_{n2}-15U_{n3}=288\\ -6U_{n2}+13U_{n3}=48\end{cases}$$

可解得

$$U_{n2}=18\ \text{V},\quad U_{n3}=12\ \text{V}$$

$$I_O=\frac{U_{n3}-U_{n2}}{2}=\frac{12-18}{2}\ \text{A}=-3\ \text{A}$$

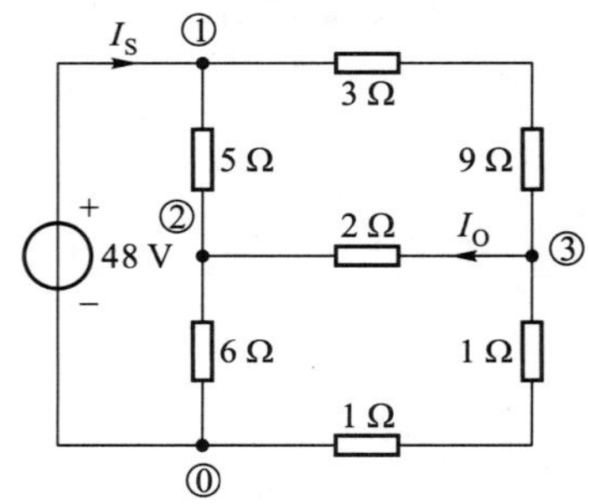

题 3-20 图

I_S 是无伴电压源中的电流,要在其端子上由 KCL 来求得,有

$$I_S=\frac{U_{n1}-U_{n3}}{3+9}+\frac{U_{n1}-U_{n2}}{5}=\left(\frac{48-12}{12}+\frac{48-18}{5}\right)\ \text{A}$$
$$=(3+6)\ \text{A}=9\ \text{A}$$

3-21　用节点电压法求解题 3-21 图所示电路中电压 U。(请注意如何使待解的独立方程数为最少。)

解:节点编号如题 3-21 图所示。节点电压方程是节点②的 KCL 方程以及节点电压 U_{n1}、U_{n3} 的附加方程及控制量方程,列写如下:

$$\begin{cases}U_{n1}=50\\ -\frac{1}{5}U_{n1}+\left(\frac{1}{5}+\frac{1}{20}+\frac{1}{4}\right)U_{n2}-\frac{1}{4}U_{n3}=0\\ U_{n3}=15\ I\\ I=\frac{U_{n2}}{20}\end{cases}$$

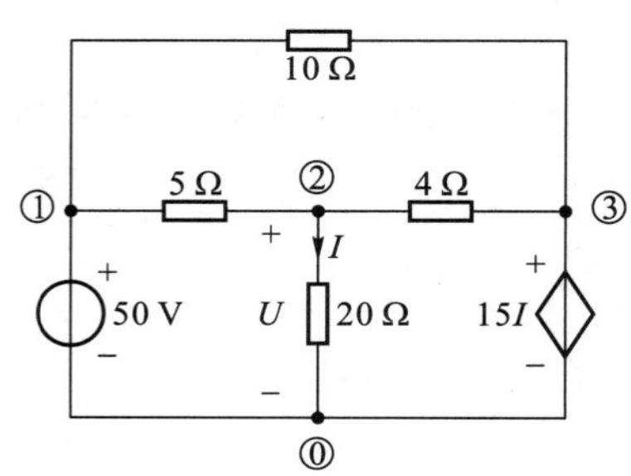

题 3-21 图

整理为以 U_{n2} 为变量的方程

$$\frac{25}{80}U_{n2}=10$$

故

$$U_{n2}=\frac{800}{25}\text{ V}=32\text{ V}$$

即

$$U=U_{n2}=32\text{ V}$$

3-22　用节点电压法求解题 3-13。

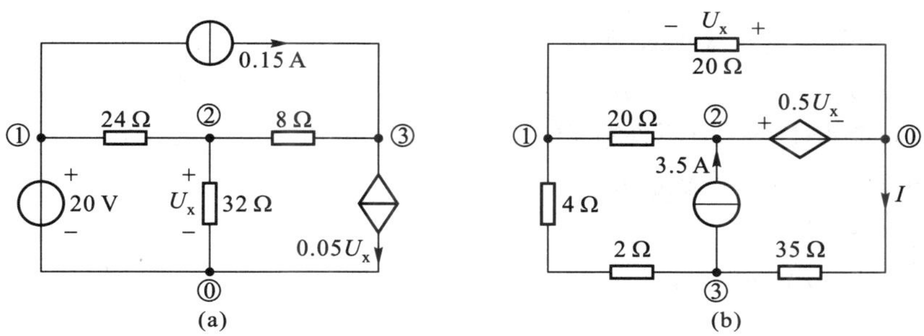

题 3-22 图

解:(1) 节点编号如题 3-22 图所示,控制电压 U_x 即节点电压 U_{n2}。

节点电压方程为

$$\begin{cases}U_{n1}=20\\ -\dfrac{1}{24}U_{n1}+\left(\dfrac{1}{24}+\dfrac{1}{32}+\dfrac{1}{8}\right)U_{n2}-\dfrac{1}{8}U_{n3}=0\\ -\dfrac{1}{8}U_{n2}+\dfrac{1}{8}U_{n3}=0.15-0.05U_x\\ U_x=U_{n2}\end{cases}$$

经整理可得到

$$\begin{cases}19U_{n2}-12U_{n3}=80\\ -3U_{n2}+5U_{n3}=6\end{cases}$$

可解得

$$U_{n2}=8\text{ V}$$

也即

$$U_x=8\text{ V}$$

(2) 如题 3-22 图(b)所示电路,节点编号时,取无伴受控电压源的一端为参考节点。节点电压方程为

$$\begin{cases}\left(\dfrac{1}{6}+\dfrac{1}{20}+\dfrac{1}{20}\right)U_{n1}-\dfrac{1}{20}U_{n2}-\dfrac{1}{6}U_{n3}=0\\ U_{n2}=0.5U_x\\ -\dfrac{1}{6}U_{n1}+\left(\dfrac{1}{6}+\dfrac{1}{35}\right)U_{n3}=-3.5\\ U_x=-U_{n1}\end{cases}$$

经整理可得到

$$\begin{cases}17.5U_{n1}-10U_{n3}=0\\-35U_{n1}+41U_{n3}=-735\end{cases}$$

解得

$$U_{n3}=-35\ \mathrm{V},\quad I=-\frac{U_{n3}}{35}=1\ \mathrm{A}$$

3-23　用节点电压法求解题3-14。

解:将参考节点取在无伴电压源的一端,从题3-23图中可看出 U_{n1} 与 U_{n2} 受无伴电压源制约,节点①与②可不列写KCL方程。节点电压方程中仅有节点③的KCL方程以及附加的制约方程和控制量方程,为

$$\begin{cases}U_{n1}=50\\U_{n2}=-10I_x+U_{n1}\\-\dfrac{1}{20}U_{n2}+\left(\dfrac{1}{20}+\dfrac{1}{10}\right)U_{n3}=5+\dfrac{30}{10}\\I_x=\dfrac{U_{n3}-30}{10}\end{cases}$$

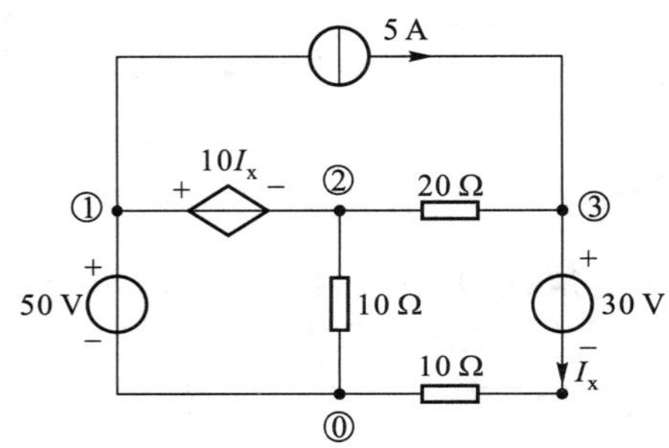

题3-23图

经整理,可得到

$$U_{n3}=60\ \mathrm{V},\quad I_x=3\ \mathrm{A}$$

于是

$$\begin{aligned}U_{n2}&=50\ \mathrm{V}-10\ \Omega\times I_x\\&=(50-10\times3)\ \mathrm{V}\\&=20\ \mathrm{V}\end{aligned}$$

流过受控电压源中的电流为

$$\begin{aligned}I_{CS}&=-\left(\frac{U_{n2}}{10\ \Omega}+\frac{U_{n2}-U_{n3}}{20\ \Omega}\right)\\&=-\left(\frac{20}{10}+\frac{20-60}{20}\right)\ \mathrm{V}\\&=0\end{aligned}$$

因此,CCVS的功率为零。

3-24　用节点电压法求解题3-24图所示电路后,求各元件的功率并检验功率是否平衡。

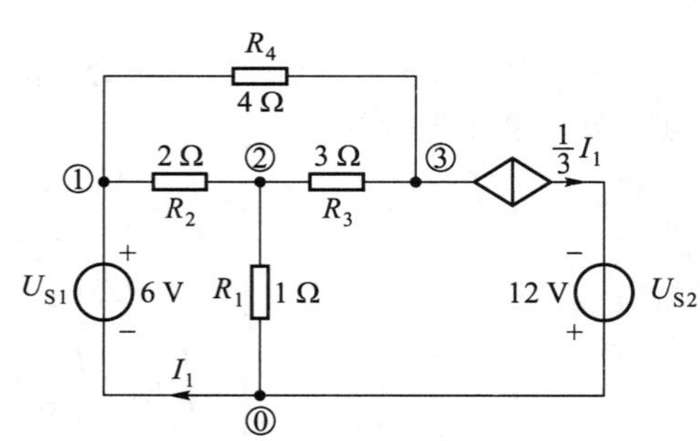

题3-24图

解:选择参考节点在无伴电压源的一端,节点①可不列KCL方程。附加方程为 U_{n1} 的约束方程及控制量 I_1 的辅助方程。节点电压方程以及附加方程为

$$\begin{cases} U_{n1}=6 \\ -\frac{1}{2}U_{n1}+\left(\frac{1}{2}+1+\frac{1}{3}\right)U_{n2}-\frac{1}{3}U_{n3}=0 \\ -\frac{1}{4}U_{n1}-\frac{1}{3}U_{n2}+\left(\frac{1}{3}+\frac{1}{4}\right)U_{n3}=-\frac{1}{3}I_1 \\ I_1=\frac{U_{n2}}{1}+\frac{1}{3}I_1 \end{cases}$$

经整理,得到 U_{n2} 与 U_{n3} 的联立方程为

$$\begin{cases} 11U_{n2}-2U_{n3}=18 \\ 2U_{n2}+7U_{n3}=18 \end{cases}$$

可解得

$$U_{n2}=U_{n3}=2\ \mathrm{V},\quad I_1=\frac{3}{2}U_{n2}=3\ \mathrm{A}$$

元件功率计算如下：

6 V 电压源发出功率为

$$P_{U_{S1}}=6\ \mathrm{V}\times I_1=6\times 3\ \mathrm{W}=18\ \mathrm{W}$$

12 V 电压源发出功率为

$$P_{U_{S2}}=12\ \mathrm{V}\times\frac{1}{3}I_1=12\times\frac{1}{3}\times 3\ \mathrm{W}=12\ \mathrm{W}$$

CCCS 吸收功率为

$$P_{CS}=(U_{n3}+12\ \mathrm{V})\times\frac{1}{3}I_1=(2+12)\times\frac{1}{3}\times 3\ \mathrm{W}=14\ \mathrm{W}$$

1 Ω 电阻消耗功率为

$$P_{R_1}=\frac{U_{n2}^2}{1\ \Omega}=4\ \mathrm{W}$$

2 Ω 电阻消耗功率为

$$P_{R_2}=\frac{(U_{n1}-U_{n2})^2}{2\ \Omega}=\frac{(6-2)^2}{2}\ \mathrm{W}=8\ \mathrm{W}$$

3 Ω 电阻消耗功率为

$$P_{R_3}=\frac{(U_{n2}-U_{n3})^2}{3\ \Omega}=\frac{(2-2)^2}{3}\ \mathrm{W}=0$$

4 Ω 电阻消耗功率为

$$P_{R_4}=\frac{(U_{n1}-U_{n3})^2}{4\ \Omega}=\frac{(6-2)^2}{4}\ \mathrm{W}=4\ \mathrm{W}$$

电路中：

$$P_{吸收}=P_{R_1}+P_{R_2}+P_{R_3}+P_{R_4}+P_{CS}=(4+8+4+14)\ \mathrm{W}=30\ \mathrm{W}$$

$$P_{\text{发出}}=P_{U_{S1}}+P_{U_{S2}}=(18+12)\ \text{W}=30\ \text{W}$$

因此,$P_{\text{发出}}=P_{\text{吸收}}$,功率平衡。受控源可消耗功率,也可能发出功率,说明由受控源来实现电路中某种控制关系时,实现此控制的机构必须付出功率转换的代价。

3-25 用节点电压法求解题 3-25 图所示电路中 u_{n1} 和 u_{n2},你对此题的求解结果有什么看法?

解:节点编号如题 3-25 图所示。节点电压方程为

$$\begin{cases}(1+2)u_{n1}-u_{n2}=2\\-u_{n1}+(1+1)u_{n2}=5u_1\\u_1=u_{n1}\end{cases}$$

经整理后,得到 u_{n1} 与 u_{n2} 变量的方程如下:

$$\begin{cases}3u_{n1}-u_{n2}=2\\-6u_{n1}+2u_{n2}=0\end{cases}$$

或

$$\begin{cases}3u_{n1}-u_{n2}=2\\3u_{n1}-u_{n2}=0\end{cases}$$

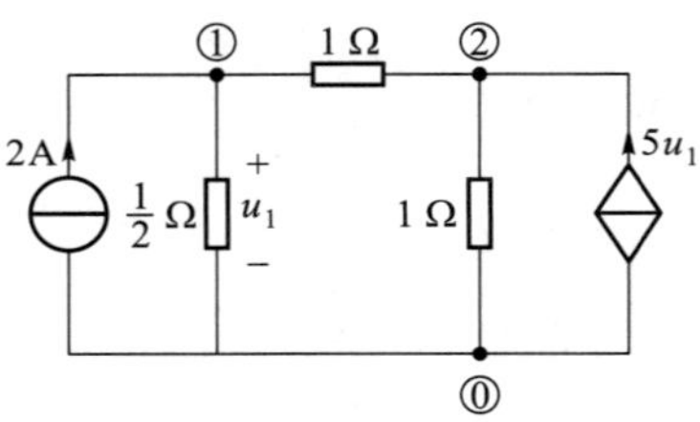

题 3-25 图

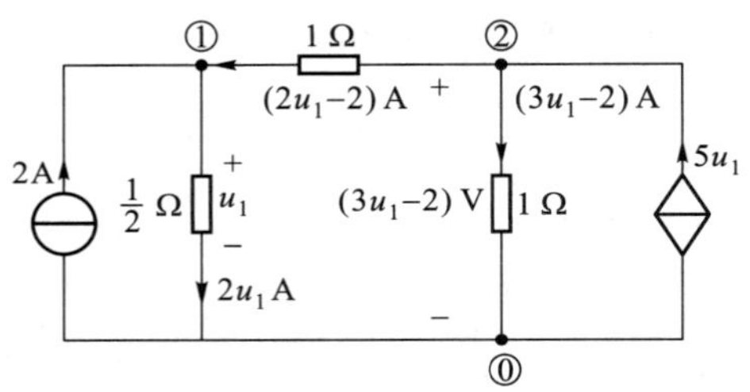

题解 3-25 图

这是一个矛盾的方程组,其行列式 $\Delta=\begin{vmatrix}3 & -1\\3 & -1\end{vmatrix}=0$,因此不存在有限值的解。可用 KCL、KVL 求得节点②的流出电流(流过 2 个 1 Ω 电阻的电流)为 $5u_1-4$,如题解 3-25 图所示,但节点②的流入电流为 VCCS 电流 $5u_1$。KCL 要求 $5u_1-4=5u_1$,仅在 $u_1\to\infty$ 时才成立。由于实际电路电压总为有限值,可见这是一个错误的电路模型。

3-26 列出题 3-26 图所示电路的节点电压方程。如果 $R_S=0$,则方程又如何?(提示:为避免引入过多附加电流变量,对连有无伴电压源的节点部分,可在包含无伴电压源的封闭面 S 上写出 KCL 方程。)

解:(1) 由于节点①、②、③之间连有无伴电压源,对这些节点单独列写 KCL 方程时就要引入附加电流变量,增加求解变量数。现在对围绕节点①、②、③的封闭面 S(或称广义节点或超节点)列写 KCL 方程,就避免了附加电流的引入,但应补充节点电压为无伴电压源制约的附加方程和受控源控制量 I 的附加方程。取节点电压变量为 U_{n1}、

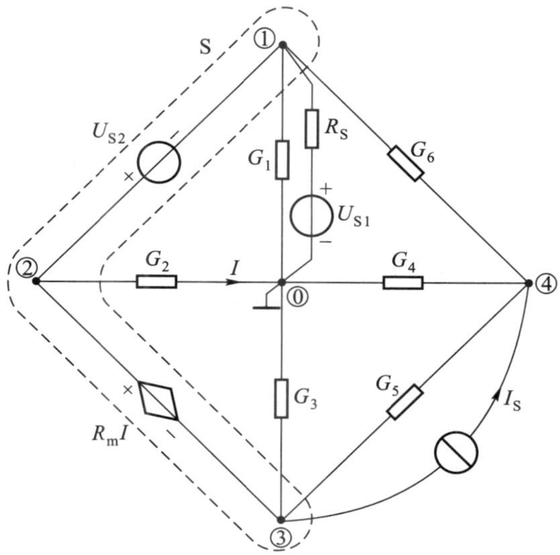

题 3-26 图

U_{n4}，而将 $U_{n2}=U_{n1}+U_{S2}$，$U_{n3}=U_{n1}+U_{S2}-R_mI$ 直接写入方程。在 S 面及节点④列写 KCL 方程，则为

$$G_6(U_{n1}-U_{n4})+\frac{U_{n1}-U_{S1}}{R_S}+G_1U_{n1}+G_2(U_{n1}+U_{S2})+G_3(U_{n1}+U_{S2}-R_mI)+$$

$$G_5(U_{n1}+U_{S2}-R_mI-U_{n4})+I_S=0$$

$$G_6(U_{n4}-U_{n1})+G_4U_{n4}+G_5(U_{n4}-U_{n1}-U_{S2}+R_mI)-I_S=0$$

$$I=G_2(U_{n1}+U_{S2})$$

经整理，成为

$$\left[G_1+\frac{1}{R_S}+G_2+G_3+G_5+G_6-G_2R_m(G_3+G_5)\right]U_{n1}-(G_5+G_6)U_{n4}$$

$$=\frac{1}{R_S}U_{S1}-I_S-[G_2-(G_3+G_5)(R_mG_2-1)]U_{S2}-(G_5+G_6-G_2G_5R_m)U_{n1}+(G_4+G_5+G_6)U_{n4}$$

$$=I_S+G_5(1-G_2R_m)U_{S2}$$

（2）当 $R_S=0$ 时，U_{n1} 亦被无伴电压源限定，无须对封闭面列写 KCL 方程（也可看为此时包含无伴电压源的封闭面将扩充到参考节点⓪，而包含参考节点的 KCL 方程是不独立的）。节点电压方程为

$$\begin{cases}G_6(U_{n4}-U_{S1})+G_4U_{n4}+G_5[U_{n4}-(U_{S1}+U_{S2}-R_mI)]-I_S=0\\I=G_2(U_{S1}+U_{S2})\end{cases}$$

经整理，成为

$$(G_6+G_4+G_5)U_{n4}=I_S+[G_6+G_5(1-R_mG_2)]U_{S1}+G_5(1-R_mG_2)U_{S2}$$

3-27　用回路电流法求解题 3-27 图所示电路。可将四个电流源支路都取为连

支。对基本回路列出方程后求解出各支路的电压或电流,求各支路的功率并验证功率的平衡。

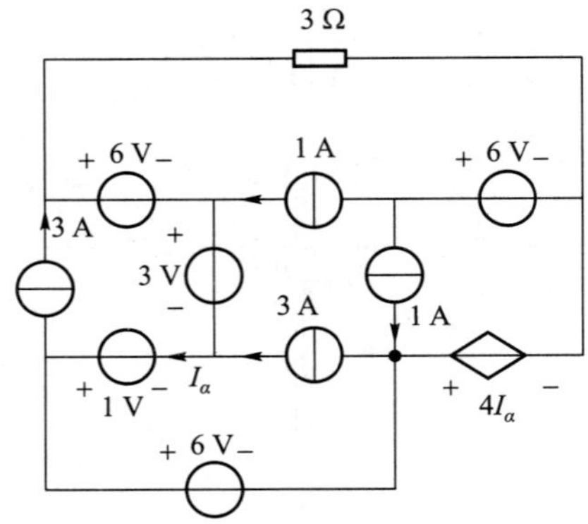

题 3-27 图

解:如题解 3-27 图(a)所示,取支路(1,3,5,7,8,10)为树,则 5 个基本回路如题解 3-27 图(b)(c)(d)(e)和(f)所示。

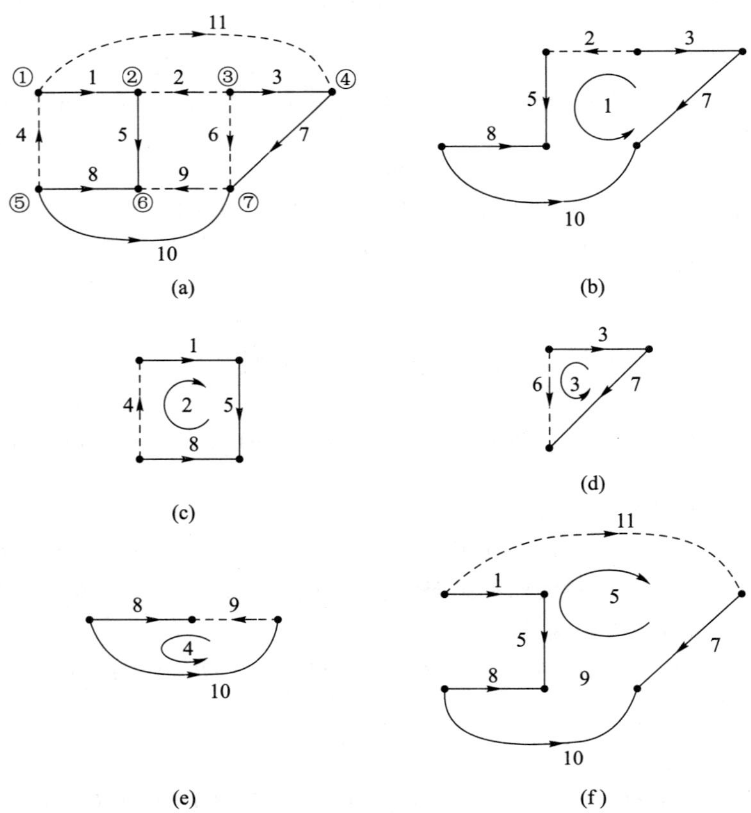

题解 3-27 图

回路电流方程为

$$\begin{cases} I_{11}=1 \\ I_{12}=3 \\ I_{13}=1 \\ I_{14}=3 \\ 3I_{15}-4I_a=6-1+3+6 \end{cases}$$

增补方程为 $I_a=I_{11}+I_{12}+I_{14}-I_{15}$

求解上述方程得 $I_{15}=6\ \text{A},\quad I_a=1\ \text{A}$

各支路电压为

$$U_1=6\ \text{V},\quad U_3=6\ \text{V},\quad U_5=3\ \text{V},\quad U_8=1\ \text{V},\quad U_{10}=6\ \text{V},\quad U_7=-4I_a=-4\ \text{V}$$

$$U_2=U_3+U_7-U_{10}+U_8-U_5=-6\ \text{V},\quad U_4=-U_1-U_5+U_8=-8\ \text{V},$$

$$U_6=U_3+U_7=2\ \text{V},\quad U_9=U_8-U_{10}=-5\ \text{V}$$

$$U_{11}=-U_7+U_{10}-U_8+U_5+U_1=18\ \text{V}$$

各支路电流为

$$I_2=I_{11}=1\ \text{A},\quad I_4=I_{12}=3\ \text{A},\quad I_6=I_{13}=1\ \text{A},\quad I_9=I_{14}=3\ \text{A},\quad I_{11}=I_{15}=6\ \text{A}$$

$$I_1=I_{12}-I_{15}=-3\ \text{A},\quad I_3=-I_{11}-I_{13}=-2\ \text{A},\quad I_5=I_{11}+I_{12}-I_{15}=-2\ \text{A},$$

$$I_7=-I_{11}-I_{13}+I_{15}=4\ \text{A},\quad I_8=-I_a=-1\ \text{A},\quad I_{10}=I_{11}+I_{14}-I_{15}=-2\ \text{A}$$

各支路吸收的功率为

$$P_1=U_1I_1=-18\ \text{W},\quad P_2=U_2I_2=-6\ \text{W},\quad P_3=U_3I_3=-12\ \text{W},$$

$$P_4=U_4I_4=-24\ \text{W},\quad P_5=U_5I_5=-6\ \text{W},\quad P_6=U_6I_6=2\ \text{W}$$

$$P_7=U_7I_7=-16\ \text{W},\quad P_8=U_8I_8=-1\ \text{W},\quad P_9=U_9I_9=-15\ \text{W},$$

$$P_{10}=U_{10}I_{10}=-12\ \text{W},\quad P_{11}=U_{11}I_{11}=108\ \text{W}$$

各支路吸收功率之和为

$$P=P_1+P_2+P_3+P_4+P_5+P_6+P_7+P_8+P_9+P_{10}+P_{11}=0$$

功率平衡得以验证。

第四章
电路定理

第四章课件

一、重点和难点

1. 叠加定理

叠加定理是线性电路的一个重要定理,在线性电路分析中起着重要的作用,它是分析线性电路的基础。因此,掌握叠加定理并能熟练运用叠加定理求解线性电路是本章的重点内容。其中,应用叠加定理分析求解线性电路是学习中的难点。

2. 戴维南定理和诺顿定理

戴维南定理和诺顿定理在电路分析中应用非常广泛。应用戴维南定理和诺顿定理可将复杂的含源一端口化简为一个电压源与电阻的串联组合或一个电流源与电导的并联组合,从而使电路分析和计算简化。因此,掌握戴维南定理和诺顿定理并能熟练运用戴维南定理和诺顿定理简化电路的分析和计算是本章的重点内容。其中,戴维南等效电路和诺顿等效电路的求解是学习中的难点。

3. 特勒根定理

特勒根定理是电路理论中对集总电路普遍使用的基本定理,从这个意义上讲,它与基尔霍夫定律等价。因此,特勒根定理及其在电路分析中的应用也是本章的重点内容。

二、学习方法指导

1. 叠加定理及其应用

(1) 叠加定理

叠加定理的内容可表述为:在线性电路中,任一支路的电流(或电压)都可以看成是电路中每一个独立电源单独作用于电路时,在该支路产生的电流(或电压)的代数和；也可表述为线性电路的任意一个解（电压或电流）都是电路中所有激励的线性组合。

（2）叠加定理的应用

应用叠加定理要注意的问题如下：

① 叠加定理只适用于线性电路，不适用于非线性电路。这是因为线性电路中的电压和电流都与激励（独立源）呈一次函数关系。

② 在各独立电源单独作用时，不作用的电压源置零，原电压源处用短路代替；不作用的电流源置零，原电流源处用开路代替。

③ 功率不能用叠加定理计算。因为功率为电压和电流的乘积，不是独立电源的一次函数。

④ 应用叠加定理求电压和电流是代数量的叠加，要特别注意各代数量的符号，即注意在各电源单独作用时计算的电压、电流参考方向是否一致。一致时相加，反之相减。

⑤ 含受控源（线性）的电路，在使用叠加定理时，受控源不要单独作用，而应把受控源作为一般元件始终保留在电路中，这是因为受控源不是独立源，受控电压源的电压和受控电流源的电流受电路的结构和各元件的参数所约束。

⑥ 叠加的方式是任意的，可以一次使一个独立源单独作用，也可以一次使几个独立源同时作用，方式的选择取决于分析问题的方便程度。

（3）齐性定理及其应用

齐性定理的内容可表述为：线性电路中，所有激励（独立源）都增大（或减小）同样的倍数，则电路中响应（电压或电流）也增大（或减小）同样的倍数。当激励只有一个时，则响应与激励成正比。

齐性定理分析梯形电路特别有效。

2. 替代定理及其应用

替代定理的内容可表述为：对于给定的任意一个电路，若某一支路电压为 u_k、电流为 i_k，那么这条支路就可以用一个电压等于 u_k 的独立电压源，或者用一个电流等于 i_k 的独立电流源，或用 $R=u_k/i_k$ 的电阻来替代，替代后电路中全部电压和电流均保持原有值（解答唯一）。

必须注意，当第 k 条支路电压或电流为网络 N 中受控源的控制量，而替代后该电压或电流不复存在时，则该支路不能被替代。

替代定理不仅适用于线性电路，也可推广到非线性电路。

3. 戴维南定理和诺顿定理及其应用

（1）戴维南定理和诺顿定理

戴维南定理的内容可表述为：任何一个线性含源一端口网络，对外电路来说，总可以用一个电压源和电阻的串联组合来等效替代;此电压源的电压等于该一端口的开路电压 u_{oc},而电阻等于该一端口全部独立电源置零后的输入电阻 R_{eq}。

诺顿定理的内容可表述为:任何一个线性含源一端口网络,对外电路来说,总可以用一个电流源和电导的并联组合来等效替代;此电流源的电流等于该一端口的短路电流 i_{sc},而电导等于把该一端口全部独立电源置零后的输入电导 G_{eq}。

(2) 戴维南定理和诺顿定理的应用

戴维南定理和诺顿定理适合于求解电路中某一支路电压、电流和功率问题。求解时,进行戴维南等效变换或诺顿等效变换的含源一端口必须是线性含源一端口,待求电路是线性或非线性、含源或无源都可。

应用戴维南定理和诺顿定理求解电路,一般按以下步骤进行:

1) 求解含源一端口的开路电压 u_{oc} 或短路电流 i_{sc}。

2) 求解一端口的输入电阻 R_{eq} 或 G_{eq}。

有两种方法求解 R_{eq} 或 G_{eq}:

① 将含源一端口网络中所有独立源置零,求解其对应的无源一端口 R_{eq} 或 G_{eq}。若无源一端口网络不含受控源,可采用电阻的串、并联或Y形与Δ形等效变换求得 R_{eq} 或 G_{eq};若无源一端口含受控源,则采用外加电源法求解。

② 利用含源一端口开路电压 u_{oc} 与短路电流 i_{sc} 之比来求解,即:$R_{eq}=u_{oc}/i_{sc}$ 或 $G_{eq}=i_{sc}/u_{oc}$。

3) 画出等效电路,求解电路。

应用戴维南定理和诺顿定理必须注意,在移去待求支路即对电路进行分割时,受控源和控制量应划分在同一网络中。

(3) 最大功率传输定理

如果含源一端口网络外接一可调电阻 R,当 $R=R_{eq}$ 时,电阻 R 可以从一端口网络获得最大功率,该最大功率为 $P_{max}=\dfrac{u_{oc}^2}{4R_{eq}}$,此即为最大功率传输定理在电阻电路中的表述。

4. 特勒根定理及其应用

(1) 特勒根定理

特勒根定理是电路理论中对集总电路普遍使用的基本定理,它有两种形式:

特勒根定理1的内容可表述为:任何时刻,对于一个具有 n 个结点和 b 条支路的集总电路,在支路电流和电压取关联参考方向时,满足

$$\sum_{k=1}^{b} u_k i_k = 0$$

特勒根定理1表明任何一个电路的全部支路吸收的功率之和恒等于零,它是功率守恒的体现。

特勒根定理2的内容可表述为:任何时刻,对于两个具有 n 个结点和 b 条支路的集

总电路，当它们具有相同的图，但由内容不同的支路构成，在支路电流和电压取关联参考方向时，满足

$$\sum_{k=1}^{b} u_k \hat{i}_k = 0, \quad \sum_{k=1}^{b} \hat{u}_k i_k = 0$$

特勒根定理 2 不能用功率守恒解释，它仅表明在两个具有相同拓扑结构的电路中，一个电路的支路电压和另一个电路的支路电流，或者是同一电路在不同时刻的相应支路电压和支路电流所必须遵循的数学关系。由于它仍具有功率之和的形式，所以有时又称为“拟功率守恒定理”。

（2）特勒根定理的应用

应用特勒根定理要注意的问题：

① 定理的正确性与元件的特征全然无关，因此特勒根定理对任何线性、非线性、时不变、时变元件的集总电路都适用。

② 电路中的支路电压必须满足 KVL，支路电流必须满足 KCL，支路电压和支路电流必须满足关联参考方向（否则公式中加负号）。

5. 互易定理及其应用

（1）互易定理

互易定理的内容可表述为：对一个仅含线性电阻的电路，在单一激励下产生响应，当激励与响应互换位置时，其比值保持不变。

由于激励和响应可能是电压或电流，所以互易定理有三种不同形式。

第一形式激励为电压源，响应为短路电流。

第二形式激励为电流源，响应为开路电压。

第三形式激励为电流源，响应为短路电流，互易后激励为电压源，响应为开路电压。

（2）互易定理的应用

应用互易定理要注意的问题：

① 互易定理只适用于线性电阻网络在单一电源激励下，两条支路的电压电流关系。

② 互易前后应保持网络的拓扑结构不变，仅理想电源搬移。

③ 互易前后端口处的激励和响应的极性保持一致（要么都关联，要么都非关联）。

④ 含有受控源的网络，互易定理一般不成立。

三、典型例题

例 4-1　电路如图 4-1(a)所示，试用叠加定理求解电路中的电压 u。

解：20 V 电压源单独作用时的分电路如图 4-1(b)所示，对图示回路列写 KVL 方程，有

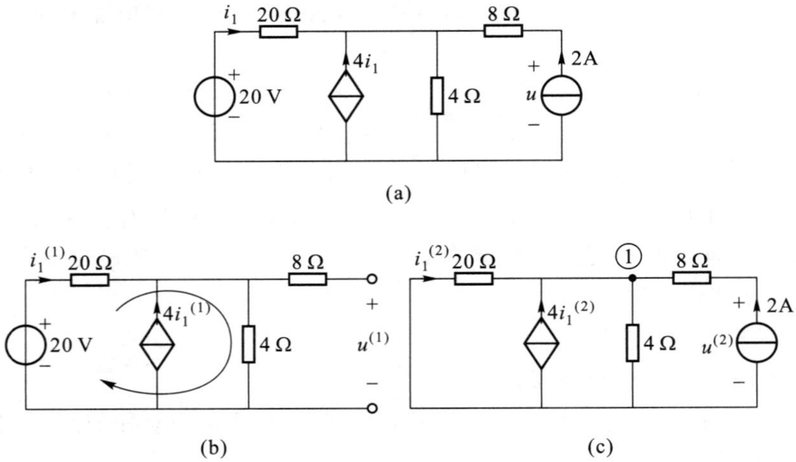

图 4-1　例 4-1 图

$$20i_1^{(1)}+4(i_1^{(1)}+4i_1^{(1)})=20$$

求解得到

$$i_1^{(1)}=0.5\ \text{A}$$

故

$$u^{(1)}=4\ \Omega\times5i_1^{(1)}=10\ \text{V}$$

2 A 电流源单独作用时的分电路如图 4-1(c)所示,对节点①列写 KCL 方程,有

$$i_1^{(2)}+4i_1^{(2)}+2+\frac{20i_1^{(2)}}{4}=0$$

求解得到

$$i_1^{(2)}=-0.2\ \text{A}$$

故

$$u^{(2)}=8\ \Omega\times2\ \text{A}-20\ \Omega\times i_1^{(2)}=20\ \text{V}$$

根据叠加定理得到

$$u=u^{(1)}+u^{(2)}=30\ \text{V}$$

例 4-2　电路如图 4-2(a)所示,求 R_L 为何值时,R_L 能获得最大功率,并求此最大功率 P_{max}。

解:对图 4-2(b)所示电路求开路电压。对图示回路列写 KVL 方程有

$$6I+4(I+5)=8$$

解得

$$I=-1.2\ \text{A}$$

故

$$u_{oc}=-10\ \Omega\times I-6\ \Omega\times I+8\ \text{V}=27.2\ \text{V}$$

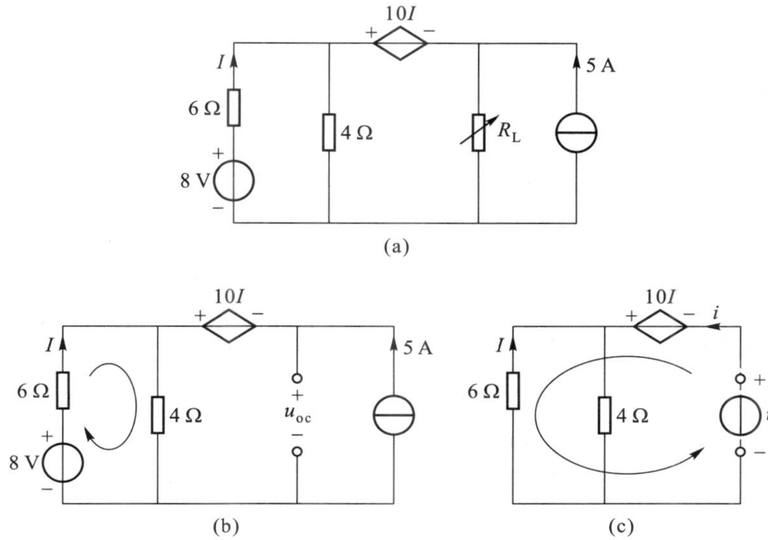

图 4-2　例 4-2 图

对图 4-2(c)所示电路用附加电压源法求无源一端口的输入电阻。

对图示回路列写 KVL 方程有

$$u=-10\ \Omega\times I-6\ \Omega\times I=-16\ \Omega\times I$$

而

$$i=-I-\frac{6I}{4}=-2.5I$$

故

$$R_{eq}=\frac{u}{i}=\frac{-16I}{-2.5I}\ \Omega=6.4\ \Omega$$

根据最大功率传输定理，当 $R_L=R_{eq}=6.4\ \Omega$ 时它能在电路中获得最大功率，且最大功率为

$$P_{max}=\frac{u_{oc}^2}{4R_{eq}}=28.9\ \text{W}$$

例 4-3　电路如图 4-3 所示，开关 S 置于位置 a 时，电流表读数为 5 A；置于 b 时，电流表读数为 8 A。问当 S 置于 c 时，电流表读数为多少？

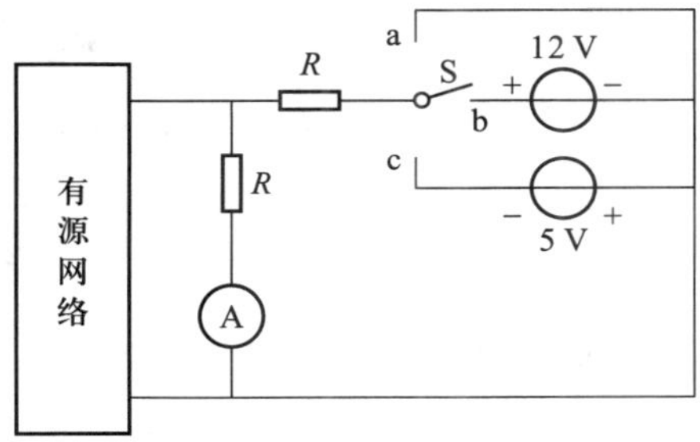

图 4-3　例 4-3 图

解：设

$$I=K_1u_S+K_2$$

则

$$\begin{cases}5=K_1\cdot 0+K_2\\8=K_1\cdot 12+K_2\end{cases}$$

解得

$$\begin{cases}K_1=0.25\\K_2=5\end{cases}$$

所以当 S 置于 c 时,电流表读数为

$$I=[0.25\times(-5)+5]\ \text{A}=3.75\ \text{A}$$

例 4-4　图 4-4 所示电路中的网络 N 为仅含线性电阻的网络,在图 4-4(a)中,$i_1=2$ A,$i_2=1$ A。那么,当网络 N 按图 4-4(b)连接时,$\hat{i}_1$ 为多少?

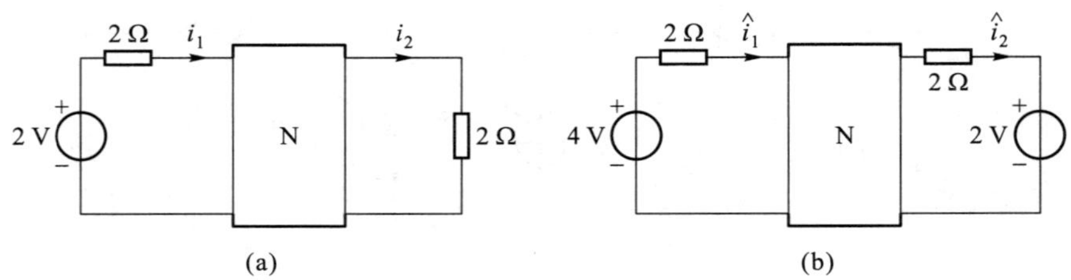

图 4-4　例 4-4 图

解:根据互易定理,图 4-4(b)中 2 V 电压源单独作用时,有

$$\hat{i}_1^{(1)}=-1\ \text{A}$$

根据齐性定理,图 4-4(b)中 4 V 电压源单独作用时,有

$$\hat{i}_1^{(2)}=4\ \text{A}$$

根据叠加定理,有

$$\hat{i}_1=\hat{i}_1^{(1)}+\hat{i}_1^{(2)}=(-1+4)\ \text{A}=3\ \text{A}$$

例 4-5　电路如图 4-5(a)所示,已知 $I_{S1}=2$ A,$I_{S2}=3$ A,当 I_{S2} 不作用时,I_{S1} 输出 28 W 功率,这时,$u_2=8$ V;当 I_{S1} 不作用时,I_{S2} 输出 54 W 功率,这时,$u_1=12$ V。

(1) 两个电源同时作用时,每个电源的输出功率是多少?

(2) 如把 I_{S1} 换成 5 Ω 的电阻,保留 I_{S2},求 5 Ω 电阻中流过的电流。

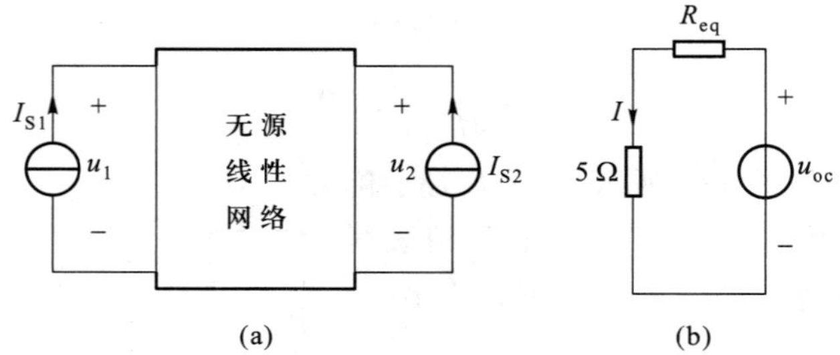

图 4-5　例 4-5 图

解:(1) I_{S1} 单独作用时,有

$$u_1^{(1)}=\frac{28}{2}\ \text{V}=14\ \text{V},\quad u_2^{(1)}=8\ \text{V}$$

I_{S2} 单独作用时,有

$$u_1^{(2)}=12\ \text{V},\quad u_2^{(2)}=\frac{54}{3}\ \text{V}=18\ \text{V}$$

所以根据叠加定理,两个电源共同作用时,有

$$P_{I_{S1}}=u_1I_{S1}=(14+12)\times 2\ \text{W}=52\ \text{W}$$

$$P_{I_{S2}}=u_2I_{S2}=(8+18)\times 3\ \text{W}=78\ \text{W}$$

(2) 如把 I_{S1} 换成 5 Ω 电阻保留 I_{S2},则原电路可等效为图 4-5(b)。其中

$$u_{oc}=u_1^{(2)}=12\ \text{V},\quad R_{eq}=\frac{u_1^{(1)}}{I_{S1}}=7\ \Omega$$

故流过电阻上电流为

$$I=\frac{12}{12}\ \text{A}=1\ \text{A}$$

例 4-6　电路如图 4-6 所示,网络 N 仅由线性电阻组成,$I_S=2\ \text{A}$,$R_1=4\ \Omega$,图 4-6(a)中,a、b 端左方戴维南等效电压和电阻分别为 5 V,1 Ω。现将 a、b 端短路,如图 4-6(b)所示,为使 I_S 端电压 u_1 不变,在 I_S 支路串联一电阻 R,则 R 是多少?

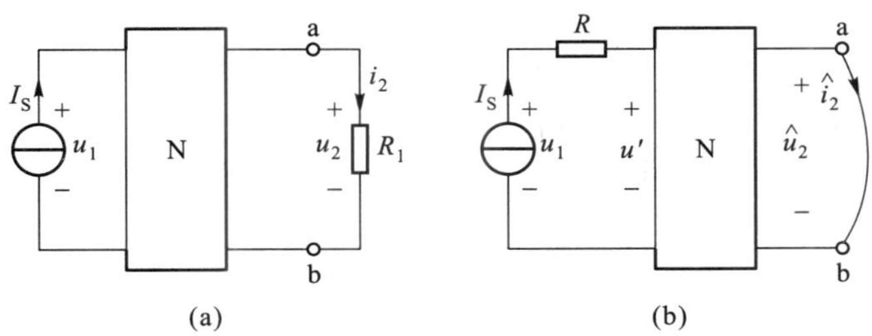

图 4-6　例 4-6 图

解:

$$u_2=5\times\frac{4}{5}\ \text{V}=4\ \text{V},\quad \hat{i}_2=\frac{5}{1}\ \text{A}=5\ \text{A}$$

根据特勒根定理,有

$$u_1(-I_S)+u_2\hat{i}_2=u'(-I_S)+\hat{u}_2i_2$$

$$-2u_1+4\times 5=[u_1+R(-2)]\times(-2)+0$$

解得

$$R=5\ \Omega$$

例 4-7　电路如图 4-7(a)所示,电阻 R 可变。当 $R=2\ \Omega$ 时,电压表读数为 3 V;当 $R=8\ \Omega$ 时,电压表读数为 8 V。试求当 $R=10\ \Omega$ 时,电压表和电流表的读数。

解:将有源线性网络用戴维南等效电路等效替代,如图 4-7(b)所示,设电压表读数为 U,则

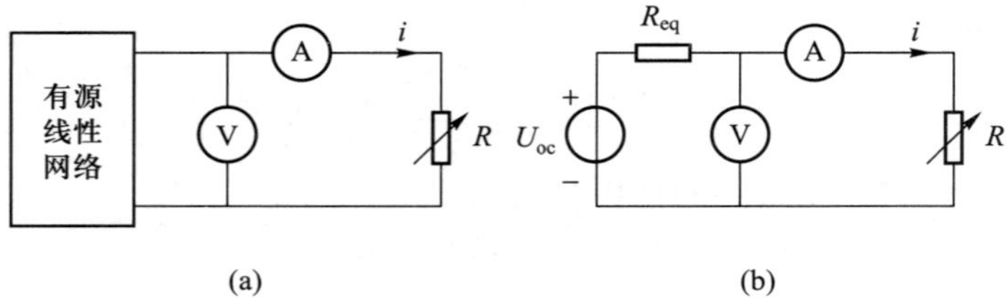

图 4-7　例 4-7 图

$$U=\frac{RU_{oc}}{R+R_{eq}}$$

代入已知条件,有

$$\begin{cases}3=\dfrac{2U_{oc}}{2+R_{eq}}\\[2ex]8=\dfrac{8U_{oc}}{8+R_{eq}}\end{cases}$$

解得

$$\begin{cases}U_{oc}=18\ \text{V}\\R_{eq}=10\ \Omega\end{cases}$$

当 $R=10\ \Omega$ 时,电压表和电流表的读数分别为

$$\begin{cases}U=\dfrac{RU_{oc}}{R+R_{eq}}=\dfrac{10\times18}{10+10}\ \text{V}=9\ \text{V}\\[2ex]I=\dfrac{U_{oc}}{R+R_{eq}}=\dfrac{18}{10+10}\ \text{A}=0.9\ \text{A}\end{cases}$$

四、习题分析

4-1　应用叠加定理求题 4-1 图所示电路中电压 u_{ab}。

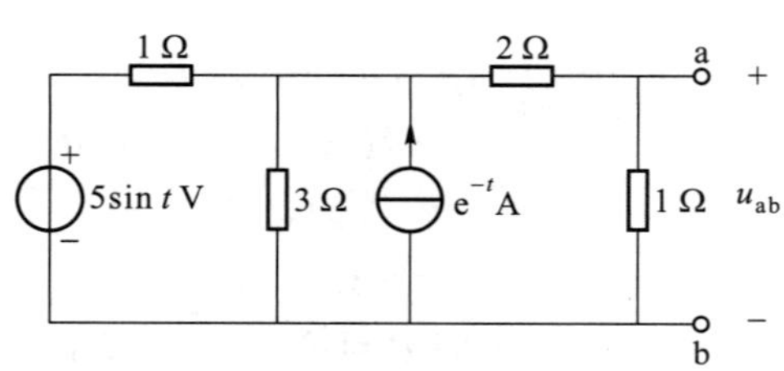

题 4-1 图

解:题解 4-1 图(a)(b)画出了两个电源单独作用的分电路。在题解 4-1 图(a)中,应用分压公式,有

$$u'_{ab}=\frac{\dfrac{(2+1)\times 3}{(2+1)+3}}{\dfrac{(2+1)\times 3}{(2+1)+3}+1}\times\frac{1}{2+1}\times 5\ \sin\ t\ \text{V}=\frac{1.5}{1.5+1}\times\frac{1}{3}\times 5\sin\ t\ \text{V}$$

$$=\sin\ t\ \text{V}$$

对题解 4-1 图(b)利用分流公式,有

$$i=\frac{\dfrac{3\times 1}{3+1}}{\dfrac{3\times 1}{3+1}+3}\text{e}^{-t}\ \text{A}=\frac{\dfrac{3}{4}}{\dfrac{3}{4}+3}\text{e}^{-t}\ \text{A}=\frac{1}{5}\text{e}^{-t}\ \text{A}$$

而

$$u''_{ab}=1\times i=\frac{1}{5}\text{e}^{-t}\ \text{V}$$

由叠加定理,可得

$$u_{ab}=u'_{ab}+u''_{ab}=(\sin\ t+0.2\text{e}^{-t})\ \text{V}$$

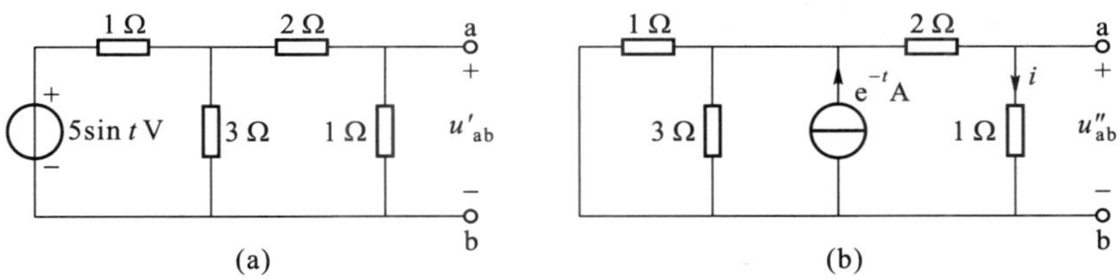

题解 4-1 图

4-2 应用叠加定理求题 4-2 图所示电路中电压 u。

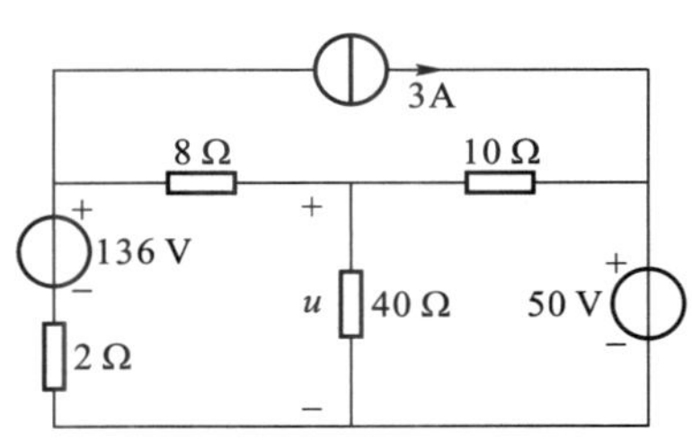

题 4-2 图

解:三个电源分别作用的分电路如题解 4-2 图(a)(b)(c)所示。可用分压、分流公式分别求解。

在题解 4-2 图(a)中,有

$$u'=\frac{\dfrac{10\times 40}{10+40}}{2+8+\dfrac{10\times 40}{10+40}}\times 136\ \text{V}=\frac{8}{2+8+8}\times 136\ \text{V}=\frac{544}{9}\ \text{V}$$

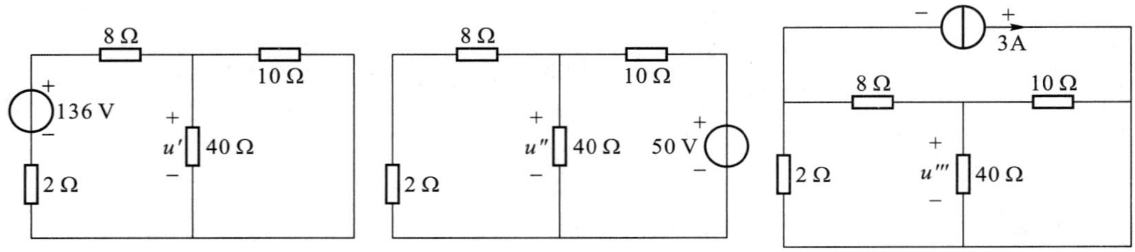

(a) (b) (c)

题解 4-2 图

在题解 4-2 图(b)中,有

$$u''=\frac{8}{10+8}\times 50\ \text{V}=\frac{200}{9}\ \text{V}$$

在题解 4-2 图(c)中,有

$$u'''=-\frac{2}{8+8+2}\times 3\times 8\ \text{V}=-\frac{8}{3}\ \text{V}$$

根据叠加定理,三个电源同时作用时,有

$$u=u'+u''+u'''=\left(\frac{544}{9}+\frac{200}{9}-\frac{8}{3}\right)\ \text{V}=\frac{720}{9}\ \text{V}=80\ \text{V}$$

4-3 应用叠加定理求题 4-3 图所示电路中电流 I。

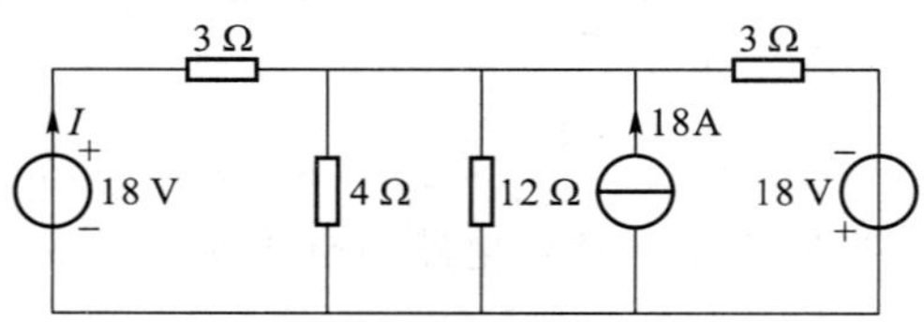

题 4-3 图

解:题解 4-3 图(a)(b)(c)为原图的三个分电路。注意到$\left(\dfrac{1}{\frac{1}{12}+\frac{1}{4}+\frac{1}{3}}\right)\ \Omega=1.5\ \Omega$。

题解 4-3 图(a)中,有

$$I'=\frac{18}{3+1.5}\ \text{A}=4\ \text{A}$$

题解 4-3 图(b)中,有

$$I''=\frac{18}{3+1.5}\times\frac{3}{3+3}\ \text{A}=2\ \text{A}$$

题解 4-3 图(c)中,有

$$I'''=-\frac{3}{1.5+3}\times 18\times\frac{3}{3+3}\ \text{A}=-6\ \text{A}$$

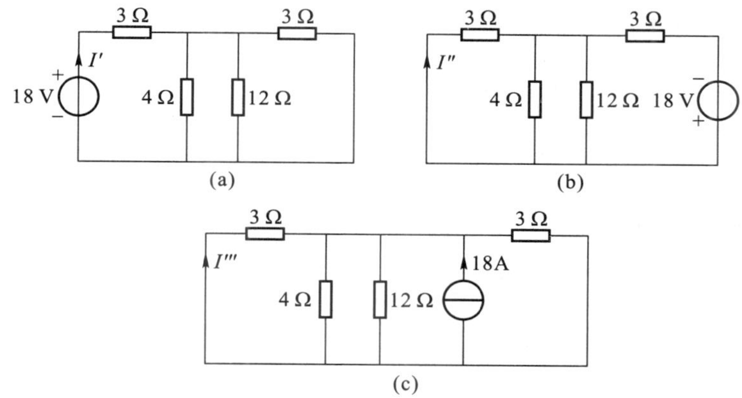

题解 4-3 图

根据叠加定理,原电路中

$$I=I'+I''+I'''=(4+2-6)\ \mathrm{A}=0$$

4-4　应用叠加定理时,将受控源都保留在分电路中,求:

(1) 题 4-4 图(a)中电压 u_2。

(2) 题 4-4 图(b)中电压 U。

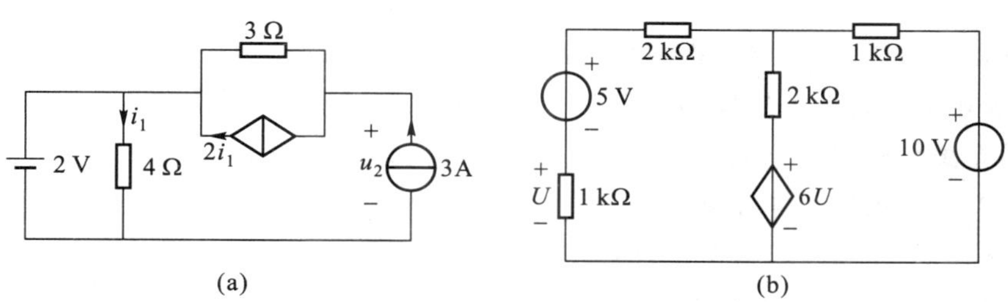

题 4-4 图

解:(1) 题 4-4 图(a)中 2 V 电压源和 3 A 电流源分别作用的分电路如题解 4-4 图(a′)和(a″)所示,受控源均保留在分电路中。在分电路题解 4-4 图(a′)中,$i_1'=\frac{2}{4}\ \mathrm{A}=0.5\ \mathrm{A}$,故 $u_2'=-3\times2i_1'+2=(-3+2)\ \mathrm{V}=-1\ \mathrm{V}$;在分电路题解 4-4 图(a″)中,$i_1''=0$,$u_1''=3\times3\ \mathrm{V}=9\ \mathrm{V}$。叠加结果为 $u_2=u_2'+u_2''=(-1+9)\ \mathrm{V}=8\ \mathrm{V}$。

(2) **解法一**:题解 4-4 图(b′)及(b″)分别画出了两个独立电压源分别作用的分电路,受控源均保留在分电路中。应用电源变换的方法来求解此 2 个分电路。其过程如题解 4-4 图(b′1)(b′2)及(b″1)(b″2)所示。

从题解 4-4 图(b′2)可求得

$$U'=\frac{1\times10^3}{\left(1+2+\frac{2}{3}\right)\times10^3}(2U'-5)$$

可解得

$$\frac{5}{11}U'=-\frac{15}{11}$$

即

$$U'=-3\ \text{V}$$

从题解 4-4 图(b″2)可求得

$$U''=\frac{10+3U''}{10^3}\times\frac{\frac{2}{3}\times10^3}{\left(3+\frac{2}{3}\right)\times10^3}\times1\times10^3=(10+3U'')\times\frac{\frac{2}{3}}{\frac{2}{3}+3}$$

可解得

$$\frac{5}{11}U''=\frac{20}{11}$$

即

$$U''=4\ \text{V}$$

根据叠加定理,有

$$U=U'+U''=(-3+4)\ \text{V}=1\ \text{V}$$

解法二:由于受控源的存在,分电路的求解并未真正简化。从激励的观点看,受控源不是真正的激励,在电路方程中最终出现在方程左方的系数中。但在列方程的过程中,受控源还是作为电源处理的。现在使用的叠加方法中正是利用了这一点,即将受控源也和独立源一样参与叠加,其值是受控源最终值,通常未知,因此必须在最后的叠加式中列出关系式求得。如在本例中,画出 5 V、10 V 电压源及受控源分别作用的分电路来求解。但必须注意受控源分电路中受控源的值是 $6U$ 而并非 $6U'''$,其中 U 为叠加后的最终值,要由三个分电路中解得的 U'、U''与 U'''叠加求得。可注意到现在每个分电路中仅有一个独立电源而无受控源,这就使其求解过程得以简化。题解 4-4 图(b′3)(b″3)(b‴3)为三个分电路,易于求得

$$U'=\left(-\frac{1}{1+2+\frac{2}{3}}\times5\right)\ \text{V}=-\frac{15}{11}\ \text{V}$$

$$U''=\left(\frac{\frac{6}{5}}{\frac{6}{5}+1}\times\frac{1}{3}\times10\right)\ \text{V}=\frac{20}{11}\ \text{V}$$

$$U'''=\frac{\frac{3}{4}}{2+\frac{3}{4}}\times\frac{1}{3}\times6\ U=\frac{6}{11}\ U$$

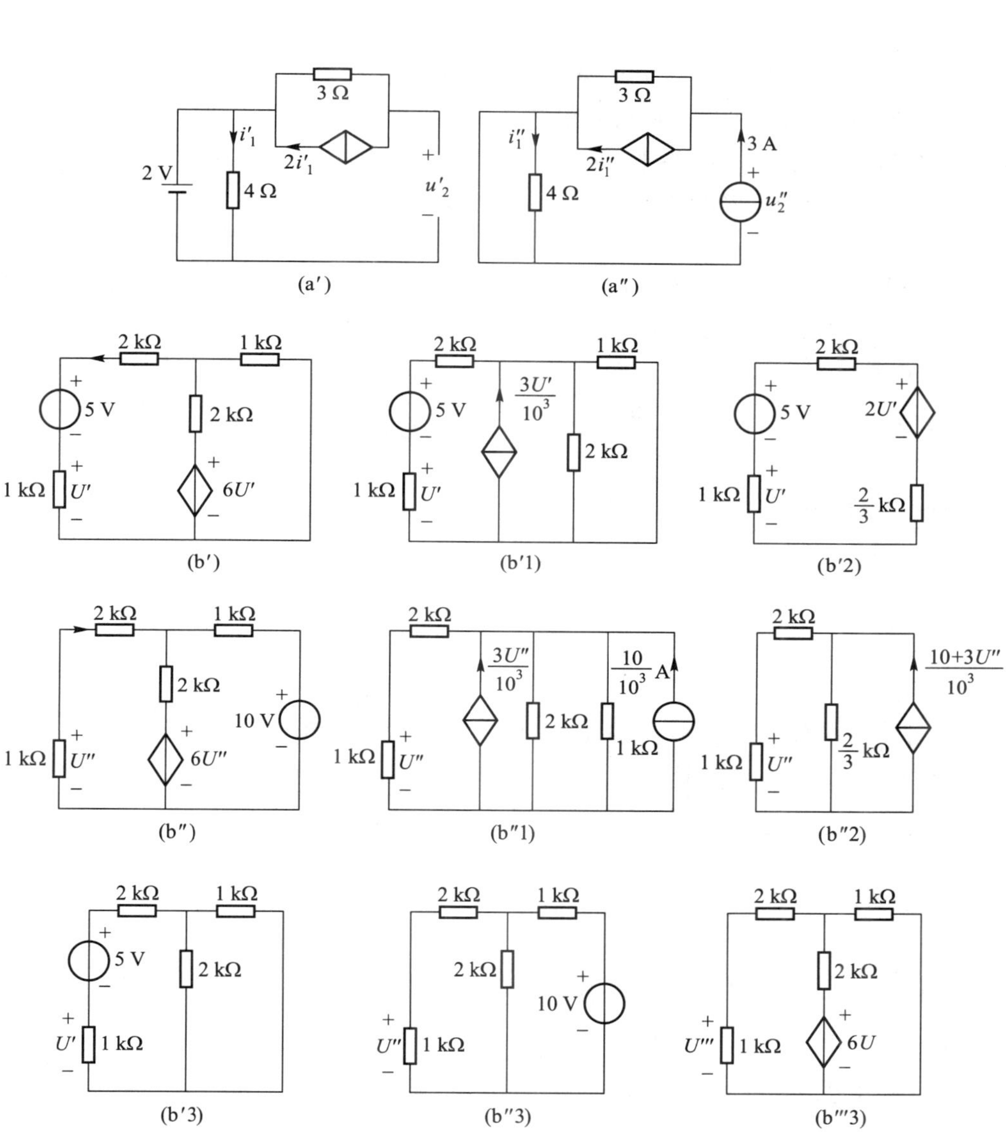

题解 4-4 图

由 $U=U'+U''+U'''$，代入各分电压，便有

$$U=-\frac{15}{11}+\frac{20}{11}+\frac{6}{11}U$$

从而解得

$$U=1\ \text{V}$$

可以看出，受控源参与叠加后，分电路的求解较为容易。但如果求解的对象不是控制量，求解时还应先从控制量出发，先求出控制量的终值，才能求出受控源分电路中求解对象的分量。如果电路中有多个受控源、多个控制量，求解过程也会很复杂。

4-5　应用叠加定理，按下列步骤求解题 4-5 图中 I_α。

（1）将受控源参与叠加，画出三个分电路，在受控源分电路中受控源电压为 $6I_\alpha$，I_α 并非分响应，而为未知总响应。

（2）求出三个分电路的分响应 I'_α、I''_α 与 I'''_α，I'''_α 中包含未知量 I_α。

（3）利用 $I_\alpha=I'_\alpha+I''_\alpha+I'''_\alpha$ 解出 I_α。

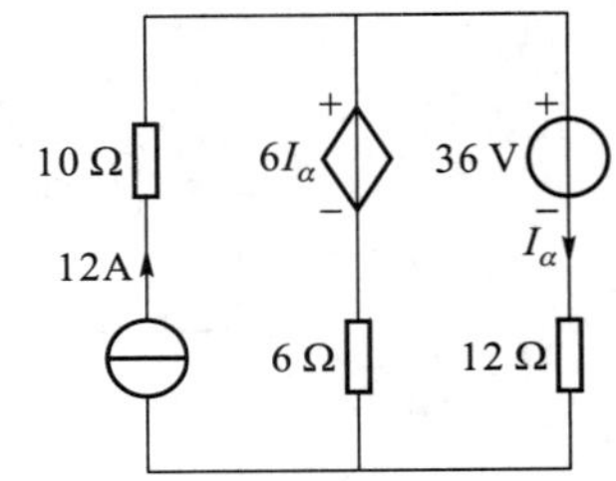

题 4-5 图

解：（1）将受控源参与叠加，三个分电路如题解 4-5 图（a）（b）（c）所示。

（2）在分电路（a）中，$I'_\alpha=\dfrac{6}{6+12}\times 12\ \text{A}=4\ \text{A}$；在分电路（b）中，$I''_\alpha=-\dfrac{36}{6+12}\ \text{A}=-2\ \text{A}$；在分电路（c）中，$I'''_\alpha=\dfrac{6I_\alpha}{18}=\dfrac{1}{3}I_\alpha$。

（3）由 $I_\alpha=I'_\alpha+I''_\alpha+I'''_\alpha=4-2+\dfrac{1}{3}I_\alpha$，可解得 $I_\alpha=3\ \text{A}$。

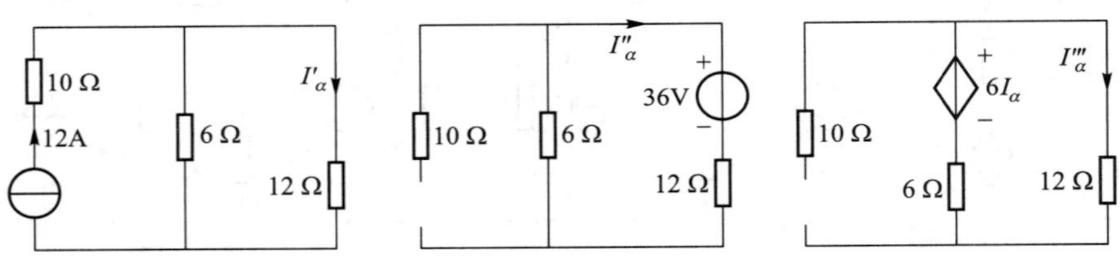

(a)　　(b)　　(c)

题解 4-5 图

4-6　（1）试求题 4-6 图（a）所示梯形电路中各支路电流、节点电压和 $\dfrac{u_O}{u_S}$，其中 $u_S=10\ \text{V}$。

（2）用倒退法求解题 4-6 图（b）所示梯形电路中电流 i_O。

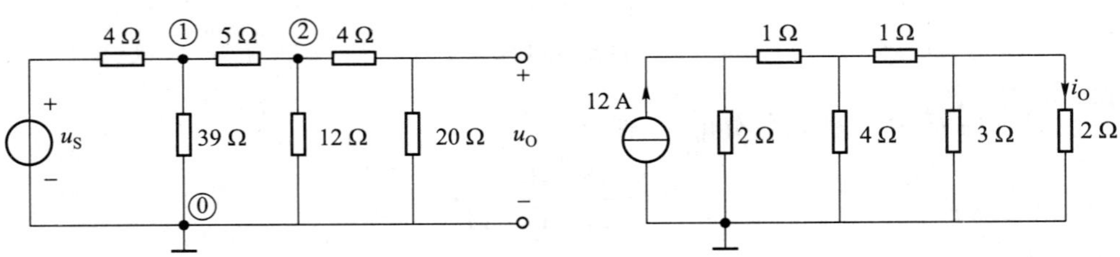

(a)　　(b)

题 4-6 图

解：（1）题解 4-6 图（a）所示梯形电路中仅有一个独立源，适合应用倒退法来求解。给定各支路电流参考方向如题解 4-6 图（a）所示。

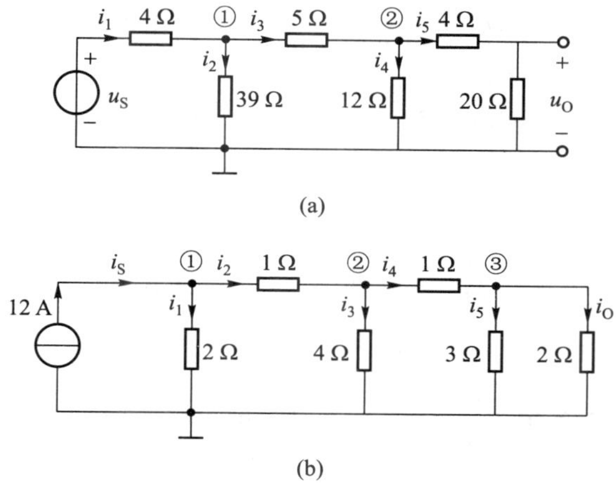

题解 4-6 图

假定 $i_5=i_5'=1\ \text{A}$，则可根据此倒退法计算出各支路的电压、电流分别为

$$u_O'=20\ i_5'=20\ \text{V}$$

$$u_{n2}'=(4+20)i_5'=24\times1\ \text{V}=24\ \text{V}$$

$$i_4'=\frac{u_{n2}'}{12}=\frac{24}{12}\ \text{A}=2\ \text{A}$$

$$i_3'=i_4'+i_5'=(2+1)\ \text{A}=3\ \text{A}$$

$$u_{n1}'=5i_3'+u_{n2}'=(5\times3+24)\ \text{V}=(15+24)\ \text{V}=39\ \text{V}$$

$$i_2'=\frac{u_{n1}'}{39}=\frac{39}{39}\ \text{A}=1\ \text{A}$$

$$i_1'=i_2'+i_3'=(1+3)\ \text{A}=4\ \text{A}$$

$$u_S'=4i_1'+u_{n1}'=(4\times4+39)\ \text{V}=55\ \text{V}$$

可见这些带“′”的电压、电流是激励电压为 55 V 时的响应。现在给定的激励是 $u_S=10\ \text{V}$，是假定激励电压的$\frac{10}{55}$倍，根据齐性定理，各电压、电流响应应是上述各假定响应的$\frac{10}{55}$倍。令 $K=\frac{10}{55}$，则有

$$i_1=Ki_1'=\frac{10}{55}\times4\ \text{A}=\frac{2}{11}\times4\ \text{A}=\frac{8}{11}\ \text{A}=0.727\ 2\ \text{A}$$

$$i_2=Ki_2'=\frac{2}{11}\times1\ \text{A}=\frac{2}{11}\ \text{A}=0.181\ 8\ \text{A}$$

$$i_3=Ki_3'=\frac{2}{11}\times3\ \text{A}=\frac{6}{11}\ \text{A}=0.545\ 4\ \text{A}$$

$$i_4=Ki_4'=\frac{2}{11}\times2\ \text{A}=\frac{4}{11}\ \text{A}=0.363\ 6\ \text{A}$$

$$i_5=Ki_5'=\frac{2}{11}\times1\ \text{A}=\frac{2}{11}\ \text{A}=0.181\ 8\ \text{A}$$

$$u_{n1}=Ku_{n1}'=\frac{2}{11}\times39\ \text{V}=\frac{78}{11}\ \text{V}=7.091\ \text{V}$$

$$u_{n2}=Ku_{n2}'=\frac{2}{11}\times24\ \text{V}=\frac{48}{11}\ \text{V}=4.364\ \text{V}$$

$$u_o=Ku_o'=\frac{2}{11}\times20\ \text{V}=\frac{40}{11}\ \text{V}=3.636\ \text{V}$$

输出电压和激励的比值为$\dfrac{u_o}{u_S}=\dfrac{\frac{40}{11}}{10}=\dfrac{4}{11}=0.364$,此数值仅取决于电路本身的结构与参数,与激励值无关。

(2) 给定题解 4-6 图(b)中各支路电流参考方向,假设 $i_o=i_o'=1$ A,采用倒退法计算各支路电流为

$$i_5'=\frac{2i_o'}{3}=\frac{2\times1}{3}\ \text{A}=\frac{2}{3}\ \text{A}$$

$$i_4'=i_5'+i_o'=\left(\frac{2}{3}+1\right)\ \text{A}=\frac{5}{3}\ \text{A}$$

$$i_3'=\frac{i_4'+3i_5'}{4}=\frac{\frac{5}{3}+3\times\frac{2}{3}}{4}\ \text{A}=\frac{11}{12}\ \text{A}$$

$$i_2'=i_3'+i_4'=\left(\frac{11}{12}+\frac{5}{3}\right)\ \text{A}=\frac{31}{12}\ \text{A}$$

$$i_1'=\frac{i_2'+4i_3'}{2}=\frac{\frac{31}{12}+4\times\frac{11}{12}}{2}\ \text{A}=\frac{25}{8}\ \text{A}$$

$$i_S'=i_1'+i_2'=\left(\frac{25}{8}+\frac{31}{12}\right)\ \text{A}=\frac{137}{24}\ \text{A}$$

根据齐性定理,有

$$\frac{i_o}{i_S}=\frac{i_o'}{i_S'}$$

因此

$$i_o=\frac{i_o'}{i_S'}i_S=\frac{1}{\frac{137}{24}}\times12\ \text{A}=\frac{288}{137}\ \text{A}=2.102\ \text{A}$$

4-7 题 4-7 图所示电路中,当电流源 i_{S1} 和电压源 u_{S1} 反向时(u_{S2} 不变),电压 u_{ab} 是原来的 0.5 倍;当 i_{S1} 和 u_{S2} 反向时(u_{S1} 不变),电压 u_{ab} 是原来的 0.3 倍。问:仅 i_{S1} 反

向（u_{S1}、u_{S2} 均不变）时，电压 u_{ab} 应为原来的几倍？

解：根据线性电路响应和激励的线性组合关系，响应 u_{ab} 可以写为

$$u_{ab}=K_1 i_{S1}+K_2 u_{S1}+K_3 u_{S2} \quad ①$$

式中，K_1、K_2、K_3 为待求常数。

可根据给定条件写出

$$0.5u_{ab}=-K_1 i_{S1}-K_2 u_{S1}+K_3 u_{S2} \quad ②$$

$$0.3u_{ab}=-K_1 i_{S1}+K_2 u_{S1}-K_3 u_{S2} \quad ③$$

若仅将 i_S 反向时，响应为 u_{abx}，则有

$$u_{abx}=-K_1 i_{S1}+K_2 u_{S1}+K_3 u_{S2}$$

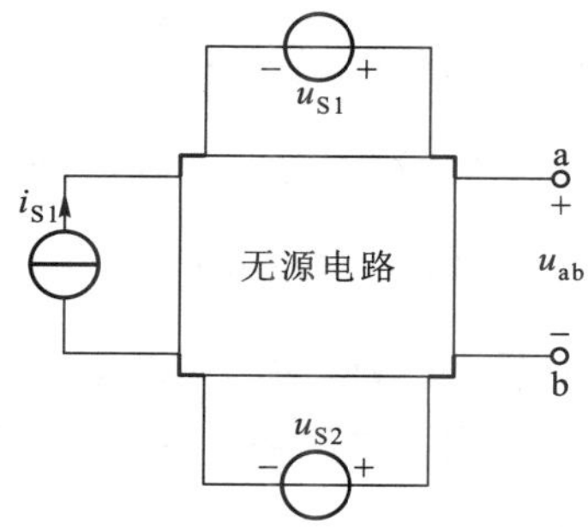

题 4-7 图

与式①、②、③之和，即 $1.8u_{ab}=-K_1 i_{S1}+K_2 u_{S2}+K_3 u_{S2}$ 相比较，可得

$$u_{abx}=1.8u_{ab}$$

即表明 u_{abx} 是 u_{ab} 的 1.8 倍。

4-8　题 4-8 图所示电路中 $U_{S1}=10$ V，$U_{S2}=15$ V，当开关 S 在位置 1 时，毫安表的读数为 $I'=40$ mA；当开关 S 合向位置 2 时，毫安表的读数为 $I''=-60$ mA。如果把开关 S 合向位置 3，则毫安表的读数为多少？

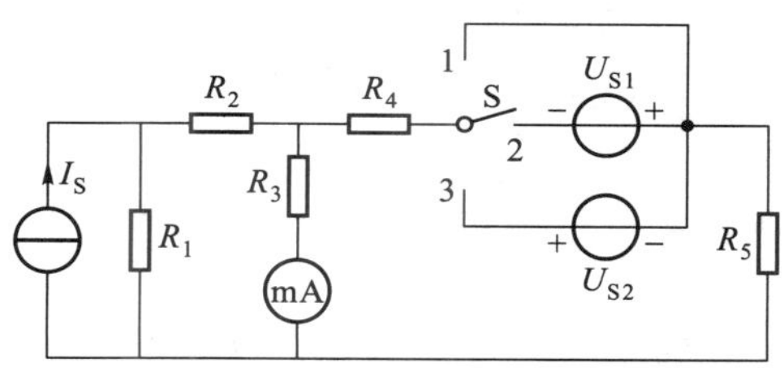

题 4-8 图

解：将毫安表的电流看作响应，激励是电流源 I_S 以及置于开关 S 一方的电压源。根据响应与激励的线性组合关系，有 $I=K_1 I_S+K_2 U_S$。当开关 S 合向位置 1 时，$U_S=0$，故有 $40=K_1 I_S$；而开关 S 合向位置 2 时，有 $-60=K_1 I_S+K_2 U_{S1}=K_1 I_S+10K_2$，代入 $K_1 I_S=40$，可求得 $-60=40+10K_2$，即 $K_2=-10$ mA/V。因此，当开关 S 在位置 3 时，有 $I_x=K_1 I_S-K_2 U_{S2}=[40-(-10)\times 15]$ mA $=190$ mA。

4-9　求题 4-9 图所示电路的戴维南等效电路或诺顿等效电路。

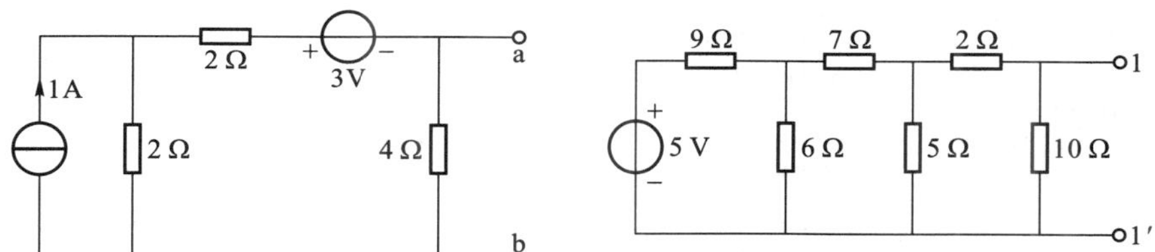

(a)　(b)

题 4-9 图

解:(1) 如题 4-9 图(a)所示,利用叠加定理来求 a、b 端的开路电压 u_{oc}。当 1 A 电流源单独作用时,有 $u'_{oc}=\dfrac{2}{2+(2+4)}\times1\times4\ \text{V}=1\ \text{V}$;当 3 V 电压源单独作用时,有 $u''_{oc}=-\dfrac{3}{2+2+4}\times4\ \text{V}=-1.5\ \text{V}$,故开路电压 $u_{oc}=u'_{oc}+u''_{oc}=(1-1.5)\ \text{V}=-0.5\ \text{V}$。

等效内阻可由电路中全部独立源置零后 a、b 端的等效电阻得到,为 $R_{eq}=\dfrac{4\times(2+2)}{4+(2+2)}\ \Omega=2\ \Omega$。其戴维南等效电路如题解 4-9 图(a)所示。

(2) 如题 4-9 图(b)所示,利用倒退法来求 a、b 端的短路电流 i_{sc},令 1-1′短路时 $i'_{sc}=1\ \text{A}$,经倒退可求得 $u'_S=42.1\ \text{V}$,激励比 $K=\dfrac{5}{42.1}=0.118\ 8$,故真正的短路电流 $i_{sc}=Ki_{sc}=0.118\ 8\times1\ \text{A}=0.118\ 8\ \text{A}$。

将 5 V 电压源置零后,a、b 端的输入电阻为

$$R_{eq}=\frac{\left[\dfrac{\left(\dfrac{9\times6}{9+6}+7\right)\times5}{\left(\dfrac{9\times6}{9+6}+7\right)+5}+2\right]\times10}{\left[\dfrac{\left(\dfrac{9\times6}{9+6}+7\right)\times5}{\left(\dfrac{9\times6}{9+6}+7\right)+5}+2\right]+10}\ \Omega=3.505\ \Omega$$

其诺顿等效电路如题解 4-9 图(b)所示。

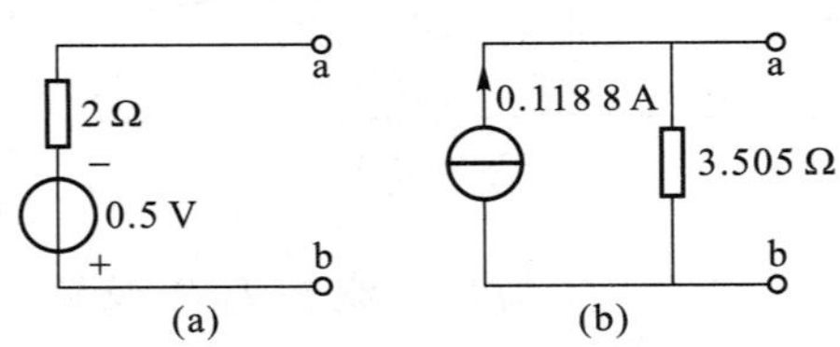

题解 4-9 图

4-10　求题 4-10 图中各电路在 a、b 端口的戴维南等效电路或诺顿等效电路。

解:(1) 先求题 4-10 图(a)中 a、b 端的开路电压 u_{oc}。应用分压公式可得

$$u_{oc}=\frac{\dfrac{2\times(2+1)}{2+(2+1)}}{2+\dfrac{2\times(2+1)}{2+(2+1)}}\times\frac{1}{2+1}\times\frac{1}{2}\times10\ \text{V}=\frac{5}{8}\ \text{V}=0.625\ \text{V}$$

等效内阻为

$$R_{eq}=\frac{\left[\dfrac{(1+2)\times2}{(1+2)+2}+1\right]\times1}{\left[\dfrac{(1+2)\times2}{(1+2)+2}+1\right]+1}\ \Omega=\frac{11}{16}\ \Omega=0.687\ 5\ \Omega$$

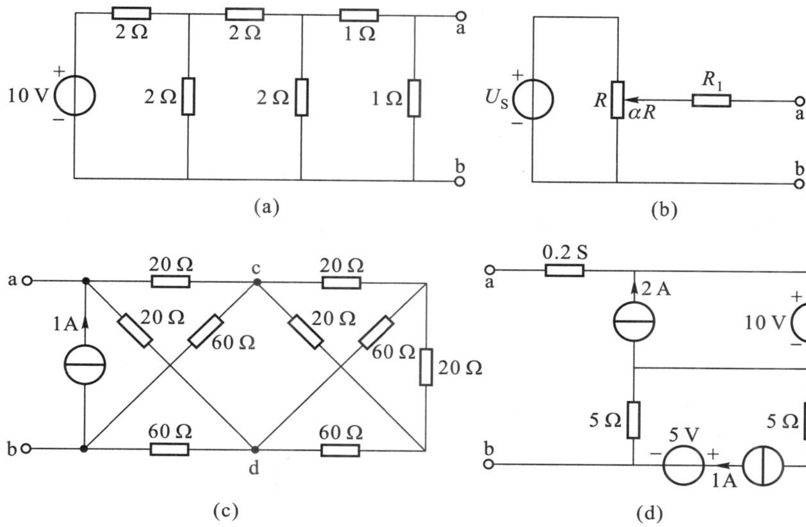

题 4-10 图

戴维南等效电路如题解 4-10 图(a)所示。

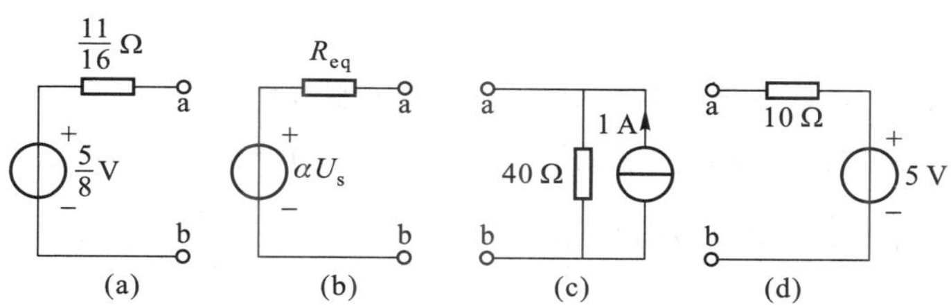

题解 4-10 图

(2) 这是一个分压器电路，当 a、b 端开路时，输出端的电压按分压器的电阻比例给出，即 a、b 端的开路电压为

$$u_{oc}=\alpha U_S$$

等效内阻为

$$R_{eq}=R_1+[\alpha R/\!/(1-\alpha)R]=R_1+\alpha(1-\alpha)R$$

等效电路如题解 4-10 图(b)所示。

(3) 题 4-10 图(c)中 1 A 电流源的右方由 2 个平衡电桥组成，c、d 端是右方第一个平衡电桥的对角线的端子。电桥平衡时，对角线支路可以对其断开或短路。当 c、d 端短路时，$R_{eq}=\left(\dfrac{20\times20}{20+20}+\dfrac{60\times60}{60+60}\right)\ \Omega=(10+30)\ \Omega=40\ \Omega$。

用 40 Ω 电阻代替题 4-10 图(c)中 a、b 端以右所有电阻，就得到诺顿等效电路，如题解 4-10 图(c)所示。

(4) a、b 端的开路电压为

$$u_{oc}=(10-1\times5)\ V=5\ V$$

等效内阻为

$$R_{eq}=\left(\frac{1}{0.2}+5\right)\ \Omega=10\ \Omega$$

戴维南等效电路如题解 4-10 图(d)所示。

4-11 题 4-11 图(a)所示含源一端口的外特性曲线画于题 4-11 图(b)中,求其等效电源。

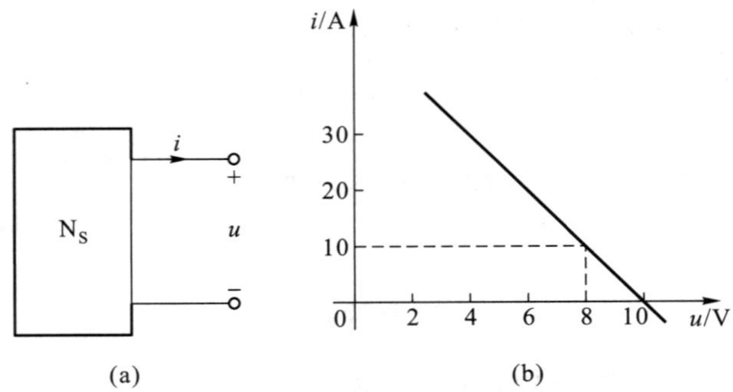

题 4-11 图

解:根据戴维南定理,含源一端口电路对外的伏安特性可写为 $u=u_{oc}-R_{eq}i$(必须注意此处 u、i 参考方向对含源一端口是非关联的)。从给定的外特性可看出,直线在 u 轴上的截距为 10 V,而对 i 轴的斜率可求得为 $k=-\frac{10-8}{10-0}$ V/A $=-\frac{2}{10}$ V/A $=-0.2$ V/A。该伏安特性的方程为 $u=10-0.2i$。比较可得 $u_{oc}=10$ V,$R_{eq}=0.2\ \Omega$。

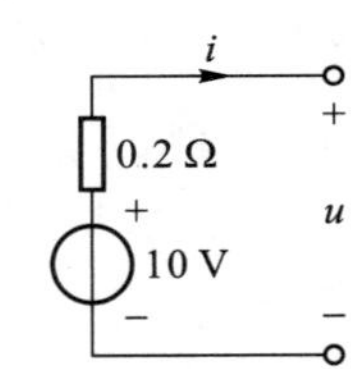

题解 4-11 图

戴维南等效电路如题解 4-11 图所示。

4-12 求题 4-12 图所示各电路的戴维南等效电路或诺顿等效电路。

解:(1) 如题 4-12 图(a)所示电路,由于 1-1′端开路,2 A 电流源按 10 Ω 电阻及与之并联的(10+5) Ω 电阻分流,电流分布如题解 4-12 图(a)中(a1)所示。可求得 1-1′端的开路电压 $u_{oc}=(10\times1+0.8\times5+6-5)$ V $=15$ V。

求 R_{eq} 时,电压源视为短路、电流源视为开路,1-1′端的等效电阻如题解 4-12 图(a)中(a2)所示。$R_{eq}=\left(10+\frac{20\times5}{20+5}\right)\ \Omega=(10+4)\ \Omega=14\ \Omega$。等效电路如题解 4-12 图(a)中(a3)所示。

(2) 如题 4-12 图(b)所示电路,先求 a、b 端的开路电压 u_{oc}。a、b 端开路时,2 A 电流源经 10 Ω、6 Ω 电阻及 3 V 电压源构成回路,因此,$u_{oc}=(-9+6\times2+3)$ V $=6$ V。再求等效电阻,独立源置零后,$R_{eq}=(10+6)\ \Omega=16\ \Omega$。等效电路如题解 4-12 图(b)所示。

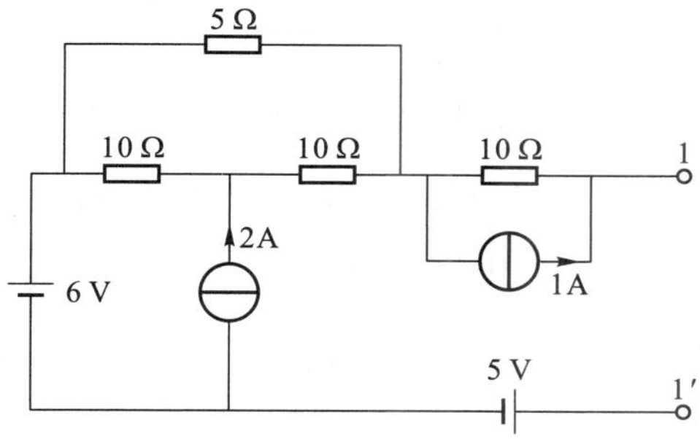

(a)

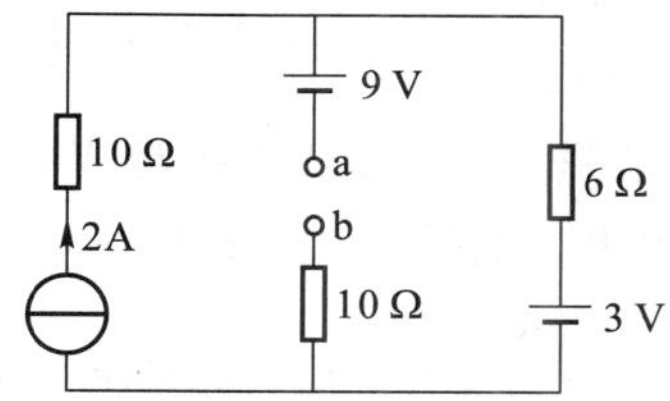

(b)

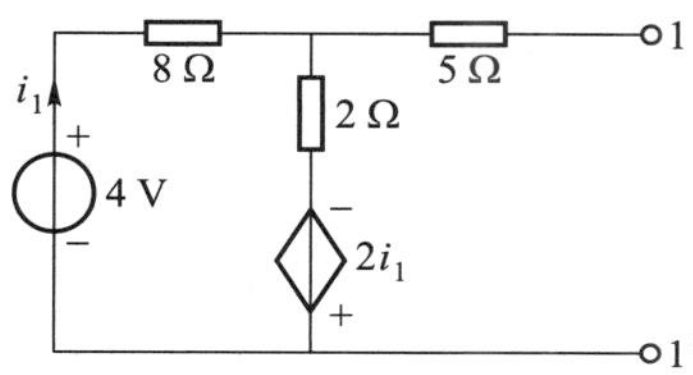

(c)

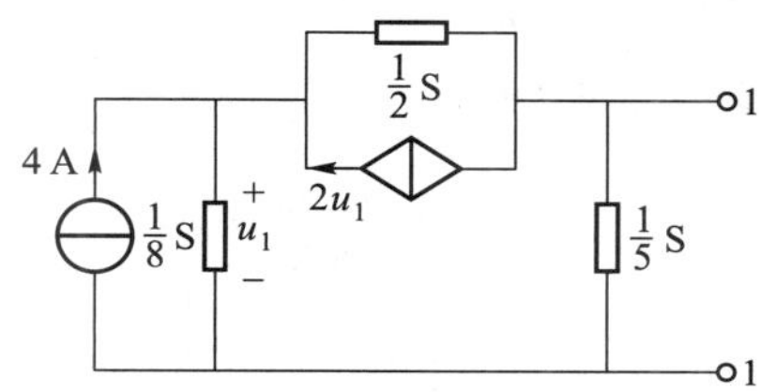

(d)

题 4-12 图

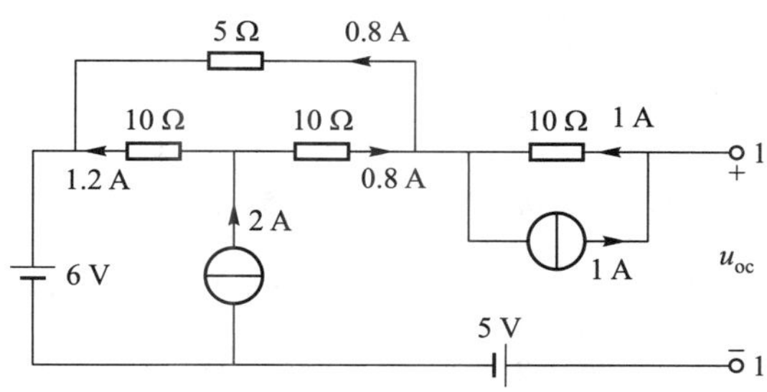

(a1)

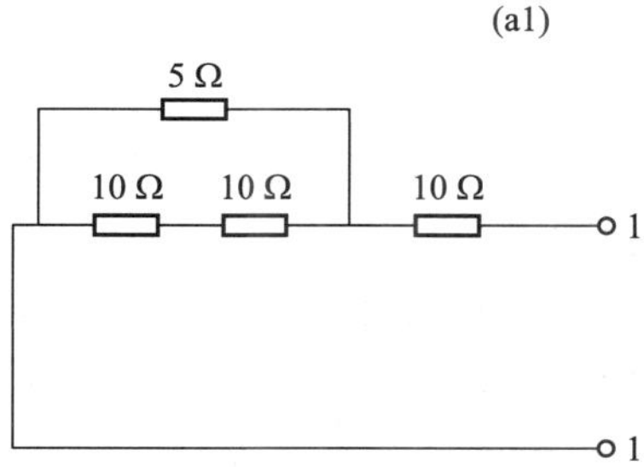

(a2)

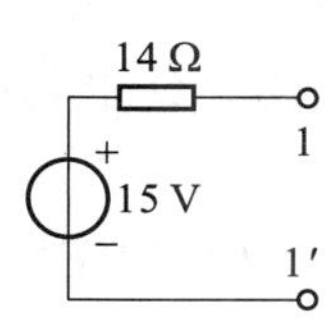

(a3)

题解 4-12 图(a)

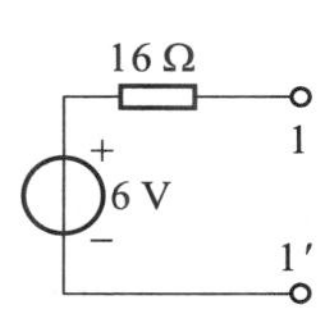

题解 4-12 图(b)

(3) 如题4-12图(c)所示电路，当1-1′端开路时，在 i_1 构成的回路中可根据KVL求得 $i_1=\dfrac{4+2i_1}{8+2}$，解得 $i_1=0.5$ A，从而求得1-1′端的开路电压 $u_{oc}=-8i_1+4=0$。求 R_{eq} 时，分两步进行，先求出8 Ω与2 Ω电阻的连接点1″与1′端口向左电路电源置零后的等效电阻 R'_{eq}，如题解4-12图(c)所示。应用外加电源法，在1′-1″端口加上电压源 $u=8$ V，此时 $i_1=\dfrac{8}{8}$ A=1 A，而流进端口1′-1″的电流为 $i=i_1+\dfrac{u-2i_1}{2}=\left(1+\dfrac{8-2\times1}{2}\right)$ A=(1+3) A=4 A。从而得到 $R'_{eq}=\dfrac{u}{i}=\dfrac{8}{4}$ Ω=2 Ω。第二步再求 R_{eq}，$R_{eq}=R'_{eq}+5=(2+5)$ Ω=7 Ω。等效电路如题解4-12图(c)所示。

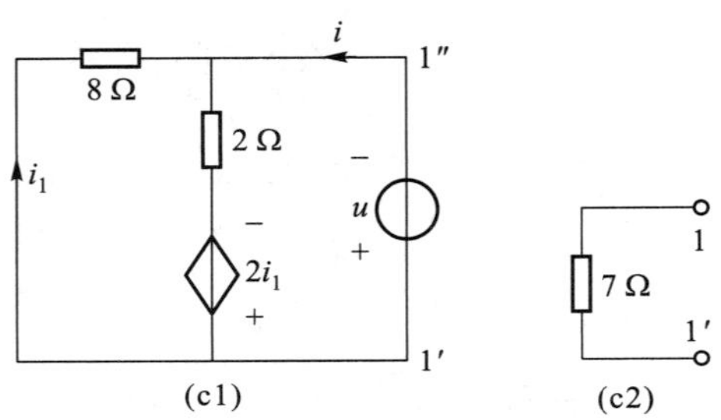

题解4-12图(c)

(4) **解法一**：先求1-1′端的短路电流 i_{sc}，如题解4-12图(d)中(d1)所示。此时，电压 u_1 满足方程 $u_1=(4+2u_1)\dfrac{1}{\dfrac{1}{8}+\dfrac{1}{2}}$，即 $u_1=6.4+3.2u_1$，求解得 $u_1=-\dfrac{6.4}{2.2}$ V；而短路电流 $i_{sc}=4-\dfrac{1}{8}u_1=\left(4+\dfrac{6.4}{8\times2.2}\right)$ A=4.364 A。

求等效内阻时，使独立源置零，先求题解4-12图(d)的(d2)中1″-1′端向左的输入电阻 R'_{eq}，然后将其与5 Ω电阻并联后得到 R_{eq}。

用外加电流源的方法来求 R'_{eq}，在1″-1′端加上1 A的外加电流源，此时 $u_1=8\times1$ V=8 V，而流过2 Ω电阻中的电流为 $1-2u_1=-15$ A，从而求得外加电流源端口1″-1′上的电压为 $u=[2\times(-15)+8]$ V=−22 V。1″-1′端向左的等效电阻为 $R'_{eq}=\dfrac{u}{1}=\dfrac{-22}{1}$ Ω=−22 Ω。而

$$R_{eq}=\frac{R'_{eq}\times5}{R'_{eq}+5}=\frac{(-22)\times5}{-22+5}\ \Omega=6.471\ \Omega$$

解法二：国外电路教学中广泛使用直接求出有源一端口外特性的方法来得到戴维南等效电路或诺顿等效电路。在题解4-12图(d)的(d3)中，给端口1-1′上加以电压源 u，从图中求出 i 的表达式，i 与 u 必为线性关系；从 $u=f(i)$ 就可得到戴维南等效电

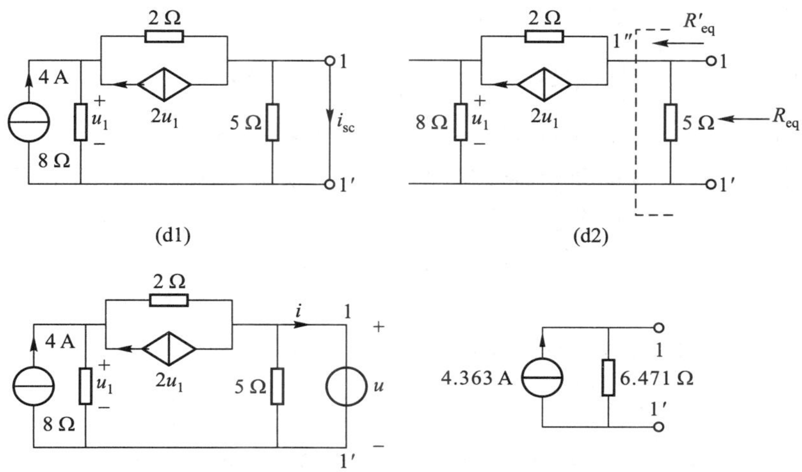

(d1)　(d2)　(d3)　(d4)

题解 4-12 图(d)

路,从 $i=\Phi(u)$ 就可得诺顿等效电路(也可以加以电流源 i,然后求 u)。

在题解 4-12 图(d)的(d3)中,以 u_1 为节点电压,写出节点电压方程为

$$\left(\frac{1}{8}+\frac{1}{2}\right)u_1-\frac{1}{2}u=4+2u_1$$

从中解得 $-\frac{u_1}{8}=\frac{4}{11}+\frac{1}{22}u$,而从 KCL 可得到 $i=4-\frac{u_1}{8}-\frac{u}{5}$。消去 u_1,就得 i 与 u 的线性关系

$$i=4.364-\frac{u}{6.471}$$

与 $i=i_{sc}-\frac{u}{R_{eq}}$ 比较,可知诺顿等效电路中

$$i_{sc}=4.364\ \text{A},\quad R_{eq}=6.471\ \Omega$$

等效电路如题解 4-12 图(d)中的(d4)所示。

4-13　求题 4-13 图所示两个一端口的戴维南等效电路或诺顿等效电路,并解释所得结果。

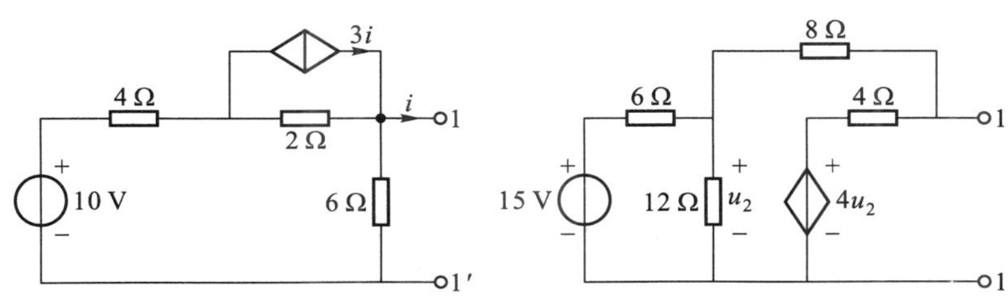

(a)　(b)

题 4-13 图

解:(1) 先求题 4-13 图(a)的开路电压 u_{oc}。1-1′端开路时,控制量 $i=0$,因此 CCVS 中 $3i=0$,成为开路线。此时 $u_{oc}=\dfrac{6}{4+2+6}\times 10\ \text{V}=5\ \text{V}$。

求等效内阻时,10 V 独立源置零而视为短路,受控源仍保留在电路中,将电路作电源变换,如题解 4-13 图(a)所示,从图(a3)可看出,根据 KCL,不管 i 为何值,两个 6 Ω 电阻中均无电流,因此从欧姆定律可知,1-1′端电压为零。

端口电流任意,而端口电压为零,这是短路线的特点,于是 $R_{eq}=0$(本题中,如果求短路电流 i_{sc},则会发现 $i_{sc}\to\infty$)。题 4-13 图(a)的戴维南等效电路如题解 4-13 图中的(a4)所示。这是一个无内阻的电压源,不存在诺顿等效电路。

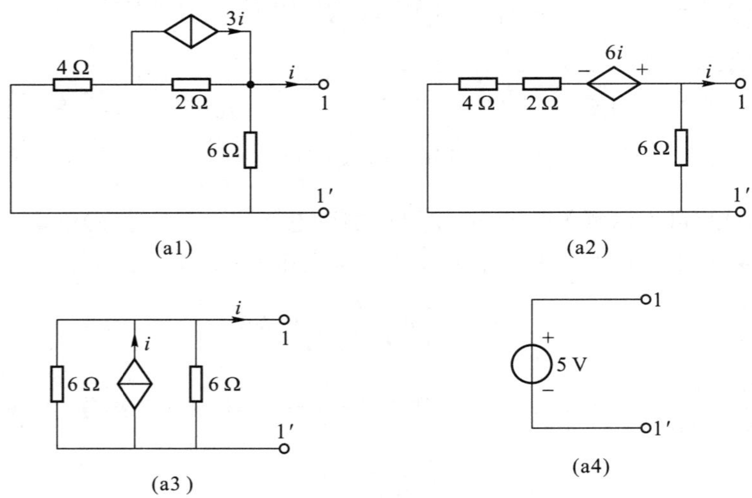

题解 4-13 图(a)

(2) 先求题 4-13 图(b)1-1′端的开路电压 u_{oc}。列出节点电压 u_2 的节点电压方程为 $\left(\dfrac{1}{6}+\dfrac{1}{12}+\dfrac{1}{12}\right)u_2=\dfrac{15}{6}+\dfrac{4u_2}{12}$,从方程可得到 $\left(\dfrac{1}{3}-\dfrac{1}{3}\right)u_2=\dfrac{15}{6}$,说明 $u_2\to\infty$。由于 $u_{oc}=u_2$,故该电路的 $u_{oc}\to\infty$。

再求 1-1′端的短路电流 i_{sc},从题解 4-13 图(b)中的(b1)可看出

$$u_2=\frac{15}{6+\dfrac{12\times 8}{12+8}}\times\frac{12\times 8}{12+8}\ \text{V}=\frac{20}{3}\ \text{V}$$

而短路电流为

$$i_{sc}=i_1+i_2=\frac{u_2}{8}+\frac{4u_2}{4}=\frac{9}{8}u_2=\frac{9}{8}\times\frac{20}{3}\ \text{A}=7.5\ \text{A}$$

从关系式 $R_{eq}=\dfrac{u_{oc}}{i_{sc}}$ 可得知,i_{sc} 为有限值,而 $u_{oc}\to\infty$,因此等效内阻 $R_{eq}\to\infty$。该电路

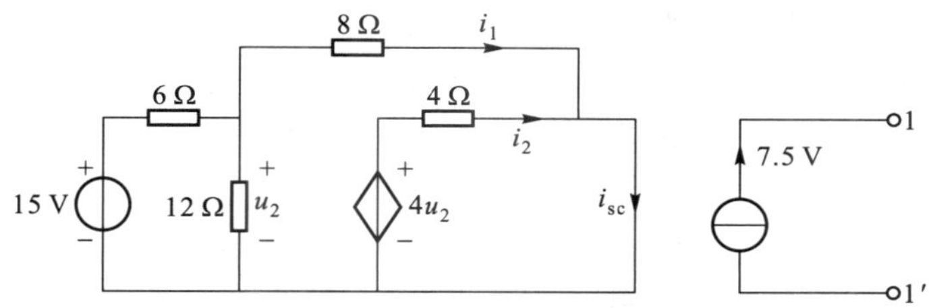

(b1)　　　　(b2)

题解 4-13 图(b)

的诺顿等效电路如题解 4-13 图(b)的(b2)所示,它是一个无并联电阻的电流源,不存在戴维南等效电路。

4-14　(1) 题 4-14 图(a)中,电压表测量 a、b 点的电压 $U_{abm}=25$ V。电压表的内阻 R_V 是多少? 如果要控制测量相对误差 $|\delta(\%)|<1\%$,则 R_V 的最小值为多少?

(2) 题 4-14 图(b)中,在 12 Ω 电阻支路中接入内阻 $R_A=3.2$ Ω 的电流表测量 I_α,求测量相对误差 $\delta(\%)$。

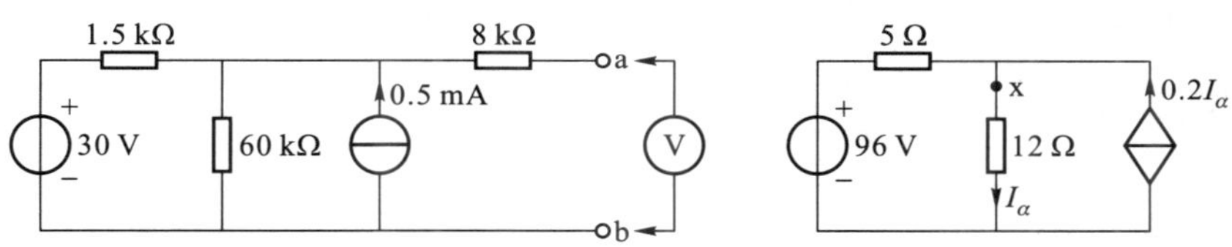

(a)　　　　(b)

题 4-14 图

解:(1) 当电压表未接上时,a、b 端的电压是被测电压的真值 U_t,也是题 4-14 图(a)电路 a、b 端的开路电压。当接以内阻为 R_V 的电压表后,其电压是电路中 a、b 端电压的测量值 U_m。应用叠加定理,可求得 a、b 端口开路时,$U_t=U_{oc}=\left[\dfrac{60}{60+1.5}\times30+0.5\left(\dfrac{1.5\times60}{1.5+60}\right)\right]$ V = 30 V。再求从 a、b 端看入的戴维南等效电路的内阻,$R_{eq}=\left(\dfrac{1.5\times60}{1.5+60}+8\right)$ kΩ = 9.463 kΩ。实测电压 U_m 是戴维南电路中开路电压 U_{oc} 在由 R_{eq} 和 R_V 组成的串联电路上的分压,即 $U_m=\dfrac{R_V}{R_{eq}+R_V}U_t$。

相对测量误差 $\delta=\dfrac{U_m-U_t}{U_t}=-\dfrac{R_{eq}}{R_V+R_{eq}}$,可推得 $R_V=R_{eq}\left(\dfrac{1}{|\delta|}-1\right)$。现根据题意,$\delta=\dfrac{U_m-U_t}{U_t}=\dfrac{25-30}{30}=-\dfrac{1}{6}$,故求得 $R_V=R_{eq}\left(\dfrac{1}{|\delta|}-1\right)=9.463\times10^3\times(6-1)$ Ω = 47.315 kΩ。

欲使 $\delta<0.01$,则应使 $R_V>R_{eq}(100-1)=937$ kΩ。

(2) 在将电流表接入题 4-14 图(b)所示电路 x 处测量电流时,电流真值 I_t 为电流表内

阻 $R_A=0$ 时的电流,相当于该端口的短路电流,即 $I_t=I_{sc}$。求出该端口看入的诺顿等效电路,在 xx′线段中接入电流表后,所测得的电流 I_m 为电流表内阻 R_A 在诺顿等效电路中所取得的电流,示意图如题解 4-14 图(b)所示。

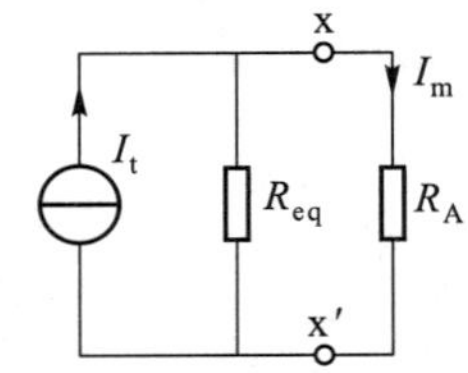

题解 4-14 图(b)

本题中在 x 处断开得到端口 xx′,短路电流 I_α 可从 KVL 方程 $5(I_\alpha-0.2I_\alpha)+12I_\alpha=96$ 求得,即 $16I_\alpha=96$,$I_\alpha=I_t=6$ A。而接入 $R_A=3.2\ \Omega$ 的电流表后,方程成为 $5(I'_\alpha-0.2I'_\alpha)+(12+3.2)I'_\alpha=96$,求得 $19.2I'_\alpha=96$,即 $I'_\alpha=I_m=5$ A。

相对测量误差为

$$\delta(\%)=\frac{I_m-I_t}{I_t}\times100\%$$

$$=\frac{5-6}{6}\times100\%=-16.7\%$$

测量电压或电流时,测量误差就其相对值而言,仅取决于电压表内阻 R_V、电流表内阻 R_A 与测量处的独立源置零内阻 R_{eq} 的相对大小。不难推得

测量电压时,$\delta=\dfrac{U_m-U_t}{U_t}=\dfrac{-R_{eq}}{R_{eq}+R_V}$

测量电流时,$\delta=\dfrac{I_m-I_t}{I_t}=\dfrac{-R_A}{R_{eq}+R_A}$

4-15 在题 4-15 图所示电路中,当 R_L 取 0 Ω、2 Ω、4 Ω、6 Ω、10 Ω、18 Ω、24 Ω、42 Ω、90Ω 和 186 Ω 时,求 R_L 的电压 U_L、电流 I_L 和 R_L 消耗的功率。

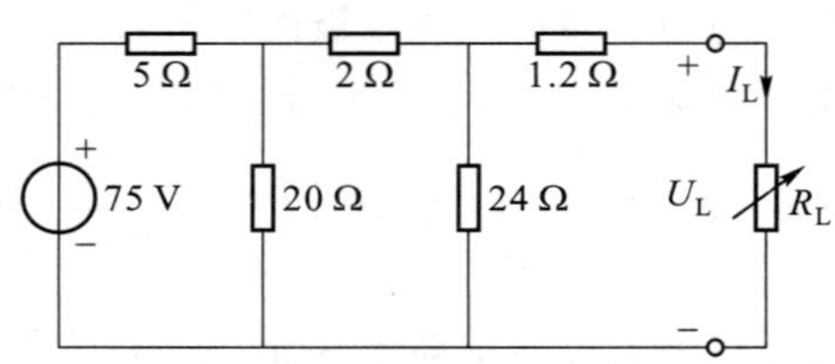

题 4-15 图

解:本题电路中,仅一个支路的电阻 R_L 发生变化,而电路的其他部分不变。适合于将不变部分简化为等效电源电路,便于变化情况的分析与计算。

先求 R_L 所接端口的等效电路,由分压公式可得开路电压为

$$U_{oc}=\left[\frac{\dfrac{20(2+24)}{20+(2+24)}}{5+\dfrac{20(2+24)}{20+(2+24)}}\times75\times\frac{24}{2+24}\right]\text{V}=48\ \text{V}$$

等效电阻则为

$$R_{eq}=\left[\frac{\left(\frac{5\times20}{5+20}+2\right)\times24}{\left(\frac{5\times20}{5+20}+2\right)+24}+1.2\right]\ \Omega=6\ \Omega$$

戴维南等效电路如题解 4-15 图所示。

表 4-1 列出 R_L 取各给定值时，I_L，U_L，P_L 的计算值。

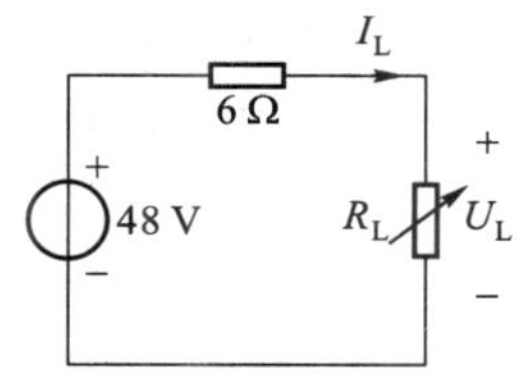

题解 4-15 图

表 4-1　不同 R_L 下的 I_L，U_L，P_L 值

R_L/Ω	0	2	4	6	10	18	24	42	90	186
I_L/A	8	6	4.8	4	3	2	1.6	1	0.5	0.25
U_L/V	0	12	19.2	24	30	36	38.4	42	45	46.5
P_L/W	0	72	92.16	96	90	72	61.44	42	22.5	11.625

4-16　在题 4-16 图所示电路中，

（1）R 为多大时，它吸收的功率最大？求此最大功率。

（2）当 R 取得最大功率时，两个 50 V 电压源发出的功率共为多少？

（3）若 $R=80\ \Omega$，欲使 R 中电流为零，则 a、b 间应并联什么元件，其参数为多少？画出电路图。

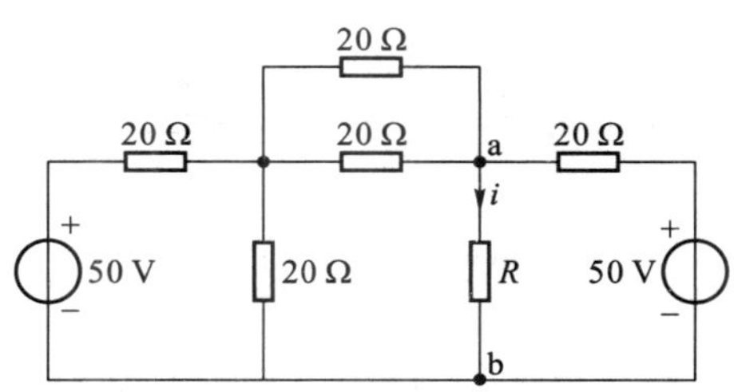

题 4-16 图

解：（1）先将 R 所在支路从电路中拉出，如题解 4-16 图（a）所示。求 a、b 端口的戴维南等效电路。用节点电压法求 a、b 端口的开路电压 u_{oc}，节点电压 u_{cb} 的方程为

$$\left(\frac{1}{20}+\frac{1}{20}+\frac{1}{\frac{20\times20}{20+20}+20}\right)u_{cb}=\frac{50}{20}+\frac{50}{\frac{20\times20}{20+20}+20}$$

从中解得 $u_{cb}=\frac{250}{8}\ \text{V}=31.25\ \text{V}$，据此可求得

$$u_{oc}=\frac{u_{cb}-50}{30}\times20+50=37.5\ \text{V}$$

当电压源置零后，a、b 端的等效电阻 $R_{eq}=\frac{20\times(10+10)}{20+(10+10)}\ \Omega=10\ \Omega$。等效电路如题

解 4-16 图(b)所示。

当 $R=R_{eq}=10\ \Omega$ 时,可得最大功率,最大功率为

$$P_{Lmax}=\frac{u_{oc}^2}{4R_{eq}}=\frac{37.5^2}{4\times10}\ \text{W}=35.16\ \text{W}$$

(2) 当 $R=10\ \Omega$ 时,获得最大功率,这时 R 中的电流为

$$i_R=\frac{u_{oc}}{2R}=\frac{37.5}{20}\ \text{A}=1.875\ \text{A}$$

将 i_R 用电流源替代,应用叠加定理得流出左方 50 V 电压源的电流为

$$i_1=1.406\ \text{A},\quad P_1=50\times1.406\ \text{W}=70.3\ \text{W}$$

应用叠加定理得流出右方 50 V 电压源的电流为

$$i_2=1.563\ \text{A},\quad P_2=50\times1.563\ \text{W}=78.15\ \text{W}$$

两个 50 V 电压源发出功率共为

$$P=P_1+P_2=(70.3+78.15)\ \text{W}=148.45\ \text{W}$$

(3) 欲使 a、b 端口接上电阻后其中无电流,在 a、b 间所要并接的元件应使此端口的开路电压 u'_{oc} 或短路电流 i'_{sc} 为零。从题解 4-16 图(c)可看出,a、b 间并联以反向的短路电流值的电流源,即一个流向自 a 至 b 的 3.75 A 的电流源,这样 a、b 端口的 $u'_{oc}=(37.5-3.75\times10)\ \text{V}=0$,此时 R 中无电流。

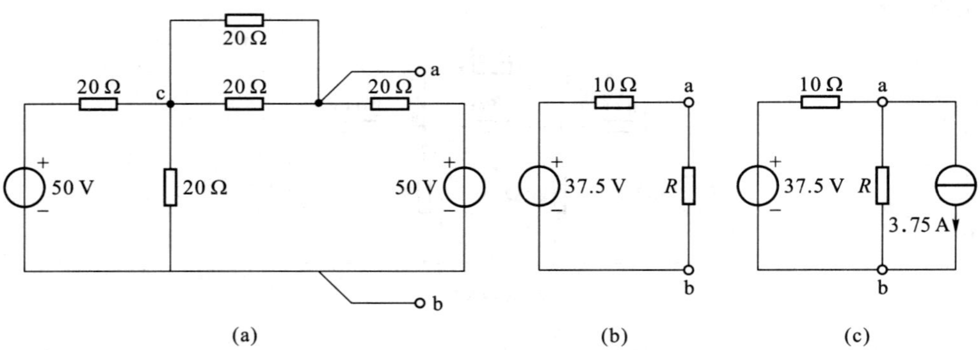

题解 4-16 图

4-17　题 4-17 图所示电路的负载电阻 R_L 可变,R_L 等于何值时可吸收最大功率?求此功率。

解:先求 R_L 所在支路左方的等效电路,见题解 4-17 图(a)。当 a、b 端开路时,电路中有 2 个独立回路,其中一个回路电流流过无伴受控电流源。现将此 2 个回路电流取值为 i_1 与 $4i_1$。回路方程为 $4i_1+2\times4i_1=6$,可解得 $i_1=0.5$ A。故求得 $u_{oc}=2i_1-2i_1+6=6$ V。

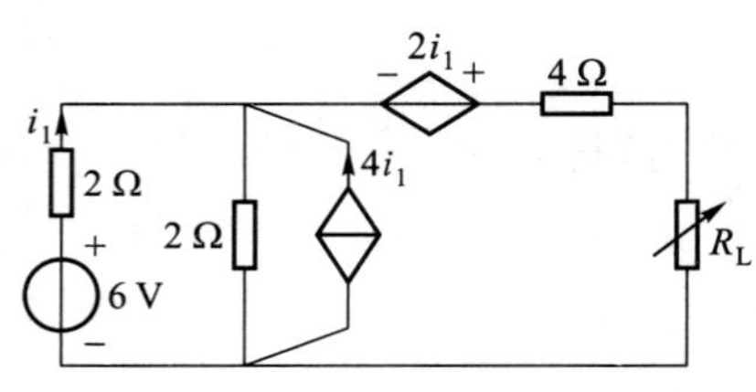

题 4-17 图

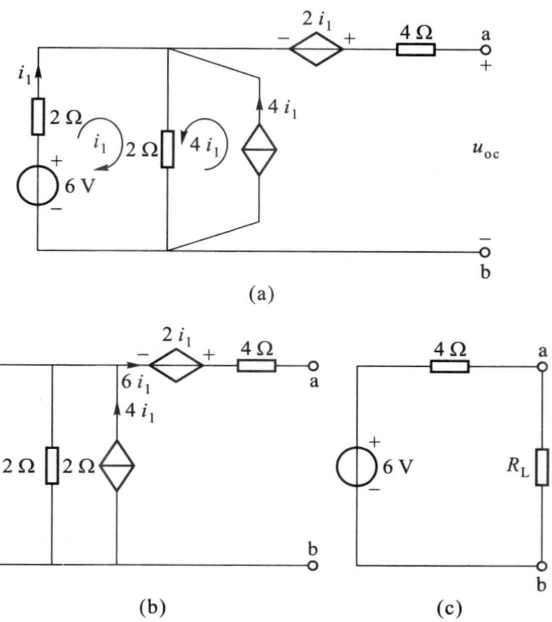

题解 4-17 图

求等效内阻 R_{eq} 的电路如题解 4-17 图(b)所示。注意到 2 个 2 Ω 电阻相并联后再与一个 CCCS 相并联,该受控源的电流是 2 Ω 中电流 i_1 的 4 倍,方向与二端电压关联,故相当于一个$\frac{2}{4}$ Ω,即 0.5 Ω 的电阻。再看受控电压源,根据 KCL 可知其中电流为 $i_1+i_1+4i_1=6i_1$,但方向与电压 $2i_1$ 非关联。故该受控电压源相当于阻值为$-\frac{2i_1}{6i_1}=-\frac{1}{3}$ Ω 的电阻。故从 a、b 端看入的 $R_{eq}=\left(4-\frac{1}{3}+\frac{1}{\frac{1}{2}+\frac{1}{2}+\frac{1}{0.5}}\right)$ Ω $=\left(4-\frac{1}{3}+\frac{1}{3}\right)$ Ω $=4$ Ω。等效电路如题解 4-17 图(c)所示。

当 $R_L=4$ Ω 时,可获得最大功率为

$$P_{\text{Lmax}}=\frac{u_{oc}^2}{4R_L}=\frac{36}{4\times4}\ \text{W}=2.25\ \text{W}$$

4-18　题 4-18 图所示电路中 N 仅由电阻组成。对不同的输入直流电压 U_S 及不同的 R_1、R_2 值进行了两次测量,得下列数据:$R_1=R_2=2$ Ω 时,$U_S=8$ V,$I_1=2$ A,$U_2=2$ V;$R_1=1.4$ Ω,$R_2=0.8$ Ω 时,$\hat{U}_S=9$ V,$\hat{I}_1=3$ A,求 $\hat{U}_2$ 的值。

题 4-18 图

解:两个拓扑结构相同,但支路元件参数不同的电路,其支路电压、电流可以由特勒

根定理2联系起来。

在第一次测量电路时,有

$$U_1=U_S-R_1I_1=(8-2\times 2)\ \text{V}=4\ \text{V},\quad I_1=2\ \text{A}$$

$$U_2=2\ \text{V},\quad I_2=\frac{U_2}{R_2}=\frac{2}{2}\ \text{A}=1\ \text{A}$$

第二次测量电路时,有

$$\hat{U}_1=\hat{U}_S-R_1\hat{I}_1=(9-1.4\times 3)\ \text{V}=4.8\ \text{V},\quad \hat{I}_1=3\ \text{A}$$

$$\hat{U}_2\ \text{未知},\quad \hat{I}_2=\frac{\hat{U}_2}{R_2}=\frac{\hat{U}_2}{0.8}$$

由于在两种测量情况下,电阻网络N相同,根据特勒根定理2,有

$$U_1(-\hat{I}_1)+U_2\hat{I}_2=\hat{U}_1(-I_1)+\hat{U}_2I_2$$

即

$$4\times(-3)+2\times\frac{\hat{U}_2}{0.8}=4.8\times(-2)+\hat{U}_2\times 1$$

可解得

$$\hat{U}_2=1.6\ \text{V}$$

4-19　题4-19图中网络N仅由电阻组成。根据题4-19图(a)和(b)的已知情况,求题4-19图(c)中电流I_1和I_2。

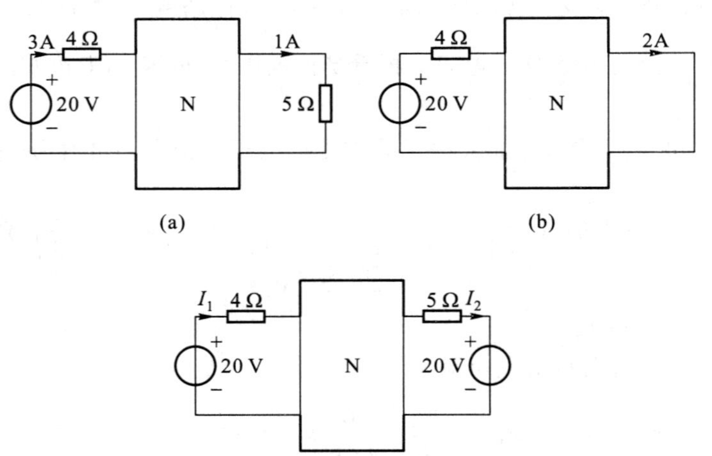

题4-19图

解:根据叠加定理,题4-19图(c)中电流I_1与I_2可看作由2个20 V电压源分别作用结果的叠加。两个电压源分别作用的分电路如题解4-19图(c1)与(c2)所示。可见第一分电路题解4-19图(c1)与题4-19图(a)相同,故有$I_1'=3\ \text{A}$,$I_2'=1\ \text{A}$。而根据互易定理第一形式,题解4-19图(c2)所示第二分电路中的I_1''也可由图(c1)中的I_2'互易

得到，有 $I_1''=-I_2'=-1\ \text{A}$。故可求得

$$I_1=I_1'+I_1''=[3+(-1)]\ \text{A}=2\ \text{A}$$

再来求 I_2，从题 4-19 图(b)可知 I_2 所在支路的短路电流为 2 A；又从题 4-19 图(a)得知 I_2 支路接入 5 Ω 电阻时，电流为 1 A，即 $U=5\times1\ \text{V}=5\ \text{V}$，从诺顿等效电路可得 $1=2-\dfrac{5}{R_{eq}}$，解得 $R_{eq}=5\ \Omega$，故该支路以外的等效电路如题解 4-19 图(c3)所示。接入 20 V 电压源与 5 Ω 电阻后，有

$$I_2=\left(\frac{5}{5+5}\times2-\frac{20}{5+5}\right)\ \text{A}=(1-2)\ \text{A}=-1\ \text{A}$$

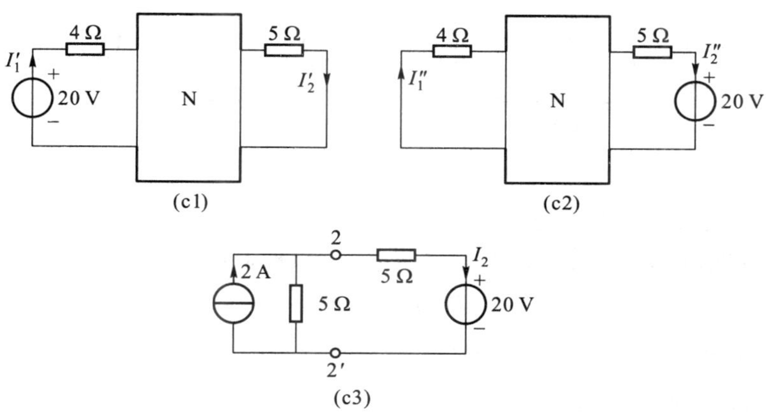

题解 4-19 图

4-20 已知题 4-20 图中 N 为电阻网络，在图(a)中 $U_1=30\ \text{V}$，$U_2=20\ \text{V}$。求图(b)电路中的 $\hat{U}_1$。

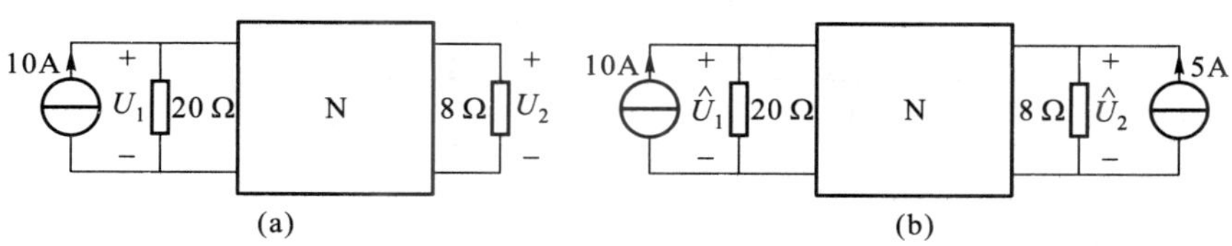

题 4-20 图

解：题 4-20 图(b)中 $\hat{U}_1$ 可以看作 10 A 和 5 A 这两个电流源分别产生响应的叠加。分电路如题解 4-20 图(b1)与(b2)所示。题解 4-20 图(b1)中 $\hat{U}_1'$ 即为题 4-20 图(a)中的 U_1，即 $\hat{U}_1'=30\ \text{V}$；而题解 4-20 图(b2)中 $\hat{U}_1''$ 可由题 4-20 图(a)中激励、响应互换位置得到，根据互易定理第二种形式，有 $\dfrac{U_2}{10}=\dfrac{\hat{U}_1''}{5}$ 或 $\hat{U}_1''=\left(5\times\dfrac{20}{10}\right)\ \text{V}=10\ \text{V}$，再根据叠加定理，有

$$\hat{U}_1=\hat{U}_1'+\hat{U}_1''=(30+10)\ \text{V}=40\ \text{V}$$

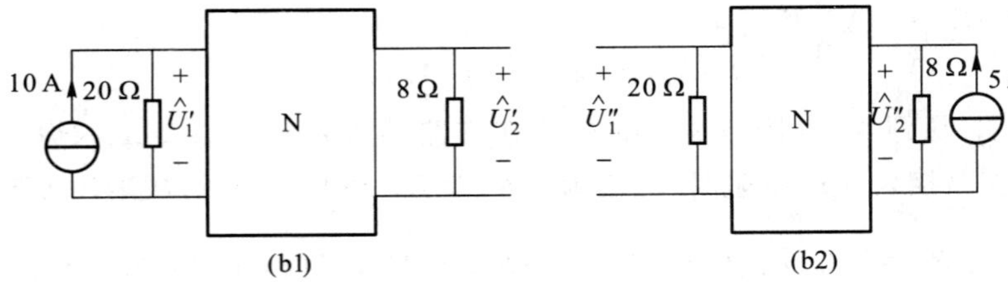

题解 4-20 图

4-21　题 4-21 图中 N 为电阻网络。已知图（a）中各电压、电流，求图（b）中 I。

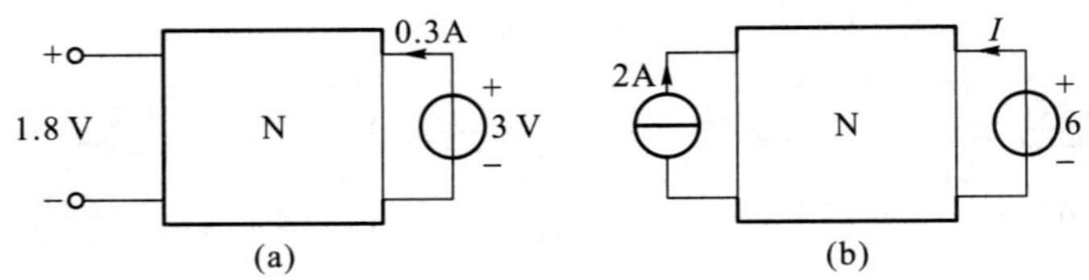

题 4-21 图

解：所求 I 可看作题解 4-21 图（b1）与（b2）两个分电路所产生的分响应的叠加。将分电路图（b1）与题 4-21 图（a）比较，可由齐性定理得到

$$I'=2\times 0.3\ \text{A}=0.6\ \text{A}$$

分电路图（b2）可看作题 4-21 图（a）的激励与响应互易。应用互易定理的第三种形式，有 $\dfrac{1.8}{3}=\dfrac{-I''}{2}$，故 $I''=-\dfrac{3.6}{3}\ \text{A}=-1.2\ \text{A}$，而所求

$$I=I'+I''=(0.6-1.2)\ \text{A}=-0.6\ \text{A}$$

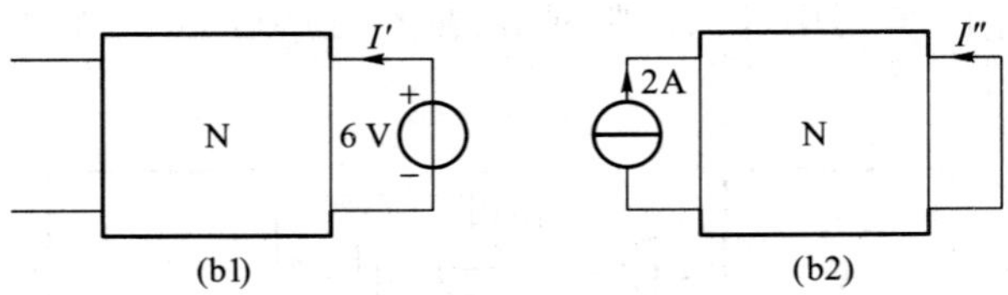

题解 4-21 图

4-22　题 4-22 图所示电路中 N 由电阻组成，图（a）中，$I_2=0.5\ \text{A}$，求图（b）中电压 U_1。

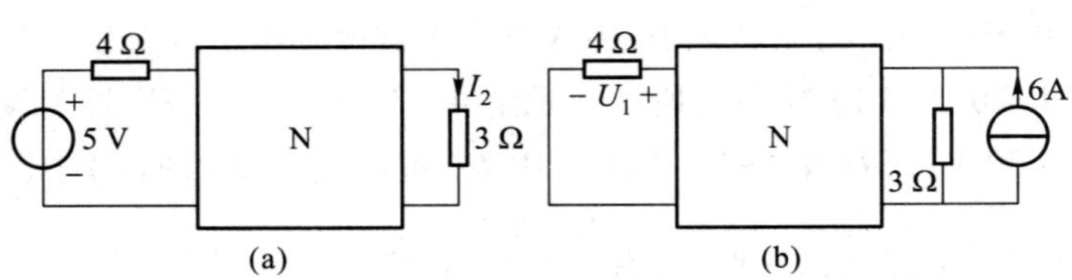

题 4-22 图

解：应用互易定理的第三种形式，有

$$\frac{3\times0.5}{5}=\frac{\frac{U_1}{4}}{6}$$

可解得

$$U_1=\frac{36}{5}\ \mathrm{V}=7.2\ \mathrm{V}$$

4-23　题 4-23 图所示网络 N 仅由电阻组成，端口电压和电流之间的关系可由下式表示：

$$i_1=G_{11}u_1+G_{12}u_2$$
$$i_2=G_{21}u_1+G_{22}u_2$$

试证明 $G_{12}=G_{21}$。如果 N 内部含独立电源或受控源，上述结论是否成立？为什么？

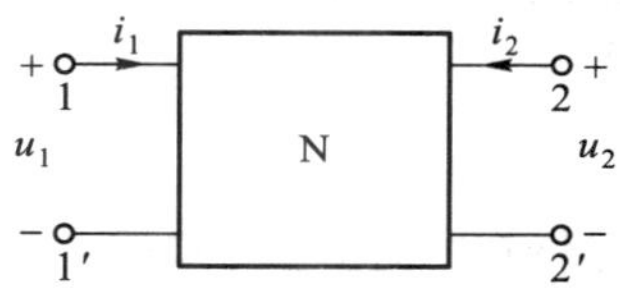

题 4-23 图

证明：根据给定方程，可由下列两式求得 G_{12} 与 G_{21} 分别为

$$G_{12}=\frac{i_1}{u_2}\bigg|_{u_1=0},\quad G_{21}=\frac{i_2}{u_1}\bigg|_{u_2=0}$$

实现此两等式的电路如题解 4-23 图(a)与(b)所示。根据互易定理第一种形式，图(a)与(b)中激励与响应互换位置后，有

$$\frac{i_1}{u_2}=\frac{i_2}{u_1}$$

即

$$G_{12}=G_{21}$$

当 N 内部存在受控源时，N 不是可互易网络，破坏了这种双向关系，故 $G_{12}\neq G_{21}$。

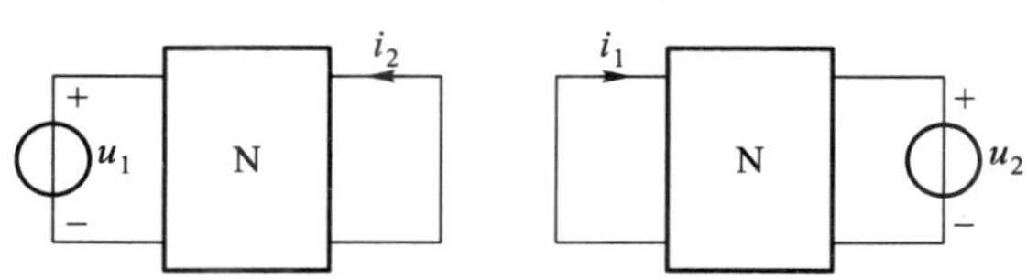

(a)　(b)

题解 4-23 图

4-24　请判断题 4-24 图(b)(c)(d)中哪一个是题 4-24 图(a)所示电路的对偶电路。叙述其理由，试决定其参数值并指出哪些物理量和方程具有对偶关系。

解：题 4-24 图(a)所示电路的对偶电路为题 4-24 图(b)，各元件参数如题解 4-24 图(b)所示。

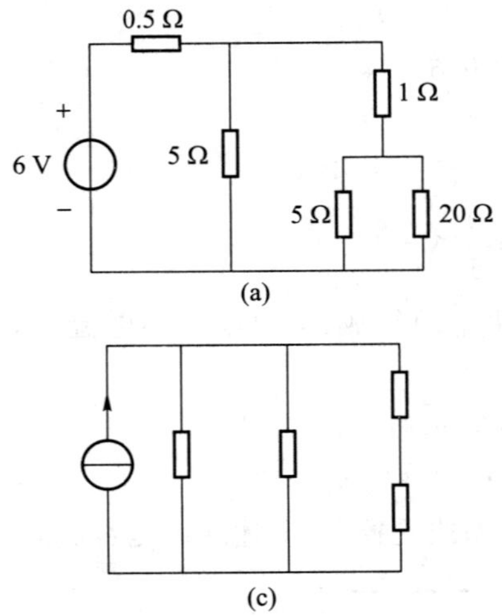

题 4-24 图

对题解 4-24 图(a)所示回路列写回路电流方程,有

$$\begin{cases}(0.5+5)i_{l1}-5i_{l2}=6\\-5i_{l1}+\left(5+1+\dfrac{1}{\dfrac{1}{5}+\dfrac{1}{20}}\right)i_{l2}=0\end{cases}$$

对题解 4-24 图(b)所示节点列写节点电压方程,有

$$\begin{cases}(0.5+5)u_{n1}-5u_{n2}=6\\-5u_{n1}+\left(5+1+\dfrac{1}{\dfrac{1}{5}+\dfrac{1}{20}}\right)u_{n2}=0\end{cases}$$

如果把上述回路电流方程中的自阻、互阻、电压源电压、回路电流等与节点电压方程中的自导、互导、电流源电流、节点电压等对应元素互换,则上面两个方程也可以彼此互换,因此,回路电流与节点电压是对偶元素,题 4-24 图(a)所示电路和题 4-24 图(b)所示电路为对偶电路。

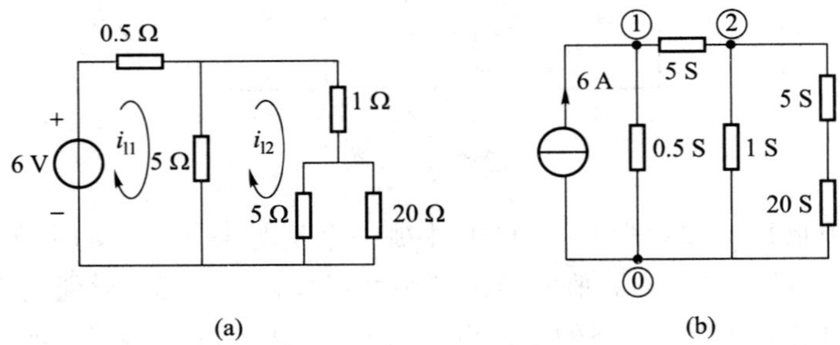

题解 4-24 图

第五章 含有运算放大器的电阻电路

第五章课件

一、重点和难点

1. 运算放大器的电路模型和外部特性

运算放大器简称运放，学习时对其外部特性要有足够的认识，并以运放外部特性的线性部分为依据建立其电路模型。分析含有运放的电路时，必须熟练地运用运放的电路模型来分析。

2. 含有理想运算放大器的电路的分析

在实际分析电路时，为了简化分析，一般假设运放是在理想化的条件下工作的，这样做在许多场合下不会造成很大误差，因此，分析和求解含有理想运放的电路是本章的重点内容，而深刻理解虚短和虚断的概念以及利用虚短和虚断来分析求解理想运放电路是学习中的难点。

3. 熟悉一些含有运算放大器的典型电路

运放可以完成比例、加减、积分与微分以及乘除等运算，是电路中一个重要的多端器件，它的应用十分广泛，因此熟悉一些含有运放的典型电路也是本章的重点内容。

二、学习方法指导

1. 运算放大器的电路模型和外部特性

运放是一种集成电路。一般放大器的作用是把输入电压放大一定倍数后再输送出去，其输出电压与输入电压的比值称为电压放大倍数或电压增益。运放是一种高增益、高输入电阻、低输出电阻的放大器。

分析含运放的电路时，要注意运放的倒向输入端（也称反相输入端）、非倒向输入端(也称同相输入端),输出端对地的电压分别用 u^-、u^+、u_o 表示。

如果在运放的输入端同时加输入电压 u^- 和 u^+,则有

$$u_o=A(u^+-u^-)=Au_d$$

式中,A 为运放的电压放大倍数,u_d 称为差分输入电压。

当把运放的工作范围限制在线性区时,运放的电路模型如图 5-1 所示。实际运放的输入电阻 R_i 都比较高,而输出电阻 R_o 则较低。

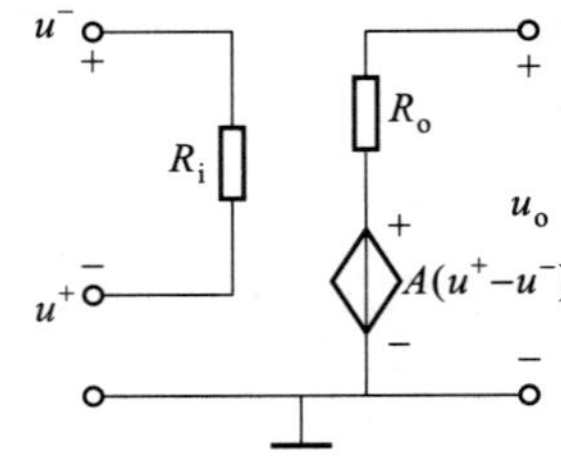

图 5-1　运放的等效电路模型

在求解具有运放的电路时,可先画出运放的电路模型,然后按类似于求解含受控源电路的方法来分析电路。

2. 含有理想运算放大器的电路的分析

(1) 理想运算放大器

在理想化情况下,认为 $R_i\to\infty$,$R_o\to 0$,电压放大倍数 $A\to\infty$,则称运放为理想运放,并在运放的图形符号中以∞替换 A 加以说明。

由于理想运放的输入电阻 $R_i\to\infty$,所以,流入每一个输入端的电流均为零,倒向端和非倒向端的输入电流均为零,称为"虚断";由于 u_o 为有限值,A 值为无限大,则由式 $u_o=Au_d=A(u^+-u^-)$ 得 $u^+=u^-$,对于公共端,倒向输入端的电压与非倒向输入端的电压相等,称为"虚短"。

(2) 含有理想运算放大器的电路的分析

对含有理想运放的电路,应合理运用理想运放"虚短"和"虚断"两条规则,并结合节点电压法进行求解。需要注意,在对理想运放输入端列写 KCL 方程时,由于理想运放输入电流为零,故可将其视为"开路";由于运放输出端的电流事先无法确定,故不宜对该节点列写 KCL 方程。

三、典型例题

例 5-1　电路如图 5-2(a)所示,试求输出电压 u_o。

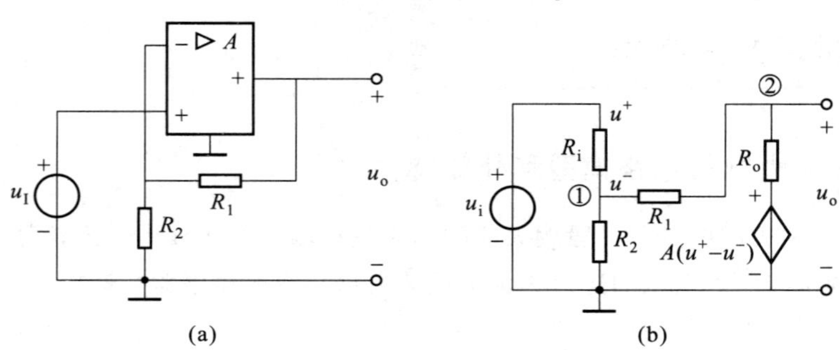

图 5-2　例 5-1 图

解：图 5-2(a)所示的等效电路模型如图 5-2(b)所示。

对电路列写节点电压方程，有

$$(G_1+G_2+G_i)u_{n1}-G_1u_{n2}=G_iu_i$$
$$-G_1u_{n1}+(G_1+G_o)u_{n2}=G_oA(u^+-u^-)$$

附加方程为

$$u^+-u^-=u_i-u_{n1}$$

解得

$$u_o=u_{n2}=\frac{G_1G_i+AG_o(G_1+G_2)}{G_1(G_2+G_i)+G_o(G_1+G_2+G_i+AG_1)}u_1$$

例 5-2　电路如图 5-3 所示，试求电流 i。

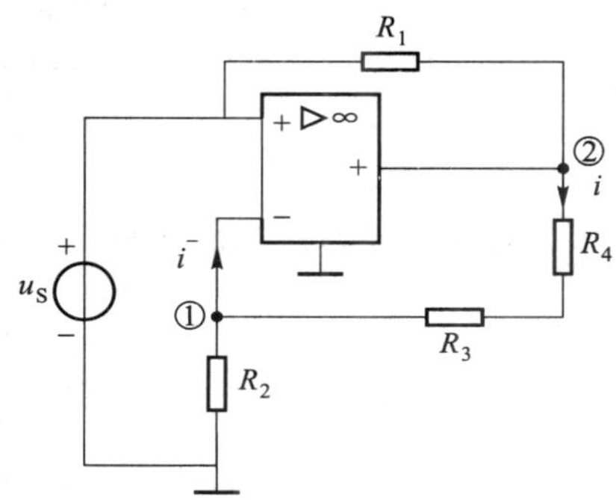

图 5-3　例 5-2 图

解：根据“虚短”，$u_{n1}=u_S$；根据“虚断”，$i^-=0$，故对节点①列写 KCL 方程，有

$$i=\frac{u_{n1}}{R_2}=\frac{u_S}{R_2}$$

例 5-3　电路如图 5-4 所示，已知 $R_1=10\ \text{k}\Omega$，$R_2=5\ \text{k}\Omega$，$R_3=50\ \text{k}\Omega$，$R_L=4\ \text{k}\Omega$，$u_i=1.8\ \text{V}$，试确定负载电压 u_L。

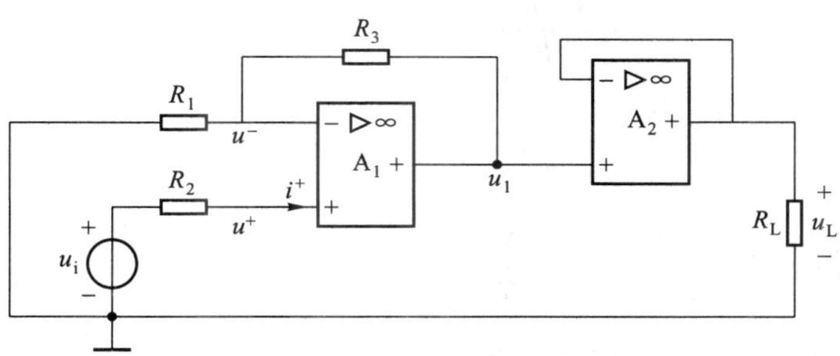

图 5-4　例 5-3 图

解：根据“虚断”，$i^+=0$，故 $u^+=u_i$；根据“虚短”，有

$$u^-=u^+=1.8\ \text{V}$$

由于

$$u^-=\frac{R_1}{R_1+R_3}u_1=\frac{1}{6}u_1$$

所以

$$u_1=6u^-=10.8\ \text{V}$$

运放 A_2 为一个电压跟随器，故负载电压 u_L 为

$$u_L=u_1=10.8\ \text{V}$$

例 5-4　电路如图 5-5 所示，求 u_1、u_o。

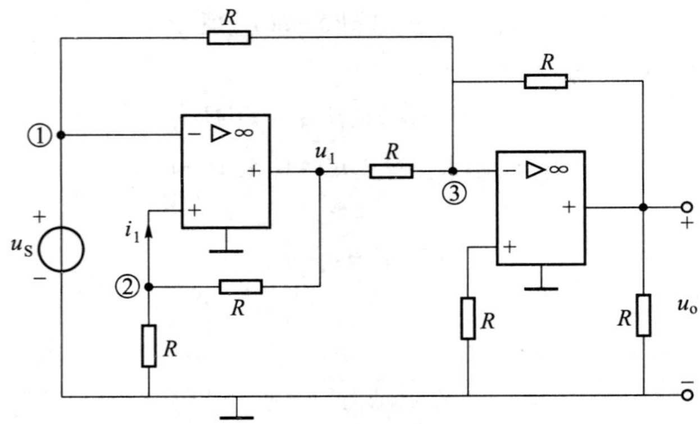

图 5-5　例 5-4 图

解:根据"虚短"和"虚断",有 $u_{n2}=u_S$,$i_1=0$。对节点②列 KCL 方程,有

$$\frac{u_1-u_S}{R}=\frac{u_S}{R}$$

解得

$$u_1=2u_S$$

对节点③列 KCL 方程,有

$$\frac{u_S-u_{n3}}{R}+\frac{u_1-u_{n3}}{R}=\frac{u_{n3}-u_o}{R}$$

而 $u_{n3}=0$,则解上述方程,得

$$u_o=-(u_S+u_1)=-3u_S$$

四、习题分析

5-1　设题 5-1 图所示电路的输出 u_o 为

$$u_o=-3u_1-0.2u_2$$

已知 $R_3=10\ \text{k}\Omega$,求 R_1 和 R_2。

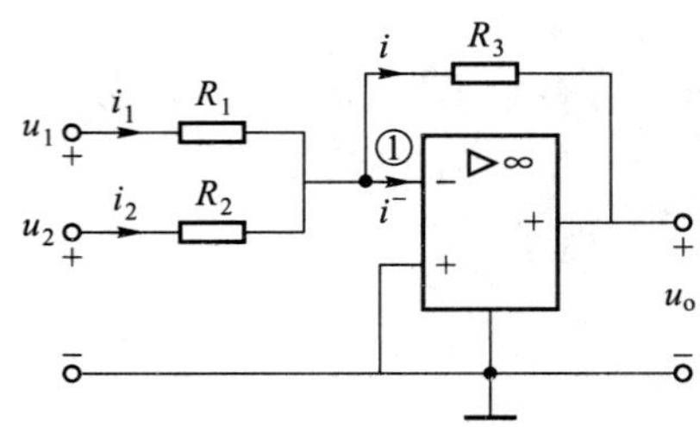

题 5-1 图

解:题 5-1 图所示电路中的运算放大器为理想运放,应用理想运放的两条规则,可求得电路的输入输出关系。各支路电流如题 5-1 图所示。由"虚断"规则,$i^-=0$,得 $i=i_1+i_2$,故

$$\frac{u^--u_o}{R_3}=\frac{u_1-u^-}{R_1}+\frac{u_2-u^-}{R_2}$$

再由"虚短"规则,$u^-=u^+=0$,代入上式可得

$$-\frac{u_o}{R_3}=\frac{u_1}{R_1}+\frac{u_2}{R_2}$$

所以，电路的输入输出关系为

$$u_o=-R_3\left(\frac{u_1}{R_1}+\frac{u_2}{R_2}\right)$$

代入已知条件得

$$3u_1+0.2u_2=\frac{R_3}{R_1}u_1+\frac{R_3}{R_2}u_2$$

从上式可得到

$$R_1=\frac{R_3}{3}=3.33\ \text{k}\Omega,\quad R_2=\frac{R_3}{0.2}=50\ \text{k}\Omega$$

5-2　题 5-2 图所示电路起减法作用，求输出电压 u_o 和输入电压 u_1、u_2 之间的关系。

解：各支路电流如题 5-2 图所示。由“虚断”规则，$i^-=i^+=0$，得 $i_1=i_3$，$i_2=i_4$，故有

$$\frac{u_1-u^-}{R_1}=\frac{u^--u_o}{R_2}\qquad ①$$

$$\frac{u_2-u^+}{R_1}=\frac{u^+}{R_2}\qquad ②$$

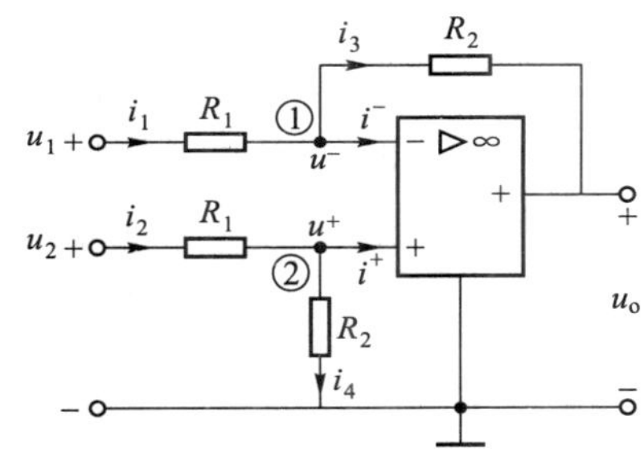

题 5-2 图

由式②可得

$$u^+=\frac{R_2}{R_1+R_2}u_2$$

再应用“虚短”规则，得

$$u^-=u^+=\frac{R_2}{R_1+R_2}u_2\qquad ③$$

将式③代入到式①，经整理得

$$\begin{aligned}u_o&=-\frac{R_2}{R_1}(u_1-u^-)+u^-\\&=\frac{R_2}{R_1}(u_2-u_1)\end{aligned}$$

5-3　求题 5-3 图所示电路的输出电压与输入电压之比 $\frac{u_2}{u_1}$。

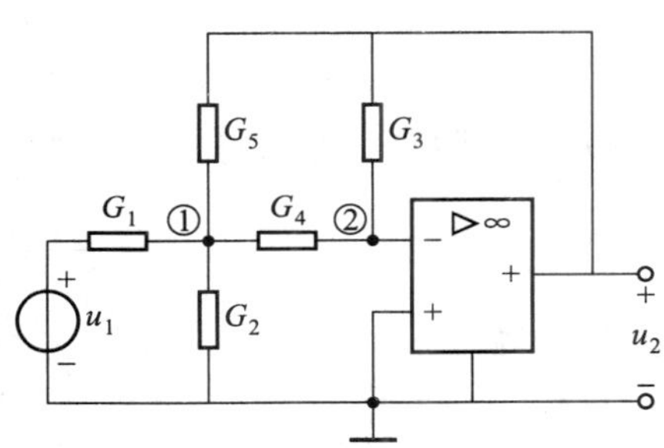

题 5-3 图

解：由于题 5-3 图所示电路比较复杂，宜采用节点电压法分析。独立节点①和②如图中所示。列写节点电压方程时注意到 $i^-=0$，可得如下节点电压方程：

$$(G_1+G_2+G_4+G_5)u_{n1}-G_4u_{n2}-G_5u_2=G_1u_1$$

$$-G_4u_{n1}+(G_3+G_4)u_{n2}-G_3u_2=0$$

应用“虚短”规则,$u_{n2}=0$,故节点电压方程化简为

$$(G_1+G_2+G_4+G_5)u_{n1}-G_5u_2=G_1u_1$$

$$-G_4u_{n1}-G_3u_2=0$$

由以上两式可求得

$$\frac{u_2}{u_1}=-\frac{G_1G_4}{(G_1+G_2+G_4+G_5)G_3+G_4G_5}$$

5-4 求题5-4图所示电路的电压比值$\frac{u_o}{u_1}$。

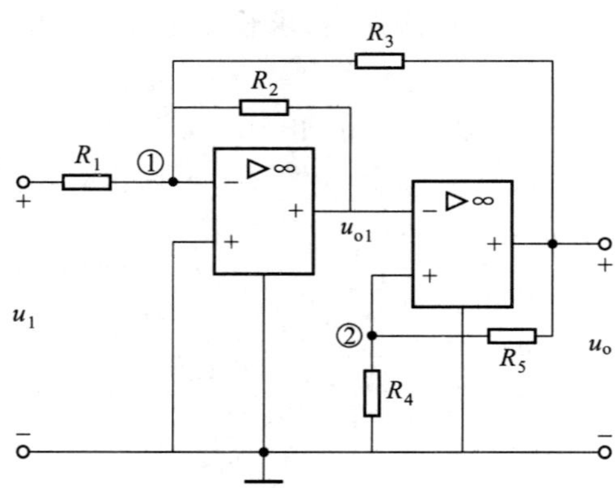

题 5-4 图

解:独立节点①和②的选取如题5-4图所示,注意到理想运放倒向端的输入电流$i^-=0$,列出节点①和②的节点电压方程如下:

$$\left(\frac{1}{R_1}+\frac{1}{R_2}+\frac{1}{R_3}\right)u_{n1}-\frac{1}{R_2}u_{o1}-\frac{1}{R_3}u_o=\frac{u_1}{R_1} \quad ①$$

$$\left(\frac{1}{R_4}+\frac{1}{R_5}\right)u_{n2}-\frac{1}{R_5}u_o=0 \quad ②$$

由“虚短”规则可得$u_{n1}=0$,$u_{o1}=u_{n2}$。又由式②得

$$u_{n2}=\frac{R_4}{R_4+R_5}u_o \quad ③$$

将以上关系代入式①,得到

$$-\frac{R_4}{R_2(R_4+R_5)}u_o-\frac{1}{R_3}u_o=\frac{u_1}{R_1}$$

经整理得

$$\frac{u_o}{u_1}=-\frac{R_2R_3(R_4+R_5)}{R_1(R_2R_4+R_2R_5+R_3R_4)}$$

5-5 求题 5-5 图所示电路的电压比$\dfrac{u_o}{u_S}$。

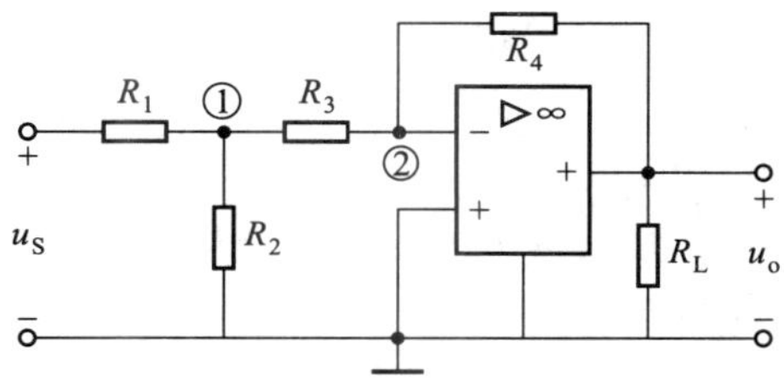

题 5-5 图

解:采用节点电压法。独立节点①和②的选取如题 5-5 图所示。注意到“虚断”规则($i^-=0$),列出节点电压方程如下:

$$\left(\frac{1}{R_1}+\frac{1}{R_2}+\frac{1}{R_3}\right)u_{n1}-\frac{1}{R_3}u_{n2}=\frac{u_S}{R_1} \quad ①$$

$$-\frac{1}{R_3}u_{n1}+\left(\frac{1}{R_3}+\frac{1}{R_4}\right)u_{n2}-\frac{1}{R_4}u_o=0 \quad ②$$

由“虚短”规则,$u_{n2}=0$,代入式②得 $u_{n1}=-\dfrac{R_3}{R_4}u_o$,再将这些关系代入式①,有

$$\left(\frac{1}{R_1}+\frac{1}{R_2}+\frac{1}{R_3}\right)\left(-\frac{R_3}{R_4}u_o\right)=\frac{u_S}{R_1}$$

经整理后得到

$$\frac{u_o}{u_S}=-\frac{R_2R_4}{R_1R_2+R_2R_3+R_3R_1}$$

5-6 试证明题 5-6 图所示电路若满足 $R_1R_4=R_2R_3$,则电流 i_L 仅取决于 u_1 而与负载电阻 R_L 无关。

证明:独立节点①、②如题 5-6 图所示。注意到理想运放的“虚断”规则($i^-=0,i^+=0$),则节点电压方程为

$$\left(\frac{1}{R_1}+\frac{1}{R_2}\right)u_{n1}-\frac{1}{R_2}u_o=\frac{u_1}{R_1} \quad ①$$

$$\left(\frac{1}{R_3}+\frac{1}{R_4}+\frac{1}{R_L}\right)u_{n2}-\frac{1}{R_4}u_o=0 \quad ②$$

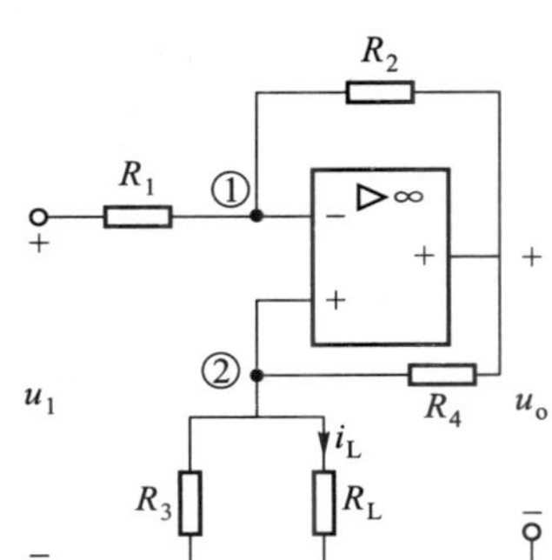

题 5-6 图

由式②,得

$$u_o=R_4\left(\frac{1}{R_3}+\frac{1}{R_4}+\frac{1}{R_L}\right)u_{n2} \quad ③$$

应用“虚短”规则,有 $u_{n1}=u_{n2}$,将该式与式③代入式①,有

$$\left(\frac{1}{R_1}-\frac{R_4}{R_2R_3}-\frac{R_4}{R_2R_L}\right)u_{n2}=\frac{u_1}{R_1}$$

从而

$$u_{n2}=\frac{R_2R_3R_L}{(R_2R_3-R_1R_4)R_L-R_1R_3R_4}u_1$$

又因为

$$i_L=\frac{u_{n2}}{R_L}=\frac{R_2R_3}{(R_2R_3-R_1R_4)R_L-R_1R_3R_4}u_1 \qquad ④$$

故当 $R_2R_3=R_1R_4$ 时,由式④可知

$$i_L=-\frac{R_2}{R_1R_4}u_1$$

这就证明了 i_L 仅与电压 u_1 有关,而与负载电阻 R_L 无关。

5-7　求题 5-7 图所示电路的 u_o 与 u_{S1}、u_{S2} 之间的关系。

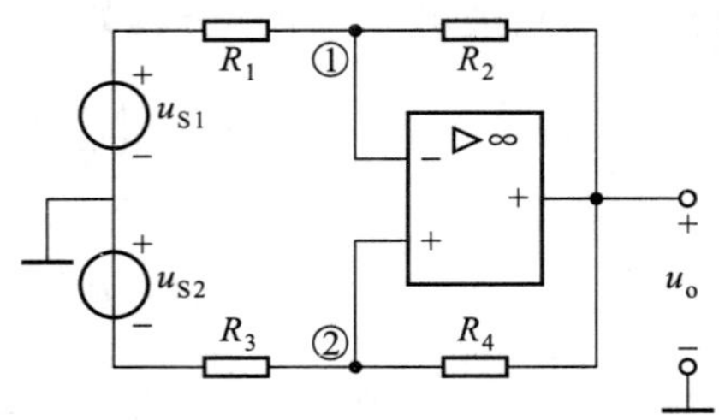

题 5-7 图

解:独立节点①和②如题 5-7 图所示。注意到理想运放"虚断"规则($i^-=0, i^+=0$),节点电压方程为(为分析方便,采用电导表示电阻元件参数)

$$\begin{cases}(G_1+G_2)u_{n1}-G_2u_o=G_1u_{S1}\\(G_3+G_4)u_{n2}-G_4u_o=-G_3u_{S2}\end{cases} \qquad ①$$

根据"虚短"规则,有 $u_{n1}=u_{n2}$,代入方程组①,解得 u_o 为

$$u_o=\frac{(G_3+G_4)G_1u_{S1}+(G_1+G_2)G_3u_{S2}}{G_1G_4-G_2G_3}$$

*__5-8__　电路如题 5-8 图所示,设 $R_f=16R$,验证该电路的输出 u_o 与输入 $u_1\sim u_4$ 之间的关系为 $u_o=-(8u_1+4u_2+2u_3+u_4)$。[注:该电路为 4 位数字-模拟转换器,常用在信息处理、自动控制领域。该电路可将一个 4 位二进制数字信号转换成模拟信号。例如,当数字信号为 **1101** 时,令 $u_1=u_2=u_4=\mathbf{1}$,$u_3=\mathbf{0}$,则由关系式 $u_o=-(8u_1+4u_2+2u_3+u_4)$ 得模拟信号 $u_o=-(8+4+0+1)=-13$。]

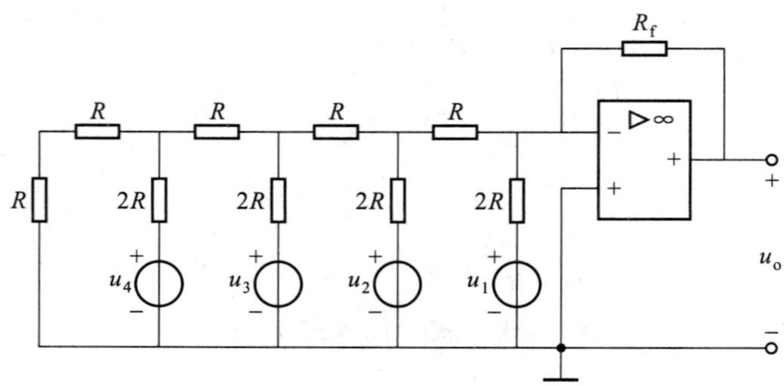

题 5-8 图

解:应用戴维南等效定理和叠加定理,将题 5-8 图所示电路等效为题解 5-8 图所示电路,其等效参数为

$$R_{eq}=R$$

$$u_i=\frac{u_1}{2}+\frac{u_2}{4}+\frac{u_3}{8}+\frac{u_4}{16}$$

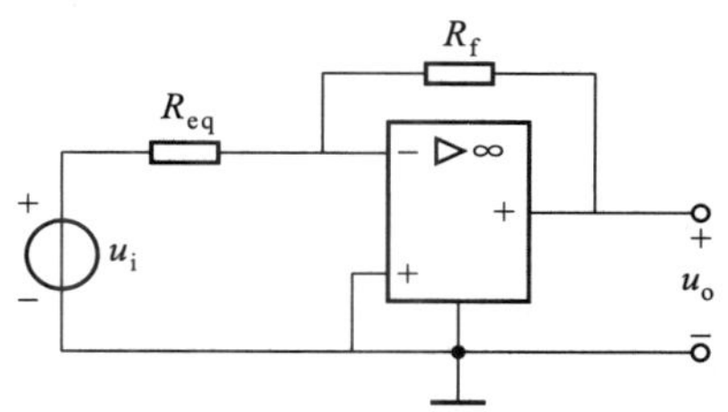

题解 5-8 图

这是一个倒向比例器,由已知条件 $R_f=16\ R$,得

$$u_o=-\frac{R_f}{R_{eq}}u_i=-16u_i=-(8u_1+4u_2+2u_3+u_4)$$

第六章 储能元件

第六章课件

一、重点和难点

① 本章介绍电容、电感两种储能元件，讨论其 VCR、功率及能量表达式，讨论其电特性。要深刻理解这两种储能元件的储能特性和动态电特性。

② 对于电容元件来说，重点是要熟练地掌握其电荷和电压的关系式以及其动态电特性表达式。要深刻理解当电容电压 u 随时间 t 变化时，其电流 i 与电容电压 u 随时间 t 的变化率成正比。对于电感元件来说，重点是要熟练地掌握磁通链与电流的关系式以及其动态电特性表达式。要深刻理解当电感电流 i 随时间 t 变化时，其电压 u 与电流 i 随时间 t 的变化率成正比。

本章难点是已知电容电流 i，如何来求解电容电压 u；已知电感电压 u，如何来求解电感电流 i。

二、学习方法指导

学习本章内容时，要特别注意电容电压 u 和其电流 i 的参考方向，当其 u 与 i 的参考方向一致时，其动态电特性表达式前为正号；反之，其动态电特性表达式前取负号。当已知电容电流 i 的表达式或其电流 i 随时间 t 变化的波形图，要求解其电压时，一定要注意电容电压 u 的初始值和对 i 积分时的上、下限。对于电感元件来说，同样也要注意电感电压 u 和其电流 i 的参考方向，当其 u 与 i 的参考方向一致时，其动态电特性表达式前取正号，反之其动态电特性表达式前就取负号。当已知电感电压 u 的表达式或 u 随时间 t 变化的波形图，要求解其电流 i 时，一定要注意电流 i 的初始值和对电压 u 积分时的上、下限。

三、典型例题

例 6-1 电路如图 6-1(a)所示，图(b)为电容电流波形图，已知 $R=10\ \Omega$，$C=2\ \text{F}$，

求电容电压 $u_C(t)$。

解:由于电容电压 $u_C(0)=0$,又

$$i=C\frac{\mathrm{d}u}{\mathrm{d}t}$$

所以有

$$u_C(t)=\frac{1}{C}\int_{-\infty}^{t}i(\xi)\,\mathrm{d}\xi$$

由图(b)可知

$$i(t)=\begin{cases}0, & t<0\ \mathrm{s}\\ 4, & 0\ \mathrm{s}\leqslant t\leqslant 4\ \mathrm{s}\\ 0, & t>4\ \mathrm{s}\end{cases}$$

当 $t<0$ s 时,有

$$u_C(t)=\frac{1}{C}\int_{-\infty}^{t}i(\xi)\,\mathrm{d}\xi=0$$

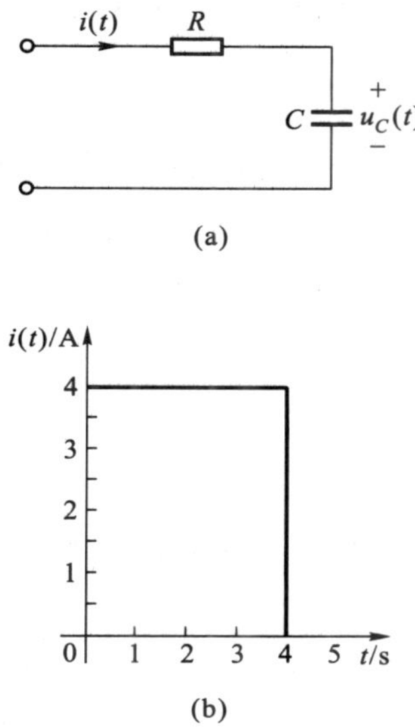

图 6-1　例 6-1 图

故

$$u_C(0)=0$$

当 0 s$\leqslant t\leqslant$4 s,有

$$\begin{aligned}u_C(t)&=\frac{1}{C}\int_{-\infty}^{t}i(\xi)\,\mathrm{d}\xi=u_C(0)+\frac{1}{C}\int_{0}^{t}i(\xi)\,\mathrm{d}\xi\\&=0+\frac{1}{2}\int_{0}^{t}4\ \mathrm{d}\xi\\&=2t\ \mathrm{V}\end{aligned}$$

当 $t=4$ s 时,有

$$u_C(4)=8\ \mathrm{V}$$

当 $t>4$ s 时,有

$$\begin{aligned}u_C(t)&=u_C(4)+\frac{1}{C}\int_{4}^{t}i(\xi)\,\mathrm{d}\xi\\&=8\ \mathrm{V}\end{aligned}$$

例 6-2　电路如图 6-2(a)所示,图(b)为电感电压的波形图,已知 $R=10\ \Omega$,$L=4$ H,电感电流 $i_L(0)=0$,求电流 $i_L(t)$。

解:由于

$$u_L(t)=L\frac{\mathrm{d}i_L(t)}{\mathrm{d}t}$$

所以有

$$i_L(t)=\frac{1}{L}\int_{-\infty}^{t}u_L(\xi)\,\mathrm{d}\xi$$

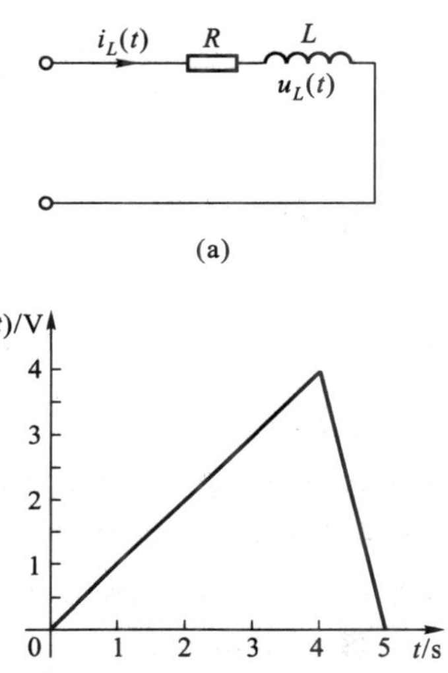

图 6-2　例 6-2 图

由图 6-2(b)可知

$$u_L(t)=\begin{cases}0, & t<0\text{ s}\\ t, & 0\text{ s}\leqslant t\leqslant 4\text{ s}\\ -4t+20, & 4\text{ s}<t\leqslant 5\text{ s}\\ 0, & t>5\text{ s}\end{cases}$$

当 $t<0$ s 时,有

$$i_L(t)=\frac{1}{L}\int_{-\infty}^{t}u_L(\xi)\,\mathrm{d}\xi=0$$

故

$$i_L(0)=0$$

当 $0\text{ s}\leqslant t\leqslant 4\text{ s}$ 时,有

$$\begin{aligned}i_L(t)&=\frac{1}{L}\int_{-\infty}^{t}u_L(\xi)\,\mathrm{d}\xi=i(0)+\frac{1}{L}\int_{0}^{t}u_L(\xi)\,\mathrm{d}\xi\\&=0+\frac{1}{4}\int_{0}^{t}\xi\,\mathrm{d}\xi=\frac{t^2}{8}\text{ A}\end{aligned}$$

故

$$i_L(4)=2\text{ A}$$

当 $4\text{ s}<t\leqslant 5\text{ s}$ 时,有

$$\begin{aligned}i_L(t)&=\frac{1}{L}\int_{-\infty}^{t}u_L(\xi)\,\mathrm{d}\xi=i(4)+\frac{1}{4}\int_{4}^{t}u_L(\xi)\,\mathrm{d}\xi=2+\frac{1}{4}\int_{4}^{t}(-4\xi+20)\,\mathrm{d}\xi\\&=2+\frac{1}{4}(-2\xi^2+20\xi)\Big|_{4}^{t}\\&=\left(-\frac{t^2}{2}+5t-10\right)\text{ A}\end{aligned}$$

故

$$i_L(5)=2.5\text{ A}$$

当 $t>5$ s 时,有

$$\begin{aligned}i_L(t)&=i(5)+\frac{1}{L}\int_{5}^{t}u_L(\xi)\,\mathrm{d}\xi\\&=2.5\text{ A}\end{aligned}$$

例 6-3　电路如图 6-3 所示,已知电路处于稳定状态,电容 $C_1=0.003$ F,$C_2=0.002$ F,$C_3=0.004$ F,电阻 $R=10\ \Omega$,电流源 $i_s(t)=\cos 100t$ A,试求电容电压 u_C、电阻电压 u_R。

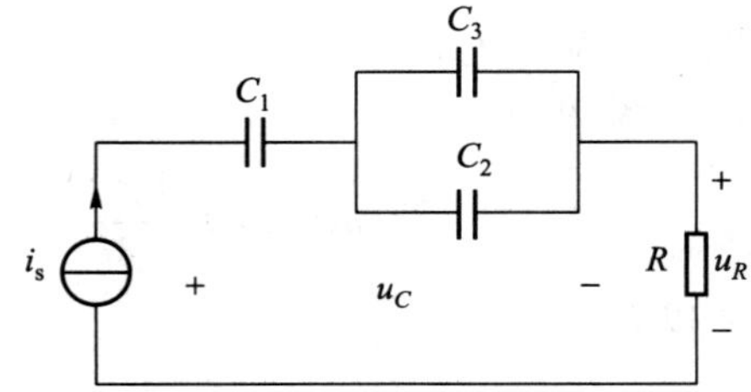

图 6-3　例 6-3 图

解:等效电容为

$$C=\frac{(C_2+C_3)\times C_1}{C_1+C_2+C_3}=\frac{0.006\times 0.003}{0.009}\text{ F}=0.002\text{ F}$$

$$
\begin{aligned}
u_C &= \frac{1}{C}\int_{-\infty}^{t} i(t)\,\mathrm{d}t = \frac{1}{0.002}\int_{-\infty}^{t} \cos 100t\mathrm{d}t \\
&= \frac{1}{0.002\times 100}\int_{-\infty}^{t} \cos 100t\mathrm{d}(100t) \\
&= 5\sin 100t\ \mathrm{V}
\end{aligned}
$$

$$u_R = R\times i_s = 10\cos 100t\ \mathrm{V}$$

四、习题分析

6-1　电容元件与电感元件中电压、电流参考方向如题 6-1 图所示，且知 $u_C(0)=0$，$i_L(0)=0$，

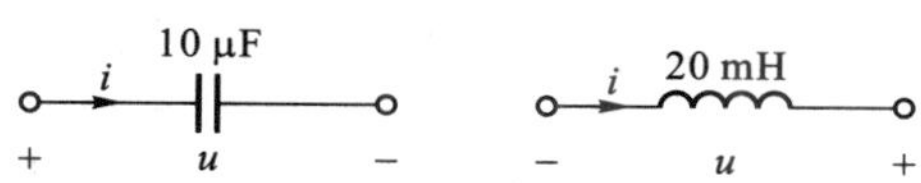

(a)　(b)

题 6-1 图

(1) 写出电压用电流表示的约束方程。

(2) 写出电流用电压表示的约束方程。

解：(1) $u(t)=u(0)+\frac{1}{C}\int_0^t i\mathrm{d}\xi = 0+\frac{1}{10\times 10^{-6}}\int_0^t i\mathrm{d}\xi$

$$=10^5\int_0^t i\mathrm{d}\xi$$

(2) $i(t)=i(0)+\frac{1}{L}\int_0^t u\mathrm{d}\xi = 0+\frac{1}{20\times 10^{-3}}\int_0^t u\mathrm{d}\xi$

$$=50\int_0^t u\mathrm{d}\xi$$

6-2　2 μF 的电容上所加电压 u 的波形如题 6-2 图所示。求：

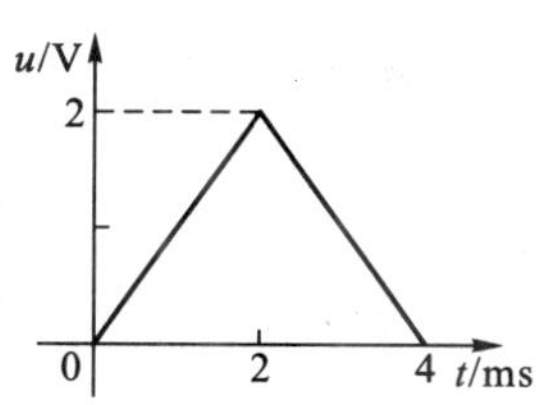

题 6-2 图

(1) 电容电流 i。

(2) 电容电荷 q。

(3) 电容吸收的功率 p。

解：电容电流 $i=C\frac{\mathrm{d}u}{\mathrm{d}t}$，$q=Cu$，电容吸收的功率 $p=ui$。由于电容电压按时间分段来表示，所求函数 $i(t)$、$q(t)$、$p(t)$ 如表 6-1 所示。

表 6-1　各时间段内的 $i(t)$、$q(t)$ 和 $p(t)$

t/ms	$t<0$	$0\leqslant t\leqslant 2$	$2<t\leqslant 4$	$t>4$
$u(t)$/V	0	$10^3 t$	$4-10^3 t$	0
$i(t)$/A	0	2×10^{-3}	-2×10^{-3}	0
$q(t)$/C	0	$2\times 10^{-3} t$	$2\times 10^{-6}(4-10^{-3} t)$	0
$p(t)$/W	0	$2t$	$-2\times 10^{-3}(4-10^3 t)$	0

6-3　题6-3图(a)所示电容中电流 i 的波形如题6-3图(b)所示,现已知 $u(0)=0$,试求 $t=1$ s,$t=2$ s 和 $t=4$ s 时电容电压 u。

解:电容电压 $u(t)$ 与电流 $i(t)$ 的关系为

$$u(t)=u(t_0)+\frac{1}{C}\int_{t_0}^{t} i(\xi)\,\mathrm{d}\xi$$

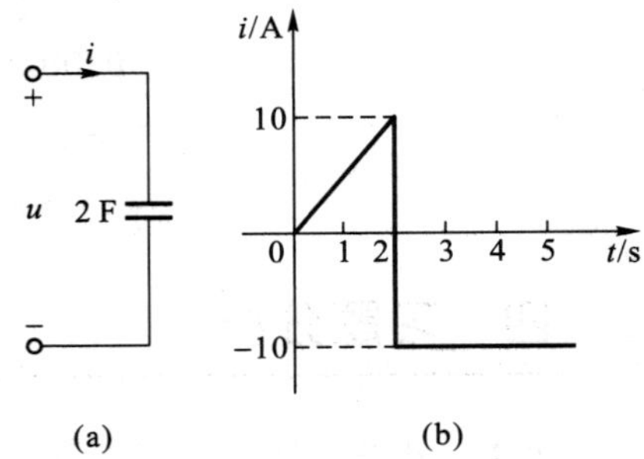

题6-3图

各时段中电流表达式不同,$0\leqslant t\leqslant 2$ s 时,$i=\frac{10}{2}t=5t$ A;$t>2$ s 时,$i(t)=-5$ A。

$t=1$ s 时,有

$$u(1)=0+\frac{1}{2}\int_0^1 5t\mathrm{d}t=\frac{5}{2}\times\frac{1}{2}t^2\Big|_0^1$$
$$=1.25\times(1-0)\ \mathrm{V}=1.25\ \mathrm{V}$$

$t=2$ s 时,有

$$u(2)=u(1)+\frac{1}{2}\int_1^2 5t\mathrm{d}t=1.25+\frac{5}{2}\times\frac{1}{2}t^2\Big|_1^2$$
$$=[1.25+1.25\times(4-1)]\ \mathrm{V}=(1.25+3.75)\ \mathrm{V}=5\ \mathrm{V}$$

$t=4$ s 时,有

$$u(4)=u(2)+\frac{1}{2}\int_2^4(-10)\mathrm{d}t=5-\frac{10}{2}t\Big|_2^4$$
$$=[5-5\times(4-2)]\ \mathrm{V}=(5-10)\ \mathrm{V}=-5\ \mathrm{V}$$

6-4　题6-4图(a)中 $L=4$ H,且 $i(0)=0$,电压的波形如题6-4图(b)所示。试求当 $t=1$ s,$t=2$ s,$t=3$ s 和 $t=4$ s 时的电感电流 i。

解:电感电压与电流的关系为

$$i(t)=i(t_0)+\frac{1}{L}\int_{t_0}^{t} u(\xi)\,\mathrm{d}\xi$$

各时段,电感电压的表达式为

$$u(t)=\begin{cases}10\ \mathrm{V}, & 0\leqslant t\leqslant 2\ \mathrm{s}\\ 0, & 2\ \mathrm{s}<t\leqslant 3\ \mathrm{s}\\ 10t-40, & 3\ \mathrm{s}<t\leqslant 4\ \mathrm{s}\end{cases}$$

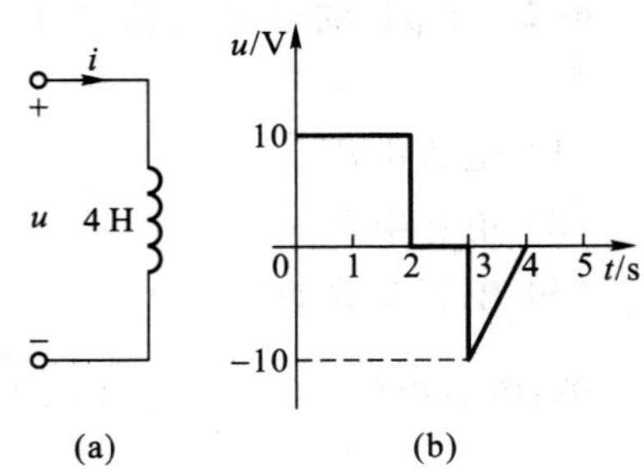

题6-4图

所以,$t=1$ s 时,有

$$i(1)=0+\frac{1}{4}\int_0^1 10\mathrm{d}t=\frac{10}{4}t\Big|_0^1=[2.5\times(1-0)]\ \mathrm{A}=2.5\ \mathrm{A}$$

$t=2$ s 时,有

$$i(2)=2.5+\frac{1}{4}\int_1^2 10\mathrm{d}t=2.5+\frac{10}{4}t\Big|_1^2=[2.5+2.5\times(2-1)]\ \mathrm{A}=5\ \mathrm{A}$$

$t=3$ s 时,有

$$i(3)=5+\frac{1}{4}\int_{2}^{3}0\mathrm{d}t=5\ \mathrm{A}$$

$t=4$ s 时,有

$$\begin{aligned}i(4)&=5+\frac{1}{4}\int_{3}^{4}(10t-40)\,\mathrm{d}t=5+\frac{10}{4\times2}t^2\Big|_3^4-\frac{40}{4}t\Big|_3^4\\&=[5+1.25\times(16-9)-10\times(4-3)]\ \mathrm{A}\\&=(5+8.75-10)\ \mathrm{A}=3.75\ \mathrm{A}\end{aligned}$$

6-5 若已知显像管行偏转线圈中的周期性行扫描电流如题 6-5 图所示,现已知线圈电感为 0.01 H,电阻忽略不计,试求电感线圈所加电压的波形。

解:电感电压与电流的关系为 $u=L\frac{\mathrm{d}i}{\mathrm{d}t}$。先分时段写出电流的表达式如下:

$0\leqslant t\leqslant60$ μs 时,有

$$i=\frac{1.2}{60\times10^{-6}}t\ \mathrm{A}=2\times10^4t\ \mathrm{A}$$

60 μs$<t\leqslant64$ μs 时,有

$$i=\left[1.2-\frac{1.2}{4\times10^{-6}}(t-60\times10^{-6})\right]\ \mathrm{A}=(19.2-3\times10^5t)\ \mathrm{A}$$

$0\leqslant t\leqslant60$ μs 时,有

$$u=0.01\frac{\mathrm{d}}{\mathrm{d}t}(2\times10^4t)=0.01\times2\times10^4\ \mathrm{V}=200\ \mathrm{V}$$

60 μs$<t\leqslant64$ μs 时,有

$$u=0.01\frac{\mathrm{d}}{\mathrm{d}t}(19.2-3\times10^5t)=-0.01\times3\times10^5\ \mathrm{V}=-3\ 000\ \mathrm{V}$$

电感电压的波形图如题解 6-5 图所示。

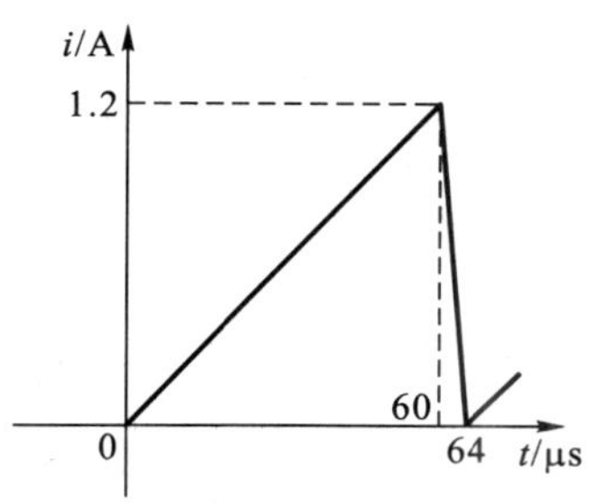

题 6-5 图

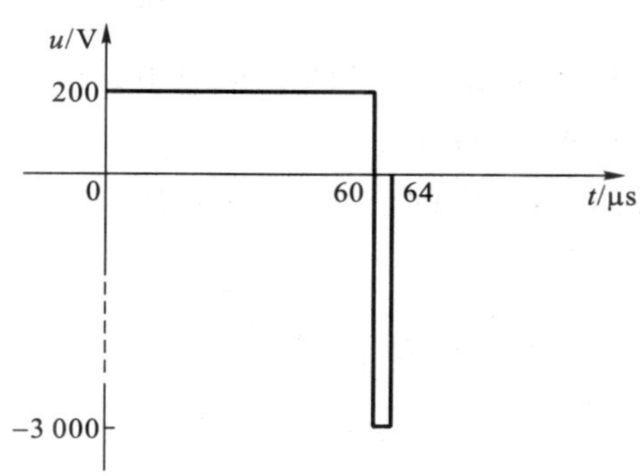

题解 6-5 图

6-6 电路如题 6-6 图所示,其中 $R=2\ \Omega$,$L=1$ H,$C=0.01$ F,$u_C(0)=0$。若电路的输入电流为

(1) $i=2\sin\left(2t+\dfrac{\pi}{3}\right)$ A。

(2) $i=\mathrm{e}^{-t}$ A。

试求两种情况下,当 $t>0$ 时的 u_R、u_L 和 u_C 值。

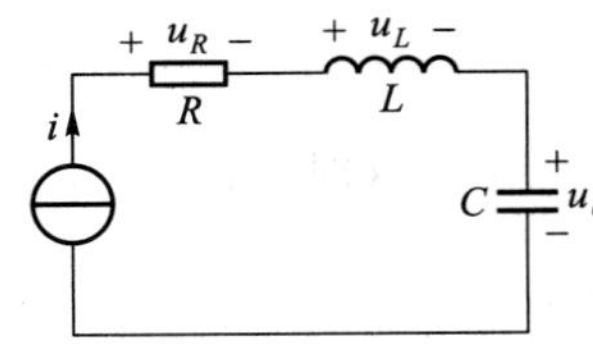

题 6-6 图

解:电阻 R、电感 L 与电容 C 的电压、电流关系为

$$u_R=Ri=2i$$

$$u_L=L\frac{\mathrm{d}i}{\mathrm{d}t}=\frac{\mathrm{d}i}{\mathrm{d}t}$$

$$u_C=u_C(0)+\frac{1}{C}\int_0^t i\mathrm{d}t=100\int_0^t i\mathrm{d}t$$

(1) 当 $i=2\sin\left(2t+\dfrac{\pi}{3}\right)$ A 时,有

$$u_R=4\sin\left(2t+\frac{\pi}{3}\right)\ \mathrm{V}$$

$$u_L=2\times 2\cos\left(2t+\frac{\pi}{3}\right)\ \mathrm{V}=4\cos\left(2t+\frac{\pi}{3}\right)\ \mathrm{V}$$

$$u_C=2\times 100\int_0^t \sin\left(2t+\frac{\pi}{3}\right)\mathrm{d}t=\frac{2\times 100}{2}(-1)\cos\left(2t+\frac{\pi}{3}\right)\ \mathrm{V}$$

$$=-100\cos\left(2t+\frac{\pi}{3}\right)\ \mathrm{V}$$

(2) 当 $i=\mathrm{e}^{-t}$ A 时,有

$$u_R=2\mathrm{e}^{-t}\ \mathrm{V}$$

$$u_L=\frac{\mathrm{d}}{\mathrm{d}t}(\mathrm{e}^{-t})=-\mathrm{e}^{-t}\ \mathrm{V}$$

$$u_C=100\int_0^t \mathrm{e}^{-t}\mathrm{d}t=-100\mathrm{e}^{-t}\ \mathrm{V}$$

6-7 电路如题 6-7 图所示,其中 $L=1$ H,$C_2=1$ F。设 $u_S(t)=U_m\cos(\omega t)$ V,$i_S(t)=I\mathrm{e}^{-\alpha t}$ A,试求 $u_L(t)$ 和 $i_{C_2}(t)$。

解:电感 L 中的电流为 i_S;电容两端的电压为 u_S。因此,有

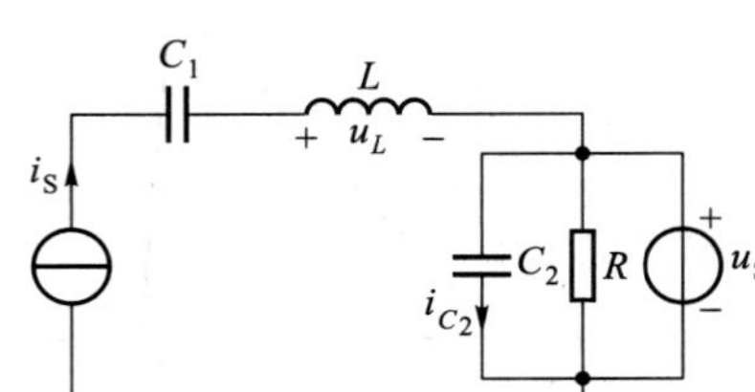

题 6-7 图

$$u_L(t)=L\frac{\mathrm{d}i_S}{\mathrm{d}t}=LI(-\alpha)\mathrm{e}^{-\alpha t}\ \mathrm{V}$$

$$=-\alpha LI\mathrm{e}^{-\alpha t}\ \mathrm{V}$$

$$i_{C_2}(t)=C\frac{\mathrm{d}u_S}{\mathrm{d}t}=-\omega CU_m\sin(\omega t)\ \mathrm{A}$$

6-8 求题 6-8 图所示电路中 a、b 端的等效电容与等效电感。

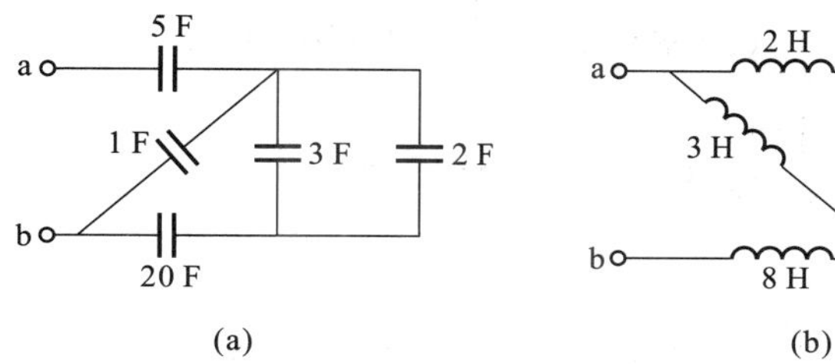

题 6-8 图

解:(1) 两个电容并联时,等效电容为两电容量之和,例如电容 C_1 与电容 C_2 并联,$C=C_1+C_2$;而两个电容串联时,等效电容 $C=\dfrac{1}{\dfrac{1}{C_1}+\dfrac{1}{C_2}}=\dfrac{C_1C_2}{C_1+C_2}$。因此,题 6-8 图(a)中 a、b 端的等效电容为

$$C_{ab}=\frac{1}{\dfrac{1}{5}+\dfrac{1}{\left(\dfrac{1}{\dfrac{1}{3+2}+\dfrac{1}{20}}+1\right)}}\ \mathrm{F}=2.5\ \mathrm{F}$$

(2) 电感串、并联后,等效电感的公式与电阻的串、并联公式类似。因此,题 6-8 图(b)中 a、b 端的等效电感为

$$L_{ab}=\left(8+\frac{1}{\dfrac{1}{3}+\dfrac{1}{\dfrac{1}{\dfrac{1}{8}+\dfrac{1}{8}}+2}}\right)\ \mathrm{H}=(8+2)\ \mathrm{H}=10\ \mathrm{H}$$

6-9　题 6-9 图中 $C_1=2\ \mu\mathrm{F}, C_2=8\ \mu\mathrm{F}; u_{C_1}(0)=u_{C_2}(0)=-5\ \mathrm{V}$。现已知 $i=120\ \mathrm{e}^{-5t}\ \mu\mathrm{A}$,求:

(1) 等效电容 C 及 u_C 的表达式。

(2) u_{C_1} 与 u_{C_2},并核对 KVL。

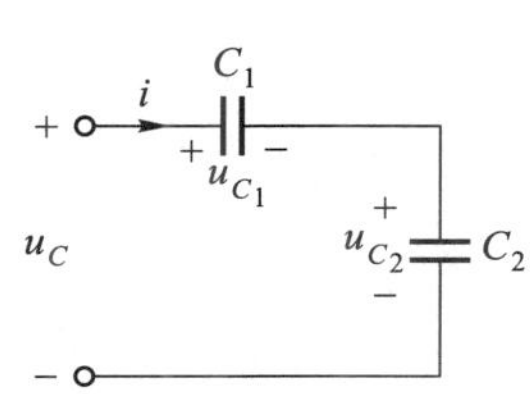

题 6-9 图

解:(1) 等效电容 $C=\dfrac{1}{\dfrac{1}{C_1}+\dfrac{1}{C_2}}=\dfrac{1}{\dfrac{1}{2}+\dfrac{1}{8}}\ \mu\mathrm{F}=1.6\ \mu\mathrm{F}$。等效初始条件 $u_C(0)=u_{C_1}(0)+u_{C_2}(0)=[-5+(-5)]\ \mathrm{V}=-10\ \mathrm{V}$。$u_C(t)$ 可写为

$$u_C(t)=u_C(0)+\frac{1}{C}\int_0^t i(\xi)\mathrm{d}\xi=-10+\frac{1}{1.6\times10^{-6}}\int_0^t 120\times10^{-6}\mathrm{e}^{-5\xi}\mathrm{d}\xi$$

$$=-10+\frac{120}{1.6\times(-5)}\times\mathrm{e}^{-5\xi}\Big|_0^t=[-10-15(\mathrm{e}^{-5t}-1)]\ \mathrm{V}=(5-15\ \mathrm{e}^{-5t})\ \mathrm{V}$$

(2) $u_{C_1}(t)=u_{C_1}(0)+\dfrac{1}{C_1}\int_0^t i(\xi)\,\mathrm{d}\xi=-5+\dfrac{1}{2\times10^{-6}}\int_0^t 120\times10^{-6}\mathrm{e}^{-5\xi}\mathrm{d}\xi$

$$=-5+\frac{120\times10^{-6}}{2\times10^{-6}\times(-5)}\mathrm{e}^{-5\xi}\Big|_0^t=[-5-12(\mathrm{e}^{-5t}-1)]\ \mathrm{V}$$

$$=(7-12\mathrm{e}^{-5t})\ \mathrm{V}$$

$$u_{C_2}(t)=u_{C_2}(0)+\frac{1}{C_2}\int_0^t i(\xi)\,\mathrm{d}\xi=-5+\frac{1}{8\times10^{-6}}\int_0^t 120\times10^{-6}\mathrm{e}^{-5\xi}\mathrm{d}\xi$$

$$=-5+\frac{120\times10^{-6}}{8\times10^{-6}\times(-5)}\mathrm{e}^{-5\xi}\Big|_0^t=[-5-3(\mathrm{e}^{-5t}-1)]\ \mathrm{V}$$

$$=(-2-3\mathrm{e}^{-5t})\ \mathrm{V}$$

显然

$$u_{C_1}+u_{C_2}=[(7-12\mathrm{e}^{-5t})+(-2-3\mathrm{e}^{-5t})]\ \mathrm{V}=(5-15\mathrm{e}^{-5t})\ \mathrm{V}$$

符合(1)中结果。

6-10　题 6-10 图中 $L_1=6\ \mathrm{H}$,$i_1(0)=2\ \mathrm{A}$;$L_2=1.5\ \mathrm{H}$,$i_2(0)=-2\ \mathrm{A}$,$u=6\ \mathrm{e}^{-2t}\ \mathrm{V}$,求:

(1) 等效电感 L 及 i 的表达式。

(2) i_1 与 i_2,并核对 KCL。

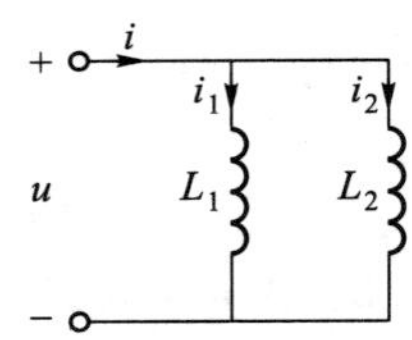

题 6-10 图

解:(1) 等效电感 $L=\dfrac{6\times1.5}{6+1.5}\ \mathrm{H}=1.2\ \mathrm{H}$。等效初始电流值 $i(0)=i_1(0)+i_2(0)=(2-2)\ \mathrm{A}=0\ \mathrm{A}$。

于是有

$$i(t)=i(0)+\frac{1}{L}\int_0^t u(\xi)\,\mathrm{d}\xi=0+\frac{1}{1.2}\int_0^t 6\mathrm{e}^{-2\xi}\mathrm{d}\xi$$

$$=\frac{6}{1.2\times(-2)}\mathrm{e}^{-2\xi}\Big|_0^t=-2.5(\mathrm{e}^{-2t}-1)\ \mathrm{A}$$

(2) $i_1(t)=i_1(0)+\dfrac{1}{L_1}\int_0^t u(\xi)\,\mathrm{d}\xi=2+\dfrac{1}{6}\int_0^t 6\mathrm{e}^{-2\xi}\mathrm{d}\xi$

$$=2+\frac{6}{6\times(-2)}\mathrm{e}^{-2\xi}\Big|_0^t=[2-0.5(\mathrm{e}^{-2t}-1)]\ \mathrm{A}$$

$$=(2.5-0.5\ \mathrm{e}^{-2t})\ \mathrm{A}$$

$$i_2(t)=i_2(0)+\frac{1}{L_2}\int_0^t u(\xi)\,\mathrm{d}\xi=-2+\frac{1}{1.5}\int_0^t 6\mathrm{e}^{-2\xi}\mathrm{d}\xi$$

$$=-2+\frac{6}{1.5\times(-2)}\mathrm{e}^{-2\xi}\Big|_0^t=[-2-2(\mathrm{e}^{-2t}-1)]\ \mathrm{A}$$

$$=-2\ \mathrm{e}^{-2t}\ \mathrm{A}$$

$$i_1(t)+i_2(t)=(2.5-0.5\mathrm{e}^{-2t}-2\mathrm{e}^{-2t})\ \mathrm{A}=(2.5-2.5\ \mathrm{e}^{-2t})\ \mathrm{A}$$

与(1)中结果相符。

第七章 一阶电路和二阶电路的时域分析

第七章课件

一、重点和难点

含有动态元件的电路称为动态电路。动态电路通常含有储存电场能量的电容元件或储存磁场能量的电感元件。

① 凡是能够用一阶微分方程描述的动态电路称为一阶电路，一阶电路通常含有一个动态元件，具有一个独立的初始条件。能够用二阶微分方程描述的动态电路称为二阶电路，二阶电路通常含有两个动态元件，具有两个独立的初始条件。本章主要研究电路的过渡过程，所以要熟练地应用 KCL 和 KVL 以及元件电压、电流关系对动态电路编写方程，其方程是以电压或电流为变量的微分方程或微积分方程。

② 动态元件的伏安关系是对时间变量 t 的积分或微分关系。求解电路的微分方程，初始条件极为重要。初始条件由储能元件的初始值来确定。电路变量的初始值是指电路变量在 $t=0_+$ 时刻的值。要熟练地应用电路基本定律、定理和基本计算方法，根据 0_+ 等效电路图求解电路变量的初始值。

③ 本章的重点是：能够熟练地应用微分方程的经典解法分析一阶电路和二阶电路；能够熟练地求解零输入响应、零状态响应和全响应，以及电路的特解、通解，稳态响应，暂态响应，阶跃响应和冲激响应。

④ 本章的难点是针对一阶电路或高阶电路，如何写出相应的微分方程。

二、学习方法指导

1. 应用微分方程的经典解法求解一阶电路

① 以电容电压 $u_C(t)$ 或电感电流 $i_L(t)$ 为变量，应用 KCL、KVL，支路电流法，回路电流法对电路编写微分方程，然后进行求解。

② 对于一阶电路，如果要求解动态元件中的电流和电压，可把电路简化为戴维南（或诺顿）等效电路求解。具体做法为：电路换路后，把动态元件去掉，从端口看进去，

求其戴维南等效电路(求出其开路电压 u_{oc},等效电阻 R_{eq})或诺顿等效电路(求出其短路电流 i_{sc},等效电导 G_{eq})。这样就可得到一个简化的电路而容易求解,如果要求解原电路中的其他电压和电流,要回到原电路中去。

③ 求解一阶电路的三要素法,三要素法仅适用于一阶电路,且激励须为恒定量(直流或正弦量)。

当激励是直流时,其式表示为

$$f(t)=f(\infty)+[f(0_+)-f(\infty)]\mathrm{e}^{-\frac{t}{\tau}}$$

式中,$f(0_+)$——电路变量的初始值;

$f(\infty)$——电路变量的稳态值;

τ ——电路时间常数$\left(\tau=R_{eq}C\text{ 或 }\tau=\dfrac{L}{R_{eq}}\right)$。

R_{eq} 是电路换路后从动态元件两端看进戴维南等效电路(或诺顿等效电路)的等效电阻。

当激励是正弦量时,其式表示为

$$f(t)=f'(t)+[f(0_+)-f'(0)]\mathrm{e}^{-\frac{t}{\tau}}$$

式中,$f'(t)$——是指电路达到稳态时特解的稳态响应;

$f'(0)$——是指电路达到稳态时,将 $t=0$ 代入特解的稳态响应的初始值;

$f(0_+)$——与前述相同,是指电路变量在 $t=0_+$时刻的值。

阶跃响应可通过零状态响应来求解。对于任一线性电路来说,描述电路性状的方程是线性、常系数常微分方程。若激励为 $e(t)$时其响应为 $r(t)$,则激励为 $e(t)$的导数或积分时,其响应也必然为 $r(t)$的导数或积分。冲激激励是阶跃激励的一阶导数,因此,冲激响应是阶跃响应的一阶导数。

2. 应用微分方程的经典解法求解二阶电路

对于二阶电路,通常以 $u_C(t)$或 $i_L(t)$为电路变量,应用 KCL、KVL,支路电流法,回路电流法等直接对电路编写出二阶微分方程,然后进行求解,先求出电路的通解,再求出电路的特解,全解=通解+特解,然后根据电路初始值确定全解中的积分常数。

三、典型例题

例 7-1　图 7-1(a)所示电路原来处于稳定状态,$t=0$ 时开关 S 闭合,试求电路在 $t=0_+$时刻各储能元件上的电压、电流值。

解: 先确定电路在 $t=0_-$时刻的电容电压和电感电流值。$t=0_+$时,有

$$i_L(0_-)=I_S,u_{C_1}(0_-)=0,u_{C_2}(0_-)=R_2I_S$$

由独立初始条件得

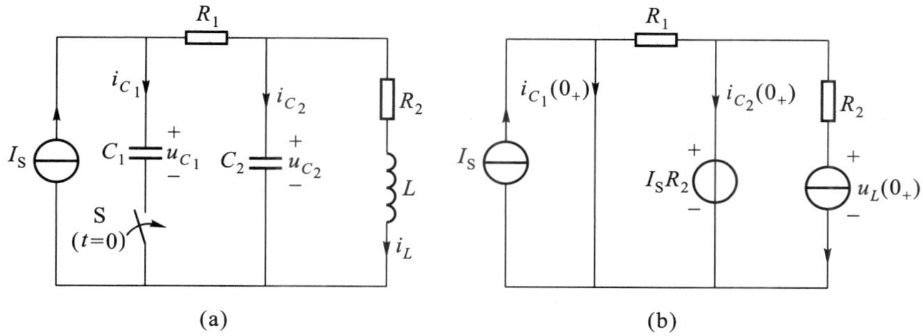

图 7-1　例 7-1 图

$$u_{C_1}(0_+)=u_{C_1}(0_-)=0$$

$$u_{C_2}(0_+)=u_{C_2}(0_-)=R_2I_S$$

$$i_L(0_+)=i_L(0_-)=I_S$$

故其 0_+等效电路如图 7-1(b)所示,按图(b)解得

$$u_L(0_+)=-R_2I_S+R_2I_S=0$$

$$i_{C_2}(0_+)=-I_S-\frac{R_2I_S}{R_1}$$

$$i_{C_1}(0_+)=I_S+\frac{R_2I_S}{R_1}$$

例 7-2　图 7-2(a)所示电路原来处于稳定状态,已知 $C=3\ \mu F$,$R_1=R_2=1\ k\Omega$,$R_3=R_4=2\ k\Omega$,$u_{S1}=12\ V$,$u_{S2}=6\ V$,当 $t=0$ 时闭合开关 S,试求电容电压 $u_C(t)$。

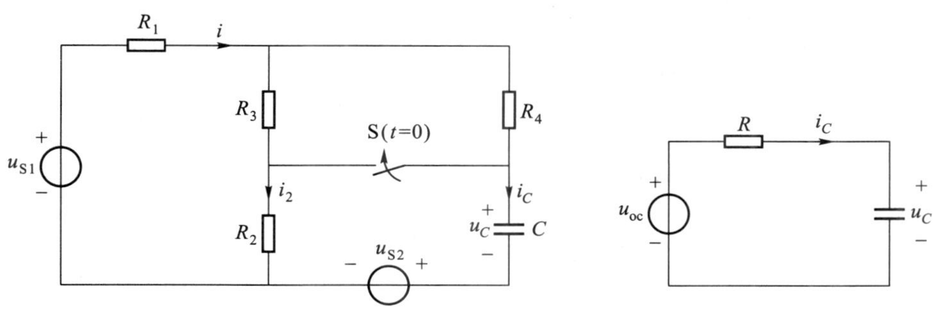

图 7-2　例 7-2 图

解: 当 $t=0_-$时,$u_C(0_-)=\left(\frac{3}{4}\times12-6\right)\ V=3\ V$,故有

$$u_C(0_+)=u_C(0_-)=3\ V$$

当 $t=0$ 时,开关合上后(即电路换路后),经过无穷长时间电路达到新的稳定状态,从动态元件两端看进去,其戴维南等效电路如图 7-2(b)所示,其开路电压为

$$u_C(\infty)=u_{oc}=\left(\frac{12\times1\ 000}{3\times1\ 000}-6\right)\ \text{V}=-2\ \text{V}$$

等效电阻 $R=\dfrac{2}{3}\times10^3\ \Omega$，而时间常数 $\tau=RC=2\times10^{-3}$ s。

应用三要素法，有

$$\begin{aligned}u_C(t)&=u_C(\infty)+[u_C(0_+)-u_C(\infty)]\mathrm{e}^{-\frac{t}{\tau}}\\&=(-2+5\mathrm{e}^{-500t})\ \text{V}\end{aligned}$$

要求电流 i_2、i_C 和 i，则要回到原电路中去求，故

$$i_C(t)=C\frac{\mathrm{d}u_C}{\mathrm{d}t}=(-7.5\times\mathrm{e}^{-500t})\times10^{-3}\ \text{A}$$

$$\begin{aligned}i_2(t)&=\frac{u_{S2}+u_C}{R_2}=(6-2+5\mathrm{e}^{-500t})\times10^{-3}\ \text{A}\\&=(4+5\mathrm{e}^{-500t})\times10^{-3}\ \text{A}\end{aligned}$$

于是

$$\begin{aligned}i(t)&=i_2(t)+i_C(t)\\&=(4+2.5\mathrm{e}^{-500t})\times10^{-3}\ \text{A}\end{aligned}$$

例 7-3　电路如图 7-3(a)所示，已知 $R_1=3\ \Omega$，$R_2=6\ \Omega$，$R_3=3\ \Omega$，$C=2$ F，其中电压 $u_S(t)$ 的波形如图 7-3(b)所示，求电容电压 $u_C(t)$。

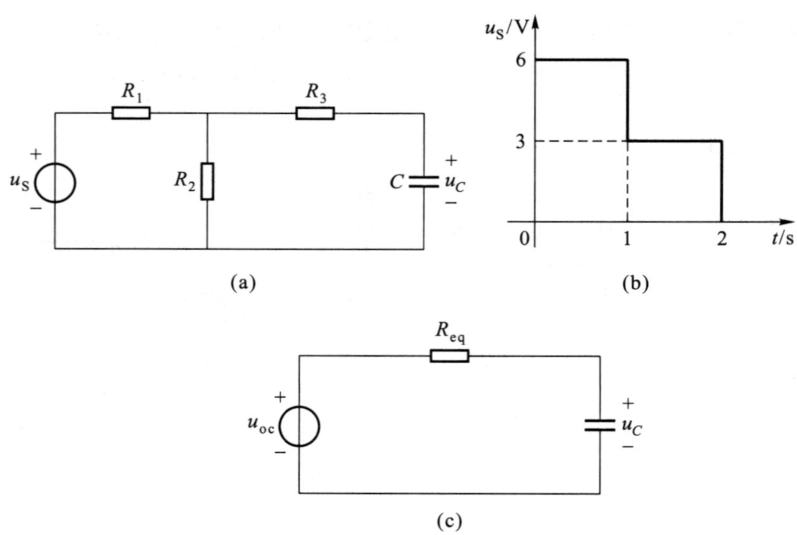

图 7-3　例 7-3 图

解：从电容两端看进去，电路的戴维南等效电路如图 7-3(c)所示，其等效电阻 R_{eq}、开路电压 u_{oc} 分别为

$$R_{eq}=R_3+\frac{R_1R_2}{R_1+R_2}=\left(3+\frac{3\times 6}{3+6}\right)\ \Omega=5\ \Omega$$

$$u_{oc}=\frac{6}{3+6}\times u_S=\frac{2}{3}\ u_S$$

u_S 可用阶跃函数表示为

$$u_S(t)=[6\varepsilon(t)-3\varepsilon(t-1)-3\varepsilon(t-2)]\ \text{V}$$

则

$$u_{oc}=\frac{2}{3}u_S=[4\varepsilon(t)-2\varepsilon(t-1)-2\varepsilon(t-2)]\ \text{V}$$

当电压源为单位阶跃激励时,有

$$u'_C(0_+)=0,\quad u'_C(\infty)=1\ \text{V},\quad \tau=R_{eq}C=10\ \text{s}$$

故电容电压的单位阶跃响应为

$$u'_C(t)=(1-e^{-0.1t})\varepsilon(t)\ \text{V}$$

而 $u_{oc}=\frac{2}{3}u_S$ 作用于图 7-3(c)时,应用叠加定理,有

$$u_C(t)=\{4(1-e^{-0.1t})\varepsilon(t)-2[1-e^{-0.1(t-1)}]\varepsilon(t-1)-2[1-e^{-0.1(t-2)}]\varepsilon(t-2)\}\ \text{V}$$

例 7-4　电路如图 7-4(a)所示,已知 $R_1=10\ \Omega$,$R_2=6\ \Omega$,$L=0.5$ H,$i_L(0_-)=0$。

(1) 当 $u_S(t)=20\varepsilon(t)$ V 时,求 $i_L(t)$;

(2) 当 $u_S(t)=20\delta(t)$ V 时,求 $i_L(t)$。

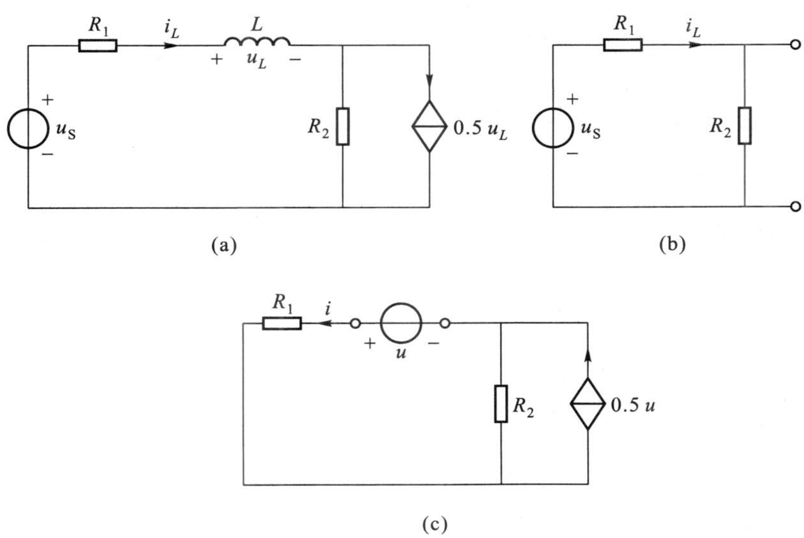

图 7-4　例 7-4 图

解:(1) 当 $u_S(t)=20\varepsilon(t)$ V 时,求阶跃响应 $i_L(t)$,应用三要素法求解。

初始值为

$$i_L(0_+)=i_L(0_-)=0$$

当电路稳态时,电感电压 $u=0$,故受控电流源 $0.5u=0$,电路如图 7-4(b)所示。

稳态值为

$$i_L(\infty)=\frac{20}{16}\ \text{A}=1.25\ \text{A}$$

求时间常数时,电路中独立电压源置零,电感去掉,其端口加一个电压源,电路如图 7-4(c)所示。

$$u=10i+6(i-0.5u)$$

$$R_{\text{eq}}=\frac{u}{i}=4\ \Omega$$

时间常数为

$$\tau=\frac{L}{R}=\frac{0.5}{4}\ \text{s}=0.125\ \text{s}$$

故

$$i_L(t)=1.25(1-\text{e}^{-8t})\varepsilon(t)\ \text{A}$$

(2) 当 $u_S(t)=20\delta(t)$ V 时,求冲激响应 $i_L(t)$。对阶跃响应进行求导,得冲激响应为

$$\begin{aligned}i_L(t)&=\frac{\text{d}[1.25(1-\text{e}^{-8t})\varepsilon(t)]}{\text{d}t}\\&=10\text{e}^{-8t}\varepsilon(t)+1.25\delta(t)(1-\text{e}^{-8t})\\&=10\text{e}^{-8t}\varepsilon(t)\ \text{A}\end{aligned}$$

例 7-5 二阶电路如图 7-5 所示,已知 $u_S=20$ V,$R=10\ \Omega$,$L=1$ mH,$C=10\ \mu$F,$u_C(0_-)=0$,$i_L(0_-)=0$,当 $t=0$ 时开关 S 闭合,求 $u_C(t)$,$i(t)$,$u_L(t)$。

解:以 u_C 为未知量,则

$$i=C\frac{\text{d}u_C}{\text{d}t},\quad u_L=L\frac{\text{d}i}{\text{d}t}=LC\frac{\text{d}^2u_C}{\text{d}t^2}$$

而

$$u_R=Ri=RC\frac{\text{d}u_C}{\text{d}t}$$

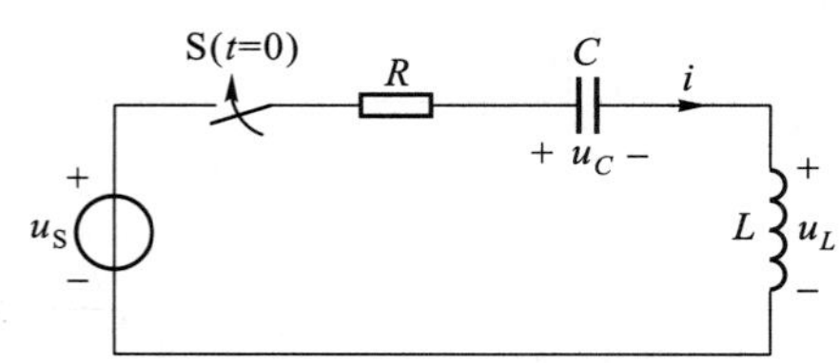

图 7-5 例 7-5 图

应用 KVL 列方程,有

$$LC\frac{\text{d}^2u_C}{\text{d}t^2}+RC\frac{\text{d}u_C}{\text{d}t}+u_C=u_S$$

其特解为

$$u_C'=u_S=20\ \text{V}$$

其特征方程为

$$LCp^2+RCp+1=0$$

其特征根为

$$p_1=-5\times10^3+\text{j}8.66\times10^3$$
$$p_2=-5\times10^3-\text{j}8.66\times10^3$$

设

$$u_C(t)=20+A\text{e}^{-5\times10^3 t}\sin(8.66\times10^3 t+\beta)$$

当 $t=0_+$时，有

$$u_C(0_+)=u_C(0_-)=0$$

又有

$$i_L(0_+)=i_L(0_-)=0$$

即

$$\left.\frac{\text{d}u_C}{\text{d}t}\right|_{0_+}=0$$

由初始条件可得

$$20+A\sin\beta=0$$
$$8.66\times10^3 A\cos\beta-5\times10^3 A\sin\beta=0$$

解以上两式可得

$$A=-23.09$$
$$\beta=60°$$

从而有

$$u_C(t)=[20-23.09\text{e}^{-5\times10^3 t}\sin(8.66\times10^3 t+60°)]\ \text{V}$$
$$i(t)=C\frac{\text{d}u_C}{\text{d}t}=11.5\text{e}^{-5\times10^3 t}\sin(8.66\times10^3 t)\ \text{A}$$
$$u_L(t)=L\frac{\text{d}i_L}{\text{d}t}=23.09\text{e}^{-5\times10^3 t}\sin(8.66\times10^3 t-60°)\ \text{V}$$

例 7-6　含有电流控制电压源的电路如图 7-6(a)所示，已知 $U_S=10\ \text{V}$，$R_1=R_2=2\ \Omega$，$C_1=0.2\ \text{F}$，$u_{C_1}(0_-)=2\ \text{V}$，$C_2=0.3\ \text{F}$，$u_{C_2}(0_-)=0$，当 $t=0$ 时开关 S 闭合，试求电容电压 $u_{C_1}(t)$、$u_{C_2}(t)$及电容电流 $i_C(t)$。

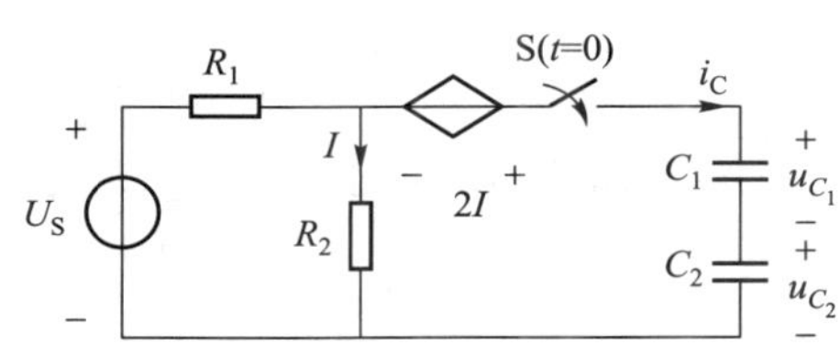

图 7-6(a)　例 7-6 图

解：(1) 当 $t=0$ 时电路开关 S 闭合后，从动态元件等效电容两端看进求其戴维南等效电路，当电容断开时，电路如图 7-6(b)所示，求其开路电压 U_{oc}。

$$I=\frac{U_S}{R_1+R_2}=\frac{10}{2+2}\ \text{A}=2.5\ \text{A},\quad U_{oc}=2I+R_2I=(2\times2.5+2\times2.5)\ \text{V}=10\ \text{V}$$

（2）求其等效电阻 R_{eq}，电路如图 7-6（c）所示，其内部独立电源取零值，即电压源用短接线代替，电路端口外另加一独立电压源 U，设流入电流为 I_0，则 $R_{eq}=\dfrac{U}{I_0}$。

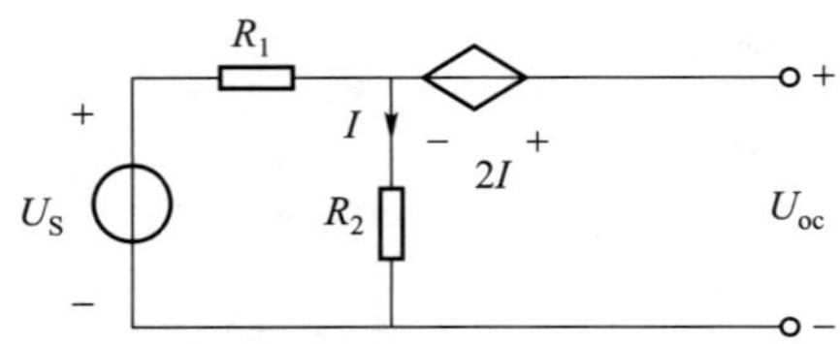

图 7-6（b）　例 7-6 图

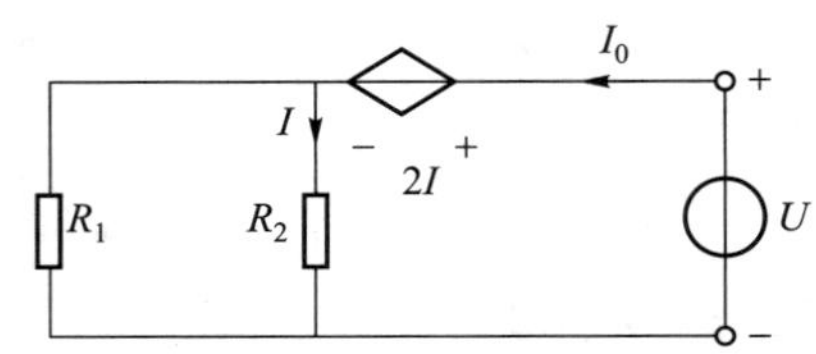

图 7-6（c）　例 7-6 图

对于图 7-6（c），$I=\dfrac{I_0}{2}$，$2I+2I=U$，则有

$$2\times\frac{I_0}{2}+2\times\frac{I_0}{2}=U,\quad 2I_0=U$$

故

$$R_{eq}=\frac{U}{I_0}=2\ \Omega$$

等效电容为

$$C=\frac{C_1\times C_2}{C_1+C_2}=\frac{0.2\times0.3}{0.2+0.3}\ \text{F}=\frac{0.06}{0.5}\ \text{F}=0.12\ \text{F}$$

其等效电路如图 7-6（d）所示，应用三要素法，$u_C(t)=u_C(\infty)+[u_C(0_+)-u_C(\infty)]e^{-\frac{t}{\tau}}$，电路时间常数 $\tau=R_{eq}\times C=2\times0.12\ \text{s}=0.24\ \text{s}$，则有

$$\begin{aligned}u_C(t)&=u_C(\infty)+[u_C(0_+)-u_C(\infty)]e^{-\frac{t}{\tau}}\\&=[10+(2-10)e^{-\frac{t}{0.24}}]\ \text{V}\\&=(10-8e^{-\frac{t}{0.24}})\ \text{V}\end{aligned}$$

$$\begin{aligned}i_C(t)&=C\frac{du_C}{dt}=C\frac{d(10-8e^{-\frac{t}{\tau}})}{dt}=\frac{C\times8}{R_{eq}C}e^{-\frac{t}{\tau}}=\frac{8}{2}e^{-\frac{t}{\tau}}\ \text{A}\\&=4e^{-\frac{t}{0.24}}\ \text{A}\end{aligned}$$

对于图 7-6（e），求 u_{C_1}、u_{C_2}，则有

$$\begin{aligned}u_{C_1}(t)&=u_{C_1}(0_-)+\frac{1}{C_1}\int_{0_-}^{t}i_C(t)dt\\&=2+\frac{1}{0.2}\int_{0_-}^{t}4e^{-\frac{t}{\tau}}dt=2-\frac{4\tau}{0.2}\int_{0_-}^{t}e^{-\frac{t}{\tau}}d\left(-\frac{t}{\tau}\right)\\&=2-\left(\frac{4\times R_{eq}C}{0.2}\right)e^{-\frac{t}{\tau}}\Big|_{0_-}^{t}=\left(2+\frac{4\times2\times0.12}{0.2}-\frac{4\times2\times0.12}{0.2}e^{-\frac{t}{\tau}}\right)\ \text{V}\\&=(6.8-4.8e^{-\frac{t}{\tau}})\ \text{V}\end{aligned}$$

$$
\begin{aligned}
u_{C_2}(t) &= u_{C_2}(0_-)+\frac{1}{C_2}\int_{0_-}^{t} i_C(t)\,\mathrm{d}t \\
&= 0+\frac{1}{0.3}\int_{0_-}^{t} 4\mathrm{e}^{-\frac{t}{\tau}}\mathrm{d}t=-\frac{4\tau}{0.3}\int_{0_-}^{t} \mathrm{e}^{-\frac{t}{\tau}}\mathrm{d}\left(-\frac{t}{\tau}\right) \\
&= -\left(\frac{4\times R_{\mathrm{eq}}C}{0.3}\right)\mathrm{e}^{-\frac{t}{\tau}}\bigg|_{0_-}^{t}=\left(\frac{4\times2\times0.12}{0.3}-\frac{4\times2\times0.12}{0.3}\mathrm{e}^{-\frac{t}{\tau}}\right)\ \mathrm{V} \\
&= (3.2-3.2\mathrm{e}^{-\frac{t}{\tau}})\ \mathrm{V}
\end{aligned}
$$

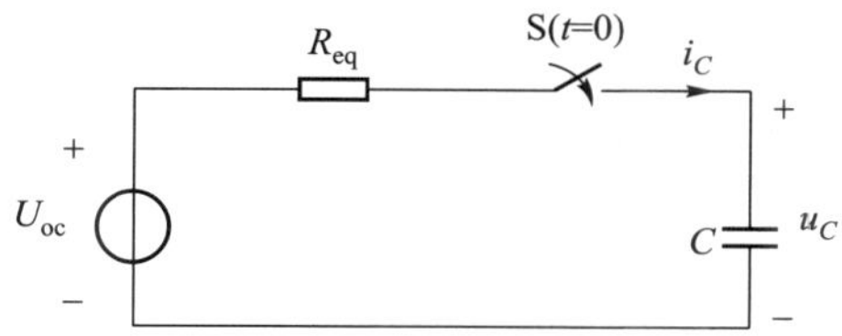
图 7-6(d)　例 7-6 图

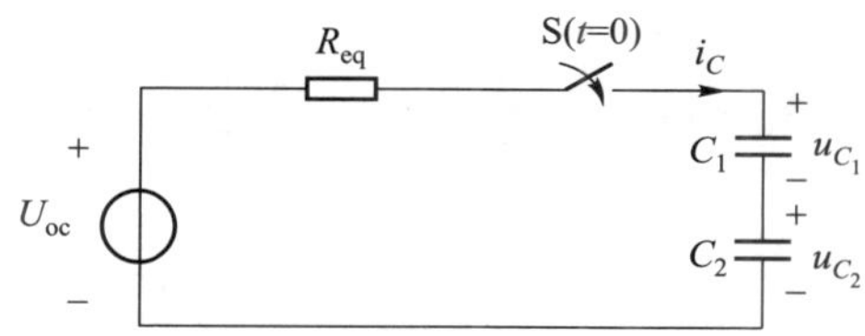
图 7-6(e)　例 7-6 图

例 7-7　二阶电路如图 7-7(a)所示，已知 $U_S=10\ \mathrm{V}$，$R_1=R_2=10\ \Omega$，$L=0.1\mathrm{H}$，$C=250\ \mu\mathrm{F}$，$i_L(0_-)=0$，当 $t=0$ 时开关 S 闭合，试求电容电压、$i_L(t)$、$u_L(t)$。

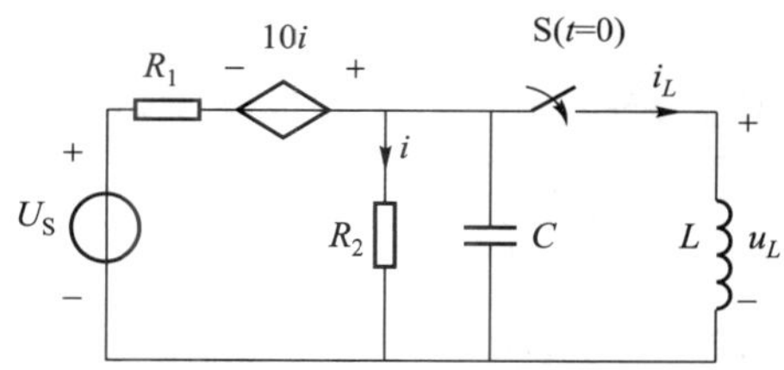
图 7-7(a)　例 7-7 图

解：当动态元件断开时，电路如图 7-7(b)所示，从电路端口看进，求出戴维南等效电路。

(1) 求图 7-7(b)所示电路的开路电压。

对于图 7-7(b)，有

$$R_1 i+R_2 i=U_S+10i$$

代入数值得

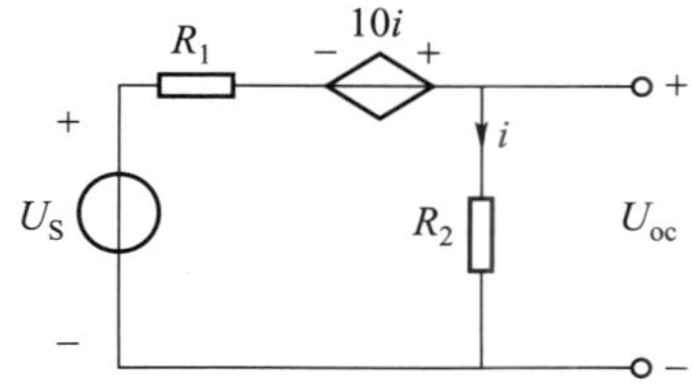
图 7-7(b)　例 7-7 图

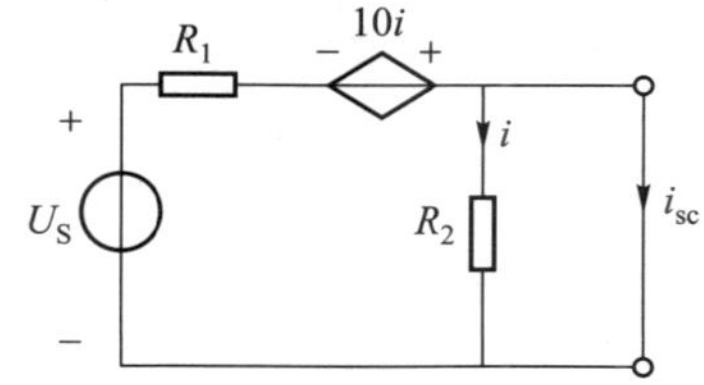
图 7-7(c)　例 7-7 图

$$10i+10i=10+10i$$

$$i=1\ \text{A}$$

开路电压
$$U_{oc}=R_2 i=(10\times1)\ \text{V}=10\ \text{V}$$

(2) 对于图 7-7(b),求短路电流 i_{sc}。

由于端口短路,$i=0$,故受控电压源 $10i=0$,因此有

$$R_1 i_{sc}=U_S,\quad i_{sc}=\frac{U_S}{R_1}=\frac{10}{10}\ \text{A}=1\text{A}$$

则等效电阻
$$R_{eq}=\frac{U_{oc}}{i_{sc}}=\frac{10}{1}\ \Omega=10\ \Omega$$

其戴维南等效电路接入电容、电感后如图 7-7(d)所示。

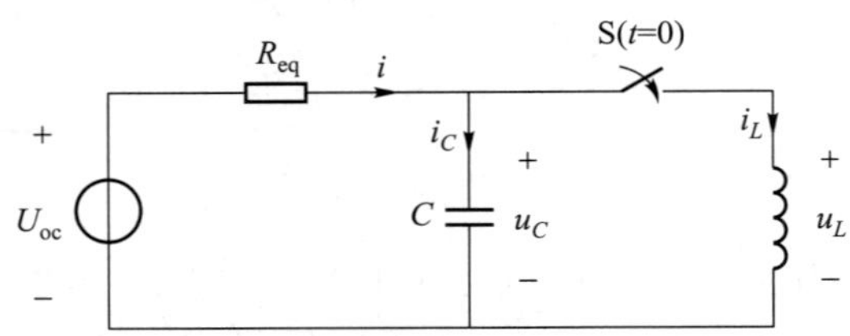

图 7-7(d)　例 7-7 图

对于图 7-7(d),$t=0$ 时开关闭合,以 i_L 为电路变量,则有

$$u_C=u_L=L\frac{\text{d}i_L}{\text{d}t},\quad i_C=C\frac{\text{d}u_C}{\text{d}t}=LC\frac{\text{d}^2 i_L}{\text{d}t^2},\quad i=\frac{U_{oc}-u_C}{R_{eq}}=\frac{10}{10}-\frac{L}{R_{eq}}\frac{\text{d}i_L}{\text{d}t}$$

应用 KCL,$i_C+i_L=i$,图 7-7(d)所示电路的微分方程为

$$LC\frac{\text{d}^2 i_L}{\text{d}t^2}+i_L=\frac{10}{10}-\frac{L}{R_{eq}}\frac{\text{d}i_L}{\text{d}t}$$

整理得

$$LC\frac{\text{d}^2 i_L}{\text{d}t^2}+\frac{L}{R_{eq}}\frac{\text{d}i_L}{\text{d}t}+i_L=1$$

代入数值得

$$25\times10^{-6}\frac{\text{d}^2 i_L}{\text{d}t^2}+0.01\frac{\text{d}i_L}{\text{d}t}+i_L=1$$

上式是一个二阶非齐次微分方程,相应的齐次微分方程为

$$25\times10^{-6}\frac{\text{d}^2 i_L}{\text{d}t^2}+0.01\frac{\text{d}i_L}{\text{d}t}+i_L=0$$

其特征方程为

$$10^{-6}\times25p^2+0.01p+1=0$$

其特征根为

$$p_{1,2}=\frac{-0.01\pm\sqrt{(0.01)^2-4\times25\times10^{-6}\times1}}{2\times25\times10^{-6}}=-200,\quad \text{即 } p_1=p_2=-200$$

由于全解=特解+齐次解，当图 7-7(d)所示电路达到稳态时，电感的稳态电流 $i_L=1$ A，而电感电流的齐次解为

$$i_L(t)=(k_1+k_2t)e^{-200t}$$

全解为

$$i_L(t)=(k_1+k_2t)e^{-200t}+1$$

对于图 7-7(d)所示电路，$t=0_+$时，$u_C(0_+)=u_C(0_-)=10$ V，$i_L(0_+)=i_L(0_-)=0$

故有

$$u_C(0_+)=L\frac{\mathrm{d}i_L(t)}{\mathrm{d}t}\bigg|_{t=0+}=0.1\times(k_2-200k_1)=10\ \text{V},\quad i_L(0_+)=k_1+1=0$$

联立求解以下两式

$$0.1\times(k_2-200k_1)=10$$

$$k_1+1=0$$

解得 $k_1=-1$，$k_2=-100$，从而解得

$$i_L(t)=[(-1-100t)e^{-200t}+1]\ \text{A}$$

$$u_L(t)=L\frac{\mathrm{d}i_L}{\mathrm{d}t}=[-10e^{-200t}-20(-1-100t)e^{-200t}]\ \text{V}$$

$$=(10+2\,000t)e^{-200t}\ \text{V}$$

四、习题分析

7-1　列写题 7-1 图所示电路的微分方程。

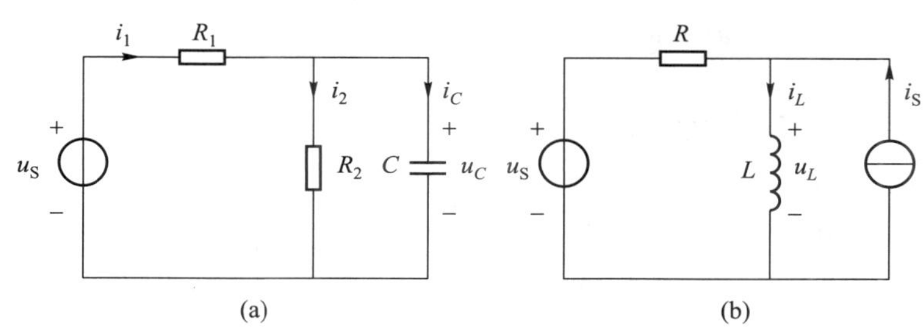

题 7-1 图

解：(1) 对题解 7-1 图(a)的节点①列 KCL 方程，有

$$i_1-i_2-i_C=0$$

其中

$$i_C=C\frac{\mathrm{d}u_C}{\mathrm{d}t}$$

$$i_2=\frac{u_C}{R_2}$$

$$i_1=\frac{u_S-u_C}{R_1}$$

代入后整理得
$$C\frac{\mathrm{d}u_C}{\mathrm{d}t}+\left(\frac{1}{R_1}+\frac{1}{R_2}\right)u_C=\frac{u_S}{R_1}$$

（2）对题解 7-1 图（b）所标示的回路列 KVL 方程，有

$$u_R+u_L=u_S$$

$$u_L=L\frac{\mathrm{d}i_L}{\mathrm{d}t}$$

$$u_R=(i_L-i_S)R$$

代入后整理得

$$L\frac{\mathrm{d}i_L}{\mathrm{d}t}+Ri_L=u_S+Ri_S$$

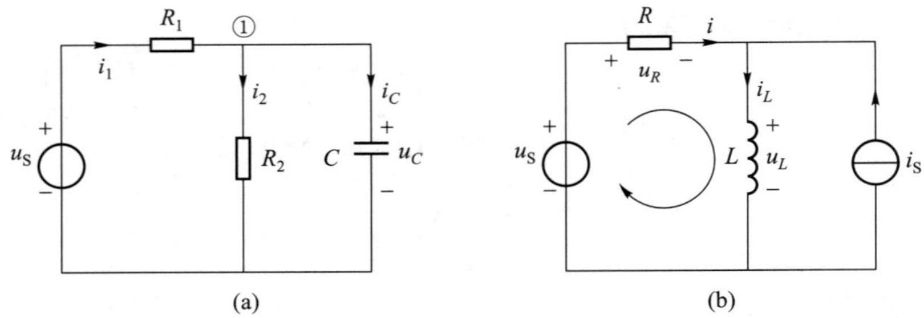

题解 7-1 图

7-2　列写题 7-2 图所示电路在开关 S 闭合后的微分方程。

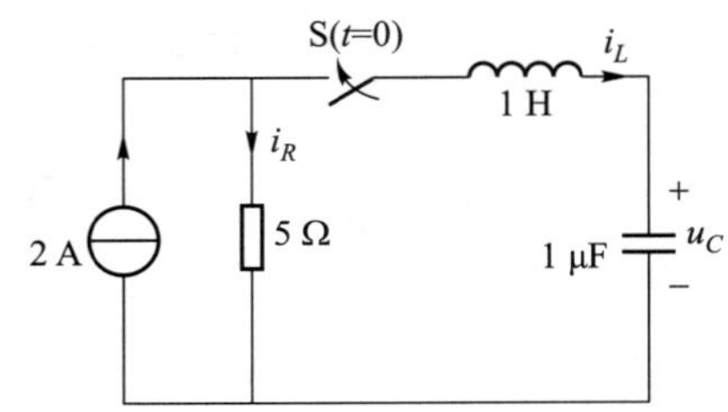

题 7-2 图

解：以 i_L 为待求变量列方程，有

$$i_R\times 5=L\frac{\mathrm{d}i_L}{\mathrm{d}t}+u_C$$

而 $\begin{cases}u_C=\dfrac{1}{C}\displaystyle\int i_L\mathrm{d}t\\ i_R=2-i_L\end{cases}$，代入上式，有

$$(2-i_L)\times 5=L\frac{\mathrm{d}i_L}{\mathrm{d}t}+\frac{1}{C}\int i_L\mathrm{d}t$$

代入数据并整理，得

$$\frac{\mathrm{d}^2i_L}{\mathrm{d}t^2}+5\frac{\mathrm{d}i_L}{\mathrm{d}t}+10^6i_L=0$$

若以 u_C 为待求变量列方程，则有

$$(2-i_L)\times5=L\frac{\mathrm{d}i_L}{\mathrm{d}t}+u_C$$

而 $i_L=C\frac{\mathrm{d}u_C}{\mathrm{d}t}$，所以

$$\left(2-C\frac{\mathrm{d}u_C}{\mathrm{d}t}\right)\times5=LC\frac{\mathrm{d}^2u_C}{\mathrm{d}t^2}+u_C$$

代入数据并整理，得

$$\frac{\mathrm{d}^2u_C}{\mathrm{d}t^2}+5\frac{\mathrm{d}u_C}{\mathrm{d}t}+10^6u_C=10^7$$

7-3　题 7-3 图所示各电路中开关 S 在 $t=0$ 时动作，试求电路在 $t=0_+$ 时刻的电压、电流值。

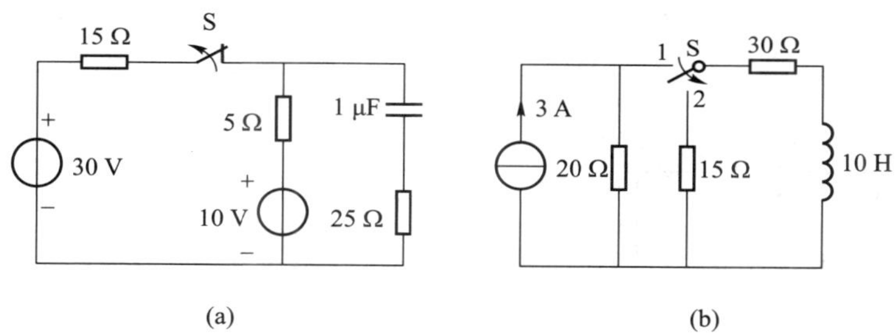

题 7-3 图

解：(1) 对于题 7-3 图(a)，在开关未动作时，电路处于稳定状态，电容看作开路，电路如题解 7-3 图(a1)所示。电容上的电压为

$$u_C(0_-)=\left(\frac{30-10}{15+5}\times5+10\right)\ \mathrm{V}=15\ \mathrm{V}$$

根据 $u_C(0_+)=u_C(0_-)=15$ V，画出 $t=0_+$ 时刻的等效电路如题解 7-3 图(a2)所示。由图可得

$$i(0_+)=\frac{15-10}{25+5}\ \mathrm{A}=\frac{5}{30}\ \mathrm{A}=\frac{1}{6}\ \mathrm{A}$$

$$u_{R_1}(0_+)=5\ \Omega\times i(0_+)=5\times\frac{1}{6}\ \mathrm{V}=\frac{5}{6}\ \mathrm{V}$$

$$u_{R_2}(0_+)=-25\ \Omega\times i(0_+)=-25\times\frac{1}{6}\ \mathrm{V}=\frac{-25}{6}\ \mathrm{V}$$

(2) 对于题 7-3 图(b)，在开关未动作时，电路处于稳定状态，电感看作短路，电路如题解 7-3 图(b1)所示。根据分流关系有

$$i_L(0_-)=\frac{3\times20}{20+30}\ \mathrm{A}=1.2\ \mathrm{A}$$

根据换路时电感电流不能跃变,得

$$i_L(0_+)=i_L(0_-)=1.2\ \text{A}$$

$t=0_+$时刻的等效电路如题解 7-2 图(b2)所示。由图可知

$$u_{R_1}(0_+)=20\times3\ \text{V}=60\ \text{V}$$

$$u_{R_2}(0_+)=1.2\times15\ \text{V}=18\ \text{V}$$

$$u_{R_3}(0_+)=30\times1.2\ \text{V}=36\ \text{V}$$

$$u_L(0_+)=-u_{R_2}(0_+)-u_{R_3}(0_+)=-(18+36)\ \text{V}=-54\ \text{V}$$

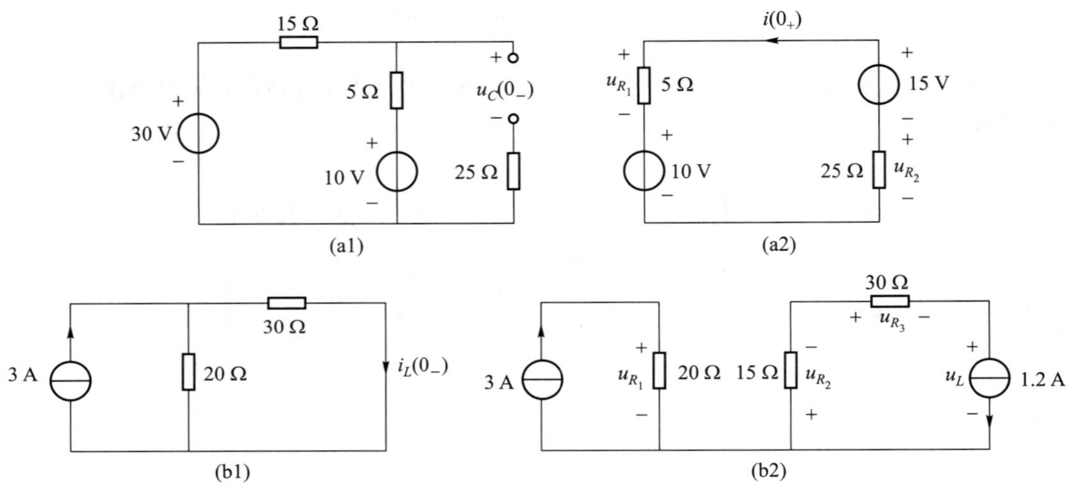

题解 7-3 图

7-4　电路如题 7-4 图所示,开关未动作前电路已达稳态,$t=0$ 时开关 S 打开。求 $u_C(0_+)$,$i_L(0_+)$,$\left.\dfrac{\mathrm{d}u_C}{\mathrm{d}t}\right|_{0_+}$,$\left.\dfrac{\mathrm{d}i_L}{\mathrm{d}t}\right|_{0_+}$,$\left.\dfrac{\mathrm{d}i_R}{\mathrm{d}t}\right|_{0_+}$。

解:这是一个求二阶电路初始值的问题,求法与一阶电路类似。先求 $u_C(0_-)$和 $i_L(0_-)$。当开关未动作时,电路处于稳态,电容可看作开路,电感可看作短路,电路如题解 7-4 图(a)所示,由图(a)得

$$u_C(0_-)=\frac{12\times3}{\dfrac{6\times6}{6+6}+3}\ \text{V}=\frac{36}{6}\ \text{V}=6\ \text{V}$$

$$i_L(0_-)=\frac{u_C(0_-)}{3}=\frac{6}{3}\ \text{A}=2\ \text{A}$$

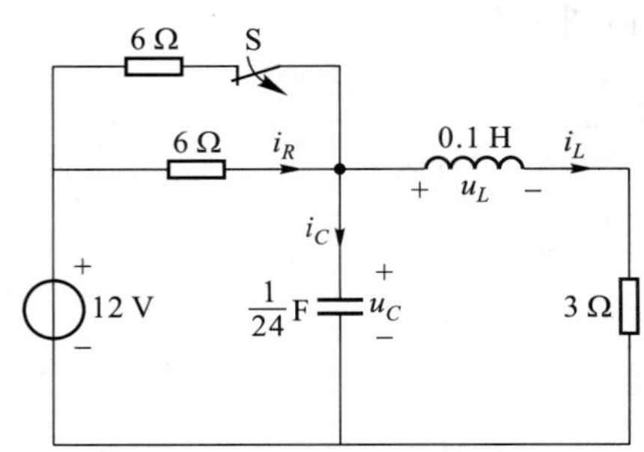

题 7-4 图

根据换路定则,有

$$u_C(0_+)=u_C(0_-)=6\ \text{V}$$

$$i_L(0_+)=i_L(0_-)=2\ \text{A}$$

画出 0_+时刻的等效电路如题解 7-4 图(b)所示。

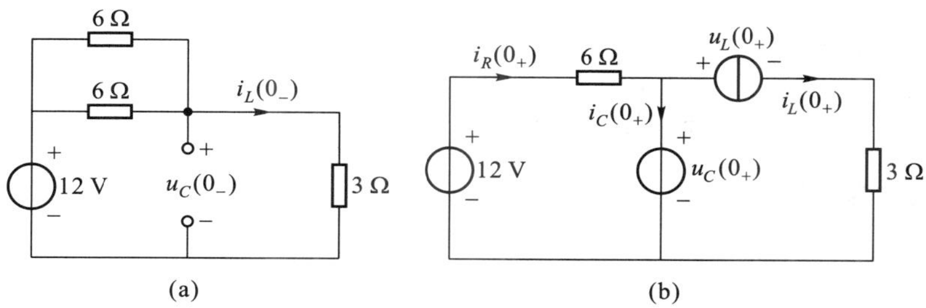

题解 7-4 图

由题解 7-4 图(b)可求得

$$i_R(0_+)=\frac{12-u_C(0_+)}{6}=\frac{12-6}{6}\ \mathrm{A}=1\ \mathrm{A}$$

$$C\left.\frac{\mathrm{d}u_C}{\mathrm{d}t}\right|_{0_+}=i_C(0_+)=i_R(0_+)-i_L(0_+)=(1-2)\ \mathrm{A}=-1\ \mathrm{A}$$

$$\left.\frac{\mathrm{d}u_C}{\mathrm{d}t}\right|_{0_+}=\frac{i_C(0_+)}{C}=\frac{-1}{\frac{1}{24}}\ \mathrm{V/s}=-24\ \mathrm{V/s}$$

而

$$L\left.\frac{\mathrm{d}i_L}{\mathrm{d}t}\right|_{0_+}=u_L(0_+)=u_C(0_+)-3\times i_L(0_+)=(6-3\times2)\ \mathrm{V}=0$$

所以

$$\left.\frac{\mathrm{d}i_L}{\mathrm{d}t}\right|_{0_+}=\frac{u_L(0_+)}{L}=0$$

$$\left.\frac{\mathrm{d}i_R}{\mathrm{d}t}\right|_{0_+}=\left.\frac{\mathrm{d}}{\mathrm{d}t}\left(\frac{12-u_C}{6}\right)\right|_{0_+}=-\frac{1}{6}\left.\frac{\mathrm{d}u_C}{\mathrm{d}t}\right|_{0_+}=-\frac{1}{6}\times(-24)\ \mathrm{A/s}=4\ \mathrm{A/s}$$

7-5　电路如题 7-5 图所示，开关 S 原在位置 1 已久，$t=0$ 时合向位置 2，求 $u_C(t)$ 和 $i(t)$。

解：开关合在位置 1 时的电路如题解 7-5 图(a)所示。可解得

$$u_C(0_-)=\frac{5}{100+25}\times100\ \mathrm{V}=4\ \mathrm{V}$$

根据换路定则，可得电容电压的初始值为

$$u_C(0_+)=u_C(0_-)=4\ \mathrm{V}$$

$t>0$ 后的电路如题解 7-5 图(b)所示，这是一个一阶 RC 零输入电路。从电容两端看进去的等效电阻为

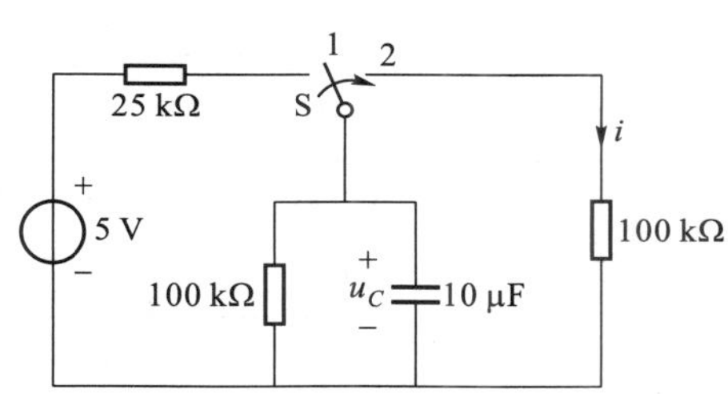

题 7-5 图

$$R_{eq}=\frac{100\times100}{100+100}\ \text{k}\Omega=50\ \text{k}\Omega$$

故有时间常数为

$$\tau=R_{eq}C=50\times10^{3}\times10\times10^{-6}\ \text{s}=\frac{1}{2}\ \text{s}$$

电容电压为

$$u_C(t)=u_C(0_+)\text{e}^{-\frac{t}{\tau}}=4\text{e}^{-2t}\ \text{V}$$

电流为

$$i(t)=\frac{u_C(t)}{100\ \text{k}\Omega}=0.04\text{e}^{-2t}\ \text{mA}$$

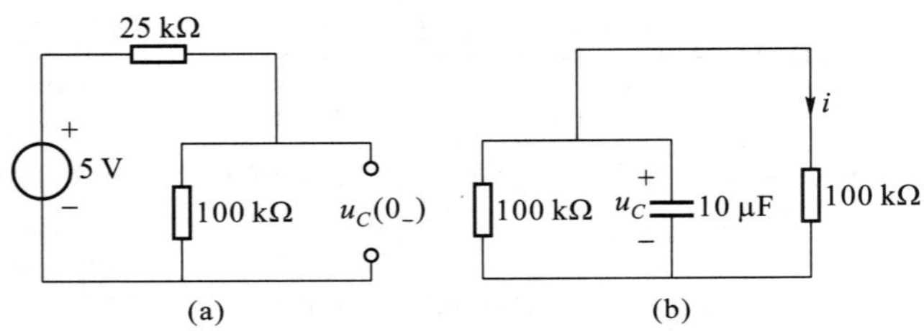

题解 7-5 图

7-6　题 7-6 图中开关 S 在位置 1 已久，$t=0$ 时合向位置 2，求换路后的 $i(t)$ 和 $u_L(t)$。

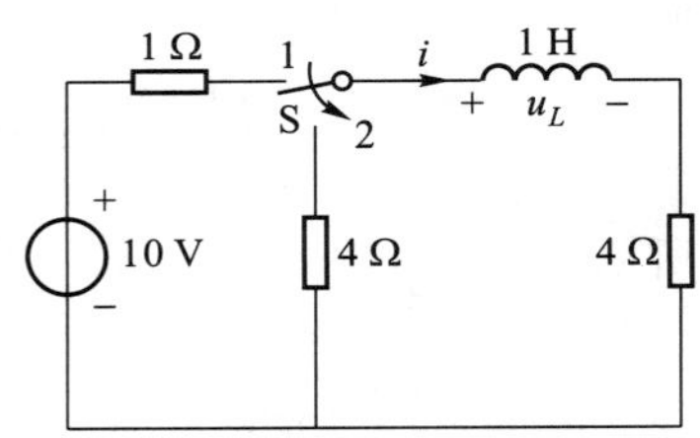

题 7-6 图

解：$t<0$ 时的电路如题解 7-6 图(a)所示。由图(a)可知

$$i_L(0_-)=\frac{10}{1+4}\ \text{A}=2\ \text{A}$$

根据换路时 i_L 不能跃变，有

$$i_L(0_+)=i_L(0_-)=2\ \text{A}$$

$t>0$ 后的电路如题解 7-6 图(b)所示。这是一个一阶 RL 零输入电路。其时间常数为

$$\tau=\frac{L}{R}=\frac{1}{4+4}\ \text{s}=\frac{1}{8}\ \text{s}$$

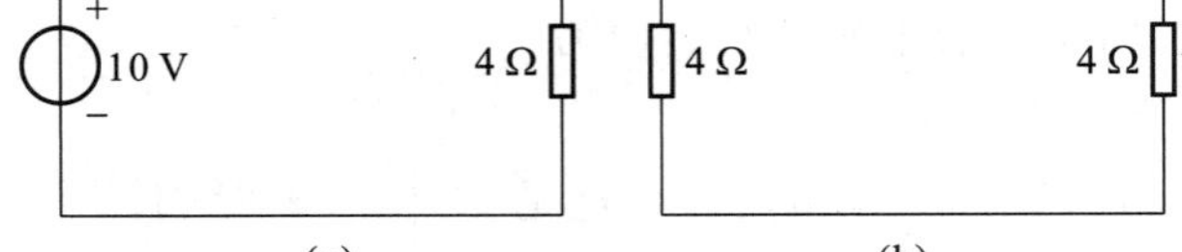

题解 7-6 图

故电感电流和电感电压分别为

$$i(t)=i_L(t)=i_L(0_+)\mathrm{e}^{-\frac{t}{\tau}}=2\mathrm{e}^{-8t}\ \mathrm{A}$$

$$u_L(t)=L\frac{\mathrm{d}i_L}{\mathrm{d}t}=1\times2\mathrm{e}^{-8t}\times(-8)\ \mathrm{V}=-16\mathrm{e}^{-8t}\ \mathrm{V}$$

也可利用 KVL 计算 $u_L(t)$，即

$$u_L(t)=-(4+4)i_L(t)=-16\mathrm{e}^{-8t}\ \mathrm{V}$$

7-7　题 7-7 图所示电路中，若 $t=0$ 时开关 S 闭合，求电流 i。

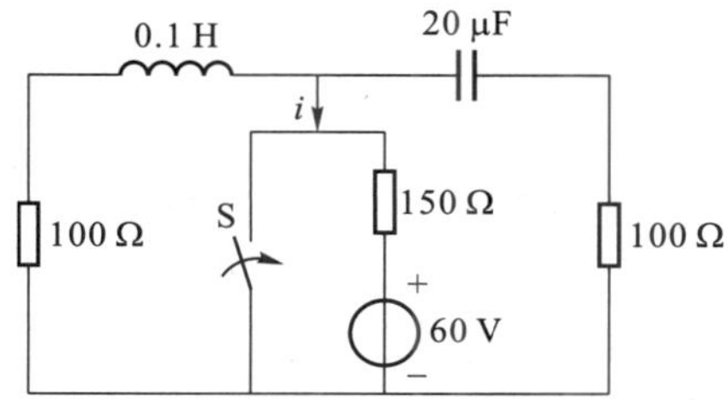

题 7-7 图

解：$t=0_-$ 时，电路处于稳定状态，电容看作开路，电感相当于短路。电路如题解 7-7 图(a)所示。由图(a)可得

$$i_L(0_-)=\frac{60}{100+150}\ \mathrm{A}=0.24\ \mathrm{A}$$

$$u_C(0_-)=100\ \Omega\times i_L(0_-)=100\times0.24\ \mathrm{V}=24\ \mathrm{V}$$

换路时，由于电容电压和电感电流不能跃变，所以有

$$i_L(0_+)=i_L(0_-)=0.24\ \mathrm{A}$$

$$u_C(0_+)=u_C(0_-)=24\ \mathrm{V}$$

$t>0$ 后的电路如题解 7-7 图(b)所示，短路线把电路分成了三个相互独立的回路。由 RL 串联回路可得

$$i_L(t)=i_L(0_+)\mathrm{e}^{-\frac{t}{\tau}}=0.24\mathrm{e}^{-\frac{100}{0.1}t}\ \mathrm{A}=0.24\mathrm{e}^{-1\,000t}\ \mathrm{A}$$

由 RC 串联回路可得

$$u_C(t)=u_C(0_+)\mathrm{e}^{-\frac{t}{RC}}=24\mathrm{e}^{-\frac{t}{20\times10^{-6}\times100}}\ \mathrm{V}=24\mathrm{e}^{-500t}\ \mathrm{V}$$

$$i_C=-\frac{u_C(t)}{100\ \Omega}=-\frac{24\mathrm{e}^{-500t}}{100}\ \mathrm{A}=-0.24\mathrm{e}^{-500t}\ \mathrm{A}$$

故根据 KCL，电流 $i(t)$ 为

$$i(t)=-[i_L(t)+i_C(t)]=0.24(\mathrm{e}^{-500t}-\mathrm{e}^{-1\,000t})\ \mathrm{A}$$

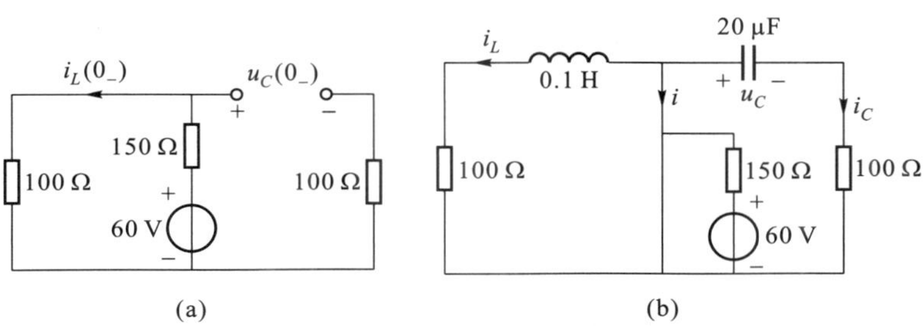

题解 7-7 图

7-8　题 7-8 图所示电路中,已知电容电压 $u_C(0_-)=10\ \text{V}$,$t=0$ 时开关 S 闭合,求 $t>0$ 时的电流 $i(t)$。

解:这是一个含有受控源的一阶 RC 零输入电路,首先求电容以外电路的等效电阻 R_{eq}。用外施电源法,在端口 a、b 端施加电流源 i_S,并设电流源两端电压为 u,电路如题解 7-8 图所示。

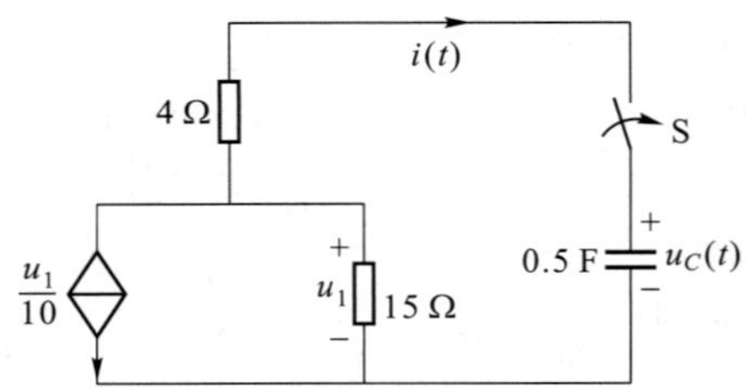

题 7-8 图

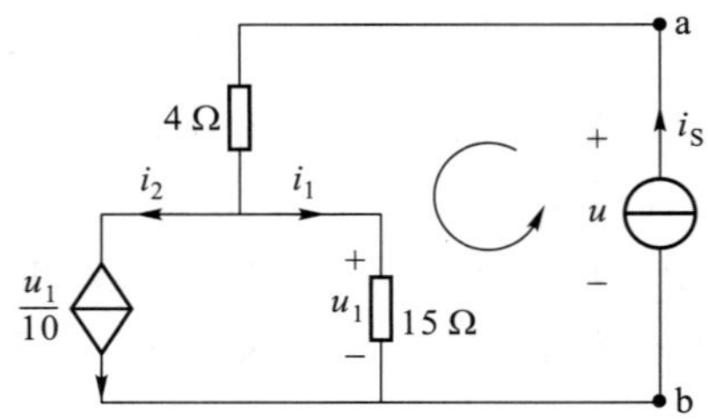

题解 7-8 图

因为

$$u_1=15\ \Omega\times i_1$$

$$i_2=\frac{u_1}{10\ \Omega}=\frac{15i_1}{10}=1.5i_1$$

$$i_S=i_1+i_2=i_1+1.5i_1=2.5i_1$$

解得

$$i_1=\frac{1}{2.5}i_S$$

对题解 7-8 图所示回路列 KVL 方程,有

$$4i_S+15i_1=u$$

$$4i_S+15\times\frac{1}{2.5}i_S=u$$

$$(4+6)i_S=u$$

即

$$R_{eq}=\frac{u}{i_S}=10\ \Omega$$

$$\tau=R_{eq}C=10\times0.5\ \text{s}=5\ \text{s}$$

$$u_C(t)=10e^{-\frac{1}{5}t}$$

$$i(t)=C\frac{du_C}{dt}=0.5\frac{d}{dt}(10e^{-\frac{1}{5}t})$$

$$=-e^{-\frac{1}{5}t}\ \text{A}$$

7-9　电路如题 7-9 图所示,开关 S 闭合时电路已达稳态。若 $t=0$ 时将开关 S 打开,求开关 S 打开后的电流 i。

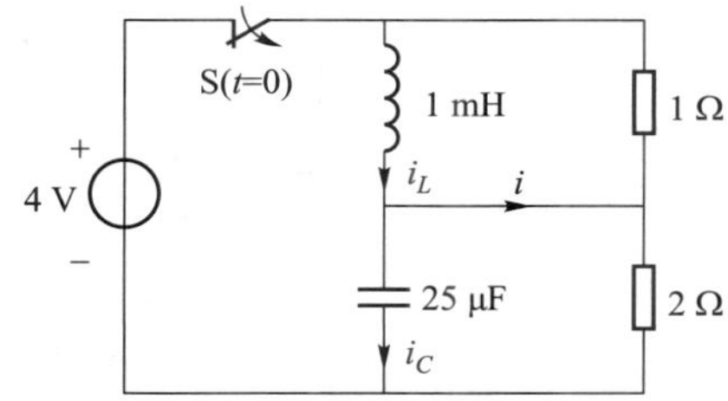

题 7-9 图

解:由换路前的电路求得

$$i_L(0_-)=\frac{4}{2}\ \text{A}=2\ \text{A}$$

$$u_C(0_-)=4\ \text{V}$$

换路后,有

$$u_C(0_+)=u_C(0_-)=4\ \text{V}$$

$$i_L(0_+)=i_L(0_-)=2\ \text{A}$$

$$\tau_C=2\times25\times10^{-6}\ \text{s}=5\times10^{-5}\ \text{s}$$

$$\tau_L=\frac{10^{-3}}{1}\ \text{s}=10^{-3}\ \text{s}$$

所以

$$u_C(t)=4\text{e}^{-\frac{t}{\tau_C}}=4\text{e}^{-20\,000t}\ \text{V}$$

$$i_C(t)=C\frac{\text{d}u_C}{\text{d}t}=25\times10^{-6}\times4\times20\,000\text{e}^{-20\,000t}\ \text{A}$$

$$=2\text{e}^{-20\,000t}\ \text{A}$$

$$i_L(t)=2\text{e}^{-\frac{t}{\tau_L}}=2\text{e}^{-1\,000t}\ \text{A}$$

求得

$$i(t)=i_L-i_C$$

$$=(2\text{e}^{-1\,000t}-2\text{e}^{-20\,000t})\ \text{A}$$

7-10　题 7-10 图所示电路中,若 $t=0$ 时开关 S 打开,求 u_C 和电流源发出的功率。

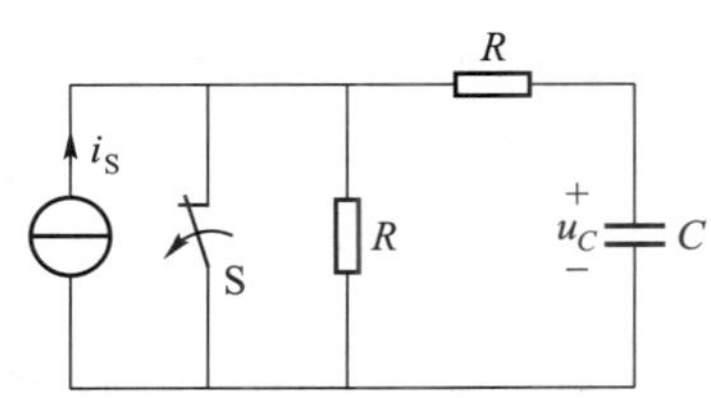

题 7-10 图

解:$t<0$ 时,由于电流源被短路,所以可得电容的初始电压值为

$$u_C(0_+)=u_C(0_-)=0$$

$t>0$ 后的电路如题解 7-10 图(a)所示。故这是一个求零状态响应的问题。一阶 RC 零状态电路满足初始条件的微分方程的解为

$$u_C(t)=u_C(\infty)(1-\text{e}^{-\frac{t}{\tau}})$$

式中,$u_C(\infty)$是 $t\to\infty$,电路达到稳定状态时,电容上的电压,τ 为电路的时间常数。本题中,当 $t\to\infty$ 时,电容相当于开路,如题解 7-10 图(b)所示,则

$$u_C(\infty)=Ri_{\text{S}}$$

时间常数 τ 为

$$\tau=R_{\text{eq}}C=(R+R)C=2RC$$

所以有

$$u_C(t)=Ri_{\text{S}}(1-\text{e}^{-\frac{t}{2RC}})\ \text{V}$$

$$i_C(t)=C\frac{\text{d}u_C(t)}{\text{d}t}=C(-Ri_{\text{S}}\text{e}^{-\frac{t}{2RC}})\left(-\frac{1}{2RC}\right)\ \text{A}=\frac{1}{2}i_{\text{S}}\text{e}^{-\frac{t}{2RC}}\ \text{A}$$

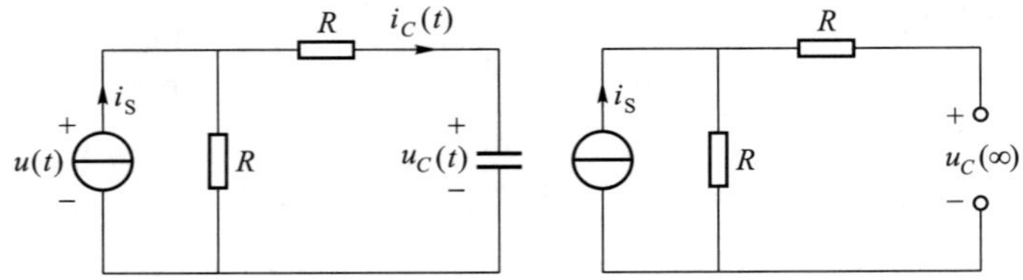

题解 7-10 图

电流源两端的电压为

$$u(t)=Ri_C(t)+u_C(t)=R\times\frac{1}{2}i_S e^{-\frac{t}{2RC}}+Ri_S(1-e^{-\frac{t}{2RC}})\ \text{V}$$

$$=Ri_S\left(1-\frac{1}{2}e^{-\frac{t}{2RC}}\right)\ \text{V}$$

则电流源发出的功率为

$$p=i_S u(t)=Ri_S^2\left(1-\frac{1}{2}e^{-\frac{t}{2RC}}\right)\ \text{W}$$

7-11　题 7-11 图所示电路中开关 S 打开前已处于稳定状态。$t=0$ 开关 S 打开,求 $t>0$ 时的 $u_L(t)$ 和电压源发出的功率。

解:由题 7-11 图可知,开关 S 打开前电路已处于稳定状态,电感支路被短路,故有 $i_L(0_+)=i_L(0_-)=0$,开关 S 打开后,电路为求零状态响应的问题。电路如题解 7-11 图所示。应用叠加定理可求得 $i_L(\infty)$ 为

$$i_L(\infty)=\left(\frac{10}{2+3+5}+\frac{2\times2}{2+3+5}\right)\ \text{A}$$

$$=1.4\ \text{A}$$

从电感两端向电路看去的等效电阻为

$$R_{eq}=(2+3+5)\ \Omega=10\ \Omega$$

则时间常数为

$$\tau=\frac{L}{R_{eq}}=\frac{0.2}{10}\ \text{s}=\frac{1}{50}\ \text{s}$$

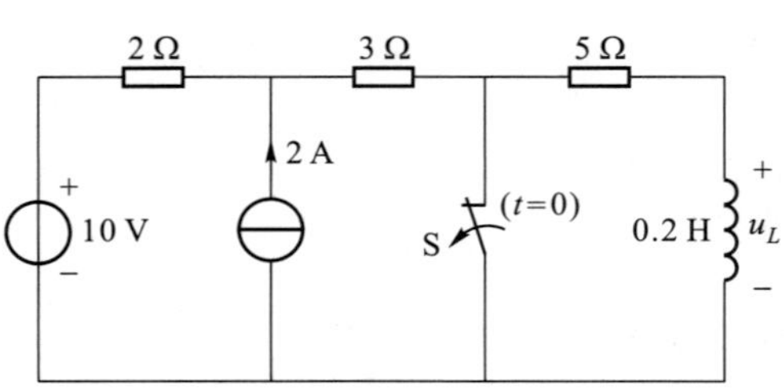

题 7-11 图

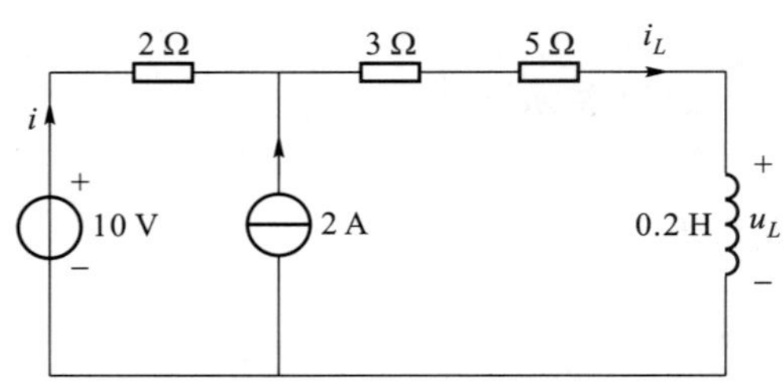

题解 7-11 图

故 $t>0$ 后的电感电流为

$$i_L(t)=i_L(\infty)(1-e^{-\frac{t}{\tau}})=1.4(1-e^{-50t})\text{ A}$$

电感电压为

$$u_L(t)=L\frac{di_L}{dt}=14e^{-50t}\text{ V}$$

设 10 V 电压源支路电流为 i,则

$$i=i_L-2\text{ A}=(-0.6-1.4e^{-50t})\text{ A}$$

电压源发出的功率为

$$p=10\text{ V}\times i=(-6-14e^{-50t})\text{ W}$$

即电压源实际为吸收功率。

7-12　题 7-12 图所示电路中开关闭合前电容无初始储能,$t=0$ 时开关 S 闭合,求 $t>0$ 时的电容电压 $u_C(t)$。

解:由题意知 $u_C(0_+)=u_C(0_-)=0$,这是一个求零状态响应的问题。当 $t\to\infty$ 时,电容看作开路,电路如题解 7-12 图所示。由于电流 $i_1=0$,所以受控电流源的电流为零,故有

$$u_C(\infty)=2\text{ V}$$

求 a、b 端口的等效电阻。由于有受控源,故用开路短路法求解。把 a、b 端子短路,有

$$2i_1+(4i_1+i_1)\times 1+2=0$$

解得短路电流为

$$i_{sc}=-i_1=\frac{2}{7}\text{ A}$$

则等效电阻为

$$R_{eq}=\frac{u_C(\infty)}{i_{sc}}=\frac{2}{\frac{2}{7}}\ \Omega=7\ \Omega$$

故时间常数为

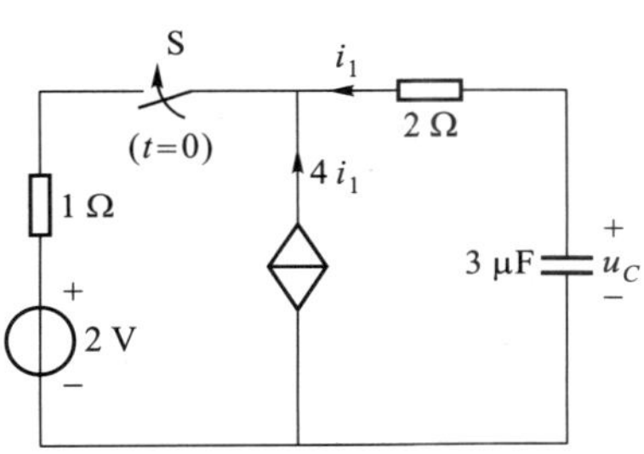

题 7-12 图

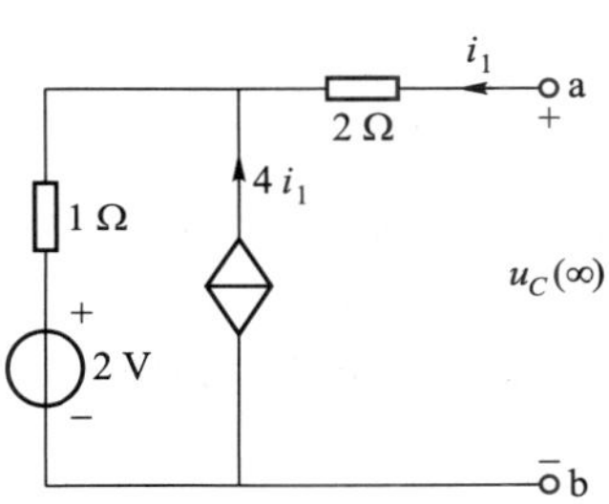

题解 7-12 图

$$\tau = R_{eq}C = 7\times3\times10^{-6}\ \text{s} = 21\times10^{-6}\ \text{s}$$

所以 $t>0$ 后,电容电压为

$$u_C(t) = u_C(\infty)(1-e^{-\frac{t}{\tau}}) = 2(1-e^{-\frac{10^6 t}{21}})\ \text{V}$$

7-13 题 7-13 图所示电路,已知 $i_L(0_-)=0$,$t=0$ 时开关闭合,求 $t>0$ 时的电流 $i_L(t)$ 和电压 $u_L(t)$。

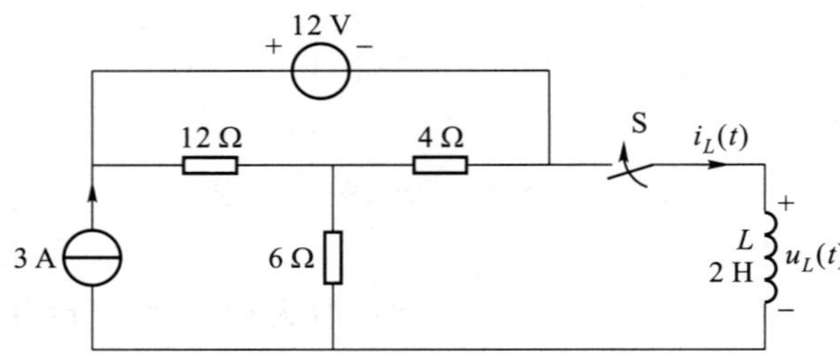

题 7-13 图

解:已知 $i_L(0_-)=0$,开关 S 闭合后的电路响应应为零状态响应。

首先求出电感以外电路的戴维南等效电路,其中

$$u_{oc} = 24\ \text{V}$$

$$R_{eq} = 9\ \Omega$$

所以

$$i_L(\infty) = \frac{24}{9}\ \text{A} = \frac{8}{3}\ \text{A}$$

$$\tau = \frac{L}{R_{eq}} = \frac{2}{9}\ \text{s}$$

$$i_L(t) = \frac{8}{3}(1-e^{-\frac{9}{2}t})\ \text{A}$$

$$= \frac{8}{3}(1-e^{-4.5t})\ \text{A}$$

$$u_L(t) = L\frac{\mathrm{d}i_L(t)}{\mathrm{d}t}$$

$$= 24e^{-4.5t}\ \text{V}$$

7-14 如题 7-14 图所示,开关 S 原来打开,电路已达到稳定状态。$t=0$ 时闭合 S,求开关闭合后的电流 $i(t)$。

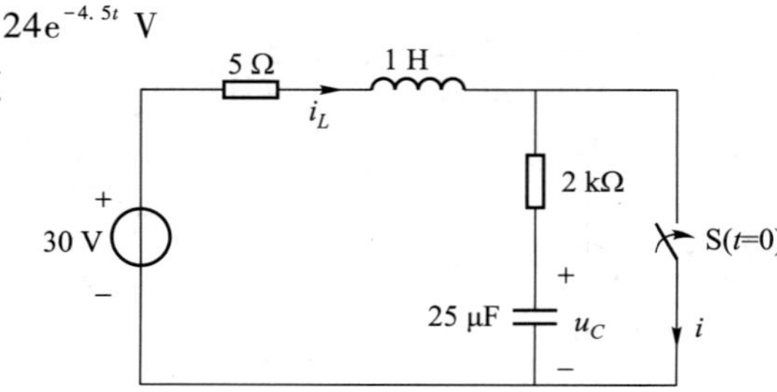

题 7-14 图

解:开关动作前电路已稳定,可求得

$$u_C(0_-) = 30\ \text{V}$$

$$i_L(0_-) = 0$$

开关 S 闭合后,电路为 RC 电路的零输入

响应和 RL 电路的零状态响应，电路有两个时间常数。

$$\tau_1=RC=2\times10^3\times25\times10^{-6}\ \text{s}=5\times10^{-2}\ \text{s}$$

$$\tau_2=\frac{L}{R}=\frac{1}{5}\ \text{s}=0.2\ \text{s}$$

还可求得

$$i_L(\infty)=\frac{30}{5}\ \text{A}=6\ \text{A}$$

所以

$$u_C(t)=30e^{-\frac{1}{5\times10^{-2}}t}\ \text{V}=30e^{-20t}\ \text{V}$$

$$i_L(t)=6(1-e^{-\frac{1}{0.2}t})\ \text{A}$$
$$=6(1-e^{-5t})\ \text{A}$$

$$i_C(t)=C\frac{du_C}{dt}=25\times10^{-6}\ \frac{d}{dt}(30e^{-20t})$$
$$=-15\times10^{-3}e^{-20t}\ \text{A}$$

$$i(t)=i_L(t)-i_C(t)$$
$$=[6(1-e^{-5t})+15\times10^{-3}e^{-20t}]\ \text{A}$$

7-15　题 7-15 图所示电路中开关打开以前电路已达稳态，$t=0$ 时开关 S 打开。求 $t>0$ 时的 $i_C(t)$，并求 $t=2$ ms 时电容的能量。

解：$t<0$ 时的电路如题解 7-15 图(a)所示。由图(a)知

$$u_C(0_-)=\frac{12\times1}{1+1}\ \text{V}=6\ \text{V}$$

则初始值

$$u_C(0_+)=u_C(0_-)=6\ \text{V}$$

$t>0$ 后的电路如题解 7-17 图(b)所示。当 $t\to\infty$ 时，电容看作断路，有

$$u_C(\infty)=12\ \text{V}$$

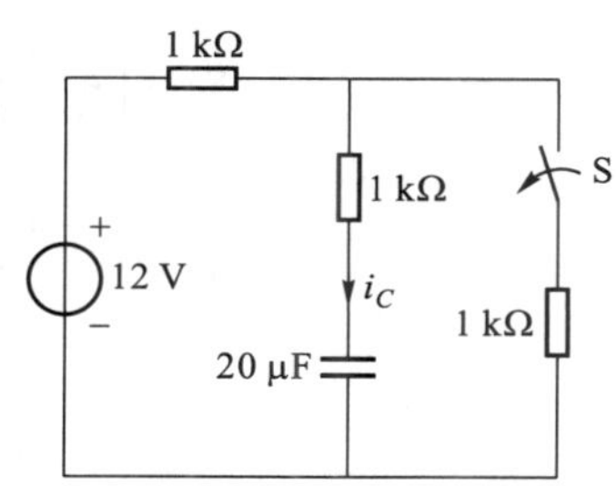

题 7-15 图

时间常数

$$\tau=R_{eq}C=(1+1)\times10^3\times20\times10^{-6}\ \text{s}=0.04\ \text{s}$$

利用三要素公式，得

$$u_C(t)=[12+(6-12)e^{-\frac{t}{0.04}}]\ \text{V}$$
$$=12-6e^{-25t}\ \text{V},\quad t>0$$

电容电流为

$$i_C(t)=C\frac{du_C}{dt}=3e^{-25t}\ \text{mA}$$

$t=2$ ms 时，有

$$u_C(2\ \text{ms})=(12-6e^{-25\times2\times10^{-3}})\ \text{V}=(12-6e^{-0.05})\ \text{V}=6.293\ \text{V}$$

电容的储能为

$$W_C(2\ \text{ms})=\frac{1}{2}Cu_C^2(2\ \text{ms})=\frac{1}{2}\times 20\times 10^{-6}\times 6.293^2\ \text{J}=396\times 10^{-6}\ \text{J}$$

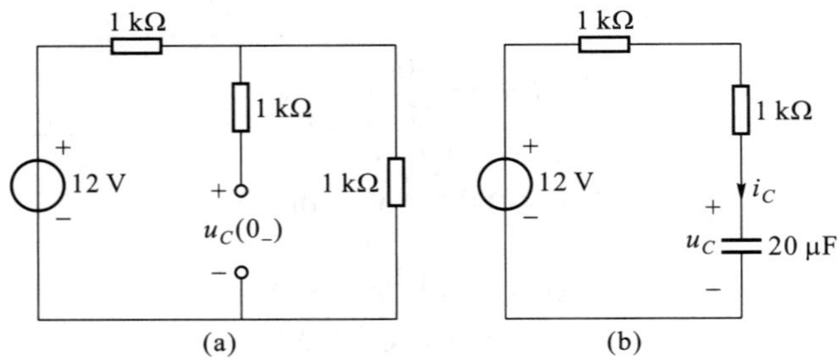

题解 7-15 图

7-16　题 7-16 图所示电路中直流电压源的电压为 24 V,且电路原已达稳态。$t=0$ 时合上开关 S,求开关闭合后电感电流 i_L 和直流电压源发出的功率。

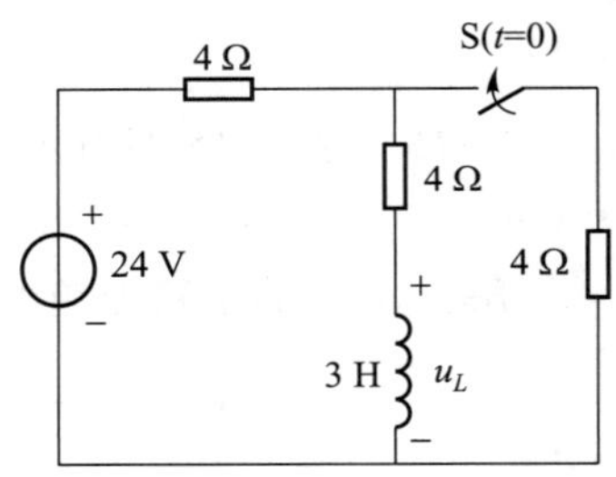

题 7-16 图

解:由开关 S 闭合前的电路可求得

$$i_L(0_-)=\frac{24}{4+4}\ \text{A}=3\ \text{A}$$

开关闭合后,有

$$i_L(0_+)=i_L(0_-)=3\ \text{A}$$

$$R_{eq}=\left(4+\frac{4\times 4}{4+4}\right)\ \Omega=6\ \Omega$$

$$\tau=\frac{L}{R}=\frac{3}{6}\ \text{s}=\frac{1}{2}\ \text{s}$$

$$i_L(\infty)=\frac{24}{4+\dfrac{4\times 4}{4+4}}\times\frac{4}{4+4}\ \text{A}=2\ \text{A}$$

所以

$$\begin{aligned}i_L(t)&=i_L(\infty)+[i_L(0_+)-i_L(\infty)]e^{-\frac{t}{\tau}}\\&=[2+(3-2)e^{-2t}]\ \text{A}\\&=(2+e^{-2t})\ \text{A}\end{aligned}$$

为求得直流电压源发出的功率,需要求出开关动作后直流电压源的电流 i,有

$$i=\frac{24-\left(4\times i_L+L\dfrac{di_L}{dt}\right)}{4}$$

将已求得的 i_L 代入上式并整理得

$$i=\left(4+\frac{1}{2}e^{-2t}\right)\ \text{A}$$

直流电压源发出的功率为

$$P=ui=24\times\left(4+\frac{1}{2}e^{-2t}\right)\ W$$
$$=(96+12e^{-2t})\ W$$

7-17 题 7-17 图所示电路中 $e(t)=220\sqrt{2}\cos(314t+30°)$ V，$u_C(0_-)=U_0$，$t=0$ 时合上开关 S。

(1) 求 u_C。

(2) $u_C(0_-)$为何值时，瞬态分量为零？

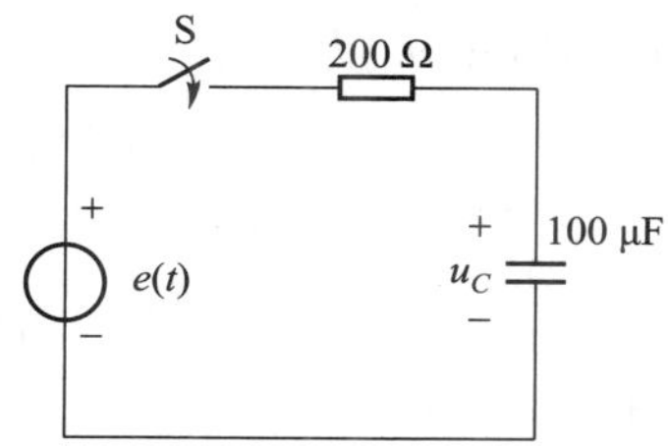

题 7-17 图

解：由题意可知，电容电压的初始值为

$$u_C(0_+)=u_C(0_-)=U_0$$

(1) $t>0$ 时，由 KVL 得电路的微分方程为

$$RC\frac{du_C}{dt}+u_C=e(t)$$

其通解为

$$u_C=u_C'+u_C''$$

u_C''为对应齐次方程的通解，即

$$u_C''=Ke^{-\frac{t}{\tau}}=Ke^{-\frac{t}{RC}} \qquad ①$$

把 $\tau=RC=200\times100\times10^{-6}$ s$=0.02$ s 代入式①中，有

$$u_C''=Ke^{-50t}$$

u_C'为非齐次方程的特解，设 $u_C'=U_m\cos(\omega t+\theta)$，并代入微分方程中，有

$$U_m\cos(\omega t+\theta)-\omega RCU_m\sin(\omega t+\theta)=220\sqrt{2}\cos(314t+30°)\ V$$

用待定系数法确定 U_m 和 θ。引入 $\tan\varphi=\omega CR$，有

$$\sin\varphi=\frac{\omega RC}{\sqrt{1+(\omega CR)^2}},\quad \cos\varphi=\frac{1}{\sqrt{1+(\omega CR)^2}}$$

再令 $|Z|=\sqrt{1+(\omega CR)^2}$，则上面等式变为

$$U_m[\cos(\omega t+\theta)-\omega RC\sin(\omega t+\theta)]=U_m|Z|[\cos(\omega t+\theta)\cos\varphi-\sin(\omega t+\theta)\sin\varphi]$$
$$=U_m|Z|\cos(\omega t+\theta+\varphi)$$

于是，得

$$U_m|Z|\cos(\omega t+\theta+\varphi)=220\sqrt{2}\cos(314t+30°)\ V$$

比较等式两边可求得各待定系数为

$$U_m=\frac{220\sqrt{2}}{\sqrt{1+(R\omega C)^2}}=\frac{220\sqrt{2}}{\sqrt{1+(200\times314\times100\times10^{-6})^2}}\ V=34.6\sqrt{2}\ V$$

$$\omega=314\ rad/s$$

$$\theta=30°-\varphi=30°-\arctan(\omega RC)=30°-80.95°=-50.95°$$

所以,特解

$$u_C' = 34.6\sqrt{2}\cos(314t-50.95°)\ \text{V}$$

方程的通解为

$$u_C(t) = u_C'+u_C'' = [Ke^{-50t}+34.6\sqrt{2}\cos(314t-50.95°)]\ \text{V}$$

代入初始条件 $u_C(0_+) = U_0$,得常数

$$K = U_0-34.6\sqrt{2}\cos(-50.95°) = U_0-30.825$$

因而电压 u_C 为

$$u_C(t) = [(U_0-30.825)e^{-50t}+34.6\sqrt{2}\cos(314t-50.95°)]\ \text{V}$$

(2) 由 $u_C(t)$ 可知,当 $u_C(0_-) = U_0 = 30.825$ V 时

$$u_C(t) = 34.6\sqrt{2}\cos(314t-50.95°)\ \text{V}$$

无瞬态分量。

7-18　题 7-18 图所示电路中各参数已给定,开关 S 打开前电路为稳态。$t=0$ 时开关 S 打开,求开关打开后电压 $u(t)$。

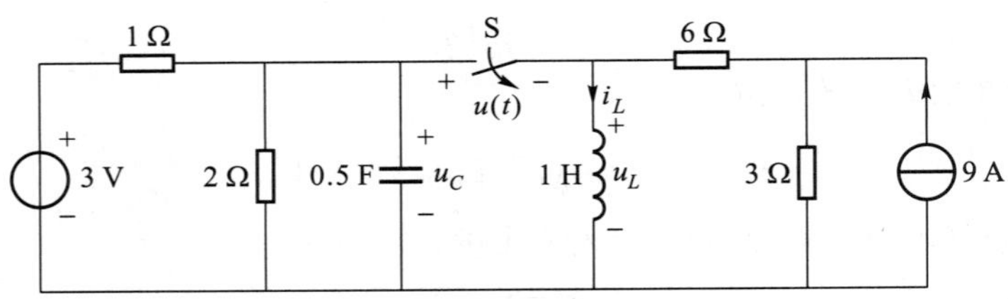

题 7-18 图

解:由题 7-18 图所示电路可求得开关打开前,有

$$u_C(0_-) = 0$$

$$i_L(0_-) = \left(\frac{3}{1}+9\times\frac{3}{6+3}\right)\ \text{A} = 6\ \text{A}$$

开关打开后,开关两边的电路分别是 *RC* 电路的零状态响应和 *RL* 电路的全响应。由于

$$u_C(0_+) = u_C(0_-) = 0$$

$$u_C(\infty) = \frac{3}{1+2}\times 2\ \text{V} = 2\ \text{V}$$

$$\tau = \frac{1\times 2}{1+2}\times 0.5\ \text{s} = \frac{1}{3}\ \text{s}$$

所以

$$u_C(t) = 2(1-e^{-3t})\ \text{V}$$

对于 *RL* 的全响应电路,有

$$i_L(0_+) = i_L(0_-) = 6\ \text{A}$$

$$i_L(\infty)=9\times\frac{3}{6+3}\ \mathrm{A}=3\ \mathrm{A}$$

$$\tau=\frac{1}{6+3}\times 1\ \mathrm{s}=\frac{1}{9}\ \mathrm{s}$$

所以

$$i_L(t)=[3+(6-3)\mathrm{e}^{-9t}]\ \mathrm{A}$$
$$=(3+3\mathrm{e}^{-9t})\ \mathrm{A}$$

$$u_L(t)=L\frac{\mathrm{d}i_L}{\mathrm{d}t}$$
$$=-27\mathrm{e}^{-9t}\ \mathrm{V}$$

$$u(t)=u_C(t)-u_L(t)$$
$$=[2(1-\mathrm{e}^{-3t})+27\mathrm{e}^{-9t}]\ \mathrm{V}$$

7-19　电路如题图 7-19 图所示，开关 S_1 原闭合在位置 a，开关 S_2 闭合，电路已达稳定状态。$t=0$ 时开关 S_1 由位置 a 合至位置 b，若在 $t=t_1=4$ s 时将开关 S_2 打开，求 $t>0$ 时的电容电压 u_{C_2}。

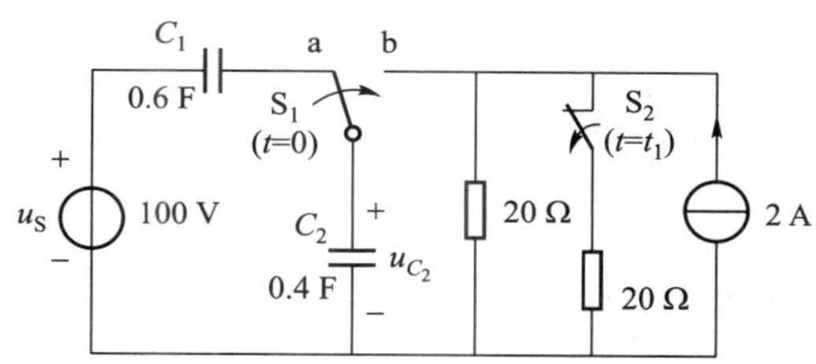

题 7-19 图

解：由开关 S_1 合在位置 a，可求得

$$u_{C_2}(0_-)=\frac{100}{0.6+0.4}\times 0.6\ \mathrm{V}=60\ \mathrm{V}$$

所以有
$$u_{C_2}(0_+)=60\ \mathrm{V}$$

换路后有
$$\tau=0.4\times\frac{20\times 20}{20+20}\ \mathrm{s}=4\ \mathrm{s}$$

$$u_{C_2}(\infty)=\frac{20\times 20}{20+20}\times 2\ \mathrm{V}=20\ \mathrm{V}$$

$$u_{C_2}(t)=[20+(60-20)\mathrm{e}^{-\frac{1}{4}t}]\ \mathrm{V}$$
$$=(20+40\mathrm{e}^{-\frac{1}{4}t})\ \mathrm{V}$$

当 $t=t_1=4$ s 时

$$u_{C_2}(t_{1+})=(20+40\mathrm{e}^{-\frac{1}{4}\times 4})\ \mathrm{V}$$
$$=34.72\ \mathrm{V}$$

$$\tau = 20\times 0.4\ \text{s} = 8\ \text{s}$$

$$u_{C_2}(\infty) = 20\times 2\ \text{V} = 40\ \text{V}$$

所以 $t>t_1$ 时，有

$$u_{C_2}(t) = \left[40+(34.72-40)\text{e}^{-\frac{t-t_1}{8}}\right]\ \text{V}$$

$$= \left[40-5.28\text{e}^{-0.125(t-t_1)}\right]\ \text{V}$$

7-20　题 7-20 图所示电路，开关合在位置 1 时已达稳定状态，$t=0$ 时开关由位置 1 合向位置 2，求 $t>0$ 时的电压 u_L。

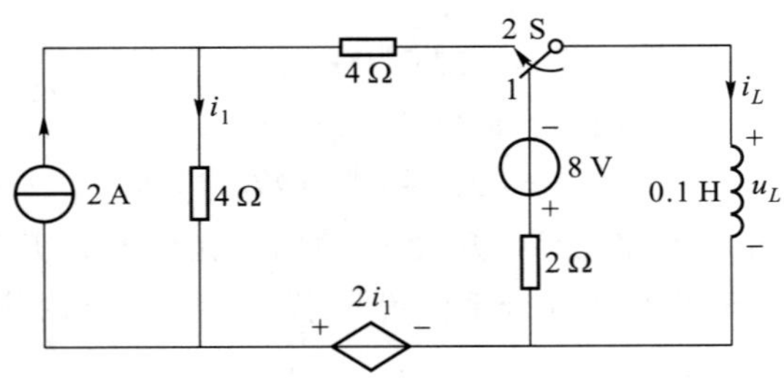

题 7-20 图

解：开关合在位置 1 时电路已达稳态，可求得 $i_L(0_-) = -\dfrac{8}{2}\ \text{A} = -4\ \text{A}$。$t=0$ 时换路后的响应为全响应。

求电感以外电路的戴维南等效电路，其中 $u_{oc}=12\ \text{V}$，$R_{eq}=10\ \Omega$。

时间常数为

$$\tau = \frac{L}{R_{eq}} = \frac{0.1}{10}\ \text{s} = 0.01\ \text{s}$$

$$i_L(0_+) = i_L(0_-) = -4\ \text{A}$$

$$i_L(\infty) = \frac{u_{oc}}{R_{eq}} = \frac{12}{10}\ \text{A} = 1.2\ \text{A}$$

应用三要素公式，有

$$i_L(t) = i_L(\infty) + [i_L(0_+) - i_L(\infty)]\text{e}^{-\frac{t}{\tau}}$$

$$= \left[1.2+(-4-1.2)\text{e}^{-\frac{1}{0.01}t}\right]\ \text{A}$$

$$= (1.2-5.2\text{e}^{-100t})\ \text{A}$$

$$u_L(t) = L\frac{\text{d}i_L}{\text{d}t} = 52\text{e}^{-100t}\ \text{V}$$

7-21　题 7-21 图所示电路中，电容原先已充电，$u_C(0_-)=6\ \text{V}$，$i_L(0_-)=0$，$R=2.5\ \Omega$，$L=0.25\ \text{H}$，$C=0.25\ \text{F}$。

(1) 试求开关闭合后的 $u_C(t)$、$i(t)$。

（2）使电路在临界阻尼下放电，当 L 和 C 不变时，电阻 R 应为何值？

解：（1）开关闭合后，电路的微分方程为

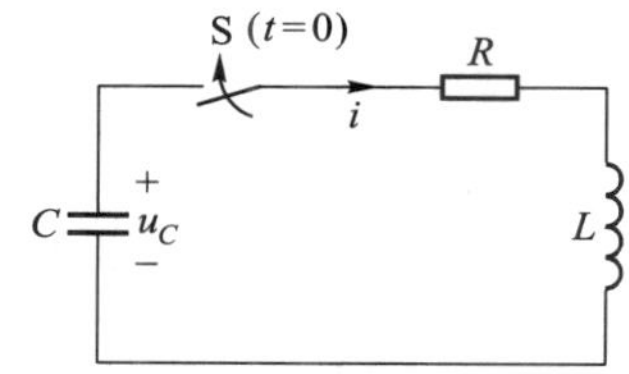

题 7-21 图

$$LC\frac{d^2u_C}{dt^2}+RC\frac{du_C}{dt}+u_C=0$$

初始条件为

$$u_C(0_+)=u_C(0_-)=6\ \text{V}$$

$$i_L(0_+)=i_L(0_-)=-C\frac{du_C}{dt}\bigg|_{0_+}=0$$

以上二阶齐次方程的特征方程为

$$LCp^2+RCp+1=0$$

方程的特征根为

$$p=-\frac{R}{2L}\pm\sqrt{\left(\frac{R}{2L}\right)^2-\frac{1}{LC}}$$

$$=-\frac{2.5}{2\times0.25}\pm\sqrt{\left(\frac{2.5}{2\times0.25}\right)^2-\frac{1}{0.25\times0.25}}=-5\pm3$$

即

$$p_1=-5+3=-2,\quad p_2=-5-3=-8$$

为两个不相等的实根，电路处于过阻尼状态。

微分方程的通解为

$$u_C(t)=A_1e^{p_1t}+A_2e^{p_2t}=A_1e^{-2t}+A_2e^{-8t}$$

代入初始值，得

$$A_1+A_2=6$$

$$-2A_1-8A_2=0$$

解得

$$A_1=8, A_2=-2$$

所以

$$u_C(t)=(8e^{-2t}-2e^{-8t})\ \text{V}$$

$$i(t)=-C\frac{du_C}{dt}=4\times(e^{-2t}-e^{-8t})\ \text{A}$$

（2）使电路在临界阻尼下放电，应满足

$$\left(\frac{R}{2L}\right)^2-\frac{1}{LC}=0$$

即

$$R=2\sqrt{\frac{L}{C}}=2\sqrt{\frac{0.25}{0.25}}\ \Omega=2\ \Omega$$

7-22　题 7-22 图所示电路中开关 S 闭合已久，$t=0$ 时 S 打开。求 u_C、i_L。

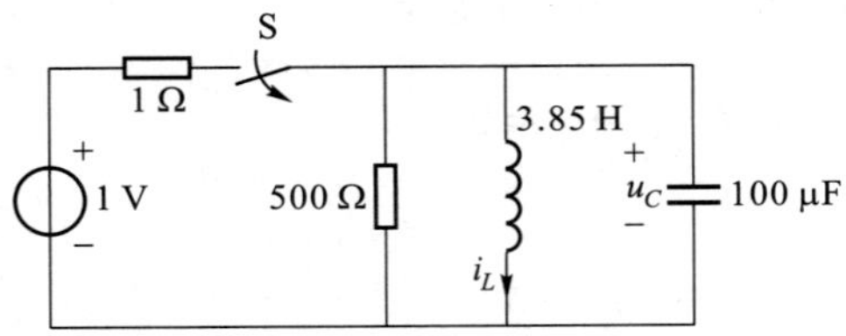

题 7-22 图

解：$t>0$ 后，电路的微分方程为

$$LC\frac{\mathrm{d}^2 i_L}{\mathrm{d}t^2}+\frac{L}{R}\frac{\mathrm{d}i_L}{\mathrm{d}t}+i_L=0$$

特征方程为

$$LCp^2+\frac{L}{R}p+1=0$$

解得特征根为

$$\begin{aligned}p&=-\frac{1}{2RC}\pm\sqrt{\left(\frac{1}{2RC}\right)^2-\frac{1}{LC}}\\&=-10\pm \mathrm{j}49.97\end{aligned}$$

即

$$p_1=-10+\mathrm{j}49.97$$
$$p_2=-10-\mathrm{j}49.97$$

为两个共轭复根，所以电路为振荡放电过程，其方程的通解为

$$i_L(t)=A\mathrm{e}^{-\delta t}\sin(\omega t+\theta)$$

式中，$\delta=10$，$\omega=49.97$。根据初始条件

$$i_L(0_+)=i_L(0_-)=1\ \mathrm{A},\quad u_C(0_+)=L\frac{\mathrm{d}i_L}{\mathrm{d}t}\bigg|_{0_+}=0$$

可得

$$\begin{cases}A\sin\theta=1\\-A\delta\sin\theta+A\omega\cos\theta=0\end{cases}$$

解得

$$\theta=\arctan\frac{\omega}{\delta}=\arctan\frac{49.97}{10}=\arctan 4.997=78.68°$$

$$A=\frac{1}{\sin\theta}=\frac{1}{\sin 78.69°}=1.02$$

故电感电流和电容电压分别为

$$i_L(t)=1.02\mathrm{e}^{-10t}\sin(49.97t+78.68°)\ \mathrm{A}$$

$$u_C(t)=u_L(t)=L\frac{\mathrm{d}i_L}{\mathrm{d}t}=-LA\sqrt{\delta^2+\omega^2}\,\mathrm{e}^{-\delta t}\sin(\omega t)=-200.1\mathrm{e}^{-10t}\sin(49.97t)\ \mathrm{V}$$

7-23　题 7-23 图所示电路在开关 S 打开之前已达稳态；$t=0$ 时，开关 S 打开，求 $t>0$ 时的 u_C。

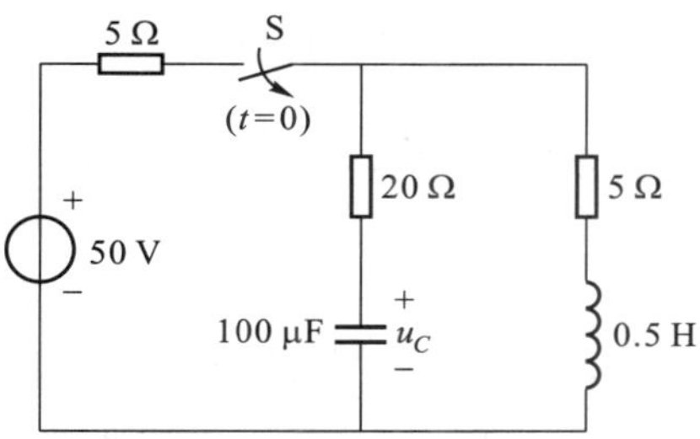

题 7-23 图

解：由题 7-23 图可知，$t<0$ 时，有

$$i_L(0_-)=\frac{50}{5+5}\ \mathrm{A}=5\ \mathrm{A}$$

$$u_C(0_-)=i_L(0_-)\times 5\ \Omega=25\ \mathrm{V}$$

因此，电路的初始值为

$$u_C(0_+)=u_C(0_-)=25\ \mathrm{V}$$

$$i_L(0_+)=i_L(0_-)=5\ \mathrm{A}$$

$t>0$ 后，电路的方程为

$$LC\frac{\mathrm{d}^2u_C}{\mathrm{d}t^2}+(R_1+R_2)C\frac{\mathrm{d}u_C}{\mathrm{d}t}+u_C=0$$

其特征根为

$$p=-\left(\frac{R_1+R_2}{2L}\right)\pm\sqrt{\left(\frac{R_1+R_2}{2L}\right)^2-\frac{1}{LC}}=-25\pm\mathrm{j}139.19$$

即

$$p_1=-25+\mathrm{j}139.19,\quad p_2=-25-\mathrm{j}139.19$$

特征根为两个共轭复根，所以电路处于衰减振荡过程。电容电压为

$$u_C(t)=A\mathrm{e}^{-\delta t}\sin(\omega t+\theta)$$

式中，$\delta=25$，$\omega=139.19$。根据初始条件，可得

$$u_C(0_+)=A\sin\theta=25$$

$$i_L(0_+)=-C\frac{\mathrm{d}u_C}{\mathrm{d}t}\bigg|_{0_+}=-C\times(-\delta A\sin\theta+\omega A\cos\theta)=5$$

从中解得

$$\theta=\arctan\left(\frac{\omega}{\delta-\frac{1}{5C}}\right)=-4.03^\circ$$

$$A=\frac{25}{\sin\theta}=-355.61$$

故电容电压为

$$u_C(t)=-355.61\mathrm{e}^{-25t}\sin(139.19t-4.03^\circ)\ \mathrm{V}$$

7-24　电路如题 7-24 图所示，$t=0$ 时开关 S 闭合，设 $u_C(0_-)=0$，$i(0_-)=0$，$L=1\ \mathrm{H}$，$C=1\ \mu\mathrm{F}$，$U=100\ \mathrm{V}$。若（1）电阻 $R=3\ \mathrm{k}\Omega$；（2）$R=2\ \mathrm{k}\Omega$；（3）$R=200\ \Omega$，试分别求在上述电阻值时电路中的电流 i 和电压 u_C。

解：$t>0$ 后，电路的微分方程为

$$LC\frac{d^2u_C}{dt^2}+RC\frac{du_C}{dt}+u_C=U$$

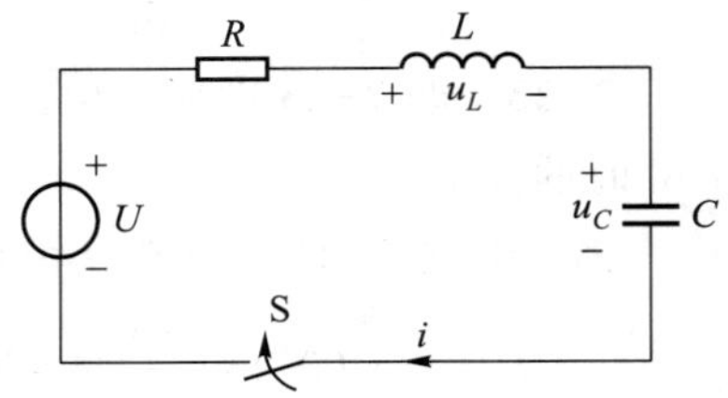

题 7-24 图

由题意知，电路的初始条件为

$$u_C(0_+)=u_C(0_-)=0,\quad i(0_+)=C\frac{du_C}{dt}\bigg|_{0_+}=0$$

因此，这是一个求二阶电路零状态响应的问题。设 $u_C(t)$ 的解为

$$u_C=u_C'+u_C''$$

式中，u_C'为方程的特解，满足 $u_C'=U=100\ \text{V}$。

u_C''为对应的齐次方程的通解，其函数形式与特征根的值有关。根据特征方程

$$LCp^2+RCp+1=0$$

可得

$$p=-\frac{R}{2L}\pm\sqrt{\left(\frac{R}{2L}\right)^2-\frac{1}{LC}}$$

(1) 当 $R=3\ \text{k}\Omega$ 时，有

$$p=\frac{-3\times10^3}{2\times1}\pm\sqrt{\left(\frac{3\times10^3}{2\times1}\right)^2-\frac{1}{1\times10^{-6}}}=(-1.5\pm1.118)\times10^3$$

即

$$p_1=-381.97,\quad p_2=-2\ 618.03$$

特征根为两个不相等的负实数，电路处于非振荡放电过程，u_C''的形式为

$$u_C''=A_1e^{-381.97t}+A_2e^{-2\ 618.03t}$$

根据初始条件，可得

$$u_C(0_+)=u_C'(0_+)+u_C''(0_+)=100+A_1+A_2=0$$

$$i(0_+)=C\frac{du_C}{dt}\bigg|_{0_+}=C\times(-381.97A_1-2\ 618.03A_2)=0$$

解得

$$A_1=-117,\quad A_2=17$$

所以电容电压为

$$u_C(t)=(100-117e^{-381.97t}+17e^{-2\ 618.03t})\ \text{V}$$

电流 i 为

$$i(t)=C\frac{du_C}{dt}=(44.69e^{-381.97t}-44.51e^{-2\ 618.03t})\ \text{mA}$$

(2) 当 $R=2\ \text{k}\Omega$ 时，有

$$p=\frac{-2\times10^3}{2\times1}\pm\sqrt{\left(\frac{2\times10^3}{2\times1}\right)^2-\frac{1}{1\times10^{-6}}}=-1\ 000$$

即

$$p_1=p_2=-1\ 000$$

电路处于临界阻尼情况。u_C''的形式为

$$u_C''=(A_1+A_2t)e^{-1\ 000t}$$

根据初始条件,可得

$$u_C(0_+)=100+A_1=0$$

$$i_C(0_+)=C\left.\frac{du_C}{dt}\right|_{0_+}=C[A_2-1\ 000A_1]=0$$

解得

$$A_1=-100,\quad A_2=-10^5$$

所以电容电压为

$$u_C(t)=u_C'+u_C''=[100-(100+10^5t)e^{-1\ 000t}]\ \text{V}$$

电流 i 为

$$i(t)=C\frac{du_C}{dt}=100te^{-10^3t}\ \text{A}$$

(3) 当 $R=200\ \Omega$ 时,有

$$p=\frac{-200}{2\times1}\pm\sqrt{\left(\frac{200}{2\times1}\right)^2-\frac{1}{1\times10^{-6}}}=-100\pm j995$$

即

$$p_1=-100+j995,\quad p_2=-100-j995$$

为两个共轭复根,可知电路处于振荡放电过程,即欠阻尼情况。u_C''的形式为

$$u_C''=Ae^{-\delta t}\sin(\omega t+\theta)$$

其中,$\delta=100$,$\omega=995$,根据初始条件,可得

$$u_C(0_+)=100+A\sin\theta=0$$

$$i(0_+)=(-\delta A\sin\theta+\omega A\cos\theta)C=0$$

解得

$$\theta=\arctan\frac{\omega}{\delta}=\arctan\frac{995}{100}=84.26^\circ$$

$$A=\frac{-100}{\sin\theta}=\frac{-100}{\sin 84.26^\circ}=-100.5$$

故电容电压为

$$u_C(t)=u_C'+u_C''=[100-100.5e^{-100t}\sin(995t+84.26^\circ)]\ \text{V}$$

电流 i 为

$$i(t)=C\frac{du_C}{dt}=-CA\sqrt{\delta^2+\omega^2}e^{-\delta t}\sin(\omega t)=0.1e^{-100t}\sin(\omega t)\ \text{A}$$

7-25　试求题 7-25 图所示电路的零状态响应 i_L,u_C。(设开关 S 在 $t=0$ 时闭合)

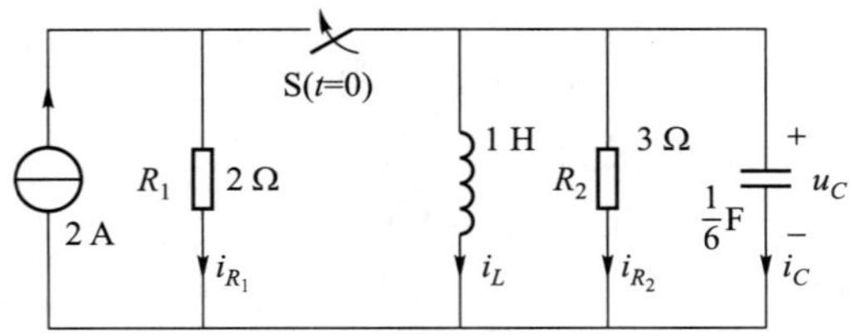

题 7-25 图

解:开关闭合后列得电路的 KCL 方程,为

$$i_C+i_{R_1}+i_{R_2}+i_L=2$$

其中
$$i_C=LC\frac{\mathrm{d}^2 i_L}{\mathrm{d}t^2},\quad i_{R_1}=\frac{L\frac{\mathrm{d}i_L}{\mathrm{d}t}}{R_1},\quad i_{R_2}=\frac{L\frac{\mathrm{d}i_L}{\mathrm{d}t}}{R_2}$$

代入上式,得

$$\frac{\mathrm{d}^2 i_L}{\mathrm{d}t^2}+5\frac{\mathrm{d}i_L}{\mathrm{d}t}+6i_L=12$$

解得

$$p_1=-2,\quad p_2=-3$$
$$i_L=i'+i''$$

其中,i'为特解,$i'=2$;i''为对应的齐次方程的通解,$i''=A_1\mathrm{e}^{p_1t}+A_2\mathrm{e}^{p_2t}$。所以

$$i_L(t)=2+A_1\mathrm{e}^{-2t}+A_2\mathrm{e}^{-3t}$$

初始条件
$$i_L(0_+)=2+A_1+A_2=0$$
$$\left.\frac{\mathrm{d}i}{\mathrm{d}t}\right|_{0_+}=-2A_1-3A_2=0$$

解得

$$A_1=-6$$
$$A_2=4$$

所以

$$i_L(t)=(2-6\mathrm{e}^{-2t}+4\mathrm{e}^{-3t})\ \mathrm{A}$$
$$u_C(t)=L\frac{\mathrm{d}i_L}{\mathrm{d}t}=(12\mathrm{e}^{-2t}-12\mathrm{e}^{-3t})\ \mathrm{V}$$

7-26 题 7-26 图所示电路在开关 S 动作前已达稳态;$t=0$ 时 S 由位置 1 接至位置 2,求 $t>0$ 时的 i_L。

解:由图可知,$t<0$ 时,

$$u_C(0_-)=4\ \mathrm{V},\quad i_L(0_-)=0$$

因此,$t=0_+$时,电路的初始条件为

$$u_C(0_+)=u_C(0_-)=4\ \mathrm{V}$$

$$i_L(0_+)=i_L(0_-)=C\frac{\mathrm{d}u_C}{\mathrm{d}t}\bigg|_{0_+}=0$$

$t>0$ 后,电路的方程为

$$LC\frac{\mathrm{d}^2u_C}{\mathrm{d}t^2}+RC\frac{\mathrm{d}u_C}{\mathrm{d}t}+u_C=6$$

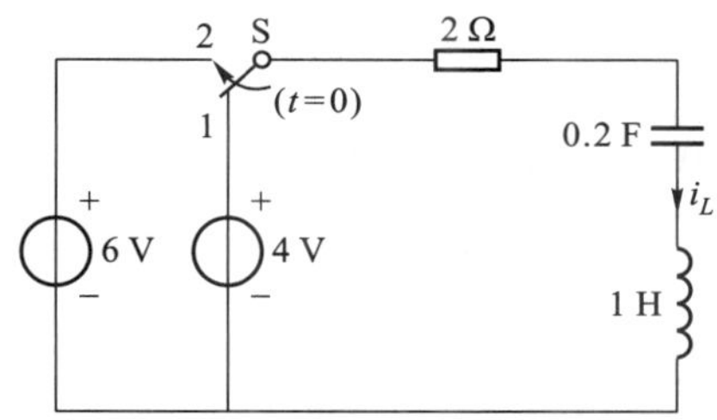

题 7-26 图

设 $u_C(t)$ 的解为

$$u_C=u_C'+u_C''$$

式中,u_C'为方程的特解,满足 $u'=6$ V。

根据特征方程的根

$$p=\frac{-R}{2L}\pm\sqrt{\left(\frac{R}{2L}\right)^2-\frac{1}{LC}}=-1\pm\mathrm{j}2$$

可知,电路处于衰减振荡过程,因此,对应齐次方程的通解为

$$u_C''=A\mathrm{e}^{-\delta t}\sin(\omega t+\theta)$$

式中,$\delta=1,\omega=2$。由初始条件可得

$$u_C(0_+)=u_C'(0_+)+u_C''(0_+)=6+A\sin\theta=4$$

$$i_L(0_+)=C\frac{\mathrm{d}u_C}{\mathrm{d}t}\bigg|_{0_+}=C(-\delta A\sin\theta+\omega A\cos\theta)=0$$

解得

$$\theta=\arctan\frac{\omega}{\delta}=\arctan\frac{2}{1}=63.43°$$

$$A=\frac{4-6}{\sin\theta}=\frac{4-6}{\sin(63.43°)}=-2.236$$

故电容电压为

$$u_C(t)=u_C'+u_C''=[6-2.236\mathrm{e}^{-t}\sin(2t+63.43°)]\ \mathrm{V}$$

电流为

$$i_L(t)=C\frac{\mathrm{d}u_C}{\mathrm{d}t}=-CA\sqrt{\delta^2+\omega^2}\,\mathrm{e}^{-t}\sin(\omega t)=\mathrm{e}^{-t}\sin(2t)\ \mathrm{A}$$

7-27　题 7-27 图所示电路中直流电压源 $U_S=6$ V,开关动作前电路已达稳定状态。$t=0$ 时开关 S 闭合,求换路后的电流 i_1。

解:由开关 S 动作前的电路可求得

$$i_1(0_-)=\frac{6}{2}\ \mathrm{A}=3\ \mathrm{A}$$

$$i_2(0_-)=0$$

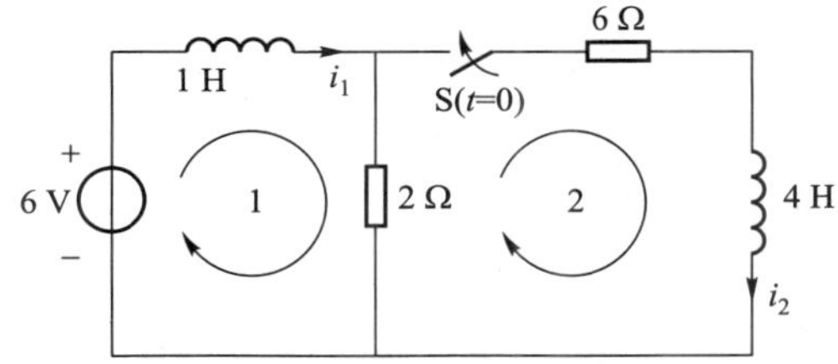

题 7-27 图

换路后,电路的网孔电流方程为

$$\frac{\mathrm{d}i_1}{\mathrm{d}t}+2(i_1-i_2)=6$$

$$4\frac{di_2}{dt}+2(i_2-i_1)+6i_2=0$$

联立上两式可求得

$$\frac{d^2i_1}{dt^2}+4\frac{di_1}{dt}+3i_1=12$$

特征根　$p_1=-1,\quad p_1=-3$

特解　$i_L'=\frac{6}{2}+\frac{6}{6}=4$

通解　$i''=A_1e^{-t}+A_2e^{-3t}$

初始条件　$i_1(0_+)=A_1+A_2+4=3$

$$\left.\frac{di_1}{dt}\right|_{0_+}=-A_1-3A_2$$

从回路1的方程可知

$$\frac{di_1}{dt}=6-2i_1+2i_2$$

$$\left.\frac{di_1}{dt}\right|_{0_+}=6-2i_1(0_+)+2i_2(0_+)=0$$

从而解得

$$A_1=-1.5$$
$$A_2=0.5$$

所以

$$i_1(t)=(4-1.5e^{-t}+0.5e^{-3t})\ A$$

7-28　电路如题7-28图所示，已知电压源U_S为直流，且$U_S=10$ V，$u_C(0_-)=-2$ V，$i_L(0_-)=1$ A，$t=0$时开关S闭合，求开关S闭合后电容电压$u_C(t)$。

解：列写电路的微分方程，有

$$\begin{cases}L\frac{di_L}{dt}+u_C=U_S\\ i_L+\frac{U_S-u_C}{R_1}=C\frac{du_C}{dt}+\frac{u_C}{R_2}\end{cases}$$

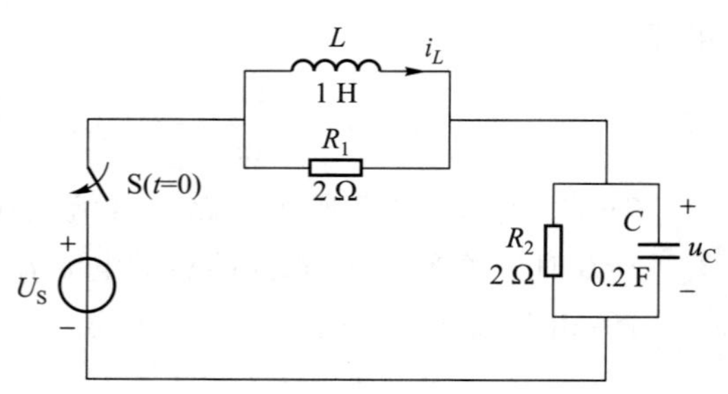

题7-28图

代入参数，并整理得

$$\frac{d^2u_C}{dt^2}+5\frac{du_C}{dt}+5u_C=50$$

特征方程为

$$p^2+5p+5=0$$

特征根为　$p_1=-1.4,\quad p_2=-3.6$

电容电压为　$u_C(t)=u'+u''$

其中
$$u'=10$$
所以
$$u_C(t)=10+A_1e^{p_1t}+A_2e^{p_2t}$$
初始条件
$$u_C(0_+)=-2$$
$$\left.\frac{du_C}{dt}\right|_{0_+}=40$$
$$10+A_1+A_2=-2$$
$$-1.4A_1-3.6A_2=40$$
解得
$$A_1=-1.5,\quad A_2=-10.5$$
所以
$$u_C(t)=(10-1.5e^{-1.4t}-10.5e^{-3.6t})\ \text{V}$$

7-29　题 7-29 图所示电路中 $R=3\ \Omega, L=6\ \text{mH}, C=1\ \mu\text{F}, U_0=12\ \text{V}$,电路已处稳态。设开关 S 在 $t=0$ 时打开,试求 $u_L(t)$。

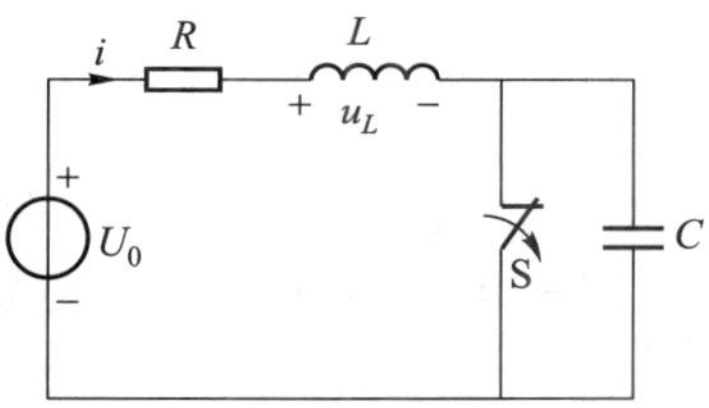

题 7-29 图

解:由题意可知电路的初始条件为
$$u_C(0_+)=u_C(0_-)=0$$
$$i_L(0_+)=i_L(0_-)=C\left.\frac{du_C}{dt}\right|_{0_+}$$
$$=\frac{U_0}{R}=\frac{12}{3}\ \text{A}=4\ \text{A}$$

$t>0$ 后,电路方程为
$$LC\frac{d^2u_C}{dt^2}+RC\frac{du_C}{dt}+u_C=U_0$$
设电容电压的解为
$$u_C=u_C'+u_C''$$
u_C'为方程的特解,满足
$$u_C'=U_0=12\ \text{V}$$
方程的特征根为
$$p=-\frac{R}{2L}\pm\sqrt{\left(\frac{R}{2L}\right)^2-\frac{1}{LC}}=-250\pm j12.91\times10^3$$
即
$$p_1=-250+j12.91\times10^3,\quad p_2=-250-j12.91\times10^3$$
为两个共轭复根,所以电路的响应为衰减振荡,即欠阻尼情况。对应齐次方程的通解为
$$u_C''=Ae^{-\delta t}\sin(\omega t+\theta)$$
式中,$\delta=250, \omega=12.9\times10^3$。根据初始条件,可得
$$u_C(0_+)=u_C'(0_+)+u_C''(0_+)=12+A\sin\theta=0$$
$$i(0_+)=C\left.\frac{du_C}{dt}\right|_{0_+}=C\times(-\delta A\sin\theta+\omega A\cos\theta)=4$$

解得

$$\theta=\arctan\left(\frac{-\omega}{\frac{4}{12C}-\delta}\right)=-2.22°$$

$$A=-\frac{12}{\sin\theta}=-\frac{12}{\sin(-2.22°)}=309.78$$

所以电容电压为

$$u_C(t)=[12+309.78\mathrm{e}^{-250t}\sin(12.91\times10^3t-2.22°)]\ \mathrm{V}$$

电流为

$$i(t)=C\frac{\mathrm{d}u_C}{\mathrm{d}t}=-CA\sqrt{\delta^2+\omega^2}\,\mathrm{e}^{-\delta t}\sin(\omega t)=-4\mathrm{e}^{-250t}\sin(12.91\times10^3t)\ \mathrm{A}$$

电感电压为

$$u_L(t)=L\frac{\mathrm{d}i}{\mathrm{d}t}=L\times4\times\sqrt{\delta^2+\omega^2}\,\mathrm{e}^{-\delta t}\sin(\omega t-\theta)$$
$$=309.78\mathrm{e}^{-250t}\sin(12.91\times10^3t+2.22°)\ \mathrm{V}$$

7-30　试用阶跃函数分别表示题7-30图所示的电流、电压的波形。

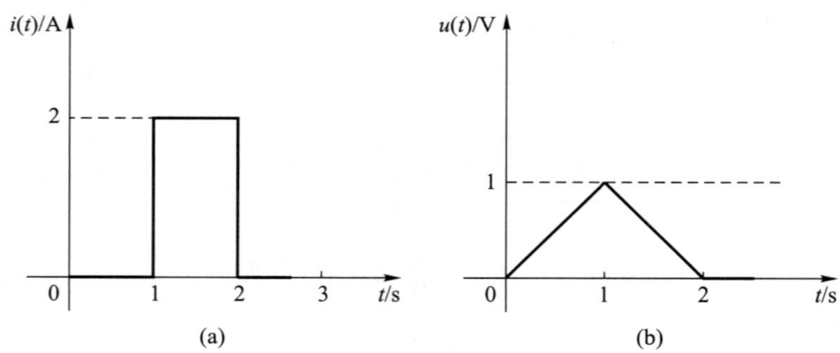

题7-30图

解:对题7-30图(a)所示的电流波形,可用阶跃函数来合成,即

$$f(t)=[2\varepsilon(t-1)-2\varepsilon(t-2)]\ \mathrm{A}$$

题7-30图(b)所示的电压波形的阶跃函数表达式为

$$u(t)=\{t[\varepsilon(t)-\varepsilon(t-1)]+(2-t)[\varepsilon(t-1)-\varepsilon(t-2)]\}\ \mathrm{V}$$

7-31　题7-31图(a)所示电路中的电压 $u(t)$ 的波形如题7-31图(b)所示,试求电流 $i(t)$。

解:方法一:将电路的工作过程分段求解。

在 $0\leqslant t\leqslant 1$ 区间为电路的零状态响应,因为

$$\tau=\frac{L}{R_{\mathrm{eq}}}=\frac{1}{\frac{2\times3}{2+3}}\ \mathrm{s}=\frac{5}{6}\ \mathrm{s}$$

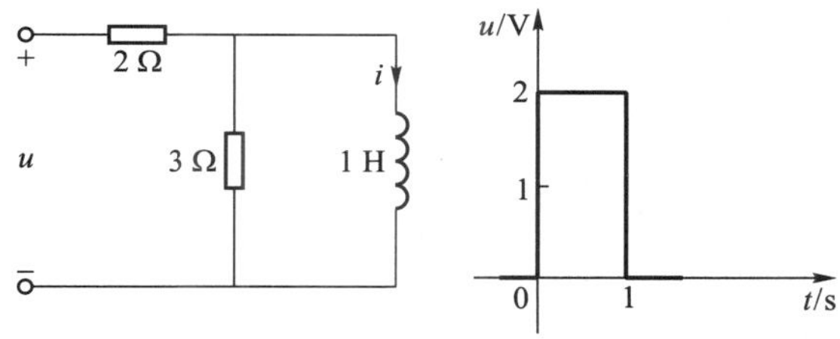

(a)　　(b)

题 7-31 图

稳态值为

$$i_L=\frac{2}{2}\ \text{A}=1\ \text{A}$$

故电流为

$$i(t)=(1-\text{e}^{-\frac{6}{5}t})\ \text{A}$$

在 $1\leqslant t<\infty$ 区间为电路的零输入响应,此时的初始值为

$$i_L(1)=(1-\text{e}^{-\frac{6}{5}})\ \text{A}=0.699\ \text{A}$$

故有

$$i(t)=i_L(t)=0.699\text{e}^{-\frac{6}{5}(t-1)}$$

方法二:用阶跃函数表示激励,求电路的阶跃响应。题 7-31 图(b)可以写为

$$u(t)=[2\varepsilon(t)-2\varepsilon(t-1)]\ \text{V}$$

由 $i_L(0_+)=i_L(0_-)=0$,$\tau=\frac{5}{6}$ s,而在单位阶跃函数 $\varepsilon(t)$ 的作用下,其稳态值为 $i_L(\infty)=\frac{1}{2}$ A,所以电路的单位阶跃响应为

$$s(t)=\frac{1}{2}(1-\text{e}^{-\frac{6}{5}t})\varepsilon(t)\ \text{A}$$

故当激励为 $u(t)$ 时,根据线性叠加定理和时不变网络性质,电路的零状态响应为

$$i(t)=2s(t)-2s(t-1)=\{(1-\text{e}^{-\frac{6}{5}t})\varepsilon(t)-[(1-\text{e}^{-\frac{6}{5}(t-1)}]\varepsilon(t-1)\}\ \text{A}$$

7-32　RC 电路中电容 C 原未充电,所加 $u(t)$ 的波形如题 7-32 图所示,其中 $R=1\ 000\ \Omega$,$C=10\ \mu\text{F}$。求电容电压 u_C,并把 u_C:

(1) 用分段形式写出。

(2) 用一个表达式写出。

解:(1) 分段求解。在 $0<t\leqslant 2$ s 区间,RC 电路的零状态响应为

$$u_C(t)=10(1-\text{e}^{-100t})$$

$t=2$ s 时,有

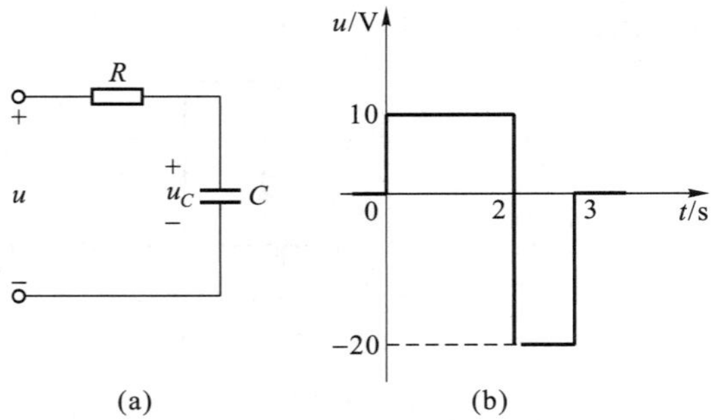

题 7-32 图

$$u_C(2)=10(1-e^{-100\times 2})\ V\approx 10\ V$$

在 $2\ s<t\leqslant 3\ s$ 区间,RC 的全响应为

$$u_C(t)=\{-20+[10-(-20)]e^{-100(t-2)}\}\ V=[-20+30e^{-100(t-2)}]\ V$$

$t=3\ s$ 时,有

$$u_C(3)=[-20+30e^{-100\times(3-2)}]\ V\approx -20\ V$$

在 $t>3\ s$ 区间,RC 的零输入响应为

$$u_C(t)=u_C(3)e^{-100(t-3)}\ V=-20e^{-100(t-3)}\ V$$

(2) 用阶跃函数表示激励,有

$$u(t)=10\varepsilon(t)-30\varepsilon(t-2)+20\varepsilon(t-3)$$

而 RC 串联电路的单位阶跃响应为

$$s(t)=(1-e^{-\frac{t}{RC}})\varepsilon(t)=(1-e^{-100t})\varepsilon(t)$$

根据电路的线性时不变特性,有

$$\begin{aligned}u_C(t)&=10s(t)-30s(t-2)+20s(t-3)\\&=\{10(1-e^{-100t})\varepsilon(t)-30[1-e^{-100(t-2)}]\varepsilon(t-2)+\\&\quad 20[1-e^{-100(t-3)}]\varepsilon(t-3)\}\ V\end{aligned}$$

7-33　题 7-33 图所示电路中,$u_{S1}=\varepsilon(t)\ V$,$u_{S2}=5\varepsilon(t)\ V$,试求电路响应 $i_L(t)$。

解:原电路的戴维南等效电路如题解 7-33 图所示,由于 u_{S1} 所在支路对电感电流没有影响,可以断开,所以有

$$u_{oc}=\frac{u_{S2}\times 3}{2+3}=0.6u_{S2}=3\varepsilon(t)$$

$$R_{eq}=\frac{2\times 3}{2+3}\ \Omega=1.2\ \Omega$$

电路的时间常数为

$$\tau=\frac{L}{R_{eq}}=\frac{4}{1.2}\ s=\frac{10}{3}\ s$$

故电感电流为

$$i_L(t)=\frac{u_{oc}}{R_{eq}}(1-e^{-\frac{t}{\tau}})=2.5(1-e^{-0.3t})\varepsilon(t)\ A$$

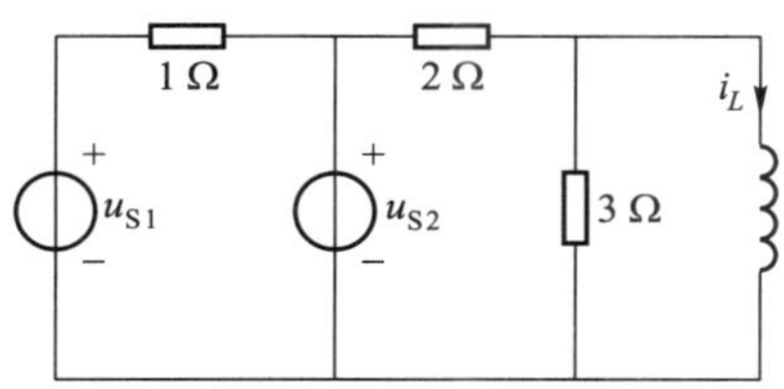

题 7-33 图

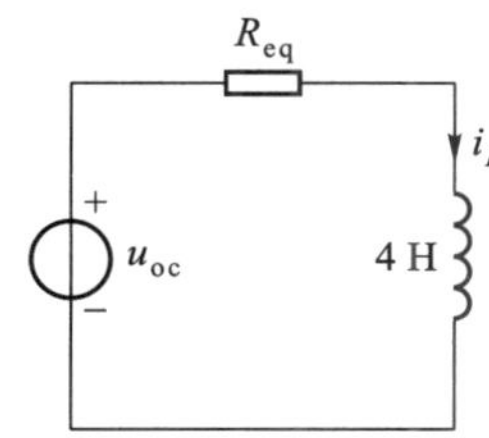

题解 7-33 图

7-34　题 7-34 图所示电路中，已知 $i_S=10\varepsilon(t)$ A，$R_1=1\ \Omega$，$R_2=2\ \Omega$，$C=1\ \mu F$，$u_C(0_-)=2$ V，$g=0.25$ S。求全响应 $i_1(t)$、$i_C(t)$、$u_C(t)$。

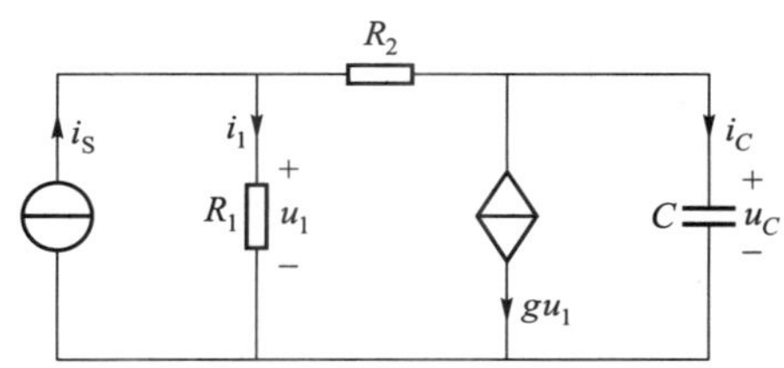

题 7-34 图

解：把电容移去，如题解 7-34 图(a)所示，先求 $t>0$ 时一端口电路的戴维南等效电路。由 KVL，得

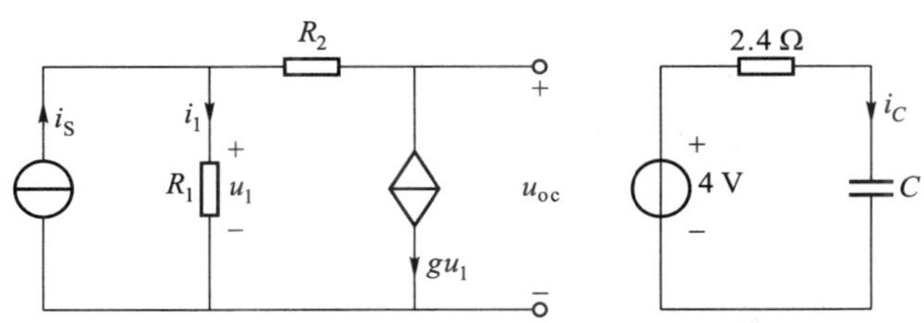

(a)　　(b)

题解 7-34 图

$$u_{oc}=u_1-R_2gu_1$$

由 KCL，得

$$\frac{u_1}{R_1}+gu_1=i_S$$

联立求解以上两方程，解得

$$u_{oc}=(1-R_2g)\frac{i_SR_1}{1+R_1g}=(1-2\times0.25)\times\frac{10\times1}{1+1\times0.25}\ V=4\ V$$

把端口短路，得短路电流为

$$i_{sc}=\frac{R_1}{R_1+R_2}i_S-gu_1=\frac{R_1 i_S}{R_1+R_2}(1-gR_2)=\frac{1\times10}{1+2}\times(1-0.25\times2)\ \text{A}=\frac{5}{3}\ \text{A}$$

故等效电阻为

$$R_{eq}=\frac{u_{oc}}{i_{sc}}=\frac{4}{\frac{5}{3}}\ \Omega=\frac{12}{5}\ \Omega=2.4\ \Omega$$

等效电路如题解 7-34 图(b)所示。显然电路的三个要素为

$$u_C(0_+)=u_C(0_-)=2\ \text{V}$$

$$u_C(\infty)=u_{oc}=4\ \text{V}$$

$$\tau=R_{eq}C=2.4\times1\times10^{-6}\ \text{s}=2.4\times10^{-6}\ \text{s}$$

代入三要素公式中,得电容电压为

$$u_C(t)=\left[4+(2-4)\text{e}^{-\frac{10^6 t}{2.4}}\right]\ \text{V}=(4-2\text{e}^{-4.17\times10^5 t})\ \text{V}$$

电容电流为

$$i_C(t)=C\frac{\text{d}u_C}{\text{d}t}=0.833\text{e}^{-4.17\times10^5 t}\ \text{A}$$

应用 KCL 于原电路,有

$$i_1+gu_1+i_C=i_S$$

把 $u_1=R_1 i_1$ 代入,解得电流为

$$i_1=\frac{i_S-i_C}{1+R_1 g}=\frac{10-0.833\text{e}^{-4.17\times10^5 t}}{1+0.25}\ \text{A}=(8-0.667\text{e}^{-4.17\times10^5 t})\varepsilon(t)\ \text{A}$$

注:本题是求电路的阶跃响应。单位阶跃函数 $\varepsilon(t)$ 作用于电路,相当于单位直流源在 $t=0$ 时接入电路。电路的零状态响应即为单位阶跃响应。对于一阶电路,仍可用三要素方法求解。

***7-35**　题 7-35 图(a)所示电路中,N 为无源线性电阻网络。已知激励 u_S 为单位阶跃电压源时,电容电压的全响应为 $u_C=(2+6\text{e}^{-2t})\ \text{V}(t>0)$,求输入电压的波形如题 7-35 图(b)所示时,电容电压的零状态响应。

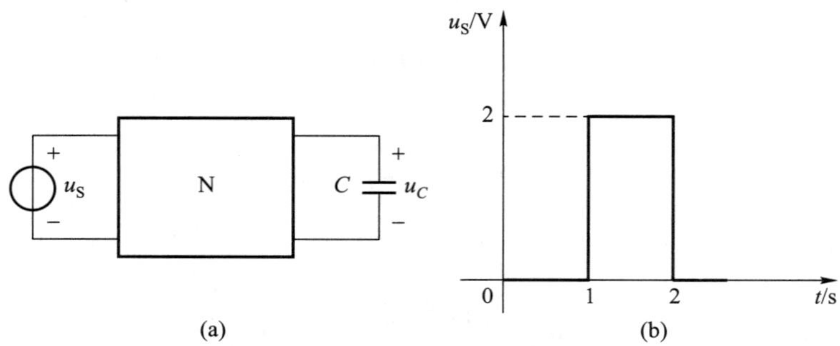

题 7-35 图

解:由已知的 u_C 的全响应表达式可求得

$$u_C(0_+)=8\ \text{V}$$

零输入响应为

$$u_{C(1)}=8\text{e}^{-2t}\ \text{V},\quad t>0$$

单位阶跃响应为

$$\begin{aligned}u_{C(2)}&=u_0-u_{C(1)}\\&=(2+6\text{e}^{-2t}-8\text{e}^{-2t})\ \text{V}\\&=2(1-\text{e}^{-2t})\varepsilon(t)\ \text{V}\end{aligned}$$

当 u_S 如题 7-35 图(b)所示时

$$u_S=[2\varepsilon(t-1)-2\varepsilon(t-2)]\ \text{V}$$

所以零状态响应

$$u_C=\{4[1-\text{e}^{-2(t-1)}]\varepsilon(t-1)-4[1-\text{e}^{-2(t-2)}]\varepsilon(t-2)\}\ \text{V}$$

7-36　题 7-36 图(a)所示电路中,$u_S(t)=\varepsilon(t)$ V,$C=0.2$ F,其零状态响应为

$$u_2(t)=\left(\frac{1}{2}+\frac{1}{8}\text{e}^{-2.5t}\right)\varepsilon(t)\ \text{V}$$

如果用 $L=2$ H 的电感代替电容 C,如题 7-36 图(b)所示,试求零状态响应 $u_2(t)$。

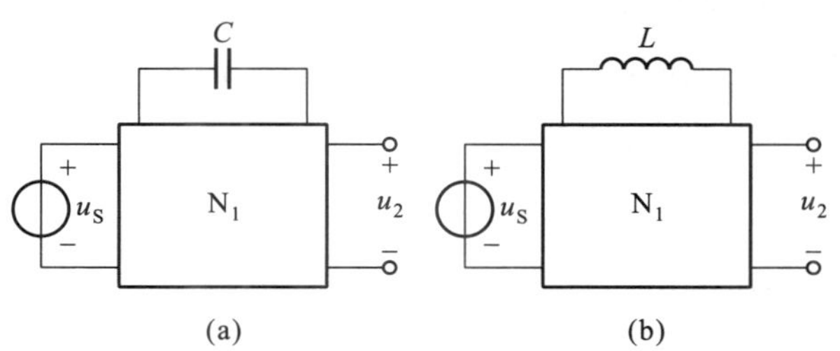

题 7-36 图

解:这是一个求阶跃响应的问题,可以应用三要素公式求解。

(1) 计算时间常数 τ

由题 7-36 图(a)的 $u_2(t)$ 表达式可知

$$\tau=R_{\text{eq}}C=R_{\text{eq}}\times0.2\ \text{F}=0.4\ \text{s}$$

所以得

$$R_{\text{eq}}=\frac{\tau}{C}=\frac{0.4}{0.2}\ \Omega=2\ \Omega$$

由于题 7-36 图(b)的等效电阻与题 7-36 图(a)的一致,故题 7-36 图(b)电路的时间常数为

$$\tau=\frac{L}{R_{\text{eq}}}=\frac{2}{2}\ \text{s}=1\ \text{s}$$

(2) 计算初始值 $u_2(0_+)$

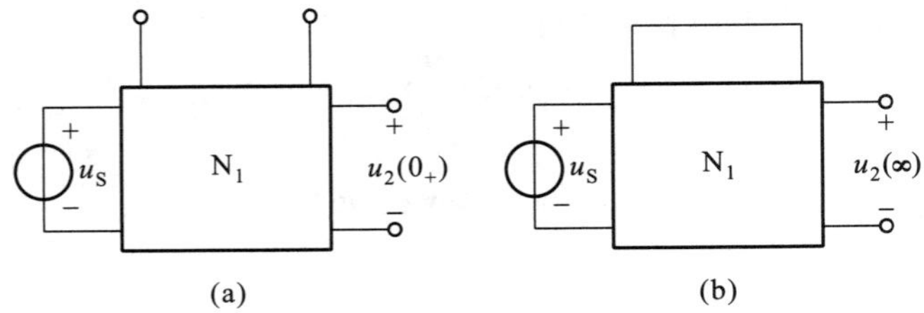

题解 7-36 图

因为题 7-36 图(b)的 $i_L(0_+)=0$，即 $t=0_+$时，电感相当于开路，其 0_+时刻的等效电路如题解 7-36 图(a)所示，显然题解 7-36 图(a)也是题 7-36 图(a)在 $t\to\infty$ 时的稳态电路。由题 7-36 图(a)中 $u_2(t)$ 的表示式可知

$$u_2(\infty)=\frac{1}{2}\ \mathrm{V}$$

因此，题 7-36 图(b)中的电压为

$$u_2(0_+)=\frac{1}{2}\ \mathrm{V}$$

(3) 计算题 7-36 图(b)中的稳态值 $u_2(\infty)$

$t\to\infty$ 时，将题 7-36 图(b)中的电感看作短路，等效电路如题解 7-36 图(b)所示。题解 7-36 图(b)恰是题 7-36 图(a)在 $t=0_+$时的等效电路[因 $u_C(0_+)=0$，电容相当于短路]，由题 7-36 图(a)$u_2(t)$的表示式可知

$$u_2(0_+)=\frac{5}{8}\ \mathrm{V}$$

因此，题 7-36 图(b)中的电压为

$$u_2(\infty)=\frac{5}{8}\ \mathrm{V}$$

把以上求得的三个值代入三要素公式中，可得

$$\begin{aligned}u_2(t)&=u_2(\infty)+[u_2(0_+)-u_2(\infty)]\mathrm{e}^{-\frac{t}{\tau}}\\&=\left[\frac{5}{8}+\left(\frac{1}{2}-\frac{5}{8}\right)\mathrm{e}^{-t}\right]\ \mathrm{V}=\left(\frac{5}{8}-\frac{1}{8}\mathrm{e}^{-t}\right)\ \mathrm{V}\end{aligned}$$

7-37　题 7-37 图所示电路中含有理想运算放大器，试求零状态响应 $u_C(t)$，已知 $u_i=5\varepsilon(t)$ V。

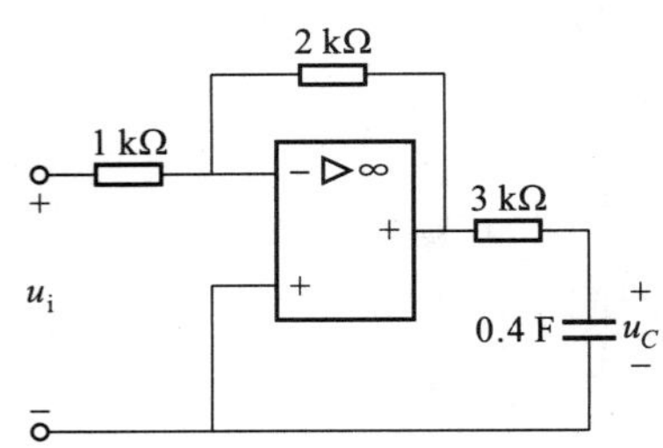

题 7-37 图

解：先求从电容两端看进去的一端口电路的戴维南等效电路。把电容断开，根据理想运算放大器的性质可知

$$i_1=i_2=\frac{u_i}{1\times10^3\ \Omega}=\frac{5\varepsilon(t)}{1\times10^3}\ \mathrm{A}=5\varepsilon(t)\ \mathrm{mA}$$

$$u_{oc}=-2\times10^{3}\times i_2\ \mathrm{V}=-10\varepsilon(t)\ \mathrm{V}$$

外加电压源如题解 7-37 图(a)所示,求等效电阻。由题解 7-37 图(a)可知

$$i_1=i_2=0$$

$$u=3\times10^{3}\ i$$

所以等效电阻为

$$R_{eq}=\frac{u}{i}=3\times10^{3}\ \Omega$$

等效电路如题解 7-37 图(b)所示。因此,有

$$u_C(t)=u_{oc}(1-\mathrm{e}^{-\frac{t}{\tau}})=-10(1-\mathrm{e}^{-\frac{t}{R_{eq}C}})\varepsilon(t)\ \mathrm{V}$$

$$=-10(1-\mathrm{e}^{-\frac{10^{-2}}{12}t})\varepsilon(t)\ \mathrm{V}$$

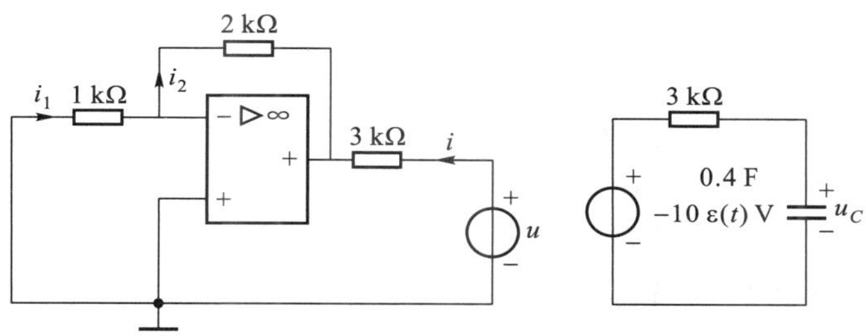

(a)　　(b)

题解 7-37 图

7-38　题 7-38 图所示电路中 $i_L(0_-)=0$,$R_1=6\ \Omega$,$R_2=4\ \Omega$,$L=100\ \mathrm{mH}$。求冲激响应 i_L 和 u_L。

解:首先将电感 L 以外的电路用戴维南定理等效变换为如题解 7-38 图所示。其中,$R_{eq}=2.4\ \Omega$,$u_{oc}=0.4\delta(t)\ \mathrm{V}$,进而求激励电压 $0.4\delta(t)$ 在电感中引起的初始电流 $i_L(0_+)$。

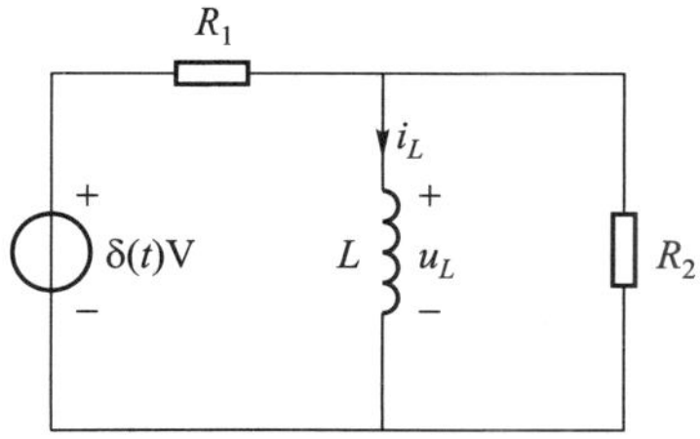

题 7-38 图

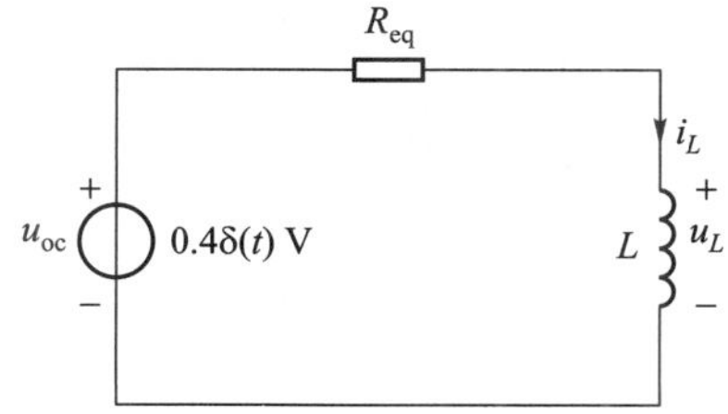

题解 7-38 图

根据 KVL,有

$$L\frac{\mathrm{d}i_L}{\mathrm{d}t}+Ri_L=0.4\delta(t)$$

对方程两边在 0_- 至 0_+ 区间内积分得

$$\int_{0_-}^{0_+} L\frac{\mathrm{d}i_L}{\mathrm{d}t}\mathrm{d}t+\int_{0_-}^{0_+} Ri_L\mathrm{d}t=\int_{0_-}^{0_+} 0.4\delta(t)\mathrm{d}t$$

由于电流 i_L 不可能为冲激函数,所以上式方程左边第二项的积分为零,得

$$L[i_L(0_+)-i_L(0_-)]=0.4$$

因 $i_L(0_-)=0$,所以

$$i_L(0_+)=\frac{0.4\ \mathrm{V}}{L}=\frac{0.4}{100\times10^{-3}}\ \mathrm{A}=4\ \mathrm{A}$$

当 $t\geqslant0_+$时,有

$$\begin{aligned}i_L&=i_L(0_+)\mathrm{e}^{-\frac{t}{\tau}}\\&=4\mathrm{e}^{-\frac{2.4}{100\times10^{-3}}t}\ \mathrm{A}\\&=4\mathrm{e}^{-24t}\ \mathrm{A}\end{aligned}$$

当 $t\geqslant0_-$时,有

$$i_L=4\mathrm{e}^{-24t}\varepsilon(t)\ \mathrm{A}$$

$$u_L=L\frac{\mathrm{d}i_L}{\mathrm{d}t}=[-9.6\mathrm{e}^{-24t}\varepsilon(t)+0.4\delta(t)]\ \mathrm{V}$$

7-39　电路如题 7-39 图所示,当(1) $i_S=\delta(t)$ A,$u_C(0_-)=0$;(2) $i_S=\delta(t)$ A,$u_C(0_-)=1$ V;(3) $i_S=3\delta(t-2)$ A,$u_C(0_-)=2$ V 时,试求响应 $u_C(t)$。

解:图示电路的戴维南等效电路如题解 7-39 图所示。其中

$$u_{oc}=1\times10^3 i_S,\quad R_{eq}=(2+1)\ \mathrm{k\Omega}=3\ \mathrm{k\Omega}$$

电路的单位阶跃响应为[设 $i_S=\varepsilon(t)$]

$$s_{u_C}(t)=u_{oc}(1-\mathrm{e}^{-\frac{t}{R_{eq}C}})\varepsilon(t)=1\times10^3(1-\mathrm{e}^{-\frac{1\,000}{9}t})\varepsilon(t)\ \mathrm{V}$$

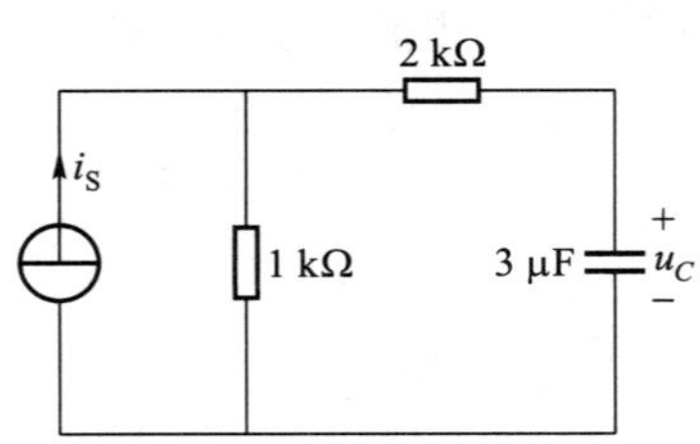

题 7-39 图

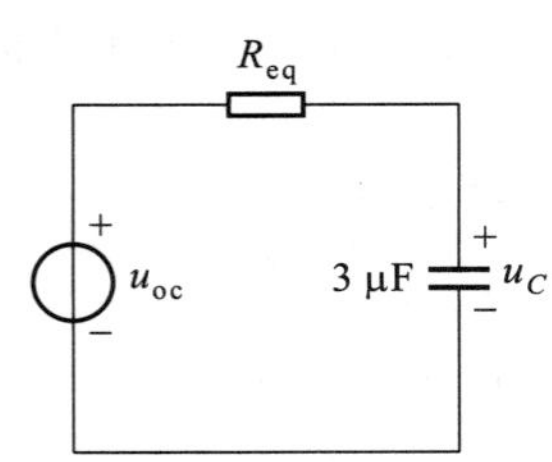

题解 7-39 图

(1) 当 $i_S=\delta(t)$ A,$u_C(0_-)=0$ 时,电路的冲激响应为

$$\begin{aligned}u_C(t)&=\left(\frac{\mathrm{d}s_{u_C}(t)}{\mathrm{d}t}\right)=-10^3\mathrm{e}^{-\frac{10^3}{9}t}\times\frac{(-10^3)}{9}\varepsilon(t)\ \mathrm{V}\\&=\frac{10^6}{9}\mathrm{e}^{-\frac{10^3}{9}t}\varepsilon(t)\ \mathrm{V}\end{aligned}$$

（2）当 $i_S=\delta(t)$，$u_C(0_-)=1\ \text{V}$ 时，电路的响应看作是冲激响应与零输入响应之和，即

$$u_C(t)=\frac{\mathrm{d}s_{u_C}(t)}{\mathrm{d}t}+u_C(0_-)\mathrm{e}^{-\frac{t}{R_{eq}C}}\varepsilon(t)=\left(\frac{10^6}{9}\mathrm{e}^{-\frac{10^3}{9}t}+\mathrm{e}^{-\frac{10^3}{9}t}\right)\varepsilon(t)\ \text{V}$$

（3）当 $i_S=3\delta(t-2)\ \text{A}$，$u_C(0_-)=2\ \text{V}$ 时，电路的响应看作是延迟的冲激响应与零输入响应之和，即

$$u_C(t)=\frac{\mathrm{d}s_{u_C}(t-2)}{\mathrm{d}t}+u_C(0_-)\mathrm{e}^{-\frac{t}{R_{eq}C}}\varepsilon(t)$$

$$=\left[\frac{10^6}{9}\mathrm{e}^{-\frac{10^3}{9}(t-2)}\right]\varepsilon(t-2)+2\mathrm{e}^{-\frac{10^3}{9}t}\varepsilon(t)\ \text{V}$$

注：本题的求解应用了阶跃响应与冲激响应的关系及线性电路的叠加性。

7-40　题 7-40 图所示电路中电容原未充电，求当 i_S 给定为下列情况时的 u_C 和 i_C：

（1）$i_S=25\varepsilon(t)\ \text{mA}$。

（2）$i_S=\delta(t)\ \text{mA}$。

解：图示电路的戴维南等效电路如题解 7-40 图所示，其中

$$u_{oc}=\frac{8\times i_S}{8+20+12}\times 20\times 10^3\ \text{V}$$

$$=\frac{160\times 10^3\ i_S}{40}\ \text{V}=4\times 10^3\ i_S\ \text{V}$$

$$R_{eq}=\frac{20\times(8+12)}{8+12+20}\ \text{k}\Omega=\frac{20\times 20}{40}\ \text{k}\Omega=10\ \text{k}\Omega$$

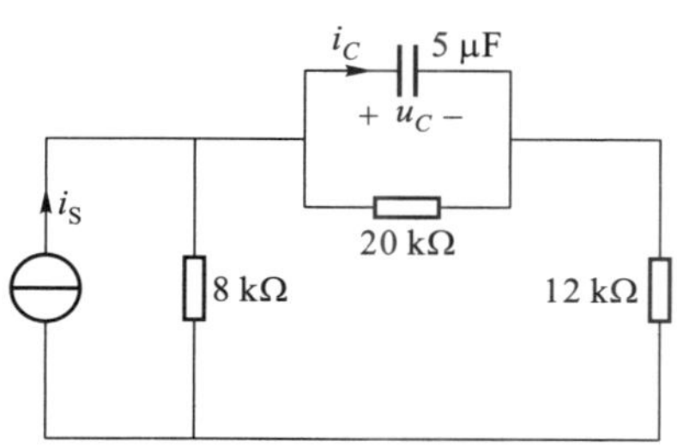

题 7-40 图

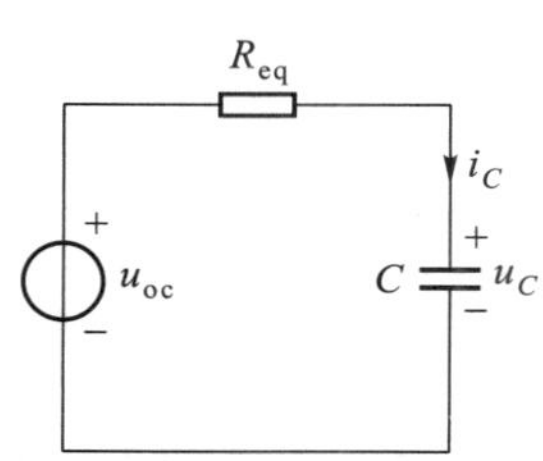

题解 7-40 图

（1）当 $i_S=25\varepsilon(t)\ \text{mA}$ 时，$u_{oc}=4\times10^3\times25\times10^{-3}\varepsilon(t)\ \text{V}=100\varepsilon(t)\ \text{V}$，时间常数为

$$\tau=R_{eq}C=10\times10^3\times5\times10^{-6}\ \text{s}=5\times10^{-2}\ \text{s}$$

所以电容电压为

$$u_C(t)=u_{oc}(1-\mathrm{e}^{-\frac{t}{\tau}})=100(1-\mathrm{e}^{-20t})\varepsilon(t)\ \text{V}$$

$$i_C=C\frac{\mathrm{d}u_C}{\mathrm{d}t}=10\mathrm{e}^{-20t}\varepsilon(t)\ \text{mA}$$

(2) 当 $i_S=\delta(t)$ mA 时,根据线性电路的齐性定理,(1)中电路的单位阶跃响应为

$$s_{u_C}(t)=\frac{100}{25}(1-e^{-20t})\varepsilon(t)\ \text{V}=4(1-e^{-20t})\varepsilon(t)\ \text{V}$$

所以单位冲激响应为

$$u_C(t)=\frac{ds_{u_C}(t)}{dt}=-4e^{-20t}\times(-20)\varepsilon(t)\ \text{V}=80e^{-20t}\varepsilon(t)\ \text{V}$$

$$i_C(t)=C\frac{du_C(t)}{dt}=[0.4\delta(t)-8e^{-20t}\varepsilon(t)]\text{mA},\quad t>0$$

7-41　题7-41图所示电路中,电源 $u_S=[50\varepsilon(t)+2\delta(t)]$ V,求 $t>0$ 时电感支路的电流 $i(t)$。

解:原图可以等效为题解7-41图所示的电路,其中

$$u_{oc}=\frac{1}{2}u_S=[25\varepsilon(t)+\delta(t)]\ \text{V}$$

$$R_{eq}=\frac{10\times10}{10+10}\ \Omega=5\ \Omega$$

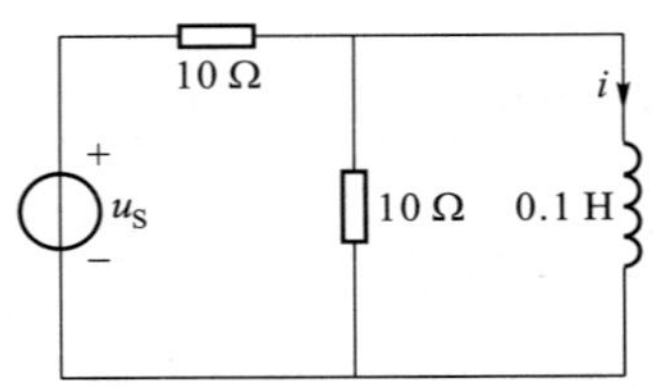

题7-41图

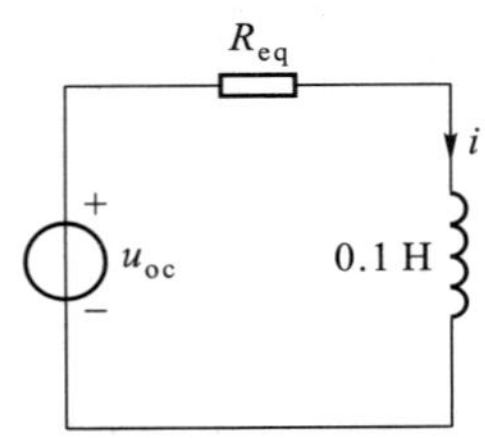

题解7-41图

电路的时间常数为

$$\tau=\frac{L}{R_{eq}}=\frac{0.1}{5}\ \text{s}=\frac{1}{50}\ \text{s}$$

图示电路的单位阶跃响应为

$$s_i(t)=\frac{1}{R_{eq}}(1-e^{-\frac{t}{\tau}})\varepsilon(t)=0.2(1-e^{-50t})\varepsilon(t)$$

根据线性电路的叠加性和齐次性,把 u_{oc} 看成是两个激励源之和,因此当 $25\varepsilon(t)$ 作用时,有

$$i'(t)=25s_i(t)=5(1-e^{-50t})\varepsilon(t)\ \text{A}$$

当 $\delta(t)$ 作用时,有

$$i''(t)=\frac{ds_i(t)}{dt}=-0.2e^{-50t}\times(-50)\varepsilon(t)\ \text{A}=10e^{-50t}\varepsilon(t)\ \text{A}$$

所以当两部分激励共同作用时,响应 $i(t)$ 为

$$\begin{aligned}i(t)&=i'(t)+i''(t)=[5(1-e^{-50t})+10e^{-50t}]\varepsilon(t)\ \text{A}\\&=(5+5e^{-50t})\varepsilon(t)\ \text{A}\end{aligned}$$

7-42　题 7-42 图所示电路中含理想运算放大器，且电容的初始电压为零，试分别求：

（1）$u_i = U\varepsilon(t)$ V。

（2）$u_i = \delta_u(t)$ V 时电路的输出电压 u_o。

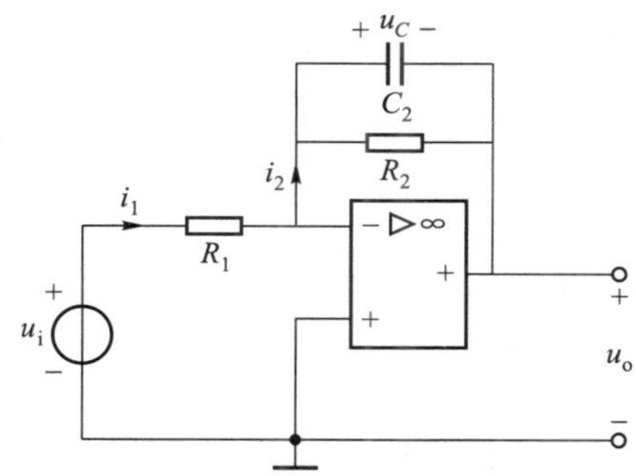

题 7-42 图

解：（1）题 7-42 图所示电路中的运放为理想运放，应用其“虚断”和“虚短”两条规则，有

$$u_o = -u_C$$

$$i_1 = i_2$$

$$i_1 = \frac{u_i}{R_1} = \frac{U}{R_1}\varepsilon(t)$$

$$i_2 = -\frac{u_o}{R_2} + C\frac{\mathrm{d}u_C}{\mathrm{d}t} = -\frac{u_o}{R_2} - C\frac{\mathrm{d}u_o}{\mathrm{d}t}$$

利用以上关系，可得出下列方程

$$R_2C\frac{\mathrm{d}u_o}{\mathrm{d}t} + u_o = -\frac{R_2}{R_1}U\varepsilon(t)$$

解得

$$u_o = -\frac{R_2}{R_1}U(1 - \mathrm{e}^{-\frac{1}{R_2C}t})\varepsilon(t)\ \mathrm{V}$$

（2）当输入电压为单位冲激电压时，输出电压可通过对阶跃响应求一阶导数求得，即有

$$h(t) = \frac{\mathrm{d}u_o}{\mathrm{d}t} = -\frac{1}{R_1C}\mathrm{e}^{-\frac{1}{R_2C}t}\varepsilon(t)\ \mathrm{V}$$

7-43　题 7-43 图所示电路中，$G = 5$ S，$L = 0.25$ H，$C = 1$ F。求：

（1）$i_S(t) = \varepsilon(t)$ A 时，电路的阶跃响应 $i_L(t)$。

（2）$i_S(t) = \delta(t)$ A 时，电路的冲激响应 $u_C(t)$。

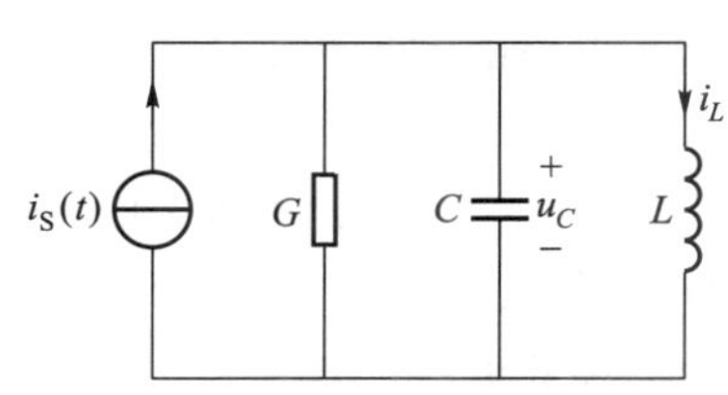

题 7-43 图

解：（1）当 $i_S(t) = \varepsilon(t)$ 时，电路的初始值为

$$u_C(0_+) = 0,\quad i_L(0_+) = 0$$

$t>0$ 后，电路的方程为

$$LC\frac{\mathrm{d}^2 i_L}{\mathrm{d}t^2} + GL\frac{\mathrm{d}i_L}{\mathrm{d}t} + i_L = i_S$$

设 $i_L(t) = i_L' + i_L''$，i_L'为方程的特解，满足 $i_L' = i_S = \varepsilon(t)$。

根据方程的特征根

$$p = -\frac{G}{2C} \pm \sqrt{\left(\frac{G}{2C}\right)^2 - \frac{1}{LC}} = -2.5 \pm 1.5$$

即

$$p_1 = -1,\quad p_2 = -4$$

为两个不相等的负实根，可得对应的齐次方程的通解为

$$i_L''=A_1e^{p_1t}+A_2e^{p_2t}=A_1e^{-t}+A_2e^{-4t}$$

代入初始条件，有

$$i_L(0_+)=i_L'(0_+)+i_L''(0_+)=1+A_1+A_2=0$$

$$u_C(0_+)=L\frac{di_C}{dt}\bigg|_{0_+}=0.25\times(-A_1-4A_2)=0$$

解得

$$A_1=-\frac{4}{3},\quad A_2=\frac{1}{3}$$

故电感电流为

$$i_L(t)=\left(1-\frac{4}{3}e^{-t}+\frac{1}{3}e^{-4t}\right)\varepsilon(t)\ \text{A}$$

(2) 当 $i_S=\delta(t)$ A 时，利用冲激响应和阶跃响应之间的关系，对(1)中的结果求导，得

$$i_L(t)=h(t)=\left(\frac{4}{3}e^{-t}-\frac{4}{3}e^{-4t}\right)\ \text{A}$$

$$u_C(t)=u_L(t)=L\frac{di_L}{dt}=0.25\times\left(-\frac{4}{3}e^{-t}+\frac{16}{3}e^{-4t}\right)\ \text{V}$$

$$=\left(-\frac{1}{3}e^{-t}+\frac{4}{3}e^{-4t}\right)\ \text{V}$$

7-44　当 $u_S(t)$ 为下列情况时，求题 7-44 图所示电路的响应 u_C：

(1) $u_S(t)=10\varepsilon(t)$ V。

(2) $u_S(t)=10\delta(t)$ V。

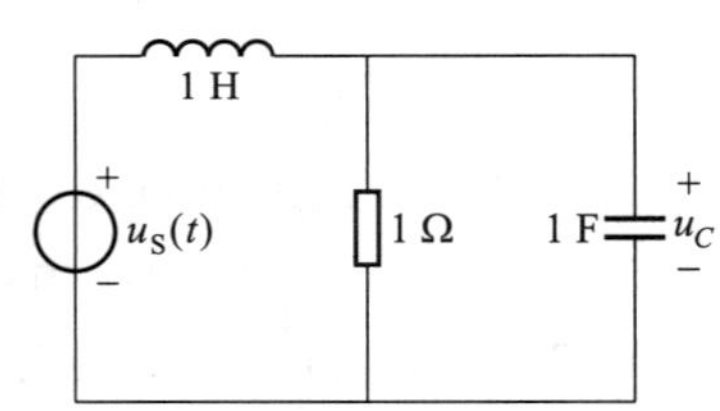

题 7-44 图

解：(1) 当 $u_S(t)=10\varepsilon(t)$ V 时，电路的初始条件为

$$i_L(0_+)=i_L(0_-)=0$$

$$u_C(0_+)=u_C(0_-)=0$$

电路的方程为

$$LC\frac{d^2u_C}{dt^2}+\frac{L}{R}\frac{du_C}{dt}+u_C=u_S=10\varepsilon(t)$$

设 u_C 的解为 $u_C(t)=u_C'+u_C''$，u_C'为方程的特解，满足 $u_C'=10\varepsilon(t)$。

根据方程的特征根

$$p=-\frac{1}{2CR}\pm\sqrt{\left(\frac{1}{2CR}\right)^2-\frac{1}{LC}}=-\frac{1}{2}\pm j\frac{\sqrt{3}}{2}$$

为两个共轭复根，可得对应的齐次方程的通解为

$$u_C''=A\ e^{-\delta t}\sin(\omega t+\theta)$$

式中，$\delta=\dfrac{1}{2}$，$\omega=\dfrac{\sqrt{3}}{2}$。由初始条件可确定 A 和 θ。即

$$u_C(0_+)=u_C'(0_+)+u_C''(0_+)=10+A\sin\theta=0$$

$$i_L(0_+)=C\frac{\mathrm{d}u_C}{\mathrm{d}t}\bigg|_{0_+}+\frac{u_C(0_+)}{R}=C(-\delta A\sin\theta+\omega A\cos\theta)=0$$

解得

$$\theta=\arctan\frac{\omega}{\delta}=\arctan\frac{\frac{\sqrt{3}}{2}}{\frac{1}{2}}=\arctan\sqrt{3}=60^\circ$$

$$A=-\frac{10}{\sin\theta}=-\frac{10}{\sin 60^\circ}=-\frac{20}{\sqrt{3}}$$

则电路的响应为

$$u_C(t)=\left[10-\frac{20}{\sqrt{3}}\mathrm{e}^{-\frac{t}{2}}\sin\left(\frac{\sqrt{3}}{2}t+60^\circ\right)\right]\ \mathrm{V}$$

（2）当 $u_S(t)=10\delta(t)$ 时，利用冲激响应和阶跃响应的关系，对（1）中的结果求导，得

$$h(t)=u_C(t)=-A\mathrm{e}^{-\delta t}\sqrt{\delta^2+\omega^2}\sin(\omega t)=\frac{20}{\sqrt{3}}\mathrm{e}^{-\frac{t}{2}}\sin\left(\frac{\sqrt{3}}{2}t\right)\ \mathrm{V}$$

7-45　题 7-45 图所示电路中电感的初始电流为零，设 $u_S(t)=U_0\mathrm{e}^{-at}\varepsilon(t)$，试用卷积积分求 $u_L(t)$。

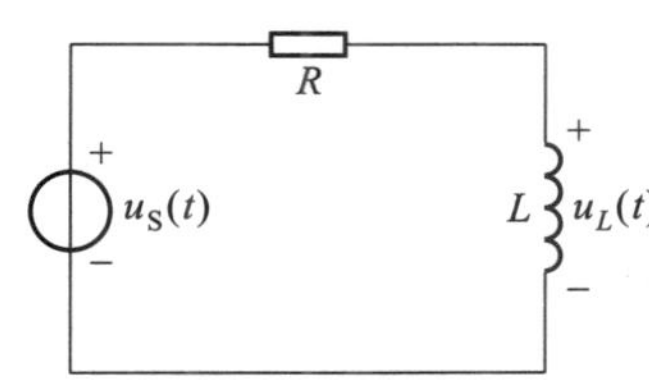

题 7-45 图

解：该电路电感电流的冲激响应为

$$h_i(t)=\frac{1}{L}\mathrm{e}^{-\frac{R}{L}t}\varepsilon(t)$$

电压的冲激响应为

$$h_u(t)=L\frac{\mathrm{d}h_i(t)}{\mathrm{d}t}=\left[\delta(t)-\frac{R}{L}\mathrm{e}^{-\frac{R}{L}t}\right]\varepsilon(t)$$

当激励为 $u_S(t)$ 时，响应可通过卷积积分求得，即

$$\begin{aligned}u_L(t)&=u_S(t)*h_u(t)\\&=\int_0^t U_0\mathrm{e}^{-a(t-\xi)}\left[\delta(\xi)-\frac{R}{L}\mathrm{e}^{-\frac{R}{L}\xi}\right]\mathrm{d}\xi\\&=U_0\mathrm{e}^{-at}-\frac{R}{L}U_0\mathrm{e}^{-at}\int_0^t\mathrm{e}^{a\xi}\cdot\mathrm{e}^{-\frac{R}{L}\xi}\mathrm{d}\xi\\&=U_0\left(\frac{aL}{aL-R}\mathrm{e}^{-at}+\frac{R}{R-aL}\mathrm{e}^{-\frac{R}{L}t}\right)\varepsilon(t)\ \mathrm{V}\\&=\frac{U_0}{R-aL}\left(R\mathrm{e}^{-\frac{R}{L}t}-aL\mathrm{e}^{-at}\right)\varepsilon(t)\ \mathrm{V}\end{aligned}$$

7-46　题7-46图(a)所示电路的激励波形如题7-46图(b)所示,试用卷积积分求零状态响应 $i(t)$。

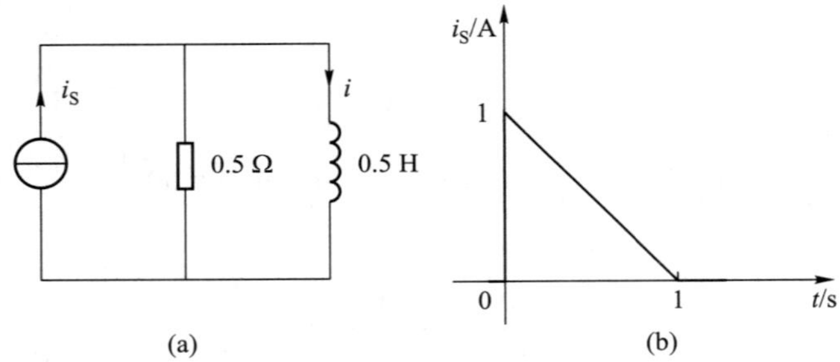

题7-46图

解:可以求出电路的冲激响应为

$$h(t)=2e^{-t}\varepsilon(t)\ \text{A}$$

激励 $i_S(t)$ 的表达式为:在 $0<t<1$ 区间,$i_S(t)=1-t$;在 $t>1$ 区间,$i_S(t)=0$。

在 $0<t<1$ 区间

$$\begin{aligned} i(t) &= 2\int_0^{\tau}(1-\tau)e^{-(t-\tau)}d\tau \\ &= 2\left[\int_0^t e^{-(1-\tau)}-\int_0^t \tau e^{(t-\tau)}d\tau\right] \\ &= (4-2t-4e^{-t})\ \text{A} \end{aligned}$$

在 $t>1$ 区间

$$\begin{aligned} i(t) &= 2\left[\int_0^1(1-\tau)e^{-(t-\tau)}d\tau\right] \\ &= [2e^{-(t-1)}-4e^{-t}]\ \text{A} \end{aligned}$$

第八章
相量法

第八章课件

一、重点和难点

对任一线性电路,可以证明,在正弦激励下,电路存在稳态,稳态响应为与激励同频率的正弦函数。由无源电阻、电感和电容组成的电路存在稳态。

① 相量可认为是对正弦量的一种变换,但二者并不相等。相量与正弦量是一一对应的,通过正弦量与相量的一一对应关系,正弦量所满足的时域常微分方程,可转换成相量所满足的复系数代数方程。代数方程的求解显然比常微分方程的求解更容易。

② 应深刻理解相量形式的 KVL、KCL 电路元件的伏安关系。在频域中,相量形式的 KVL、KCL 及元件的电压、电流关系与时域中直流电阻电路中的 KVL、KCL 及元件的电压、电流关系之间在形式上是对应的。

③ 正弦量的概念,正弦量指的是电路中的电压和电流。掌握正弦量的三要素,即:幅值、频率(周期、角频率)、相位(初相)的概念。充分理解相位差及由此定义的两个正弦量之间超前、落后、正交等相位关系。重点掌握正弦量的有效值的概念、物理意义和公式。

二、学习方法指导

1. 正弦量的正确认识

按正弦规律变化的电压、电流称为正弦电压、正弦电流,统称为正弦量。

① 通常只对同频率的两个正弦量才做相位比较。

② 求相位差时要将两个正弦量用相同的 cosine 函数或 sine 函数表示。

③ 求相位差时,两个正弦量表达式前均带正号。

对初相为零的用 cosine 函数表示的正弦量,在 $t=0$ 时刻其值最大。在绘制任一初相为 ϕ 的正弦量的波形时,以初相为零的正弦量为基准,当 $\phi>0$ 时,将其左推 ϕ 角;当 $\phi<0$ 时,将其右推 $|\phi|$ 角。

正弦量的大小除用振幅表示外,也可用有效值表示。以正弦电流 i 为例,其有效值用大写符号 I 表示,其定义为

$$I \stackrel{\text{def}}{=} \sqrt{\frac{1}{T}\int_{t_0}^{t_0+T} i^2 \mathrm{d}t}$$

上式也称为电流 i 的根均方值,简称 r. m. s 值。有效值的意义在于,电阻消耗的平均功率可用有效值求解,其公式与直流时功率的表达式相同。

2. 相量和相量法的正确认识

对线性电路,当存在稳态时,正弦激励电路的稳态解为正弦量,其角频率与电源的角频率相同。因此,求解稳态响应的关键是要确定其振幅(或有效值)和初相。

对正弦电流

$$i=\sqrt{2}I\cos(\omega t+\phi_i)$$

其相量用 $\dot{I}$ 表示,定义为

$$\dot{I} \stackrel{\text{def}}{=} I\mathrm{e}^{\mathrm{j}\phi_i}=I\angle\phi_i$$

i 与 $\dot{I}$ 的关系式为

$$i=\mathrm{Re}[\sqrt{2}\dot{I}\mathrm{e}^{\mathrm{j}\omega t}]$$

注意,不能认为电流相量 $\dot{I}$ 等于正弦电流 i。

$\dot{I}$ 在数学上是一个复数,在复平面上可用有向线段表示,如图 8-1 所示。这种表示相量的图称为相量图。

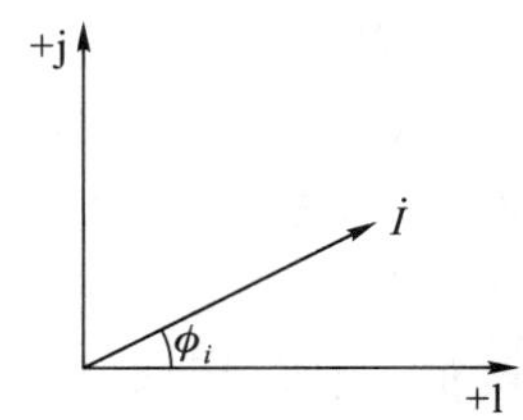

图 8-1　相量图

对于正弦电压 $u=\sqrt{2}U\cos(\omega t+\phi_u)$,其相量用 $\dot{U}$ 表示。

相量在数学上是一个复数,所以复数运算法则的合理运用,将会给正弦稳态电路的分析带来方便。

3. 对电路定律的相量形式的认识

同频率正弦量的求和运算,可借助其相量进行求解。

若

$$i=i_1+i_2$$

则有

$$\dot{I}=\dot{I}_1+\dot{I}_2$$

注意,$I\neq I_1+I_2$。

正弦量的求导运算也可用相量进行计算。若

$$i_1=\frac{\mathrm{d}i_2}{\mathrm{d}t}$$

则有

$$\dot{I}_1 = \mathrm{j}\omega \dot{I}_2$$

正是因为正弦量的微分运算在用相量进行运算时,微分运算对应的是相量的代数运算,所以,微分方程可转化为对应的相量形式的复系数代数方程,从而使正弦稳态电路分析得以简化。

根据正弦量时域求和运算与相量形式求和运算的对应关系,相量形式的 KCL 和 KVL 分别为

$$\text{KCL} \qquad \sum \dot{I} = 0$$

$$\text{KVL} \qquad \sum \dot{U} = 0$$

表 8-1 列出了无源元件电压电流关系(VCR)的相量形式,元件的电压和流过元件的电流满足关联参考方向。

表 8-1 无源元件 VCR 的相量形式

类型	时域形式		相量形式		
	电路图	关系式	电路图	关系式	相量图
电阻	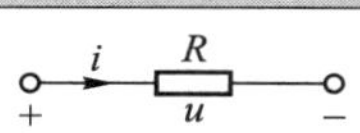	$u=Ri$	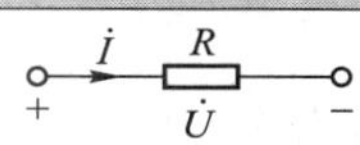	$\dot{U}=R\dot{I}$	
电感	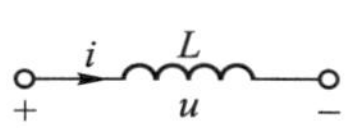	$u=L\dfrac{\mathrm{d}i}{\mathrm{d}t}$	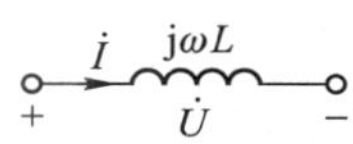	$\dot{U}=\mathrm{j}\omega L\dot{I}$	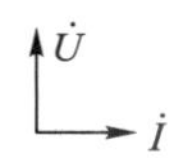
电容	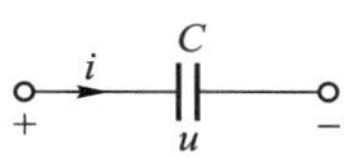	$i=C\dfrac{\mathrm{d}u}{\mathrm{d}t}$	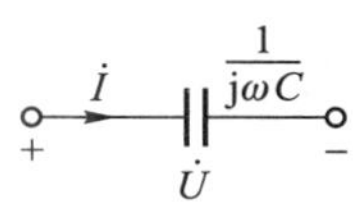	$\dot{I}=\mathrm{j}\omega C\dot{U}$	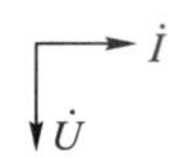

相量法是分析“线性”电路在“正弦”形式激励下的“稳态”响应的有效方法,此时,线性电路的稳态响应是与激励“同频率”的正弦量。相量法适用范围可用“同频”“正弦”“线性”和“稳态”八字概括。

三、典型例题

例 8-1

$$u_1 = 50\sqrt{2}\cos(\omega t+30^\circ)\ \text{V}$$

$$u_2 = 30\sqrt{2}\cos(\omega t)\ \text{V}$$

$$u_3 = 40\sqrt{2}\sin(\omega t-60^\circ)\ \text{V}$$

用相量法求 $u=u_1-u_2+u_3$。

解:由于各电压的角频率相同,故可应用相量法求 u。本书中正弦电压用 cosine 函数形式定义,则

$$\dot{U}_1 = 50\underline{/30^\circ}\ \text{V}$$

$$\dot{U}_2 = 30\underline{/0^\circ}\ \text{V}$$

电压 u_3 以 sine 函数形式给出,由于 $\sin(\omega t)$ 在相位上滞后 $\cos(\omega t)$ 函数 90°(可借助波形进行记忆),所以电压 u_3 的相量为

$$\dot{U}_3 = 40\underline{/-60°-90°}\ \text{V} = 40\underline{/-150°}\ \text{V}$$

于是

$$\begin{aligned}\dot{U} &= \dot{U}_1 - \dot{U}_2 + \dot{U}_3 \\ &= (50\underline{/30°} - 30\underline{/0°} + 40\underline{/-150°})\ \text{V} \\ &= [(43.30+\text{j}25) - 30 + (-34.64-\text{j}20)]\ \text{V} \\ &= (-21.34+\text{j}5)\ \text{V} \\ &= 21.92\underline{/166.81°}\ \text{V}\end{aligned}$$

正弦电压 u 为

$$u = 21.92\sqrt{2}\cos(\omega t + 166.81°)\ \text{V}$$

例 8-2　正弦稳态电路如图 8-2 所示,已知电压表 V_3 的读数为 1 V,电流表 A_2 的读数为 1 A,电流表 A_3 的读数为 1 A。

(1) 求 A_1 的读数;

(2) 电压源 u_S 的有效值为多少?

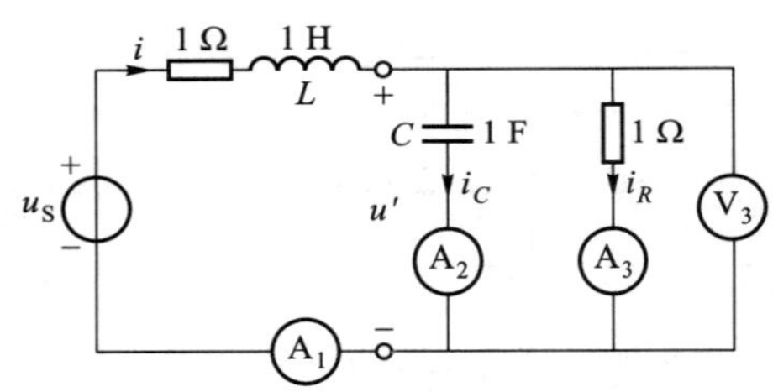

图 8-2　例 8-2 图

解:(1) 因为 1 F 电容与 1 Ω 电阻并联,所以电压表 V_3 的读数为并联电路电压 u' 的有效值。

因为

$$\dot{I} = \dot{I}_C + \dot{I}_R$$

$\dot{I}_R$ 与 $\dot{U}'$ 同相,$\dot{I}_C$ 超前于 $\dot{U}'$ 的角度为 90°,故

$$I = \sqrt{I_C^2 + I_R^2} = \sqrt{2}\ \text{A}$$

(2) 设 $\dot{U}' = U'\underline{/0°}$,则 $\dot{I} = \sqrt{2}\underline{/45°}$ A,所以有

$$\dot{U}_s = 1\times\dot{I} + \text{j}\omega L\dot{I} + \dot{U}'$$

而

$$\dot{U} = \frac{1}{\text{j}\omega C}\cdot\dot{I}_C,\quad \omega = \frac{I_C}{U'C} = 1\ \text{rad/s}$$

则

$$\begin{aligned}\dot{U}_s &= (1\cdot\sqrt{2}\underline{/45°} + \text{j}1\cdot\sqrt{2}\underline{/45°} + 1\underline{/0°})\ \text{V} \\ &= (1+\text{j}2)\ \text{V}\end{aligned}$$

解得 $\dot{U}_s$ 的有效值为

$$U_s = \sqrt{1^2+2^2}\ \text{V} \approx 2.236\ \text{V}$$

例 8-3　电路如图 8-3 所示,其中 $R = 10\ \Omega, L_1 = 12\ \text{H}, L_2 = 4\ \text{H}, C_1 = 1\ \text{F}$。根据所给出的不同频率画出该电路的相量图:

（1）$\omega_1=0.5\ \text{rad/s}$；

（2）$\omega_2=0.25\ \text{rad/s}$。

解：（1）当 $\omega=0.5\ \text{rad/s}$ 时，电路各部分元件的阻抗参数如图 8-4 所示。

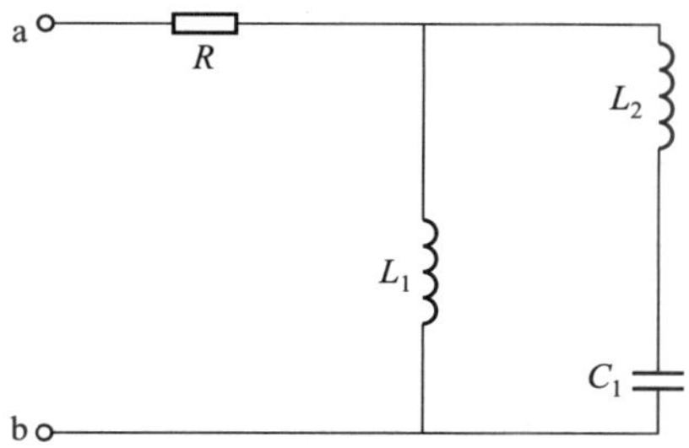

图 8-3　例 8-3 图

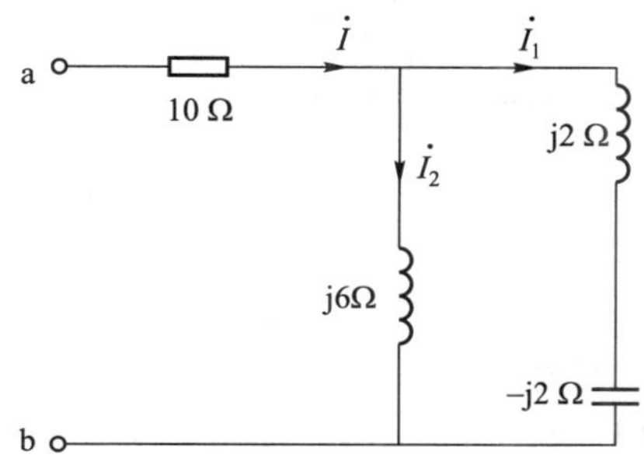

图 8-4　例 8-3 图

由此可以得到该电路的相量图如图 8-5 所示。

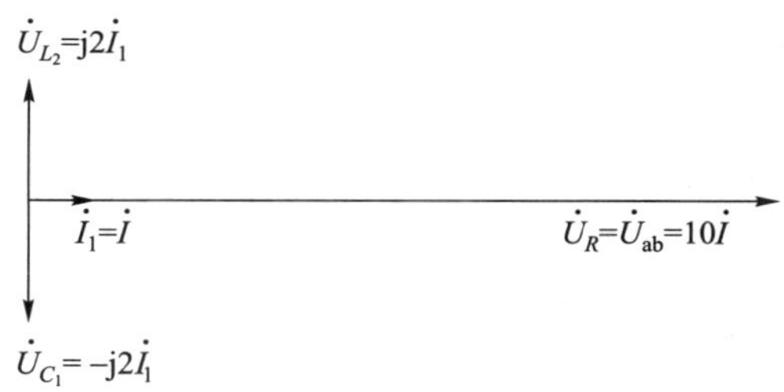

图 8-5　例 8-3 图

（2）当 $\omega=0.25\ \text{rad/s}$ 时，电路各部分元件的阻抗参数如图 8-6 所示。由此可以画出相量图如图 8-7 所示。

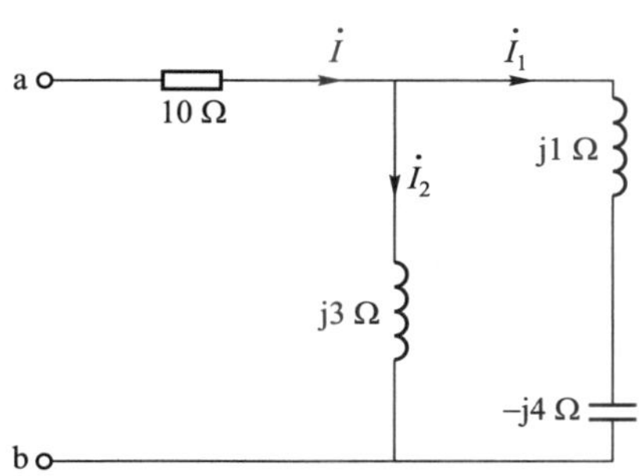

图 8-6　例 8-3 图

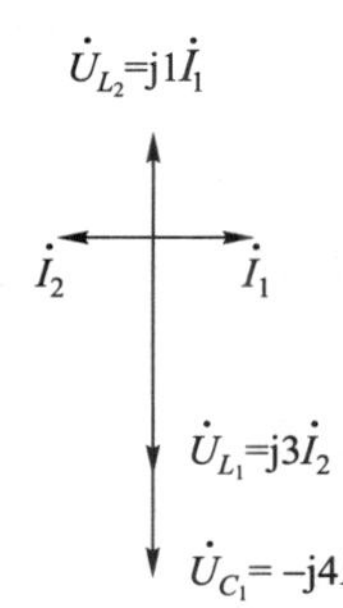

图 8-7　例 8-3 图

四、习题分析

8-1　将下列复数化为极坐标形式：

(1) $F_1=-5-\mathrm{j}5$;(2) $F_2=-4+\mathrm{j}3$;(3) $F_3=20+\mathrm{j}40$;(4) $F_4=\mathrm{j}10$;(5) $F_5=-3$;(6) $F_6=2.78-\mathrm{j}9.20$。

解:复数 F 的不同表示形式之间的关系为

$$F=a+\mathrm{j}b=|F|\mathrm{e}^{\mathrm{j}\theta}=|F|\angle\theta=|F|\cos\theta+\mathrm{j}|F|\sin\theta$$

代数形式转换为极坐标形式时,有

$$\theta=\arg F=\arctan\frac{b}{a}$$

$$|F|=a/\cos\theta=b/\sin\theta=\sqrt{a^2+b^2}$$

本题求解结果为

(1) $F_1=7.07\angle-135°$;(2) $F_2=5\angle143.13°$;(3) $F_3=44.72\angle63.43°$;(4) $F_4=10\angle90°$;(5) $F_5=3\angle180°$;(6) $F_6=9.61\angle-73.19°$。

8-2　将下列复数化为代数形式:

(1) $F_1=10\angle-73°$;(2) $F_2=15\angle112.6°$;(3) $F_3=1.2\angle52°$;(4) $F_4=10\angle-90°$;(5) $F_5=5\angle-180°$;(6) $F_6=10\angle-135°$。

解:根据 $a=|F|\cos\theta, b=|F|\sin\theta$,解得

(1) $F_1=2.92-\mathrm{j}9.56$;(2) $F_2=-5.76+\mathrm{j}13.85$;(3) $F_3=0.74+\mathrm{j}0.95$;(4) $F_4=-\mathrm{j}10$;(5) $F_5=-5$;(6) $F_6=-7.07-\mathrm{j}7.07$。

特别提示:复数形式的转换中,要特别注意复数的辐角 θ 在坐标中象限的位置。

8-3　若 $100\angle0°+A\angle60°=175\angle\varphi$,求 A 和 φ。

解:解复数方程(组)是相量法中经常遇到的问题。一个复数方程(组)可以分解为两个实数方程(组)求解,本题有

$$100+A\cos 60°=175\cos\varphi \quad (\text{实部相等})$$
$$A\sin 60°=175\sin\varphi \quad (\text{虚部相等})$$

解得

$$A=102.1,\quad \varphi=30.34°$$

也可以根据复数方程在复平面上作出满足题意要求的几何图形,用解析几何的方法寻求求解的方法。如本题可在复平面作出题解 8-3 图所示的图形。根据图形有

$$\frac{175}{\sin 120°}=\frac{100}{\sin(60°-\varphi)}=\frac{A}{\sin\varphi}\quad (\text{正弦定理})$$

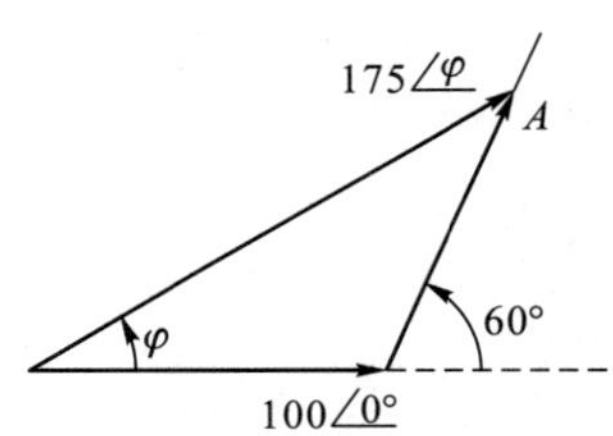

题解 8-3 图

8-4　求题 8-1 中的 $F_2\cdot F_6$ 和 F_2/F_6。

解:复数的乘、除用极坐标比较方便,有

$$F_2\cdot F_6=|F_2||F_6|\angle\theta_2+\theta_6=48.05\angle69.94°$$

$$F_2/F_6=\frac{|F_2|}{|F_6|}\angle\theta_2-\theta_6=0.52\angle216.32°$$

复数的乘除也可以用代数形式运算，其运算方法可参阅主教材 § 8-1。

8-5　求题 8-2 中的 F_1+F_5 和 $-F_1+F_5$。

解：求复数的代数和要用代数形式进行运算，或在复平面上用图解法进行。本例的结果为

$$F_1+F_5=(2.92-\mathrm{j}9.56)+(-5)=-2.08-\mathrm{j}9.56$$

$$-F_1+F_5=-(2.92-\mathrm{j}9.56)+(-5)=-7.92+\mathrm{j}9.56$$

8-6　已知 $F_1=|F_1|\angle 60°$，$F_2=-7.07-\mathrm{j}7.07$。求 $|F_1+F_2|$ 最小时的 F_1。

解：设 $F_1+F_2=|F|\angle\varphi$，根据题意可列方程为

$$|F_1|\angle 60°+10\angle -135°=|F|\angle\varphi$$

分解为两个实数方程为

$$|F_1|+10\cos 165°=|F|\cos(\varphi-60°)$$

$$10\sin 165°=|F|\sin(\varphi-60°)$$

显然，要使 $|F|$ 最小，必定有 $\sin(\varphi-60°)=1$，则解得

$$\varphi=60°+90°=150°$$

$$|F|=10\sin 165°=2.59$$

$$|F_1|=-10\cos 165°=9.66$$

与题 8-3 类似，也可以在复平面上用作图法求解。

8-7　若已知两个同频正弦电压的相量分别为 $\dot{U}_1=50\angle 30°$ V，$\dot{U}_2=-100\angle -150°$ V，其频率 $f=100$ Hz。求：

(1) u_1、u_2 的时域形式。

(2) u_1 与 u_2 的相位差 φ。

解：(1) 题意已给出正弦电压 u_1、u_2 的三个要素，可直接写出它们时域形式的表达式为

$$u_1=50\sqrt{2}\cos(628t+30°)\text{ V}$$

$$u_2=-100\sqrt{2}\cos(628t-150°)\text{ V}=100\sqrt{2}\cos(628t+30°)\text{ V}$$

(2) 相位差 φ 为

$$\varphi=30°-30°=0\quad(\text{同相})$$

8-8　已知一段电路的电压、电流为

$$u=10\sin(10^3t-20°)\text{ V}$$

$$i=2\cos(10^3t-50°)\text{ A}$$

(1) 画出它们的波形图，求出它们的有效值、频率 f 和周期 T。

(2) 写出它们的相量和画出其相量图，求出它们的相位差。

(3) 如把电压 u 的参考方向反向，重新回答问题(1)和(2)。

解：(1) 确定正弦量的极大值→零点(负斜率)→极小值→零点(正斜率)→再极大值等关键点在坐标中的位置，这些步骤是描绘正弦量波形的关键。如以题中的电流 i

为例,说明如下:

第 1 个极大值坐标为

$$\cos\ (10^3 t_1-50°)=1,\quad 10^3 t_1=50° \quad (\text{坐标原点的右侧})$$

然后依次求出其他关键点的坐标:

第 1 个极大值→负斜率零点→极小值→正斜率零点→再极大值

(坐标)	50°	50°+90°	50°+180°	50°+270°	50°+360°
	←90°→	←90°→	←90°→	←90°→	

每一个区间再确定两、三点正弦量值的坐标位置,就能准确描绘出正弦量波形(波形从略)。

它们的有效值分别为

$$U=\frac{10}{\sqrt{2}}\ \text{V}=7.07\ \text{V},\quad I=\frac{2}{\sqrt{2}}\ \text{A}=1.414\ \text{A}$$

根据 $\omega=2\pi f=\frac{2\pi}{T}$,它们的频率 f 和周期 T 分别为

$$f=\frac{\omega}{2\pi}=159.16\ \text{Hz},\quad T=\frac{2\pi}{\omega}=6.28\times10^{-3}\text{s}$$

(2) 它们的相量分别为(根据正弦量的时域形式表达式直接按定义写出)

$$\dot{U}=7.07\underline{/-110°}\ \text{V},\quad \dot{I}=1.414\underline{/-50°}\ \text{A}$$

注意:电压 u 的表达式必须转换为 cosine 函数表示。它们的相量图如题解 8-8 图所示。

它们的相位差 φ 为

$$\varphi=(10^3t-110°)-(10^3t-50°)=-60° \quad (u\ \text{滞后}\ i)$$

(3) 若电压 u 的参考方向反向,则令 $u'=-u$,有

$$\dot{U}'=-\dot{U}=7.07\underline{/70°}\ \text{V}$$

即反向时相当于初相角增加了 180°,所以与电流的相位差 φ' 为

$$\varphi'=-60°+180°=120° \quad (u'\text{超前}\ i)$$

u'的波形图是 u 的波形图以横轴为轴翻转 180°,其他不变。

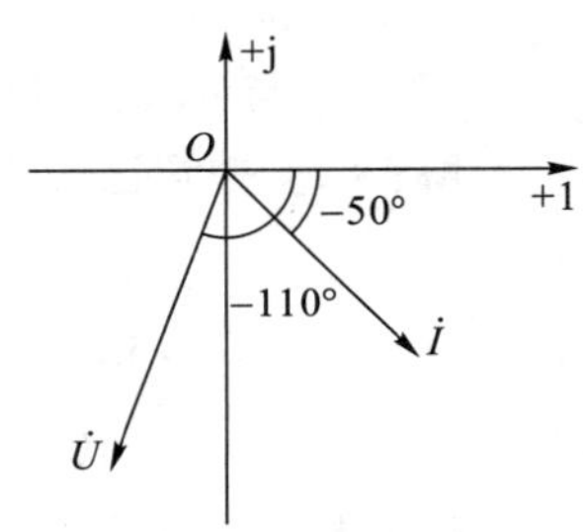

题解 8-8 图

8-9 已知题 8-9 图所示 3 个电压源的电压分别为

$$u_a=220\sqrt{2}\cos(\omega t+10°)\ \text{V}$$
$$u_b=220\sqrt{2}\cos(\omega t-110°)\ \text{V}$$
$$u_c=220\sqrt{2}\cos(\omega t+130°)\ \text{V}$$

(1) 求 3 个电压的和。(2) 求 u_{ab}、u_{bc}。(3) 画出它们的相量图。

解:(1) 正弦量(同频)的求和可用相量求和,则有

$$\dot{U}_a=220\underline{/10°}\ \text{V},\quad \dot{U}_b=220\underline{/-110°}\ \text{V},\quad \dot{U}_c=220\underline{/130°}\ \text{V}$$

令相量求和的结果为 $\dot{U}$,即有

$$\dot{U}=\dot{U}_a+\dot{U}_b+\dot{U}_c=220\angle 10^\circ(1+\angle -120^\circ+\angle 120^\circ)\ \mathrm{V}=0$$

即

$$u=u_a+u_b+u_c=0$$

（2）根据 KVL,有

$$\dot{U}_{ab}=\dot{U}_a-\dot{U}_b=220\angle 10^\circ(1-\angle -120^\circ)\ \mathrm{V}=220\sqrt{3}\angle 40^\circ\ \mathrm{V}$$

$$\dot{U}_{bc}=\dot{U}_b-\dot{U}_c=220\angle -110^\circ(1-\angle -120^\circ)\ \mathrm{V}=220\sqrt{3}\angle -80^\circ\ \mathrm{V}$$

（3）它们的相量图如题解 8-9 图所示。

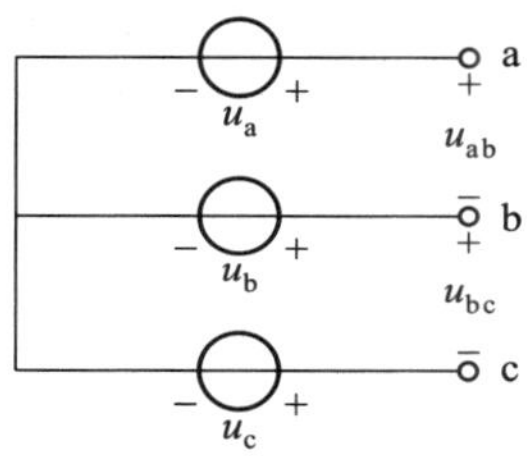

题 8-9 图

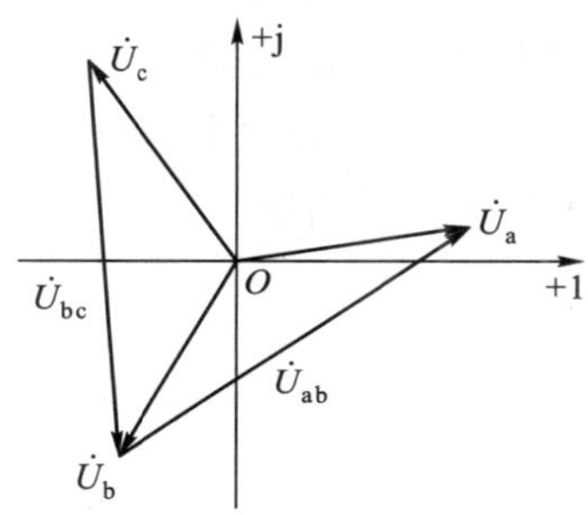

题解 8-9 图

8-10 已知题 8-10 图(a)中电压表的读数为 V_1:30 V;V_2:60 V;题 8-10 图(b)中的 V_1:15 V;V_2:80 V;V_3:100 V(电压表的读数为正弦电压的有效值)。求图中电压 u_s 的有效值 U_s。

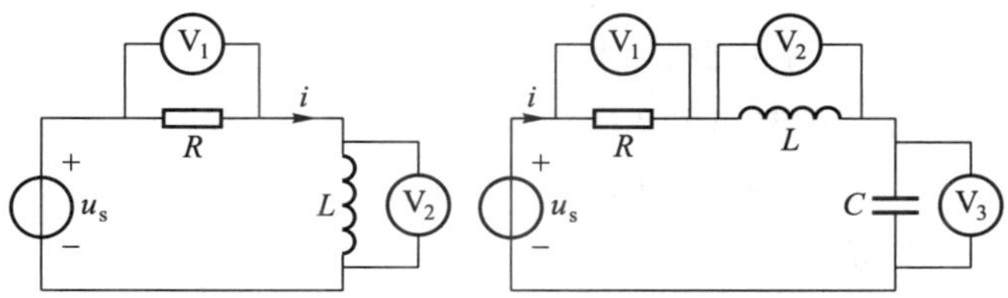

(a) (b)

题 8-10 图

解:题 8-10 图所示电路为元件串联组成的无源一端口电路。按题意给定的条件,只能列写 1 个独立的 KVL 方程求解。图中电压表的读数是电压相量的模(有效值),而其相位只能根据元件的 VCR 特性,相对于共同的电流相量来进行相对确定。

题 8-10 图(a)中,可设 $\dot{U}_s=U_s\angle\phi_s$,$\dot{I}=I\angle\phi_i$(输入电流相量,从"+"端流入),则电阻电压 $\dot{U}_1=30\angle\phi_i$(与电流相量同相),电感电压 $\dot{U}_2=60\angle\phi_i+90^\circ$(超前电流相量 90°)。KVL 方程为

$$U_s\angle\phi_s=30\angle\phi_i+60\angle\phi_i+90^\circ$$

上式两边同除以 $1\angle\phi_i$,解得

$$U_s\angle\phi_s-\phi_i=(30+j60)\ V=67.08\angle 63.43°\ V$$

即有 $U_s=67.08$ V,$\phi_s-\phi_i=63.43°$。ϕ_s、ϕ_i 为不定解,两者之一可以任意指定,当然指定为零也是合理的。

同理,题 8-10 图(b)为

$$U_s\angle\phi_s-\phi_i=(15+j80-j100)\ V=25\angle -53.13°\ V$$

即有 $U_s=25$ V,$\phi_s-\phi_i=-53.13°$。

8-11　如果维持主教材例 8-5 图 8-14 所示电路中 A_1 的读数不变,而把电源的频率提高一倍,求电流表 A 的读数。

解:由于电感的感抗随频率呈正比变化,容抗随频率呈反比变化。当电源频率提高一倍,而端电压不变的情况下(由 A_1 读数不变可知),则电路中的电流表 A_2、A_3 的读数将分别变为

$$A_2:\frac{20}{2}\ A=10\ A$$

$$A_3:25\times2\ A=50\ A$$

结果为

$$\dot{I}=(5-j10+j50)\ A=(5+j40)\ A=40.31\angle 82.87°\ A$$

即电流表 A 的读数为

$$I=40.31\ A$$

特别提示:当电路中含有储能(动态)元件时,电路的工作状态将跟随频率变化,这一现象特别重要,学习时要留意分析,相关内容将在后续的章节中论述。

8-12　对 RC 并联电路做如下 2 次测量:(1) 端口加 120 V 直流电压($\omega=0$)时,输入电流为 4 A;(2) 端口加频率为 50 Hz,有效值为 120 V 的正弦电压时,输入电流有效值为 5 A。求 R 和 C 的值。

解:电路在两次测量中的工作状态不同,是由于电源频率不同所引起的。

(1) 当 $\omega=0$(直流)时,$\dfrac{1}{\omega C}=\infty$,电容相当于开路,等效电路如题解 8-12 图(a)所示。求得电阻 R 为

$$R=\frac{U_s}{I_R}=\frac{120}{4}\ \Omega=30\ \Omega$$

(2) 当 $f=50$ Hz 时,$\dfrac{1}{\omega C}=\dfrac{1}{314C}$。等效电路如题解 8-12 图(b)所示。令 $\dot{U}_s=120\angle 0°$ V,$\dot{I}_R=4\angle 0°$ A(不变),而 $\dot{I}_C=j314C\dot{U}_s$,$\dot{I}=5\angle\phi_i$,KCL 方程为

$$5\angle\phi_i=4+j314C\dot{U}_s$$

解得

$$C=\frac{\sqrt{5^2-4^2}}{314\times120}\ \mu\text{F}=79.62\ \mu\text{F}$$

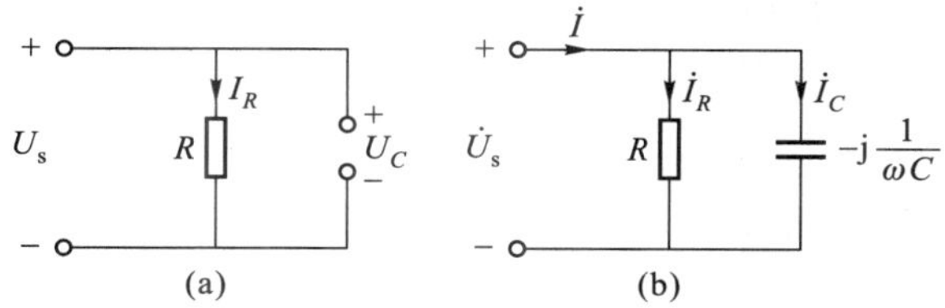

题解 8-12 图

8-13　某一元件的电压、电流(关联方向)分别为下述 4 种情况时,它可能是什么元件?

(1) $\begin{cases}u=10\cos(10t+45°)\ \text{V}\\ i=2\sin(10t+135°)\ \text{A}\end{cases}$;　　(3) $\begin{cases}u=-10\cos t\ \text{V}\\ i=-\sin t\ \text{A}\end{cases}$;

(2) $\begin{cases}u=10\sin(100t)\ \text{V}\\ i=2\cos(100t)\ \text{A}\end{cases}$;　　(4) $\begin{cases}u=10\cos(314t+45°)\ \text{V}\\ i=2\cos(314t)\ \text{A}\end{cases}$。

解:根据元件的 VCR(同频正弦量时),先求出电压、电流的相位差,判定元件的性质,再根据模值之间的关系,求出元件的值。(注意:电压、电流都必须用 cosine 函数表示)。

(1) $\varphi=0$,电阻。$R=\frac{10}{2}\ \Omega=5\ \Omega$。

(2) $\varphi=-90°$,电容。$\omega CU_m=I_m$,$C=2\times10^{-4}$ F。

(3) $\varphi=90°$,电感。$\omega LI_m=U_m$,$L=10$ H。

(4) $\varphi=45°$,非单一的无源元件,可能为 RL 电路。

8-14　电路由电源 $u_s=100\cos(10^3t)$ V 及 R 和 $L=0.025$ H 串联组成,电感端电压的有效值为 25 V。求 R 的值和电流的表达式。

解:电路如题解 8-14 图所示。图中 $\dot{U}_s=\frac{100}{\sqrt{2}}\angle 0°$ V,$\text{j}\omega L=\text{j}25\ \Omega$。用串联电路的分压公式,先求出 $\dot{U}_L$ 的表达式,再分析求解的思路。$\dot{U}_L$ 为

$$\dot{U}_L=\frac{\dot{U}_s}{R+\text{j}25}\cdot\text{j}25$$

由于 $\dot{U}_L=25$ V,所以有 $|R+\text{j}25|=U_s$,解得 R 为

$$R=\sqrt{U_s^2-25^2}=66.14\ \Omega$$

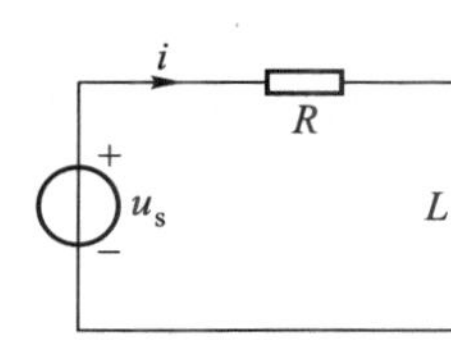

题解 8-14 图

电流 $\dot{I}$ 为

$$\dot{I}=\frac{\dot{U}_s}{66.14+\text{j}25}=1\angle-20.7°\ \text{A}$$

即有

$$i=\sqrt{2}\cos(10^3t-20.7°)\ \text{A}$$

8-15　已知题 8-15 图所示电路中 $I_1=I_2=10$ A。求 $\dot{I}$ 和 $\dot{U}_s$。

解：由于电路中只有一个独立源，分析求解时，为了方便，可任意指定 1 个相量的相位为零。本题可从已知的并联部分开始。并联部分的 KCL 方程有

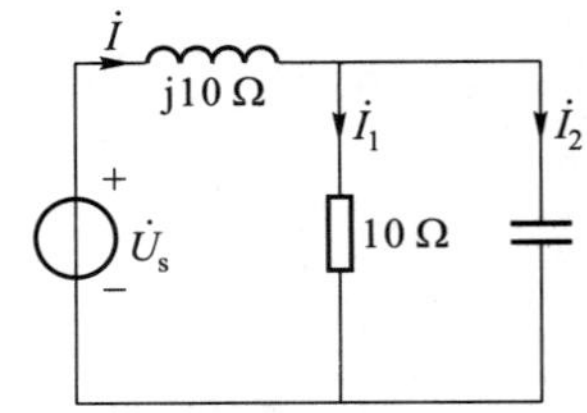

题 8-15 图

$$\dot{I}=\dot{I}_1+\dot{I}_2$$

令 $\dot{I}_1=10\angle 0°$ A(指定为零度)，则 $\dot{I}_2=\text{j}10$ A(超前电压 90°)，解得

$$\dot{I}=(10+\text{j}10)\ \text{A}=10\sqrt{2}\angle 45°\ \text{A}$$

根据 KVL，有

$$\dot{U}_s=\text{j}10\dot{I}+10\dot{I}_1=\text{j}100\ \text{V}$$

8-16　题 8-16 图所示电路中 $\dot{I}_s=2\angle 0°$ A。求电压 $\dot{U}$。

解：电路的入端导纳 Y_i 为

$$Y_i=\left(\frac{1}{1}+\frac{1}{-\text{j}0.5}+\frac{1}{\text{j}1}\right)\text{S}=(1+\text{j}1)\text{S}$$

求得电压 $\dot{U}$ 为

$$\dot{U}=\frac{\dot{I}_s}{Y_i}=\sqrt{2}\angle -45°\ \text{V}$$

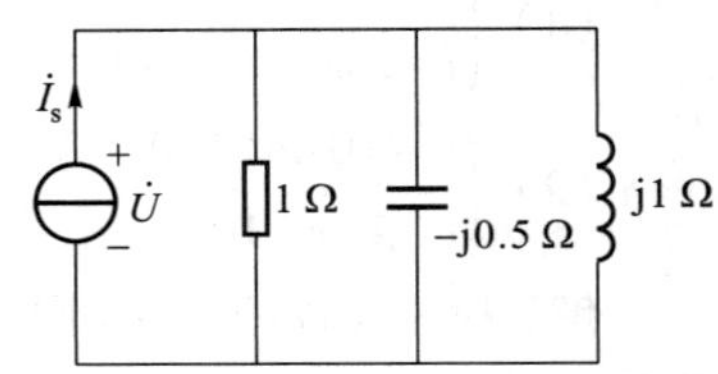

题 8-16 图

8-17　电路如题 8-17 图所示。已知 $C=1\ \mu\text{F}$，$L=1\ \mu\text{H}$，$u_S=1.414\cos(10^6t+\phi_u)$ V。当电路稳态时，在 $t=t_1$ 时刻打开开关，有 $i_L(t_1)=0.678\ 6$ A。求 $t\geqslant t_1$ 时的电流 i_L。

解：$t\geqslant t_{1+}$ 时，电路为一阶的 RL 电路，其状态可用动态电路的三要素法求解，分别叙述如下：

i_L 的初始值 $i_L(t_{1+})$ 为

$$i_L(t_{1+})=i_L(t_{1-})=0.678\ 6\ \text{A}$$

RL 电路的时间常数 τ 为

$$\tau=\frac{L}{R}=10^{-6}\ \text{s}$$

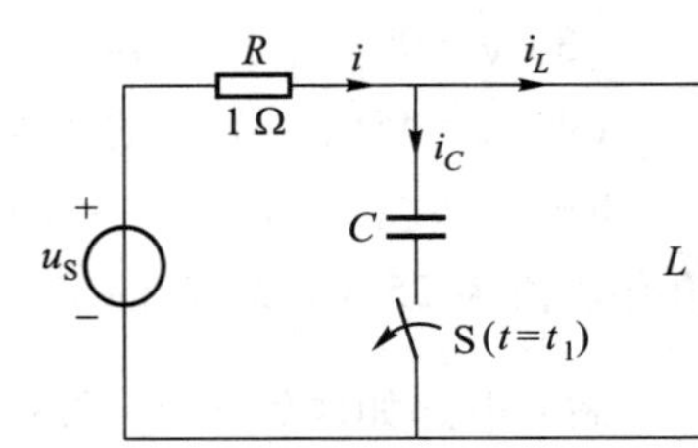

题 8-17 图

$t\geqslant t_{1+}$ 后，电流 i_L 的特解 i_{Lp} 为正弦电压源 u_S 激励的正弦稳态，可用相量法求解，有

$$\dot{I}_{Lp}=\frac{\dot{U}_s}{R+\text{j}\omega L}$$

式中，$\dot{U}_s=1\angle \omega t_1+\phi_u$，$\text{j}\omega L=\text{j}1$。求得 $\dot{I}_{Lp}$ 为

$$\dot{I}_{Lp}=\frac{1}{\sqrt{2}}\angle \omega t_1+\phi_u-45°$$

电流 i_L 全响应的表达式为

$$i_L=\cos[\omega(t-t_1)+\omega t_1+\phi_u-45°]+B\text{e}^{-10^6(t-t_1)}$$

式中，$\omega t_1+\phi_u$ 为 $t=t_1$ 时刻，开关 S 打开时，电压源的相位状态，应作为 $t\geqslant t_{1+}$ 后，电压源

u_S 的初相，它可以通过 $t=t_{1-}$ 时，i_L 的状态 $i_L(t_{1-})$ 求得，即有

$$\dot{U}_s=1\angle\phi_u,\quad \mathrm{j}\omega L=\mathrm{j}1,\quad -\mathrm{j}\frac{1}{\omega C}=-\mathrm{j}1\ \Omega$$

L、C 并联部分的等效值为

$$\frac{\mathrm{j}1(-\mathrm{j}1)}{\mathrm{j}1-\mathrm{j}1}=\infty$$

相当于开路，$i=0$，则 $\dot{I}_L$ 为

$$\dot{I}_L=\frac{\dot{U}_s}{\mathrm{j}1}=1\angle\phi_u-90^\circ\ \mathrm{A}$$

即有

$$i_L=\sqrt{2}\cos(\omega t+\phi_u-90^\circ)\ \mathrm{A}$$

$t=t_1$ 时，有

$$i_L(t_1)=\sqrt{2}\cos(\omega t_1+\phi_u-90^\circ)$$

求得

$$(\omega t_1+\phi_u)=\begin{cases}151.32^\circ\\28.68^\circ\end{cases}$$

将上述结果代入 $t\geqslant t_{1+}$ 后，求得式中积分常数 B，i_L 的表达式的最终结果为

$$\begin{cases}i_L=\cos[\omega(t-t_1)+151.32^\circ-45^\circ]+0.96\mathrm{e}^{-10^6(t-t_1)}\\i_L=\cos[\omega(t-t_1)+28.68^\circ-45^\circ]-0.28\mathrm{e}^{-10^6(t-t_1)}\end{cases}\quad t\geqslant t_1$$

特别提示：① $t\geqslant t_1$ 后的电流 i_L 的表达式中，时间变量为什么写成 $(t-t_1)$。② $\omega t_1+\phi_u$ 的含义和求法要重点理解。③ 题中 L、C 的并联组合的算法虽与电阻并联的算法相同，但出现了电阻并联不会出现的结果，读者要特别加以注意。

8-18　已知题 8-18 图中 $U_S=10$ V（直流），$L=1$ μH，$R_1=1$ Ω，$i_S=2\cos(10^6t+45^\circ)$ A。用叠加定理求电压 u_C 和电流 i_L。

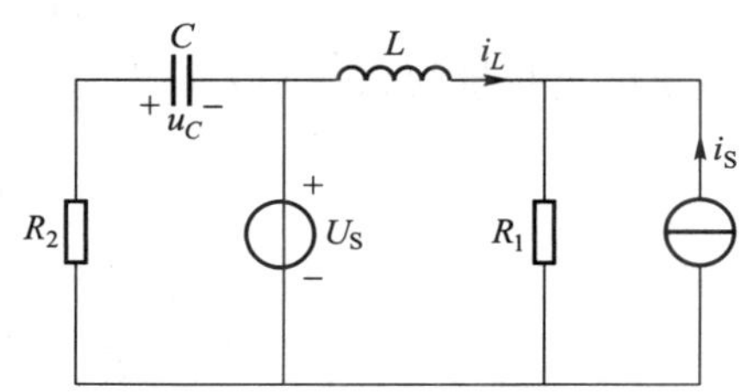

题 8-18 图

解：(1) U_S 单独作用时，$\omega=0$，电容开路，电感短路，$i_S=0$（开路），求得

$$u_C'=-u_S=-10\ \mathrm{V},\quad i_L'=\frac{U_S}{R_1}=10\ \mathrm{A}$$

(2) i_S 单独作用时，$U_S=0$（用短路替代）。用相量法求解。$\dot{I}_s=\sqrt{2}\angle45^\circ$ A，$\mathrm{j}\omega L=\mathrm{j}1$ Ω。于是求得

$$u_C''=0,\quad \dot{I}_L=-\dot{I}_s\frac{1}{1+\mathrm{j}1}=-\frac{\sqrt{2}\angle45^\circ}{\sqrt{2}\angle45^\circ}\ \mathrm{A}=-1\ \mathrm{A}$$

叠加的结果（时域形式）为

$$u_C=-10\ \mathrm{V}$$

$$i_L=[10-\sqrt{2}\cos(10^6t)]\ \mathrm{A}$$

8-19　求题 8-19 图中所示的电流 $\dot{I}$(分三种情况:$\beta>1$,$\beta<1$ 和 $\beta=1$)。

解:根据 KCL,有

$$\dot{I}=\mathrm{j}\omega C\dot{U}_s+\beta\dot{I}$$

解得

$$\dot{I}=\frac{\mathrm{j}\omega C}{1-\beta}\dot{U}_s$$

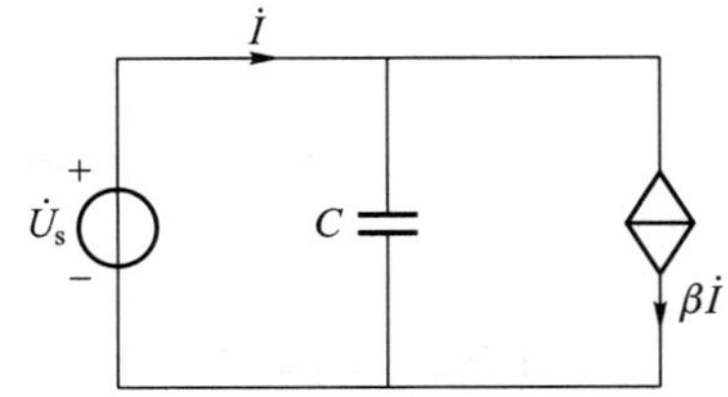

题 8-19 图

(1) $\beta>1$ 时,电流 $\dot{I}$ 滞后电压 $\dot{U}_s$ 90°,电路为等效电感,即有

$$L_{eq}=\frac{\beta-1}{\omega^2 C}$$

通过电容 C 与 CCCS 的组合可替代电感。

(2) $\beta<1$ 时,电流 $\dot{I}$ 超前电压 $\dot{U}_s$ 90°,电路为等效电容 C_{eq},有

$$C_{eq}=\frac{C}{1-\beta}$$

(3) $\beta=1$ 时,$\dfrac{\dot{U}_s}{\dot{I}}=0$,电路与短路线等效。当 $U_s\neq0$ 时,电流 i 为∞。

8-20　已知题 8-20 图中 $u_S=25\sqrt{2}\cos(10^6t-126.87°)$ V,$R=3\ \Omega$,$C=0.2\ \mu$F,$u_C=20\sqrt{2}\cos(10^6t-90°)$ V。

(1) 求各支路电流。

(2) 支路 1 可能是什么元件?

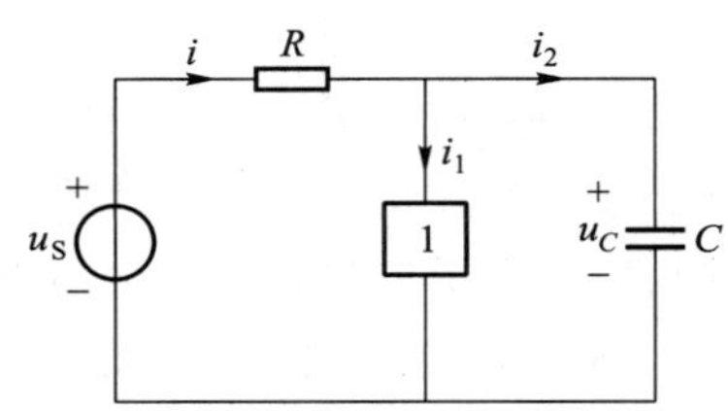

题 8-20 图

解:用相量法求解,根据题意有

$$\dot{U}_s=25\angle-126.87°\ \mathrm{V},$$

$$\dot{U}_C=20\angle-90°\ \mathrm{V},-\mathrm{j}\frac{1}{\omega C}=-\mathrm{j}5\ \Omega$$

待求电流相量为 $\dot{I}$、$\dot{I}_1$ 和 $\dot{I}_2$。先求 $\dot{I}_2$ 和 $\dot{I}_1$,有

$$\dot{I}_2=\frac{\dot{U}_C}{-\mathrm{j}5}=4\angle0°\ \mathrm{A}$$

$$\dot{I}=\frac{\dot{U}_s-\dot{U}_C}{R}=\frac{1}{3}(-15-\mathrm{j}20+\mathrm{j}20)\ \mathrm{A}=-5\ \mathrm{A}$$

根据 KCL,$\dot{I}_1$ 为

$$\dot{I}_1=\dot{I}-\dot{I}_2=(-5-4)\ \mathrm{A}=-9\ \mathrm{A}=9\angle180°\ A$$

支路 1 的电压与电流的相位差 φ 为

$$\varphi=(-90°)-180°=-270°+360°=90°$$

电压超前电流 90°,支路 1 可能是一个电感元件 L。如果不限于无源元件,则支路 1 可能是电压源 $\dot{U}_{s1}=\dot{U}_C=-\mathrm{j}20$ V,也可能是电流源 $i_{S1}=9\sqrt{2}\cos(10^6t+180°)$ A 等,不是唯一解。

第九章
正弦稳态电路的分析

第九章课件

一、重点和难点

① 充分掌握阻抗与导纳的概念；能够熟练绘制相量图；与线性电阻电路相类比，熟练掌握正弦稳态电路的分析方法；特别需要注意的是，运用相量法分析正弦稳态电路时，复数运算会给求解带来不同于线性电阻电路分析的新问题。

② 应给予正弦稳态电路功率计算高度重视，正确理解平均功率、无功功率、视在功率和复功率。在有些情况下，适当地利用复功率守恒定律可简化电路计算。

③ 熟练运用复功率与视在功率、平均功率、无功功率、功率因数、电压相量、电流相量、阻抗、导纳等的相互关系来分析正弦稳态电路。

二、学习方法指导

1. 对于阻抗、导纳和相量图的认识

阻抗与导纳可对任一不含独立源的复合支路定义，它类似于直流电阻电路的电阻和电导。在电路计算中，阻抗的串联可用等效阻抗表示。

相量图有助于各量幅值和相位的比较，有时能起到简化电路计算的作用。绘制电路相量图时要注意：① 绘出所有必要的电压、电流相量。② 相量图应由一些多边形（或扭曲的多边形）组成，每个多边形均反映电路的 KCL 或 KVL。③ 参考相量要视电路结构选取，串联电路一般取电流为参考相量，并联电路一般取电压为参考相量。参考相量在相量图中画在水平位置，方向朝右。

2. 对于正弦稳态电路一般分析方法的认识

由于用相量法分析正弦稳态电路，其 KCL、KVL 与电阻电路中的 KCL、KVL 在形式上是相似的，只要将直流电阻电路中的电流和电压换成相量形式即可；同时，由于阻抗和导纳类似于直流电阻电路中的电阻和电导，因此，直流电阻电路中的分析方法如节点

电压法、回路电流法、网孔法、叠加定理、戴维南定理和诺顿定理、特勒根定理等方法均可用于正弦稳态电路的相量法分析中。分析时,只需将正弦电流和电压换成相应的电流和电压相量,将电阻或电导换成相应的阻抗和导纳。值得注意的是,电容和电感是包含在阻抗和导纳的定义中的,因此,电容和电感是按阻抗和导纳来处理的。

用相量法对电路进行正弦稳态分析时,由于电路方程为复数形式,因而比较灵活。对某一相量或阻抗,题目已知条件可能只是模值、辐角、实部或虚部,求解时要视具体情况进行分析。

3. 正弦稳态电路中的功率

正弦稳态电路中的功率是非常重要的,这里包含了很多不同于电阻电路的概念。

设支路电压 u 和电流 i 取关联参考方向,分别为

$$u=\sqrt{2}U\cos(\omega t+\phi_u)$$

$$i=\sqrt{2}I\cos(\omega t+\phi_i)$$

则支路吸收的(即消耗的)平均功率

$$P=\frac{1}{T}\int_{t_0}^{t_0+T}ui\mathrm{d}t=UI\cos\ \varphi$$

式中,φ 是电压与电流的相位差,$\varphi=\phi_u-\phi_i$。当该支路为一阻抗时,φ 等于阻抗角。

在正弦稳态分析中,还定义

无功功率 $Q\overset{\text{def}}{=}UI\sin\ \varphi$

视在功率 $S\overset{\text{def}}{=}UI$

功率因数 $\lambda\overset{\text{def}}{=}\frac{P}{S}=\cos\ \varphi$

由于功率因数不能反映电压与电流相位差的正负号,工程中称电流超前电压时的功率因数为超前功率因数,电流滞后电压时的功率因数为滞后功率因数。

为了有所区分,定义平均功率的单位为 W,无功功率的单位为 var,视在功率的单位为 V · A。

支路的瞬时功率可表示为

$$P=UI\cos\ \varphi[1+\cos(2\omega t)]-UI\sin\ \varphi\sin(2\omega t)$$

无功功率 Q 是第二项的最大值,这一项对应的是该支路与外部往复交换的瞬时功率,所以无功功率 Q 是用来表征该支路与外部交换能量的能力。

除以上定义的无功功率和视在功率外,还定义复功率

$$\overline{S}\overset{\text{def}}{=}\dot{U}\dot{I}^*=S\angle\varphi=P+\mathrm{j}Q$$

复功率的单位为 V · A。由上式,在 S,φ,P,Q 的 4 个量中,由任 2 个量可求出另 2 个。

阻抗 Z 和导纳 Y 吸收的复功率也可表示成

$$\overline{S}=Z\dot{I}\dot{I}^{*}=ZI^{2}=RI^{2}+\mathrm{j}XI^{2}$$

$$\overline{S}=\dot{U}(Y\dot{U})^{*}=Y^{*}U^{2}=GU^{2}-\mathrm{j}BU^{2}$$

用特勒根定理易于证明:电路中所有支路复功率(或平均功率,或无功功率)的代数和为零。

用电压表、电流表和功率表测量阻抗 Z 的电路如图 9-1 所示,Z 的电阻分量只吸收平均功率,于是

$$R=\frac{P}{I^{2}}$$

Z 的电抗分量只吸收无功功率,则

$$|X|I^{2}=\sqrt{(UI)^{2}-P^{2}}$$

故

$$|X|=\frac{1}{I^{2}}\sqrt{(UI)^{2}-P^{2}}$$

对感性阻抗,$X>0$;对容性阻抗,$X<0$。

图 9-1 中的阻抗 Z 若为一个无源无受控源一端口网络,则根据“复功率守恒”原则,网络中所有电阻元件消耗的平均功率之和为 P。

图 9-2 描述了最大功率传输问题。

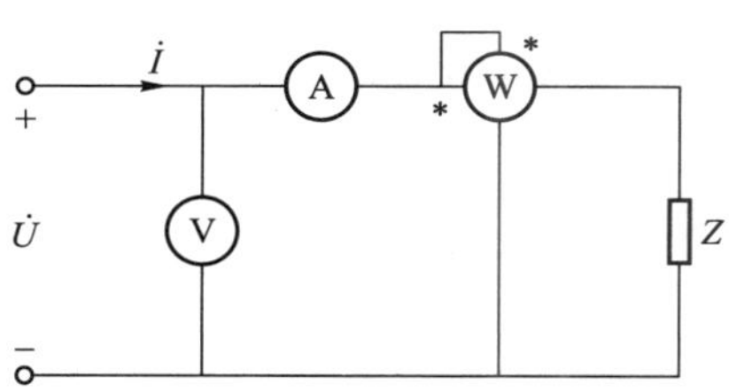

图 9-1　测量阻抗 Z 的电路

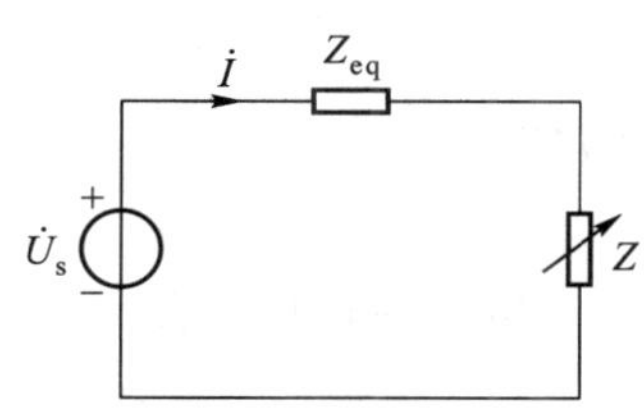

图 9-2　最大功率传输

如图 9-2 所示电路,若电压源 $\dot{U}_{s}$ 与阻抗 Z_{eq} 保持不变,$Z_{eq}=R_{eq}+\mathrm{j}X_{eq}$,而负载阻抗 Z 可调,$Z=R+\mathrm{j}X=|Z|\angle\varphi$,下面将讨论负载获得最大平均功率的条件。

当 Z 的实部和虚部均可调时,负载吸收的平均功率为

$$P=RI^{2}=\frac{R}{(R+R_{eq})^{2}+(X+X_{eq})^{2}}U_{s}^{2}$$

可看出,当 $X=-X_{eq}$,$R=R_{eq}$ 时 P 最大,其值为

$$P_{m}=\frac{U_{s}^{2}}{4R_{eq}}$$

由于在最大功率处,$Z=Z_{eq}^{*}$,故称共轭匹配。

最大功率指的是平均功率。最大功率传输问题的分析类似于电阻电路,往往需要借助于戴维南定理或诺顿定理。

三、典型例题

例 9-1　图 9-3 所示电路,已知 $I_2=10$ A,$I_3=10\sqrt{2}$ A,$U=200$ V,$R_1=5$ Ω,$R_2=\omega L$,求 I_1,$\dfrac{1}{\omega C}$,ωL,R_2。

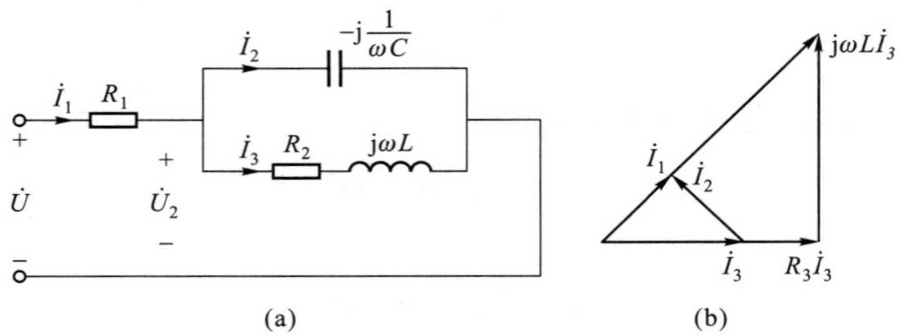

图 9-3　例 9-1 图

解:设 $\dot{I}_3$ 的初相为零,由于 $R_2=\omega L$,则 $\dot{U}_2=U_2\angle 45°$,而 $\dot{I}_2$ 超前 $\dot{U}_2$ 的相位为 90°,故

$$\dot{I}_2=10\angle 90°+45°\ \text{A}=10\angle 135°\ \text{A}$$

相量图如图 9-3(b)所示,根据 KCL,有

$$\dot{I}_1=\dot{I}_2+\dot{I}_3=(10\angle 135°+10\sqrt{2}\angle 0°)\ \text{A}=10\angle 45°\ \text{A}$$

根据 KVL,有

$$\dot{U}=R_1\dot{I}_1+\dot{U}_2$$

由于 $\dot{I}_1$ 和 $\dot{U}_2$ 同相,故有

$$U=R_1I_1+U_2$$

或

$$200=5\times 10+U_2$$

则

$$U_2=150\ \text{V}$$

又

$$U_{R_2}=U_L=\frac{U_2}{\sqrt{2}}=75\sqrt{2}\ \text{V}$$

于是

$$\frac{1}{\omega C}=\frac{150}{10}\ \Omega=15\ \Omega,\quad R_2=\omega L=\frac{75\sqrt{2}}{10\sqrt{2}}\ \Omega=7.5\ \Omega$$

例 9-2　图 9-4 所示电路,已知 $R=1$ Ω,$L=62.5$ mH,$C=0.25$ F,$g=3$ S,$\omega=4$ rad/s,求图示电路的输入导纳 Y。

解:应用节点电压法

$$\left(4+\frac{1}{j\omega L}\right)\dot{U}_1=\frac{1}{j\omega L}\dot{U}$$

得

$$\dot{U}_1=\frac{1}{1+j4\omega L}\dot{U}$$

故

$$\dot{I}=j\omega C\dot{U}+\dot{U}_1=\left(j\omega C+\frac{1}{1+j4\omega L}\right)\dot{U}$$

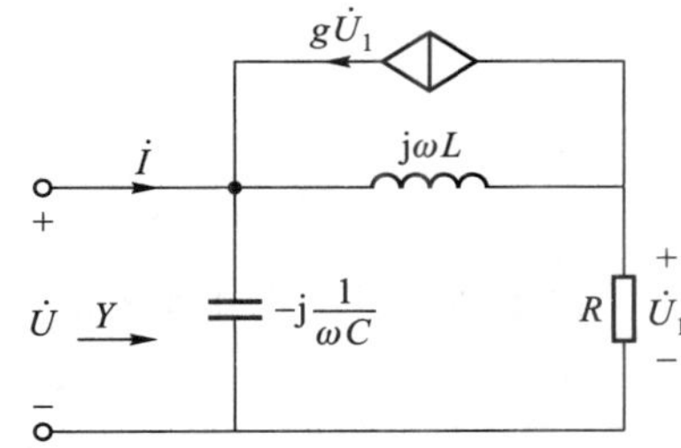

图 9-4　例 9-2 图

电路的输入导纳为

$$Y=j\omega C+\frac{1}{1+j4\omega L}=\left(j+\frac{1}{1+j}\right)\ S=0.5(1+j)\ S$$

例 9-3　图 9-5 所示电路为一交流电桥,$Z_x=R+jX$ 呈容性,试求以下 3 种情况下的 Z_x。

(1) 调节 R_B 和电位器,使电桥处于平衡状态,电压表的读数为零,已知 $R_A=100\ \Omega$,$R_B=50\ \Omega$,$R_C=20\ \Omega$,$R_{C2}=10\ \Omega$,$\frac{1}{\omega C}=20\ \Omega$;

(2) 只调节 R_B,使电压表的读数最小,为 2 V,电源电压为 15 V,其他参数同(1);

(3) 只调节电位器,使电压表的读数最小,为 2 V,电源电压为 15 V,其他参数同(1)。

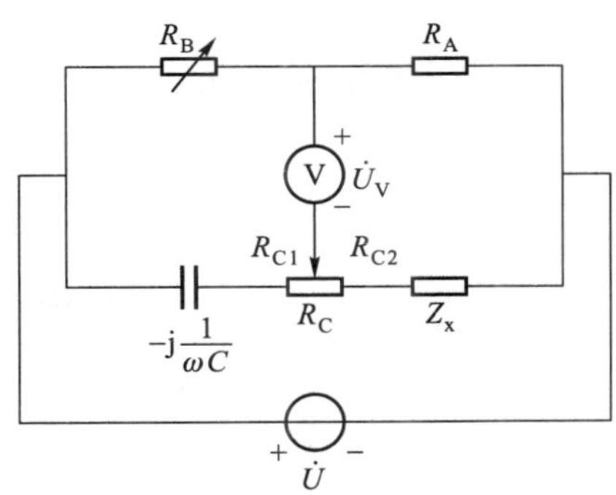

图 9-5　例 9-3 图

解:(1) 电桥平衡时,有

$$R_B(R_{C2}+Z_x)=R_A\left(R_{C1}-j\frac{1}{\omega C}\right)$$

于是

$$Z_x=\frac{R_A\left(R_{C1}-j\frac{1}{\omega C}\right)}{R_B}-R_{C2}=\left[\frac{100(10-j20)}{50}-10\right]\Omega=(10-j40)\ \Omega$$

(2) 电压表两端的电压为

$$\dot{U}_V=\left[\frac{R_A}{R_A+R_B}-\frac{Z_x+R_{C2}}{Z_x+R_C-j\frac{1}{\omega C}}\right]\dot{U}$$

调节 R_B 只影响上式括号内的实部,当实部为零时电压表的读数最小,故有

$$\pm j\frac{U_V}{U}=\frac{R_A}{R_A+R_B}-\frac{Z_x+R_{C2}}{Z_x+R_C-j\frac{1}{\omega C}}$$

将已知数据代入上式,有

$$\pm \mathrm{j}\frac{2}{15}=\frac{100}{100+50}-\frac{Z_x+10}{Z_x+20-\mathrm{j}20}$$

从上式解出

$$Z_x=(0.689-\mathrm{j}31.725)\ \Omega$$

由于另一解实部小于零,故舍去。

(3) 电压表两端的电压又可进一步写为

$$\dot{U}_V=\frac{R_A\left(R_C-\mathrm{j}\dfrac{1}{\omega C}\right)-(R_A+R_B)R_{C2}-R_BZ_x}{(R_A+R_B)\left(Z_x+R_C-\mathrm{j}\dfrac{1}{\omega C}\right)}\dot{U}$$

调节电位器,只改变 R_{C2} 的值,即只影响上式分子中的实部,当分子的实部为零时电压表读数最小,因而

$$R_AR_C-(R_A+R_B)R_{C2}-R_BR=0$$
$$100\times 20-(100+50)\times 10-50R=0$$

从该式得

$$R=10\ \Omega$$

由模值相等关系,有

$$\frac{U_V}{U}=\frac{\left|-R_A\dfrac{1}{\omega C}-R_BX\right|}{(R_A+R_B)\sqrt{(R+R_C)^2+\left(X-\dfrac{1}{\omega C}\right)^2}}$$

把已知数据代入上式,得

$$\frac{2}{15}=\frac{|2\ 000+50X|}{150\sqrt{900+(X-20)^2}}$$

化简后,有

$$X^2+102.857X+1\ 657.143=0$$

解出 $X_1=-20\ \Omega, X_2=-82.857\ \Omega$。于是

$$Z_{x1}=(10-\mathrm{j}20)\ \Omega,\quad Z_{x2}=(10-\mathrm{j}82.857)\ \Omega$$

例 9-4 电路如图 9-6 所示,已知 $\dot{U}=120\angle 0^\circ$ V, $R_1=20\ \Omega$, $Z_a=\mathrm{j}40\ \Omega$, $X_2=-20\ \Omega$, $R_2=10\ \Omega$,求功率表的读数。

解:设 R_1 中流过的电流为 $\dot{I}_1$,功率表的读数为 P,则有

$$P=U_{ac}I_1\cos(\phi_1-\phi_2)$$

式中,ϕ_1 是电压 $\dot{U}_{ac}$ 的初相,ϕ_2 为电流 $\dot{I}_1$ 的初相。

$$\mathrm{j}X_2\cdot\dot{I}_2=(R_1+Z_a)\dot{I}_1$$
$$\dot{U}=R_2(\dot{I}_1+\dot{I}_2)+(R_1+Z_a)\dot{I}_1$$

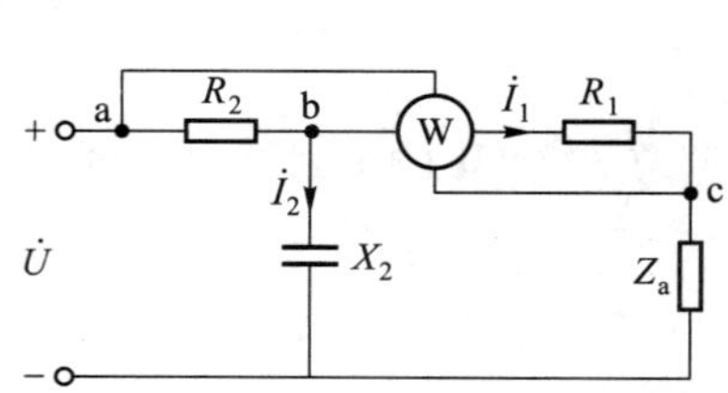

图 9-6 例 9-4 图

代入已知数据，消去 $\dot{I}_2$ 可求得

$$\dot{I}_1=\frac{120\angle 0^\circ}{20+\mathrm{j}40+10(1-2+\mathrm{j})}\ \mathrm{A}$$

$$=2.35\angle -78.69^\circ\ \mathrm{A}$$

$$\dot{I}_2=(-2+\mathrm{j})\dot{I}_1=(-2+\mathrm{j})\times 2.35\angle -78.69^\circ\ \mathrm{A}$$

$$=(1.38+\mathrm{j}5.07)\ \mathrm{A}$$

$$=5.26\angle 74.74^\circ\ \mathrm{A}$$

$$\dot{U}_{\mathrm{ac}}=R_2(\dot{I}_1+\dot{I}_2)+\dot{I}_1R_1=33.21\angle -33.69^\circ\ \mathrm{V}$$

$$P=33.21\times 2.35\times\cos[-78.69^\circ-(-33.69^\circ)]\ \mathrm{W}$$

$$=55.18\ \mathrm{W}$$

例 9-5　电路如图 9-7 所示，外施电压 $\dot{U}$ 为工频电压，其有效值为 50 V，电流 $\dot{I}$ 的有效值为 2 A，电路消耗总功率为 100 W，Z_1 的无功功率为 −40 var，Z_2 的有功功率为 20 W，求阻抗 Z_1 和电压 $\dot{U}_2$ 的有效值。

解：因为 $S=UI=100\ \mathrm{V\cdot A}$，故总有功功率、无功功率分别为

$$P=100\ \mathrm{W}$$

$$Q=0$$

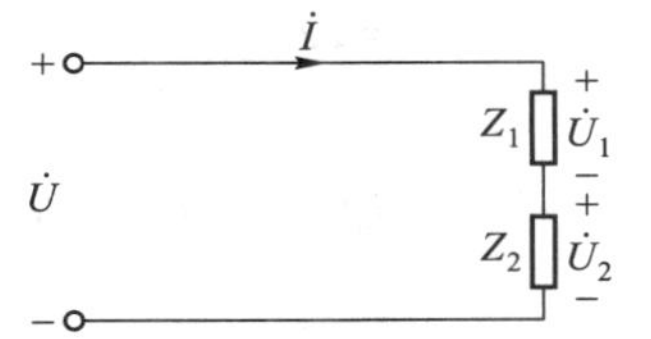

图 9-7　例 9-5 图

根据有功功率守恒，有

$$P=P_1+P_2$$

已知 $P_2=20\ \mathrm{W}$，故

$$P_1=80\ \mathrm{W}$$

根据无功功率守恒，有

$$Q=Q_1+Q_2$$

得

$$Q_2=-Q_1=40\ \mathrm{var}$$

而

$$Z_2=\frac{P_2}{I^2}+\mathrm{j}\frac{Q_2}{I^2}=(5+\mathrm{j}10)\ \Omega$$

解得

$$U_2=|Z_2|I=22.4\ \mathrm{V}$$

例 9-6　电路如图 9-8(a)所示，工频正弦电压 $\dot{U}$ 的有效值为 220 V，已知负载 1 的功率为 16 kW，$\cos\varphi_1=0.8$（滞后）；负载 2 的视在功率为 10 kV · A，$\cos\varphi_2=0.8$（超前）；欲使 $\dot{U}$ 与 $\dot{I}$ 同相，电容值应为多少？

解：此题的实质问题是提高功率因数。

因为

$$P_1=UI_1\cos\varphi_1=16\ \mathrm{kW}$$

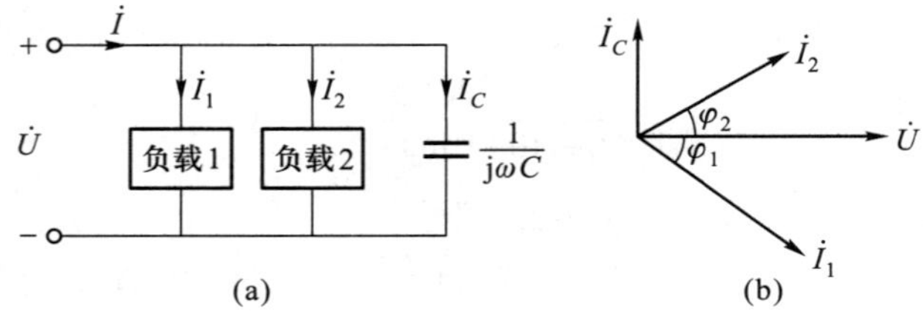

图 9-8　例 9-6 图

故

$$I_1=\frac{16\ 000}{220\times 0.8}\ \mathrm{A}=90.91\ \mathrm{A}$$

而

$$S_2=UI_2=10\ \mathrm{kV\cdot A}$$

故

$$I_2=\frac{10\ 000}{220}\ \mathrm{A}=45.45\ \mathrm{A}$$

设 $\dot{U}=220\angle 0^\circ$ V,则

$$\varphi_1=\varphi_2=\arccos 0.8=36.9^\circ$$

其相量图如图 9-8(b)所示,欲使总电流 $\dot{I}$ 与电压 $\dot{U}$ 同相,则有

$$I_C+I_2\sin\varphi_2=I_1\sin\varphi_1$$

故

$$\begin{aligned}I_C&=I_1\sin\varphi_1-I_2\sin\varphi_2\\&=(90.91\times 0.6-45.45\times 0.6)\ \mathrm{A}\\&=27.28\ \mathrm{A}\end{aligned}$$

由于

$$\dot{U}=\frac{1}{\mathrm{j}\omega C}\cdot\dot{I}_C$$

故

$$C=\frac{I_C}{\omega U}=\frac{27.28}{314\times 220}\ \mathrm{F}=3.95\times 10^{-4}\ \mathrm{F}$$

例 9-7　试求图 9-9 所示一端口电路的戴维南等效电路($\omega=1$ rad/s)。

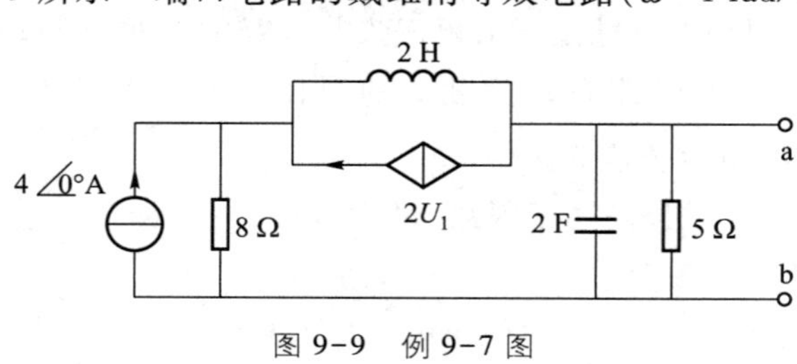

图 9-9　例 9-7 图

解:首先求解电路的开路电压,电路如图 9-10 所示。

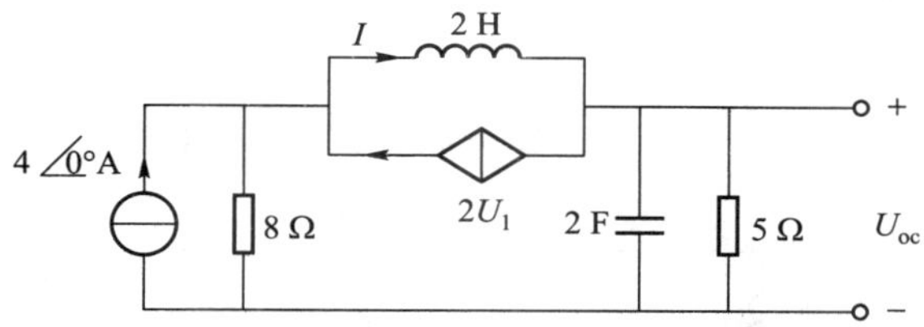

图 9-10　例 9-7 图

根据电路,有

$$4+2\dot{U}_1=\dot{I}+\frac{\dot{U}_1}{8}$$

$$\dot{U}_1=\mathrm{j}2\dot{I}+\dot{U}_{oc}$$

$$\frac{\dot{U}_{oc}}{-\mathrm{j}0.5}+\frac{\dot{U}_{oc}}{5}=\dot{I}-2\dot{U}_1$$

化简方程,可以求得

$$\dot{U}_{oc}=3.75\angle 142.80^\circ\ \mathrm{V}$$

求解等效阻抗时的电路如图 9-11 所示。

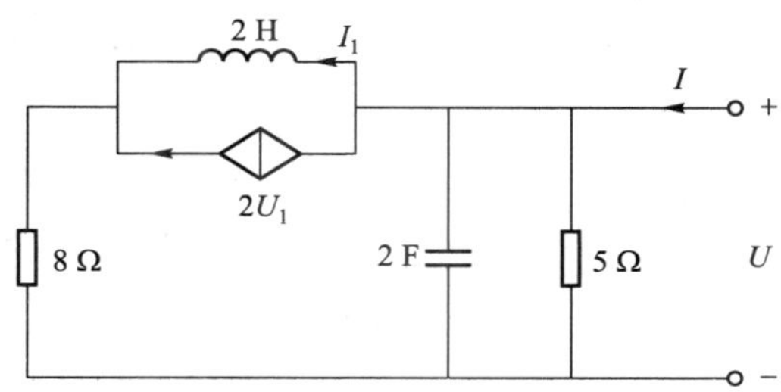

图 9-11　例 9-7 图

根据电路,有

$$\dot{I}_1+2\dot{U}_1=\frac{\dot{U}_1}{8}$$

$$\dot{I}=\frac{\dot{U}}{5}+\frac{\dot{U}}{-\mathrm{j}0.5}+\dot{I}_1+2\dot{U}_1$$

$$\dot{U}=\mathrm{j}2\dot{I}_1+\dot{U}_1$$

化简方程,可以求得

$$Z_{eq}=\frac{\dot{U}}{\dot{I}}=0.49\angle -84.14^\circ\ \Omega$$

综上,a-b 端口的戴维南等效电路如图 9-12 所示。

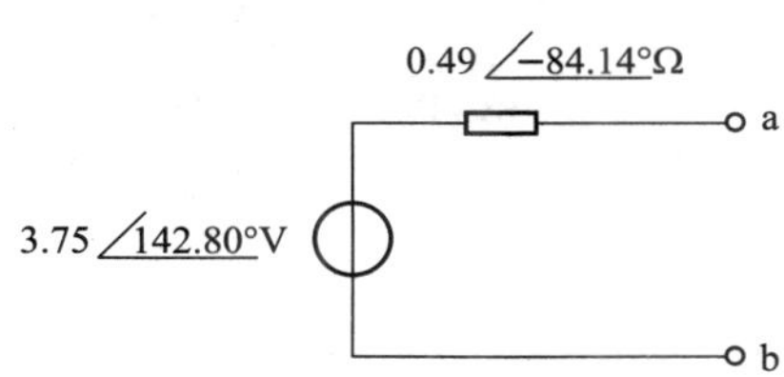

图 9-12　例 9-7 图

四、习题分析

9-1 试求题 9-1 图所示各电路的输入阻抗 Z 和导纳 Y。

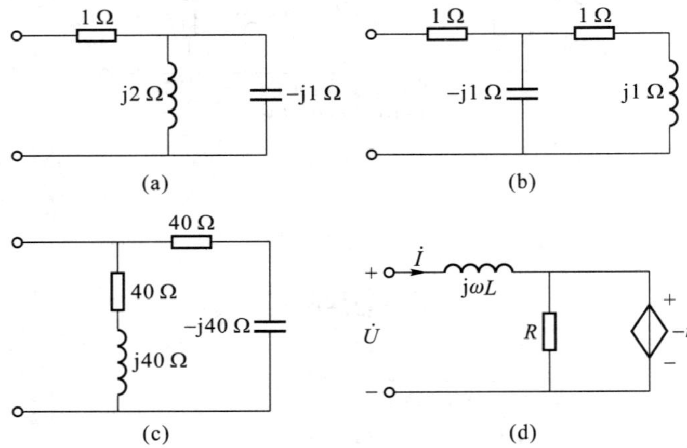

题 9-1 图

解:提示:① 求解方法与电阻电路的输入电阻求解方法一样。② 阻抗 Z 与导纳的变换条件为 $ZY=1$。③ 含有受控源的一端口电路的输入阻抗的求解,要用端口置源法。本题的求解结果如下:

(a) $Z=(1-\mathrm{j}2)\ \Omega$
$Y=(0.2+\mathrm{j}0.4)\ \mathrm{S}$;

(b) $Z=(2-\mathrm{j}1)\ \Omega$(容性)
$Y=(0.4+\mathrm{j}0.2)\ \mathrm{S}$;

(c) $Z=40\ \Omega$
$Y=0.025\ \mathrm{S}$;

(d) $Z=(-r+\mathrm{j}\omega L)\ \Omega$
$Y=1/(-r+\mathrm{j}\omega L)\ \mathrm{S}$。

9-2 将题 9-2 图所示三角形[图(a)]和星形[图(b)]联结的电路转换为等效星形和三角形联结的电路。

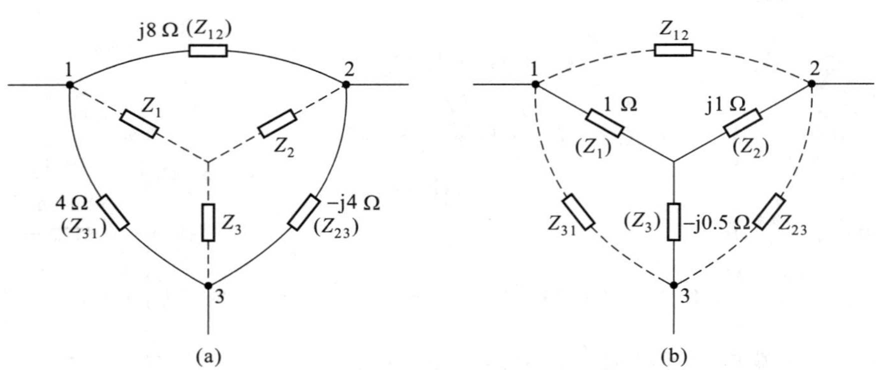

题 9-2 图

解:可直接引入三角形和星形电阻电路等效变换的公式。

图(a):三角形→星形

$$Z_1=\frac{4\times j8}{4+j8-j4}\ \Omega=(4+j4)\ \Omega$$

同理,有

$$Z_2=(4-j4)\ \Omega,\quad Z_3=(-2-j2)\ \Omega$$

等效星形电路如题 9-2 图(a)中虚线所示部分。

图(b):星形→三角形

$$Z_{12}=Z_1+Z_2+\frac{Z_1Z_2}{Z_3}=(-1+j1)\ \Omega$$

同理,有

$$Z_{23}=(0.5+j0.5)\ \Omega,\quad Z_{31}=(0.5-j0.5)\ \Omega$$

等效电路如题 9-2 图(b)中虚线所示部分。

注意:等效阻抗的实部可能为负值。

9-3　题 9-3 图中 N 为不含独立源的一端口,端口电压 u、电流 i 分别如下列各式所示。试求每一种情况下的输入阻抗 Z 和导纳 Y,并给出等效电路图(包括元件的参数值)。

(1) $\begin{cases}u=200\cos(314t)\ \text{V}\\ i=10\cos(314t)\ \text{A}\end{cases}$;

(2) $\begin{cases}u=10\cos(10t+45^\circ)\ \text{V}\\ i=2\cos(2t-90^\circ)\ \text{A}\end{cases}$;

(3) $\begin{cases}u=100\cos(2t+60^\circ)\ \text{V}\\ i=5\cos(2t-30^\circ)\ \text{A}\end{cases}$;

(4) $\begin{cases}u=40\cos(100t+17^\circ)\ \text{V}\\ i=8\sin(100t+\pi/2)\ \text{A}\end{cases}$。

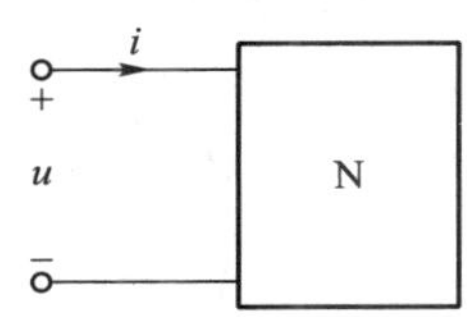

题 9-3 图

解:根据一端口电路的等效阻抗或导纳的定义直接求解,即有

$$Z=\frac{\dot{U}}{\dot{I}}=\frac{\dot{U}_m}{\dot{I}_m}\quad 或\quad Y=\frac{\dot{I}}{\dot{U}}=\frac{\dot{I}_m}{\dot{U}_m}$$

求解结果为

(1) $Z=\dfrac{\dot{U}_m}{\dot{I}_m}=\dfrac{200\angle 0^\circ}{10\angle 0^\circ}\ \Omega=20\ \Omega,\quad Y=0.05\ \text{S}$

等效电路为一个电阻 $R=20\ \Omega$ 的纯阻性电路。

(2) $Z=\dfrac{10\angle 45^\circ}{2\angle -90^\circ}\ \Omega=5\angle 135^\circ\ \Omega=(-3.54+j3.54)\ \Omega$

$$Y=\frac{1}{Z}=(-0.14-j0.14)\ \text{S}$$

等效电路为感性串、并联电路,如题解 9-3 图(a)和(b)所示。图中等效电感 L_{eq}(串

联）、L'_{eq}（并联）分别为

$$L_{eq}=\frac{3.54}{\omega}=0.354\ \text{H},\quad L'_{eq}=\frac{1}{\omega|B|}=0.714\ \text{H}$$

图中受控源 CCVS 的控制系数 $r=-3.54\ \Omega$［图（a）］，受控源 VCCS 的控制系数 $g=-0.14$ S［图（b）］。

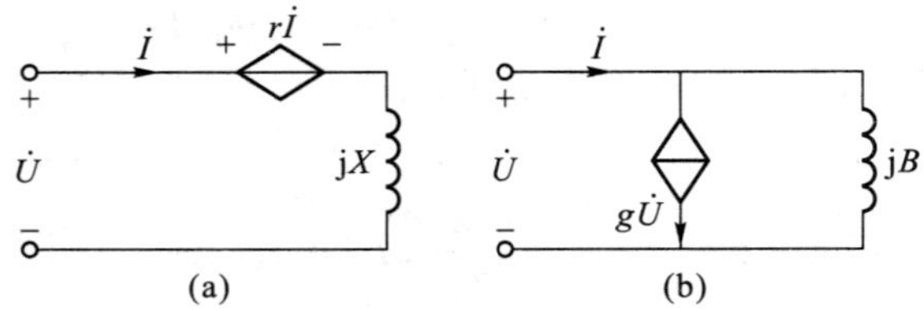

题解 9-3 图

（3）$Z=\dfrac{100\angle 60^\circ}{5\angle -30^\circ}\ \Omega=20\angle 90^\circ\ \Omega$

$Y=\dfrac{1}{Z}=0.05\angle -90^\circ$ S

等效电路为 1 个电感，等效电感值 $L_{eq}=\dfrac{20}{2}$ H = 10 H。

（4）$Z=\dfrac{40\angle 17^\circ}{8\angle 0^\circ}=5\angle 17^\circ\ \Omega=(4.78+\mathrm{j}1.46)\ \Omega$（感性）

$Y=(0.191-\mathrm{j}0.0585)$ S

等效电路为 R、L_{eq} 的串联电路或 G、L'_{eq} 的并联电路，即

$$\begin{cases}R=4.78\ \Omega\\L_{eq}=14.6\ \text{mH}\end{cases}\quad 或 \quad\begin{cases}G=0.191\ \text{S}\\L'_{eq}=0.171\ \text{H}\end{cases}$$

9-4 已知题 9-4 图所示电路中 $u_S=16\sqrt{2}\sin(\omega t+30^\circ)$ V，电流表 A 的读数为 5 A，$\omega L=4\ \Omega$。求电流表 A_1、A_2的读数。

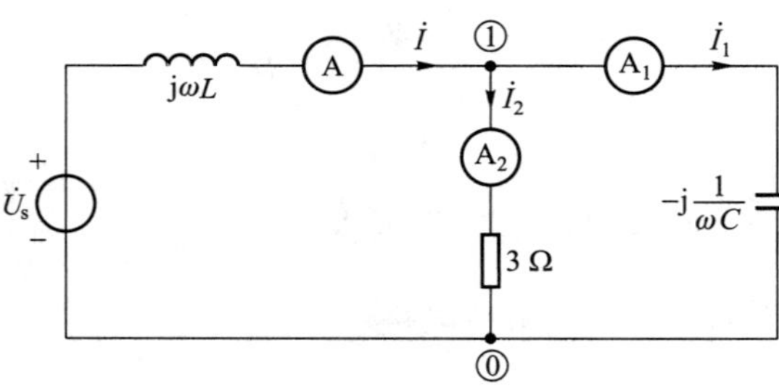

题 9-4 图

解：用支路电流法求解。$\dot U_s=16\angle -60^\circ$ V，设电流相量 $\dot I=5\angle \phi$ A，$\dot I_2=I_2\angle \phi_2$ A，$\dot I_1=I_1\angle \phi_2+90^\circ$ A（超前 $\dot I_2$ 90°）。列写电路方程如下：

$$5\angle\phi = I_2\angle\phi_2 + I_1\angle\phi_2+90^\circ \quad (\text{KCL})$$

$$3\dot{I}_2\angle\phi_2 = 16\angle-60^\circ + 20\angle\phi_2-90^\circ \quad (\text{KVL})$$

将上述方程两边除以 $1\angle\phi_2$，并令 $\phi'=\phi-\phi_2$，$\phi_u'=-60^\circ-\phi_2$，并选取如下实数方程：

$$15\cos\phi' - 20\sin\phi' = 16\cos\phi_u'$$

$$20\cos\phi' = 16\sin\phi_u'$$

最后可求得两组解，得

① $\dot{I}_1=3\angle-60^\circ$ A，$\dot{I}_2=4\angle-150^\circ$ A，$\dot{I}=5\angle-113.13^\circ$ A。

② $\dot{I}_1=4.799\angle-129.45^\circ$ A，$\dot{I}_2=1.404\angle140.55^\circ$ A，$\dot{I}=5\angle-145.76^\circ$ A。

故电流表 A_1 的读数为 3 A，A_2 的读数为 4 A 或者 A_1 的读数为 4.799 A，A_2 的读数为 1.404 A。

9-5　题 9-5 图所示电路中，$I_2=10$ A，$U_s=\dfrac{10}{\sqrt{2}}$ V，求电流 $\dot{I}$ 和电压 $\dot{U}_s$，并画出电路的相量图。

解：当电路中仅有一个独立源时，电路的分析求解可不受已知初相的约束，为了求解方便，可任意指定某 1 个相量的初相为参考相量（也仅能指定 1 个）。如本题可指定并联部分的电容支路的电流 $\dot{I}_2=\text{j}10$ A 为参考相量，则有

$$\dot{I}_1=10\ \text{A},\quad \dot{I}=(10+\text{j}10)\ \text{A} \quad (\text{KCL})$$

根据 KVL，有

$$\dot{U}_s=(10+\text{j}10)\text{j}\omega L+10$$

由于 $|\dot{U}_s|=\dfrac{10}{\sqrt{2}}$（有效值），则

$$|(10-10\omega L)+\text{j}10\omega L|=\frac{10}{\sqrt{2}}$$

解得 $\omega L=0.5\ \Omega$，$\dot{U}_s=5\sqrt{2}\angle45^\circ$ V $=(5+\text{j}5)$ V。电路的相量图如题解 9-5 图所示，图中虚线部分为 KCL，实线部分为 KVL。

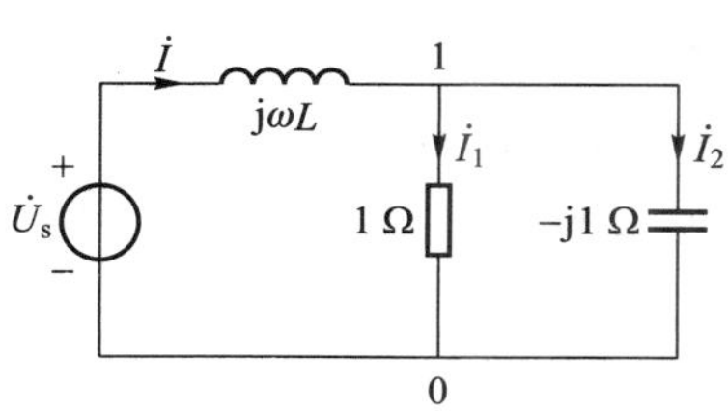

题 9-5 图

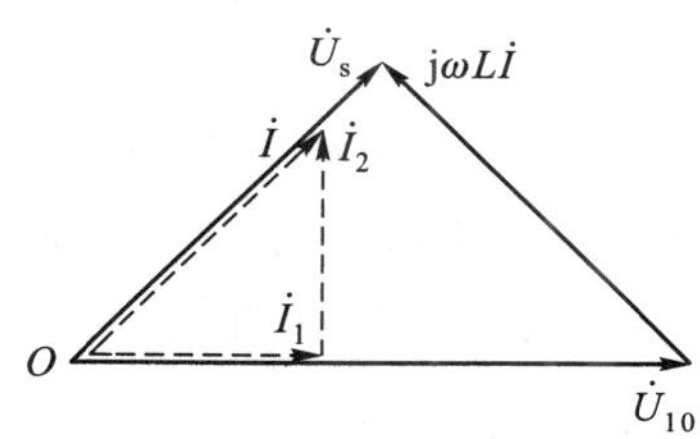

题解 9-5 图

9-6　题 9-6 图中 $i_S=14\sqrt{2}\cos(\omega t+\phi)$ mA，调节电容，使电压 $\dot{U}=U\angle\phi$，电流表 A_1 的读数为 50 mA。求电流表 A_2 的读数。

解：本题只能列写 KCL 方程和电流、电压相位间的关系求解。图中 $\dot{I}_s=14\angle\phi$ mA，

设 $\dot{I}_1=50\angle\phi_1$ mA,$\dot{I}_2=I_2\angle\phi_2$ mA,列 KCL 方程和相位关系为

$$14\angle\phi=50\angle\phi_1+I_2\angle\phi_2 \quad (\text{KCL})$$

$$\phi_2=\phi+90°(\dot{I}_2 \text{超前电压} \dot{U}\ 90°)$$

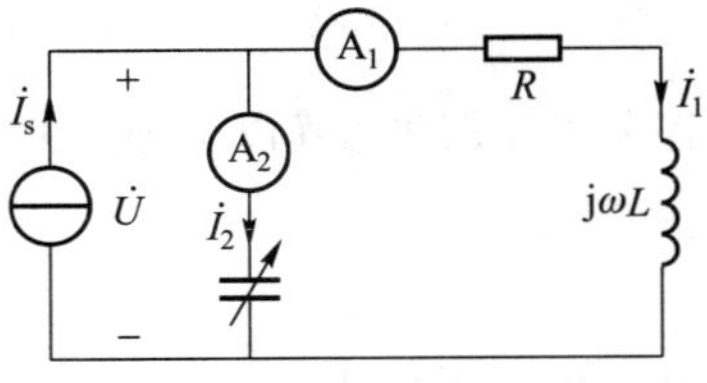

题 9-6 图

因为电路中只有一个独立源,所以可令 $\phi=0$(也可以为任意已知值),解得 $I_2=48$ mA(为表 A_2 读数)。

本题指定 $\phi=0$ 后,可根据 KCL 方程作出电流相量图求解。注意:$\phi_1<0$,电流相量多边形为直角三角形。

9-7 题 9-7 图中 $Z_1=(10+j50)\ \Omega$,$Z_2=(400+j1\ 000)\ \Omega$,如果要使 $\dot{I}_2$ 和 $\dot{U}_s$ 的相位差为 90°(正交),β 应等于多少?如果把图中 CCCS 换为可变电容 C,求 ωC。

解:先列写电路方程求解电流 $\dot{I}_2$(表达式),再寻求满足题给条件时,应当设定的参数值。本题可解得

$$\dot{U}_s=[(1+\beta)Z_1+Z_2]\dot{I}_2$$

当上式中括号内的复数实部为零,而虚部不为零时,就可使 $\dot{I}_2$、$\dot{U}_s$ 的相位差为 90°。结果为

$$\beta=-41, \quad \frac{\dot{U}_s}{\dot{I}_2}=-j1\ 000\ \Omega$$

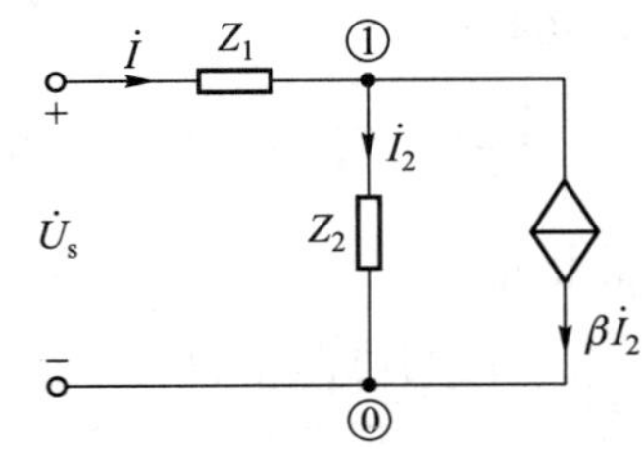

题 9-7 图

用可调电容 C 替代 CCCS 后,可列方程

$$\dot{U}_s=[(1+j\omega CZ_2)Z_1+Z_2]\dot{I}_2$$

解得

$$\omega C=13.67\times10^{-3}\ \text{S}, \quad \frac{\dot{U}_s}{\dot{I}_2}=j421.2\ \Omega$$

两种电路都能满足条件,但结果存在差别。读者还可用电阻或电感试做。

9-8 已知题 9-8 图所示电路中 $U=8$ V,$Z=(1-j0.5)\ \Omega$,$Z_1=(1+j1)\ \Omega$,$Z_2=(3-j1)\ \Omega$。求各支路电流和电路的输入导纳,画出电路的相量图。

解:设 $\dot{U}=8\angle0°$ V,求解结果如下:

$$Y_i=0.5\ \text{S}(\text{电阻性})$$

$$\dot{I}=4\angle0°\ \text{A}, \quad \dot{I}_1=(3-j)\ \text{A}, \quad \dot{I}_2=(1+j)\ \text{A}$$

电路的相量图如题解 9-8 图所示。虚线所示部分为 KCL 电流相量图(三角形),实线部分为 KVL 电压方程的相量图。

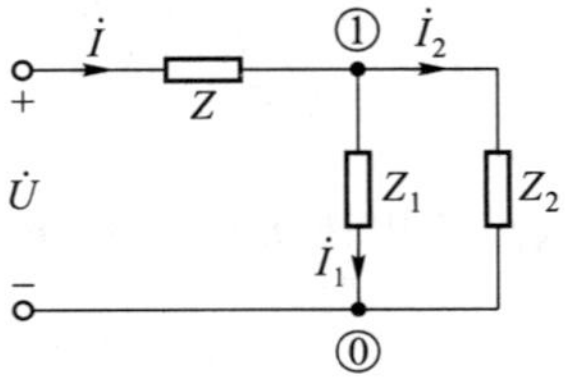

题 9-8 图

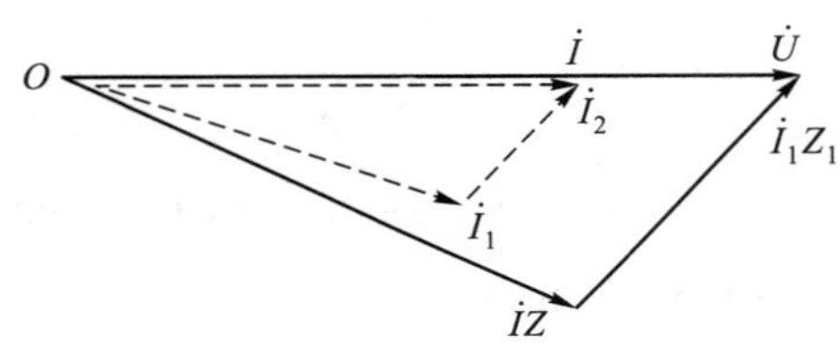

题解 9-8 图

9-9　已知题 9-9 图所示电路中，$U=100\ \text{V}$，$U_C=100\sqrt{3}\ \text{V}$，$X_C=-100\sqrt{3}\ \Omega$，阻抗 Z_x 的阻抗角 $|\varphi_x|=60°$。求 Z_x 和电路的输入阻抗。

解：从已知条件可以判定 Z_x 为感性阻抗，即 $\varphi_x>0$，并有

$I=\dfrac{100\sqrt{3}}{100\sqrt{3}}\ \text{A}=1\ \text{A}$。设 $Z_i=100\angle\varphi_Z\ \Omega$，

$Z_C=-\text{j}100\sqrt{3}\ \Omega$，$Z_x=|Z_x|\angle 60°\ \Omega$，可列出如下方程

$$100\angle\varphi_Z=-\text{j}100\sqrt{3}+|Z_x|\angle 60°\quad（阻抗三角形）$$

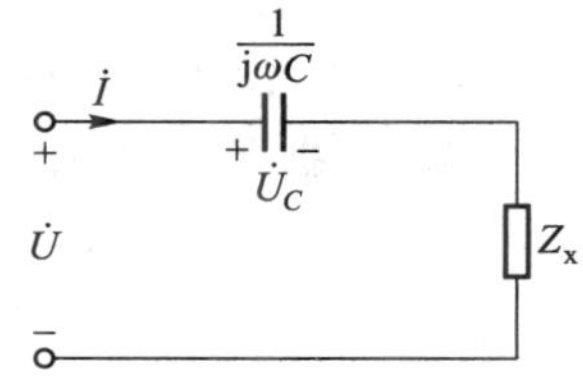

题 9-9 图

方程可变换为

$$100\angle\varphi_Z-60°=100\sqrt{3}\angle-150°+|Z_x|$$

解得 $\varphi_Z=0°$或 $\varphi_Z=-60°$。Z_x 有如下两组结果：

$$Z_x=(100\angle 0°+\text{j}100\sqrt{3})\ \Omega=200\angle 60°\ \Omega$$

$$Z_x=(100\angle-60°+\text{j}100\sqrt{3})\ \Omega=100\angle 60°\ \Omega$$

读者可以思考：Z_x 在什么条件下，只有一个解；什么条件下，Z_x 无解。

9-10　题 9-10 图所示电路中，当 S 闭合时，各表读数如下：表 V 为 220 V、表 A 为 10 A、表 W 为 1 000 W；当 S 打开时，各表读数依次为 220 V、12 A 和 1 600 W。求阻抗 Z_1 和 Z_2，设 Z_1 为感性（图中表 W 称为功率表，其读数 $=\text{Re}[\dot{U}\dot{I}^*]$，$\dot{U}$ 为表 W 跨接的电压相量，$\dot{I}$ 为从 * 端流进表 W 的电流相量）。

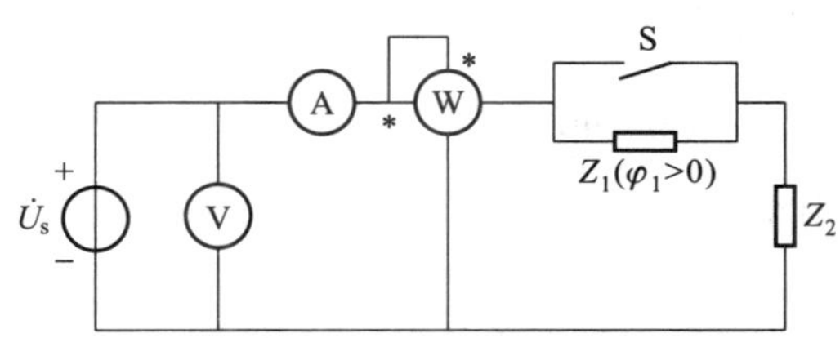

题 9-10 图

解：可以判定阻抗 Z_2 为容性阻抗。当 S 闭合时（Z_1 不作用），有

$$220\times10\cos\varphi_{Z_2}=1\ 000$$

解得 $\varphi_{Z_2}=-62.96°$，则有 $Z_2=\dfrac{220}{10}\angle-62.96°\ \Omega=(10-\text{j}19.6)\ \Omega$。

当 S 打开时，有

$$220\times12\cos\varphi_Z=1\ 600$$

解得 $\varphi_Z=\pm52.70°$，则有

$$\frac{220}{12}\angle\pm52.70°=Z_1+Z_2$$

解得 Z_1 为

$$Z_1=\begin{cases}(1.11+\mathrm{j}5.02)\ \Omega\\(1.11+\mathrm{j}34.18)\ \Omega\end{cases}$$

9-11 已知题9-11图所示电路中,各交流电表的读数分别为表V:100 V;表V_1:171 V;表V_2:240 V。$I=4$ A,$P_1=240$ W(Z_1吸收),求阻抗Z_1和Z_2。

解:根据条件可先求得Z_1,有

$$171\times4\cos\varphi_{Z_1}=240$$

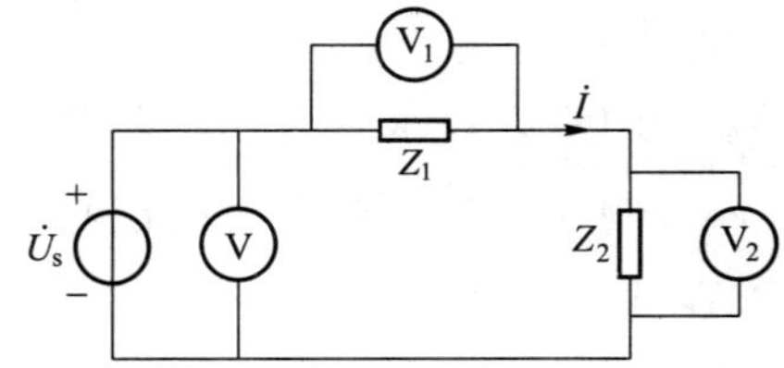

题9-11图

解得

$$\varphi_{Z_1}=\pm69.46^\circ$$

设

$$Z_i=\frac{U}{I}\angle\varphi=25\angle\varphi\ \Omega$$

$$Z_1=\frac{U_1}{I}\angle\varphi_{Z_1}=\frac{171}{4}\angle\pm69.46^\circ\ \Omega=42.75\angle\pm69.46^\circ\ \Omega$$

$$Z_2=\frac{U_2}{I}\angle\varphi_{Z_2}=60\angle\varphi_{Z_2}\ \Omega$$

根据阻抗三角形

$$Z_i=Z_1+Z_2$$

即

$$25\angle\varphi=42.75\angle\pm69.46^\circ+60\angle\varphi_{Z_2}$$

可变换为

$$25\angle\varphi\mp69.46^\circ=42.75+60\angle\varphi_{Z_2}\mp69.46^\circ$$

上式两边实部、虚部分别相等,从而解得

$$\varphi_{Z_2}=\pm90^\circ$$

9-12 如果题9-12图所示电路中R改变时电流I保持不变,L、C应满足什么条件?

解:可以从多种角度寻求解答。如有

$$I=\left|\left(\omega C+\frac{1}{\mathrm{j}\omega L}\right)\dot{U}\right|_{R=0(\text{短路})},\quad I=\omega CU\Big|_{R=\infty(\text{开路})}$$

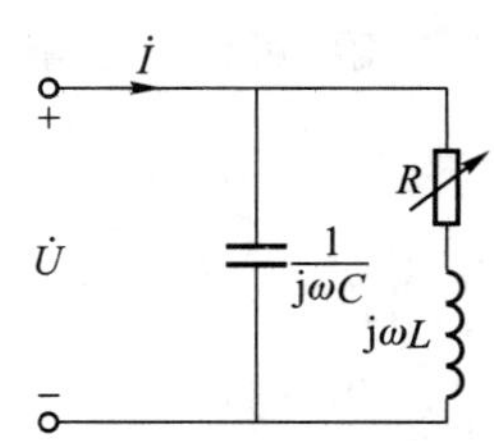

题9-12图

解得

$$\omega=\sqrt{\frac{1}{2LC}},\quad I=\omega CU\quad(LC\neq0)$$

又如$|Y_i|=$常数,与R无关,即有

$$|Y_i|=\left|\frac{R+\mathrm{j}\left(\omega L-\dfrac{1}{\omega C}\right)}{\dfrac{1}{\mathrm{j}\omega C}(R+\mathrm{j}\omega L)}\right|=\text{常数}$$

可解得同样结果。读者可试用其他解法计算。

9-13　题 9-13 图所示电路在任意频率下都有 $U_{cd}=U_s$。试求：

（1）满足上述要求的条件。

（2）$\dot{U}_{cd}$ 相位可变范围。

解：根据分压公式和 KVL，有

$$\dot{U}_{cd}=\left(\frac{-R_1}{R_1+\frac{1}{j\omega C}}+\frac{R_2}{R_2+j\omega L}\right)\dot{U}_s$$

$$=\left(\frac{-j\omega CR_1}{1+j\omega CR_1}+\frac{1}{1+j\frac{\omega L}{R_2}}\right)\dot{U}_s$$

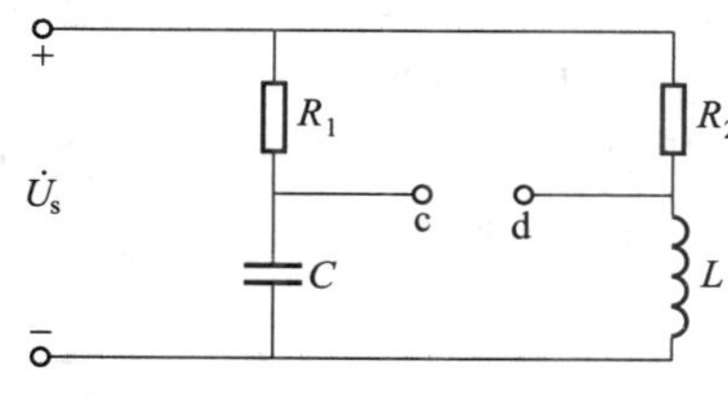

题 9-13 图

当 $U_{cd}=U_s$ 时，则上式中括号内复数模为 1，即有

$$\omega CR_1=\frac{\omega L}{R_2}\ \text{或}\ CR_1=\frac{L}{R_2}\text{（支路的时间常数）}$$

则有

$$\dot{U}_{cd}=\left(\frac{-j\omega CR_1}{1+j\omega CR_1}+\frac{1}{1+j\frac{\omega L}{R_2}}\right)\dot{U}_s=\frac{1-j\omega CR_1}{1+j\omega CR_1}\dot{U}_s=\dot{U}_s\angle -2\varphi$$

式中，$\varphi=\arctan(\omega CR_1)$，$0\leqslant 2\varphi\leqslant 180°$，$\arg(\dot{U}_{cd})<0$

9-14　已知题 9-14 图所示电路中的电压源为正弦量，$L=1\ \text{mH}$，$R_0=1\ \text{k}\Omega$，$Z=(3+j5)\ \Omega$。

（1）$\dot{I}_0=0$ 时，C 值为多少？

（2）当条件（1）满足时，试证明输入阻抗为 R_0。

解：（1）由于 $\dot{I}_0 Z=0$，根据分压公式和 KVL，有

$$\frac{R_0}{R_0+\frac{1}{j\omega C}}\dot{U}=\frac{j\omega L}{R_0+j\omega L}\dot{U}$$

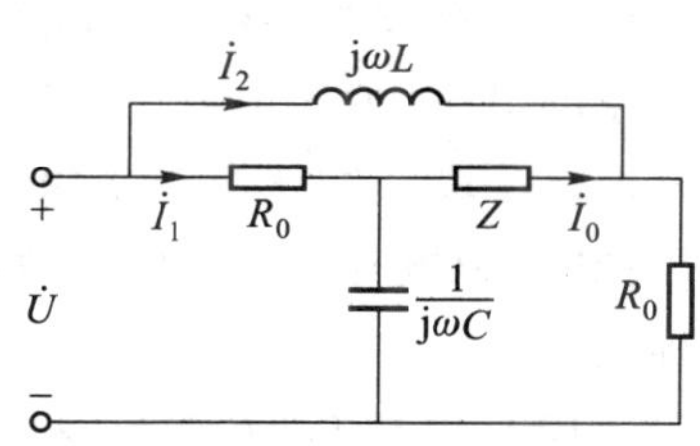

题 9-14 图

或

$$\frac{\frac{1}{j\omega C}}{R_0+\frac{1}{j\omega C}}\dot{U}=\frac{R_0}{R_0+j\omega L}\dot{U}$$

上两式相比有 $CR_0=L/R_0$，解得 $C=1\ 000\ \text{pF}$。

（2）Z 支路相当于开路，输入导纳为两条支路的阻抗并联，即有

$$Y_i=\frac{1}{R_0\left(1+\frac{1}{j\omega CR_0}\right)}+\frac{1}{R_0\left(1+j\frac{\omega L}{R_0}\right)}$$

$$=\frac{1}{R_0}\left(\frac{j\omega CR_0}{1+j\omega CR_0}+\frac{1}{1+j\omega CR_0}\right)=\frac{1}{R_0}$$

即 $Z_i=R_0=1\ k\Omega$(亦可用电桥电路的平衡条件求解)。

9-15　在题9-15图所示电路中,已知 $U=100\ V, R_2=6.5\ \Omega, R=20\ \Omega$,当调节触点c使 $R_{ac}=4\ \Omega$ 时,电压表的读数最小,其值为30 V。求阻抗 Z。

解:根据KVL和分压公式求出 $\dot{U}_{cd}$ 的表达式为

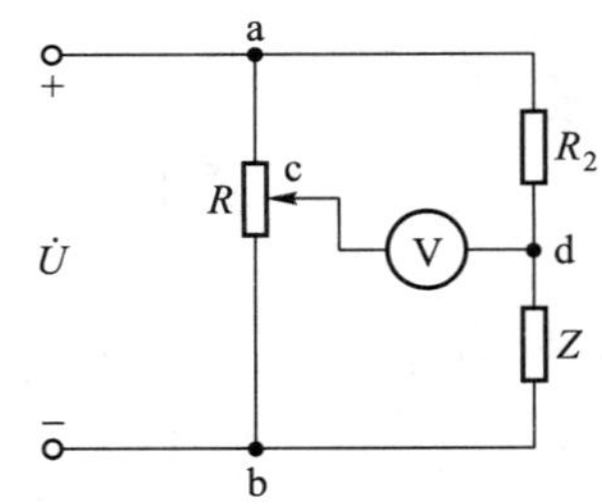

题9-15图

$$\dot{U}_{cd}=-\frac{R_{ac}}{R}\dot{U}+\frac{R_2}{R_2+Z}\dot{U}$$

令 $\dot{U}=100\angle 0^\circ$ V。当c点变动时,上式中右侧第1项在 $0\sim(-U)$ 范围内变动(为负实部),而式中第2项不随c点变动,为定值,其模小于 U,其实部亦为小于 U 的正值。因此,c变动时,使右侧复数的实部变动,当实部为零时,$|\dot{U}_{cd}|$ 最小,并为 $\dot{U}_{cd}=\pm j30$ V,因此有

$$Z=\left(\frac{650}{20\pm j30}-6.5\right)\ \Omega=(3.5\pm j15)\ \Omega$$

亦可用图解法求解。

9-16　已知题9-16图所示电路中,当 $Z=0$ 时,$\dot{U}_{11'}=\dot{U}_0$;当 $Z=\infty$ 时,$\dot{U}_{11'}=\dot{U}_k$。端口2-2′的输入阻抗为 Z_A。试证明 Z 为任意值时有

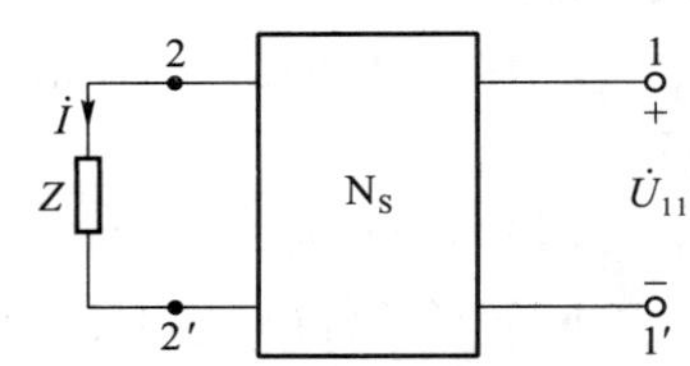

题9-16图

$$\dot{U}_{11'}=\dot{U}_k+\frac{(\dot{U}_0-\dot{U}_k)Z_A}{Z+Z_A}$$

解:当电路中某一端口的参数变化时,一般情况下,其他参数不变动,端口的状态亦跟随变化。如果将变动端口的电压(或电流)用等效电压源(或电流源)替代,则其他任一端口的状态将是由两部分电源共同作用的结果,其一为一端 N_S 中电源的作用;其二为被替代端口的等效电源作用。这两部分的作用所激励的响应,可根据叠加定理求解。

用电流源 $\dot{I}$ 替代阻抗 Z(端口2-2′)。则 $\dot{U}_{11'}$ 可表示为

$$\dot{U}_{11'}=A\dot{I}+B$$

式中,B 为 N_S 中电源单独作用时在端口1-1′产生的电压,为常数。根据题中所给的两种状态,就可求得式中的常数 A 和 B。

(1) $Z=\infty$ 时(开路),$\dot{I}=0$,有

$$\dot{U}_{11'}\Big|_{\dot{I}=0}=\dot{U}_k=B$$

（2）$Z=0$ 时（短路），$\dot{I}$ 可根据戴维南等效电路求得，即有

$$\dot{I}=\frac{\dot{U}_{oc}}{Z_A},\quad \dot{U}_{11'}=\dot{U}_0=A\dot{I}+\dot{U}_k$$

求得

$$A=\frac{(\dot{U}_0-\dot{U}_k)Z_A}{\dot{U}_{oc}}$$

$\dot{U}_{11'}$ 的表达式变换为

$$\dot{U}_{11'}=\frac{(\dot{U}_0-\dot{U}_k)Z_A}{\dot{U}_{oc}}\dot{I}+\dot{U}_k$$

在一般情况下：$\dot{U}_{oc}=(Z+Z_A)\dot{I}$，最后解得

$$\dot{U}_{11'}=\frac{(\dot{U}_0-\dot{U}_k)Z_A}{Z+Z_A}+\dot{U}_k$$

$\dot{U}_{11'}$ 将随 Z 而变动（证毕）。

9-17　列出题 9-17 图所示电路的回路电流方程和节点电压方程。已知 $u_S=14.14\cos(2t)$ V，$i_S=1.414\cos(2t+30°)$ A。

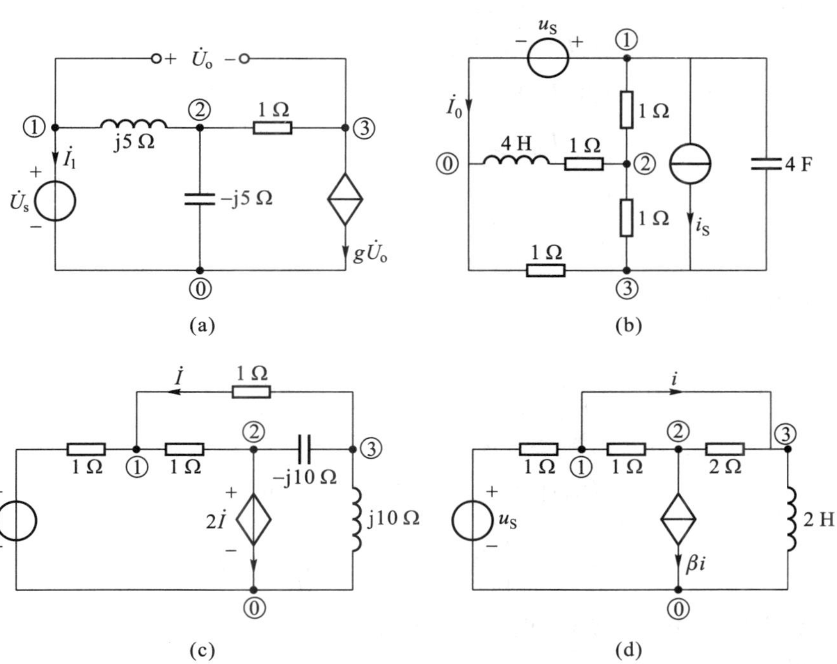

题 9-17 图

解：（1）如题 9-17 图（a）所示，设顺时针网孔电流为 $\dot{I}_{m1}$（左）、$\dot{I}_{m2}$（右）。网孔电流方程为

$$(\mathrm{j}5-\mathrm{j}5)\dot{I}_{\mathrm{m1}}-(-\mathrm{j}5)\dot{I}_{\mathrm{m2}}=\dot{U}_{\mathrm{s}} \quad (左)$$

$$-(-\mathrm{j}5)\dot{I}_{\mathrm{m1}}+(1-\mathrm{j}5)\dot{I}_{\mathrm{m2}}+\dot{U}_{30}=0 \quad (右)$$

$$\dot{I}_{\mathrm{m2}}=g\dot{U}_{\mathrm{o}} \quad (\mathrm{KCL})$$

$$\mathrm{j}5\dot{I}_{\mathrm{m1}}+1\cdot\dot{I}_{\mathrm{m2}}=\dot{U}_{\mathrm{o}} \quad (\mathrm{KVL})$$

右网孔电流方程可以不用列出。

节点电压方程为

$$\dot{U}_{10}=\dot{U}_{\mathrm{s}}$$

$$\left(\frac{1}{\mathrm{j}5}\dot{U}_{10}-\frac{1}{\mathrm{j}5}\dot{U}_{20}+\dot{I}_{1}=0 \quad 省略列出\right)$$

$$-\frac{1}{\mathrm{j}5}\dot{U}_{10}+\left(\frac{1}{1}+\frac{1}{\mathrm{j}5}+\frac{1}{-\mathrm{j}5}\right)\dot{U}_{20}-\dot{U}_{30}=0$$

$$-\frac{1}{1}\dot{U}_{20}+\frac{1}{1}\dot{U}_{30}+g\dot{U}_{\mathrm{o}}=0$$

$$\dot{U}_{\mathrm{o}}=\dot{U}_{10}-\dot{U}_{30} \quad (\mathrm{KVL})$$

(2) 如题 9-17 图(b)所示,设顺时针网孔电流为 $\dot{I}_{\mathrm{m1}}$(左上)、$\dot{I}_{\mathrm{m2}}$(左下)、$\dot{I}_{\mathrm{m3}}$(中)和 $\dot{I}_{\mathrm{m4}}$(右)。网孔电流方程为($\dot{U}_{\mathrm{s}}=10\angle 0^\circ\ \mathrm{V}$,$\dot{I}_{\mathrm{s}}=1\angle 30^\circ\ \mathrm{A}$)

$$(2+\mathrm{j}8)\dot{I}_{\mathrm{m1}}-(1+\mathrm{j}8)\dot{I}_{\mathrm{m2}}-1\cdot\dot{I}_{\mathrm{m3}}=\dot{U}_{\mathrm{s}} \quad (左上)$$

$$-(1+\mathrm{j}8)\dot{I}_{\mathrm{m1}}+(3+\mathrm{j}8)\dot{I}_{\mathrm{m2}}-1\cdot\dot{I}_{\mathrm{m3}}=0 \quad (左下)$$

$$-\dot{I}_{\mathrm{m1}}-\dot{I}_{\mathrm{m2}}+2\dot{I}_{\mathrm{m3}}+\dot{U}_{13}=0 \quad (中)$$

$$-\mathrm{j}\frac{1}{8}\dot{I}_{\mathrm{m4}}-\dot{U}_{13}=0 \quad (右)$$

$$\dot{I}_{\mathrm{m3}}-\dot{I}_{\mathrm{m4}}=\dot{I}_{\mathrm{s}} \quad (\mathrm{KCL})$$

节点电压方程为

$$\dot{U}_{10}=\dot{U}_{\mathrm{s}}$$

$$\left(\frac{1}{1}+\mathrm{j}8\right)\dot{U}_{10}-\frac{1}{1}\dot{U}_{20}-\mathrm{j}8\dot{U}_{30}+\dot{I}_{0}=-\dot{I}_{\mathrm{s}}$$

$$-\dot{U}_{10}+\left(\frac{1}{1}+\frac{1}{1}+\frac{1}{1+\mathrm{j}8}\right)\dot{U}_{20}-\frac{1}{1}\dot{U}_{30}=0$$

$$-\mathrm{j}8\dot{U}_{10}-\frac{1}{1}\dot{U}_{20}+\left(\frac{1}{1}+\frac{1}{1}+\mathrm{j}8\right)\dot{U}_{30}=\dot{I}_{\mathrm{s}}$$

(3) 如题 9-17 图(c)所示,设顺时针网孔电流为 $\dot{I}_{\mathrm{m1}}$(上)、$\dot{I}_{\mathrm{m2}}$(左)和 $\dot{I}_{\mathrm{m3}}$(右)。网孔电流方程为

$$(2-\mathrm{j}10)\dot{I}_{\mathrm{m1}}-1\cdot\dot{I}_{\mathrm{m2}}-(-\mathrm{j}10)\dot{I}_{\mathrm{m3}}=0$$

$$-1\cdot\dot{I}_{\mathrm{m1}}+2\dot{I}_{\mathrm{m2}}+2\dot{I}=\dot{U}_{\mathrm{s}}$$

$$-(-\mathrm{j}10)\dot{I}_{\mathrm{m1}}+(\mathrm{j}10-\mathrm{j}10)\dot{I}_{\mathrm{m3}}-2\dot{I}=0$$

$$\dot{I}=-\dot{I}_{m1} \quad (\text{KCL})$$

节点电压方程为

$$\left(\frac{1}{1}+\frac{1}{1}+\frac{1}{1}\right)\dot{U}_{10}-\frac{1}{1}\dot{U}_{20}-\frac{1}{1}\dot{U}_{30}=\frac{\dot{U}_s}{1}$$

$$\dot{U}_{20}=2\dot{I} \quad (\text{省略列出})$$

$$-\frac{1}{1}\dot{U}_{10}-\left(\frac{1}{-\mathrm{j}10}\right)\dot{U}_{20}+\left(\frac{1}{\mathrm{j}10}+\frac{1}{-\mathrm{j}10}\right)\dot{U}_{30}=0$$

$$\dot{I}=\frac{-\dot{U}_{10}+\dot{U}_{30}}{1} \quad (\text{KVL、VCR})$$

（4）如题 9-17 图（d）所示，设顺时针网孔电流为 $\dot{I}_{m1}$（上）、$\dot{I}_{m2}$（左）和 $\dot{I}_{m3}$（右）。网孔电流方程为

$$(1+2)\dot{I}_{m1}-1\cdot\dot{I}_{m2}-2\dot{I}_{m3}=0$$

$$-1\cdot\dot{I}_{m1}+2\dot{I}_{m2}+\dot{U}_{20}=\dot{U}_s$$

$$-2\dot{I}_{m1}+(2+\mathrm{j}4)\dot{I}_{m3}-\dot{U}_{20}=0$$

$$\dot{I}_{m2}-\dot{I}_{m3}=\beta\dot{I} \quad (\text{KCL})$$

$$\dot{I}_{m1}=\dot{I} \quad (\text{KCL})$$

节点电压方程为

$$\left(\frac{1}{1}+\frac{1}{1}\right)\dot{U}_{10}-\frac{1}{1}\dot{U}_{20}+\dot{I}=\frac{\dot{U}_s}{1}$$

$$-\frac{1}{1}\dot{U}_{10}+\left(\frac{1}{1}+\frac{1}{2}\right)\dot{U}_{20}-\frac{1}{2}\dot{U}_{30}+\beta\dot{I}=0$$

$$-\frac{1}{2}\dot{U}_{20}+\left(\frac{1}{2}+\frac{1}{\mathrm{j}4}\right)\dot{U}_{30}-\dot{I}=0$$

$$\dot{U}_{10}-\dot{U}_{30}=0 \quad (\text{KVL})$$

特别提示：

① 列写节点电压方程时，如何处理电压理想支路（无伴支路），如题 9-17 图（a）和（b）中的 $\dot{U}_s$ 支路，图（c）中的 $2\dot{I}$（CCVS）和图（d）中的电流 i 支路（$U=0$）所示。如将图（a）和（b）中的节点⓪和节点②位置互换，则节点又如何列写。

② 列写网孔（回路）电流方程时，如何处理电流理想支路（无伴电流源），如题 9-17 图（a）中的 $g\dot{U}_o$（VCCS）、图（b）中的 i_S 和图（d）中的 βi（CCCS）[也可以将图（b）中的 i_S 与电容并联相伴]。

③ 一般情况下，列写电路方程时将如何处理受控源，受控源的控制量将如何转换为所需要的电路变量。

9-18　已知题 9-18 图所示电路中，$I_s=10$ A，$\omega=5\,000$ rad/s，$R_1=R_2=10\ \Omega$，$C=10\ \mu\text{F}$，$\mu=0.5$。求电源发出的复功率。

解:求功率必先解电路。求得电流 $\dot{I}_1$ 和 $\dot{I}_s$ 的端电压 $\dot{U}_0$ 后,就能求得电源发出的复功率。

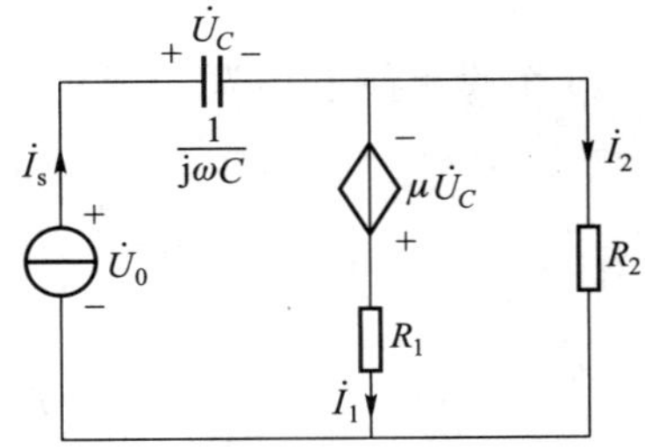

题 9-18 图

用网孔电流(顺时针)求解,设网孔电流为 $\dot{I}_{m1}$(左)和 $\dot{I}_{m2}$(右)。网孔电流方程为

$$\dot{I}_{m1}=\dot{I}_s$$

$$-10\dot{I}_{m1}+20\dot{I}_{m2}+\mu\dot{U}_C=0$$

$$\dot{U}_C=\frac{\dot{I}_s}{j\omega C}$$

令 $\dot{I}_s=10\angle 0°$ A,可解得

$$\dot{I}_2=\dot{I}_{m2}=(5+j5)\text{ A},\quad \dot{I}_1=(5-j5)\text{ A}$$

受控源(VCVS)发出的复功率 $\overline{S}_d$ 为

$$\overline{S}_d=\mu\dot{U}_C\dot{I}_1^*=(500-j500)\ \text{V}\cdot\text{A}$$

电流源 $\dot{I}_s$ 发出的复功率 $\overline{S}_s$ 为

$$\overline{S}_s=\dot{U}_0\dot{I}_s^*=(\dot{U}_C+R_2\dot{I}_2)\dot{I}_s^*=(500-j1\ 500)\ \text{V}\cdot\text{A}$$

由读者说明电路中的功率分配,并验证功率守恒原理。

9-19　题 9-19 图所示电路中 R 可变动,$\dot{U}_s=200\angle 0°$ V。R 为何值时,电源 $\dot{U}_s$ 发出的功率最大(有功功率)?

解:电源 $\dot{U}_s$ 发出的功率由两部分组成:其一为 20 Ω 电阻吸收的功率,为一常数,不随 R 变动;其二为可变电阻 R 吸收的功率,为 RL 串联支路吸收最大功率的问题。功率 P_R 的表达式为

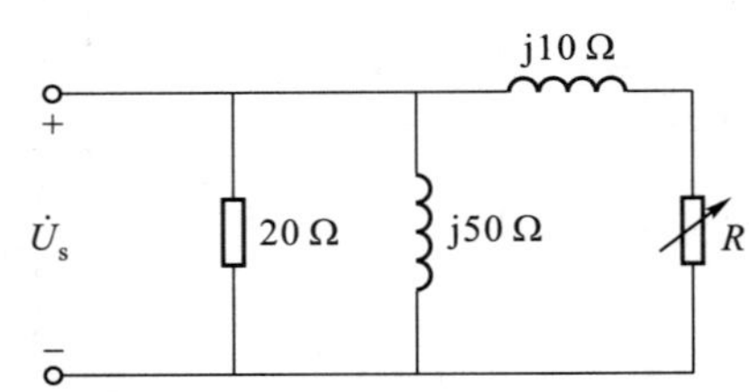

题 9-19 图

$$P_R=\frac{U_s^2}{R^2+X_L^2}R$$

根据最大功率条件:$\frac{dP_R}{dR}=0$,可解得获最大功率的条件为 $R=X_L$。$P_{R\max}=2$ kW。电源 $\dot{U}_s$ 发出的功率(两部分的和)$P_s=4$ kW。

9-20　求题 9-3(2)和(4)电路吸收的复功率。

解:对一端口(2),有

$$\overline{S}=\dot{U}\dot{I}^*=\frac{10}{\sqrt{2}}\angle 45°\cdot\frac{2}{\sqrt{2}}\angle 90°\ \text{V}\cdot\text{A}=(-7.07-j7.07)\ \text{V}\cdot\text{A}$$

实际为发出功率。

对一端口(4),有

$$\overline{S}=\dot{U}\dot{I}^*=\frac{40}{\sqrt{2}}\angle 17°\cdot\frac{8}{\sqrt{2}}\angle 0°\ \text{V}\cdot\text{A}=160\angle 17°\ \text{V}\cdot\text{A}=(153+j46.8)\ \text{V}\cdot\text{A}$$

9-21 题 9-21 图所示电路中,已知 $I_s=0.6\ \text{A}, R=1\ \text{k}\Omega, C=1\ \mu\text{F}$。如果电流源的角频率可变,问在什么频率时,$RC$ 串联部分获最大功率?

解:RC 串联部分获得最大功率时,I_C 必为最大,根据电流分流公式,有

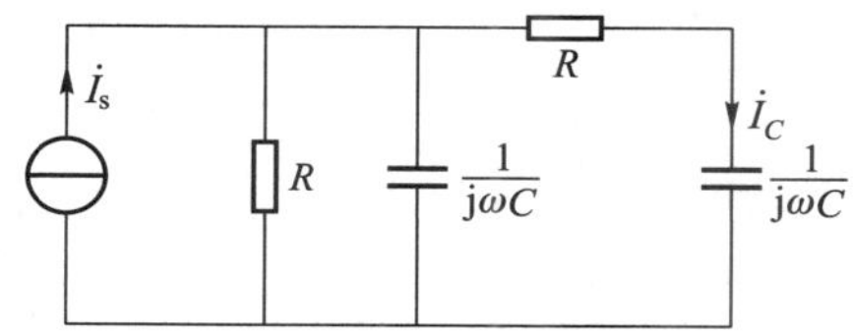

题 9-21 图

$$\dot{I}_C=\dot{I}_s\frac{\dfrac{1}{Z}}{Y_1+\dfrac{1}{Z}}=\dot{I}_s\frac{1}{1+Y_1Z}$$

式中,$Y_1=G+\text{j}\omega C$(并联部分导纳),$Z=R+\dfrac{1}{\text{j}\omega C}$(串联部分阻抗)。当频率变化时,将影响电流分配的状态。上式中的分母为

$$1+Y_1Z=3+\text{j}\left(\omega CR-\frac{1}{\omega CR}\right)$$

可以看出,上式中虚部为零时,该复数最小,则 I_C 将获最大值,即有

$$\omega=\frac{1}{CR}=1\ 000\ \text{rad/s}$$

$$I_C=\frac{1}{3}\dot{I}_s=0.2\ \text{A}$$

$$P_{R\max}=10^3\times(0.2)^2\ \text{W}=40\ \text{W}$$

9-22 题 9-22 图所示电路中 $R_1=R_2=10\ \Omega$,电压表的读数为 20 V,功率表的读数为 120 W。试求 $\dot{U}_2/\dot{U}_s$ 和电源发出的复功率 $\overline{S}$($L=0.25\ \text{H}, C=10^{-3}\ \text{F}$)。

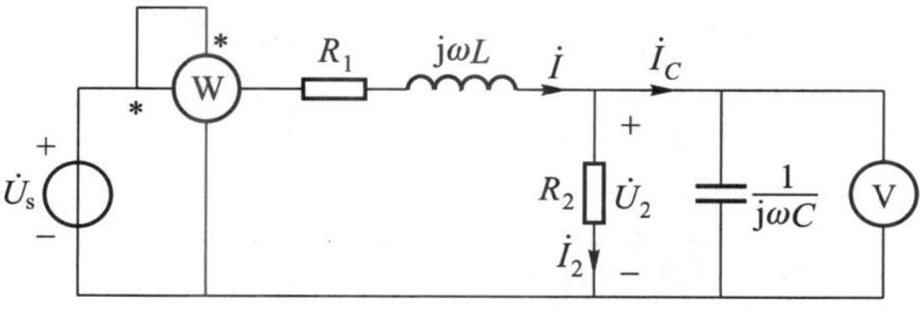

题 9-22 图

解:本题从已知数出发,用逐一求解法进行。

(1) 该电路为无源一端口电路,表 W 的读数是 R_1、R_2 吸收的功率和。根据表 W、V,可求得

$$I_2=\frac{U_2}{R_2}=2\ \text{A},\quad P_{R_2}=\frac{U_2^2}{R_2}=40\ \text{W}$$

$$P_{R_1}=(120-40)\ \text{W}=80\ \text{W}$$

$$I=\sqrt{\frac{P_{R_1}}{R_1}}=2\sqrt{2}\ \text{A},\quad I_C=\sqrt{I^2-I_2^2}=2\ \text{A}$$

如设 $\dot{I}_2=2\angle 0^\circ$ A,则 $\dot{I}_C=\text{j}2$ A,$\dot{I}=2\sqrt{2}\angle 45^\circ$ A。

(2) 根据电容 VCR,可求得 U_s 的频率,即有

$$\omega C=\frac{I_C}{U_2}=\frac{1}{10}$$

于是

$$\omega=\frac{1}{10C}=100\ \text{rad/s}$$

$$\text{j}\omega L=\text{j}100\times 0.25\ \Omega=\text{j}25\ \Omega$$

(3) 根据 KVL,有

$$\dot{U}_s=(10+\text{j}25)\dot{I}+\dot{U}_2$$

$$\overline{S}=\dot{U}_s\dot{I}^*=(10+\text{j}25)I^2+\dot{U}_2\dot{I}^*=(120+\text{j}160)\ \text{V}\cdot\text{A}$$

$$\frac{\dot{U}_2}{\dot{U}_s}=\frac{\dot{U}_2}{(10+\text{j}25)\dot{I}+\dot{U}_2}=\frac{\dfrac{\dot{U}_2}{\dot{I}}}{(10+\text{j}25)+\dfrac{\dot{U}_2}{\dot{I}}}=\frac{5-\text{j}5}{15+\text{j}20}=0.283\angle -98.13^\circ$$

即

$$\frac{U_2}{U_s}=0.283$$

***9-23**　题 9-23 图中电路中 $R_1=R_2=100\ \Omega$,$L_1=L_2=1$ H,$C=100\ \mu$F,$\dot{U}_s=100\angle 0^\circ$ V,$\omega=100$ rad/s。求 Z_L 能获得的最大功率。

解:电路中 $\text{j}\omega L_1=\text{j}100\ \Omega$,$-\text{j}\dfrac{1}{\omega C}=-\text{j}100\ \Omega$,用电流 $\dot{I}$ 替代 Z_L,如题解 9-23 图所示。用节点电压法求 $\dot{U}_{20}=f(\dot{I})$ 的表达式,节点电压方程为

$$\left(\frac{1}{100}+\frac{1}{\text{j}100}+\frac{1}{\text{j}100}+\frac{1}{-\text{j}100}\right)\dot{U}_{10}-\left(\frac{1}{\text{j}100}+\frac{1}{-\text{j}100}\right)\dot{U}_{20}=\frac{\dot{U}_s}{100}$$

$$-\left(\frac{1}{\text{j}100}+\frac{1}{-\text{j}100}\right)\dot{U}_{10}+\left(\frac{1}{\text{j}100}+\frac{1}{-\text{j}100}+\frac{1}{100}\right)\dot{U}_{20}+\dot{I}_C=-\dot{I}$$

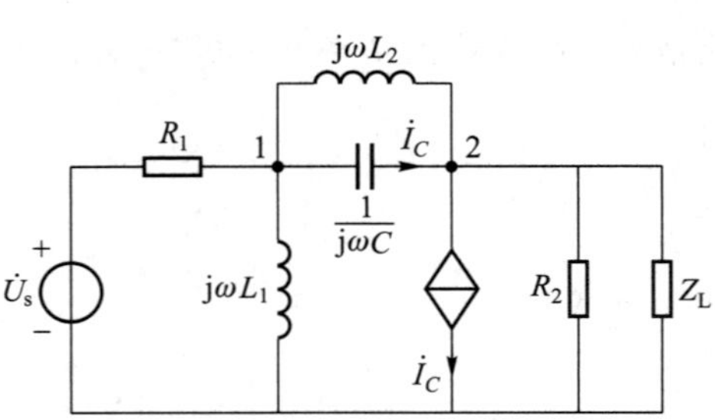

题 9-23 图

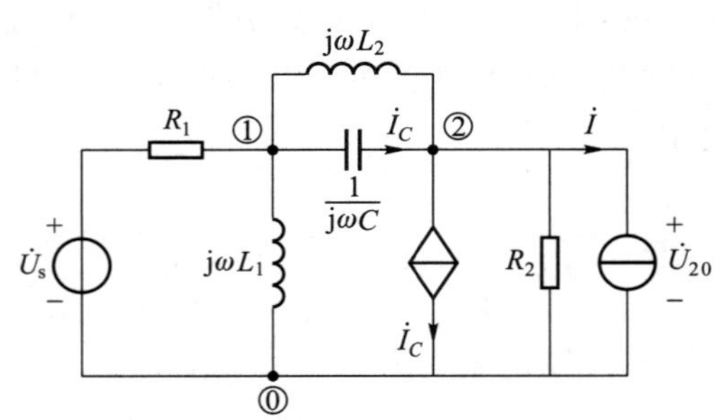

题解 9-23 图

$$\dot{I}_C=\frac{\dot{U}_{10}-\dot{U}_{20}}{-\mathrm{j}100}$$

解得

$$\dot{U}_{20}=50-50(1+\mathrm{j}1)\dot{I}$$

戴维南等效电路的参数为 $\dot{U}_{oc}=\dot{U}_{20}\Big|_{\dot{I}=0}=50\ \mathrm{V}$，等效阻抗 $Z_{eq}=(50+\mathrm{j}50)\ \Omega$。则 $Z_L=Z_{eq}^*=(50-\mathrm{j}50)\ \Omega$ 时获最大功率，有

$$P_{max}=\left(\frac{50}{50+50}\right)^2\times 50\ \mathrm{W}=12.5\ \mathrm{W}$$

请读者试分析：最大功率是什么电源供给的？

9-24　题 9-24 图中的独立电源为同频正弦量，当 S 打开时，电压表的读数为 25 V。电路中的阻抗为 $Z_1=(6+\mathrm{j}12)\ \Omega$，$Z_2=2Z_1$。S 闭合后 $-\mathrm{j}\dfrac{1}{\omega C}$ 为何值时，图中电压表 V 的读数最大？求此时电压表 V 的读数。

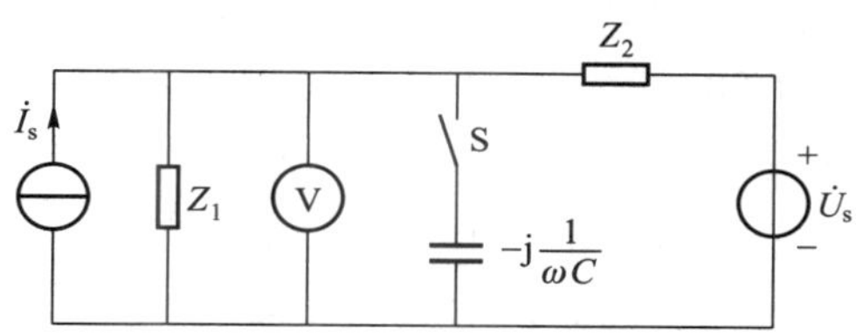

题 9-24 图

解：戴维南等效电路如题解 9-24 图所示，图中 $\dot{U}_{oc}=25\angle 0^\circ\ \mathrm{V}$（开关 S 打开时电压表 V 的读数，指定相位为零）。等效阻抗 Z_{eq} 为

$$Z_{eq}=\frac{Z_1Z_2}{Z_1+Z_2}=\frac{2Z_1^2}{3Z_1}=\frac{2}{3}(6+\mathrm{j}12)\ \Omega=(4+\mathrm{j}8)\ \Omega$$

电容电压 $\dot{U}_C$ 为

$$\dot{U}_C=\dot{U}_{oc}\frac{1}{Z_{eq}-\mathrm{j}\dfrac{1}{\omega C}}\left(-\mathrm{j}\frac{1}{\omega C}\right)$$

根据极值条件解得

$$-\mathrm{j}\frac{1}{\omega C}=-\mathrm{j}10\ \Omega$$

电压表 V 的读数为

$$U_C=\left|\frac{25}{4+\mathrm{j}8-\mathrm{j}10}(-\mathrm{j}10)\right|\mathrm{V}=55.9\ \mathrm{V}$$

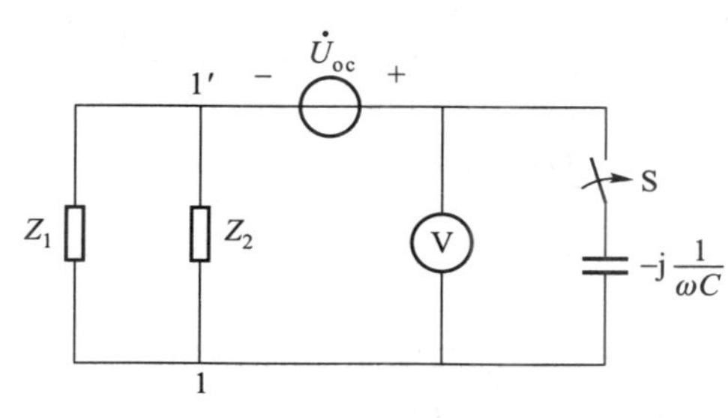

题解 9-24 图

9-25　把 3 个负载并联接到 220 V 正弦电源上，各负载取用的功率和电流分别为：

$P_1=4.4\ \text{kW}, I_1=44.7\ \text{A}$(感性);$P_2=8.8\ \text{kW}, I_2=50\ \text{A}$(感性);$P_3=6.6\ \text{kW}, I_3=60\ \text{A}$(容性)。求题 9-25 图中表 A、W 的读数和电路的功率因数。

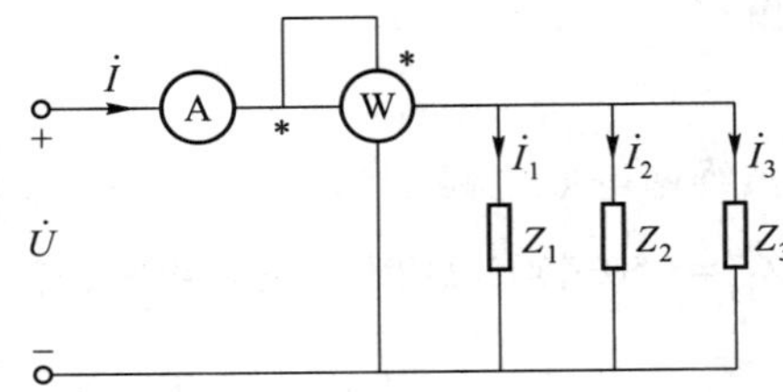

题 9-25 图

解:表 W 的读数为

$$P_1+P_2+P_3=19.8\ \text{kW}$$

令 $\dot{U}=220\underline{/0^\circ}\ \text{V}$,求电流 $\dot{I}_1$、$\dot{I}_2$、$\dot{I}_3$ 和 $\dot{I}$,即有

(1) $\begin{cases} UI_1\cos\varphi_1=P_1, \varphi_1=\pm63.42^\circ \\ \dot{I}_1=44.7\underline{/-63.42^\circ}\ \text{A}=(20-\text{j}40)\ \text{A} \end{cases}$

(2) $\begin{cases} \dot{U}I_2\cos\varphi_2=P_2, \varphi_2=\pm36.87^\circ \\ \dot{I}_2=50\underline{/-36.87^\circ}\ \text{A}=(40-\text{j}30)\ \text{A} \end{cases}$

(3) $\begin{cases} \dot{U}I_3\cos\varphi_3=P_3, \varphi_3=\pm60^\circ \\ \dot{I}_3=60\underline{/60^\circ}\ \text{A}=(30+\text{j}51.96)\ \text{A} \end{cases}$

根据 KCL,有

$$\dot{I}=\dot{I}_1+\dot{I}_2+\dot{I}_3=(90-\text{j}18.04)\ \text{A}=91.79\underline{/-11.33^\circ}\ \text{A}$$

功率因数 $\lambda=\cos 11.33^\circ=0.98$。

9-26　已知题 9-26 图中

$$u(t)=20\cos(10^3t+75^\circ)\ \text{V}$$
$$i(t)=\sqrt{2}\sin(10^3t+120^\circ)\ \text{A}$$

N_0 中无独立源。求 N_0 吸收的复功率和输入阻抗 Z_i。

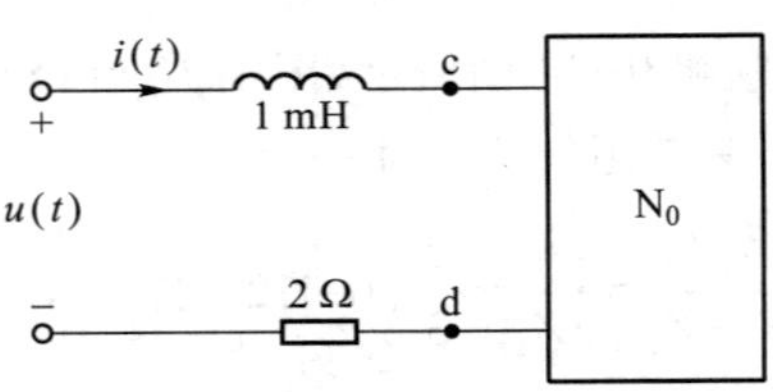

题 9-26 图

解:$\dot{U}=\dfrac{20}{\sqrt{2}}\underline{/75^\circ}\ \text{V}, \dot{I}=1\underline{/30^\circ}\ \text{A}$。求得 N_0 吸收的复功率 $\overline{S}_0$ 为

$$\overline{S}_0=\dot{U}\dot{I}^*-I^2(2+\text{j}1)=\left[\frac{20}{\sqrt{2}}\underline{/45^\circ}-(2+\text{j}1)\right]\ \text{V}\cdot\text{A}=(8+\text{j}9)\ \text{V}\cdot\text{A}$$

N_0 的输入阻抗 Z_i 为

$$Z_i=\frac{\dot{U}}{\dot{I}}-(2+\text{j}1)\ \Omega=(8+\text{j}9)\ \Omega$$

9-27　已知题 9-27 图中 $\dot{U}_s=100\underline{/90^\circ}\ \text{V}, \dot{I}_s=5\underline{/0^\circ}\ \text{A}$。求当 Z_L 获最大功率时各独立源发出的复功率。

解:端口 1-0 的戴维南电路的等效导纳为

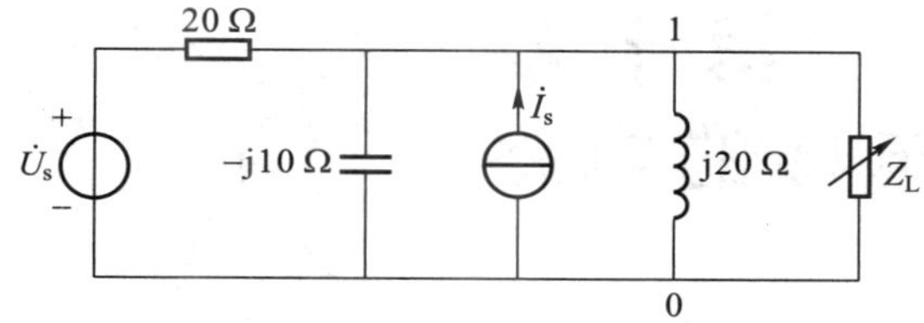

题 9-27 图

$$Y_{eq}=\left(\frac{1}{20}+\frac{1}{-j10}+\frac{1}{j20}\right)\ S$$

当 $Y_L=1/Z_L=Y_{eq}^*$ 时获最大功率，则有

$$Y_L=Y_{eq}^*=\left(\frac{1}{20}+\frac{1}{j10}+\frac{1}{-j20}\right)\ S$$

编写电路的节点电压方程为

$$(Y_{eq}+Y_{eq}^*)\dot{U}_{10}=\frac{\dot{U}_s}{20}+\dot{I}_s$$

解得

$$\dot{U}_{10}=(50+j50)\ V$$

电流源发出的复功率 $\overline{S}_i$ 为

$$\overline{S}_i=\dot{U}_{10}\dot{I}_s^*=(50+j50)\times5\ V\cdot A=(250+j250)\ V\cdot A$$

电压源发出的复功率 $\overline{S}_u$ 为

$$\overline{S}_u=\dot{U}_s\frac{(\dot{U}_s-\dot{U}_{10})^*}{20\ \Omega}=(250-j250)\ V\cdot A$$

第十章 含有耦合电感的电路

第十章课件

一、重点和难点

① 充分理解磁耦合现象的物理概念；明确互感的定义；熟练掌握“同名端”的概念，运用同名端和电流参考方向，确定耦合电感的互感电压及其“正”“负”号，了解耦合系数的物理意义和概念。

② 能够熟练运用第九章介绍的方法，结合本章耦合电感伏安关系，分析含有耦合电感的正弦稳态电路。熟练掌握“互感消去法”（“去耦法”）的适用条件和解题方法。

③ 正确理解空心变压器模型及一次、二次线圈（回路）的概念，清楚变压器可以看成一个空心变压器的条件；熟练掌握将二次线圈等效到一次线圈和将一次线圈等效到二次线圈的物理含义。

④ 理想变压器是从实际变压器中抽象出来的一种理想元件。必须明确理想变压器的抽象条件；能够熟练运用理想变压器端口电压与电流的关系；掌握理想变压器在能量守恒与传输，电压、电流、阻抗变换，电路隔离中的作用。

二、学习方法指导

1. 同名端与互感电压的认识

当给某一线圈施加可变电流而另一线圈开路时，每个线圈上均有一感应电压，这两个电压实际极性的高（或低）电位端称为同名端，用“ • ”“ * ”“Δ”等给予标记。

由于同名端反映了两线圈间互感电压与电感电流间的对应关系，因此在电路图中不需要画出线圈的绕向和磁心结构，耦合电感用图 10-1 表示。

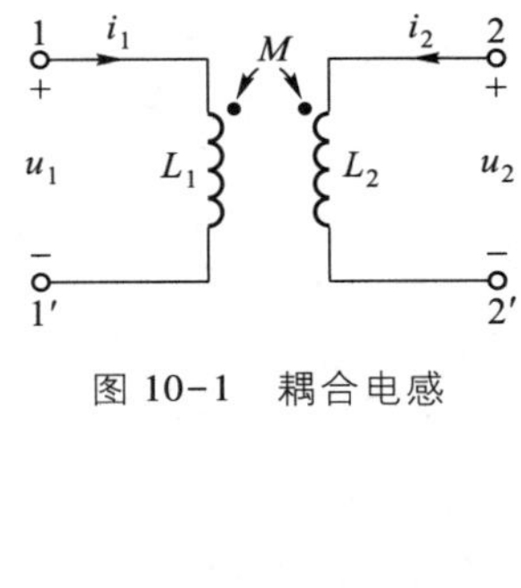

图 10-1　耦合电感

耦合电感的伏安关系为

$$\begin{cases} u_1 = L_1 \dfrac{\mathrm{d}i_1}{\mathrm{d}t} + M \dfrac{\mathrm{d}i_2}{\mathrm{d}t} \\ u_2 = M \dfrac{\mathrm{d}i_1}{\mathrm{d}t} + L_2 \dfrac{\mathrm{d}i_2}{\mathrm{d}t} \end{cases}$$

在列写电压的表达式时，根据同名端和电压电流的参数方向，当互感电压与线圈电压参考方向相反时，其前面为“-”号。

例如，图 10-1 中，当 i_1 的参考方向从电感 L_1 的“•”端流入，则与 L_1 有耦合关系的 L_2 上有互感电压，该互感电压的参考方向在 L_2 上的“•”为高电位端，与线圈的电压 u_2 参考方向一致。

在正弦稳态情况下，耦合电感的频域关系式为

$$\dot{U}_1 = \mathrm{j}\omega L_1 \dot{I}_1 + \mathrm{j}\omega M \dot{I}_2$$

$$\dot{U}_2 = \mathrm{j}\omega M \dot{I}_1 + \mathrm{j}\omega L_2 \dot{I}_2$$

两个线圈的耦合程度用耦合因数 k 表示，它定义为

$$k \overset{\text{def}}{=\!=} \frac{M}{\sqrt{L_1 L_2}}$$

k 值范围为 $0 \leqslant k \leqslant 1$，当 $k=1$ 时两个线圈耦合最好，称为全耦合。

当有多个线圈存在磁耦合时，每个线圈上的电压除自感电压外，还应计入每一个耦合电压，根据该线圈与其他各个线圈的同名端确定耦合电压前的正、负号。

2. 含耦合电感的电路的分析方法

分析含有耦合电感电路的关键是，要在电感的电压中计入互感电压，并注意其极性。列写网孔电流方程的方法是，根据耦合电感的伏安关系，把各电感的电压用回路电流表示，然后对各网孔应用 KVL。列写节点电压方程的方法是，把耦合电感的电流也作为方程变量，对各节点应用 KCL，然后再补上耦合电感的伏安关系式。

若耦合电感有公共端时，可采用“互感消去法”，即“去耦”法化简电路。

当耦合电感有一端相连时，可以用 3 个无耦合的电感等效。图 10-2(a)所示为同名端相连方式，电压、电流关系式为

$$u_1 = L_1 \frac{\mathrm{d}i_1}{\mathrm{d}t} + M \frac{\mathrm{d}i_2}{\mathrm{d}t} = (L_1 - M)\frac{\mathrm{d}i_1}{\mathrm{d}t} + M \frac{\mathrm{d}}{\mathrm{d}t}(i_1 + i_2)$$

$$u_2 = M \frac{\mathrm{d}i_1}{\mathrm{d}t} + L_2 \frac{\mathrm{d}i_2}{\mathrm{d}t} = (L_2 - M)\frac{\mathrm{d}i_2}{\mathrm{d}t} + M \frac{\mathrm{d}}{\mathrm{d}t}(i_1 + i_2)$$

等效电路如图 10-2(b)所示。

注意：(L_1-M)、(L_2-M) 有可能为负值，3 个电感相连的节点为新增加的节点，在图(a)中是不存在的。因此，题 10-2 图(a)中 L_1 两端的电压 u_1 应为电感(L_1-M)与电感 M 上电压的和。

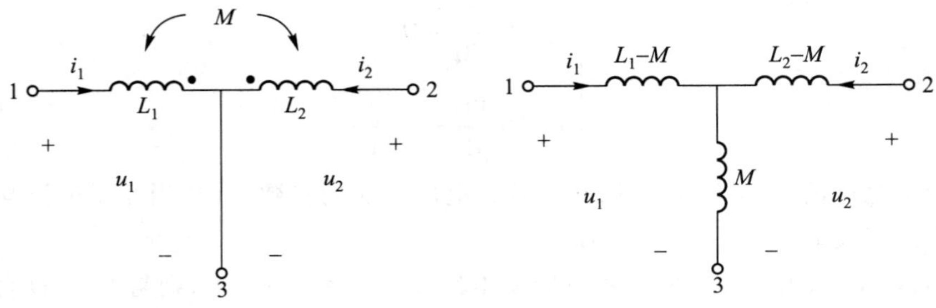

(a)　　(b)

图 10-2　同名端相连耦合电感的去耦等效电路

同理,可得非同名端相连耦合电感的去耦等效电路,如图 10-3 所示。

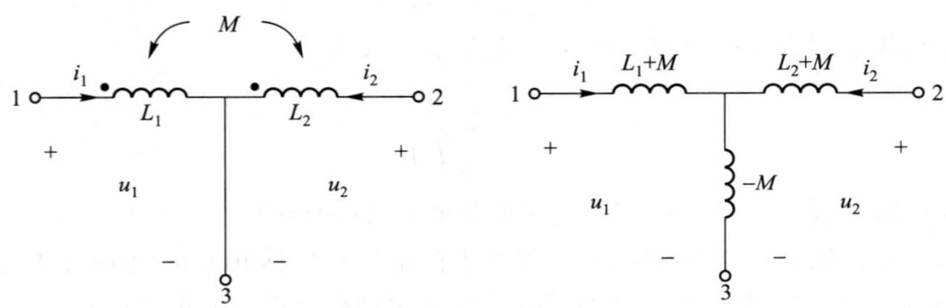

(a)　　(b)

图 10-3　非同名端相连耦合电感的去耦等效电路

3. 空心变压器

由两组线圈构成的变压器,与电源相连的线圈称为一次线圈,与负载相连的线圈称为二次线圈,其电路模型如图 10-4 所示。

对电路列写回路电流方程,有

$$(R_1+j\omega L_1)\dot{I}_1+j\omega M\dot{I}_2=\dot{U}_1$$

$$j\omega M\dot{I}_1+(R_2+j\omega L_2+Z_L)\dot{I}_2=0$$

若令

$$Z_1=R_1+j\omega L_1$$

$$Z_2=R_2+j\omega L_2$$

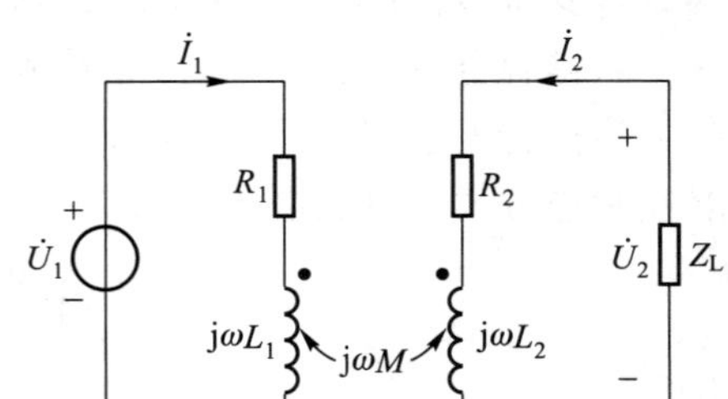

图 10-4　空心变压器的电路模型

从回路方程解出

$$\dot{I}_1=\frac{\dot{U}_1}{Z_1+(\omega M)^2\dfrac{1}{Z_2+Z_L}}$$

$$\dot{I}_2=\frac{-j\omega M\dfrac{\dot{U}_1}{Z_1}}{Z_2+Z_L+(\omega M)^2\dfrac{1}{Z_1}}$$

式中，$(\omega M)^2\dfrac{1}{Z_2+Z_L}$是二次侧折算到一次侧的引入阻抗；$(\omega M)^2\dfrac{1}{Z_1}$是一次侧折算到二次侧的引入阻抗，$+j\omega M\dfrac{\dot{U}_1}{Z_1}$则是二次侧的开路电压。

4. 理想变压器

实际变压器满足以下 3 个条件时可抽象为理想变压器：① 线圈和磁心均是无损耗的。② 各线圈无漏磁，即线圈间是全耦合的。③ 磁心的磁导率为无限大。对由 m 个线圈组成的变压器，设各线圈电流均由同名端流入，电压与电流取关联参考方向，线圈的匝数依次为 $N_1,N_2,\cdots,N_m$。由条件①和②，有

$$\frac{u_1}{N_1}=\frac{u_2}{N_2}=\cdots=\frac{u_m}{N_m}$$

由条件③，磁心中的磁场强度为零，故有

$$\oint \boldsymbol{H}\cdot d\boldsymbol{l}=N_1i_1+N_2i_2+\cdots+N_mi_m=0$$

对由两个线圈组成的理想变压器，则有

$$\begin{cases}\dfrac{u_1}{N_1}=\dfrac{u_2}{N_2}\\ N_1i_1+N_2i_2=0\end{cases}$$

若定义一次线圈、二次线圈的匝数比为 n，则

$$n=\frac{N_1}{N_2}$$

伏安关系式又可写成

$$\begin{cases}u_1=nu_2\\ ni_1+i_2=0\end{cases}$$

注意：理想变压器只有一个参数 n，不再有自感、互感等参数。理想变压器的图形符号如图 10－5 所示。

理想变压器有 3 个重要性质：① 任一时刻的功率为零。② 给理想变压器的二次侧接一阻抗 Z_L，由一次侧看入的阻抗 $Z_i=n^2Z_L$。③ 理想变压器是互易二端口。

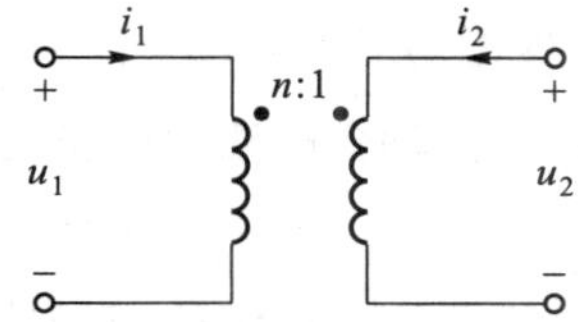

图 10-5　理想变压器的图形符号

三、典型例题

例 10-1 求图 10-6(a)所示一端口的等效电感。

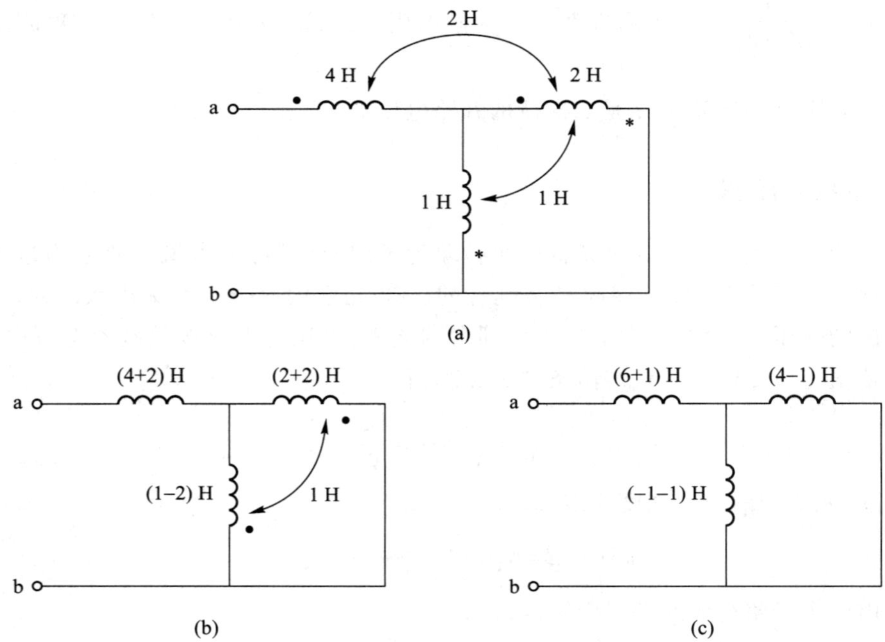

图 10-6 例 10-1 图

解:由于耦合电感有一端相连,可以用去耦等效电路表示,消去 2 H 互感后的电路如图 10-6(b)所示,进一步消去 1 H 互感,最后得图 10-6(c)所示电路,则等效电感为

$$L_{eq}=\left[7+\frac{3(-2)}{3+(-2)}\right]\ \text{H}=1\ \text{H}$$

例 10-2 图 10-7 为含有耦合电感的正弦稳态电路,电源角频率为 ω,试写出网孔电流方程和节点电压方程。

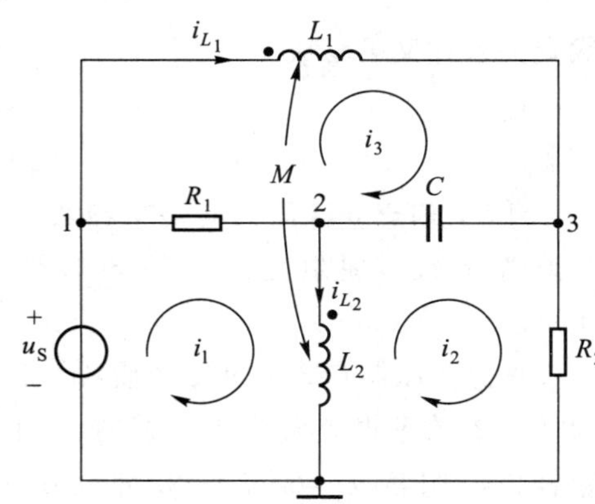

图 10-7 例 10-2 图

解:(1) 网孔电流方程

设 L_1、L_2 的电压 U_{L_1}、U_{L_2} 均以标记端为正极性端,由耦合电感的伏安关系,有

$$\begin{aligned}\dot{U}_{L_1}&=\text{j}\omega L_1\dot{I}_3+\text{j}\omega M(\dot{I}_1-\dot{I}_2)\\&=\text{j}\omega M\dot{I}_1-\text{j}\omega M\dot{I}_2+\text{j}\omega L_1\dot{I}_3\\\dot{U}_{L_2}&=\text{j}\omega L_2(\dot{I}_1-\dot{I}_2)+\text{j}\omega M\dot{I}_3\\&=\text{j}\omega L_2\dot{I}_1-\text{j}\omega L_2\dot{I}_2+\text{j}\omega M\dot{I}_3\end{aligned}$$

对各网孔应用 KVL，有

$m_1: R_1\dot{I}_1 - R_1\dot{I}_3 + \dot{U}_{L_2} = \dot{U}_s$

$m_2: \left(R_2 - j\dfrac{1}{\omega C}\right)\dot{I}_2 + j\dfrac{1}{\omega C}\dot{I}_3 - \dot{U}_{L_2} = 0$

$m_3: -R_1\dot{I}_1 + j\dfrac{1}{\omega C}\dot{I}_2 + \left(R_1 - j\dfrac{1}{\omega C}\right)\dot{I}_3 + \dot{U}_{L_1} = 0$

将 $\dot{U}_{L_1}$、$\dot{U}_{L_2}$ 代入以上 3 式，整理后有

$$(R_1 + j\omega L_2)\dot{I}_1 - j\omega L_2\dot{I}_2 + (-R_1 + j\omega M)\dot{I}_3 = \dot{U}_s$$

$$-j\omega L_2\dot{I}_1 + \left[R_2 + j\left(\omega L_2 - \frac{1}{\omega C}\right)\right]\dot{I}_2 + j\left(\frac{1}{\omega C} - \omega M\right)\dot{I}_3 = 0$$

$$(-R_1 + j\omega M)\dot{I}_1 + j\left(\frac{1}{\omega C} - \omega M\right)\dot{I}_2 + \left[R_1 + j\left(\omega L_1 - \frac{1}{\omega C}\right)\right]\dot{I}_3 = 0$$

（2）节点电压方程

对含有耦合电感的电路列写节点电压方程，可将耦合电感的电流也作为方程变量。节点电压方程为

$$\dot{U}_1 = \dot{U}_s$$

$$\left(\frac{1}{R_1} + j\omega C\right)\dot{U}_2 - j\omega C\dot{U}_3 + \dot{I}_{L_2} = \frac{1}{R_1}\dot{U}_s$$

$$-j\omega C\dot{U}_2 + \left(\frac{1}{R_2} + j\omega C\right)\dot{U}_3 - \dot{I}_{L_1} = 0$$

$$\dot{U}_1 - \dot{U}_3 = j\omega L_1\dot{I}_{L_1} + j\omega M\dot{I}_{L_2}$$

$$\dot{U}_2 = j\omega M\dot{I}_{L_1} + j\omega L_2\dot{I}_{L_2}$$

可见，对含有耦合电感的电路，节点电压法通常不能直接应用，因为连接到每个节点的自导纳不能直接表示，这里应用的节点电压法实际上是一种改进的节点电压法。

例 10-3　含理想变压器的电路如图 10-8 所示，求从端口 a、b 看进去的输入阻抗。

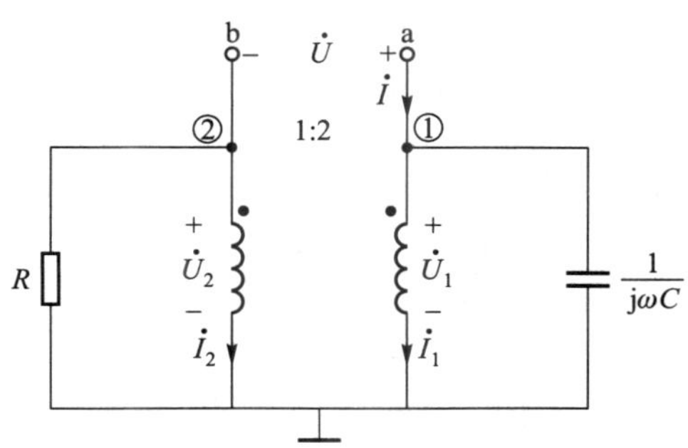

图 10-8　例 10-3 图

解:由于输入阻抗 $Z_i=\dfrac{\dot U}{\dot I}$,所以只需求出$\dfrac{\dot U}{\dot I}$即可。采用节点电压法,节点选取如图10-8所示,有

$$\mathrm{j}\omega C\dot U_1+\dot I_1=\dot I \qquad ①$$

$$\frac{\dot U_2}{R}+\dot I_2=-\dot I \qquad ②$$

根据理想变压器端口特性方程,又有

$$\dot I_1=-\frac{1}{n}\dot I_2 \qquad ③$$

$$\dot U_1=n\dot U_2 \qquad ④$$

消去 $\dot I_1$、$\dot I_2$、$\dot U_1$ 后,则有

$$\dot I=-\frac{(1+\mathrm{j}\omega CRn^2)\dot U_2}{R(1-n)} \qquad ⑤$$

又由于

$$\dot U=\dot U_1-\dot U_2=n\dot U_2-\dot U_2=(n-1)\dot U_2$$

代入式⑤,解得

$$Z_i=\frac{\dot U}{\dot I}=\frac{(1-n)^2R}{1+\mathrm{j}\omega CRn^2}$$

例 10-4　试求图10-9所示一端口电路的输入导纳 Y_{in}。

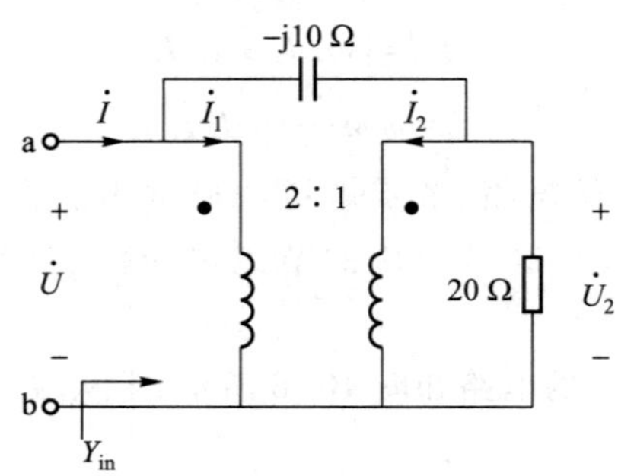

图10-9　例10-4图

解:设电流参考方向如图10-9所示,根据节点电压方程,有

$$\frac{1}{-\mathrm{j}10}\dot U-\frac{1}{-\mathrm{j}10}\dot U_2+\dot I_1=\dot I$$

$$-\frac{1}{-\mathrm{j}10}\dot U+\left(\frac{1}{20}+\frac{1}{-\mathrm{j}10}\right)\dot U_2+\dot I_2=0$$

根据理想变压器特性方程,又有

$$\dot U=2\dot U_2$$

$$\dot{I}_1=-\frac{1}{2}\dot{I}_2$$

将上式代入节点电压方程，可以求得

$$\dot{I}=\left(\frac{1}{80}+\mathrm{j}\frac{1}{40}\right)\dot{U}$$

于是一端口电路的输入导纳为

$$Y_{\mathrm{in}}=\frac{\dot{I}}{\dot{U}}=\left(\frac{1}{80}+\mathrm{j}\frac{1}{40}\right)\mathrm{S}$$

四、习题分析

10-1　试确定题 10-1 图所示耦合线圈的同名端。

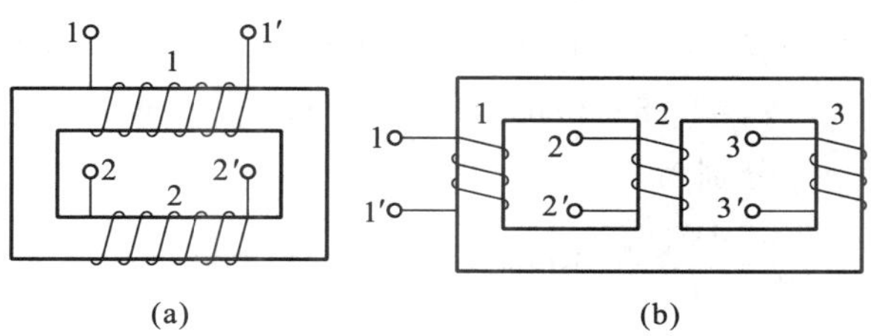

题 10-1 图

解：先指定电流 i_1 从线圈 1 的 1 端流入，根据线圈 1 的绕向和电流 i_1，按右手螺旋法则确定电流 i_1 所产生的磁通链方向（经线圈 2），再根据该磁通链经线圈 2 的方向判断电流 i_2 该从哪一端流入线圈 2，使 i_1、i_2 所产生的磁通链为同向耦合。i_1、i_2 一对电流的入端（或出端）为耦合电感的同名端。

题 10-1 图（a）的同名端为（1，2′）或（1′，2）。

题 10-1 图（b）的同名端为（1，2′）（1，3′）或（2，3′）。

10-2　两个耦合的线圈如题 10-2 图所示（黑盒子）。试根据图中开关 S 闭合时或闭合后再打开时，毫伏表的偏转方向确定同名端。

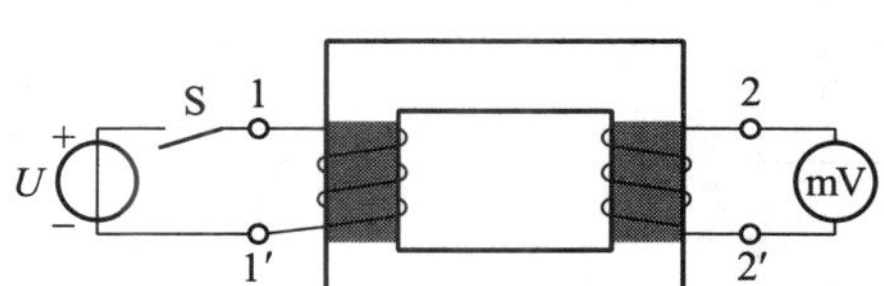

题 10-2 图

解：当耦合电感端口 1-1′的输入电流发生变化时，将在端口 1-1′和 2-2′都产生感应电压，端口 2-2′感应电压所产生的感应电流将阻碍耦合电感中磁通链的变化（楞次定律），依此即可判断耦合电感的同名端。

（1）当 S 闭合时，$i_1\uparrow$，则 $\Delta\Psi>0$（磁通链的增量），电流 i_1 与感应电流 i_2（线圈 2

中)所产生的磁通链为反向耦合,阻碍磁通链增加,电流 i_2 的流出端(高电位端)与 i_1 的入端为同名端。

(2) 当S闭合后再打开时,则 $\Delta\Psi<0$,原电流 i_1 的入端和S打开后感应电流 i_2 的入端(低电位端)为同名端。

10-3 若有电流 $i_1=[2+5\cos(10t+30°)]$ A,$i_2=10e^{-5t}$ A,各从题10-1图(a)所示线圈的1端和2端流入,并设线圈1的电感 $L_1=6$ H,线圈2的电感 $L_2=3$ H,互感为 $M=4$ H。试求:

(1) 各线圈的磁通链。

(2) 端电压 $u_{11'}$ 和 $u_{22'}$。

(3) 耦合因数 k。

解:设 u_1、i_1 和 u_2、i_2 为关联方向,Ψ_1、Ψ_2 都与自感磁通链同向。本题是反向耦合。

(1) 各线圈的磁通链为

$$\Psi_1=L_1i_1-Mi_2=[12+30\cos(10t+30°)-40e^{-5t}]\ \text{Wb}$$

$$\Psi_2=[-8-20\cos(10t+30°)+30e^{-5t}]\ \text{Wb}$$

(2) 端电压 $u_{11'}$、$u_{22'}$ 分别为

$$u_{11'}=\frac{d\Psi_1}{dt}=[-300\sin(10t+30°)+200e^{-5t}]\ \text{V}$$

$$u_{22'}=\frac{d\Psi_2}{dt}=[200\sin(10t+30°)-150e^{-5t}]\ \text{V}$$

注意:直流磁通链不产生感应电压。

(3) 耦合因数 k 为

$$k=\frac{M}{\sqrt{L_1L_2}}=0.943$$

10-4 题10-4图所示电路中,(1) $L_1=8$ H,$L_2=2$ H,$M=2$ H;(2) $L_1=8$ H,$L_2=2$ H,$M=4$ H;(3) $L_1=L_2=M=4$ H。试求以上三种情况从端子1-1′看进去的等效电感。

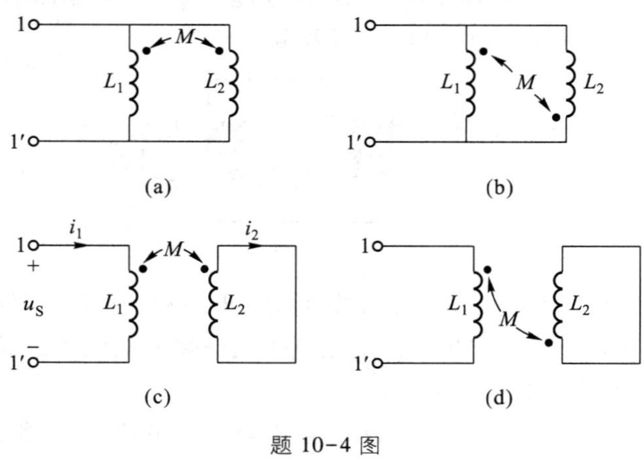

题10-4图

解:本题都可以用去耦等效电路求等效电感,求解方法与一端口电阻电路的等效电阻的求法一样,可直接用公式(但不必记)。如对题 10-4 图(a)有(去耦电路)

$$L_{eq}=M+\frac{(L_1-M)(L_2-M)}{(L_1-M)+(L_2-M)}$$

结果为(1)2 H;(2)0 H;(3)4 H(注意:如何处理$\frac{0}{0}$)。

对题 10-4 图(b),有

$$L_{eq}=-M+\frac{(L_1+M)(L_2+M)}{(L_1+M)+(L_2+M)}$$

结果为(1)0.857 H;(2)0 H;(3)0 H。

对于题 10-4 图(c)和(d)试用端口置源法。在端口 1-1′置电压源或电流源 $u_S(i_S)$,网孔电流 i_1、i_2 如题 10-4 图(c)所示,则网孔方程为

$$L_1\frac{di_1}{dt}-M\frac{di_2}{dt}=u_S\quad（左）$$

$$-M\frac{di_1}{dt}+L_2\frac{di_2}{dt}=0\quad（右）$$

解得

$$\left(L_1-\frac{M^2}{L_2}\right)\frac{di_1}{dt}=u_S$$

等效电感为

$$L_{eq}=L_1-\frac{M^2}{L_2}$$

其结果分别为(1)6 H;(2)0 H;(3)0 H。

题 10-4 图(d)与图(c)相同($L_{eq}=0$ 时,端口应当置电流源 i_S 为妥)。

10-5　求题 10-5 图所示电路的输入阻抗 $Z(\omega=1\ \text{rad/s})$。

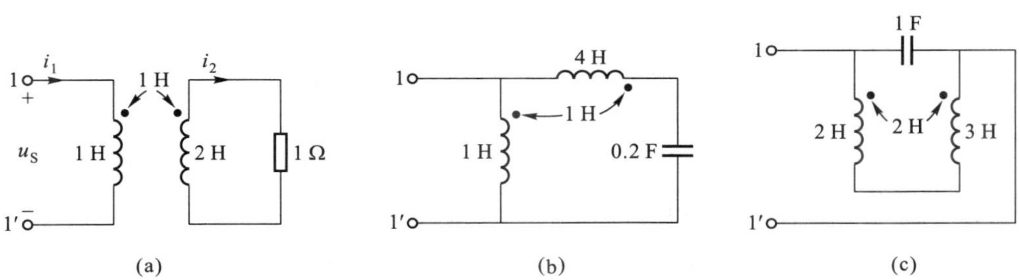

题 10-5 图

解:本题都可以用去耦法求解。对题 10-5 图(a)用置源法求解,如图所示电压、电流方向,可列相量形式的网孔电流方程为

$$\mathrm{j}\omega L_1\dot{I}_1-\mathrm{j}\omega M\dot{I}_2=\dot{U}_s$$

$$-\mathrm{j}\omega M\dot{I}_1+(1+\mathrm{j}\omega L_2)\dot{I}_2=0$$

解得

$$Z=\frac{\dot{U}_s}{\dot{I}_1}=\mathrm{j}\omega L_1+\frac{(\omega M)^2}{1+\mathrm{j}\omega L_2}=(0.2+\mathrm{j}0.6)\ \Omega$$

对题 10-5 图(b)和(c)电路用去耦法,去耦等效电路如题解 10-5 图(a)和(b)所示,其结果分别为

对题 10-5 图(b):$Z=-\mathrm{j}1\ \Omega$。

对题 10-5 图(c):$Z=\infty$。

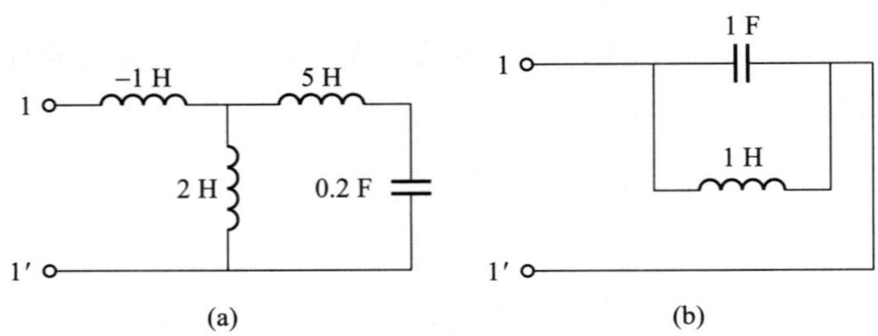

题解 10-5 图

10-6　题 10-6 图所示电路中 $R_1=R_2=1\ \Omega,\omega L_1=3\ \Omega,\omega L_2=2\ \Omega,\omega M=2\ \Omega,U_1=100\ \mathrm{V}$。求:

(1) 开关 S 打开和闭合时的电流 $\dot{I}_1$。

(2) S 闭合时各部分的复功率。

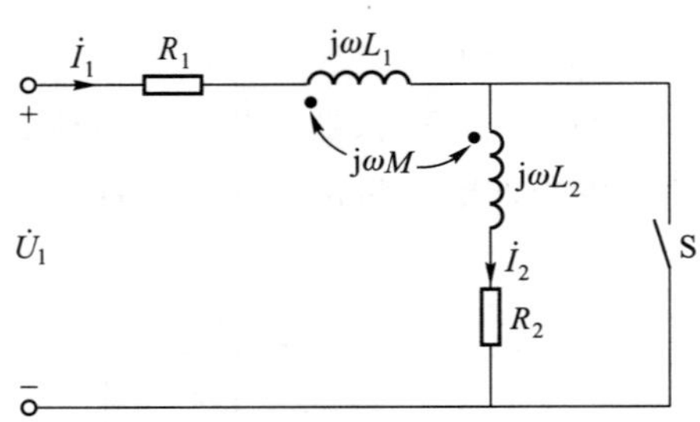

题 10-6 图

解:(1) S 打开时,耦合电感顺向串联电路,KVL 方程为

$$(R_1+\mathrm{j}\omega L_1+\mathrm{j}\omega M)\dot{I}_1+(R_2+\mathrm{j}\omega L_2+\mathrm{j}\omega M)\dot{I}_1=\dot{U}_1$$

令 $\dot{U}_1=100\angle 0^\circ\ \mathrm{V}$,解得

$$\dot{I}=\frac{\dot{U}_1}{(R_1+R_2)+\mathrm{j}\omega(L_1+L_2+2M)}=\frac{100\angle 0^\circ}{2+\mathrm{j}9}\ \mathrm{A}=10.85\angle -77.47^\circ\ \mathrm{A}$$

(2) S 闭合后,可列 KVL 方程为

$$(1+\mathrm{j}3)\dot{I}_1+\mathrm{j}2\dot{I}_2=\dot{U}_1$$

$$\mathrm{j}2\dot{I}_1+(1+\mathrm{j}2)\dot{I}_2=0$$

解得 $\dot{I}_1=43.85\angle-37.87^\circ$ A，$\dot{I}_2=39.22\angle168.69^\circ$ A。各部分发出的复功率为

$$(1+\mathrm{j}3)I_1^2+\mathrm{j}2\dot{I}_2\dot{I}_1^*=\dot{U}_1\dot{I}_1^*$$

$$\mathrm{j}2\dot{I}_1\dot{I}_2^*+(1+\mathrm{j}2)I_2^2=0$$

结果为

$$(1\,923.08+\mathrm{j}5\,769.23)+(1\,537.96-\mathrm{j}3\,076.60)=4\,385\angle37.87^\circ \quad ①$$

$$(-1\,537.96-\mathrm{j}3\,076.60)+(1\,537.96+\mathrm{j}3\,076.60)=0 \quad ②$$

式①中第 1 项为$(R_1+\mathrm{j}\omega L_1)$吸收的复功率；第 2 项为互感电压吸收的复功率；右侧为电压源 $\dot{U}_1$ 发出的复功率。读者可对式②进行说明。

10-7 把两个线圈串联起来接到 50 Hz、220 V 的正弦电源上，同向串联时得电流 $I=2.7$ A，吸收的功率 218.7 W；反向串联时电流为 7 A。求互感 M。

解：同向串联时，有

$$\left|(R_1+R_2)+\mathrm{j}\omega(L_1+L_2+2M)\right|=\frac{220\text{ V}}{I}=\frac{220}{2.7}\ \Omega=81.48\ \Omega$$

$$I^2(R_1+R_2)=218.7$$

反向串联时，有

$$\left|(R_1+R_2)+\mathrm{j}\omega(L_1+L_2-2M)\right|=\frac{220}{7}\ \Omega=31.43\ \Omega$$

可解得

$$(R_1+R_2)=30\ \Omega,\quad M=52.86\text{ mH}$$

10-8 电路如题 10-8 图所示，已知两个线圈的参数为：$R_1=R_2=100\ \Omega$，$L_1=3$ H，$L_2=10$ H，$M=5$ H，正弦电源的电压 $U=220$ V，$\omega=100$ rad/s。

（1）试求两个线圈端电压，并作出电路的相量图。

（2）证明两个耦合电感反向串联时不可能有 $L_1+L_2-2M\leqslant 0$。

（3）电路中串联多大的电容可使 $\dot{U}$、$\dot{I}$ 同相？

（4）画出该电路的去耦等效电路。

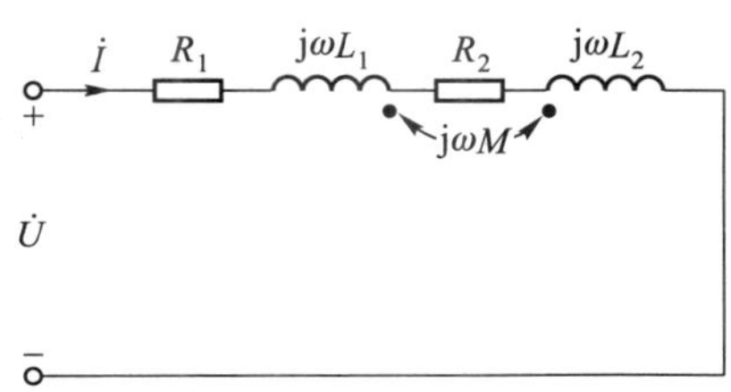

题 10-8 图

解：(1) 电路的 KVL 方程为

$$(R_1+j\omega L_1-j\omega M)\dot{I}+(R_2+j\omega L_2-j\omega M)\dot{I}=\dot{U}$$

设 $\dot{U}=100\underline{/0^\circ}$,解得

$$\dot{U}_1=(R_1+j\omega L_1-j\omega M)\dot{I}=136.4\underline{/-119.74^\circ}\quad(\text{线圈 }1)$$

$$\dot{U}_2=(R_2+j\omega L_2-j\omega M)\dot{I}=311.04\underline{/22.38^\circ}\quad(\text{线圈 }2)$$

电路的相量图如题解 10-8 图所示。注意:$L_1-M<0$,为容性。

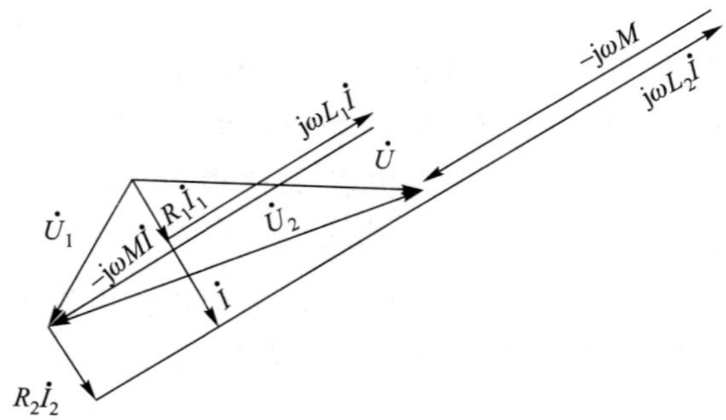

题解 10-8 图

(2) 因为$(\sqrt{L_1}-\sqrt{L_2})^2>0$,$L_1+L_2-2\sqrt{L_1L_2}>0$,而$\sqrt{L_1L_2}>M$,所以不可能有 $L_1+L_2-2M\leqslant 0$。

(3) 接入电容 C 后,使等效阻抗的虚部为零时,$\dot{U}$ 与 $\dot{I}$ 同相,即有

$$j\omega(L_1+L_2-2M)-j\frac{1}{\omega C}=0$$

于是

$$C=\frac{1}{\omega^2(L_1+L_2-2M)}=33.3\ \mu F$$

(4) 去耦等效电路由读者完成。

10-9　题 10-9 图所示电路中,$L_1=0.2$ H,$L_2=M=0.1$ H,$u_S=10\sqrt{2}\cos(2t+30^\circ)$ V。求图中表 W 的读数,并说明该读数有无实际意义。

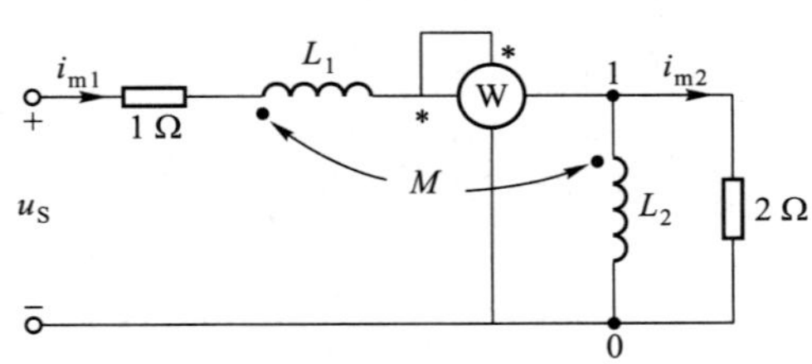

题 10-9 图

解:列顺时针网孔电流方程,设网孔电流为 $\dot{I}_{m1}$(左)和 $\dot{I}_{m2}$(右),方程为

$$(1+j\omega L_1+j\omega L_2)\dot{I}_{m1}-j\omega L_2\dot{I}_2+(2j\omega M\dot{I}_{m1}-j\omega M\dot{I}_{m2})=\dot{U}_s$$

$$-\mathrm{j}\omega L_2\dot{I}_{m1}+(2+\mathrm{j}\omega L_2)\dot{I}_2+(-\mathrm{j}\omega M\dot{I}_{m1})=0$$

式中括号部分为网孔电流的互感电压,代入数据后,有

$$(1+\mathrm{j}1)\dot{I}_{m1}-\mathrm{j}0.4\dot{I}_{m2}=\dot{U}_s$$

$$-\mathrm{j}0.4\dot{I}_{m1}+(2+\mathrm{j}0.2)\dot{I}_{m2}=0$$

解得

$$\dot{I}_{m1}=7.01\angle -14.29^\circ\ \mathrm{A},\quad \dot{I}_{m2}=1.39\angle 69.91^\circ\ \mathrm{A}$$

表 W 的读数为

$$W=\mathrm{Re}[\dot{U}_{10}\dot{I}_{m1}^*]=\mathrm{Re}[2\dot{I}_{m2}\dot{I}_{m1}^*]=1.97\ \mathrm{W}$$

由于表 W 跨接的电压 $\dot{U}_{10}$ 为电阻 2 Ω 上的电压,表 W 所流入的电流为 $\dot{I}_{m1}$,所以其读数是一端口 1-0(L_2、2 Ω 并联部分)吸收功率的一部分,另一部分是通过耦合电感端口从 L_1 经 M 至 L_2,再传至 2 Ω 电阻吸收。

10-10　当题 10-10 图所示电路中的电流 $\dot{I}_1$ 与 $\dot{I}_2$ 正交时,试证明:$R_1R_2=\frac{L_2}{C}$,并对此结果进行分析。

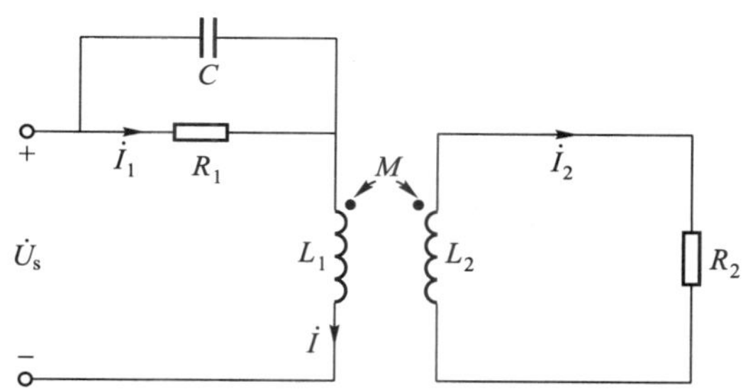

题 10-10 图

解:设 L_1 中的电流为 $\dot{I}$(如题 10-10 图所示),则右网孔方程为

$$(R_2+\mathrm{j}\omega L_2)\dot{I}_2-\mathrm{j}\omega M\dot{I}=0$$

解得

$$\dot{I}=\frac{R_2+\mathrm{j}\omega L_2}{\mathrm{j}\omega M}\dot{I}_2$$

根据分流公式,有

$$\dot{I}_1=\frac{G_1}{G_1+\mathrm{j}\omega C}\dot{I}=\frac{G_1(R_2+\mathrm{j}\omega L_2)}{\mathrm{j}\omega M(G_1+\mathrm{j}\omega C)}\dot{I}_2$$

当上式括号内的参数满足下列关系时,有

$$\frac{\omega L_2}{R_2}=\frac{\omega C}{G_1}$$

即

$$R_1R_2=\frac{L_2}{C}$$

则有

$$\dot{I}_1=\frac{R_2}{j\omega M}\dot{I}_2$$

则 $\dot{I}_1$ 滞后电流 $\dot{I}_2$(90°)。$R_1R_2=0$ 时,必须$\frac{1}{\omega C}=0$(电容支路短路)。

10-11 试求题 10-11 图所示电路中电压源的角频率为何值时,功率表 W 的读数为零(图中元件的参数已知)。

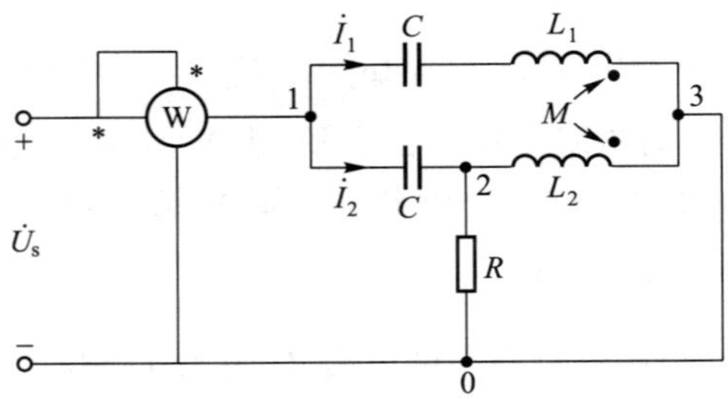

题 10-11 图

解:功率表 W 的读数为零时,表示一端口 1-0 中,电阻吸收的有功功率和为零,则题 10-11 图中电阻 R 支路中的电流(电压)为零,有 $\dot{U}_{20}=\dot{U}_{23}=0$,而 $\dot{U}_{12}=\dot{U}_s$,可编写如下电路方程:

$$\left(j\omega L_1-j\frac{1}{\omega C}\right)\dot{I}_1+j\omega M\dot{I}_2=\dot{U}_s$$

$$j\omega M\dot{I}_1+j\omega L_2\dot{I}_2=\dot{U}_{23}=0$$

$$\dot{I}_2=j\omega C\dot{U}_{12}=j\omega C\dot{U}_s$$

最终解得

$$\omega=\sqrt{\frac{L_2+M}{C(L_1L_2-M^2)}}$$

讨论:① $C=0,\frac{1}{\omega C}=\infty$,开路,功率表 W 当然为零;$C=\infty$,$\frac{1}{\omega C}=0$,短路,无解。

② $L_1L_2-M^2=0$(全耦合),无解。

③ $\omega=0$(直流),电容开路,功率表 W 当然为零。

如反向耦合,上述结论亦成立。

10-12 题 10-12 图所示电路中 $R=1\ \Omega,\omega L_1=2\ \Omega,\omega L_2=32\ \Omega$,耦合因数 $k=1,\frac{1}{\omega C}=32\ \Omega$。求电流 $\dot{I}_1$ 和电压 $\dot{U}_2$。

解:列出两个网孔电流方程如下:

$$(1+j2)\dot{I}_1-j8\dot{I}_2=\dot{U}_s=8\underline{/0^\circ}\quad(\text{左边网孔})$$

$$-j8\dot{I}_1+(j32-j32)\dot{I}_2=0\quad(\text{右边网孔})$$

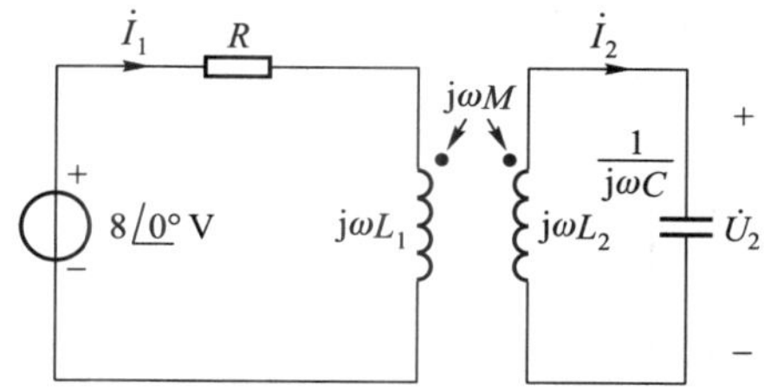

题 10-12 图

解得

$$\dot{I}_1=0\ \text{A},\quad \dot{I}_2=\text{j}1\ \text{A},\quad \dot{U}_2=-\text{j}32\dot{I}_2=32\ \text{V}$$

由于二次侧的回路阻抗为零，电路稳定后，L_2、C 的无功功率完全互补，不需要一次侧输送能量，这一现象与耦合因数无关。

10-13　已知变压器如题 10-13 图(a)所示，一次侧的周期性电流源波形如题 10-13 图(b)所示(一个周期)，二次侧的电压表读数(有效值)为 25 V。

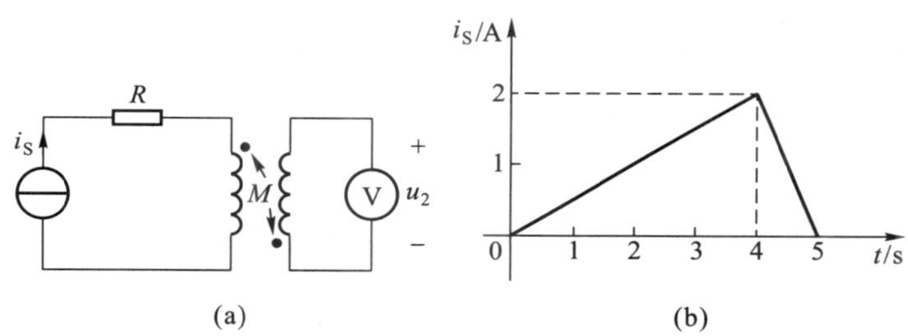

题 10-13 图

(1) 画出一次电压、二次电压的波形，并计算互感 M。

(2) 给出它的等效受控源(CCVS)电路。

(3) 如果同名端弄错，对(1)和(2)的结果有无影响？

解：(1) 由于 i_S 为非正弦周期量，应当直接用时域形式进行分析。

$$i_S=\begin{cases}0.5t, & 0\leqslant t\leqslant 4\ \text{s}\\ -2(t-5), & 4\ \text{s}<t\leqslant 5\ \text{s}\end{cases}$$

而 u_2 二次侧为开路电压，有

$$u_2=-M\frac{\text{d}i_S}{\text{d}t}=\begin{cases}-0.5M, & 0\leqslant t\leqslant 4\ \text{s}\\ 2M, & 4\ \text{s}<t\leqslant 5\ \text{s}\end{cases}$$

根据周期量有效值的定义，有

$$U_2=\sqrt{\frac{1}{T}\int_0^T u_2^2\text{d}t}=\sqrt{\frac{1}{5}\left[\int_0^4(-0.5M)^2\text{d}t+\int_4^5(2M)^2\text{d}t\right]}=M$$

所以，$M=25$ H。u_2 的波形如题解 10-13 图(a)所示。

(2) CCVS 等效电路如题解 10-13 图(b)所示。

(3) 若同名端弄错,则 u_2 的波形、CCVS 的极性将相反。

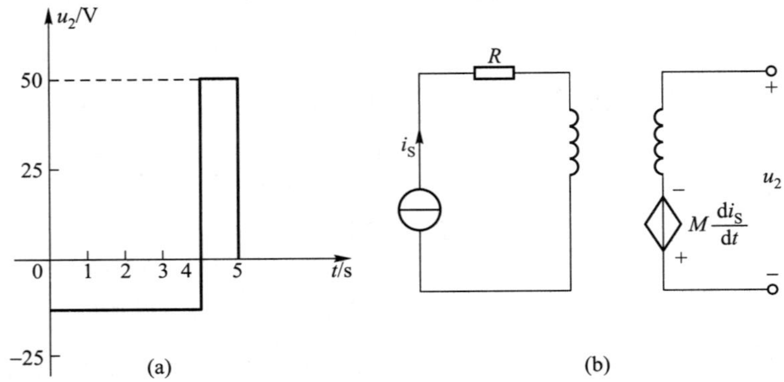

题解 10-13 图

10-14　题 10-14 图所示电路中 $R=50\ \Omega$,$L_1=70\ \text{mH}$,$L_2=25\ \text{mH}$,$M=25\ \text{mH}$,$C=1\ \mu\text{F}$,正弦电压源 $\dot{U}=500\angle 0^\circ\ \text{V}$,$\omega=10^4\ \text{rad/s}$。求各支路电流。

解:用支路电流法列方程求解,支路电流如题 10-14 图所示,电路方程为

$$-\dot{I}+\dot{I}_1+\dot{I}_2=0\quad(\text{KCL})$$

$$(R+\text{j}\omega L_1)\dot{I}+\text{j}\omega L_2\dot{I}_1+(-\text{j}\omega M\dot{I}_1-\text{j}\omega M\dot{I})=\dot{U}$$

$$-\text{j}\omega L_2\dot{I}_1+\frac{1}{\text{j}\omega C}\dot{I}_2+(\text{j}\omega M\dot{I})=0$$

提示:列 KVL 方程时,如何将互感电压计入 KVL 方程中,一要正确确定互感电压"+"极性,二要确定 KVL 方程所关联的互感电压的个数,及其在方程中的取号。列方程时可以先列出不计互感电压的部分,然后,再计入互感电压,如上述方程中括号中的电压为互感电压部分。

最后解得

$$\dot{I}=\dot{I}_1=1.10\angle -83.66^\circ\ \text{A},\quad \dot{I}_2=0$$

本题去耦等效电路如题解 10-14 图所示,读者试解出结果。

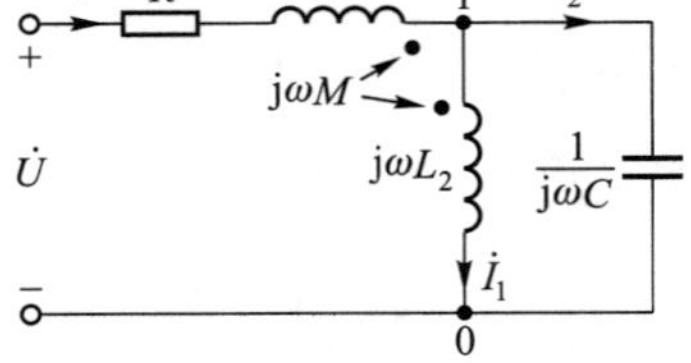

题 10-14 图

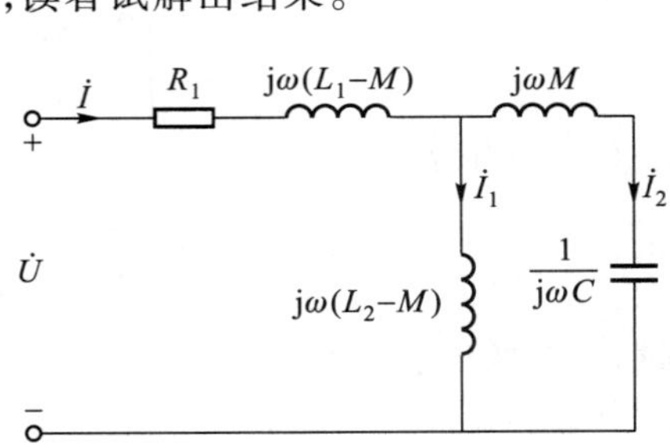

题解 10-14 图

10-15　列出题 10-15 图所示电路的回路电流方程。

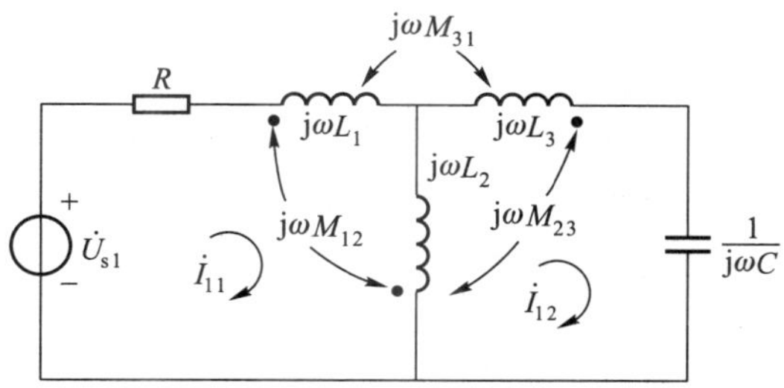

题 10-15 图

解:设回路电流为 $\dot{I}_{11}$(左)、$\dot{I}_{12}$(右),为顺时针方向。回路电流所产生的互感电压的个数等于回路电流所关联同名端标记符号的个数,本题中的回路电流各关联 4 个同名端符号,所以互感电压各有 4 个,共 8 个;另一方面要注意互感电压在耦合电感中的位置和极性。本题回路电流所产生的互感电压如题解 10-15 图(a)和(b)所示。

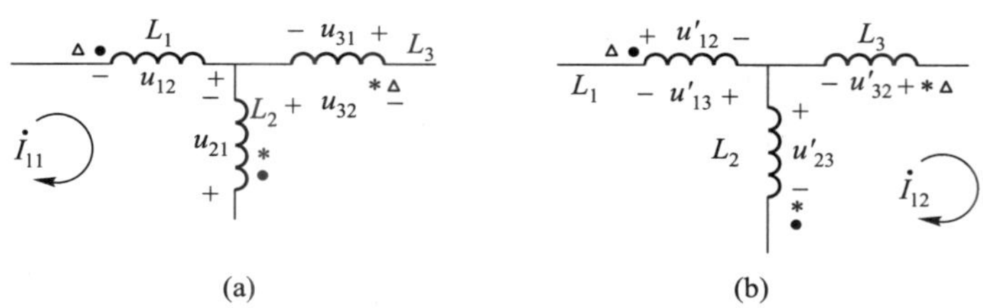

题解 10-15 图

回路电流所产生的互感电压由两部分组成:

(1) 回路电流在本回路中产生的互感电压。当回路电流关联一对同标记号同名端时,则在本回路中,将产生一对同标记号的互感电压,如回路电流 $\dot{I}_{11}$ 关联一对(•)号的同名端,则产生互感电压 u_{12} 和 u_{21},如题解 10-15 图(a)所示,并有

$$-u_{12}-u_{21}=-2\mathrm{j}\omega M_{12}\dot{I}_{11}\quad(\text{在回路 } l_1 \text{ 中})$$

同理,回路电流 $\dot{I}_{12}$ 关联一对(*)号的同名端,则产生一对互感电压 u'_{23}、u'_{32},如题 10-15 图(b)所示,并有

$$-u'_{23}-u'_{32}=-2\mathrm{j}\omega M_{23}\dot{I}_{12}\quad(\text{在回路 } l_2 \text{ 中})$$

互感抗具有自阻抗的性质(但+、-号有差异),式中“-”表示反向耦合。这类互感电压总是成对出现的,否则为零。

(2) 其他回路电流在本回路中产生的互感电压。当其他回路电流所关联的同名端的符号,与本回路电流所关联的同名端的符号部分相同时,将在本回路中产生同标记号的互感电压。如回路电流 $\dot{I}_{12}$(属于其他回路电流)关联(•)(*)和(Δ)号,它与 $\dot{I}_{11}$ 所关联的同名端标记号相同,则 $\dot{I}_{12}$ 将在回路l_1 中产生互感电压 u'_{12}、u'_{13} 和 u'_{23},如题 10-15 图(b)所示,并有

$$u'_{12}-u'_{13}+u'_{23}=\mathrm{j}\omega(M_{12}-M_{31}+M_{23})\dot{I}_{12}$$

同理，$\dot{I}_{l1}$ 在回路l_2中，也产生同一标记符号的互感电压 u_{21}、u_{31} 和 u_{32}，如题 10-15 图(a)所示，并有

$$u_{21}-u_{31}+u_{32}=\mathrm{j}\omega(M_{12}-M_{31}+M_{23})\dot{I}_{l1}$$

互感抗的代数和具有互阻抗的性质。在列写方程时要注意互感电压“+”极性的标定。这一类互感电压是耦合电感系统所关联的回路电流产生的，它们不一定是相邻回路电流。

本题的回路电流方程为

$$(R+\mathrm{j}\omega L_1+\mathrm{j}\omega L_2)\dot{I}_{l1}-\mathrm{j}\omega L_2\dot{I}_{l2}+[-u_{12}-u_{21}]+[u'_{12}-u'_{13}+u'_{23}]=\dot{U}_{s1}$$

$$-\mathrm{j}\omega L_2\dot{I}_{l1}+(\mathrm{j}\omega L_2+\mathrm{j}\omega L_3)\dot{I}_{l2}+[-u'_{23}-u'_{32}]+[u_{21}-u_{31}+u_{32}]=0$$

列写具有耦合电感电路的回路电流方程不是简单易行的事。

10-16　已知题 10-16 图中 $u_S=100\sqrt{2}\cos(\omega t)$ V，$\omega L_2=120\ \Omega$，$\omega M=\dfrac{1}{\omega C}=20\ \Omega$。负载 Z_L 为何值时获最大功率？求出最大功率。

解：解题提示如下。

(1) 确定耦合电感(L_1、L_2)的同名端，画出电路图。

(2) 验证题解 10-16 图所示电路是本题去耦的等效电路。

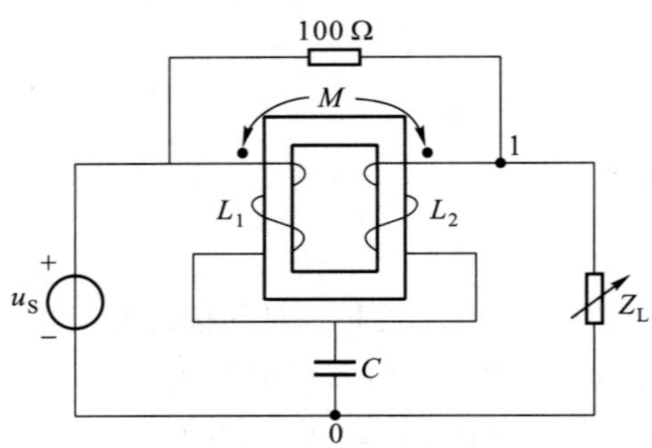

题 10-16 图

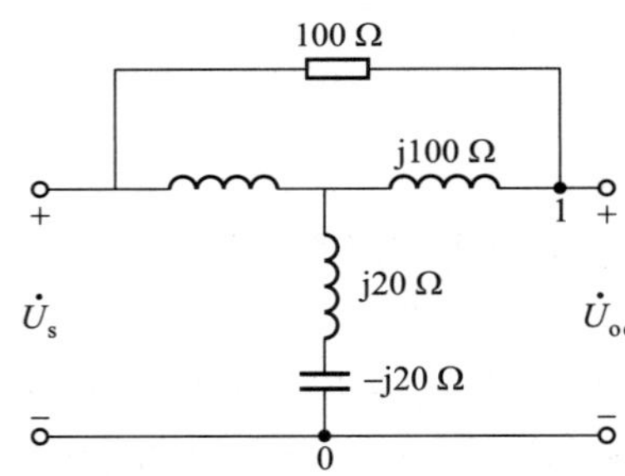

题解 10-16 图

(3) 根据题解 10-16 图所示一端口 1-0，求其等效的戴维南电路，验证下述结果

$$\dot{U}_{oc}=(50+\mathrm{j}50)\ \mathrm{V}=50\sqrt{2}\angle 45^\circ\ \mathrm{V},\quad Z_{eq}=50\sqrt{2}\angle 45^\circ\ \Omega$$

(4) 验证 Z_L 所获得的最大功率为 25 W。

10-17　如果使 10 Ω 电阻能获得最大功率，试确定题 10-17 图所示电路中理想变压器的变比 n。

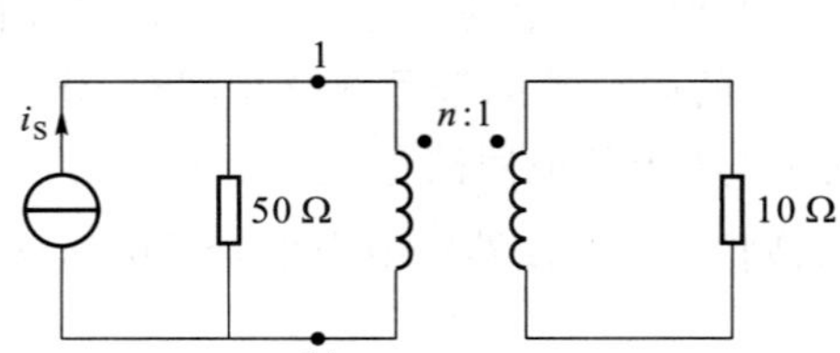

题 10-17 图

解:理想变压器端口 1-1′的等效电阻 R_{eq} 为

$$R_{eq}=10n^2$$

最佳匹配时,有

$$R_{eq}=10n^2=50$$

解得 $n=2.24$。理想变压器的变比 n 是一个极易调节的参数。

10-18　求题 10-18 图所示电路中的阻抗 Z。已知电流表的读数为 10 A,正弦电压有效值 $U=10$ V。

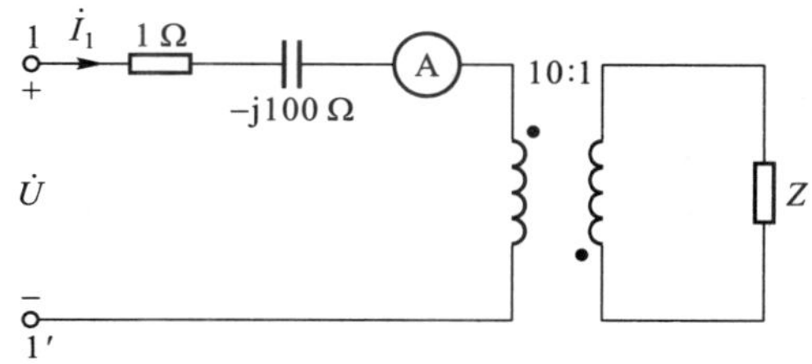

题 10-18 图

解:端口 1-1′的输入阻抗 Z_i 为

$$|Z_i|=|1-j100+100Z|=\left|\frac{\dot{U}}{\dot{I}}\right|=1\ \Omega$$

解得

$$Z=j1\ \Omega$$

10-19　已知题 10-19 图所示电路的输入电阻 $R_{ab}=0.25\ \Omega$。求理想变压器的变比 n。

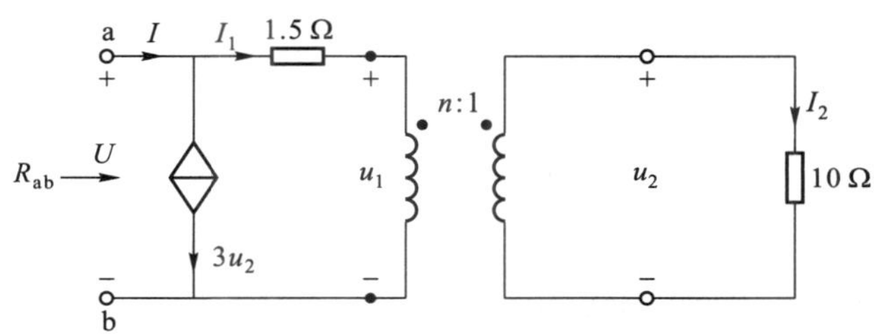

题 10-19 图

解:由于一端口内含有受控源和理想变压器,其输入电阻要用端口置源法求解,但与端口电压、电流幅值无关。本题可试用推求法求解。

令 $I_2=n$,则其他的电压、电流可逐一推求,结果如下:

$u_2=10n$,　$u_1=10n^2$,　$I_1=n/n=1$ A,　$3u_2=30n$,　$U=1.5+10n^2$,　$I=1+30n$

所以

$$R_{eq}=0.25\ \Omega=\frac{U}{I}=\frac{1.5+10n^2}{1+30n}$$

即有

$$n^2-0.75n+0.125=0$$

解得 $n=0.5$ 或 $n=0.25$。取 $n=0.25$ 为合理解。

10-20　题 10-20 图所示电路中开关 S 闭合时 $u_S=10\sqrt{2}\cos t$ V,求电流 i_1 和 i_2,并根据结果给出含理想变压器的等效电路。

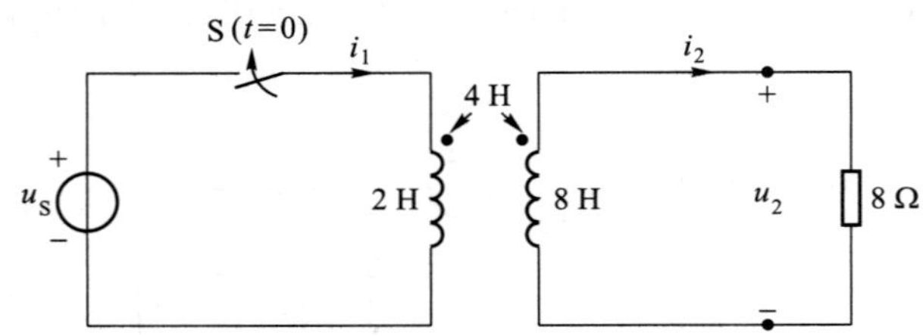

题 10-20 图

解:列网孔电流方程,有

$$2\frac{\mathrm{d}i_1}{\mathrm{d}t}-4\frac{\mathrm{d}i_2}{\mathrm{d}t}=u_S \quad （左） \tag{①}$$

$$-4\frac{\mathrm{d}i_1}{\mathrm{d}t}+8\frac{\mathrm{d}i_2}{\mathrm{d}t}+8i_2=0 \quad （右） \tag{②}$$

上式中式①乘以 2 加上式②,结果为

$$8i_2=2u_S=u_2$$

解得 $i_2=\dfrac{1}{4}u_S=2.5\sqrt{2}\cos t$ A。

将式①改写为

$$\frac{\mathrm{d}i_1}{\mathrm{d}t}=\frac{u_S}{2}+\frac{4}{2}\frac{\mathrm{d}i_2}{\mathrm{d}t}$$

积分后,有

$$i_1=\frac{1}{L_1}\int u_S\mathrm{d}t+\frac{M}{L_1}i_2=\frac{1}{2}\int u_S\mathrm{d}t+2i_2$$

$$=(5\sqrt{2}\sin t+5\sqrt{2}\cos t)\ \mathrm{A}=10\cos(t-45°)\ \mathrm{A}$$

由于存在下列关系:

$$u_1=0.5u_2$$

$$i_1'=\frac{M}{L_1}i_2=\frac{1}{0.5}i_2$$

这是理想变压器 VCR 特性,所以题 10-20 图所示电路的等效电路如题解 10-20 图所示。

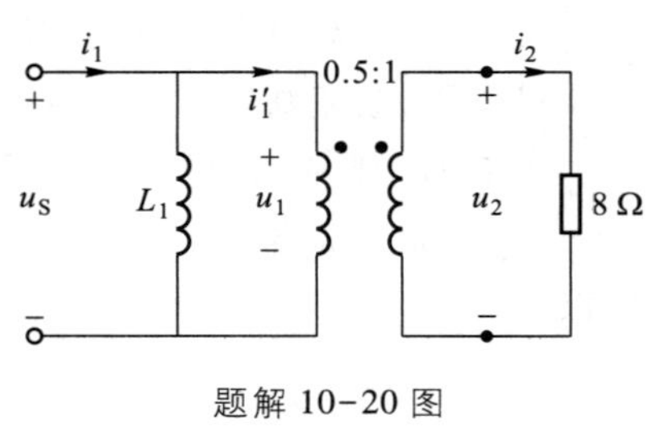

题解 10-20 图

10-21　已知题 10-21 图所示电路中 $u_S=10\sqrt{2}\cos(\omega t)$ V，$R_1=10\ \Omega$，$L_1=L_2=0.1$ mH，$M=0.02$ mH，$C_1=C_2=0.01\ \mu F$，$\omega=10^6$ rad/s。R_2 为何值时获最大功率？求出最大功率。

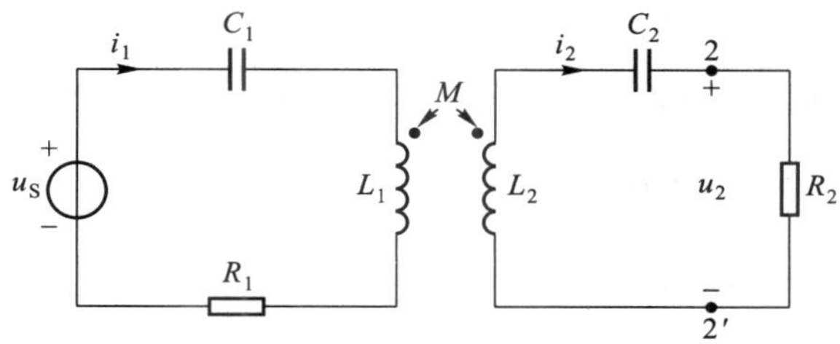

题 10-21 图

解：直接列写两个顺时针网孔电流方程求得 $\dot{U}_2=f(\dot{I}_2)$ 的表达式，就可获得一端口 2-2′的戴维南等效电路。网孔电流的方程如下：

$$\left(R_1+j\omega L_1-j\frac{1}{\omega C_1}\right)\dot{I}_1-j\omega M\dot{I}_2=\dot{U}_s$$

$$-j\omega M\dot{I}_1+\left(j\omega L_2-j\frac{1}{\omega C}\right)\dot{I}_2=-\dot{U}_2$$

$$\dot{U}_2=R_2\dot{I}_2$$

代入已知数后可解得

$$\dot{U}_2=j2\dot{U}_s-40\dot{I}_2$$

戴维南等效电路的参数为 $\dot{U}_{oc}=j2\dot{U}_s$，$Z_{eq}=40\ \Omega$。当 $R_2=Z_{eq}^*=40\ \Omega$ 时获最大功率 2.5 W。

10-22　题 10-22 图所示电路中 $C_1=10^{-3}$ F，$L_1=0.3$ H，$L_2=0.6$ H，$M=0.2$ H，$R=10\ \Omega$，$u_S=100\sqrt{2}\cos(100t-30°)$ V，C 可变动。C 为何值时，R 可获得最大功率？并求出最大功率。

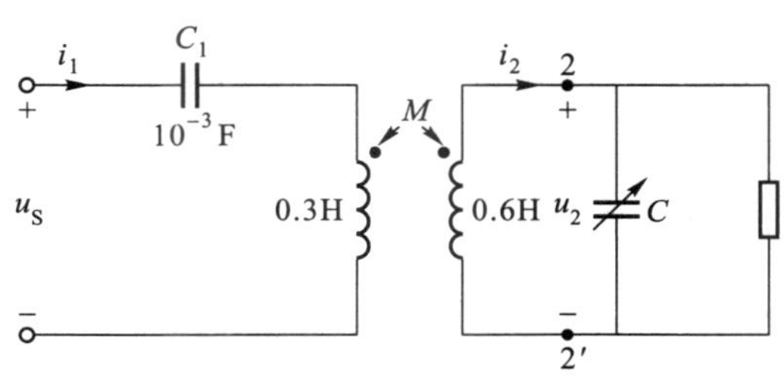

题 10-22 图

解：可用题 10-21 的方法求解。端口 2-2′用电压源 $\dot{U}_2$ 替代，则网孔电流方程为

$$\left(j\omega L_1-j\frac{1}{\omega C_1}\right)\dot{I}_1-j\omega M\dot{I}_2=\dot{U}_s$$

$$-j\omega M\dot{I}_1+j\omega L_2\dot{I}_2=-\dot{U}_2$$

解得

$$\dot{I}_2=\frac{1}{\mathrm{j}40}\dot{U}_s-\frac{1}{\mathrm{j}40}\dot{U}_2$$

诺顿等效电路的参数为：$\dot{I}_{sc}=\frac{1}{\mathrm{j}40}\dot{U}_s=2.5\angle-120°$ A，$Y_{eq}=\frac{1}{\mathrm{j}40}=-\mathrm{j}0.025$ S。显然，在电路端口 2-2′并联接入 RC 电路后，端电压 $\dot{U}_{22'}$ 最大时，R 获最大功率，其实现条件为

$$\omega C=0.025,\quad C=\frac{0.025}{\omega}=\frac{0.025}{100}\ \mathrm{F}=250\ \mu\mathrm{F}$$

此时，$Y_{eq}+\mathrm{j}\omega C=0$，$\dot{I}_{sc}$ 全部流入 R，其最大功率应当为

$$P_{max}=(I_{sc})^2R=62.5\ \mathrm{W}$$

只有当 Y_{eq} 为感性时，才有实现的可能。

第十一章
电路的频率响应

一、重点和难点

第十一章课件

① 重点掌握频率特性和网络函数的概念、分类和特点。

② 以 RLC 串联电路和 RLC 并联电路为重点,充分理解频率响应和网络函数的概念和意义。当 RLC 串联电路或 RLC 并联电路分别发生串联谐振或并联谐振时,重点理解串联谐振和并联谐振在定义上的异同点;能够正确理解谐振时,谐振频率的求解,各元件和各支路电压、电流的特性;掌握品质因数、特性阻抗的概念和公式;充分理解谐振时,RLC 电路中能量和功率的变化规律。

③ 重点掌握 RLC 串联电路的频率特性,理解以电阻电压(或串联电路电流)、电容电压和电感电压为响应的二阶带通、低通和高通网络函数及响应的频率特性;掌握通频带的概念。

④ 充分掌握频率响应波特图的概念和画法,了解滤波器的概念、类型和几种典型的滤波器电路。

二、学习方法指导

1. 网络函数和频率响应

根据线性电路的齐次性,对只有一个输入的电路,在特定频率下输出与输入之间呈比例关系,即

$$输出相量=H(\mathrm{j}\omega)\times输入相量$$

式中,$H(\mathrm{j}\omega)$称为网络函数,可表示为

$$H(\mathrm{j}\omega)=|H(\mathrm{j}\omega)|\mathrm{e}^{\mathrm{j}\varphi(\omega)}$$

式中,$|H(\mathrm{j}\omega)|$称为增益函数;$\varphi(\omega)$称为相位函数。则

$$输出幅值=|H(\mathrm{j}\omega)|\times输入幅值$$

$$\text{输出相位}=\varphi(\omega)+\text{输入相位}$$

增益函数和相位函数反映了电路如何改变输出的幅值与相角，这两个函数因与输入的频率有关，二者描述了电路的频率响应，即频率特性包括幅频特性和相频特性。

在实际中，信号频率的变化范围很宽，可以从几赫到几十兆赫；而增益的变化范围也可能跨越好几个数量级。为了在同一张图上描绘出频率特性，便于观察和绘制，有时横坐标采用对数刻度，而纵轴上的增益坐标也用对数形式表示，为 $20\lg(|H(\mathrm{j}\omega)|)$，单位是分贝（dB）。由公式，当 $|H(\mathrm{j}\omega)|=1$ 时，其 dB 值为 0，当 $|H(\mathrm{j}\omega)|=10^n$ 时，其 dB 值为 $20n$。这样不仅扩大了纵轴表示幅值的变化范围，而且将网络函数中的乘除运算转化为加减运算，便于简化分析。相位坐标仍采用角度。

2. *RLC* 串联电路的谐振和频率响应

RLC 串联电路谐振发生的条件是等效阻抗虚部为零，此时，等效阻抗为串联电阻，串联电路的电流的幅值（有效值）在整个频率范围内达到最大。电阻电压即为端口电压，电流与端口电压同相位。电感和电容电压有可能高于电阻电压。谐振时，电路吸收的无功功率为零，说明 *RLC* 串联电路与外界没有能量交换，只是电阻在不断吸收外部能量，电感和电容中的储能随谐振频率进行周期性交换，相互补偿，成为一个独立的系统。

RLC 并联电路发生并联谐振的分析与 *RLC* 串联电路类似。并联谐振的条件是输入导纳的虚部为零。

谐振电路的实际应用主要是选择或抑制谐振频率处的信号，要对谐振电路有一个比较全面的理解，应分析其频率特性。

RLC 串联电路如图 11-1 所示，以电阻电压、电容电压和电感电压为响应的网络函数分别为

$$\frac{\dot{U}_R}{\dot{U}}=\frac{R}{R+\mathrm{j}\omega L+\dfrac{1}{\mathrm{j}\omega C}}=\frac{\mathrm{j}\omega RC}{1-\omega^2 LC+\mathrm{j}\omega RC}$$

$$\frac{\dot{U}_C}{\dot{U}}=\frac{\dfrac{1}{\mathrm{j}\omega C}}{R+\mathrm{j}\omega L+\dfrac{1}{\mathrm{j}\omega C}}=\frac{1}{1-\omega^2 LC+\mathrm{j}\omega RC}$$

$$\frac{\dot{U}_L}{\dot{U}}=\frac{\mathrm{j}\omega L}{R+\mathrm{j}\omega L+\dfrac{1}{\mathrm{j}\omega C}}=\frac{-\omega^2 LC}{1-\omega^2 LC+\mathrm{j}\omega RC}$$

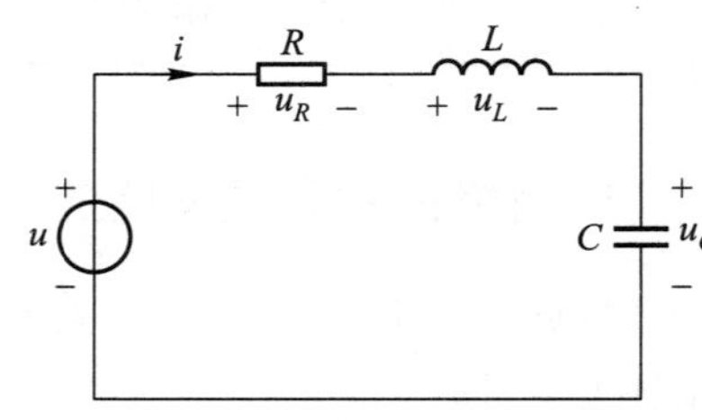

图 11-1　*RLC* 串联电路

以上三式分别为带通、低通和高通函数。二阶带通网络函数一般形式为

$$H(\mathrm{j}\omega)=K\frac{\mathrm{j}\dfrac{\omega}{\omega_0}}{1-\left(\dfrac{\omega}{\omega_0}\right)^2+\mathrm{j}\dfrac{1}{Q}\dfrac{\omega}{\omega_0}}$$

式中，分母多项式用无阻尼固有频率 ω_0 和品质因数 Q 表示，这两个参数在描述频响特性中起重要作用。当频率很低（$\omega \ll \omega_0$）时，增益 $|H(\mathrm{j}\omega)| \to |K|\dfrac{\omega}{\omega_0}$；当频率很高（$\omega \gg \omega_0$）时，$|H(\mathrm{j}\omega)| \to |K|\dfrac{\omega_0}{\omega}$。低频渐近线正比于频率，其斜率等于 20 dB/dec，而高频渐近线与频率成反比，斜率等于−20 dB/dec。$K=1$，Q 分别取 0.1，1，10 时的增益响应如图 11-2 所示。

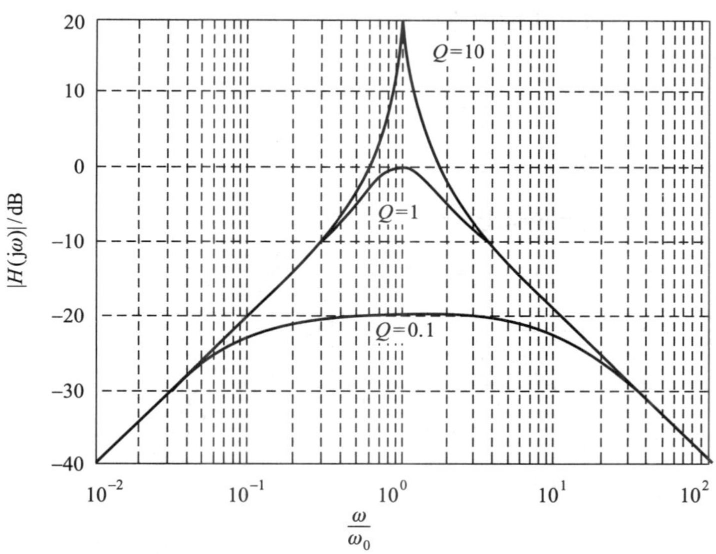

图 11-2　二阶带通网络函数的增益响应

增益响应具有带通特征，对信号的低频和高频分量具有抑制作用。$|H(\mathrm{j}\omega)|$在 $\omega=\omega_0$ 处的值最大，为 $|K|Q$，ω_0 也称为中心频率。若定义 $|H(\mathrm{j}\omega)|=\dfrac{1}{\sqrt{2}}|H(\mathrm{j}\omega_0)|$时的角频率为截止角频率，用 ω_{C1} 和 ω_{C2} 表示，可解出

$$\omega_{C1}=\omega_0\left(-\frac{1}{2Q}+\sqrt{1+\left(\frac{1}{2Q}\right)^2}\right)$$

$$\omega_{C2}=\omega_0\left(\frac{1}{2Q}+\sqrt{1+\left(\frac{1}{2Q}\right)^2}\right)$$

把 ω_{C1} 和 ω_{C2} 相乘，有

$$\omega_0^2=\omega_{C1}\omega_{C2}$$

该结果意味着中心频率是两个截止频率的几何平均值。通带的带宽 BW 用 ω_{C2} 和 ω_{C1} 的差值表示

$$BW=\omega_{C2}-\omega_{C1}=\frac{\omega_0}{Q}$$

显然,带宽与 Q 值成反比,当 $Q=1$ 时带宽等于中心频率。

二阶低通网络函数的一般形式为

$$H(\mathrm{j}\omega)=K\frac{1}{1-\left(\dfrac{\omega}{\omega_0}\right)^2+\mathrm{j}\dfrac{1}{Q}\left(\dfrac{\omega}{\omega_0}\right)}$$

当频率很低($\omega \ll \omega_0$)时,增益 $|H(\mathrm{j}\omega)|\to|K|$;当频率很高($\omega \gg \omega_0$)时,增益 $|H(\mathrm{j}\omega)|\to|K|\omega_0^2/\omega^2$,渐近线的斜率为-40 dB/dec。$K=1$,$Q$ 分别取 0.1,1,10 时的增益响应如图 11-3 所示。

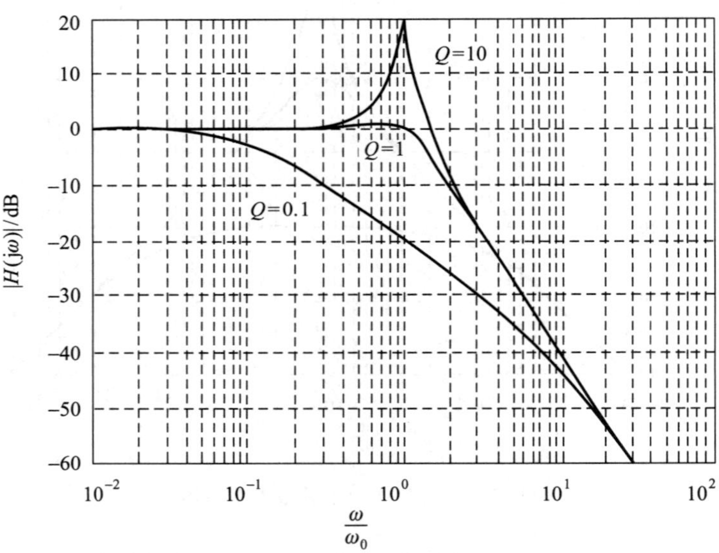

图 11-3　二阶低通网络函数的增益响应

通过计算在 $\omega=\omega_0$ 处的增益可看出品质因数 Q 对增益响应的影响。

$$|H(\mathrm{j}\omega_0)|=Q|H(0)|$$

二阶低通网络函数的一个明显特征是,当 $Q>0.5$ 时增益响应存在极大值

$$|H(\mathrm{j}\omega)|_{\max}=\frac{Q|H(0)|}{\sqrt{1-\left(\dfrac{1}{2Q}\right)^2}}$$

且出现在

$$\omega_{max}=\omega_0\sqrt{1-\frac{1}{2Q^2}}$$

注意到 ω_{max} 总是小于 ω_0。

二阶高通网络函数的一般形式为

$$H(j\omega)=K\frac{-\left(\frac{\omega}{\omega_0}\right)^2}{1-\left(\frac{\omega}{\omega_0}\right)^2+j\frac{1}{Q}\left(\frac{\omega}{\omega_0}\right)}$$

高通增益响应与低通情况以 $\omega=\omega_0$ 呈镜对称关系，在 $\omega\gg\omega_0$ 的高频时，增益接近于 $|H(\infty)|=|K|$；而在 $\omega\ll\omega_0$ 的低频时，增益趋近于 $|H(j\omega)|\to|K|\frac{\omega^2}{\omega_0^2}$，渐近线的斜率为 40 dB/dec。在 $\omega=\omega_0$ 处的增益为

$$|H(j\omega_0)|=Q|H(\infty)|$$

$K=1$，Q 分别取 0.1，1，10 时的增益响应如图 11-4 所示。

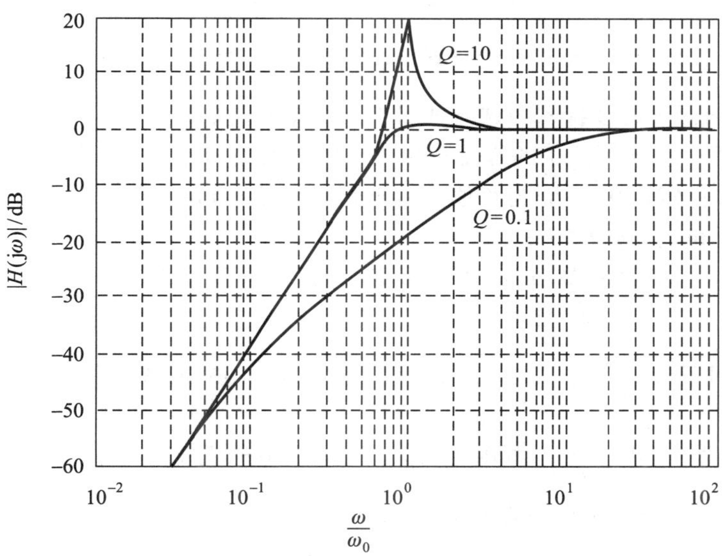

图 11-4　二阶高通网络函数的增益响应

3. 波特图

波特（Bode）图采用对数刻度频率坐标，用折线近似表示增益 $|H(j\omega)|_{dB}$ 和相位 $\varphi(\omega)$ 的频率特性。器件、电路和系统的频率特性往往用波特图表示。

当网络函数的分子、分母多项式可分解为一阶因子的乘积时，波特图则特别有用。以下式网络函数为例

$$H(\mathrm{j}\omega)=K\frac{\mathrm{j}\omega\left(1+\frac{\mathrm{j}\omega}{\omega_1}\right)}{\left(1+\frac{\mathrm{j}\omega}{\omega_2}\right)\left(1+\frac{\mathrm{j}\omega}{\omega_3}\right)}$$

若记

$$M_k=\left|1+\frac{\mathrm{j}\omega}{\omega_k}\right|$$

$$\varphi_k=\arg\left(1+\frac{\mathrm{j}\omega}{\omega_k}\right)=\arctan\left(\frac{\omega}{\omega_k}\right)$$

网络函数又可表示成

$$H(\mathrm{j}\omega)=K\frac{\omega \mathrm{e}^{\mathrm{j}90^\circ}M_1\mathrm{e}^{\mathrm{j}\varphi_1}}{M_2\mathrm{e}^{\mathrm{j}\varphi_2}M_3\mathrm{e}^{\mathrm{j}\varphi_3}}$$

增益(以 dB 为单位)和相位响应为

$$|H(\mathrm{j}\omega)|=20\ \lg|K|+20\ \lg\ \omega+20\ \lg\ M_1-20\ \lg\ M_2-20\ \lg\ M_3$$

$$\varphi(\omega)=\arg(K)+90^\circ+\varphi_1-\varphi_2-\varphi_3$$

由网络函数,它由三种形式的因子构成:比例因子 K,因子 $\mathrm{j}\omega$,一阶因子$\left(1+\frac{\mathrm{j}\omega}{\omega_k}\right)$。从上式可看出,网络函数的波特图为这三种因子波特图的代数和。

① 比例因子。比例因子的增益和相位与频率无关,当$|K|>1$时增益 $20\ \lg|K|$为正值;当$|K|<1$时增益 $20\ \lg|K|$为负值。由于 K 为实数,当 K 大于零时相位 $\arg(K)$为 0°,当 K 小于零时相位 $\arg(K)$为±180°。

② 因子 $\mathrm{j}\omega$。增益为 $20\ \lg\ \omega$,相位为 90°。如果因子为$(\mathrm{j}\omega)^n$,则增益为 $20n\lg\ \omega$,相位为 $n90^\circ$。

③ 一阶因子$\left(1+\frac{\mathrm{j}\omega}{\omega_k}\right)$。当 $\omega<\omega_k$ 时,增益近似为 0 dB,其渐近线为水平直线;当 $\omega>\omega_k$ 时,增益近似为 $20\ \lg\left(\frac{\omega}{\omega_k}\right)$,其渐近线为 20 dB/dec 的直线。

当 $\omega<0.1\omega_k$ 时,相位近似为 0°;当 $\omega>10\omega_k$ 时,相位近似为 90°;当 $0.1\omega_k<\omega<10\omega_k$ 时,相位近似为 45°/dec 的直线。如果因子$\left(1+\frac{\mathrm{j}\omega}{\omega_k}\right)$位于网络函数的分母上,增益近似为$-20\ \lg\left(\frac{\omega}{\omega_k}\right)$。

三、典型例题

例 11-1 若用耦合电感表示一个变压器,如图 11-5 所示。求电压比$\frac{\dot{U}_2}{\dot{U}_1}$。

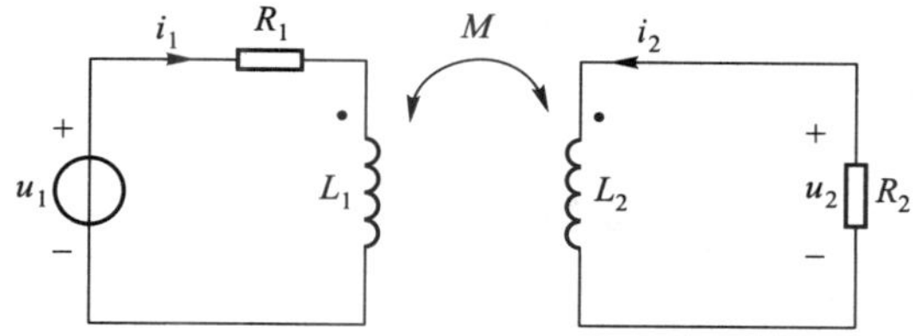

图 11-5　例 11-1 图

解:对图 11-1 所示电路列网孔方程,有

$$(R_1+j\omega L_1)\dot{I}_1+j\omega M\dot{I}_2=\dot{U}_1$$

$$j\omega M\dot{I}_1+(R_2+j\omega L_2)\dot{I}_2=0$$

从方程解出

$$\frac{\dot{I}_2}{\dot{U}_1}=\frac{-j\omega M}{R_1R_2-\omega^2(L_1L_2-M^2)+j\omega(R_2L_1+R_1L_2)}$$

由于 $\dot{U}_2=-R_2\dot{I}_2$,则电压比

$$H(j\omega)=\frac{\dot{U}_2}{\dot{U}_1}=\frac{j\omega MR_2}{R_1R_2-\omega^2(L_1L_2-M^2)+j\omega(R_2L_1+R_1L_2)}$$

$$=\frac{j\omega\dfrac{M}{R_1}}{1-\omega^2\dfrac{L_1L_2-M^2}{R_1R_2}+j\omega\left(\dfrac{L_1}{R_1}+\dfrac{L_2}{R_2}\right)}$$

上式为二阶带通函数,其中

$$\omega_0=\sqrt{\frac{R_1R_2}{L_1L_2-M^2}}$$

$$\frac{1}{Q}=\omega_0\left(\frac{L_1}{R_1}+\frac{L_2}{R_2}\right)=\left(\frac{L_1}{R_1}+\frac{L_2}{R_2}\right)\sqrt{\frac{R_1R_2}{L_1L_2-M^2}}$$

例 11-2　电路如图 11-6 所示,欲使 a、b 两端电压输出为零,则 ω 为多少?

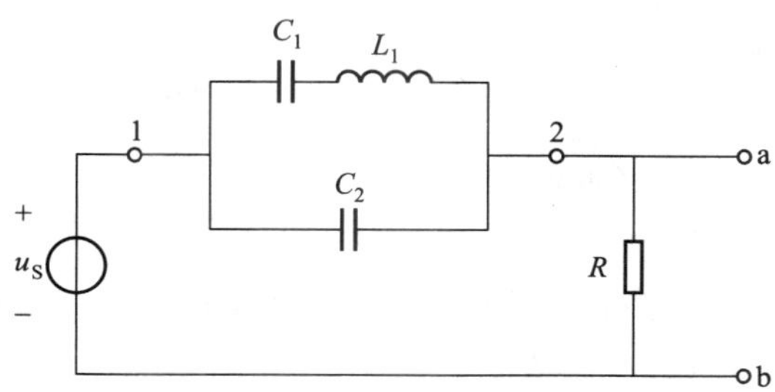

图 11-6　例 11-2

解:a、b两端电压为零说明 R 上无电流流过,C_2 与 C_1、L_1 串联支路发生并联谐振。从电路1、2两点看进,则

$$Z=\frac{\frac{1}{j\omega C_2}\left(\frac{1}{j\omega C_1}+j\omega L_1\right)}{\frac{1}{j\omega C_2}+\frac{1}{j\omega C_1}+j\omega L_1}$$

$$=\frac{1-\omega^2 L_1 C_1}{j\omega(C_1+C_2-\omega^2 L_1 C_1 C_2)}$$

欲使 $Z\to\infty$,则有

$$C_1+C_2-\omega^2 L_1 C_1 C_2=0$$

解得并联谐振角频率为

$$\omega=\sqrt{\frac{C_1+C_2}{L_1 C_1 C_2}}$$

例 11-3　已知带通网络函数

$$H(j\omega)=\frac{j\omega\times 10.1}{1-\omega^2+j\omega\times 10.1}$$

试绘制增益响应的波特图。

解:令 $s=j\omega$,网络函数可表示成

$$H(s)=\frac{10.1s}{1+10.1s+s^2}$$

上式又可写成

$$H(s)=\frac{10.1s}{\left(1+\frac{s}{0.1}\right)\left(1+\frac{s}{10}\right)}$$

可见,特征频率为0,0.1,10。当 $\omega<0.1$ rad/s 时,增益响应为斜率是20 dB/dec的直线;当 $0.1<\omega<10$ rad/s 时,增益为水平直线,增益为

$$|H(j10)|_{dB}=20\lg\left(\frac{10.1}{\frac{1}{0.1}}\right)=0.086\text{ dB}$$

当 $\omega>10$ rad/s 时,增益渐近线的斜率为 -20 dB/dec。增益的波特图如图11-7所示。

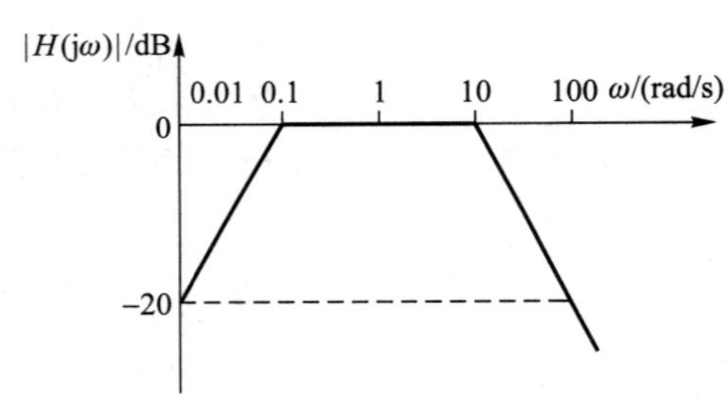

图 11-7　例 11-3 图

例 11-4　图11-8所示为含理想运算放大器的电路,已知 $RC=1$ s。

(1) 求网络函数 $H(j\omega)=\dot{U}_{out}/\dot{U}_{in}$;

(2) 求当 ω 为何值时,网络函数幅值 $|H(j\omega)|$ 最大,并求此最大值。

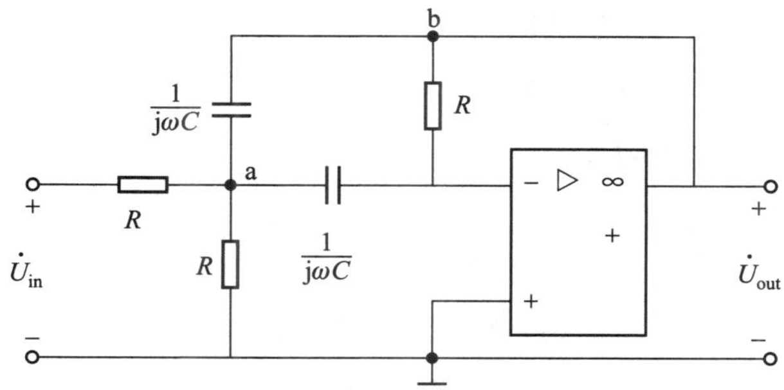

图 11-8　例 11-4 图

解:(1) 结合理想运放"虚断"和"虚短"特性,列写 KCL 方程为

$$\frac{\dot U_{in}-\dot U_a}{R}=\frac{\dot U_a-\dot U_{out}}{\frac{1}{j\omega C}}+\frac{\dot U_a}{R}+\frac{\dot U_a}{\frac{1}{j\omega C}}$$

$$\frac{\dot U_a}{\frac{1}{j\omega C}}=-\frac{\dot U_{out}}{R}$$

代入题目已知条件 $RC=1$ s,整理可得

$$H(j\omega)=\frac{\dot U_{out}}{\dot U_{in}}=\frac{j\omega}{\omega^2-2-2j\omega}$$

(2) 网络函数幅值为

$$|H(j\omega)|=\frac{\dot U_{out}}{\dot U_{in}}=\left|\frac{j\omega}{\omega^2-2-2j\omega}\right|=\sqrt{\frac{\omega^2}{(\omega^2-2)^2+(2\omega)^2}}=\sqrt{\frac{1}{\omega^2+\frac{4}{\omega^2}}}$$

可以得到幅值最大时

$$\omega=\sqrt{2}\ \text{rad/s}$$

此时

$$|H(j\omega)|_{max}=\frac{1}{2}$$

四、习题分析

11-1　求题 11-1 图所示电路端口 1-1′的驱动点阻抗$\frac{\dot U}{\dot I_1}$、转移电流比$\frac{\dot I_C}{\dot I_1}$和转移阻抗$\frac{\dot U_2}{\dot I_1}$。

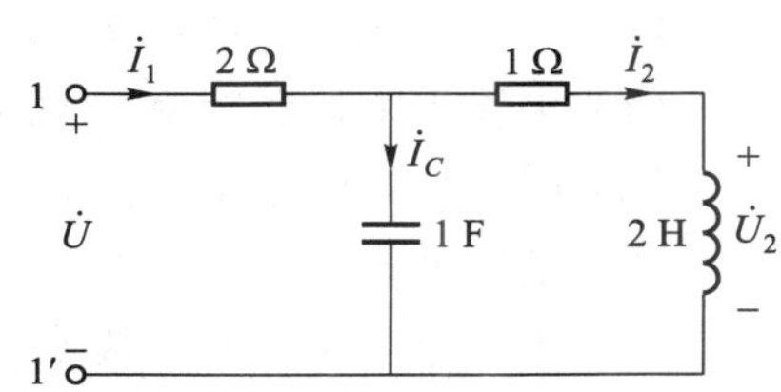

题 11-1 图

解:用推求法。令 $\dot I_2=1\angle 0^\circ$ A,则其他的电压、电流逐一求得

$$\dot U_2=\text{j}2\omega\dot I_2=\text{j}2\omega$$

$$\dot I_C=(1+\text{j}2\omega)\text{j}\omega$$

$$\dot I_1=\dot I_2+\dot I_C=1+(1+\text{j}2\omega)\text{j}\omega$$

$$\dot U=2\dot I_1+(1+\text{j}2\omega)=2+\text{j}2\omega(1+\text{j}2\omega)+(1+\text{j}2\omega)$$

最后求得

$$\frac{\dot U}{\dot I_1}=\frac{2+\text{j}2\omega(1+\text{j}2\omega)+(1+\text{j}2\omega)}{1+(1+\text{j}2\omega)\text{j}\omega}$$

$$\frac{\dot I_C}{\dot I_1}=\frac{(1+\text{j}2\omega)\text{j}\omega}{1+(1+\text{j}2\omega)\text{j}\omega}$$

$$\frac{\dot U_2}{\dot I_1}=\frac{\text{j}2\omega}{1+(1+\text{j}2\omega)\text{j}\omega}$$

11-2　求题11-2图所示电路的转移电压比$\dfrac{\dot U_2}{\dot U_1}$和驱动点导纳$\dfrac{\dot I_1}{\dot U_1}$。

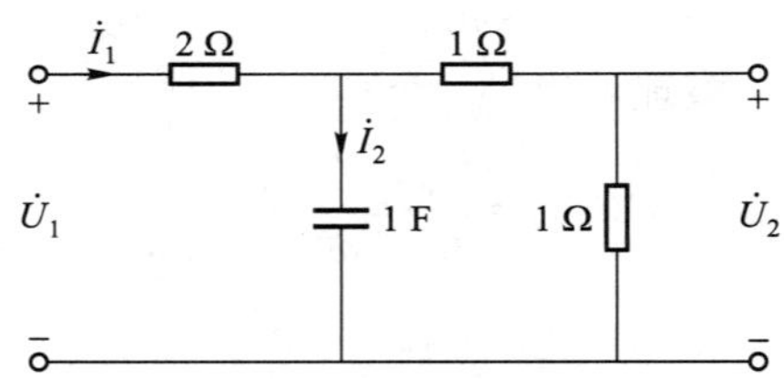

题11-2图

解:用网孔电流法求解。设顺时针网孔电流为$\dot I_{m1}$(左)和$\dot I_{m2}$(右),方程为

$$\left(2-\text{j}\frac{1}{\omega}\right)\dot I_{m1}-\left(-\text{j}\frac{1}{\omega}\right)\dot I_{m2}=\dot U_1\quad(左)$$

$$-\left(-\text{j}\frac{1}{\omega}\right)\dot I_{m1}+\left(2-\text{j}\frac{1}{\omega}\right)\dot I_{m2}=0\quad(右)$$

解得$\dot I_{m1}=\dot I_1$,$\dot I_{m2}\cdot 1=\dot U_2$,可得

$$\frac{\dot U_2}{\dot U_1}=\frac{1}{4(1+\text{j}\omega)},\quad \frac{\dot I_1}{\dot U_1}=\frac{1+\text{j}2\omega}{4(1+\text{j}\omega)}$$

11-3　RLC串联电路中$R=1\ \Omega$,$L=0.01\ \text{H}$,$C=1\ \mu\text{F}$。

(1) 求输入阻抗和频率ω的关系。

(2) 画出阻抗的频率响应。

(3) 求谐振频率ω_0。

(4) 求谐振电路品质因数Q。

(5) 求通频带的宽度BW。

解:(1)和(2)两小题的解题过程此处省略。

(3) 谐振角频率 ω_0 为

$$\omega_0=\frac{1}{\sqrt{LC}}=\frac{1}{\sqrt{0.01\times10^{-6}}}\ \text{rad/s}=10^4\ \text{rad/s}$$

(4) 谐振电路的品质因数 Q 为

$$Q=\frac{1}{R}\sqrt{\frac{L}{C}}=\sqrt{\frac{0.01}{10^{-6}}}=100$$

(5) BW 为

$$BW=\frac{1}{Q}\omega_0=100\ \text{rad/s}$$

11-4　RLC 并联电路中 $R=10\ \text{k}\Omega$, $L=1\ \text{mH}$, $C=0.1\ \mu\text{F}$。求习题 11-3 中所列各项。

解:电路的谐振角频率 ω_0 为

$$\omega_0=\frac{1}{\sqrt{LC}}=\frac{1}{\sqrt{10^{-3}\times10^{-7}}}\ \text{rad/s}=10^5\ \text{rad/s}$$

RLC 并联谐振电路的品质因数 Q 值为

$$Q=\frac{1}{G}\sqrt{\frac{C}{L}}=10^4\sqrt{\frac{10^{-7}}{10^{-3}}}=100$$

带宽 BW 为

$$BW=\frac{1}{Q}\omega_0=10^3\ \text{rad/s}$$

11-5　已知 RLC 串联电路中, $R=50\ \Omega$, $L=400\ \text{mH}$, 谐振角频率 $\omega_0=5\ 000\ \text{rad/s}$, $U_s=1\ \text{V}$。求电容 C 及各元件电压的瞬时表达式。

$$C=\frac{1}{\omega_0^2L}=\frac{1}{25\times10^6\times400\times10^{-3}}\ \text{F}=0.1\ \mu\text{F}$$

$$U_R=\sqrt{2}\cos(5\ 000t)\ \text{V}\quad(\text{令}\ \dot{U}_s=1\angle 0^\circ\ \text{V})$$

$$U_L=40\sqrt{2}\cos(5\ 000t+90^\circ)\ \text{V}\quad\left(Q=\frac{\omega_0L}{R}=40\right)$$

$$U_C=40\sqrt{2}\ \cos(5\ 000t-90^\circ)\ \text{V}$$

11-6　求题 11-6 图所示电路在哪些频率时短路或开路。

解:根据端口的输入阻抗判定。

对题 11-6 图(a),有

$$Z(\omega)=\text{j}\omega L-\text{j}\ \frac{1}{\omega C}$$

显然,(1) 串联谐振时,有

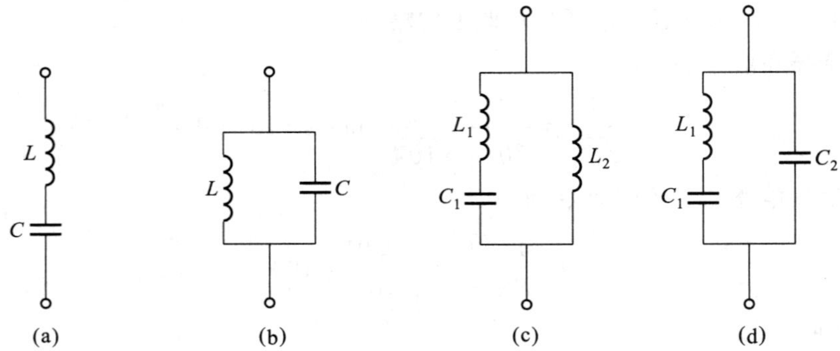

题 11-6 图

$$|Z(\omega_0)| = \omega_0 L - \frac{1}{\omega_0 C} = 0, \quad \omega_0 = \frac{1}{\sqrt{LC}} \quad (短路)$$

(2) $|Z(\omega)|_{\omega\to 0} = \dfrac{1}{\omega C} \to \infty$ (开路)

(3) $|Z(\omega)|_{\omega\to\infty} = \omega L \to \infty$ (开路)

对题 11-6 图(b),有

$$Z(\omega) = \frac{\dfrac{L}{C}}{\mathrm{j}\omega L - \mathrm{j}\dfrac{1}{\omega C}}$$

显然:(1) 分母为零时,电路发生并联谐振,有

$$|Z(\omega_0)| = \infty, \quad \omega_0 = \frac{1}{\sqrt{LC}} \quad (开路)$$

(2) $|Z(\omega)|_{\omega\to 0} = \omega L \to 0$ (短路)

(3) $|Z(\omega)|_{\omega\to\infty} = \dfrac{1}{\omega C} \to 0$ (短路)

对题 11-6 图(c),有

$$Z(\omega) = \frac{\left(\mathrm{j}\omega L_1 + \dfrac{1}{\mathrm{j}\omega C_1}\right)\mathrm{j}\omega L_2}{\mathrm{j}\omega L_1 + \dfrac{1}{\mathrm{j}\omega C_1} + \mathrm{j}\omega L_2}$$

显然:(1) 分子为零时,电路 L_1、C_1 串联部分发生串联谐振,即有

$$|Z(\omega_{01})| = 0, \quad \omega_{01} = \frac{1}{\sqrt{L_1 C_1}} \quad (短路)$$

(2) 分母为零时,整个电路发生并联谐振,即有

$$|Z(\omega_{02})| = \infty, \quad \omega_{02} L_2 - \frac{1}{\omega_{02} C_1} + \omega_{02} L_1 = 0, \quad \omega_{02} = \frac{1}{\sqrt{(L_1 + L_2) C_1}} \quad (开路)$$

(3) $|Z(\omega)|_{\omega\to 0}=\omega L_2\to 0$　(短路)

(4) $|Z(\omega)|_{\omega\to\infty}=\dfrac{\omega L_1\cdot\omega L_2}{\omega L_1+\omega L_2}\to\infty$　(开路)

对题 11-6 图(d),有

$$Z(\omega)=\frac{\dfrac{1}{\mathrm{j}\omega C_2}\left(\mathrm{j}\omega L_1+\dfrac{1}{\mathrm{j}\omega C_1}\right)}{\mathrm{j}\omega L_1+\dfrac{1}{\mathrm{j}\omega C_1}+\dfrac{1}{\mathrm{j}\omega C_2}}$$

显然:(1) 分子为零时,电路中 L_1、C_1 串联支路部分发生串联谐振,即有

$$|Z(\omega_{01})|=0,\quad \omega_{01}=\frac{1}{\sqrt{L_1C_1}}\quad(短路)$$

(2) 分母为零时,整个电路发生并联谐振,即有

$$|Z(\omega_{02})|=\infty,\quad \omega_{02}L_1-\frac{1}{\omega_{02}C_1}-\frac{1}{\omega_{02}C_2}=0,\quad \omega_{02}=\frac{1}{\sqrt{L_1C_{\mathrm{eq}}}}\quad(开路)$$

式中,$C_{\mathrm{eq}}=\dfrac{C_1C_2}{C_1+C_2}$。

(3) $|Z(\omega)|_{\omega\to 0}=\dfrac{1}{\omega(C_1+C_2)}\to\infty$　(开路)

(4) $|Z(\omega)|_{\omega\to\infty}=\dfrac{1}{\omega C_2}\to 0$　(短路)

11-7　*RLC* 串联电路中,$L=50\ \mu\mathrm{H}$,$C=100\ \mathrm{pF}$,$Q=50\sqrt{2}=70.71$,电源 $U_{\mathrm{s}}=1\ \mathrm{mV}$。求电路的谐振频率 f_0、谐振时的电容电压 U_C 和通频带 BW。

解:

$$f_0=\frac{1}{2\pi\sqrt{LC}}=2.25\ \mathrm{MHz}$$

$$U_C=QU_{\mathrm{s}}=50\sqrt{2}\ \mathrm{mV}=70.71\ \mathrm{mV}$$

$$BW=\frac{2\pi f_0}{Q}=200\times10^3\ \mathrm{rad/s}$$

11-8　*RLC* 串联电路谐振时,已知 $BW=6.4\ \mathrm{kHz}$,电阻的功耗 $2\ \mu\mathrm{W}$,$u_{\mathrm{S}}(t)=\sqrt{2}\cos(\omega_0t)\ \mathrm{mV}$ 和 $C=400\ \mathrm{pF}$。求 L、谐振频率 f_0 和谐振时电感电压 U_L。

解:

$$R=\frac{U_{\mathrm{s}}^2}{P_R}=\frac{(10^{-3})^2}{2\times10^{-6}}\ \Omega=0.5\ \Omega$$

$$BW=\frac{\omega_0}{2\pi Q}$$

$$Q=\frac{1}{R}\sqrt{\frac{L}{C}}$$

解得 $L=12.43\ \mu H$,则

$$\omega_0=\frac{1}{\sqrt{LC}}=14.18\times10^6\ \text{rad/s},\quad f_0=2.26\ \text{MHz}$$

$$U_L=QU_s=\frac{1}{R}\sqrt{\frac{L}{C}}U_s=200\times1.763\ \text{mV}=352.6\ \text{mV}$$

11-9 RLC 串联电路中,$U_s=1\ \text{V}$,电源频率 $f_s=1\ \text{MHz}$,发生谐振时 $I(\text{j}\omega_0)=100\ \text{mA}$,$U_C(\text{j}\omega_0)=100\ \text{V}$。试求 R、L 和 C 的值,Q 值和通带 BW。

解:$Q=\dfrac{U_C(\text{j}\omega_0)}{U_s}=\dfrac{100}{1}=100$, $R=\dfrac{U_s}{I(\text{j}\omega_0)}=10\ \Omega$。

由于 $Q=\dfrac{\omega_0L}{R}=\dfrac{1}{\omega_0CR}$,所以有

$$L=\frac{QR}{\omega_0}=\frac{100\times10}{2\pi\times10^6}\ \mu\text{H}=159.2\ \mu\text{H}$$

$$C=\frac{1}{\omega_0RQ}=\frac{1}{2\pi\times10^6\times10\times100}\ \text{F}=159.2\ \text{pF}$$

带宽 BW 为

$$BW=\frac{\omega_0}{Q}=\frac{2\pi\times10^6}{100}\ \text{rad/s}=62.8\times10^3\ \text{rad/s}$$

11-10 RLC 并联电路谐振时,$f_0=1\ \text{kHz}$,$Z(\text{j}\omega_0)=100\ \text{k}\Omega$,$BW=100\ \text{Hz}$。求 R、L 和 C。

解:

$$Z(\text{j}\omega_0)=R=100\ \text{k}\Omega$$

$$Q=\frac{\omega_0}{BW}=\frac{1\,000\times2\pi}{100}=62.8$$

由于 $Q=\omega_0CR=\dfrac{R}{\omega_0L}$,所以有

$$C=\frac{Q}{\omega_0R}=\frac{62.8}{2\pi\times1\,000\times10^5}\ \text{F}=10^{-7}\ \text{F}=0.1\ \mu\text{F}$$

$$L=\frac{R}{\omega_0Q}=\frac{10^5}{2\pi\times1\,000\times62.8}\ \text{H}=0.253\ \text{H}$$

11-11 求题 11-11 图所示电路的谐振频率及各频段的电抗性质。

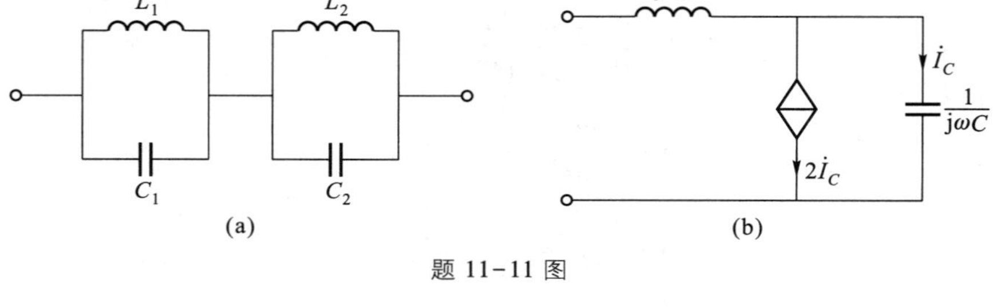

题 11-11 图

解：对题 11-11 图(a)，显然有两个并联谐振频率，分别设为 ω_{01} 和 ω_{02}，有

$$\omega_{01}=\frac{1}{\sqrt{L_1C_1}},\quad \omega_{02}=\frac{1}{\sqrt{L_2C_2}}$$

设 $\omega_{01}<\omega_{02}$，则各频段电抗性质可示意如下：

短路　　　　　　　（开路）（短路）（开路）　　　　　　　短路

$0\leftarrow \mathrm{j}\omega(L_1+L_2)\leftarrow$ 感性区 ┊ 容性区 ┊ 感性区 ┊ 容性区 $\rightarrow\frac{1}{\mathrm{j}\omega C_1}+\frac{1}{\mathrm{j}\omega C_2}\rightarrow 0$

ω_{01}　　　ω_{03}　　　ω_{02}

从上述示意图可以看出，必有一个谐振点 ω_{03} 满足 $\omega_{01}<\omega_{03}<\omega_{02}$，使 $X(\mathrm{j}\omega_{03})=0$，整个电路串联谐振，端口短接后，等效电路为 L_1、L_2、C_1、C_2 并联，则 ω_{03} 为

$$\omega_{03}=\frac{1}{\sqrt{L_{\mathrm{eq}}C_{\mathrm{eq}}}},\quad C_{\mathrm{eq}}=C_1+C_2,\quad L_{\mathrm{eq}}=\frac{L_1L_2}{L_1+L_2}$$

对题 11-11 图(b)，设 CCCS 为 $\beta\dot{I}_C$，则有

$$\dot{I}=\beta\dot{I}_C+\dot{I}_C$$

$$\dot{U}=\mathrm{j}\omega L(\beta\dot{I}_C+\dot{I}_C)+\frac{1}{\mathrm{j}\omega C}\dot{I}_C$$

则输入阻抗 $Z_{\mathrm{i}}(\mathrm{j}\omega)$ 为

$$Z_{\mathrm{i}}(\mathrm{j}\omega)=\frac{\dot{U}}{\dot{I}}=\frac{\mathrm{j}\omega L(1+\beta)-\mathrm{j}\dfrac{1}{\omega C}}{1+\beta}$$

从上式可知，电路仅有一个串联谐振频率，设为 ω_0，即

$$\omega_0=\frac{1}{\sqrt{(1+\beta)LC}}$$

$\beta\leqslant-1$ 时，无解。$\omega<\omega_0$ 时，电抗为容性，$\omega>\omega_0$ 为感性。

11-12　题 11-12 图所示电路中 $I_{\mathrm{s}}=20\ \mathrm{mA}$，$L=100\ \mu\mathrm{H}$，$C=400\ \mathrm{pF}$，$R=10\ \Omega$。电路谐振时的通带 BW 和 R_{L} 为何值时获最大功率？求最大功率。

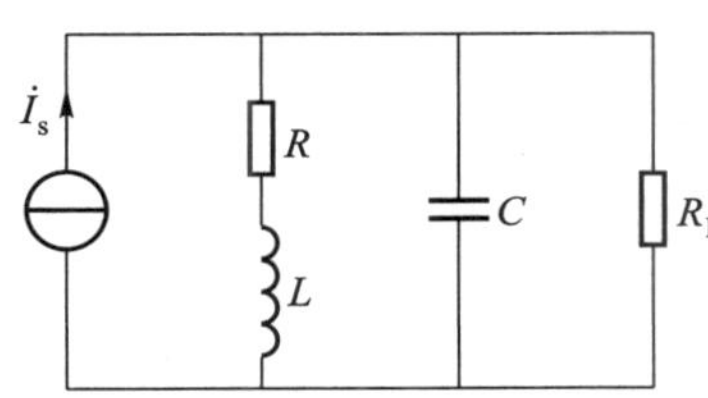

题 11-12 图

解：题 11-12 图所示电路在 RL(串)与 C 并联部分发生并联谐振时，有

$$Y(\mathrm{j}\omega_0)=\mathrm{j}\omega_0C+\frac{R}{|Z(\mathrm{j}\omega_0)|^2}-\mathrm{j}\frac{\omega_0L}{|Z(\mathrm{j}\omega_0)|^2}$$

式中，$Z(\mathrm{j}\omega_0)=R+\mathrm{j}\omega_0L$，谐振时，有

$$\omega_0C=\frac{\omega_0L}{|Z(\mathrm{j}\omega_0)|^2},\quad |Z(\mathrm{j}\omega_0)|^2=\frac{L}{C}$$

则 $Y(\mathrm{j}\omega_0)=\dfrac{CR}{L}=G, R=\dfrac{L}{CR}$，即 $R_\mathrm{L}=\dfrac{L}{CR}$时获最大功率 $P_{\max}$，并有

$$P_{\max}=\left(\frac{1}{2}I_\mathrm{s}\right)^2R_\mathrm{L}=\left(\frac{1}{2}\times20\times10^{-3}\right)^2\times\frac{10^{-4}}{400\times10^{-12}\times10}\ \mathrm{W}=2.5\ \mathrm{W}$$

11-13　题 11-13 图所示电路中 $R=10\ \Omega, C=0.1\ \mu\mathrm{F}$，正弦电压 u_S 的有效值 $U_\mathrm{s}=1$ V，电路的 Q 值为 100，求参数 L 和谐振时的 U_L。

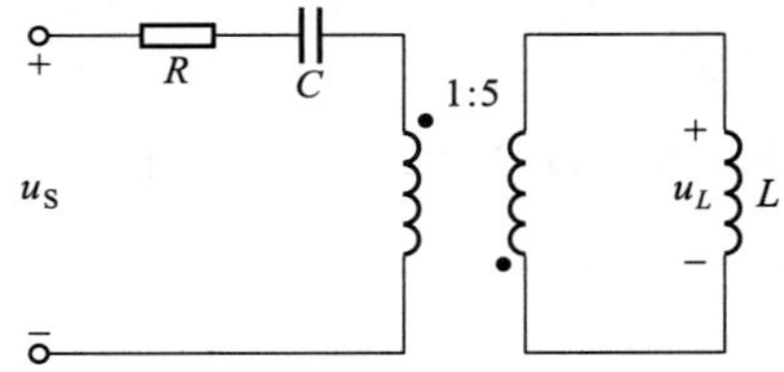

题 11-13 图

解：参数 L 经理想变压器变换到一次侧时，其值 $L_\mathrm{eq}=\dfrac{L}{25}$。一次侧等效电路为 R、C 和 L_eq 串联谐振电路，由于有

$$Q=\frac{1}{R}\sqrt{\frac{L_\mathrm{eq}}{C}}$$

所以，$L_\mathrm{eq}=Q^2R^2C=(100)^2\times(10)^2\times10^{-7}\ \mathrm{H}=0.1\ \mathrm{H}, L=25L_\mathrm{eq}=2.5\ \mathrm{H}$。根据理想变压器的变比，$U_L$ 为

$$U_L=5QU_\mathrm{s}=500\ \mathrm{V},\quad \dot{U}_L(\mathrm{j}\omega_0)=500\underline{/180^\circ}\ \mathrm{V}$$

11-14　题 11-14 图中 $C_2=400$ pF，$L_1=100\ \mu$H。求下列两种条件下，电路的谐振频率 ω_0。

(1) $R_1=R_2\neq\sqrt{\dfrac{L_1}{C_2}}$。

(2) $R_1=R_2=\sqrt{\dfrac{L_1}{C_2}}$。

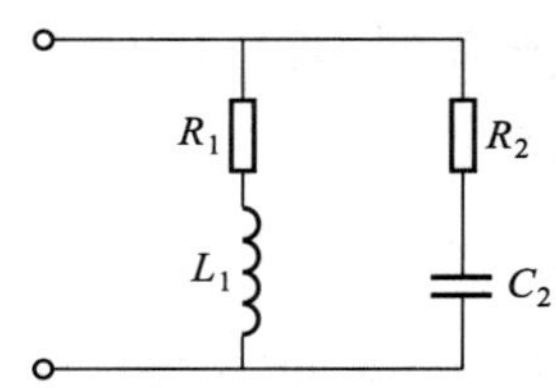

题 11-14 图

解：根据并联时谐振电路导纳 $Y(\mathrm{j}\omega_0)$ 为

$$Y(\mathrm{j}\omega_0)=\frac{R_1}{|Z_1(\mathrm{j}\omega_0)|^2}-\mathrm{j}\frac{\omega_0L_1}{|Z_1(\mathrm{j}\omega_0)|^2}+\frac{R_2}{|Z_2(\mathrm{j}\omega_0)|^2}+\mathrm{j}\frac{\dfrac{1}{\omega_0C_2}}{|Z_2(\mathrm{j}\omega_0)|^2}$$

式中，$Z_1(\mathrm{j}\omega_0)=R_1+\mathrm{j}\omega_0L, Z_2(\mathrm{j}\omega_0)=R_2-\mathrm{j}\dfrac{1}{\omega_0C_2}$。上式中虚部为零时可解得 ω_0 为

$$\omega_0=\frac{1}{\sqrt{L_1C_2}}\sqrt{\frac{R_1^2-\dfrac{L_1}{C_2}}{R_2^2-\dfrac{L_1}{C_2}}}$$

（1）当 $R_1=R_2\neq\sqrt{\dfrac{L_1}{C_2}}$ 时，$\omega_0=\dfrac{1}{\sqrt{L_1C_2}}$。

（2）当 $R_1=R_2=\sqrt{\dfrac{L_1}{C_2}}$ 时，ω_0 为不定解，在任意频率下都谐振。

11-15　求题 11-15 图所示电路的转移电压比$\dfrac{\dot U_2}{\dot U_1}$。

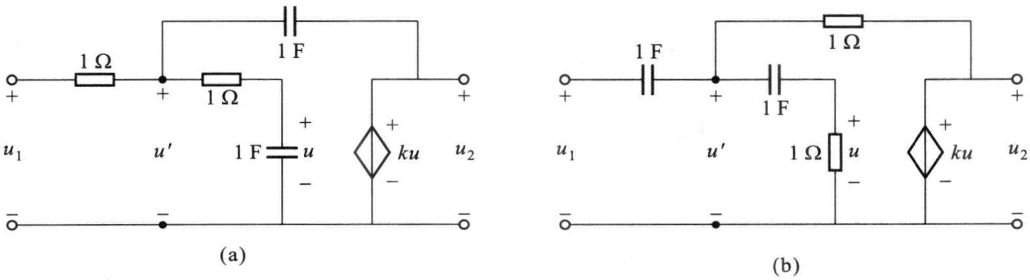

题 11-15 图

解：题 11-15 图所示电路为有源 RC 电路，通过 RC 和 VCVS 组合的网络来实现所需要的频率特性，电路中无电感，有利于网络的集成实现。

根据电路可列节点电压方程为［对于题 11-15 图(a)］

$$(1+\mathrm{j}\omega)\dot U-\dot U'=0$$

$$-\dot U+(2+\mathrm{j}\omega)\dot U'-\mathrm{j}\omega\dot U_2=\dot U_1$$

$$\dot U_2=k\dot U$$

解得

$$\frac{\dot U_2}{\dot U_1}=\frac{k}{1-\omega^2+\mathrm{j}\omega(3-k)}$$

该转移电压比的频率特性与 RLC 串联电路中的$\dfrac{\dot U_C}{\dot U_s}$相似，属于低通函数。调节 k 就可以改变函数的频率特性。

对于题 11-15 图(b)所示电路，用与图(a)相同的方法可以求得

$$\frac{\dot U_2}{\dot U_1}=\frac{-k\omega^2}{1-\omega^2+\mathrm{j}\omega(3-k)}$$

该电压比函数的频率特性与 RLC 串联电路中$\dfrac{\dot U_L}{\dot U_s}$的相似，属于高通函数。

11-16　求题 11-16 图所示电路的转移电压比$\dfrac{\dot U_2}{\dot U_1}$。

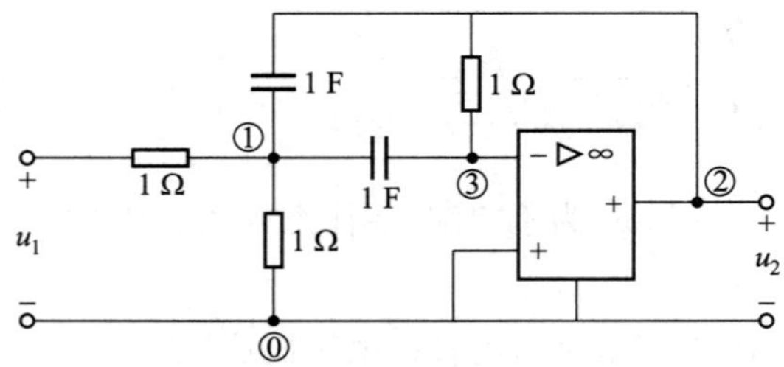

(a)

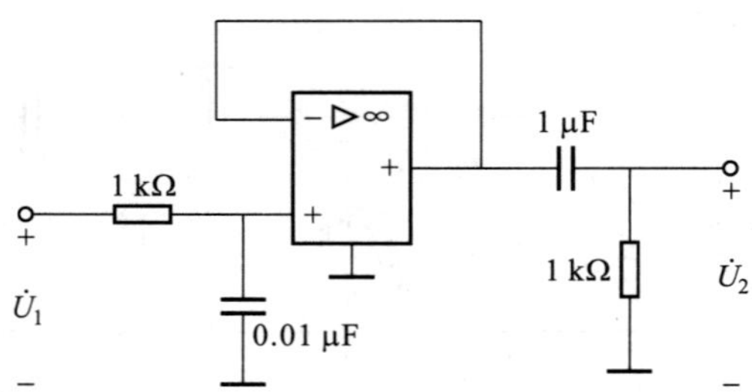

(b)

题 11-16 图

解:题 11-16 图所示电路为含有运算放大器的有源 RC 电路。对于题 11-16 图(a)电路可列写节点电压方程如下:

$$(2+\mathrm{j}2\omega)\dot{U}_{10}-\mathrm{j}\omega\dot{U}_2-\mathrm{j}\omega\dot{U}_{30}=\dot{U}_1$$

$$-\mathrm{j}\omega\dot{U}_{10}+(1+\mathrm{j}\omega)\dot{U}_{30}-\dot{U}_2=0$$

$$\dot{U}_{30}=0$$

解得

$$\frac{\dot{U}_2}{\dot{U}_1}=\frac{\mathrm{j}\omega}{\omega^2-2(1+\mathrm{j}\omega)}$$

这是带通函数。

对题 11-16 图(b),有

$$\dot{U}_2=\frac{\dot{U}_1}{R+\dfrac{1}{\mathrm{j}\omega C_1}}\cdot\frac{1}{\mathrm{j}\omega C_1}\cdot\frac{R}{R+\dfrac{1}{\mathrm{j}\omega C_2}}=\frac{\mathrm{j}\omega C_2R\dot{U}_1}{(1+\mathrm{j}\omega C_1R)(1+\mathrm{j}\omega C_2R)}$$

$\dfrac{\dot{U}_2}{\dot{U}_1}$亦为带通函数。

11-17　题 11-17 图所示电路中,$RC=1\ \mathrm{s}$。求$\dfrac{\dot{U}_2}{\dot{U}_1}$和$\dfrac{U_2}{U_1}-\omega$。

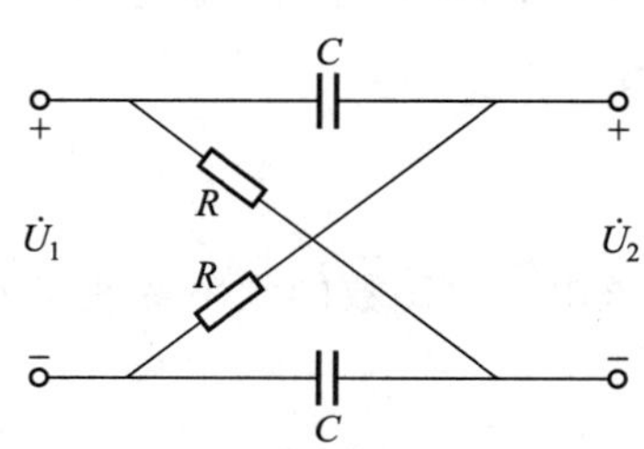

题 11-17 图

解:根据分压公式,有

$$\dot{U}_2=\frac{\dot{U}_1 R}{R+\dfrac{1}{\mathrm{j}\omega C}}-\frac{\dot{U}_1}{R+\dfrac{1}{\mathrm{j}\omega C}}\cdot\frac{1}{\mathrm{j}\omega C}=\frac{\mathrm{j}\omega CR-1}{1+\mathrm{j}\omega CR}\dot{U}_1$$

解得

$$\frac{\dot{U}_2}{\dot{U}_1}=\frac{\mathrm{j}\omega-1}{1-\mathrm{j}\omega},\quad \frac{U_2}{U_1}=1$$

全频域内的信号都能不衰减地传输到输出端口,与 RC 值无关。

11-18　题 11-18 图(a)所示系统的网络函数 $H(\mathrm{j}\omega)=\dfrac{\dot{U}_2}{\dot{U}_s}$,其幅频特性 $|H(\mathrm{j}\omega)|-\omega$ 和相频特性 $\varphi(\mathrm{j}\omega)-\omega$ 如题 11-18 图(b)所示。求当 $u_S=10-6.4\sin t-3.2\sin(2t)-2.1\sin(3t)+\cdots$ 时,输出 u_2。

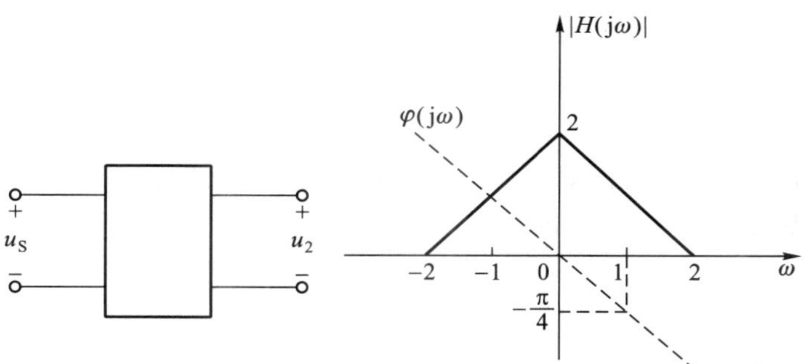

(a)　　(b)

题 11-18 图

解:逐项信号求解如下:

(1) $u_S=10\ \mathrm{V}(\omega=0)$

$$U_2(\mathrm{j}\omega)\Big|_{\omega=0}=\Big|H(\mathrm{j}\omega)U_s(\mathrm{j}\omega)\Big|_{\omega=0}=20\ \mathrm{V}$$

(2) $\dot{U}_{sm}=-6.4\angle -90^\circ\ \mathrm{V}=6.4\angle 90^\circ\ \mathrm{V}$, $\omega=1\ \mathrm{rad/s}$

$$\dot{U}_{2m}(\mathrm{j}\omega)=\dot{U}_{2m}(\mathrm{j}1)=\mathrm{j}6.4\cdot 1\angle -45^\circ\ \mathrm{V}=6.4\angle 45^\circ\ \mathrm{V}$$

(3) $\omega=2\ \mathrm{rad/s}$ 和 $\omega=3\ \mathrm{rad/s}$ 时,有

$$H(\mathrm{j}\omega)=0$$

所以 u_2 为

$$u_2=[20+6.4\cos(t+45^\circ)]\ \mathrm{V}$$

11-19　作下列网络函数 $H(\mathrm{j}\omega)$ 的波特图。

(1) $H(\mathrm{j}\omega)=\dfrac{1}{10+\mathrm{j}\omega}$。

(2) $H(\mathrm{j}\omega)=\dfrac{5(2+\mathrm{j}\omega)}{\mathrm{j}\omega(10+\mathrm{j}\omega)}$。

解:波特图是以折线的形式绘制的,近似地确定折线区域的位置是问题的关键。波特图亦分为幅频波特图和相频波特图,即

$$20\ \lg|H(\mathrm{j}\omega)|-\lg\omega \qquad \text{幅频波特图}$$

$$\arg[H(\mathrm{j}\omega)]-\lg\omega \qquad \text{相频波特图}$$

(1) 由 $H(\mathrm{j}\omega)=\dfrac{1}{10+\mathrm{j}\omega}$列有

$$20\ \lg|H(\mathrm{j}\omega)|=-20\ \lg|(10+\mathrm{j}\omega)|$$

由两条折线组成:

当 $\omega\ll10$ 时,$\mathrm{j}\omega+10\approx10$,有

$$20\ \lg|H(\mathrm{j}\omega)|\approx-20\ \lg10=-20\ \mathrm{dB}(\text{分贝})$$

$$\arg[H(\mathrm{j}\omega)]\approx0°$$

当 $\omega\gg10$ 时,$\mathrm{j}\omega+10\approx\mathrm{j}\omega$,有

$$20\ \lg|H(\mathrm{j}\omega)|\approx-20\ \lg\omega$$

$$\arg[H(\mathrm{j}\omega)]\approx-90°$$

两条折线所表示的波特图如题解 11-19 图(a)和(b)所示,其中虚线部分为折线拐角部分的校正线(消去拐角部分较大的误差)。

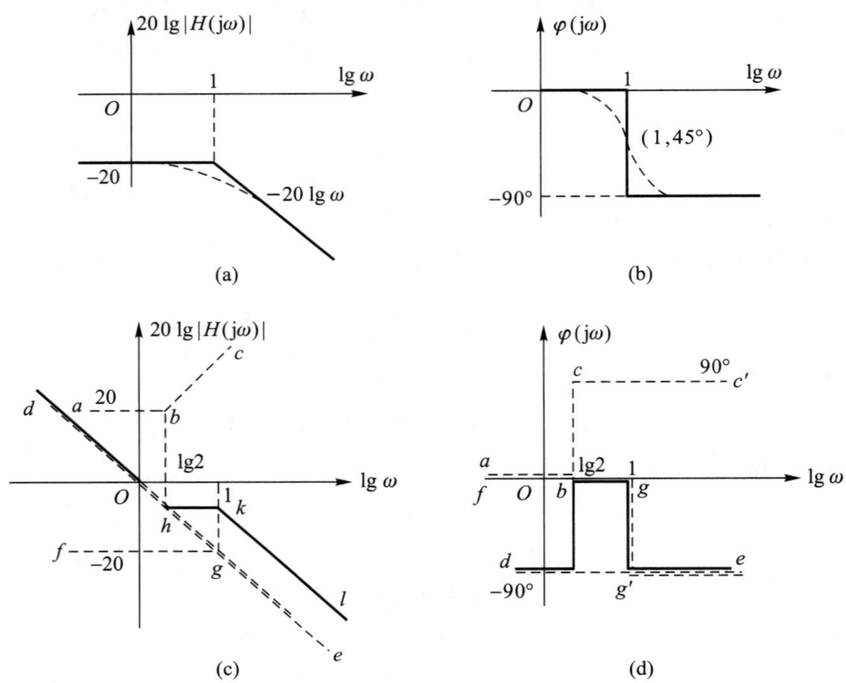

题解 11-19 图

（2）由 $H(\mathrm{j}\omega)=\dfrac{5(\mathrm{j}\omega+2)}{\mathrm{j}\omega(\mathrm{j}\omega+10)}$，列有

$$20\lg|H(\mathrm{j}\omega)|=20\lg|(\mathrm{j}5\omega+10)|-20\lg\omega-20\lg|(\mathrm{j}\omega+10)|$$

波特图的画法与(1)类同，其波特图如题解 11-19 图(c)和(d)中虚线所示，图中实线所示部分为三部分折线按表达式合成(代数和)的结果，由读者查验。

题解 11-19 图(c)中折线 abc 为 $20\lg|5(\mathrm{j}\omega+2)|$，$dOhe$ 为 $-20\lg\omega$，fge 为 $-20\lg|\mathrm{j}\omega+10|$，$dhkl$(实线)为 $20\lg|H(\mathrm{j}\omega)|$。图(d)中 $abcc'$ 为 $\arg[5(\mathrm{j}\omega+2)]$，$dg'e$ 为 $-\arg(\mathrm{j}\omega)$，$fgg'e$ 为 $-\arg(\mathrm{j}\omega+10)$，实线 $dbgg'e$ 为 $\arg[H(\mathrm{j}\omega)]$-$\lg\omega$ 特性。

第十二章 三相电路

一、重点和难点

第十二章课件

① 明确对称三相电源、对称三相负载和对称三相电路的概念;理解和掌握线电压、线电流、相电压和相电流的含义;清楚对称三相电源 Y 形联结和 Δ 形联结形式及相互间的等效变换。

② 重点掌握对称三相电路的计算方法,能将对称三相电路化为一相进行计算。不对称三相电路由于失去了对称性,可按正弦稳态电路处理,需要学会电源对称且负载部分不对称时三相电路的分析。

③ 理解三相电路的瞬时功率具有的特点;能够熟练掌握和运用三相电路的平均功率、无功功率和视在功率的计算方法;重点掌握三相电路功率的测量方法和计算公式。

二、学习方法指导

1. 对称三相电路的概念

对称三相电源的三个电源电压具有相同的频率和振幅,初相依次相差 120°。Y 形三相电源如图 12-1(a)所示,线电压与相电压的关系为

$$\dot{U}_{AB}=\sqrt{3}\angle 30^\circ\dot{U}_{AN}$$

$$\dot{U}_{BC}=\sqrt{3}\angle 30^\circ\dot{U}_{BN}$$

$$\dot{U}_{CA}=\sqrt{3}\angle 30^\circ\dot{U}_{CN}$$

相量图如图 12-1(b)所示。

三相负载如图 12-2 所示,这两个网络等效的条件是

$$Z_Y=\frac{1}{3}Z_\Delta$$

当三相电源对称时,Y 形负载线电压与相电压的关系为

$$\dot{U}_{AB}=\sqrt{3}\angle 30^\circ\dot{U}_{AN'}$$

$$\dot{U}_{BC}=\sqrt{3}\angle 30°\dot{U}_{BN'}$$

$$\dot{U}_{CA}=\sqrt{3}\angle 30°\dot{U}_{CN'}$$

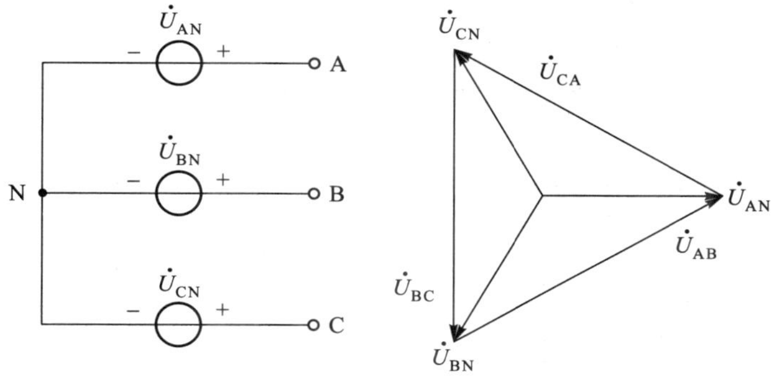

(a)　　(b)

图 12-1　Y 形三相电源

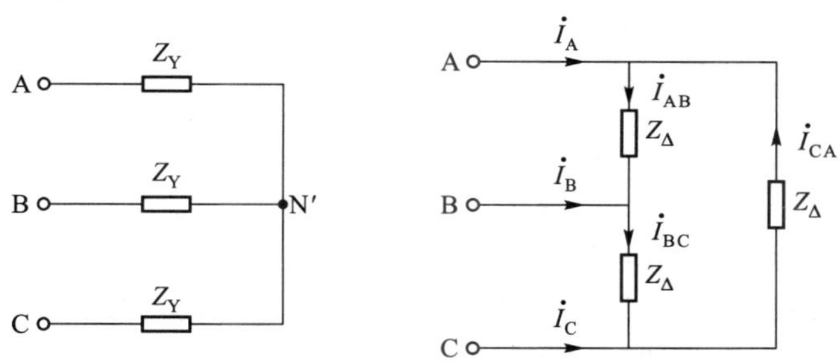

(a)　　(b)

图 12-2　对称三相负载

Δ 形负载相电流与线电流的关系为

$$\dot{I}_{AB}=\frac{1}{\sqrt{3}}\angle 30°\dot{I}_{A}$$

$$\dot{I}_{BC}=\frac{1}{\sqrt{3}}\angle 30°\dot{I}_{B}$$

$$\dot{I}_{CA}=\frac{1}{\sqrt{3}}\angle 30°\dot{I}_{C}$$

2. 对称三相电路的计算

计算的一般步骤：

① 将 Δ 形电源和负载均变换成 Y 形。

② 用短路线连接所有中性点，画出一相等效电路进行计算。

③ 根据对称性推算其他两相电压和电流。

3. 三相电路的功率

三相三线制负载可视为三端网络，吸收的复功率为

$$\overline{S}=\dot{U}_{AC}\dot{I}_{A}^{*}+\dot{U}_{BC}\dot{I}_{B}^{*}$$

该式也对应于测量三相电路平均功率的二瓦计法，如图 12-3 所示。

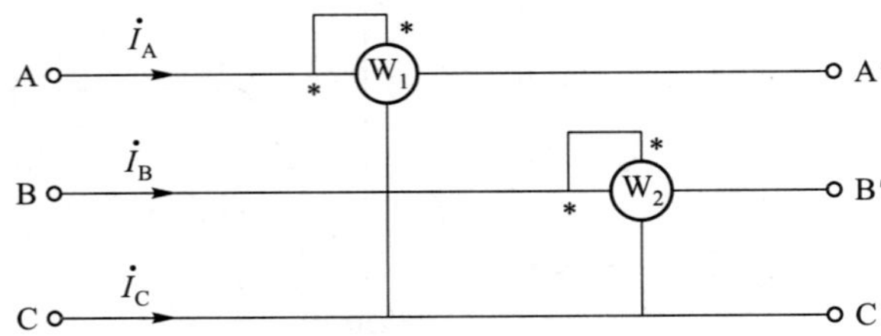

图 12-3　二瓦计法

当电路对称时，有

$$\overline{S}=U_{W}I_{W}\angle\varphi-30^{\circ}+U_{W}I_{W}\angle\varphi+30^{\circ}=\sqrt{3}U_{W}I_{W}\angle\varphi$$

即

$$P=\sqrt{3}U_{W}I_{W}\cos\varphi$$

$$Q=\sqrt{3}U_{W}I_{W}\sin\varphi$$

式中，U_W 表示线电压的有效值；I_W 表示线电流的有效值；φ 表示阻抗角。

根据复功率守恒定理，三相负载的总复功率是一相负载复功率的 3 倍。

三相四线制负载可视为四端网络，复功率为

$$\overline{S}=\dot{U}_{AN}\dot{I}_{A}^{*}+\dot{U}_{BN}\dot{I}_{B}^{*}+\dot{U}_{CN}\dot{I}_{C}^{*}$$

该式对应三瓦计法，如图 12-4 所示。

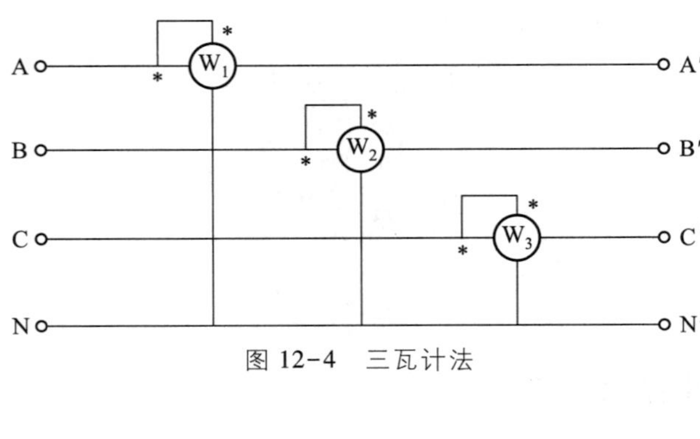

图 12-4　三瓦计法

三、典型例题

例 12-1　图 12-5 所示三相电路，对称三相电源的相电压 $U_P=220$ V，$\omega L=\dfrac{1}{\omega C}=100\ \Omega$，

$R=\dfrac{1}{\sqrt{3}}\omega L, R_1=55\ \Omega$。

（1）求三相电源发出的复功率。

（2）若 $R=\omega L=\dfrac{1}{\omega C}=100\ \Omega, R_2=100\ \Omega$，求流过电阻 R_2 的电流 $\dot{I}_{DE}$。

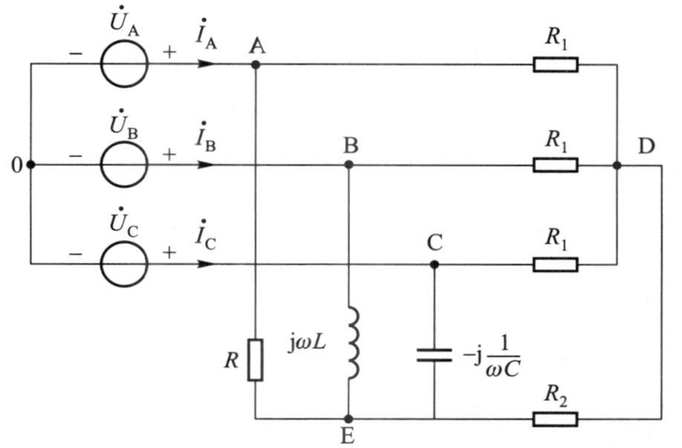

图 12-5　例 12-1 图

解：（1）电路的节点电压方程为

$$\left(\frac{3}{R_1}+\frac{1}{R_2}\right)\dot{U}_D-\frac{1}{R_2}\dot{U}_E=\frac{1}{R_1}(\dot{U}_A+\dot{U}_B+\dot{U}_C)$$

$$-\frac{1}{R_2}\dot{U}_D+\left(\frac{1}{R_2}+\frac{1}{R}+j\omega C-j\frac{1}{\omega L}\right)\dot{U}_E=\frac{1}{R}\dot{U}_A-j\frac{1}{\omega L}\dot{U}_B+j\omega C\dot{U}_C$$

由于三相电源对称，则上式右方为

$$\frac{1}{R_1}(\dot{U}_A+\dot{U}_B+\dot{U}_C)=0$$

$$\frac{1}{R}\dot{U}_A-j\frac{1}{\omega L}\dot{U}_B+j\omega C\dot{U}_C=\omega C[\sqrt{3}\dot{U}_A+j(\dot{U}_C-\dot{U}_B)]=0$$

于是 $\dot{U}_D=\dot{U}_E=0$。设 $\dot{U}_A=220\angle 0^\circ$ V，则

$$\dot{I}_A=\frac{\dot{U}_A}{R}+\frac{\dot{U}_A}{R_1}=(3.81\angle 0^\circ+4\angle 0^\circ)\ \text{A}=7.81\angle 0^\circ\ \text{A}$$

$$\dot{I}_B=\frac{\dot{U}_B}{R_1}-j\frac{1}{\omega L}\dot{U}_B=(4\angle -120^\circ-j2.2\angle -120^\circ)\ \text{A}=4.57\angle -148.81^\circ\ \text{A}$$

三相电源发出的复功率为

$$\begin{aligned}\overline{S}&=\dot{U}_{AC}\dot{I}_A^*+\dot{U}_{BC}\dot{I}_B^*\\&=(381\angle -30^\circ\times 7.81+381\angle -90^\circ\times 4.57\angle 148.81^\circ)\ \text{V}\cdot\text{A}\\&=3\ 478\ \text{V}\cdot\text{A}\end{aligned}$$

该结果说明，三相电源的无功功率为零。

(2) 将元件参数代入节点电压方程,有

$$\left(\frac{3}{55}+\frac{1}{100}\right)\dot{U}_{\mathrm{D}}-\frac{1}{100}\dot{U}_{\mathrm{E}}=0$$

$$-\frac{1}{100}\dot{U}_{\mathrm{D}}+\frac{2}{100}\dot{U}_{\mathrm{E}}=\left(\frac{1}{100}-\frac{\sqrt{3}}{100}\right)\times 220$$

从方程解出

$$\dot{U}_{\mathrm{D}}=-13.52\angle 0^{\circ}\ \mathrm{V}$$

$$\dot{U}_{\mathrm{E}}=-87.29\angle 0^{\circ}\ \mathrm{V}$$

流过 R_2 的电流则为

$$\dot{I}_{\mathrm{DE}}=\frac{1}{R_2}(\dot{U}_{\mathrm{D}}-\dot{U}_{\mathrm{E}})=0.74\ \mathrm{A}$$

例 12-2　用二瓦计法测量对称三相电路的功率,如图 12-6 所示,试证:

$$Q=\sqrt{3}(P_1-P_2)$$

$$\tan\varphi=\sqrt{3}\ \frac{P_1-P_2}{P_1+P_2}$$

其中,φ 为阻抗角。

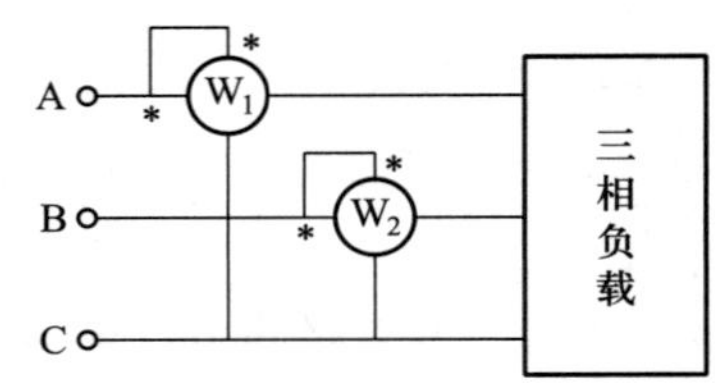

图 12-6　例 12-2 图

证明:

$$P_1=U_{\mathrm{W}}I_{\mathrm{W}}\cos(\varphi-30^{\circ})$$

$$P_2=U_{\mathrm{W}}I_{\mathrm{W}}\cos(\varphi+30^{\circ})$$

则

$$\begin{aligned}P_1-P_2&=U_{\mathrm{W}}I_{\mathrm{W}}[\cos(\varphi-30^{\circ})-\cos(\varphi+30^{\circ})]\\&=2U_{\mathrm{W}}I_{\mathrm{W}}\sin 30^{\circ}\sin\varphi\\&=\frac{1}{\sqrt{3}}Q\end{aligned}$$

所以

$$Q=\sqrt{3}(P_1-P_2)$$

$$\tan\varphi=\frac{Q}{P}=\sqrt{3}\ \frac{P_1-P_2}{P_1+P_2}$$

例 12-3　对称三相电路如图 12-7(a)所示,相电压有效值为 220 V,连接了一个对称三相负载,负载线电流为 10 A,功率因数为 0.6(滞后),需并联无功功率为多少的对称容性负载才能使功率因数为 1?

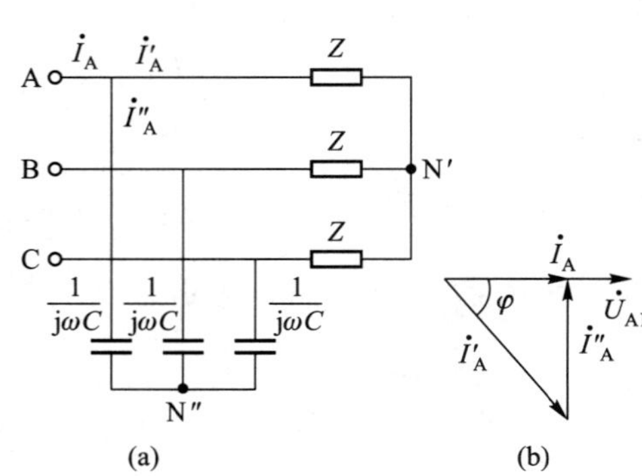

图 12-7　例 12-3 图

解:归结为一相计算,未并联容性负载前,$\dot{I}_{\mathrm{A}}=\dot{I}'_{\mathrm{A}}$,从相量图 12-7(b)可知,并联容性负载所产生的线电流须满足

$$\dot{I}'_A \sin\varphi = I''_A$$

因为 $\lambda=\cos\varphi=0.6$，则 $\sin\varphi=0.8$，而

$$I''_A = I'_A \sin\varphi = 8\ \text{A}$$

故容性负载的无功功率解得

$$\begin{aligned} Q &= 3U_A I''_A \sin(-90°) \\ &= -5\ 280\ \text{var} \\ &= -5.28\ \text{kvar} \end{aligned}$$

例 12-4　图 12-8 所示为三相四线制电路，电源为对称三相电压源。已知 $\dot{U}_A=150\angle 0°\ \text{V}$，$R=\omega L=150\ \Omega$。N 为对称三相感性负载，其总有功功率 $P=540\ \text{W}$，功率因数为 0.6。试求：

（1）A 相电流 $\dot{I}_A$ 和中线电流 $\dot{I}_0$；

（2）功率表读数；

（3）三相电源发出的总有功功率和无功功率。

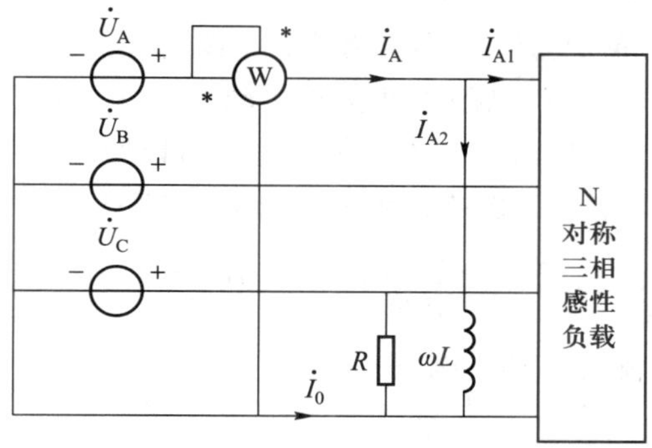

图 12-8　例 12-4 图

解：（1）设 $\dot{I}_{A1}$、$\dot{I}_{A2}$ 如图 12-8 所示。由对称三相负载功率可以求得

$$I_{A1}=\frac{540/3}{150\times 0.6}\ \text{A}=2\ \text{A}$$

由于 N 为感性负载，则

$$\dot{I}_{A1}=2\angle -53.13°\ \text{A}$$

流经电感的电流 $\dot{I}_{A2}$ 为

$$\dot{I}_{A2}=\frac{150}{\text{j}150}\ \text{A}=1\angle -90°\ \text{A}$$

故 A 相电流为

$$\dot{I}_A=\dot{I}_{A1}+\dot{I}_{A2}=(2\angle -53.13°+1\angle -90°)\ \text{A}=2.86\angle -65.2°\ \text{A}$$

中性线电流为

$$\dot{I}_0=-(\dot{I}_R+\dot{I}_{A2})=-\left(\frac{150\angle 120°}{150}+2\angle -53.13°\right)\ \text{A}=0.52\angle 15°\ \text{A}$$

（2）功率表读数为

$$P_W=\text{Re}[\dot{U}_A\dot{I}_A^*]=150\times 2.86\times\cos 65.2°\ \text{W}=180\ \text{W}$$

（3）总有功功率为负载 N 与电阻 R 上有功功率的和，即

$$P_{总}=P+\frac{U_C^2}{R}=\left(540+\frac{150^2}{150}\right)\ \text{W}=690\ \text{W}$$

同理，总无功功率为负载 N 与电感 L 上无功功率的和，即

$$Q_{总}=P\tan\varphi+\frac{U_C^2}{\omega L}=\left(540\times\frac{4}{3}+\frac{150^2}{150}\right)\ \text{var}=870\ \text{var}$$

四、习题分析

12-1 已知三相电路的星形负载阻抗 $Z=(165+\text{j}84)\ \Omega$,端线阻抗 $Z_1=(2+\text{j}1)\ \Omega$,中性线阻抗 $Z_N=(1+\text{j}1)\ \Omega$,线电压 $U_1=380\ \text{V}$。求负载端的电流和线电压,并作电路的相量图。

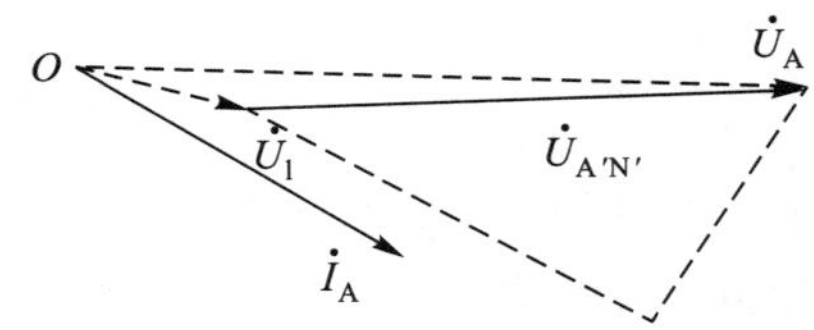

题解 12-1 图

解:电路图可参阅主教材第12章§12-1中的图12-2(a)。对称三相电路可以归结为一相计算的方法,可参阅主教材第12章§12-3所述。

令 $\dot{U}_A=\frac{380}{\sqrt{3}}\underline{/0^\circ}\ \text{V}=220\underline{/0^\circ}\ \text{V}$(A相相电压,设相电压对称)。A相相电流等于线电流,设为 $\dot{I}_A$,则有

$$\dot{I}_A=\frac{\dot{U}_A}{Z_1+Z}=\frac{220\underline{/0^\circ}}{(2+\text{j}1)+(165+\text{j}84)}\ \text{A}=1.174\underline{/-26.98^\circ}\ \text{A}$$

$$\dot{I}_B=a^2\dot{I}_A=1.174\underline{/-146.98^\circ}\ \text{A},\quad \dot{I}_C=a\dot{I}_A=1.174\underline{/93.02^\circ}\ \text{A}$$

负载端的相电压 $\dot{U}_{A'N'}$ 为

$$\dot{U}_{A'N'}=Z\dot{I}_A=(165+\text{j}84)\times1.174\underline{/-26.98^\circ}\ \text{V}=217.34\underline{/0.05^\circ}\ \text{V}$$

线电压 $\dot{U}_{A'B'}$ 为

$$\dot{U}_{A'B'}=\sqrt{3}\,\dot{U}_{A'N'}\underline{/30^\circ}\ \text{V}=376.5\underline{/30.05^\circ}\ \text{V}$$

电路的相量图如题解12-1图所示(A相)。

12-2 已知对称三相电路的线电压 $U_1=380\ \text{V}$(电源端),三角形负载阻抗 $Z=(4.5+\text{j}14)\ \Omega$,端线阻抗 $Z_1=(1.5+\text{j}2)\ \Omega$。求线电流和负载的相电流,并作相量图。

解:将三角形负载(对称)变换为对称星形负载后,求解方法与题12-1相同。

Δ形→Y形负载阻抗 Z' 为

$$Z'=\frac{Z}{3}=(1.5+\text{j}4.67)\ \Omega$$

令 $\dot{U}_A=\frac{380}{\sqrt{2}}\ \text{V}=220\underline{/0^\circ}\ \text{V}$(对称Y形A相电压),设A相线电流为 $\dot{I}_A$(左→右)

$$\dot{I}_A=\frac{\dot{U}_A}{Z'+Z_1}=\frac{220\underline{/0^\circ}}{(1.5+\text{j}4.67)+(1.5+\text{j}2)}\ \text{A}=30.08\underline{/-65.78^\circ}\ \text{A}$$

$$\dot{I}_B=a^2\dot{I}_A=30.08\underline{/174.22^\circ}\ \text{A}$$

$$\dot{I}_C=a\dot{I}_A=30.08\underline{/54.22^\circ}\ \text{A}$$

根据对称线电流和三角形负载中相电流（对称）之间关系，有

$$\dot{I}_{A'B'}=\frac{\dot{I}_A}{\sqrt{3}}\angle 30^\circ=17.37\angle -35.78^\circ\ \text{A}$$

$$\dot{I}_{B'C'}=a^2\dot{I}_{A'B'}$$

$$\dot{I}_{CA}=a\dot{I}_{A'B'}$$

相量图与解题 12-1 图类似。

12-3　将题 12-1 中负载 Z 改为三角形联结（无中性线）。比较两种连接方式中负载所吸收的复功率。

解：如果略去端线阻抗的影响。由于对称，比较一相即可。

星形联结：$\overline{S}_A=\dot{U}_A\left(\dfrac{\dot{U}_A}{Z}\right)^*=U_A^2Y^*$

三角形联结：$\overline{S}_{AB}=\dot{U}_1\left(\dfrac{\dot{U}_1}{Z}\right)=U_1^2Y^*=3U_A^2Y^*=3\overline{S}_A$

即三角形联结时，负载吸收的复功率是星形联结时的 3 倍。

12-4　题 12-4 图所示对称三相耦合电路接于对称三相电源，电源频率为 50 Hz，线电压 $U_1=380$ V，$R=30\ \Omega$，$L=0.29$ H，$M=0.12$ H。求相电流和负载吸收的总功率。

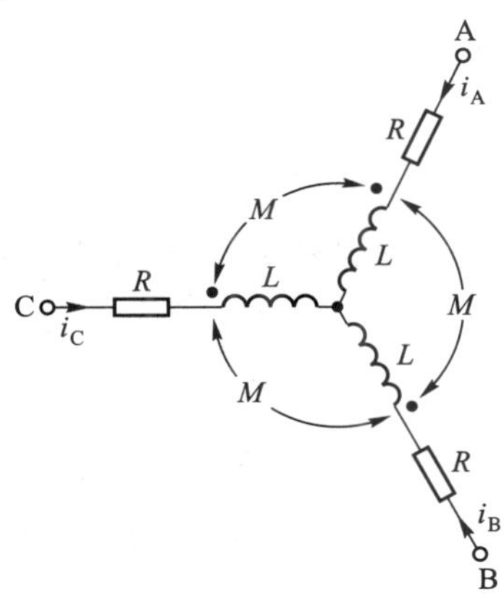

题 12-4 图

解：令对称三相星形 A 相电压 $\dot{U}_A=\dfrac{380}{\sqrt{3}}\angle 0^\circ$ V $=220\angle 0^\circ$ V，对称线电流为 $\dot{I}_A$、$\dot{I}_B$ 和 $\dot{I}_C$，计入互感电压后，有

$$\dot{I}_A(R+\text{j}\omega L)+\text{j}\omega M(\dot{I}_B+\dot{I}_C)=(R+\text{j}\omega L-\text{j}\omega M)\dot{I}_A$$

同理有 $(R+\text{j}\omega L-\text{j}\omega M)\dot{I}_B$、$(R+\text{j}\omega L-\text{j}\omega M)\dot{I}_C$，表明电路仍为星形对称三相负载，每相（线）的去耦等效阻抗 $Z_{eq}=(R+\text{j}\omega L-\text{j}\omega M)$。线电流计算如下：

$$\dot{I}_A=\frac{\dot{U}_A}{(R+\text{j}\omega L-\text{j}\omega M)}=\frac{220\angle 0^\circ}{30+\text{j}53.38}\ \text{A}=3.593\angle -60.66^\circ\ \text{A}$$

负载吸收的复功率 $\overline{S}_A$（A 相）为

$$\overline{S}_A=\dot{U}_A\dot{I}_A^*=(387.29+\text{j}687.97)\ \text{V}\cdot\text{A}$$

三相负载吸收的总功率为

$$P=3\text{Re}[\overline{S}_A]=1\ 161.87\ \text{W}$$

12-5　题 12-5 图所示对称 Y-Y 三相电路中，电压表的读数为 1 143.16 V，$Z=(15+\text{j}15\sqrt{3})\ \Omega$，$Z_1=(1+\text{j}2)\ \Omega$。

（1）求图中电流表的读数及线电压 U_{AB}。

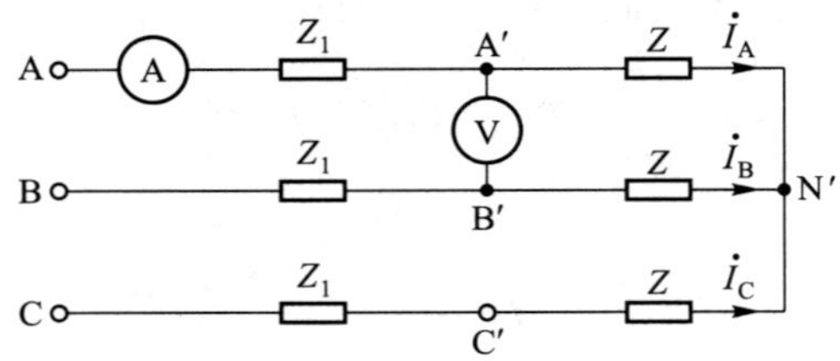

题 12-5 图

(2) 求三相负载吸收的功率。

(3) 如果 A 相负载阻抗等于零(其他不变),再求(1)和(2)。

(4) 如果 A 相负载开路,再求(1)和(2)。

(5) 如果加接零阻抗中性线 $Z_N=0$,则(3)和(4)将发生怎样的变化?

解: (1) 根据对称线电压和对称相电压之间的关系,对称相电压 $\dot U_{A'N'}$ 有

$$\dot U_{A'N'}=\frac{\dot U_{A'B'}}{\sqrt3}=\frac{1\ 143.16}{\sqrt3}\angle 0^\circ\ \text{V}=660\ \angle 0^\circ\ \text{V}(\text{令为 }0^\circ)$$

则有

$$\dot I_A=\frac{\dot U_{A'N'}}{Z}=\frac{660\angle 0^\circ}{15+\text{j}15\sqrt3}\ \text{A}=22\angle -60^\circ\ \text{A}$$

即表 A 读数为 22 A,则 $\dot U_{AN'}$ 为

$$\dot U_{AN'}=\dot I_A(Z+Z_1)=22\angle -60^\circ\times(16+\text{j}17\sqrt3)\ \text{V}=709.11\angle 0.24^\circ\ \text{V}$$

$$U_{AB}=\sqrt3 U_{AN'}=1\ 228.2\ \text{V}$$

(2) A 相负载吸收的复功率 $\overline S_A$ 为

$$\overline S_A=I_A^2Z=(22)^2\times(15+\text{j}15\sqrt3)=(7\ 260+\text{j}12\ 574.69)\ \text{V}\cdot\text{A}$$

(3) 若 A 相 $Z=0$(短路),即有 $\dot U_{A'N'}=0$,则 B 相和 C 相负载将在线电压作用下工作,线电流大$\sqrt3$倍,吸收的功率大 3 倍(略去 Z_1 的影响)。

(4) A 相开路,则 B 相和 C 相串联,负载电压为线电压的$\frac{1}{2}$,是原来的$\frac{\sqrt3}{2}$倍,即 0.866 倍。

(5) 加接零阻抗 $Z_N=0$ 中性线后,将强迫 $\dot U_{NN'}=0$,使各相星形负载在各自相电压下工作,保持独立性。

12-6　题 12-6 图所示对称三相电路中,$U_{A'B'}=380$ V,三相电动机吸收的功率为 1.4 kW,其功率因数 $\lambda=0.866$(滞后),$Z_1=-\text{j}55\ \Omega$。求 U_{AB} 和电源端的功率因数 λ'。

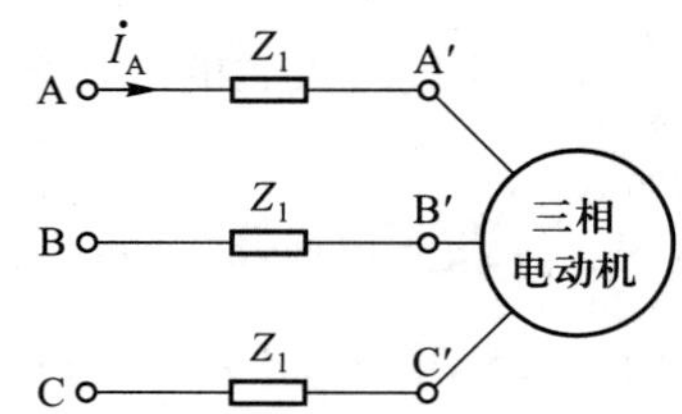

题 12-6 图

解:$\varphi_Z=\arccos\lambda=30^\circ$(阻抗角)

线电流 I_A 为

$$I_A=\frac{P}{\sqrt{3}U_{A'B'}\lambda}=\frac{1\ 400}{\sqrt{3}\times380\times0.866}\ A=2.456\ A$$

电动机吸收的无功功率 Q 为

$$Q=P\tan 30°=808.29\ \text{var}$$

三相电动机吸收的复功率为

$$\overline{S}_d=(1\ 400+\text{j}808.29)\ V\cdot A$$

三相电路中阻抗-j55 Ω 吸收的无功功率 Q_C 为

$$Q_C=3\times I_A^2\times(-55)=-995.27\ \text{var}$$

三相电源发出的复功率 $\overline{S}_s$ 为

$$\overline{S}_s=\overline{S}_d+Q_C=(1\ 400-\text{j}186.98)\ V\cdot A\quad（过补偿）$$

电源端的功率因数 λ'为

$$\varphi_Z'=\arctan\left(\frac{-186.98}{1\ 400}\right)=-7.61°（容性），\quad \lambda'=\cos\varphi_Z'=0.991$$

电源端的线电压 U_{AB} 为

$$U_{AB}=\frac{P}{\sqrt{3}I_A\lambda'}=\frac{1\ 400}{\sqrt{3}\times2.456\times0.99}\ V=332.03\ V$$

12-7　题 12-7 图所示对称 Y-Δ 三相电路中，$U_{AB}=380$ V，图中功率表的读数为表 W_1：782，表 W_2：1 976.44。求：

（1）负载吸收的复功率 $\overline{S}$ 和阻抗 Z。

（2）开关 S 打开后，功率表的读数。

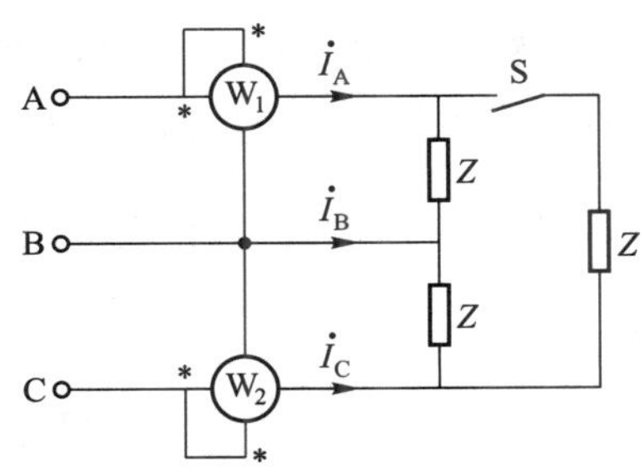

题 12-7 图

解：（1）本题只能从表 W 的读数的表达式寻求解法。在对称的情况下，令对称三相电源的相电压 $\dot{U}_A=U_A\angle 0°$ V，对称线电流 $I_A=I_B=I_C$，令 $\dot{I}_A=I_1\angle -\varphi_Z$，则有 $\dot{I}_C=I_1\angle -\varphi_Z+120°$，$\dot{U}_{AB}=U_1\angle 30°$，$\dot{U}_{CB}=U_1\angle 90°$，则表 W 的读数可表示如下：

$$P_1=\text{Re}[\dot{U}_{AB}\dot{I}_A^*]=\text{Re}[U_1\angle 30°\cdot I_1\angle +\varphi_Z]=U_1I_1\cos(30°+\varphi_Z)$$

$$P_2=\text{Re}[\dot{U}_{CA}\dot{I}_C^*]=\text{Re}[U_1\angle 90°\cdot I_1\angle -120°+\varphi_Z]=U_1I_1\cos(-30°+\varphi_Z)$$

最后可解得

$$\tan\varphi_Z=\frac{\sqrt{3}\left(1-\dfrac{P_1}{P_2}\right)}{1+\dfrac{P_1}{P_2}}=0.75,\quad \varphi_Z=36.87°$$

三相电路吸收的无功功率 Q 为

$$Q=P\tan\varphi_Z=\tan\varphi_Z\cdot(P_1+P_2)=2\ 068.83\ \text{var}$$

三相电路吸收的复功率 $\overline{S}$ 为

$$\overline{S}=(P_1+P_2)+\mathrm{j}Q=(2\ 758.44+\mathrm{j}2\ 068.83)\ \mathrm{V\cdot A}=3\ 448.05\underline{/36.87^\circ}\ \mathrm{V\cdot A}$$

因为 $\overline{S}=3U_1^2Y^*$，所以

$$Z=\frac{3U_1^2}{\overline{S}^*}=\frac{3\times(380)^2}{3\ 448.05\underline{/-36.87^\circ}}\ \Omega=125.64\underline{/36.87^\circ}\ \Omega$$

(2) 开关S打开后，表 W_1 的读数为AB相负载的功率，表 W_2 的读数为CB相负载吸收的功率，则 $P_1=P_2$ 为

$$P_1=\left(\frac{U_1}{|Z|}\right)^2\times\mathrm{Re}[Z]=\left(\frac{380}{125.64}\right)^2\times100.5\ \mathrm{W}=919.34\ \mathrm{W}$$

读者也可以按表W的读数规则求解。

12-8　题12-8图所示电路中，对称三相电源端的线电压 $U_1=380$ V，$Z=(50+\mathrm{j}50)\ \Omega$，$Z_1=(100+\mathrm{j}100)\ \Omega$，$Z_A$ 由 R、L、C 串联组成，$R=50\ \Omega$，$X_L=314\ \Omega$，$X_C=-264\ \Omega$。

(1) 求开关S打开时的线电流。

(2) 若用二瓦计法测量电源端三相功率，试画出接线图，并求两个功率表的读数(S闭合时)。

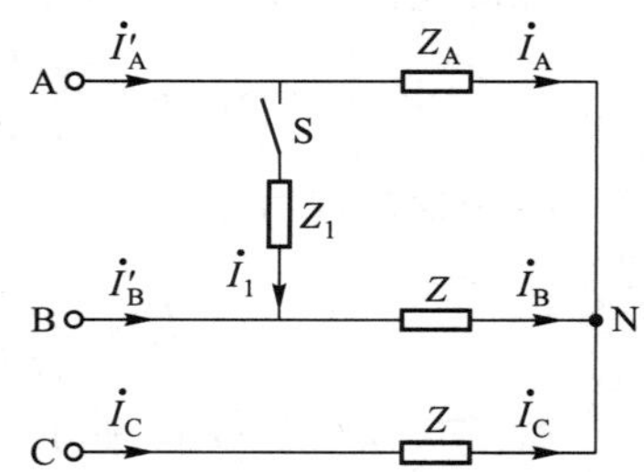

题12-8图

解： 由于 $Z_A=[50+\mathrm{j}(314-264)]\ \Omega=(50+\mathrm{j}50)\ \Omega$，所以，三相负载仍为对称星形负载。

(1) 开关S打开时，设三相对称相电压 $\dot{U}_A=\frac{U_1}{\sqrt{3}}\underline{/0^\circ}=220\underline{/0^\circ}$ V，线电流为 $\dot{I}_A$、$\dot{I}_B$ 和 $\dot{I}_C$，则有

$$\dot{I}_A=\frac{\dot{U}_A}{Z_A}=\frac{220\underline{/0^\circ}}{50+\mathrm{j}50}\ \mathrm{A}=3.11\underline{/-45^\circ}\ \mathrm{A}=(2.2-\mathrm{j}2.2)\ \mathrm{A}$$

于是，$\dot{I}_B=a^2\dot{I}_A=3.11\underline{/-165^\circ}$ A，$\dot{I}_C=3.11\underline{/75^\circ}$ A。

(2) S闭合后，单相负载 Z_1 的电流 $\dot{I}_1$ 为

$$\dot{I}_1=\frac{\dot{U}_{AB}}{Z_1}=\frac{380\underline{/30^\circ}}{100+\mathrm{j}100}\ \mathrm{A}=2.69\underline{/-15^\circ}\ \mathrm{A}$$

线电流(电源端)为

$$\dot{I}'_A=\dot{I}_A+\dot{I}_1,\quad \dot{I}'_B=\dot{I}_B-\dot{I}_1,\quad \dot{I}_C(\text{不变})$$

若二瓦计接法如题12-7图所示(在电源端，负载 Z_1 的左侧)。则表 W_1、W_2 的读数分别为

$$\begin{aligned}P_1&=\mathrm{Re}[\dot{U}_{AB}(\dot{I}_A+\dot{I}_1)^*]=\mathrm{Re}[380\underline{/30^\circ}\times(3.11\underline{/45^\circ}+2.69\underline{/15^\circ})]\ \mathrm{W}\\&=(306.67+722)\ \mathrm{W}=1\ 028.67\ \mathrm{W}\end{aligned}$$

$$P_2=\mathrm{Re}[\dot{U}_{CB}\dot{I}_C^*]=\mathrm{Re}[380\underline{/90^\circ}\times3.11\underline{/-75^\circ}]\ \mathrm{W}$$

$$=1\ 144.53\ \text{W}$$

三相负载吸收的功率 P 为

$$P=P_1+P_2=2\ 170.20\ \text{W}$$

表 W_1 读数中包括 Z_1 负载吸收的功率 722 W 在内。

12-9　题 12-9 图所示电路中，电源为对称三相电源。

(1) L、C 满足什么条件时，线电流对称？

(2) 若 $R=\infty$（开路），再求线电流。

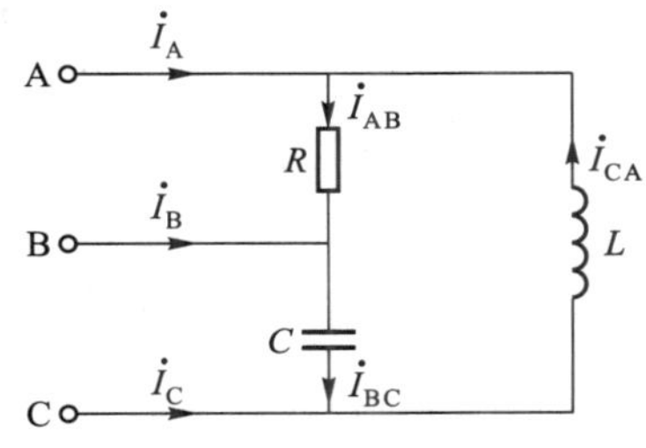

题 12-9 图

解：(1) 令对称线电压 $\dot{U}_{AB}=1\angle 0^\circ$ V，则三角形负载中的相电流分别为

$$\dot{I}_{AB}=G,\quad \dot{I}_{BC}=\text{j}\omega C\angle -120^\circ,\quad \dot{I}_{CA}=-\text{j}\frac{1}{\omega L}\angle 120^\circ$$

各线电流分别为（KCL）

$$\dot{I}_A=\dot{I}_{AB}-\dot{I}_{CA}=G-\frac{1}{\omega L}\angle 30^\circ$$

$$\dot{I}_B=\dot{I}_{BC}-\dot{I}_{AB}=\text{j}\omega C\angle -120^\circ-G$$

$$\dot{I}_C=\dot{I}_{CA}-\dot{I}_{BC}=-\text{j}\frac{1}{\omega L}\angle 120^\circ-\text{j}\omega C\angle -120^\circ$$

若线电流为对称组（顺序），则有

$$\dot{I}_A=\dot{I}_B\angle 120^\circ=\dot{I}_C\angle -120^\circ$$

则根据 $\dot{I}_A$ 和 $\dot{I}_B\angle 120^\circ$ 的表达式可解得

$$\omega C=\frac{1}{\omega L}=\frac{G}{\sqrt{3}}$$

对称线电流为

$$\dot{I}_A=\frac{1}{\omega L}\angle 30^\circ,\quad \dot{I}_B=a^2\dot{I}_A,\quad \dot{I}_C=a\dot{I}_A$$

(2) 若 $R=\infty$（开路）时，则各线电流分别为

$$\dot{I}_A=\frac{1}{\omega L}\angle -150^\circ\ \text{A},\quad \dot{I}_B=\omega C\angle -30^\circ\ \text{A},\quad \dot{I}_C=-(\dot{I}_B+\dot{I}_A)=\frac{1}{\omega L}\angle 90^\circ\ \text{A}$$

线电流的模值不变，但 $\dot{I}_A$、$\dot{I}_B$ 和 $\dot{I}_C$ 为逆序对称。

12-10　已知对称三相电路中的线电压为 380 V，$f=50$ Hz，负载吸收的功率为 2.4 kW（参阅图 12-7），功率因数为 0.4（感性）。

(1) 求两个功率表的读数（用二瓦计法测量功率时）。

(2) 怎样才能使负载端的功率因数提高到 0.8？求出两个功率表的读数。

解：(1) 电路的求解方法参阅题 12-6。设表 W_1、W_2 按题解 12-10 图的方式接入。设对称相电压 $\dot{U}_A=220\angle 0^\circ$ V，则可解得

$$\varphi_Z=\arccos(0.4)=66.42°(\text{感性})$$

$$Q=P\tan\varphi_Z=5.499\ \text{kvar}(\text{三相电路吸收的无功功率})$$

$$|\bar{S}|=\frac{P}{\cos\varphi_Z}=6\ \text{kV}\cdot\text{A}(\text{功率三角形})$$

$$\dot{I}_A=I_A\angle{-66.42°}\ \text{A},\quad \dot{I}_C=I_A\angle{-66.42°+120°}\ \text{A}$$

$$\dot{U}_{AB}=380\angle{30°}\ \text{V},\quad \dot{U}_{CB}=380\angle{90°}\ \text{V}$$

表 W_1、W_2 的读数分别为

$$P_1=\text{Re}[U_{AB}\angle{30°}\cdot I_A\angle{66.42°}]=\frac{|\bar{S}|}{\sqrt{3}}\cos 96.42°=-0.3873\ \text{kW}$$

$$P_2=\text{Re}[U_{CB}\angle{90°}\cdot I_A\angle{-120°+66.42°}]=\frac{|\bar{S}|}{\sqrt{3}}\cos 36.42°=2.7875\ \text{kW}$$

或者:$P_1=P-P_2$。注意:表 W_1 的读数为负值,当 $|\varphi_Z|>60°$时,就会出现一个表为负值的现象,但 $P_1+P_2=P$ 不变。

(2) 在负载端接入对称的三角形电容负载,如题解 12-10 图中虚线部分所示,利用电容发出的无功功率部分补偿负载吸收的无功功率,可求得

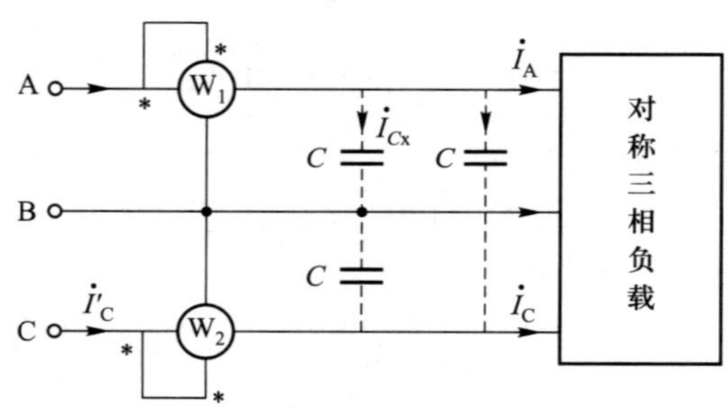

题解 12-10 图

$$\varphi'_Z=\text{arc}\ \cos(0.8)=36.87°(\text{设为感性})$$

$$Q'=\tan\varphi_Z\cdot P=1.8\ \text{kvar}(\text{接入电容后,电路吸收的无功功率})$$

$$Q_C=-3\omega CU_1^2(\text{三角形电容发出的无功功率})$$

$$Q'=Q+Q_C=5.499-3\omega CU_1^2$$

$$C=\frac{Q-Q'}{3\omega U_1^2}=\frac{5.499-1.8}{3\times 314(380)^2}\times 10^3\ \mu\text{F}=27.19\ \mu\text{F}$$

接电容后,AB 相中的电容电流 $\dot{I}_{Cx}=\text{j}\omega CU_1\angle{30°}$ A,则 A 相中新增线电流为$\sqrt{3}\dot{I}_{Cx}\angle{-30°}=\sqrt{3}(\text{j}\omega CU_1\angle{30°})\angle{-30°}\ \text{A}=I_{A1}\angle{90°}\ \text{A}=\dot{I}_{A1}$。同理,C 相中新增线电流为 $\dot{I}_{C1}=a\dot{I}_{A1}=I_{A1}\angle{-150°}$ A,则流经表 W_1 和 W_2 的电流分别为

$$\dot{I}'_A=\dot{I}_A+I_{A1}\angle{90°}\ \text{A},\quad \dot{I}'_C=\dot{I}_C+I_{A1}\angle{-150°}\ \text{A}$$

则表 W_1 和 W_2 的读数分为两个部分:其一为 $\dot{I}_A$、$\dot{I}_C$ 产生的读数,这与未接电容前一样;

其二是接入电容后新增线电流产生的读数增量 ΔP_1 和 ΔP_2。其增量计算如下：

$$\Delta P_1=\mathrm{Re}[U_{AB}\underline{/30^\circ}\cdot I_{A1}\underline{/-90^\circ}]=\frac{(Q-Q')}{\sqrt{3}}\cos(-60^\circ)=1\ 067.81\ \mathrm{W}$$

$$\Delta P_2=-\Delta P_1$$

表 W_1 和 W_2 的读数为

$$P_1=-387.3\ \mathrm{W}+\Delta P_1=680.51\ \mathrm{W}$$

$$P_2=2\ 787.5\ \mathrm{W}+\Delta P_2=1\ 719.69\ \mathrm{W}$$

12-11　题 12-11 图所示三相(四线)制电路中，$Z_1=-\mathrm{j}10\ \Omega$，$Z_2=(5+\mathrm{j}12)\ \Omega$，对称三相电源的线电压为 380 V，图中电阻 R 吸收的功率为 24 200 W(S 闭合时)。

(1) 求开关 S 闭合时图中各表的读数。根据功率表的读数能否求得整个负载吸收的总功率?

(2) 开关 S 打开时图中各表的读数有无变化，功率表的读数有无意义?

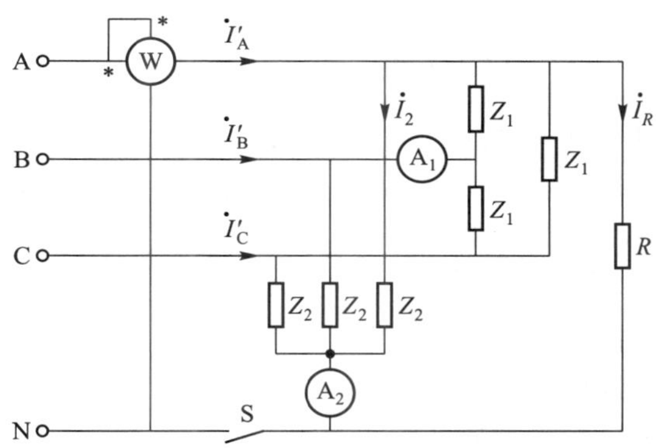

题 12-11 图

解：(1) S 闭合时，电阻 R 跨接在 AN 端，即跨接在相电压 $\dot{U}_A$ 上，不影响负载端的对称性，但线电流 $\dot{I}'_A$ 中增加了 $\dot{I}_R$ 分量。

设一组对称星形电压源的 $\dot{U}_A=220\underline{/0^\circ}$ V。图中各表的读数计算如下：

三角负载中的相电流为

$$\dot{I}_{AB}=\frac{\dot{U}_{AB}}{Z_1}=\frac{380\underline{/30^\circ}}{-\mathrm{j}10}\ \mathrm{A}=38\underline{/120^\circ}\ \mathrm{A}$$

星形负载中的相电流为

$$\dot{I}_2=\frac{\dot{U}_A}{Z_2}=\frac{220\underline{/0^\circ}}{5+\mathrm{j}12}\ \mathrm{A}=16.92\underline{/-67.38^\circ}\ \mathrm{A}$$

表 A_1：$\sqrt{3}\times38\ \mathrm{A}=65.82\ \mathrm{A}$，表 A_2：0 A；表 W 的读数为

$$P=\mathrm{Re}[\dot{U}_A(\dot{I}_2+\dot{I}_R+\sqrt{3}\dot{I}_{AB}\underline{/-30^\circ})^*]$$

从上式中括号内的表达式可以看出，它表示 A 相电源 $\dot{U}_A$ 发出的复功率，式中各项为

$$\mathrm{Re}[\dot{U}_A\dot{I}_2^*]=(16.92)^2\times5\ \mathrm{W}=1\ 431.43\ \mathrm{W}$$

$$\mathrm{Re}[\dot{U}_A\dot{I}_R^*]=24\ 200\ \mathrm{W}$$

$$\mathrm{Re}[\dot{U}_A\cdot\sqrt{3}I_{AB}\underline{/-90^\circ}]=0$$

所以，表 W：25 631.43 W。则整个系统吸收的功率 P 为

$$P=3\mathrm{Re}[\dot{U}_A\dot{I}_2^*]+24\ 200\ \mathrm{W}\approx28\ 494.29\ \mathrm{W}$$

(2) S 打开时，电阻 R 跨接(经表 A_2)在星形负载 Z_2 的 A 相上。而对三角形无影响，所以表 A_1：65.82 A(不变)，而表 W 仍跨接在 $\dot{U}_A$ 电源上，仍表示 $\dot{U}_A$ 发出的功率，但读数发生了变化。跨接电阻 $R(=2\ \Omega)$ 后的状态等效于在原对称状态上叠加题解 12-11 图所示的状态。根据等效电路可解得

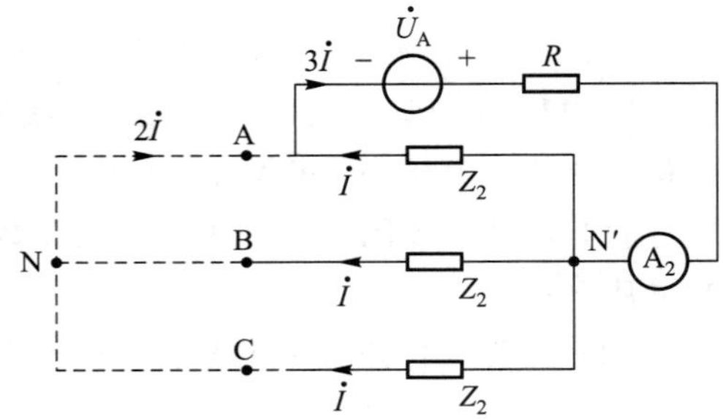

题解 12-11 图

$$\dot{I}=\frac{\dot{U}_A}{3R+Z_2}=\frac{220\underline{/0^\circ}}{6+(5+\mathrm{j}12)}\ \mathrm{A}=13.51\underline{/-47.49^\circ}\ \mathrm{A}$$

则表 A_2：13.51×3 A=40.53 A，而表 W 的读数为

$$P=\mathrm{Re}[\dot{U}_A(\dot{I}_2+2\dot{I})^*]=(1\ 431.43+4\ 017.51)\ \mathrm{W}=5\ 448.94\ \mathrm{W}$$

可以证明：$3(P-4\ 017.51\ \mathrm{W})+\frac{3}{2}\times4\ 017.51\ \mathrm{W}=3P-1.5\times4\ 017.51\ \mathrm{W}=10\ 320.555\ \mathrm{W}$ 为整个电路吸收的功率，即 $\mathrm{Re}[3\dot{U}_A(\dot{I}_2+\dot{I})^*]$。

12-12　题 12-12 图所示为对称三相电路，线电压为 380 V，$R=200\ \Omega$，负载吸收的无功功率为 $1\ 520\sqrt{3}$ var。试求：

(1) 各线电流。

(2) 电源发出的复功率。

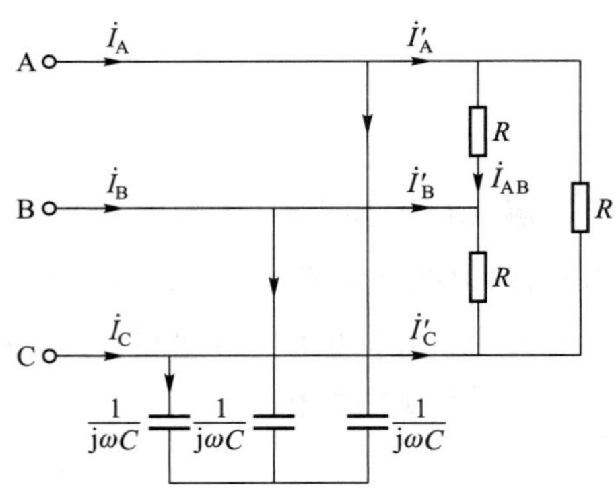

题 12-12 图

解：(1) 若设对称电源 A 相电压 $\dot{U}_A=220\underline{/0^\circ}$ V，则三角形负载中相电流 $\dot{I}_{AB}$ 为

$$\dot{I}_{AB}=\frac{\sqrt{3}\dot{U}_A\underline{/30^\circ}}{R}=\frac{380\underline{/30^\circ}}{200}\ \mathrm{A}=1.9\underline{/30^\circ}\ \mathrm{A}$$

线电流为

$$\dot{I}_A=\sqrt{3}\dot{I}_{AB}\underline{/-30^\circ}=3.29\ \mathrm{A},\quad \dot{I}_B=a^2\dot{I}_A,\quad \dot{I}_C=a\dot{I}_A$$

三角形负载吸收的功率 P 为

$$P=3(I_{AB}^2R)=3\times(1.9)^2\times200\ \mathrm{W}=2\ 166\ \mathrm{W}$$

(2) 三相电源发出的复功率 $\overline{S}$ 为

$$\overline{S}=P+\mathrm{j}Q=(2\ 166-\mathrm{j}1\ 520\sqrt{3})\ \mathrm{V\cdot A}=3\ 409.22\underline{/-50.56^\circ}\ \mathrm{V\cdot A}$$

A 相线电流 $\dot{I}_A$ 为

$$\dot{I}_A=\frac{\overline{S}^*}{3\dot{U}_A^*}=\frac{3\ 409.22\angle 50.56^\circ}{3\times 220}\ \text{A}=5.17\angle 50.56^\circ\ \text{A}$$

12-13　题 12-13 图所示为对称三相电路，线电压为 380 V，相电流 $\dot{I}_{A'B'}=2$ A。求图中功率表的读数。

解：设 $\dot{U}_{AB}=380\angle 0^\circ$ V，则 $\dot{I}_{A'B'}=2\angle -90^\circ$ A，$\dot{U}_{BC}=380\angle -120^\circ$ V，$\dot{I}_A=\sqrt{3}\,\dot{I}_{A'B'}\angle -30^\circ=2\sqrt{3}\angle -120^\circ$ A，则表 W_2 的读数为

$$P_2=\text{Re}[\dot{U}_{BC}\dot{I}_B^*]=\text{Re}[380\angle -120^\circ\times 2\sqrt{3}\angle -120^\circ]\ \text{W}=-658.18\ \text{W}$$

由于 $P_1+P_2=0$，所以表 W_1：658.18 W。

12-14　题 12-14 图所示电路中的 $\dot{U}_s$ 是频率 $f=50$ Hz 的正弦电压源。若要使 $\dot{U}_{ao}$、$\dot{U}_{bo}$ 和 $\dot{U}_{co}$ 构成对称三相电压，R、L、C 之间应当满足什么关系？设 $R=20\ \Omega$，求 L 和 C 的值。

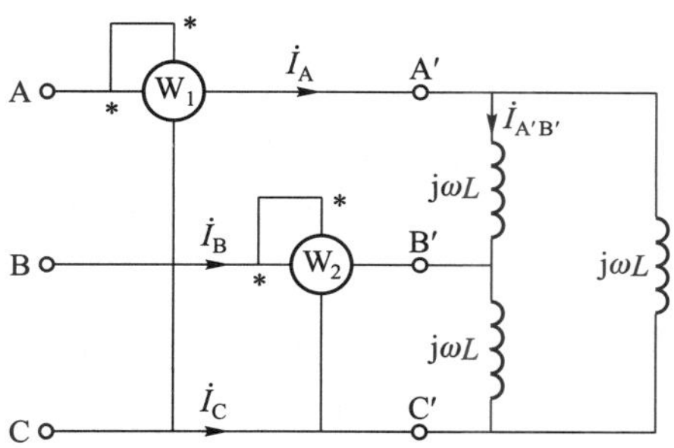

题 12-13 图

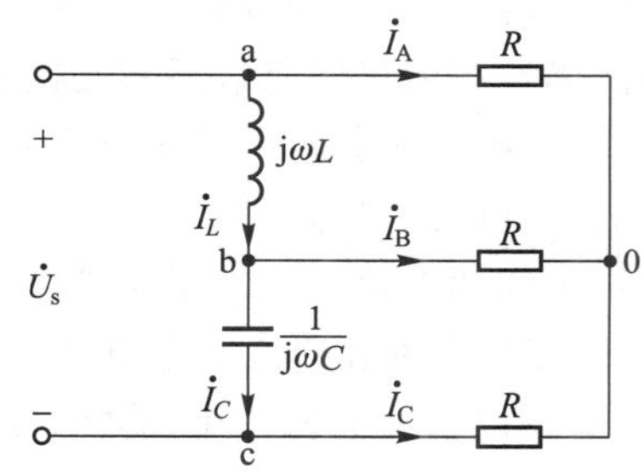

题 12-14 图

解：令 $\dot{I}_A=I_A\angle 0^\circ$ A。根据节点 b 列 KCL 方程为

$$\dot{I}_L=\dot{I}_C+\dot{I}_B$$

根据线电压，可将上述方程转换为

$$\frac{\sqrt{3}\,\dot{I}_A R\angle 30^\circ}{j\omega L}=j\omega C\cdot\sqrt{3}\,\dot{I}_A R\angle -90^\circ+\dot{I}_A\angle -120^\circ$$

解得

$$\omega L=\frac{1}{\omega C}=\sqrt{3}R=34.64\ \Omega$$

$$L=\frac{34.64}{\omega}=\frac{34.64}{314}\ \text{mH}=110.32\ \text{mH}$$

$$C=\frac{1}{34.64\ \omega}=91.94\ \mu\text{F}$$

第十三章 非正弦周期电流电路和信号的频谱

第十三章课件

一、重点和难点

① 非正弦周期函数在满足狄里克雷条件下，可展开成一个收敛的傅里叶级数，要能够掌握傅里叶级数的形式和各项系数的求解方法；明确恒定分量、基波分量及高次谐波分量的定义；掌握幅度频谱和相位频谱的概念。理解奇函数、偶函数、奇谐波函数和偶谐波函数与傅里叶级数系数之间的对应关系。

② 必须熟练掌握非正弦周期函数形式的电压和电流的有效值、平均值的定义和求解方法。理解磁电系仪表、电磁系仪表和全波整流仪表测量数据的意义及不同点。明确非正弦周期电流电路的平均功率的定义和求解方法。

③ 充分理解和熟练掌握分析线性非正弦周期电流电路的谐波分析法的原则和步骤；能够运用谐波分析法中，容抗和感抗与各次谐波角频率之间的关系，分析无源滤波电路的作用。

二、学习方法指导

1. 周期信号的傅里叶级数

实际工程中遇到的周期信号可用傅里叶级数展开为

$$\begin{aligned}x(t)&=X_0+\sum_{k=1}^{\infty}\left[a_k\cos(k\omega_1 t)+b_k\sin(k\omega_1 t)\right]\\&=X_0+\sum_{k=1}^{\infty}X_{mk}\cos(k\omega_1 t+\phi_k)\end{aligned}$$

式中，$\omega_1=\dfrac{2\pi}{T}$，T 为信号的周期；X_0 称为 $x(t)$ 的直流分量；$x_1=X_{m1}\cos(k\omega_1 t+\phi_1)$ 称为 $x(t)$ 的基波；$x_k=X_{mk}\cos(k\omega_1 t+\phi_k)$（$k>1$）称为 $x(t)$ 的 k 次谐波分量。各系数的求解公式如下：

$$X_0=\frac{1}{T}\int_{t_0}^{t_0+T}x(t)\,\mathrm{d}t$$

$$a_k = \frac{2}{T}\int_{t_0}^{t_0+T} x(t)\cos(k\omega_1 t)\,\mathrm{d}t$$

$$b_k = \frac{2}{T}\int_{t_0}^{t_0+T} x(t)\sin(k\omega_1 t)\,\mathrm{d}t$$

$$\dot{X}_{mk} = X_{mk}\underline{/\phi_k} = a_k - \mathrm{j}b_k = \frac{2}{T}\int_{t_0}^{t_0+T} x(t)\mathrm{e}^{-\mathrm{j}k\omega_1 t}\,\mathrm{d}t$$

2. 信号频谱

信号频谱可分为幅度频谱和相位频谱。幅度频谱是将谐波振幅用线段高度表示并按各次谐波频率的高低顺序排列而得的图形；相位频谱与幅度频谱类似，是各次谐波的初相与各次谐波频率的关系图形。由于各次谐波角频率是基波角频率的整数倍，因此，这种频率是离散的“线频谱”。

3. 有效值和平均功率

周期信号的有效值用其谐波的最大值或有效值求解，关系式为

$$X = \sqrt{X_0 + \frac{1}{2}(X_{m1} + X_{m2} + \cdots)} = \sqrt{X_0 + X_1 + X_2 + \cdots}$$

设支路电压 u 和电流 i 取关联参考方向，且

$$u(t) = U_0 + \sum_{k=1}^{\infty} U_{mk}\cos(k\omega_1 t + \phi_{uk})$$

$$i(t) = I_0 + \sum_{k=1}^{\infty} I_{mk}\cos(k\omega_1 t + \phi_{ik})$$

可得支路吸收的平均功率为

$$P = U_0 I_0 + \frac{1}{2}\sum_{k=1}^{\infty} U_{mk} I_{mk}\cos(\phi_{uk} - \phi_{ik}) = U_0 I_0 + \sum_{k=1}^{\infty} U_k I_k \cos(\phi_{uk} - \phi_{ik})$$

4. 谐波分析法

对稳定的线性电路，在周期信号激励下，稳态响应仍为周期信号。利用叠加定理，可对各谐波分别进行计算。对直流分量，电感相当于短路，电容相当于开路。对 k 次谐波分量，角频率为 $k\omega_1$，利用相量法求解。待计算出一定次数的谐波后，再在时域对各分量叠加，求出稳态响应。

三、典型例题

例 13-1　电路如图 13-1 所示，其中 $u_S(t) = [50 + \sqrt{2}\times 100\cos(10^3 t) + \sqrt{2}\times 10\cos(2\times 10^3 t)]$ V。求：

(1) 电流 $i(t)$ 及其有效值 I；

(2) 电压源发出的有功功率 P。

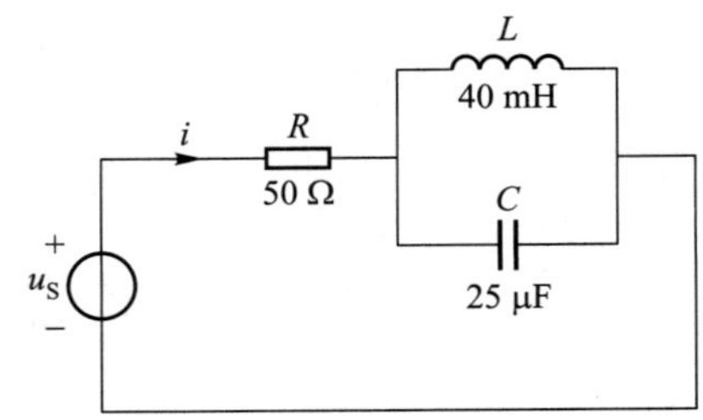

图 13-1　例 13-1 图

解:(1) 当恒定电压 U_0 作用于电路时,电感对直流相当于短路,电容对直流相当于开路,故有

$$I_0=\frac{U_0}{R}=\frac{50}{50}\ \text{A}=1\ \text{A}$$

(2) 当 $u_{S1}(t)=100\sqrt{2}\cos(10^3t)$ V 作用于电路时,设 $\dot{U}_{s1}=100\angle 0°$ V,$\omega=1\ 000$ rad/s,则有

$$\frac{1}{\mathrm{j}\omega L}=\frac{1}{\mathrm{j}1\ 000\times 40\times 10^{-3}}\ \text{S}=-\mathrm{j}0.025\ \text{S}$$

$$\mathrm{j}\omega C=\mathrm{j}1\ 000\times 25\times 10^{-6}\ \text{S}=\mathrm{j}0.025\ \text{S}$$

可见电感与电容发生并联谐振,所以有

$$\dot{I}_1=0$$

故

$$i_1(t)=0$$

(3) 当 $u_{S2}(t)=10\sqrt{2}\cos(2\times 10^3t)$ V 单独作用于电路时,设 $\dot{U}_{s2}=10\angle 0°$ V,$\omega=2\ 000$ rad/s,则有

$$Z_2=R+\frac{\mathrm{j}\omega L\left(\frac{1}{\mathrm{j}\omega C}\right)}{\mathrm{j}\omega L+\frac{1}{\mathrm{j}\omega C}}$$

$$=(50-\mathrm{j}26.67)\ \Omega$$

故

$$\dot{I}_2=\frac{\dot{U}_{s2}}{Z_2}=\frac{10\angle 0°}{50-\mathrm{j}26.67}\ \text{A}=0.176\angle 28.08°\ \text{A}$$

则

$$i_2(t)=0.176\sqrt{2}\cos(2\times 10^3t+28.08°)\ \text{A}$$

解得

$$i(t)=I_0+i_1(t)+i_2(t)$$

$$=[1+0.176\sqrt{2}\cos(2\times 10^3t+28.08)]\ \text{A}$$

而

$$I=\sqrt{I_0^2+I_1^2+I_2^2+\cdots}$$

$$=\sqrt{1^2+(0.176)^2}\ \text{A}$$

$$=1.015\ \text{A}$$

解得有功功率为

$$P=U_0I_0+U_1I_1\cos\varphi_1+U_2I_2\cos\varphi_2$$
$$=51.55\ \text{W}$$

例 13-2　电路如图 13-2 所示，已知 $u_S(t)=U_{1m}\cos(\omega t)+U_{3m}\cos(3\omega t)$，$L=0.12$ H，$\omega=314$ rad/s，要使 $u_2(t)=U_{1m}\cos(\omega t)$，求 C_1 和 C_2。

解：由于 $u_S(t)$ 的基波分量与 $u_2(t)$ 相等，所以基波分量对 L、C_1、C_2 串并联电路发生串联谐振；3 次谐波分量对 L、C_1 并联电路发生并联谐振。

因为

$$(3\omega)^2=\frac{1}{LC_1}$$

所以

$$C_1=\frac{1}{L(3\omega)^2}=9.39\ \mu\text{F}$$

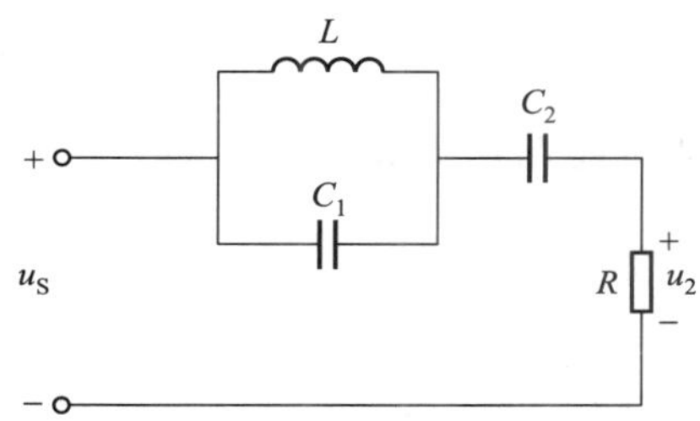

图 13-2　例 13-2 图

而

$$\frac{\frac{1}{\text{j}\omega C_1}\cdot\text{j}\omega L}{\frac{1}{\text{j}\omega C_1}+\text{j}\omega L}+\frac{1}{\text{j}\omega C_2}=0$$

代入数据有

$$\frac{\frac{1}{\text{j}314\times9.39\times10^{-6}}\cdot\text{j}314\times0.12}{\frac{1}{\text{j}314\times9.39\times10^{-6}}+\text{j}314\times0.12}+\frac{1}{\text{j}314C_2}=0$$

解得

$$C_2=75.10\ \mu\text{F}$$

例 13-3　在图 13-3 所示电路中，已知 $u=[220+220\sqrt{2}\cos(200t+30°)]$ V，$R=100\ \Omega$，$C_1=100\ \mu\text{F}$，$C_2=\frac{100}{3}\ \mu\text{F}$，$L=1\ 000$ mH。试求电流表 A_1、A_2 的读数。

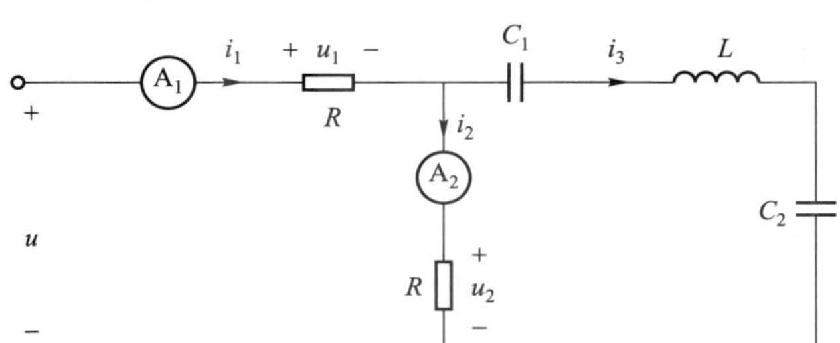

图 13-3　例 13-3 图

解:直流分量作用时,有

$$U=220\ \text{V}$$

$$I_{31}=0$$

$$I_{11}=I_{21}=\frac{U_1}{R+R}=1.1\ \text{A}$$

交流分量作用时,有

$$\dot{U}=220\underline{/30^\circ}\ \text{V}$$

对于 $\dot{I}_3$ 支路来说,有

$$-\text{j}\frac{1}{\omega C_1}+\text{j}\omega L-\text{j}\frac{1}{\omega C_2}=0$$

此时电路达到串联谐振,有

$$I_{22}=0$$

$$I_{12}=\frac{U}{R}=2.2\text{A}$$

综上,电流表 A_1、A_2 读数为

$$I_1=\sqrt{I_{11}^2+I_{12}^2}=2.46\ \text{A}$$

$$I_2=\sqrt{I_{21}^2+I_{22}^2}=1.1\ \text{A}$$

四、习题分析

13-1 求下列非正弦周期函数 $f(t)$ 的频谱函数(傅里叶级数系数),并作频谱图。

(1) $f(t)=\cos(4t)+\sin(6t)$。

(2) $f(t)$ 如题 13-1 图(a)(b)(c)所示。

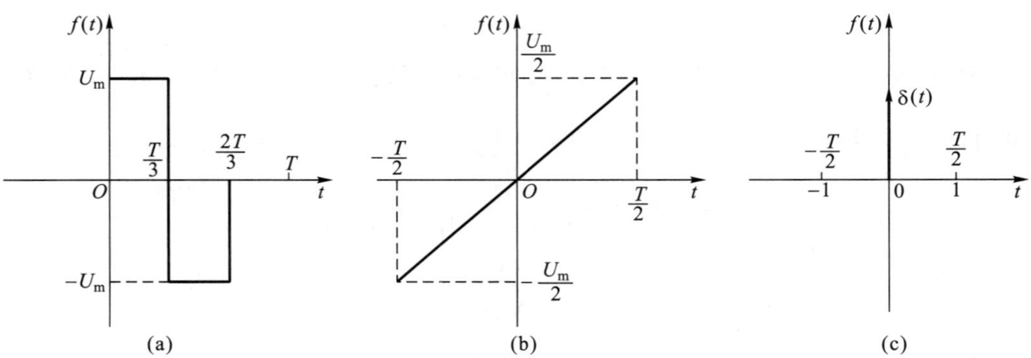

(a) (b) (c)

题 13-1 图

解:(1) 函数的周期 $T=\frac{\pi}{2}$ s,$\omega_1=4$ rad/s(基波)。$f(t)$ 的傅里叶级数展开式仅有如

下两项：

$$k=2,\quad A_{2m}=1,\quad \phi_2=0^\circ$$

$$k=3,\quad A_{3m}=1,\quad \phi_3=-90^\circ$$

对其他 k 值均为零。

(2) 根据题 13-1 图(a)，$f(t)$ 可表示如下(阶跃函数)：

$$f(t)=U_m\varepsilon(t)-2U_m\varepsilon\left(t-\frac{T}{3}\right)+U_m\varepsilon\left(t-\frac{2T}{3}\right)$$

其傅里叶级数系数为

$$A_{km}e^{j\phi_k}=\frac{2}{T}\int_0^T f(t)e^{-jk\omega_1 t}dt$$

$$=\frac{U_m}{jk\pi}(1-e^{-j2k\frac{\pi}{3}})^2$$

对题 13-1 图(b)，有

$$f(t)=\frac{U_m}{T}t$$

$$A_{km}e^{j\phi_k}=\frac{2}{T}\int_{-\frac{T}{2}}^{\frac{T}{2}}\frac{U_m}{T}te^{-jk\omega_1 t}dt=\frac{jU_m}{k\pi}\cos(k\pi)$$

对题 13-1 图(c)有

$$A_{km}e^{j\phi_k}=\frac{2}{T}\int_{-\frac{T}{2}}^{\frac{T}{2}}\delta(t)e^{-jk\omega_1 t}dt=\frac{2}{T}\int_{0_-}^{0_+}\delta(t)dt=\frac{2}{T}$$

各函数的频谱图留给读者绘制。

13-2　设非正弦周期函数 $f(t)$ 的频谱函数为 $A_{km}e^{j\phi_k}=a_k-jb_k$。试表述下列与 $f(t)$ 相关函数的频谱函数。

(1) $f(t-t_0)$。

(2) $f(t)=f(-t)$。

(3) $f(t)=-f(-t)$。

(4) $f(t)=-f\left(t+\frac{T}{2}\right)$。

(5) $\frac{d}{dt}f(t)$。

解：直接用傅里叶系数的积分公式和变量变换求解。

对(1)式，有

$$\frac{2}{T}\int_0^T f(t-t_0)e^{-jk\omega_1 t}dt=e^{-jk\omega_1 t_0}\cdot A_{km}e^{j\phi_k}$$

表明各谐波的幅值不变,而相位滞后 $k\omega_1 t_0$。

对(2)式,有

$$A_{km}\mathrm{e}^{\mathrm{j}\phi_k}=\frac{2}{T}\int_0^T f(t)\mathrm{e}^{-\mathrm{j}k\omega_1 t}\mathrm{d}t=\frac{2}{T}\int_0^T f(-t)\mathrm{e}^{-\mathrm{j}k\omega_1 t}\mathrm{d}t$$
$$=A_{km}\mathrm{e}^{-\mathrm{j}\phi_k}$$

上式只有 $\phi_k=-\phi_k=0$ 时成立(偶函数),$b_k=0$。

对(3)式,有

$$A_{km}\mathrm{e}^{\mathrm{j}\phi_k}=-\frac{2}{T}\int f(-t)\mathrm{e}^{-\mathrm{j}k\omega_1 t}\mathrm{d}t=-A_{km}\mathrm{e}^{-\mathrm{j}\phi_k}$$

表明$(a_k-\mathrm{j}b_k)=-(a_k+\mathrm{j}b_k)$,所以 $a_k=0$,$f(t)$为奇函数。

对(4)式,有

$$A_{km}\mathrm{e}^{\mathrm{j}\phi_k}=\frac{2}{T}\int_0^T f(t)\mathrm{e}^{-\mathrm{j}k\omega_1 t}\mathrm{d}t=-\frac{2}{T}\int_0^T f\left(t+\frac{T}{2}\right)\mathrm{e}^{-\mathrm{j}k\omega_1 t}\mathrm{d}t$$
$$=-\mathrm{e}^{\mathrm{j}k\pi}A_{km}\mathrm{e}^{\mathrm{j}\phi_k}$$

表明:$-\mathrm{e}^{\mathrm{j}k\pi}=1$,$k$ 必须为奇数才成立,即 $a_{2k}=b_{2k}=0$,$f(t)$为奇谐波函数。

对(5)式,有

$$\frac{2}{T}\int_0^T\frac{\mathrm{d}}{\mathrm{d}t}f(t)\mathrm{e}^{-\mathrm{j}k\omega_1 t}\mathrm{d}t=\frac{2}{T}[f(T)-f(0)]+\mathrm{j}k\omega_1 A_{km}\mathrm{e}^{\mathrm{j}\phi_k}$$
$$=\mathrm{j}k\omega_1\cdot A_{km}\mathrm{e}^{\mathrm{j}\phi_k}$$

式中 $f(T)-f(0)=0$,表明函数 $f(t)$ 的一阶导数的频谱函数为原函数的频谱函数的幅度增大 $k\omega_1$ 倍,相位超前 90°。

13-3 已知某信号半周期的波形如题 13-3 图所示。试在下列各不同条件下画出整个周期的波形:

(1) $a_0=0$。

(2) 对所有的 k,$b_k=0$。

(3) 对所有 k,$a_k=0$。

(4) 当 k 为偶数时,a_k 和 b_k 为零。

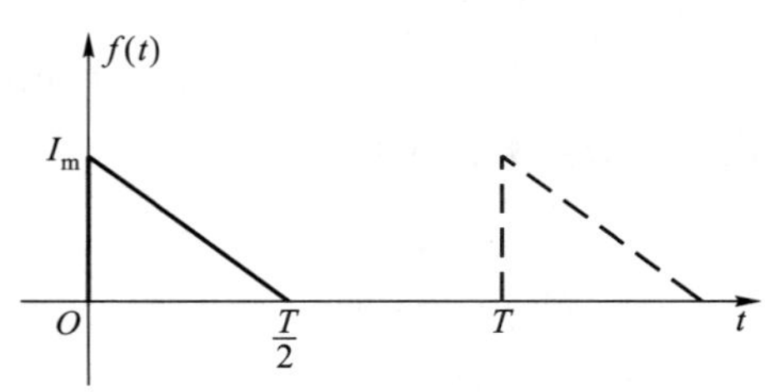

题 13-3 图

解:对(1):只要 $t\geqslant\frac{T}{2}$的后半周期内 $f(t)$ 所围成的面积为$-\frac{1}{2}\cdot\frac{T}{2}I_m=-\frac{1}{4}I_m T$,都满足 $a_0=0$。

对(2):$f(t)$为偶函数,$f(t)=f(-t)$,波形纵轴对称,如题解 13-3 图(a)所示。

对(3):$f(t)$为奇函数,$f(t)=-f(-t)$,波形如题解 13-3 图(b)所示。

对(4):$f(t)$为奇谐波函数,$f(t)=-f\left(t+\frac{T}{2}\right)$,波形如题解 13-3 图(c)所示。

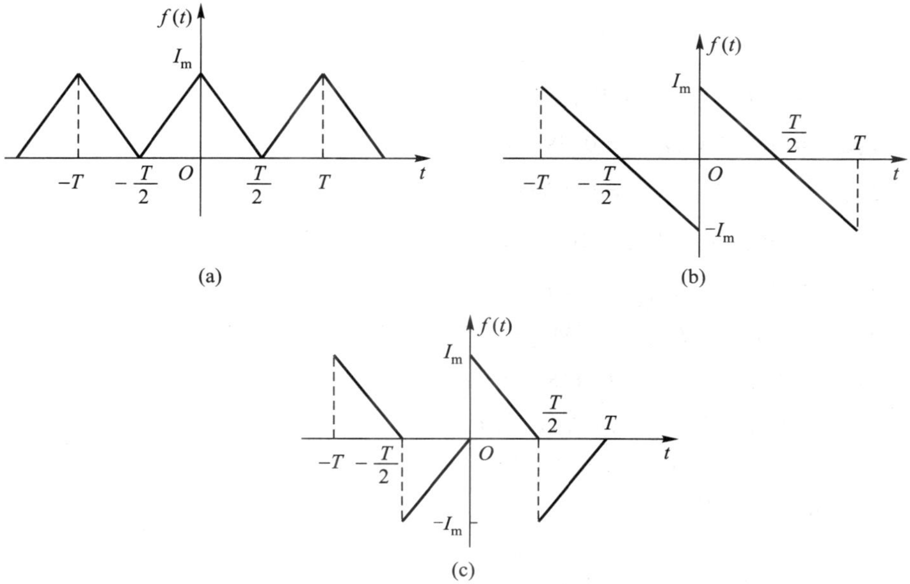

题解 13-3 图

13-4　一个 RLC 串联电路，其 $R=1\ \Omega$，$\omega_1 L=10\ \Omega$，$\dfrac{1}{\omega_1 C}=90\ \Omega$，外加电压为 $u_S(t)=f\left(t-\dfrac{T}{2}\right)+\dfrac{U_m}{2}$，$f(t)$ 的波形如题 13-1 图(b)所示。$U_m=100\ \text{V}$，$\omega_1=10\ \text{rad/s}$。试求电路中的电流 $i(t)$ 和电路消耗的功率。

解：$u_S(t)$ 的傅里叶级数展开式为

$$u_S(t)=100\left\{\frac{1}{2}-\frac{1}{\pi}\left[\sin(10t)+\frac{1}{2}\sin(20t)+\frac{1}{3}\sin(30t)+\cdots+\frac{1}{k}\sin(10kt)+\cdots\right]+\cdots\right\}$$

设电路中的电流为 $\dot{I}_{m(k)}$（从 u_S 的“+”极流出），有

$$\dot{I}_{m(k)}=\frac{\dot{U}_{m(k)}}{R+j\left(k\omega_1 L-\dfrac{1}{k\omega_1 C}\right)}$$

按下列公式，令 $k=0,1,2,\cdots$，逐一计算结果。

$$\begin{cases}\varphi_{(k)}=\arctan\left(\dfrac{k\omega_1 L-\dfrac{1}{k\omega_1 C}}{R}\right)=\arctan\left(10k-\dfrac{90}{k}\right)\\[2ex]\dot{I}_{m(k)}=\dfrac{\dot{U}_{m(k)}}{R}\cos\varphi_{(k)}\angle-\varphi_{(k)}\end{cases}$$

$$P_{(k)}=\frac{1}{2}I_{m(k)}^2\times 1=0.5\ I_{m(k)}^2$$

$k=0:\varphi_{(0)}=-90°,\dot{I}_{m(0)}=0,P_{(0)}=0\ \text{W}$

$k=1:\varphi_{(1)}=-89.28°,\dot{I}_{m(1)}=0.398\angle 89.28°\ \text{A},P_{(1)}=0.079\ \text{W}$

$k=2:\varphi_{(2)}=-87.71°,\dot{I}_{m(2)}=0.636\angle 87.71°\ \text{A},P_{(2)}=0.202\ \text{W}$

$k=3:\varphi_{(3)}=0$(谐振),$\dot{I}_{m(3)}=10.610\angle 0°\ \text{A},P_{(3)}=56.290\ \text{W}$

$k=4:\varphi_{(4)}=86.73°,\dot{I}_{m(4)}=0.454\angle -86.73°\ \text{A},P_{(4)}=0.103\ \text{W}$

$k=5:\varphi_{(5)}=88.21°,\dot{I}_{m(5)}=0.199\angle -88.21°\ \text{A},P_{(5)}=0.020\ \text{W}$

$k=6:\varphi_{(6)}=88.73°,\dot{I}_{m(6)}=0.118\angle -88.73°\ \text{A},P_{(6)}=0.007\ \text{W}$

由于电路 Q 值较大,电路谐振后,电流的衰减较快。最后写成时域形式为

$$i=-0.398\sin(10t+89.28°)-0.636\sin(20t+87.71°)-\cdots$$

电阻消耗的功率 P 为

$$P=\sum P_{(k)}=56.69\ \text{W}$$

13-5 电路如题 13-5 图所示(实线部分),为了在端口 1-0 获得关于 $u_S(t)$ 的最佳的传输信号,可在端口 1-0 并联 RC 串联支路(图中虚线所示),使输出电压 $u_{10}(t)$ 为

$$u_{10}(t)=ku_S(t)$$

式中 $u_S(t)$ 为任意频率的输入信号。求参数 R、C 和 k(实数)。

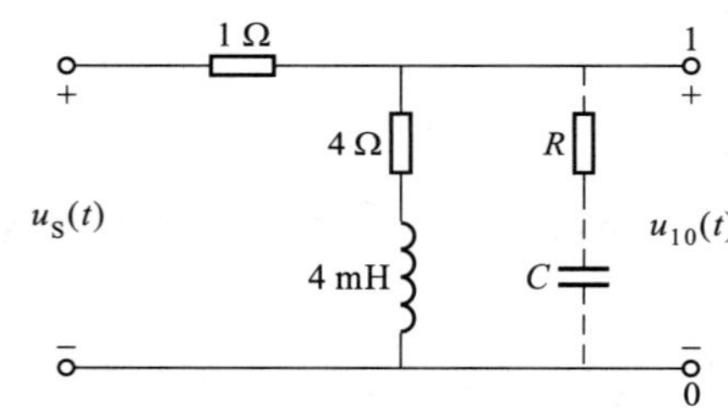

题 13-5 图

解:根据题意,电路的并联部分的等效阻抗在任意频率下都是一个与频率无关的常数,则有

$$Z(\omega)=\frac{\left(4R+\frac{L}{C}\right)+\text{j}\left(\omega LR-\frac{4}{\omega C}\right)}{(R+4)+\text{j}\left(\omega L-\frac{1}{\omega C}\right)}=\frac{\left(4+\frac{LG}{C}\right)+\text{j}\left(\omega L-\frac{4G}{\omega C}\right)}{(4+R)+\text{j}\left(\omega L-\frac{1}{\omega C}\right)}R$$

只要分子、分母所表示的两个复数的辐角相等,即可约简为一个实数,当满足下述两个条件时,$Z(\omega)$ 即为一实常数:

$$\begin{cases}4G=1 & (\text{分子、分母虚部相等})\\ \frac{LG}{C}=R & (\text{分子、分母实部相等})\end{cases}$$

解得

$$R=4\ \Omega,\quad C=\frac{L}{R^2}=\frac{4\times 10^{-3}}{16}\ \text{F}=0.25\times 10^{-3}\ \text{F}=250\ \mu\text{F}$$

实际上,电路处于恒振状态。$Z(\omega)=R=4\ \Omega$,则输出电压 $u_{10}(t)$ 为

$$u_{10}(t)=\frac{4}{5}u_S(t)=0.8\ u_S(t)$$

即 $k=0.8$,输出端口 1-0 将在全频域内不失真地获得 0.8 倍的输入信号。

13-6　有效值为 100 V 的正弦电压加在电感 L 两端时,得电流 $I=10$ A。当电压中有 3 次谐波分量,而有效值仍为 100 V 时,得电流 $I=8$ A。试求这一电压的基波和 3 次谐波的有效值。

解:设基波电压为 U_1,3 次谐波电压为 U_3,根据第 1 次测试可得 $\omega_1 L=\frac{100}{10}\ \Omega=10\ \Omega$(基波感抗),则有

$$\begin{cases}U_1^2+U_3^2=(100)^2\\ \left(\dfrac{U_1}{10}\right)^2+\left(\dfrac{U_3}{30}\right)^2=8^2\end{cases}$$

解得

$$U_1=77.14\ \text{V},\quad U_3=63.64\ \text{V}$$

13-7　已知一 RLC 串联电路的端口电压和电流为

$$u(t)=[100\cos(314t)+50\cos(942t-30°)]\ \text{V}$$
$$i(t)=[10\cos(314t)+1.755\cos(942t+\theta_3)]\ \text{A}$$

试求:(1) R、L、C 的值。

(2) θ_3 值。

(3) 电路消耗的功率。

解:(1) 从 $u(t)$ 和 $i(t)$ 的表达式可以看出,电路在基波 $\omega_1=314$ rad/s 发生谐振(同相),则有

$$R=\frac{U_{m1}}{I_{m1}}=\frac{100}{10}\ \Omega=10\ \Omega,\quad \omega_1 L=\frac{1}{\omega_1 C}$$

则对 3 次谐波有

$$\left(\frac{50}{1.755}\right)^2=10^2+\left(3\omega_1 L-\frac{1}{3\omega_1 C}\right)^2\quad (3\text{ 次谐波阻抗模})$$

解得

$$26.68=\omega_1 L\left(3-\frac{1}{3}\right),\quad L=\frac{26.68\times 3}{8\omega_1}=31.86\ \text{mH}$$

$$C=\frac{8}{26.68\omega_1\times 3}=318.34\ \mu\text{F}$$

(2) $\varphi_3=\arctan(2.668)=69.45°$[3 次谐波阻抗角(感性)],根据 3 次谐波电压、电流的相位差,解得

$$(-30°)_u-\theta_3=69.45°,\quad \theta_3=-99.45°$$

(3) 电阻消耗的功率等于各次谐波功率的和,则

$$P=\sum\frac{1}{2}I_{mk}^2R=5(10^2+1.755^2)\ \text{W}=515.4\ \text{W}$$

13-8　题13-8图所示为滤波电路，要求负载中不含基波分量，但$4\omega_1$的谐波分量能全部传送至负载。如$\omega_1=1\ 000\ \text{rad/s}$，$C=1\ \mu\text{F}$，求$L_1$和$L_2$。

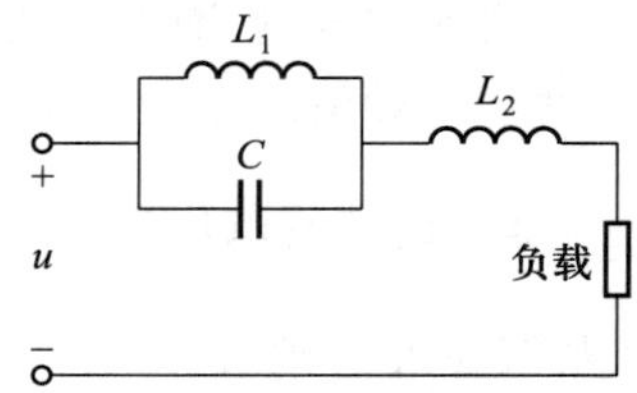

题13-8图

解：显然，滤波电路是L、C组成的谐振电路。利用L_1、C并联谐振阻隔基波信号，利用L_1、C(并联)和L_2串联谐振，使$4\omega_1$信号全部通过，则解得

$$\omega_1^2=\frac{1}{L_1C},\quad L_1=\frac{1}{\omega_1^2C}=\frac{1}{(10^3)^2\times10^{-6}}\ \text{H}=1\ \text{H}$$

$$(4\omega_1)^2=\frac{1}{L_{eq}C},\quad L_{eq}=\frac{1}{16}\ \text{H}$$

又

$$L_{eq}=\frac{L_1L_2}{L_1+L_2}$$

所以

$$L_2=\frac{1}{15}\ \text{H}\approx66.67\ \text{mH}$$

13-9　题13-9图所示电路中$u_S(t)$为非正弦周期电压，其中含有$3\omega_1$及$7\omega_1$的谐波分量。如果要求在输出电压$u(t)$中不含这两个谐波分量，那么L、C应为多少？

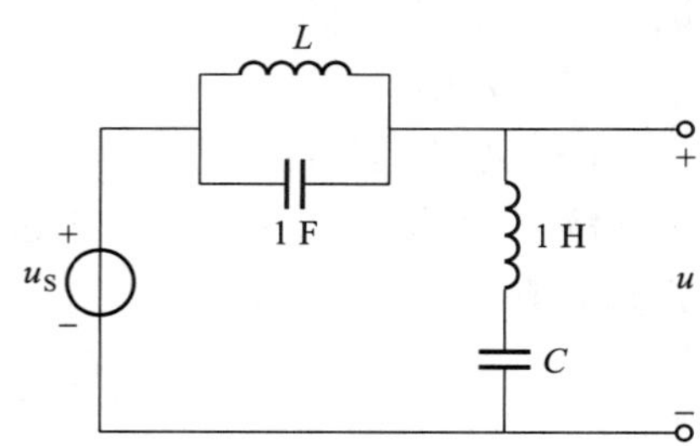

题13-9图

解：与题13-8类同，都是利用串、并联谐振的选频特性，达到选择或阻断某一频率信号的目的。如本题可利用(L、1 F)的并联谐振(谐振时阻抗为∞)来阻隔$3\omega_1$(或$7\omega_1$)的信号，而利用(1 H、C)的串联谐振(谐振时阻抗为零)来短路$7\omega_1$(或$3\omega_1$)的信号，使电压$u(t)$中不含这两种谐波信号。根据谐振频率可以求得

$$(3\omega_1)^2=\frac{1}{L\cdot1},\quad L=\frac{1}{9\omega_1^2}\quad\left(\text{或}\ L=\frac{1}{49\omega_1^2}\right)$$

$$(7\omega_1)^2=\frac{1}{C\cdot1},\quad C=\frac{1}{49\omega_1^2}\quad\left(\text{或}\ C=\frac{1}{9\omega_1^2}\right)$$

13-10　题13-10图所示电路中$i_{S1}=[5+10\cos(10t-30°)-5\sin(30t+60°)]\ \text{A}$，$u_{S2}=[300\sin(10t)+150\cos(30t-30°)]\ \text{V}$，$L_1=L_2=2\ \text{H}$，$M=0.5\ \text{H}$。求图中交流电表的读数和电源发出的功率$P$。

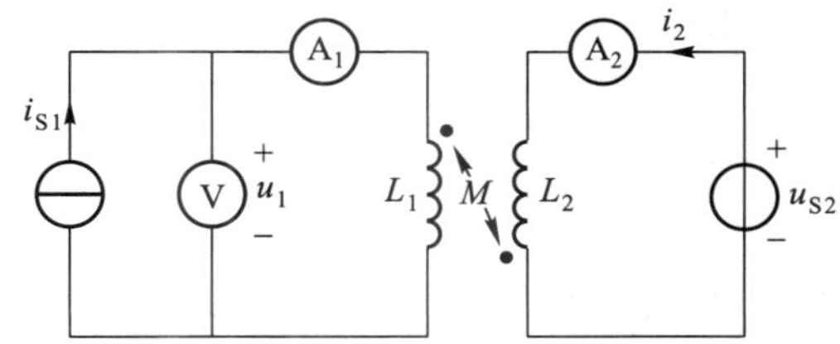

题 13-10 图

解:由于电路中无电阻和电容,可直接用时域形式求解。电路方程为

$$L_1\frac{\mathrm{d}i_{S1}}{\mathrm{d}t}-M\frac{\mathrm{d}i_2}{\mathrm{d}t}=u_1 \quad ①$$

$$-M\frac{\mathrm{d}i_{S1}}{\mathrm{d}t}+L_2\frac{\mathrm{d}i_2}{\mathrm{d}t}=u_{S2} \quad ②$$

由式②解得

$$\begin{aligned}i_2&=\frac{1}{L_2}\int u_{S2}\mathrm{d}t+\frac{M}{L_2}i_{S1}\\&=[1.25+12.9\cos(10t-174.44°)+2.8\cos(30t-146.56°)]\text{ A}\end{aligned}$$

将 i_2 代入式①可求得 u_1,或者有

$$\begin{aligned}u_1&=\left(L_1-\frac{M^2}{L_2}\right)\frac{\mathrm{d}i_{S1}}{\mathrm{d}t}-\frac{M}{L_2}u_{S2}\\&=[255.22\cos(10t+68.45°)+283.74\cos(30t-127.6°)]\text{ V}\end{aligned}$$

电源发出的功率分频计算如下:

$\omega=10$ rad/s 时,有

$$i_{S1}:\mathrm{Re}\left[\frac{1}{2}\times255.22\angle68.45°\times10\angle30°\right]\text{ W}=-187.48\text{ W}$$

$$u_{S2}:\mathrm{Re}\left[\frac{1}{2}\times300\angle-90°\times12.9\angle174.44°\right]\text{ W}=187.48\text{ W}$$

电压 u_{S2} 发出功率供给 i_{S1} 吸收,两者代数和为零(平衡)。

$\omega=30$ rad/s 时,有

$$i_{S1}:\mathrm{Re}\left[\frac{1}{2}\times283.74\angle-127.6°\times5\angle-150\right]\text{ W}=93.77\text{ W}$$

$$u_{S2}:\mathrm{Re}\left[\frac{1}{2}\times150\angle-30°\times2.8\angle146.52°\right]\text{ W}=-93.77\text{ W}$$

电流源 i_{S1} 发出功率供给电压源 u_{S2} 吸收,两者平衡。

题 13-10 图中各交流电表的读数为

表 A_1:$\sqrt{5^2+\frac{10^2+5^2}{2}}\text{ A}=9.35\text{ A}$

$$表\ A_2:\sqrt{1.25^2+\frac{12.9^2+2.8^2}{2}}\ A=9.42\ A$$

$$表\ V:\sqrt{\frac{255.22^2+283.74^2}{2}}\ V=269.86\ V$$

特别提示:①计算电压、电流有效值时,必须将其表达式中同频项归并为一项表示(用 sin、cos 都可以)。②耦合电感不吸收有功功率,所以,电路中的有功功率一定是在电源之间进行传输。本题中是通过耦合电感传送的。

13-11　题 13-11 图所示电路中 $u_{S1}=[1.5+5\sqrt{2}\sin(2t+90°)]$ V,电流源电流 $i_{S2}=2\sin(1.5t)$ A。求 u_R 及 u_{S1} 发出的功率。

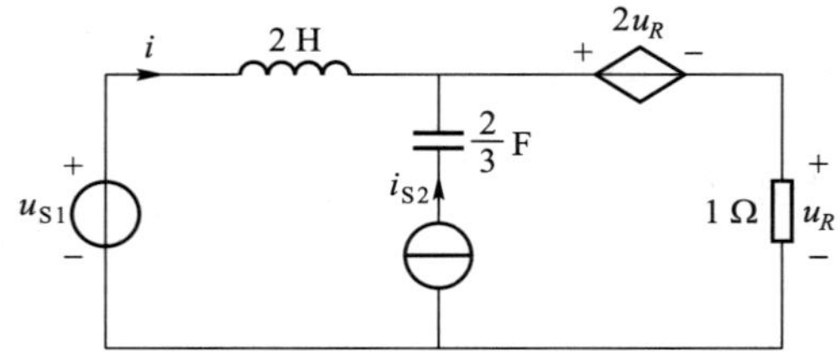

题 13-11 图

解:可列写如下方程:

$$2\frac{\mathrm{d}i}{\mathrm{d}t}+3u_R=u_{S1}\quad (\mathrm{KVL})$$

$$i+i_{S2}=\frac{u_R}{1}\quad (\mathrm{KCL})$$

合并为

$$2\frac{\mathrm{d}i}{\mathrm{d}t}+3i=u_{S1}-3i_{S2}$$

采用振幅相量表示为

$$\mathrm{j}2k\omega\dot{I}_{\mathrm{m}}(k\omega)+3\dot{I}_{\mathrm{m}}(k\omega)=\dot{U}_{\mathrm{s1m}}-3\dot{I}_{\mathrm{s2m}}$$

即

$$\dot{I}_{\mathrm{m}}(k\omega)=\frac{\dot{U}_{\mathrm{s1m}}-3\dot{I}_{\mathrm{s2m}}}{3+\mathrm{j}2k\omega}$$

分别计算如下:

$k\omega=0$ 时,有

$$U_{\mathrm{s1m}}(0)=1.5\ \mathrm{V},\quad I_{\mathrm{s2m}}(0)=0$$

$$I_{\mathrm{m}}(0)=\frac{U_{\mathrm{s1m}}(0)}{3}=\frac{1.5}{3}\ \mathrm{A}=0.5\ \mathrm{A}$$

$$P_1=U_{\mathrm{s1m}}(0)\cdot I_{\mathrm{m}}(0)=0.75\ \mathrm{W}$$

$k\omega=1.5$ rad/s 时,有

$$\dot{U}_{\mathrm{s1m}}(1.5)=0,\quad \dot{I}_{\mathrm{s2m}}(1.5)=2\angle 0°\ \mathrm{A}$$

$$\dot{I}_{\mathrm{m}}(1.5)=\frac{\dot{U}_{\mathrm{s1m}}(1.5)-3\dot{I}_{\mathrm{s2m}}(1.5)}{3+\mathrm{j}3}=\frac{-6\angle 0°}{3+\mathrm{j}3}\ \mathrm{A}=-\sqrt{2}\angle -45°\ \mathrm{A}$$

$k\omega=2$rad/s 时,有

$$\dot{U}_{\mathrm{s1m}}(2)=5\sqrt{2}\angle 90°\ \mathrm{V},\quad \dot{I}_{\mathrm{s2m}}(2)=0$$

$$\dot{I}_{\mathrm{m}}(2)=\frac{\dot{U}_{\mathrm{s1m}}(2)}{3+\mathrm{j}4}=\sqrt{2}\angle 36.87°\ \mathrm{A}$$

$$\mathrm{Re}[5\angle 90^\circ \times 1\angle -36.87^\circ]\ \mathrm{W}=3\ \mathrm{W}$$

最后有

$$i=[0.5-\sqrt{2}\sin(1.5t-45^\circ)+\sqrt{2}\sin(2t+36.87^\circ)]\ \mathrm{A}$$

$$u_R=(i+i_{S2})\times 1=[0.5+\sqrt{2}\sin(1.5t+45^\circ)+\sqrt{2}\sin(2t+36.87^\circ)]\ \mathrm{V}$$

u_{S1} 发出的功率为

$$P=(0.75+3)\ \mathrm{W}=3.75\ \mathrm{W}$$

13-12　对称三相星形联结的发电机如题 13-12 图所示，其 A 相电压为 $u_A=[215\sqrt{2}\cos(\omega_1 t)-30\sqrt{2}\cos(3\omega_1 t)+10\sqrt{2}\cos(5\omega_1 t)]$ V，在基波频率下 RL 串联负载阻抗为 $Z=(6+\mathrm{j}3)\ \Omega$，中性线阻抗 $Z_N=(1+\mathrm{j}2)\ \Omega$。试求各相电流、中性线电流以及负载消耗的功率。如不接中性线，再求各相电流及负载消耗的功率；这时中性点电压 $U_{N'N}$ 为多少？

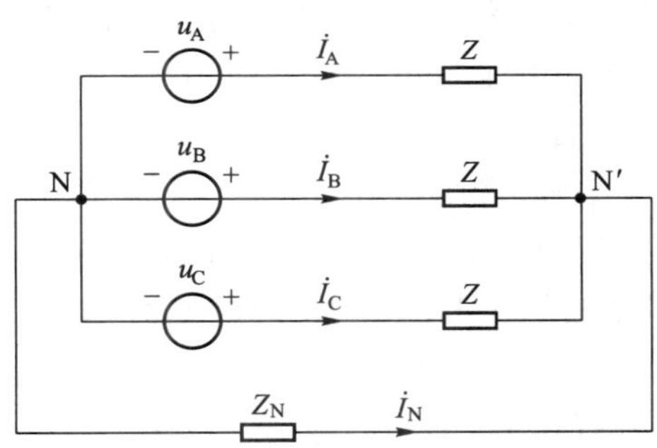

题 13-12 图

解：$k=1$（基波）时，电路为正序对称三相电路，中性线不起作用，可归结为一相计算。

$$\dot I_A(\omega_1)=\frac{\dot U_A(\omega_1)}{Z(\omega_1)}=\frac{215\angle 0^\circ}{6+\mathrm{j}3}\ \mathrm{A}=32.05\angle -26.57^\circ\ \mathrm{A}$$

$$\dot I_B(\omega_1)=a^2\dot I_A(\omega_1),\quad \dot I_C(\omega_1)=a\dot I_A(\omega_1),\quad \dot I_N(\omega_1)=0$$

负载消耗的功率 $P(\omega_1)$ 为

$$P(\omega_1)=3I_A^2(\omega_1)\times 6=18\ 489.65\ \mathrm{W}$$

$k=3$ 时，电路为零序对称电路（同相），这时有：$\dot I_A(3\omega_1)=\dot I_B(3\omega_1)=\dot I_C(3\omega_1)=\dot I(3\omega_1)$，$\dot I_N(3\omega_1)=-3\dot I(3\omega_1)$。求解如下：

$$Z(3\omega_1)\dot I(3\omega_1)+Z_N(3\omega_1)\cdot 3\dot I(3\omega_1)=\dot U_A(3\omega_1)$$

$$\dot I(3\omega_1)=\frac{\dot U_A(3\omega_1)}{Z(3\omega_1)+3Z_N(3\omega_1)}=\frac{30\angle 0^\circ}{(6+\mathrm{j}9)+(3+\mathrm{j}18)}\ \mathrm{A}$$

$$=1.054\angle -71.57^\circ\ \mathrm{A}$$

$$\dot I_N(3\omega_1)=-3\dot I(3\omega_1)=-3.162\angle -71.57^\circ\ \mathrm{A}$$

电路消耗的功率 $P(3\omega_1)$ 为

$$P(3\omega_1)=3\text{Re}[\dot{U}_A(3\omega_1)\dot{I}^*(3\omega_1)]=30\ \text{W}$$

$k=5$ 时,电路为逆序对称三相电路,也可用一相计算法。

$$\dot{I}_A(5\omega_1)=\frac{\dot{U}_A(5\omega_1)}{Z(5\omega_1)}=\frac{10\angle 0^\circ}{6+\text{j}15}\ \text{A}=0.619\angle -68.2^\circ\ \text{A}$$

$$\dot{I}_B(5\omega_1)=a\dot{I}_A(5\omega_1),\quad \dot{I}_C=a^2\dot{I}_A(5\omega_1),\quad \dot{I}_N(5\omega_1)=0$$

三相电路消耗的功率 $P(5\omega_1)$ 为

$$P(5\omega_1)=3I_A^2\times 6=6.897\ \text{W}$$

无中性线时,对 ω_1(基波)、$5\omega_1$ 的结果无影响,而 $3\omega_1$ 谐波将不产生电流,即 $\dot{I}(3\omega_1)=0$(无零序电流和功率消耗),但 $\dot{U}_{N'N}(3\omega_1)=\dot{U}_A(3\omega_1)=30\angle 0^\circ\ \text{V}$。

13-13　如果将上题中三相电源改为三角形联结并计及每相电源的阻抗。

(1) 试求测相电压的电压表 V_1 的读数,但三角形电源没有插入电压表 V_2。

(2) 打开三角形电源接入电压表 V_2,如题 13-13 图所示,试求此时两个电压表的读数。

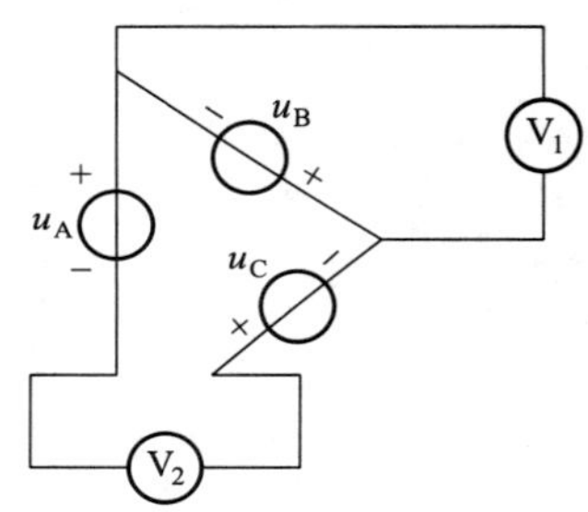

题 13-13 图

解:(1) 由于三角形联结时,将在三角形电源内产生零序环流,在各自内阻抗上产生的电压,正好与电源电压相抵消,所以线电压中不含零序电压。电压表 V_1 的读数为 ω_1 和 $5\omega_1$ 电压的有效值,即

$$表\ V_1:\sqrt{215^2+10^2}\ \text{V}=215.23\ \text{V}$$

(2) 插入电压表 V_1 后,三角形联结断开,三角形内部的零序环流消失,线电压中将包含零序电压,即有

$$表\ V_1:\sqrt{215^2+30^2+10^2}\ \text{V}=217.31\ \text{V}$$

而表 V_2 测量的电压为

$$\dot{U}_A(\omega_1)+\dot{U}_B(\omega_1)+\dot{U}_C(\omega_1)+3\dot{U}_A(3\omega_1)+\dot{U}_A(5\omega_1)+\dot{U}_B(5\omega_1)+\dot{U}_C(5\omega_1)=3\dot{U}_A(3\omega_1)$$

即

$$表\ V_2:3\times 30\ \text{V}=90\ \text{V}$$

第十四章 线性动态电路的复频域分析

第十四章课件

一、重点和难点

① 拉普拉斯变换是分析线性时不变系统的基本工具,本章只强调与分析线性电路有关的那些拉普拉斯变换的性质及应用。

② 本章的重点是掌握拉普拉斯变换的基本原理及其有关性质,掌握应用拉普拉斯变换分析线性电路的基本方法和步骤,熟悉基尔霍夫定律的复频域形式、复频域(运算)阻抗和复频域导纳以及电路的复频域模型。要弄清把电路的时域分析变换到复频域分析的原理。在求解拉普拉斯变换时,重点是要掌握部分分式展开法,同时也要熟练地掌握卷积积分计算。

③ 主教材第七章阐述了用微分方程的经典解法求解线性电路的动态过程,第九章则阐述了应用相量法求解正弦激励下线性电路的稳态过程的方法,而拉普拉斯变换则可求得电路的全响应、全过程,因此,拉普拉斯变换是全面分析线性电路的一种有效工具,特别是分析线性高阶动态电路的一种重要工具。本章研究电路的方法虽然与前面几章有所不同,但所揭示的电路规律和概念却是相同的,而且更深入,因此要把它们联系起来学习,以加深理解,同时也要深入理解网络函数的定义。

本章的难点是如何建立电路的复频域模型;如何编写复频域电路方程和计算;如何求解网络函数和零极点。

二、学习方法指导

① 拉普拉斯变换的核心问题是把以 t 为变量的时间函数 $f(t)$ 与以复频率 s 为变量的复变函数 $F(s)$ 联系起来,把电路的时域分析通过数学变换为复频域分析,从而把在时域中描述电路的微积分方程转换为复频域中的代数方程,在求出复频域的代数方程的解后,通过拉普拉斯逆变换求出对应的时域解。

由于求解复频域的代数方程要比求解时域微分方程简单,所以拉普拉斯变换在线性电路分析中得到广泛应用。

② 一个定义在$[0_-,\infty)$的时间函数$f(t)$的拉普拉斯变换式定义为

$$F(s)=\int_{0_-}^{\infty}f(t)\mathrm{e}^{-st}\mathrm{d}t$$

式中,$s=\sigma+\mathrm{j}\omega$ 是一个复变量,$F(s)$称为$f(t)$的象函数,而$f(t)$称为 $F(s)$的原函数。式中积分下限取 $t=0_-$是必须注意的。此定义式还可以写为

$$\begin{aligned}F(s)&=\int_{0_-}^{\infty}f(t)\mathrm{e}^{-st}\mathrm{d}t\\&=\int_{0_-}^{0_+}f(t)\mathrm{e}^{-st}\mathrm{d}t+\int_{0_+}^{\infty}f(t)\mathrm{e}^{-st}\mathrm{d}t\end{aligned}$$

显然,在 $t=0_-$至 $t=0_+$的时间里当$f(t)$为冲激函数 $\delta(t)$时,则上式右边的第一项积分不为零;若$f(t)$不是冲激函数 $\delta(t)$,而是有限值时,则此项积分为零,这时等式左边就等于右边积分的第二项,这时就无须区别积分下限是 0_-还是 0_+了。

积分下限取值问题,在 u_C 或 i_L 有跃变的电路里,关系到附加电源的取值问题,要特别注意。

③ 第九章用相量法分析计算正弦稳态电路,其方法是:先写出正弦量的相量表示式,而后得出 R、L、C 单个元件电压、电流关系的相量表示式(或相量模型)以及基尔霍夫定律的相量表示式,从而得出了前面所阐述的求解线性电路的各种分析方法在相量形式下均可适用于正弦稳态电路分析的结论;同时还得到了用电压相量 $\dot{U}$、电流相量 $\dot{I}$ 和复阻抗 Z 表示的电路相量模型图。而用拉普拉斯变换求解线性电路时,首先求出电压、电流的象函数表示式,然后求出 R、L、C 单个元件电压、电流关系的象函数表示式(即复频域模型),在 L、C 单个元件的复频域电路模型中,要特别注意由初始值引起的附加电源,同时得出了基尔霍夫定律的象函数表示式。从而得出的结论为:只要用象函数代替相量,用运算阻抗代替复阻抗,并注意附加电源,从而在电路换路后画出运算电路图,这时,用相量法分析计算正弦稳态电路的那些方法和定理如:支路电流法、回路电流法、节点电压法、叠加定理、戴维南定理等在形式上均可用于运算电路,特别是对于动态电路能够直接求出符合初始条件的微分方程的全解,而无须根据初始条件来确定积分常数。

④ 应用运算法求解线性电路的步骤如下:

a. 根据换路前电路的工作状态,计算出电感电流 $i_L(0_-)$值和电容电压$u_C(0_-)$值,从而确定出运算电路图中反映初始条件的附加电源。

b. 将激励 $u_S(t)$或 $i_S(t)$变换成象函数 $U_s(s)$或 $I_s(s)$。

c. 换路后画出运算电路图(注意附加电源的值以及方向)。

d. 应用支路电流法、回路电流法、节点电压法等求解线性电路的方法列写方程,并求出响应的象函数。

e. 对响应的象函数进行拉普拉斯逆变换(简称拉氏逆变换),求出响应的原函数,即得到以时间 t 为变量的时域表达式。

⑤ 在运算法中，待求量电压或电流的象函数 $U(s)$ 或 $I(s)$ 通常是两个多项式之比的有理分式，其形式为

$$F(s)=\frac{A(s)}{B(s)}$$
$$=\frac{a_0s^m+a_1s^{m-1}+\cdots+a_m}{b_0s^n+b_1s^{n-1}+\cdots+b_n}$$

求象函数 $F(s)$ 的拉氏逆变换，其方法基本分为两类：一类是根据拉氏逆变换的基本公式直接求解，但这往往是很困难的；另一类就是查表法，即查拉普拉斯变换表，这种方法简单方便。但是，要使 $F(s)$ 能在表中查到，有时需要对象函数 $F(s)$ 进行数学化简，使其能变成表中可以查到的各分项的线性组合。这种数学处理的最常用的一种方法就是部分分式展开法。

部分分式展开法的基本思想就是把 $F(s)$ 分解成在表中容易查找到的 $F_1(s)$、$F_2(s)$、…的线性组合，即

$$F(s)=F_1(s)+F_2(s)+\cdots+F_n(s)$$

显然，在获得 $F_1(s)$、$F_2(s)$、…、$F_n(s)$ 之后，求其原函数 $f_1(t)$、$f_2(t)$、…、$f_n(t)$ 就很方便。

如果 $F(s)$ 为真分式，即 $n>m$，而且分母的根均为单根，且设为 p_1、p_2、…、p_n，则 $F(s)$ 可分解为

$$F(s)=\frac{K_1}{s-p_1}+\frac{K_2}{s-p_2}+\cdots+\frac{K_n}{s-p_n}$$

因此

$$f(t)=\mathscr{L}^{-1}[F(s)]$$
$$=K_1e^{p_1t}+K_2e^{p_2t}+\cdots+K_ne^{p_nt}$$

这就是从响应的象函数 $F(s)$ 求其原函数 $f(t)$ 的部分分式展开法的过程，但是在应用中还须注意以下几个问题：

a. 若 $F(s)$ 是一个假分式，即 $n<m$，则必须将分子 $A(s)$ 除以分母 $B(s)$，这样可将 $F(s)$ 化为真分式与多项式之和。在单根的情况下，可得

$$F(s)=c_0+c_1s+c_2s^2+\cdots+\frac{K_1}{s-p_1}+\frac{K_2}{s-p_2}+\cdots+\frac{K_n}{s-p_n}$$

故原函数 $f(t)$ 为

$$f(t)=\mathscr{L}^{-1}[F(s)]$$
$$=c_0\delta(t)+c_1\delta'(t)+c_2\delta''(t)+\cdots+K_1e^{p_1t}+K_2e^{p_2t}+\cdots+K_ne^{p_nt}$$

其中，$\delta'(t)$ 为冲激函数 $\delta(t)$ 的一阶导数，$\delta''(t)$ 为其二阶导数。

b. $F(s)$ 为真分式，但分母的根有重根。

设 $F(s)$ 的分母有 n 阶重根，则

$$F(s)=\frac{a_0s^m+a_1s^{m-1}+a_2s^{m-2}+\cdots+a_m}{(s-p_1)^n}$$

$$=\frac{K_{11}}{s-p_1}+\frac{K_{12}}{(s-p_1)^2}+\cdots+\frac{K_{1n}}{(s-p_1)^n}$$

为了求出 n 阶多重根相关的各分式的系数,将上式两边同乘以 $(s-p_1)^n$,然后令 $s=p_1$,即可求得

$$K_{11}=[(s-p_1)^n F(s)]\Big|_{s=p_1}$$

其余系数应按如下方法求解,即

$$K_{1(n-1)}=\frac{\mathrm{d}}{\mathrm{d}s}[(s-p_1)^n F(s)]\Big|_{s=p_1}$$

$$K_{2(n-1)}=\frac{1}{2!}\frac{\mathrm{d}^2}{\mathrm{d}s^2}[(s-p_1)^n F(s)]\Big|_{s=p_1}$$

…………

$$K_{11}=\frac{1}{(n-1)!}\frac{\mathrm{d}^{(n-1)}}{\mathrm{d}s^{(n-1)}}[(s-p_1)^n F(s)]\Big|_{s=p_1}$$

确定了各部分分式的系数之后,根据拉普拉斯变换表,就可以求出已知象函数的原函数。

⑥ 要深入理解和掌握网络函数的定义及其零极点的概念。

a. 网络函数是网络的零状态响应的象函数与单一激励的象函数之比。由于网络中无原始能量,而且网络中又只有一个输入,所以零状态响应与网络的输入呈线性关系,因而网络函数 $H(s)$ 取决于网络的参数和结构,而与网络的输入无关。

b. 要清楚网络函数反映了网络响应的基本规律。而网络函数的极点则反映了网络冲激响应的性质,反映了网络中自由分量的变化规律。网络函数的极点和零点不仅可以预言网络的时域响应特性,便于划分自由分量和强制分量,而且也可以用零极点来说明电路的正弦稳态响应。

c. 必须理解网络函数的性质,掌握零极点在复频率平面上的分布与网络的时域响应的特点。要能够定性地描绘出网络的频率特性。

三、典型例题

例 14-1 (1) 已知 $f(t)=2a+a\mathrm{e}^{-\beta t}\sin(\omega t)+a\mathrm{e}^{-\beta t}\cos(\omega t)$,求 $f(t)$ 的象函数 $F(s)$;(2) 已知 $F(s)=\dfrac{10(s+10)}{s(s^2+20s+20)}$,求 $F(s)$ 的原函数 $f(t)$。

解:(1) 由于 $f(t)$ 已知,故

$$\begin{aligned}F(s)&=\mathscr{L}[f(t)]\\&=\mathscr{L}[2a]+\mathscr{L}[a\mathrm{e}^{-\beta t}\sin(\omega t)]+\mathscr{L}[a\mathrm{e}^{-\beta t}\cos(\omega t)]\\&=\frac{2a}{s}+\frac{a\omega}{(s+\beta)^2+\omega^2}+\frac{a(s+\beta)}{(s+\beta)^2+\omega^2}\end{aligned}$$

（2）先将分母分解为因子，然后应用部分分式法，有

$$F(s)=\frac{10(s+10)}{s(s^2+20s+20)}=\frac{10(s+10)}{s(s+10-\mathrm{j}10)(s+10-\mathrm{j}10)}$$

$$=\frac{K_1}{s}+\frac{K_2}{s+10-\mathrm{j}10}+\frac{K_3}{s+10+\mathrm{j}10}$$

其中

$$K_1=sF(s)\Big|_{s=0}=\frac{10(s+10)}{s^2+20s+20}\Big|_{s=0}=5$$

$$K_2=(s+10-\mathrm{j}10)F(s)\Big|_{s=-10+\mathrm{j}10}=\frac{10(s+10)}{s(s+10-\mathrm{j}10)}\Big|_{s=-10+\mathrm{j}10}=\frac{\sqrt{2}}{4}\angle -135^\circ$$

$$K_3=(s+10+\mathrm{j}10)F(s)\Big|_{s=-10-\mathrm{j}10}=\frac{10(s+10)}{s(s+10-\mathrm{j}10)}\Big|_{s=-10-\mathrm{j}10}=\frac{\sqrt{2}}{4}\angle 135^\circ$$

故

$$f(t)=\mathscr{L}^{-1}[F(s)]$$

$$=5+\frac{\sqrt{2}}{2}\mathrm{e}^{-10t}\cos(10t-135^\circ)$$

例 14-2　求 $F(s)=\dfrac{4s+16}{(s+2)^3(s+1)}$ 的拉普拉斯逆变换。

解： $F_2(s)=(s+1)(s+2)^3=0$ 在 $s=-1$ 处有单根，在 $s=-2$ 处有三重根，故有

$$F(s)=\frac{K_{11}}{(s+2)}+\frac{K_{12}}{(s+2)^2}+\frac{K_{13}}{(s+2)^3}+\frac{K_2}{s+1}$$

其中

$$K_2=[(s-p_2)F(s)]\Big|_{s=p_2}=\frac{4s+16}{(s+2)^3}\Big|_{s=-1}=12$$

$$K_{13}=(s-p_1)^nF(s)\Big|_{s=p_1}=\frac{4s+16}{s+1}\Big|_{s=-2}=-8$$

$$K_{12}=\frac{\mathrm{d}}{\mathrm{d}s}[(s-p_1)^nF(s)]\Big|_{s=p_1}$$

$$=\frac{4(s+1)-(4s+16)}{(s+1)^2}\Big|_{s=-2}=-12$$

$$K_{11}=\frac{1}{2!}\frac{\mathrm{d}^2}{\mathrm{d}s^2}[(s-p_1)^nF(s)]\Big|_{s=p_1}$$

$$=\frac{1}{2}\left[\frac{-4}{(s+1)^2}-\frac{4(s+1)^2-2(s+1)(4s+16)}{(s+1)^4}\right]\Big|_{s=-2}$$

$$=-12$$

从而有

$$F(s)=-\frac{12}{s+2}-\frac{12}{(s+2)^2}-\frac{8}{(s+2)^3}+\frac{12}{s+1}$$

其原函数为

$$f(t)=(-12\mathrm{e}^{-2t}-12t\mathrm{e}^{-2t}-8t^2\mathrm{e}^{-2t}+12\mathrm{e}^{-t})\varepsilon(t)$$

例 14-3　电路如图 14-1 所示，已知 $R_1=1\ \Omega$，$R_2=0.75\ \Omega$，$R_3=2\ \Omega$，$C=1\ \mathrm{F}$，$L=\frac{1}{12}\ \mathrm{H}$，$U=42\ \mathrm{V}$，电路原来处于稳定状态，$t=0$ 时开关 S 断开，求电感电流 $i_L(t)$。

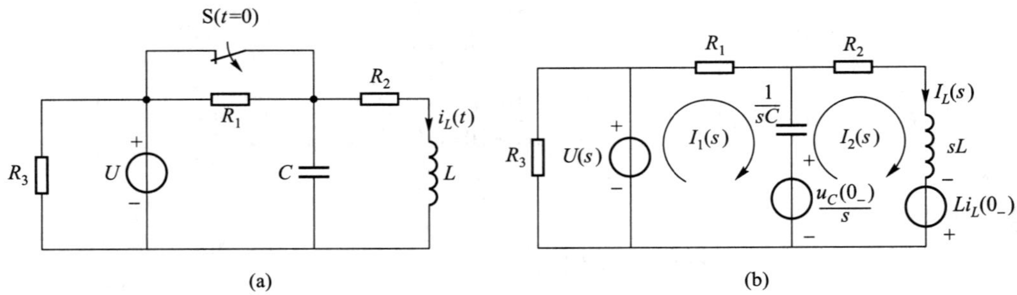

图 14-1　例 14-3 图

解：$i_L(0_-)=\frac{U}{R_2}=\frac{42}{0.75}\ \mathrm{A}=56\ \mathrm{A}$

$u_C(0_-)=U=42\ \mathrm{V}$

其复频域电路如图 14-1(b) 所示。

应用回路法，有

$$\left(R_1+\frac{1}{sC}\right)I_1(s)-\frac{1}{sC}I_2(s)=U(s)-\frac{u_C(0_-)}{s}$$

$$-\frac{1}{sC}I_1(s)+\left(R_2+sL+\frac{1}{sC}\right)I_2(s)=\frac{u_C(0_-)}{s}+Li_L(0_-)$$

代入数据，得

$$I_2(s)=\frac{56s^2+560s+504}{s(s+3)(s+7)}$$

$$=\frac{K_1}{s}+\frac{K_2}{s+3}+\frac{K_3}{s+7}$$

应用部分分式展开法，得

$$I_2(s)=\frac{24}{s}+\frac{56}{s+3}-\frac{24}{s+7}$$

通过拉氏逆变换，得

$$i_L(t)=i_2(t)=(24+56\mathrm{e}^{-3t}-24\mathrm{e}^{-7t})\ \mathrm{A}$$

例 14-4　电路如图 14-2 所示，已知 $R_1=2\ \Omega$，$R_2=3\ \Omega$，$L=1\ \text{H}$，$C=0.5\ \text{F}$，电源为冲激电流源，且已知 $u_C(0_-)=0$，求 $t\geqslant 0$ 时 $u_C(t)$。

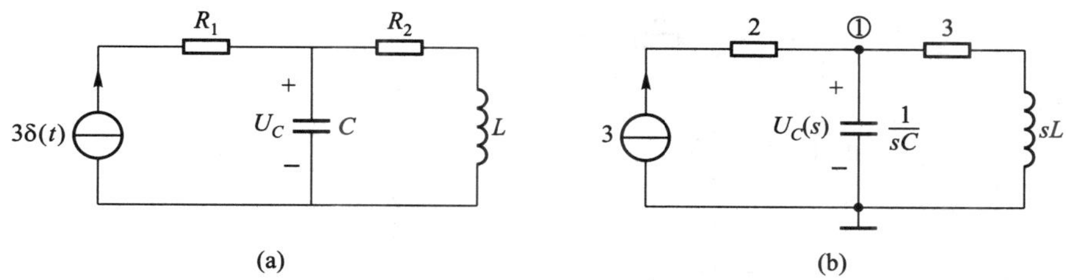

图 14-2　例 14-4 图

解：其运算电路如图 14-2(b) 所示。

应用节点电压法，有

$$\left(sC+\frac{1}{sL+3}\right)U_C(s)=3$$

注意：R_2 与电流源串联，在方程中不考虑。代入数据，得

$$\left(0.5s+\frac{1}{s+3}\right)U_C(s)=3$$

解得

$$U_C(s)=\frac{3}{0.5s+\dfrac{1}{s+3}}$$

$$=\frac{6s+18}{(s+1)(s+2)}$$

应用部分分式展开法，则有

$$U_C(s)=\frac{6s+18}{(s+1)(s+2)}=\frac{K_1}{s+1}+\frac{K_2}{s+2}$$

其中

$$K_1=(s+1)U_C(s)\Big|_{s=-1}=\frac{6s+18}{s+2}\Big|_{s=-1}=12$$

$$K_2=(s+2)U_C(s)\Big|_{s=-2}=\frac{6s+18}{s+1}\Big|_{s=-2}=-6$$

因此

$$U_C(s)=\frac{12}{s+1}-\frac{6}{s+2}$$

故电容电压为

$$u_C(t)=(12\mathrm{e}^{-t}-6\mathrm{e}^{-2t})\varepsilon(t)$$

例 14-5　电路如图 14-3(a)所示,已知 $L_1=L_2=0.5\ \mathrm{H}$,而 $R_1=R_2=R_3=2\ \Omega$,直流电压源 $U_S=8\ \mathrm{V}$,电路原来处于稳定状态,当 $t=0$ 时开关 S 断开,求 $i_L(t)$ 和 $u_L(t)$。

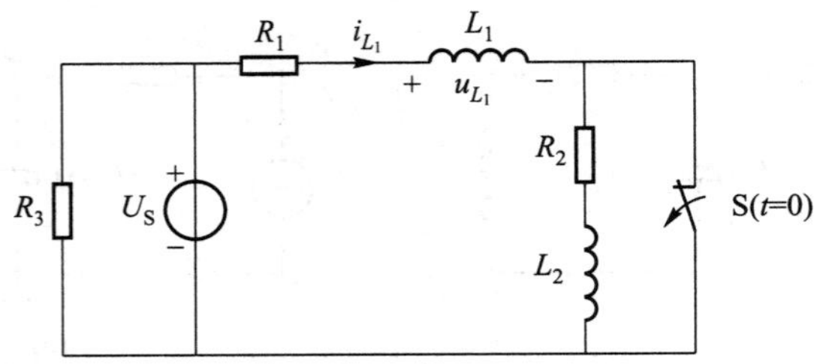

(a)

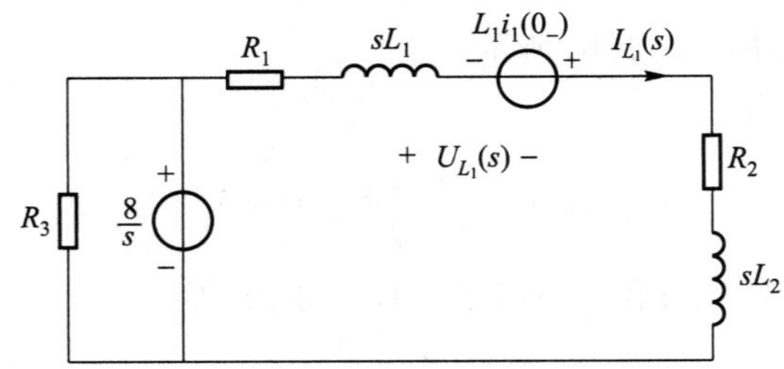

(b)

图 14-3　例 14-5 图

解:在开关 S 断开之前,电路处于稳定状态,故有

$$i_{L_1}(0_-)=\frac{U_S}{R_1}=\frac{8}{2}\ \mathrm{A}=4\ \mathrm{A}$$

$$i_{L_2}(0_-)=0\ \mathrm{A}$$

当 $t=0_+$ 时,开关 S 断开,其运算电路如图 14-3(b)所示。应用 KVL,有

$$(R_1+R_2+sL_1+sL_2)I_{L_1}(s)=L_1 i_{L_1}(0_-)+\frac{8}{s}$$

代入数值,得

$$I_{L_1}(s)=\frac{\frac{8}{s}+0.5\times4}{0.5s+0.5s+2+2}$$

$$=\frac{\frac{8}{s}+2}{s+4}$$

$$=\frac{2}{s}$$

而

$$
\begin{aligned}
U_{L_1}(s) &= sL_1 I_{L_1}(s) - 0.5 i_{L_1}(0_-) \\
&= 0.5s \times \frac{2}{s} - 2 \\
&= -1
\end{aligned}
$$

$$
\begin{aligned}
U_{L_2}(s) &= sL_2 I_{L_1}(s) = 0.5s \times \frac{2}{s} \\
&= 1
\end{aligned}
$$

通过拉氏逆变换，得

$$i_{L_1}(t) = i_{L_2}(t) = 2\ \text{A}$$

$$u_{L_1}(t) = -\delta(t)\ \text{V}$$

$$u_{L_2}(t) = \delta(t)\ \text{V}$$

从上述分析可以看到，电感 L_1 中原有电流为 4 A，而 L_2 中无电流，当开关 S 断开后，L_1 和 L_2 中的电流在 $t=0_+$ 时被强制为同一个电流值，其值为 $i(0_+)=2$ A，两个电感中的电流均发生了突变。由于电感电流的突变，导致电感 L_1 和 L_2 上的电压呈现为冲激函数，但这两个电感上的冲激电压数值相等，而其方向相反，以致相互抵消。因此整个回路仍然满足 KVL，这说明在开关 S 断开前后，两个线圈总磁通链的数值保持不变，即有

$$L_1 i_1(0_-) + L_2 i_2(0_-) = (L_1 + L_2) i_1(0_+)$$

这个典型例题说明了拉普拉斯变换定义式中，积分下限取 0_- 而不是 0_+ 的重要性；由此可以看出，拉普拉斯变换是分析线性电路的一个重要的数学工具。

例 14-6　电路如图 14-4(a) 所示，已知 $R_1=1\ \Omega$，$R_2=R_0=0.5\ \Omega$，$R_3=10\ \Omega$，$C=0.5$ F，$L=2$ H，$g=0.5$ S，求电压转移函数 $H(s)=\dfrac{U_0(s)}{U_s(s)}$ 的表达式及其冲激响应，并绘出零极点图。

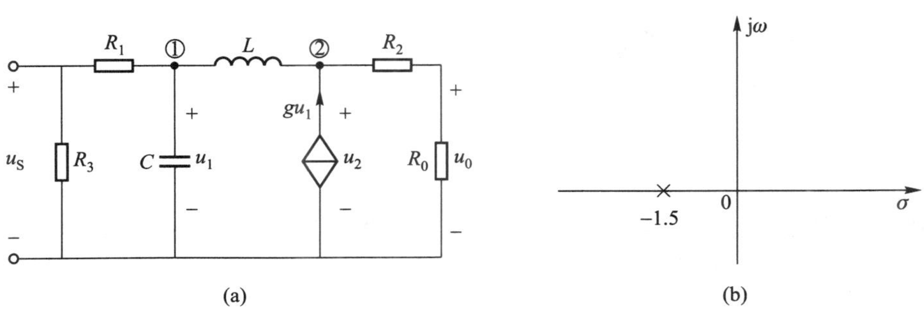

图 14-4　例 14-6 图

解：首先求出电压转移函数 $H(s)=\dfrac{U_0(s)}{U_s(s)}$，如图 14-4(a) 所示，应用节点电压法，在节点①和节点②分别列写方程，有

$$\left(\frac{1}{R_1}+sC+\frac{1}{sL}\right)U_1(s)-\frac{1}{sL}U_s(s)=\frac{U_s(s)}{R_1}$$

$$-\frac{1}{sL}U_1(s)+\left(\frac{1}{sL}+\frac{1}{R_2+R_0}\right)U_2(s)=gU_1(s)$$

代入数据,经整理后得

$$(s^2+2s+1)U_1(s)-U_2(s)=2sU_s(s)$$

$$-(s+1)U_1(s)+(2s+1)U_2(s)=0$$

由以上两式解得

$$U_2(s)=\frac{2}{2s+3}U_s(s)$$

考虑到 $U_0(s)=\frac{U_2(s)}{2}$,所以有

$$H(s)=\frac{U_0(s)}{U_s(s)}=\frac{1}{2s+3}$$

故其冲激响应为

$$h(t)=\frac{1}{2}\mathrm{e}^{-1.5t}\varepsilon(t)$$

例 14-7　电路如图 14-5 所示,已知 N_a 为线性时不变电阻网络,当 $u_1(t)=\varepsilon(t)$ V 时,$u_C(0_-)=1$ V,$i_1(t)=4\mathrm{e}^{-2t}\varepsilon(t)$ A;当 $u_1(t)=4\varepsilon(t)$ V 时,$u_C(0_-)=2$ V,$i_1(t)=20\mathrm{e}^{-2t}\varepsilon(t)$ A,求输入端口导纳函数 $H(s)=\frac{I_1(s)}{U_1(s)}$的表达式及 $u_1(t)=\delta(t)$ V 时电流 $i_1(t)$的单位冲激响应。

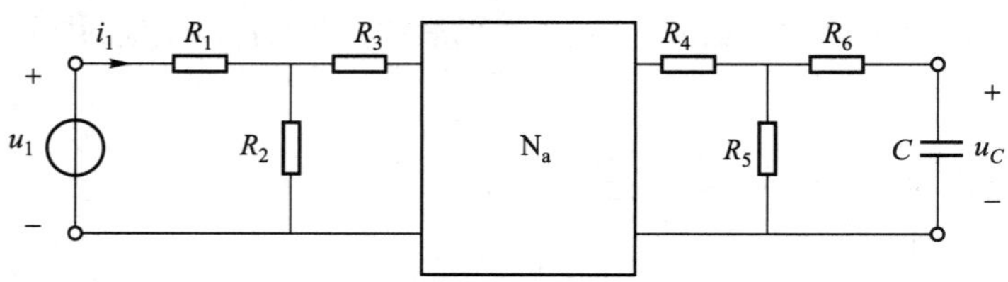

图 14-5　例 14-7 图

解:应用拉氏变换,在 s 域动态元件初始条件的作用等同于独立电源,故 $U_C(s)=\frac{u_C(0_-)}{s}$,由叠加定理可得

$$I_1(s)=H(s)U_1(s)+T(s)\frac{U_C(s)}{s}$$

上式中 $H(s)=\frac{I_1(s)}{U_1(s)}$是该电路的输入端口驱动点导纳函数,$T(s)$是仅当附加电源作用

时电路导纳构成的系数。

根据代入已知条件，有

$$\frac{4}{s+2}=\frac{1}{s}H(s)+T(s)\frac{1}{s}$$

$$\frac{20}{s+2}=\frac{4}{s}H(s)+T(s)\frac{2}{s}$$

由以上两式可得网络函数

$$H(s)=\frac{I_1(s)}{U_1(s)}=\frac{6s}{s+2}=6-\frac{12}{s+2}$$

对网络函数 $H(s)$ 取拉氏逆变换，得 $i_1(t)$ 的单位冲激响应为

$$h(t)=(6\delta(t)-12\mathrm{e}^{-2t})\ \mathrm{A}$$

四、习题分析

14-1　求下列各函数的象函数：

(1) $f(t)=1-\mathrm{e}^{-at}$　　(2) $f(t)=\sin(\omega t+\varphi)$

(3) $f(t)=\mathrm{e}^{-at}(1-at)$　　(4) $f(t)=\frac{1}{a}(1-\mathrm{e}^{-at})$

(5) $f(t)=t^2$　　(6) $f(t)=t+2+3\delta(t)$

(7) $f(t)=t\cos(at)$　　(8) $f(t)=\mathrm{e}^{-at}+at-1$

解：(1) $F(s)=\mathscr{L}[1-\mathrm{e}^{-at}]=\frac{1}{s}-\frac{1}{s+a}=\frac{a}{s(s+a)}$

(2) $F(s)=\mathscr{L}[\sin(\omega t+\varphi)]=\mathscr{L}[\sin(\omega t)\cos\varphi+\cos(\omega t)\sin\varphi]$

$$=\frac{\omega}{s^2+\omega^2}\cos\varphi+\frac{s}{s^2+\omega^2}\sin\varphi=\frac{\omega\cos\varphi+s\sin\varphi}{s^2+\omega^2}$$

(3) $F(s)=\mathscr{L}[\mathrm{e}^{-at}(1-at)]=\mathscr{L}[\mathrm{e}^{-at}-at\mathrm{e}^{-at}]$

$$=\frac{1}{s+a}-\frac{a}{(s+a)^2}=\frac{s}{(s+a)^2}$$

(4) $F(s)=\mathscr{L}\left[\frac{1}{a}(1-\mathrm{e}^{-at})\right]=\mathscr{L}\left[\frac{1}{a}-\frac{1}{a}\mathrm{e}^{-at}\right]$

$$=\frac{1}{as}-\frac{1}{a(s+a)}=\frac{1}{s(s+a)}$$

(5) $F(s)=\mathscr{L}[t^2]=\int_0^\infty t^2\mathrm{e}^{-st}\mathrm{d}t=-\frac{1}{s}\int_0^\infty t^2\mathrm{d}\mathrm{e}^{-st}$

$$=-\frac{t^2}{s}\mathrm{e}^{-st}\Big|_0^\infty-\frac{2}{s^2}t\mathrm{e}^{-st}\Big|_0^\infty-\frac{2}{s^3}t\mathrm{e}^{-st}\Big|_0^\infty=\frac{2}{s^3}$$

(6) $F(s)=\mathscr{L}[t+2+3\delta(t)]=\frac{1}{s^2}+\frac{2}{s}+3=\frac{3s^2+2s+1}{s^2}$

(7) $F(s)=\mathscr{L}[t\cos(at)]=\mathscr{L}\left[\frac{1}{2}t(e^{jat}+e^{-jat})\right]$

$$=\frac{1}{2}\left[\frac{1}{(s-ja)^2}+\frac{1}{(s+ja)^2}\right]=\frac{s^2-a^2}{(s^2+a^2)^2}$$

(8) $F(s)=\mathscr{L}[e^{-at}+at-1]=\frac{1}{s+a}+\frac{a}{s^2}-\frac{1}{s}=\frac{a^2}{s^2(s+a)}$

14-2 求下列各函数的原函数:

(1) $\frac{(s+1)(s+3)}{s(s+2)(s+4)}$ (2) $\frac{2s^2+16}{(s^2+5s+6)(s+12)}$

(3) $\frac{2s^2+9s+9}{s^2+3s+2}$ (4) $\frac{s^2}{(s^2+3s+2)s}$

解:(1) 设 $F(s)$的部分分式展开式为

$$F(s)=\frac{(s+1)(s+3)}{s(s+2)(s+4)}=\frac{K_1}{s}+\frac{K_2}{s+2}+\frac{K_3}{s+4}$$

则待定系数为

$$K_1=[sF(s)]\bigg|_{s=0}=\frac{3}{8}$$

$$K_2=[(s+2)F(s)]\bigg|_{s=-2}=\frac{1}{4}$$

$$K_3=[(s+4)F(s)]\bigg|_{s=-4}=\frac{3}{8}$$

所以,原函数为

$$f(t)=\frac{1}{8}(3+2e^{-2t}+3e^{-4t})$$

(2) 因为

$$F(s)=\frac{2s^2+16}{(s+2)(s+3)(s+12)}=\frac{K_1}{s+2}+\frac{K_2}{s+3}+\frac{K_3}{s+12}$$

则待定系数为

$$K_1=[(s+2)F(s)]\bigg|_{s=-2}=\frac{12}{5}$$

$$K_2=[(s+3)F(s)]\bigg|_{s=-3}=-\frac{34}{9}$$

$$K_3=[(s+12)F(s)]\bigg|_{s=-12}=\frac{152}{45}$$

所以,有

$$f(t)=\frac{12}{5}e^{-2t}-\frac{34}{9}e^{-3t}+\frac{152}{45}e^{-12t}$$

（3）因为

$$F(s)=\frac{2s^2+9s+9}{s^2+3s+2}=2+\frac{3s+5}{s^2+3s+2}$$

设 $F_1(s)$ 为

$$F_1(s)=\frac{3s+5}{s^2+3s+2}=\frac{3s+5}{(s+1)(s+2)}=\frac{K_1}{s+1}+\frac{K_2}{s+2}$$

则待定系数为

$$K_1=[(s+1)F_1(s)]\bigg|_{s=-1}=\frac{3s+5}{s+2}\bigg|_{s=-1}=2$$

$$K_2=[(s+2)F_1(s)]\bigg|_{s=-2}=\frac{3s+5}{s+1}\bigg|_{s=-2}=1$$

所以，原函数为

$$f(t)=2\delta(t)+2e^{-t}+e^{-2t}$$

（4）因为

$$F(s)=\frac{s^3}{(s^2+3s+2)s}=\frac{s^2}{s^2+3s+2}=1-\frac{3s+2}{(s+1)(s+2)}$$

设 $F_1(s)$ 为

$$F_1(s)=\frac{3s+2}{(s+1)(s+2)}=\frac{K_1}{s+1}+\frac{K_2}{s+2}$$

则待定系数为

$$K_1=[(s+1)F_1(s)]\bigg|_{s=-1}=\frac{3s+2}{s+2}\bigg|_{s=-1}=-1$$

$$K_2=[(s+2)F_1(s)]\bigg|_{s=-2}=\frac{3s+2}{s+1}\bigg|_{s=-2}=4$$

所以，原函数为

$$f(t)=\delta(t)+e^{-t}-4e^{-2t}$$

14-3　求下列各函数的原函数：

（1）$\dfrac{1}{(s+1)(s+2)^2}$　　（2）$\dfrac{(s+1)}{s^3+2s^2+2s}$

（3）$\dfrac{s^2+6s+5}{s(s^2+4s+5)}$　　（4）$\dfrac{s}{(s^2+1)^2}$

解：（1）令 $D(s)=0$，有 $p_1=-1$ 为单根，$p_2=-2$ 为二重根，所以，设$F(s)$为

$$F(s)=\frac{1}{(s+1)(s+2)^2}=\frac{K_1}{s+1}+\frac{K_{22}}{s+2}+\frac{K_{21}}{(s+2)^2}$$

用$(s+2)^2$乘以$F(s)$,得

$$(s+2)^2F(s)=\frac{1}{s+1}$$

则待定系数为

$$K_1=[(s+1)F(s)]\Big|_{s=-1}=\frac{1}{(s+2)^2}\Big|_{s=-1}=1$$

$$K_{21}=\frac{1}{s+1}\Big|_{s=-2}=-1$$

$$K_{22}=\frac{\mathrm{d}}{\mathrm{d}s}\frac{1}{s+1}\Big|_{s=-2}=-1$$

所以,原函数为

$$f(t)=\mathrm{e}^{-t}-\mathrm{e}^{-2t}-t\mathrm{e}^{-2t}$$

(2) 因为

$$F(s)=\frac{s+1}{s^3+2s^2+2s}=\frac{s+1}{s(s^2+2s+2)}=\frac{s+1}{D(s)}$$

令$D(s)=0$,有$p_1=0$为单根,$p_2=-1+\mathrm{j}1$,$p_3=-1-\mathrm{j}1$为共轭复根,所以,设

$$F(s)=\frac{K_1}{s}+\frac{K_2}{s+1-\mathrm{j}}+\frac{K_3}{s+1+\mathrm{j}1}$$

则各系数为

$$K_1=[sF(s)]\Big|_{s=0}=\frac{s+1}{s^2+2s+2}\Big|_{s=0}=0.5$$

$$K_2=\frac{N(s)}{D'(s)}\Big|_{s=p_2}=\frac{s+1}{3s^2+4s+2}\Big|_{s=-1+\mathrm{j}1}=0.353\ 6\mathrm{e}^{-\mathrm{j}135^\circ}$$

$$K_3=|K_2|\mathrm{e}^{-\mathrm{j}\theta_2}=0.353\ 6\mathrm{e}^{\mathrm{j}135^\circ}$$

所以,原函数为

$$f(t)=0.5+0.707\mathrm{e}^{-t}\cos(t-135^\circ)$$

(3) 令$D(s)=0$,有$p_1=0$为单根,$p_2=-2+\mathrm{j}1$,$p_3=-2-\mathrm{j}1$为共轭复根,设

$$F(s)=\frac{s^2+6s+5}{s(s^2+4s+5)}=\frac{K_1}{s}+\frac{K_2}{s+2-\mathrm{j}1}+\frac{K_3}{s+2+\mathrm{j}1}$$

则各系数为

$$K_1=[sF(s)]\Big|_{s=0}=\frac{s^2+6s+5}{s^2+4s+5}\Big|_{s=0}=1$$

$$K_2=\frac{N(s)}{D'(s)}\Big|_{s=p_2}=\frac{s^2+6s+5}{3s^2+8s+5}\Big|_{s=-2+\mathrm{j}1}=-\mathrm{j}=\mathrm{e}^{-\mathrm{j}\frac{\pi}{2}}$$

$$K_3=|K_2|\mathrm{e}^{-\mathrm{j}\theta_2}=\mathrm{e}^{\mathrm{j}\frac{\pi}{2}}$$

所以,原函数为

$$f(t)=1+2\mathrm{e}^{-2t}\sin t$$

(4) 因为

$$F(s)=\frac{s}{(s^2+1)^2}=\frac{s}{(s+\mathrm{j})^2(s-\mathrm{j})^2}=\frac{s}{D(s)}$$

令 $D(s)=0$,有 $p_1=-\mathrm{j}$ 和 $p_2=\mathrm{j}$ 分别为二重根,且 p_1 和 p_2 为共轭复根,故设

$$F(s)=\frac{K_{11}}{(s+\mathrm{j})^2}+\frac{K_{21}}{(s-\mathrm{j})^2}+\frac{K_{12}}{s+\mathrm{j}}+\frac{K_{22}}{s-\mathrm{j}}$$

则各系数为

$$K_{11}=[(s+\mathrm{j})^2F(s)]\Big|_{s=p_1}=\frac{s}{(s-\mathrm{j})^2}\Big|_{s=-\mathrm{j}}=\mathrm{j}\frac{1}{4}=\frac{1}{4}\mathrm{e}^{\mathrm{j}\frac{\pi}{2}}$$

$$K_{21}=|K_{11}|\mathrm{e}^{-\mathrm{j}\theta_{11}}=\frac{1}{4}\mathrm{e}^{-\mathrm{j}\frac{\pi}{2}}=-\mathrm{j}\frac{1}{4}$$

$$K_{12}=\frac{\mathrm{d}}{\mathrm{d}s}[(s+\mathrm{j})^2F(s)]\Big|_{s=-\mathrm{j}}=0$$

$$K_{22}=0$$

所以,原函数为

$$f(t)=\mathrm{j}\frac{1}{4}t\mathrm{e}^{-\mathrm{j}t}-\mathrm{j}\frac{1}{4}t\mathrm{e}^{\mathrm{j}t}=\frac{1}{2}t\sin t$$

14-4 题 14-4 图(a)(b)(c)所示电路原已达稳态,$t=0$ 时把开关 S 合上,分别画出运算电路。

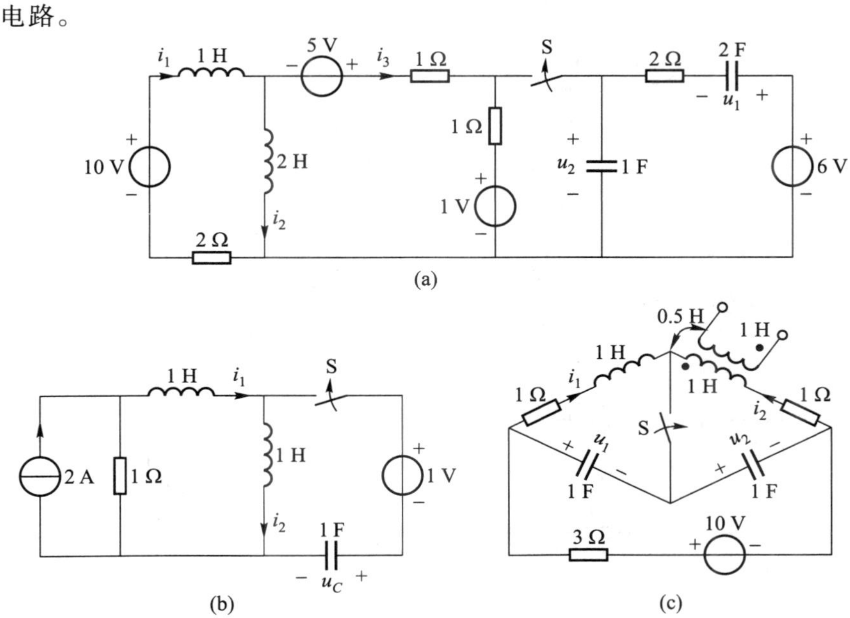

题 14-4 图

解:(1) 题 14-4 图(a)所示电路中,在 $t=0_-$时,由于电路原已达稳态,故电感处于短路,电容处于开路,则电感电流值和电容电压值为

$$i_1(0_-)=\frac{10}{2}\ \text{A}=5\ \text{A}$$

$$i_2(0_-)=i_1(0_-)-i_3(0_-)=\left(5-\frac{4}{2}\right)\ \text{A}=3\ \text{A}$$

$$L_1i_1(0_-)=5,\quad L_2i_2(0_-)=2\times3=6$$

$$u_1(0_-)=\frac{2}{1+2}\times6\ \text{V}=4\ \text{V},\quad u_2(0_-)=(6-4)\ \text{V}=2\ \text{V}$$

运算电路如题解 14-4 图(a)所示。

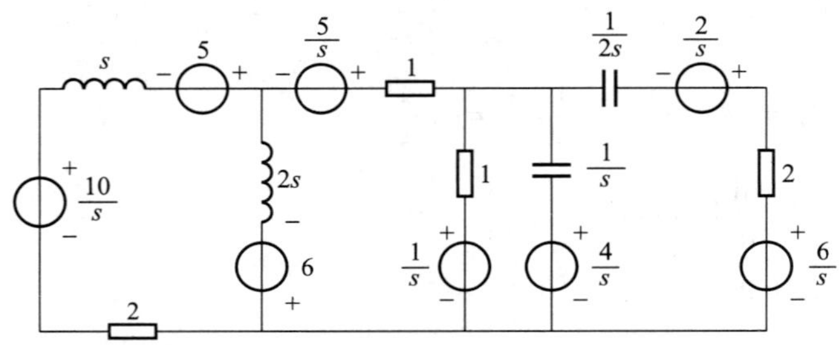

(a)

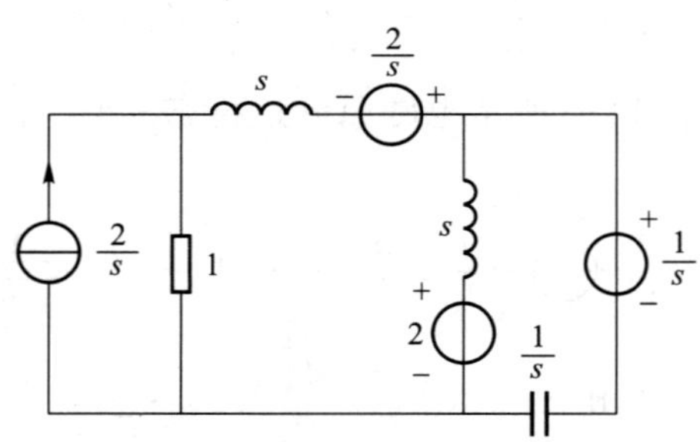

(b)

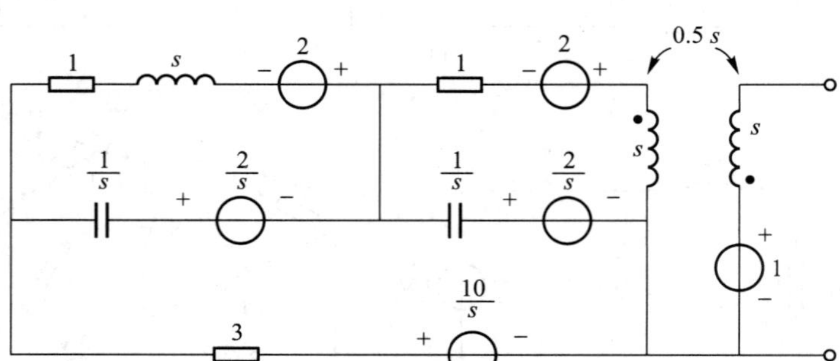

(c)

题解 14-4 图

（2）题 14-4 图(b)所示电路中，在 $t=0_-$ 时，电路已达稳态，电感处于短路，电容处于开路，电感电流值和电容电压值为

$$i_1(0_-)=i_2(0_-)=2\ \text{A},\quad u_C(0_-)=0$$

故运算电路如题解 14-4 图(b)所示。

（3）题 14-4 图(c)所示电路中，在 $t=0_-$ 时，电路已达稳态，电感处于短路，电容处于开路，电感电流值和电容电压值为

$$i_1(0_-)=i_2(0_-)=\frac{10}{3+1+1}\ \text{A}=2\ \text{A}$$

$$u_1(0_-)=u_2(0_-)=\frac{1}{2}\times\frac{2}{5}\times 10\ \text{V}=2\ \text{V}$$

运算电路如题解 14-4 图(c)所示。

14-5　题 14-5 图所示电路原处于零状态，$t=0$ 时合上开关 S，试求电流 i_L。

解：由于开关闭合前电路已处于零状态，故有 $i_L(0_-)=0$，$u_C(0_-)=0$，可画出该电路的运算电路如题解 14-5 图所示。

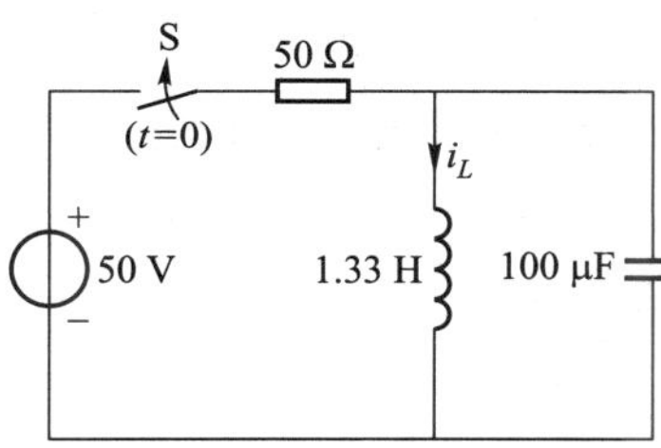

题 14-5 图

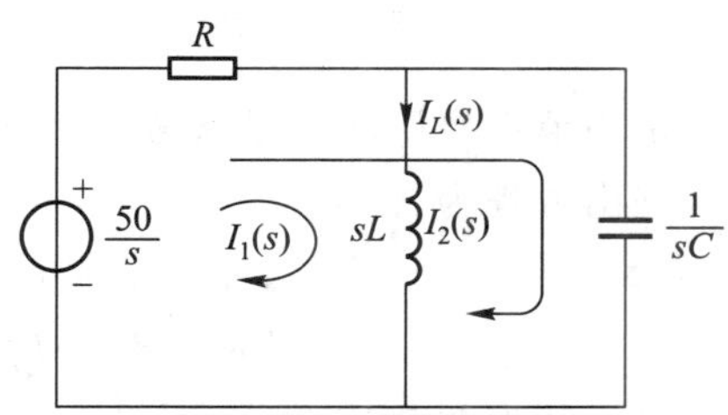

题解 14-5 图

应用回路电流法，设回路电流为 $I_1(s)$，$I_2(s)$，方向如题解 14-5 图所示，可列出方程为

$$(R+sL)I_1(s)+RI_2(s)=\frac{50}{s}$$

$$RI_1(s)+\left(R+\frac{1}{sC}\right)I_2(s)=\frac{50}{s}$$

解得

$$I_L(s)=I_1(s)=\frac{50}{RLC}\frac{1}{s\left(s^2+\frac{1}{RC}s+\frac{1}{LC}\right)}$$

代入已知数据，得

$$\begin{aligned}I_L(s)&=\frac{7\ 500}{s(s^2+200s+7\ 500)}\\&=\frac{7\ 500}{s(s+50)(s+150)}\\&=\frac{1}{s}-\frac{1.5}{s+50}+\frac{0.5}{s+150}\end{aligned}$$

求其拉氏逆变换得

$$i_L(t)=\mathscr{L}^{-1}[I_L(s)]=(1-1.5\mathrm{e}^{-50t}+0.5\mathrm{e}^{-150t})\ \mathrm{A}$$

14-6　电路如题 14-6 图所示,已知 $i_L(0_-)=0$ A,$t=0$ 时将开关 S 闭合,求 $t>0$ 时的 $u_L(t)$。

解:如题 14-6 图所示电路中,已知 $i_L(0_-)=0$ A,可画出该电路的运算电路如题解 14-6 图所示。

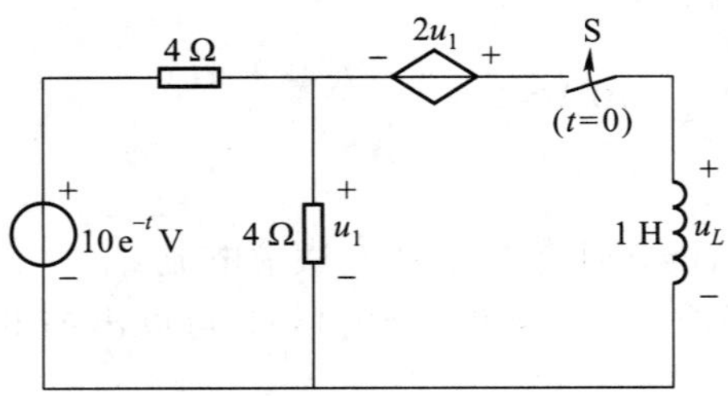

题 14-6 图

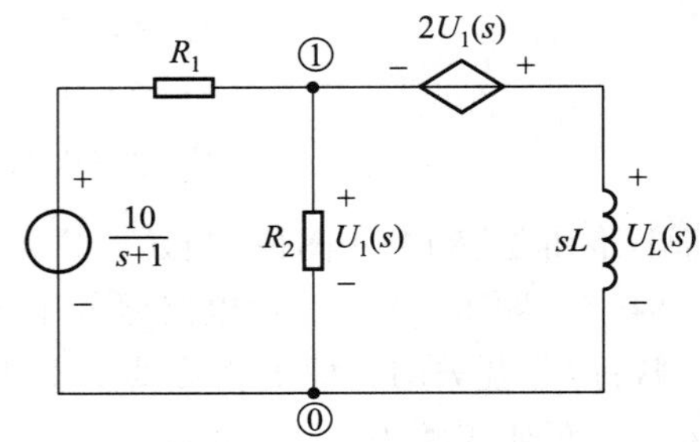

题解 14-6 图

采用节点电压法。设参考节点如题解 14-6 图所示,取 $U_1(s)$ 为节点电压,对节点①可列出方程为

$$\left(\frac{1}{R_1}+\frac{1}{R_2}+\frac{1}{sL}\right)U_1(s)=\frac{10}{(s+1)R_1}-\frac{2U_1(s)}{sL}$$

代入已知数据并整理,得

$$\left(\frac{1}{2}+\frac{3}{s}\right)U_1(s)=\frac{5}{2(s+1)}$$

解得

$$U_1(s)=\frac{5s}{(s+1)(s+6)}$$

故有

$$U_L(s)=3U_1(s)=\frac{15s}{(s+1)(s+6)}=\frac{-3}{s+1}+\frac{18}{s+6}$$

其拉氏逆变换为

$$u_L(t)=\mathscr{L}^{-1}[U_L(s)]=(-3\mathrm{e}^{-t}+18\mathrm{e}^{-6t})\ \mathrm{V}$$

本题亦可采用网孔电流法求解。

14-7　电路如题 14-7 图所示,设电容上原有电压 $U_{C0}=100$ V,电源电压 $U_S=200$ V,$R_1=30\ \Omega$,$R_2=10\ \Omega$,$L=0.1$ H,$C=1\ 000\ \mu$F。求 S 合上后电感中的电流 $i_L(t)$。

解:开关 S 闭合前电路已达稳态,有 $i_L(0_-)=\dfrac{200}{40}$ A $=5$ A,且已知 $u_C(0_-)=U_{C0}=100$ V,则该电路的运算电路如题解 14-7 图所示。

采用节点电压法求解。设参考节点如图所示，对节点①列方程为

$$\left(\frac{1}{R_1+sL}+\frac{1}{R_2}+sC\right)U_{n1}(s)=\frac{\frac{200}{s}+0.5}{R_1+sL}-sC\frac{100}{s}$$

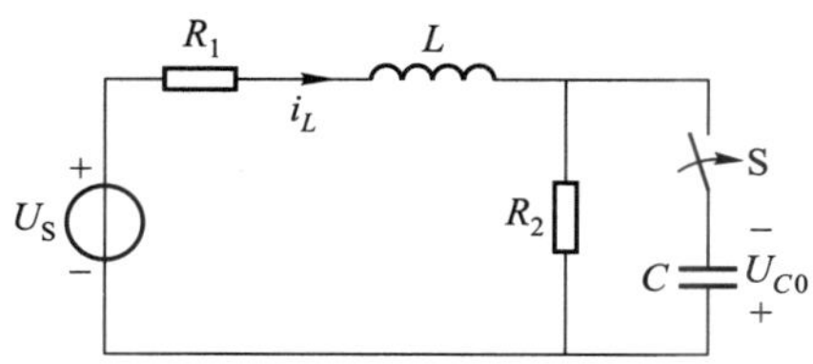

题 14-7 图

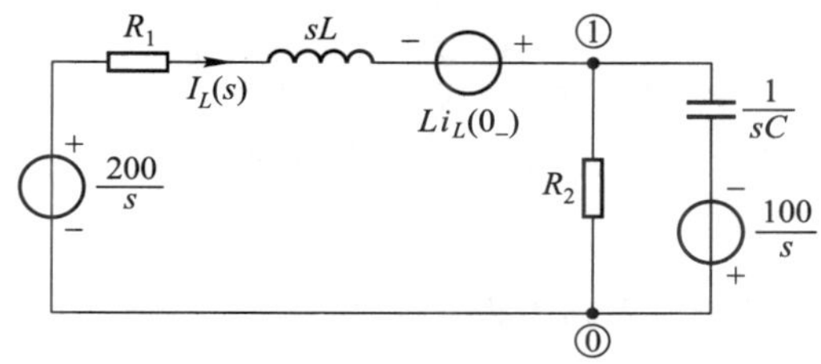

题解 14-7 图

代入已知参数值并解得

$$U_{n1}(s)=\frac{2\times10^6-25\times10^3s-100s^2}{s(s+200)^2}$$

所以，有

$$I_L(s)=\frac{\frac{200}{s}+0.5-U_{n1}(s)}{R_1+sL}=\frac{5(s^2+700s+40\ 000)}{s(s+200)^2}=\frac{5}{s}+\frac{1\ 500}{(s+200)^2}$$

其拉氏逆变换为

$$i_L(t)=\mathscr{L}^{-1}[I_L(s)]=(5+1\ 500te^{-200t})\ \text{A}$$

本题亦可用网孔电流法求解。

14-8　题 14-8 图所示电路中的储能元件均为零初始值，$u_S(t)=5\varepsilon(t)$ V，在下列条件下求 $U_1(s)$：

(1) $r=-3$。

(2) $r=3$。

解：题 14-8 图所示电路中，由于储能元件均处于零状态，故该电路的运算电路如题解 14-8 图所示。应用节点电压法求解。参考节点选取如题解 14-8 图所示，节点电压 $U_{n1}(s)$ 即为 $U_1(s)$，对节点①可列出节点电压方程为

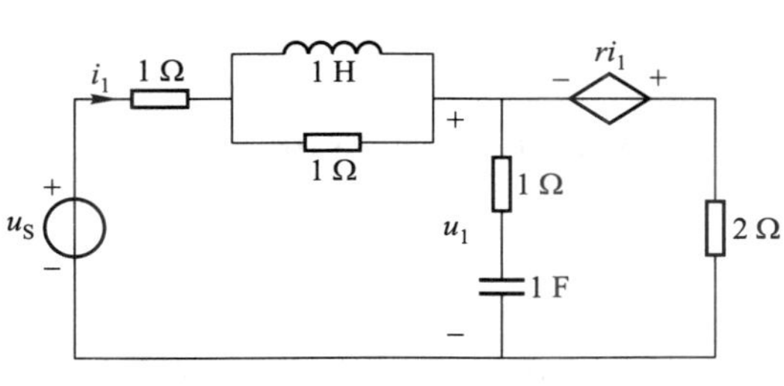

题 14-8 图

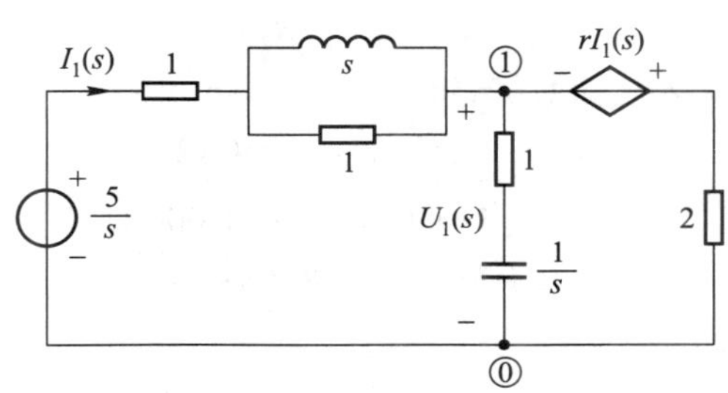

题解 14-8 图

$$\left(\frac{1}{1+\frac{s}{s+1}}+\frac{1}{1+\frac{1}{s}}+\frac{1}{2}\right)U_1(s)=\frac{\frac{5}{s}}{1+\frac{s}{s+1}}-\frac{rI_1(s)}{2} \qquad ①$$

其中

$$I_1(s)=\frac{\frac{5}{s}-U_1(s)}{1+\frac{s}{s+1}}=\frac{[5-sU_1(s)](s+1)}{s(2s+1)} \qquad ②$$

将式②代入到方程式①中,得

$$U_1(s)=\frac{5(2-r)(s+1)^2}{s[(2-r)(s+1)^2+6s^2+5s+1]}$$

(1) 当 $r=-3$ 时,有

$$U_1(s)=\frac{25(s+1)^2}{s(11s^2+15s+6)}=\frac{25}{11}\frac{(s+1)^2}{s\left(s^2+\frac{15}{11}s+\frac{6}{11}\right)}$$

(2) 当 $r=3$ 时,有

$$U_1(s)=\frac{-5(s+1)^2}{s^2(5s+3)}=-\frac{(s+1)^2}{s^2\left(s+\frac{3}{5}\right)}$$

14-9　题14-9图所示电路中,$i_S=2\sin(1\,000t)$ A,$R_1=R_2=20\ \Omega$,$C=1\,000\ \mu F$,$t=0$ 时合上开关S,用运算法求 $u_C(t)$。

解:开关闭合前电路已处于正弦稳态,所以用相量法求 $u_C(0_-)$ 的值。令 $\dot{I}_{sm}=2\angle 0°$ A,则有

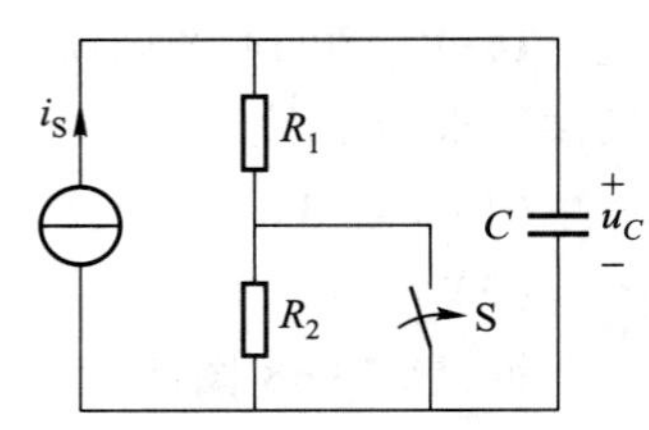

题14-9图

$$\dot{U}_C=\frac{(R_1+R_2)\frac{1}{j\omega C}}{R_1+R_2+\frac{1}{j\omega C}}\dot{I}_{sm}$$

$$=\frac{(R_1+R_2)I_{sm}}{\sqrt{1+\omega^2C^2(R_1+R_2)^2}}\angle -\arctan[\omega C(R_1+R_2)]$$

代入已知数据,得

$$\dot{U}_C=\frac{40\times 2}{\sqrt{1+(1\,000)^2\times(1\,000\times10^{-6})^2\times40^2}}\angle -\arctan(1\,000\times10^3\times10^{-6}\times40)\ \text{V}$$

$$=1.999\,4\angle -88.568°\ \text{V}$$

即

$$u_C(t)=1.999\,4\sin(1\,000t-88.568°)\ \text{V}$$

故

$$u_C(0_-)=1.999\,4\times(-0.999\,7)\ \mathrm{V}=-1.998\,8\ \mathrm{V}$$

电流源 i_S 的象函数为

$$I_s(s)=\mathscr{L}[2\sin(1\,000t)]=\mathscr{L}[2\sin(\omega t)]=\frac{2\omega}{s^2+\omega^2}$$

该电路开关闭合后的运算电路如题解 14-9 图所示。

采用节点电压法求解。节点电压 $U_{n1}(s)$ 就是电容电压 $U_C(s)$，节点电压方程为

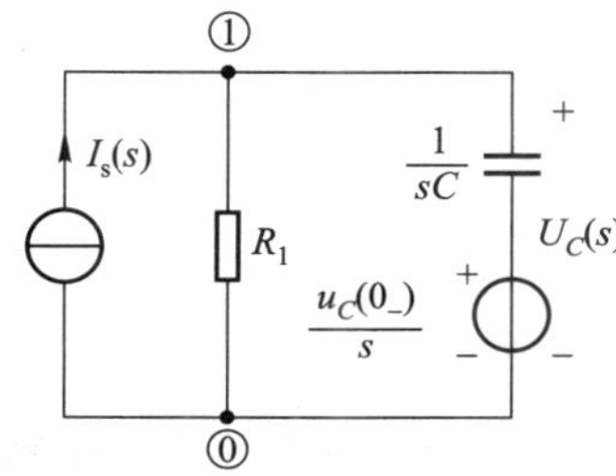

题解 14-9 图

$$\left(\frac{1}{R_1}+sC\right)U_C(s)=I_s(s)+sC\frac{u_C(0_-)}{s}$$

即

$$U_C(s)=\frac{\frac{2\omega}{c}+u_C(0_-)(s^2+\omega^2)}{\left(s+\frac{1}{R_1C}\right)(s^2+\omega^2)}$$

代入已知数据，得

$$U_C(s)=\frac{2\times10^6-1.998\,8(s^2+1\,000^2)}{(s+50)(s^2+1\,000^2)}$$

$$=\frac{-3.788\times10^{-3}}{s+50}+\frac{0.998\,8\mathrm{e}^{-\mathrm{j}177.138^\circ}}{s-\mathrm{j}1\,000}+\frac{0.998\,8\mathrm{e}^{\mathrm{j}179.138^\circ}}{s+\mathrm{j}1\,000}$$

其拉氏逆变换为

$$u_C(t)=\mathscr{L}[U_C(s)]=[-3.788\times10^{-3}\mathrm{e}^{-50t}+1.997\,6\sin(1\,000t-87.138^\circ)]\ \mathrm{V}$$

14-10　题 14-10 图所示电路中 $L_1=1$ H，$L_2=4$ H，$M=2$ H，$R_1=R_2=1\ \Omega$，$U_S=1$ V，电感中原无磁场能量。$t=0$ 时合上开关 S，用运算法求 i_1、i_2。

解：由题意知 $i_{L_1}(0_-)=0$，$i_{L_2}(0_-)=0$，则该电路的运算电路如题解 14-10 图所示。

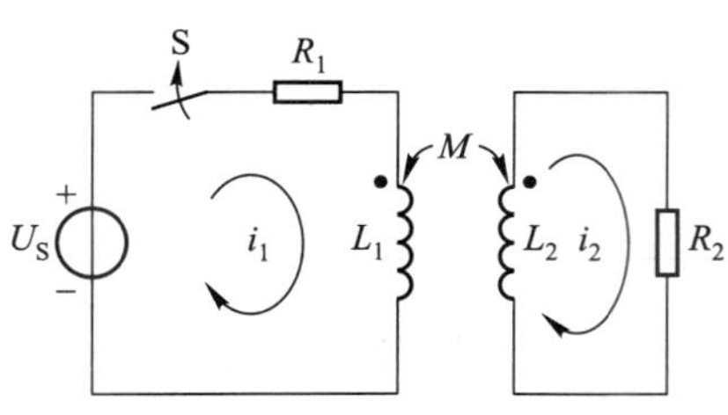

题 14-10 图

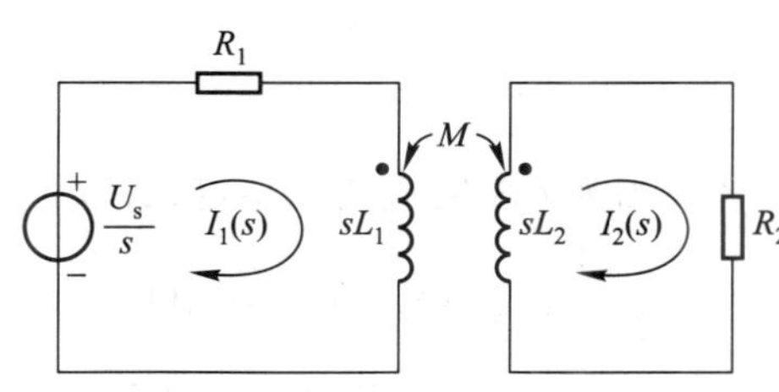

题解 14-10 图

对于含耦合电感的电路，采用回路电流法。列出回路电流方程

$$(R_1+sL_1)I_1(s)-sMI_2(s)=\frac{U_s}{s}$$

$$-sMI_1(s)+(R_2+sL_2)I_2(s)=0$$

代入已知数据，得

$$(1+s)I_1(s)-2sI_2(s)=\frac{1}{s} \qquad ①$$

$$-2sI_1(s)+(1+4s)I_2(s)=0 \qquad ②$$

由式②,得 $I_2(s)=\frac{2s}{4s+1}I_1(s)$,将此式代入式①中,解得

$$I_1(s)=\frac{4s+1}{s(5s+1)}=\frac{1}{s}-\frac{1}{5\left(s+\frac{1}{5}\right)}$$

$$I_2(s)=\frac{2s}{4s+1}I_2(s)=\frac{2}{5s+1}=\frac{2}{5}\ \frac{1}{s+\frac{1}{5}}$$

则原电路中合上开关后的电流 i_1,i_2 为

$$i_1(t)=\mathscr{L}^{-1}[I_1(s)]=\left(1-\frac{1}{5}e^{-\frac{1}{5}t}\right)\ \text{A}$$

$$i_2(t)=\mathscr{L}^{-1}[I_2(s)]=\frac{2}{5}e^{-\frac{1}{5}t}\ \text{A}$$

14-11　题 14-11 图所示电路,当 $t<0$ 时开关 S 打开,电路已稳定;当 $t=0$ 时闭合开关 S。求当 $t>0$ 时的电流 $i_2(t)$。

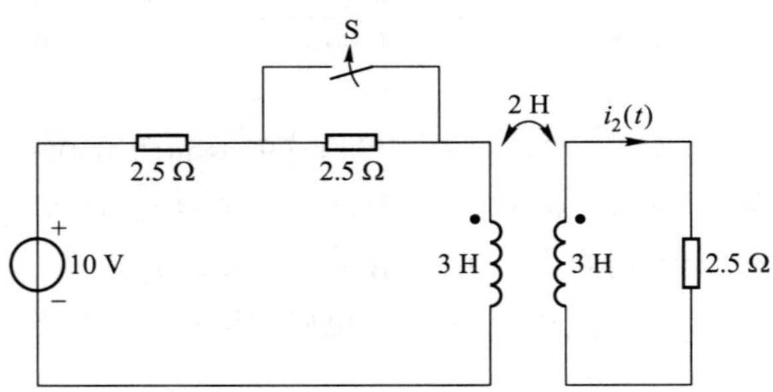

题 14-11 图

解:因为 $t<0$ 时电路已稳定,所以

$$i_1(0_-)=\frac{10}{2.5+2.5}\ \text{A}=2\ \text{A},\quad L_1i_1(0_-)=3\times2$$

$$i_2(0_-)=0,\quad Mi_1(0_-)=2\times2$$

当 $t>0$ 时,电路的运算电路图如题解 14-11 图所示。

以 $I_1(s)$ 和 $I_2(s)$ 为变量对题解 4-11 图所示网孔列方程,有

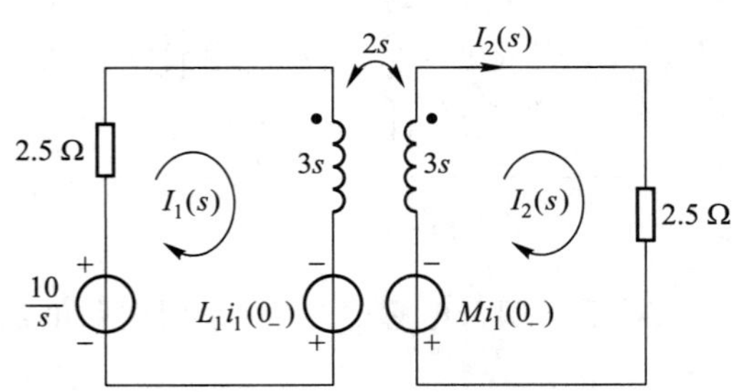

题解 14-11 图

$$(2.5+3s)I_1(s)-2sI_2(s)=\frac{10}{s}+3\times2$$

$$-2sI_1(s)+(2.5+3s)I_2(s)=-2\times 2$$

解得

$$I_2(s)=\frac{2}{s^2+3s+1.25}=\frac{-1}{s+2.5}+\frac{1}{s+0.5}$$

其拉氏逆变换为

$$i_2(t)=\mathscr{L}^{-1}[I_2(s)]=(-e^{-2.5t}+e^{-0.5t})\varepsilon(t)\ \text{A}$$

14-12　题 14-12 图所示电路含理想运算放大器，已知 $R_1=1\ \text{k}\Omega$，$R_2=2\ \text{k}\Omega$，$C_1=1\ \mu\text{F}$，$C_2=2\ \mu\text{F}$，$u_S(t)=2\varepsilon(t)\ \text{V}$，试求电压 $u_2(t)$。

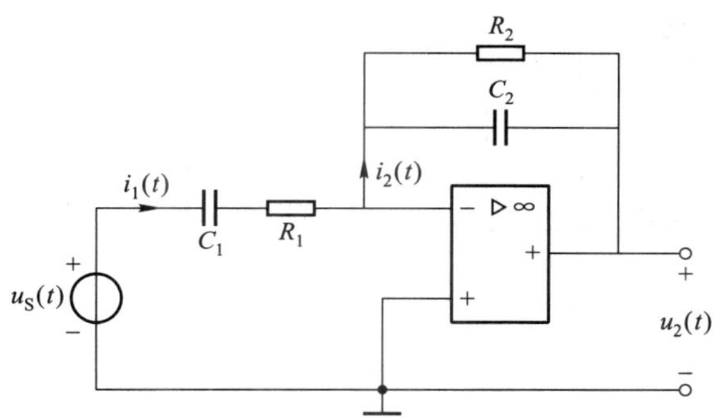

题 14-12 图

解：应用理想运放的两条规则，有

$$I_1(s)=I_2(s)$$

而

$$I_1(s)=\frac{U_s(s)}{R_1+\dfrac{1}{sC_1}}$$

$$I_2(s)=-\left[\frac{U_2(s)}{R_2}+sC_2U_2(s)\right]$$

所以

$$\frac{U_s(s)}{R_1+\dfrac{1}{sC_1}}=-U_2(s)\left(\frac{1}{R_2}+sC_2\right)$$

解得

$$U_2(s)=\frac{-\dfrac{1}{R_1C_2}s}{\left(s+\dfrac{1}{R_1C_1}\right)\left(s+\dfrac{1}{R_2C_2}\right)}U_s(s)$$

代入已知参数,得

$$U_2(s) = -1\ 000\left[\frac{1}{(s+1\ 000)(s+250)}\right]$$

其拉氏逆变换为

$$u_2(t) = \frac{4}{3}(e^{-1\ 000t} - e^{-250t})\ \text{V}$$

14-13 题14-13图所示电路含理想变压器,已知 $R=1\ \Omega, C_1=1\ \text{F}, C_2=2\ \text{F}, i_S(t)=e^{-t}\varepsilon(t)\ \text{V}$,试求电路的零状态响应 $u(t)$。

解:应用理想变压器性质,将电阻 R 折算到变压器另一侧,电路的运算电路图如题解14-13图所示。

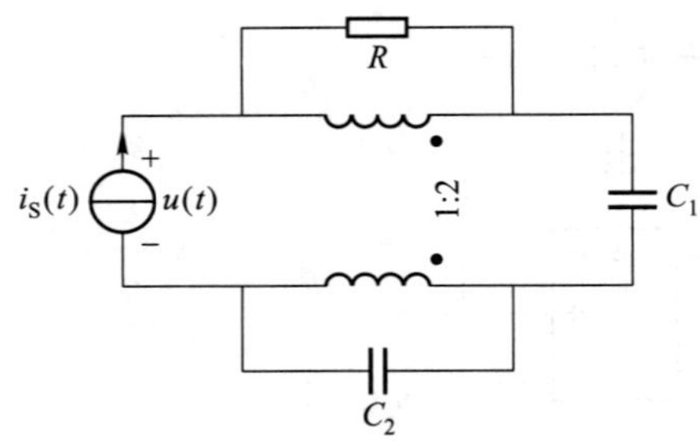

题14-13图

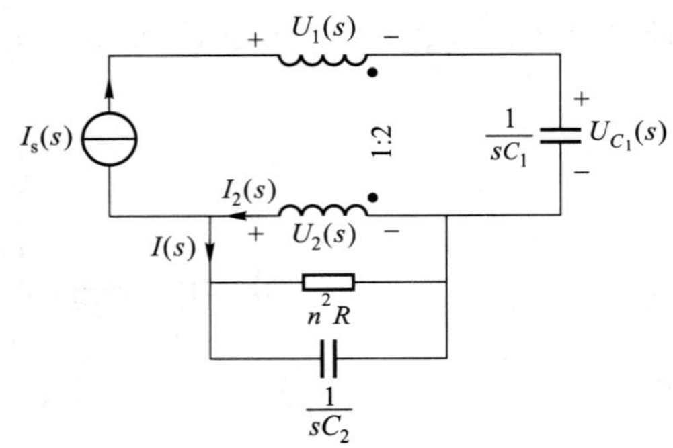

题解14-13图

根据KVL列方程为

$$U(s) = U_1(s) + U_{C_1}(s) - U_2(s)$$

根据理想变压器一次侧、二次侧电流、电压关系,有

$$U_1(s) = 2U_2(s)$$

$$I_2(s) = 2I_s(s)$$

所以

$$I(s) = I_2(s) - I_s(s) = 2I_s(s) - I_s(s) = I_s(s)$$

$$U_{C_2}(s) = \frac{\dfrac{R}{4}\cdot\dfrac{1}{sC_2}}{\dfrac{R}{4}+\dfrac{1}{sC_2}}I(s) = \frac{\dfrac{R}{4sC_2}}{\dfrac{RsC_2+4}{4sC_2}}I_s(s)$$

将 $I_s(s)=\dfrac{1}{s+1}$ 和已知参数代入上式,有

$$U_{C_2}(s)=\frac{0.5}{(s+1)(s+2)}$$

而

$$U_{C_1}(s)=\frac{1}{sC_1}I_s(s)=\frac{1}{s(s+1)}$$

于是有

$$\begin{aligned}U(s)&=U_1(s)+U_{C_1}(s)-U_{C_2}(s)\\&=2U_{C_2}(s)+U_{C_1}(s)-U_{C_2}(s)\\&=U_{C_2}(s)+U_{C_1}(s)\\&=\frac{0.5}{(s+1)(s+2)}+\frac{1}{s(s+1)}\\&=\frac{1.5s+2}{s(s+1)(s+2)}\\&=\frac{1}{s}+\frac{-0.5}{s+1}+\frac{-0.5}{s+2}\end{aligned}$$

其拉氏逆变换为

$$u(t)=(1-0.5\mathrm{e}^{-t}-0.5\mathrm{e}^{-2t})\varepsilon(t)\ \mathrm{V}$$

14-14　题 14-14 图(a)所示电路激励 $u_S(t)$ 的波形如图 14-14(b)所示,已知 $R_1=6\ \Omega, R_2=3\ \Omega, L=1\ \mathrm{H}, \mu=1$,求电路的零状态响应 $i_L(t)$。

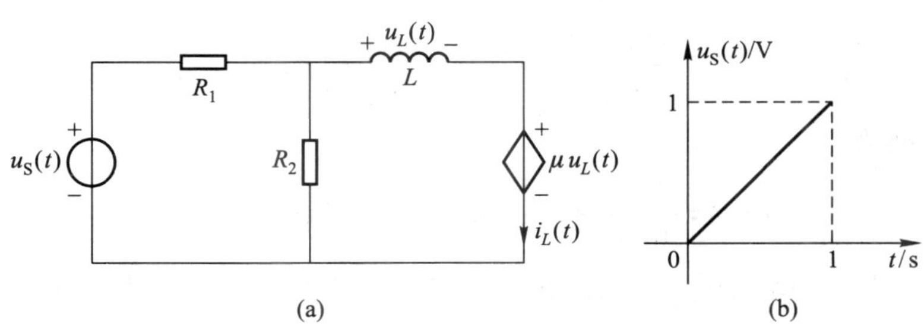

题 14-14 图

解:电路的运算电路图如题解 14-14 图所示。设网孔电流为 $I_1(s)$ 和 $I_2(s)$,列网孔电流方程为

$$\begin{aligned}(R_1+R_2)I_1(s)-R_2I_2(s)&=U_s(s)\\-R_2I_1(s)+(R_2+s)I_2(s)&=-\mu U_L(s)\end{aligned}$$

代入参数整理,得

$$\begin{aligned}9I_1(s)-3I_2(s)&=U_s(s)\\-3I_1(s)+(3+s)I_2(s)&=-U_L(s)\end{aligned}$$

而

$$U_L(s)=sI_2(s)$$

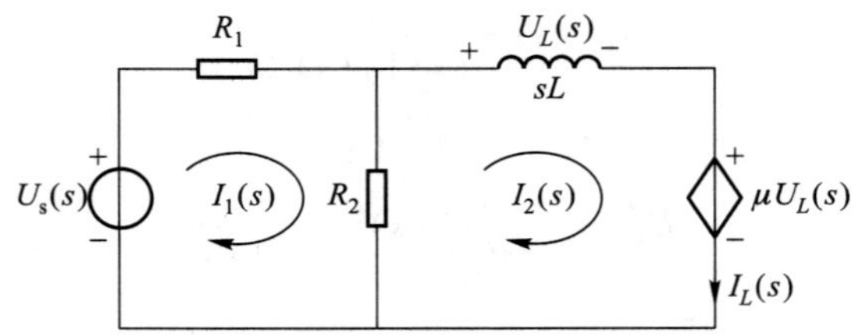

题解 14-14 图

联立解得

$$I_2(s)=I_L(s)=\frac{1}{6}\frac{U_s(s)}{s+1}$$

又因为

$$\begin{aligned}u_S(t)&=t[\varepsilon(t)-\varepsilon(t-1)]\\&=t\varepsilon(t)-(t-1)\varepsilon(t-1)-\varepsilon(t-1)\end{aligned}$$

故

$$U_s(s)=\frac{1}{s^2}-\frac{e^{-s}}{s^2}-\frac{e^{-s}}{s}$$

所以

$$\begin{aligned}I_L(s)&=\frac{1}{6}\left[\frac{1}{s^2(s+1)}-\frac{e^{-s}}{s^2(s+1)}-\frac{e^{-s}}{s(s+1)}\right]\\&=\frac{1}{6}\left[\frac{1}{s+1}+\frac{1-e^{-s}}{s^2}+\frac{-1}{s}\right]\end{aligned}$$

其拉氏逆变换为

$$i_L(t)=\frac{1}{6}[e^{-t}+(t-1)\varepsilon(t)-(t-1)\varepsilon(t-1)]\ \text{A}$$

14-15　题 14-15 图所示各电路在 $t=0$ 时合上开关 S,用运算法求 $i(t)$ 及 $u_C(t)$。

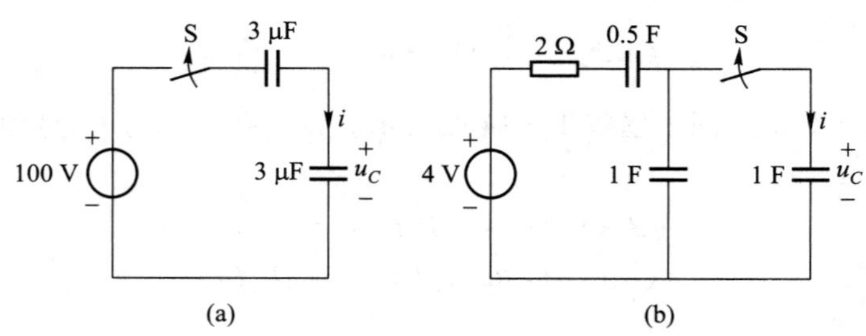

题 14-15 图

解:(1) 如题 14-15 图(a)所示电路,处于零状态,电路的运算电路如题解 14-15 图(a)所示,则有

$$I(s)=\frac{\dfrac{100}{s}}{\dfrac{1}{sC}+\dfrac{1}{sC}}=50C=0.15\times10^{-3}$$

$$U_C(s)=\frac{1}{sC}I(s)=\frac{50}{s}$$

故得

$$i(t)=0.15\delta(t)\ \mathrm{mA},\quad u_C(t)=50\varepsilon(t)\ \mathrm{V}$$

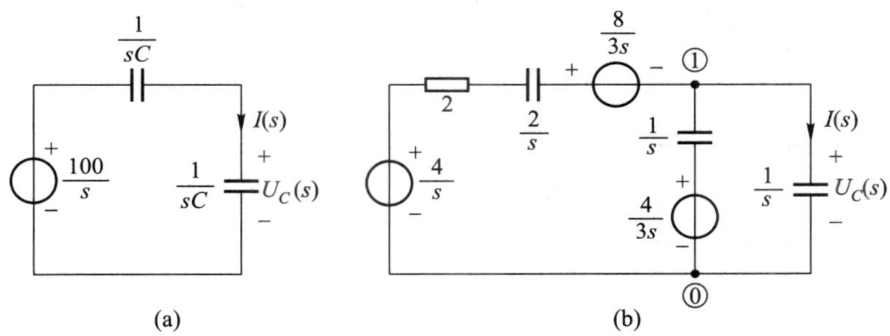

题解 14-15 图

(2) 如题 14-15 图(b)所示电路中，有 $u_{C_1}(0_-)=\dfrac{1}{0.5+1}\times4\ \mathrm{V}=\dfrac{8}{3}\ \mathrm{V}$，$u_{C_2}(0_-)=\left(4-\dfrac{8}{3}\right)\ \mathrm{V}=\dfrac{4}{3}\ \mathrm{V}$，则该电路的运算电路如题解 14-15 图(b)所示。

应用节点电压法求解。参考节点选取如题解 14-15 图(b)所示，可列出节点电压方程为

$$\left(\frac{1}{2+\dfrac{2}{s}}+s+s\right)U_{n1}(s)=\frac{\dfrac{4}{s}-\dfrac{8}{3s}}{2+\dfrac{2}{s}}+s\,\frac{4}{3s}$$

解得

$$U_C(s)=U_{n1}(s)=\frac{4(2s+3)}{3s(4s+5)}=\frac{4}{5s}-\frac{2}{15\left(s+\dfrac{5}{4}\right)}$$

且

$$I(s)=sU_C(s)=\frac{4(2s+3)}{3(4s+5)}=\frac{2\left(s+\dfrac{3}{2}\right)}{3\left(s+\dfrac{5}{4}\right)}=\frac{2}{3}+\frac{1}{6\left(s+\dfrac{5}{4}\right)}$$

故得

$$u_C(t)=\left(\frac{4}{5}-\frac{2}{15}e^{-\frac{5}{4}t}\right)\ \text{V}$$

$$i(t)=\left(\frac{2}{3}\delta(t)+\frac{1}{6}e^{-\frac{5}{4}t}\right)\ \text{A}$$

14-16　电路如题14-16图所示，已知 $u_{S1}(t)=\varepsilon(t)$ V，$u_{S2}(t)=\delta(t)$ V，试求 $u_1(t)$ 和 $u_2(t)$。

解：由于题14-16图所示电路为零状态，所以，其运算电路如题解14-16图所示。

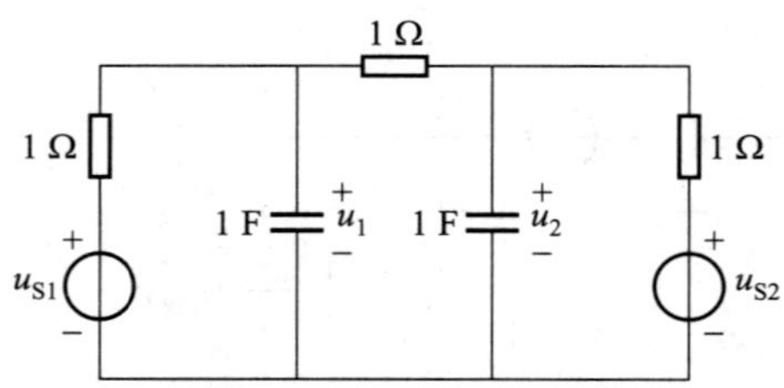

题14-16图

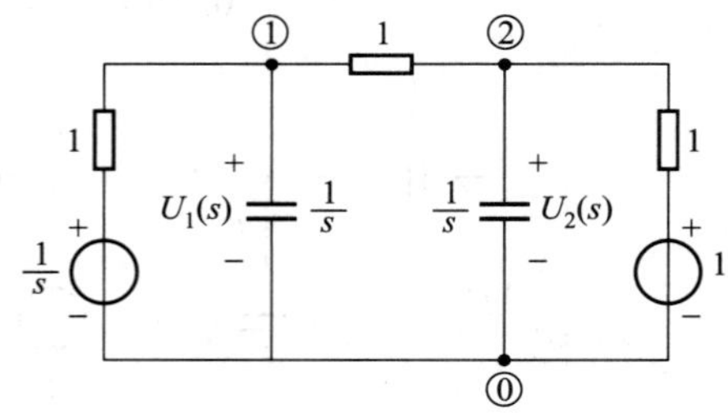

题解14-16图

用节点电压法求解。选取的参考节点如题解14-16图所示，两个节点电压分别为 $U_1(s)$ 和 $U_2(s)$，列出节点电压方程为

$$(1+s+1)U_1(s)-U_2(s)=\frac{1}{s}$$

$$-U_1(s)+(1+s+1)U_2(s)=1$$

解得

$$U_1(s)=\frac{2}{s(s+3)}=\frac{2}{3s}-\frac{2}{3(s+3)}$$

$$U_2(s)=\frac{s+1}{s(s+3)}=\frac{1}{3s}+\frac{2}{3(s+3)}$$

则

$$u_1(t)=\left(\frac{2}{3}-\frac{2}{3}e^{-3t}\right)\varepsilon(t)\ \text{V},\quad u_2(t)=\left(\frac{1}{3}+\frac{2}{3}e^{-3t}\right)\varepsilon(t)\ \text{V}$$

14-17　电路如题14-17图所示，已知 $u_S(t)=[\varepsilon(t)+\varepsilon(t-1)-2\varepsilon(t-2)]$ V，求 $i_L(t)$。

解：图示电路处于零状态，电压源 $u_S(t)$ 的象函数为

$$\begin{aligned}U_s(s)&=\mathscr{L}[u_S(t)]\\&=\mathscr{L}[\varepsilon(t)+\varepsilon(t-1)-2\varepsilon(t-2)]\\&=\frac{1}{s}+\frac{1}{s}e^{-s}-\frac{2}{s}e^{-2s}\end{aligned}$$

电路的运算电路如题解14-17图所示。列出节点电压方程为

$$\left(1+\frac{1}{5s}+\frac{1}{5}\right)U_{n1}(s)=U_s(s)$$

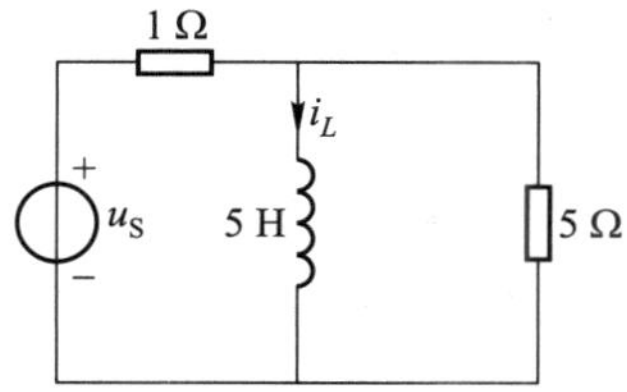

题 14-17 图

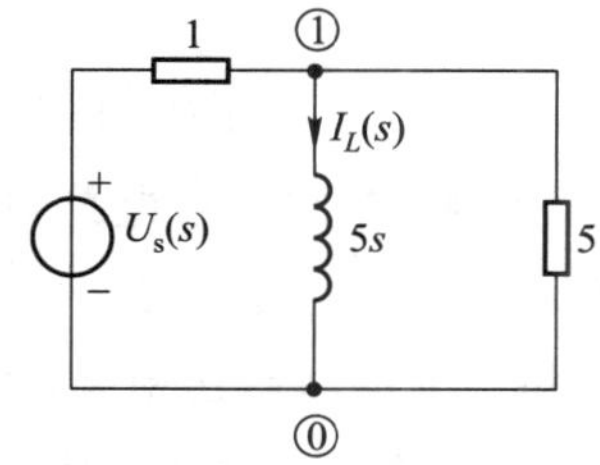

题解 14-17 图

解得

$$U_{n1}(s)=\frac{5sU_s(s)}{6s+1}$$

所以，有

$$I_L(s)=\frac{U_{n1}(s)}{5s}=\frac{U_s(s)}{6s+1}=\frac{1}{6s+1}\left(\frac{1}{s}+\frac{1}{s}e^{-s}-\frac{2}{s}e^{-2s}\right)$$

$$=\left(\frac{1}{s}-\frac{1}{s+\frac{1}{6}}\right)(1+e^{-s}-2e^{-2s})$$

其拉氏逆变换为

$$i_L(t)=\{(1-e^{-\frac{1}{6}t})\varepsilon(t)+[1-e^{-\frac{1}{6}(t-1)}]\varepsilon(t-1)-2[1-e^{-\frac{1}{6}(t-2)}]\varepsilon(t-2)\}\ \mathrm{A}$$

14-18　电路如题 14-18 图所示，开关 S 原是闭合的，电路处于稳态。若 S 在 $t=0$ 时打开，已知 $U_s=2$ V，$L_1=L_2=1$ H，$R_1=R_2=1$ Ω。试求 $t\geqslant 0$ 时的 $i_1(t)$ 和 $u_{L_2}(t)$。

解：由于开关 S 打开前电路已处于稳态，所以，有 $i_1(0_-)=\dfrac{U_s}{R_2}=2$ A，该电路的运算电路如题解 14-18 图所示。电流 $I_1(s)$ 为

$$I_1(s)=\frac{\frac{U_s}{s}+L_2i_1(0_-)}{R_1+R_2+sL_1+sL_2}=\frac{\frac{2}{s}+2}{2+2s}=\frac{1}{s}$$

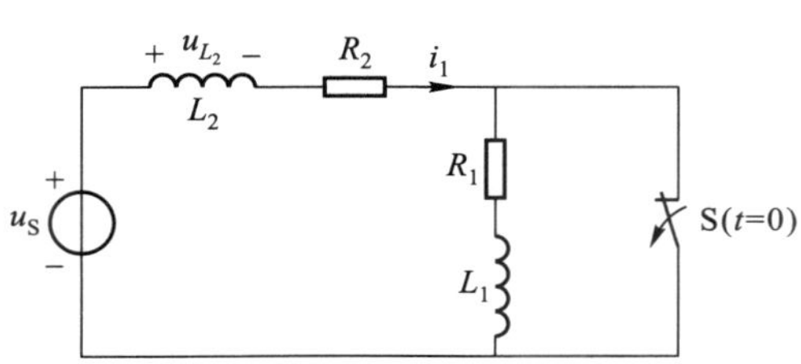

题 14-18 图

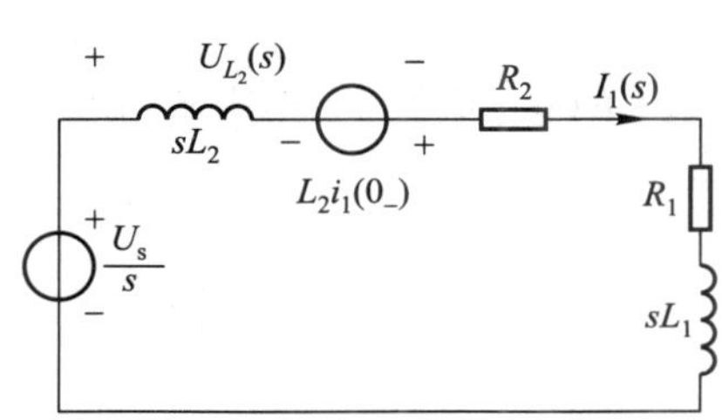

题解 14-18 图

电压 $U_{L_2}(s)$ 为

$$U_{L_2}(s)=sL_2I_1(s)-L_2i_1(0_-)=1-2=-1$$

故

$$i_1(t)=\varepsilon(t)\ \text{A},\quad u_{L_2}(t)=-\delta(t)\ \text{V}$$

14-19　题14-19图所示电路中 U_s 为恒定值，$u_{C_2}(0_-)=0$，开关闭合前电路已达稳态，$t=0$ 时S闭合，求开关闭合后，电容电压 u_{C_1} 和 u_{C_2}，电流 i_{C_1} 和 i_{C_2}。

解：开关闭合前电路已达稳态，所以，有 $u_{C_1}(0_-)=U_s$，且知 $u_{C_2}(0_-)=0$，则开关闭合后此电路的运算电路如题解14-19图所示。

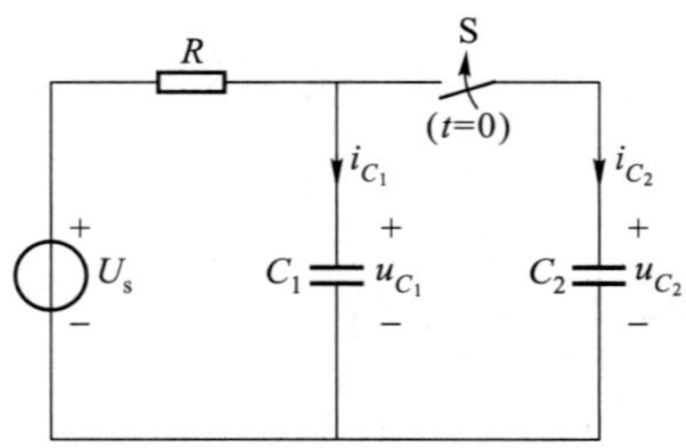

题14-19图

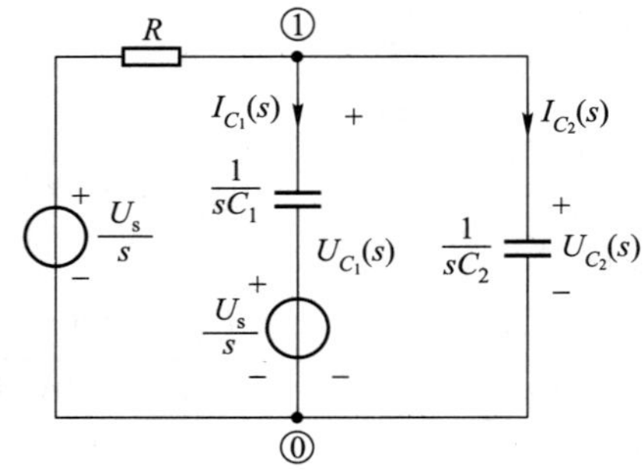

题解14-19图

应用节点电压法求解。根据题解14-19图所示选取的参考节点，节点电压即为 $U_{C_1}(s)$ 或 $U_{C_2}(s)$，可列出节点电压方程为

$$\left(\frac{1}{R}+sC_1+sC_2\right)U_{C_1}(s)=\frac{U_s}{sR}+sC_1\frac{U_s}{s}$$

解得

$$U_{C_1}(s)=U_{C_2}(s)=\frac{\left(\frac{1}{sR}+C_1\right)U_s}{\frac{1}{R}+s(C_1+C_2)}$$

$$=\frac{(sRC_1+1)U_s}{R(C_1+C_2)s\left(s+\frac{1}{\tau}\right)}$$

其中，$\tau=R(C_1+C_2)$。于是上式可以展开为

$$U_{C_1}(s)=U_{C_2}(s)=\frac{U_s}{s}-\frac{\frac{C_2}{C_1+C_2}U_s}{s+\frac{1}{\tau}}$$

各电容中电流为

$$I_{C_1}(s)=sC_1\left[U_{C_1}(s)-\frac{U_s}{s}\right]=\frac{C_1C_2}{(C_1+C_2)^2}\frac{U_s}{R}\frac{1}{s+\frac{1}{\tau}}-\frac{C_1C_2}{C_1+C_2}U_s$$

$$I_{C_2}(s)=sC_2U_{C_2}(s)=\frac{C_2^2}{(C_1+C_2)^2}\frac{U_s}{R}\frac{1}{s+\frac{1}{\tau}}+\frac{C_1C_2}{C_1+C_2}U_s$$

所以,得

$$u_{C_1}=u_{C_2}=U_s\left(1-\frac{C_2}{C_1+C_2}e^{-\frac{t}{\tau}}\right)\varepsilon(t)\ \text{V}$$

$$i_{C_1}(t)=\left[\frac{C_1C_2}{(C_1+C_2)^2}\frac{U_s}{R}e^{-\frac{t}{\tau}}-\frac{C_1C_2}{C_1+C_2}U_s\delta(t)\right]\ \text{A}$$

$$i_{C_2}(t)=\left[\frac{C_2^2}{(C_1+C_2)^2}\frac{U_s}{R}e^{-\frac{t}{\tau}}+\frac{C_1C_2}{C_1+C_2}U_s\delta(t)\right]\ \text{A}$$

14-20　题 14-20 图所示电路中两电容原来未充电,在 $t=0$ 时将开关 S 闭合,已知 $U_s=10\ \text{V}, R=5\ \Omega, C_1=2\ \text{F}, C_2=3\ \text{F}$。求 $t\geqslant 0$ 时的 u_{C_1}、u_{C_2} 及 i_1、i_2、i。

解:已知开关 S 闭合前电路处于零状态,则其运算电路如题解 14-20 图所示。显然,总电流 $I_1(s)$ 为

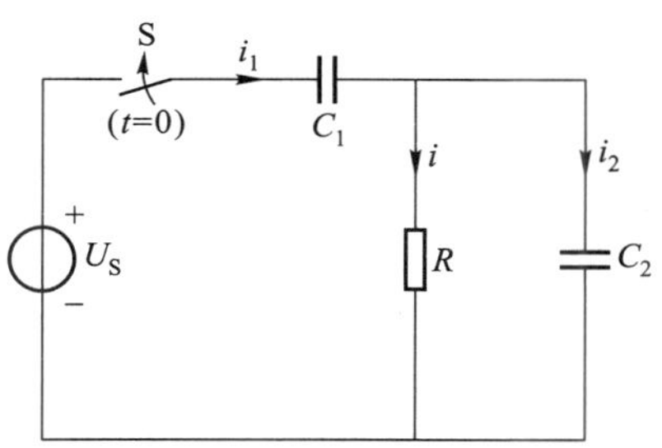

题 14-20 图

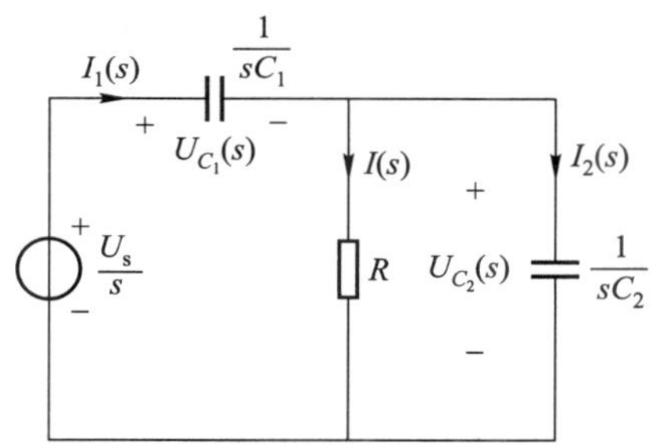

题解 14-20 图

$$I_1(s)=\frac{\frac{U_s}{s}}{\frac{1}{sC_1}+\frac{R\frac{1}{sC_2}}{R+\frac{1}{sC_2}}}=\frac{20(15s+1)}{25s+1}=12+\frac{0.32}{s+0.04}$$

其他各电流为

$$I_2(s)=\frac{R}{R+\frac{1}{sC_2}}I_1(s)=\frac{300s}{25s+1}=12-\frac{0.48}{s+0.04}$$

$$I(s)=I_1(s)-I_2(s)=\frac{0.8}{s+0.04}$$

则电容电压为

$$U_{C_1}(s)=\frac{1}{sC_1}I_1(s)=\frac{20(15s+1)}{2s(25s+1)}=\frac{10}{s}-\frac{4}{s+0.04}$$

$$U_{C_2}(s)=\frac{1}{sC_2}I_2(s)=\frac{100}{25s+1}=\frac{4}{s+0.04}$$

所以,得

$$u_{C_1}(t)=(10-4\mathrm{e}^{-0.04t})\varepsilon(t)\ \mathrm{V}$$

$$u_{C_2}(t)=4\mathrm{e}^{-0.04t}\varepsilon(t)\ \mathrm{V}$$

$$i_1(t)=[12\delta(t)+0.32\mathrm{e}^{-0.04t}]\varepsilon(t)\ \mathrm{A}$$

$$i_2(t)=[12\delta(t)-0.48\mathrm{e}^{-0.04t}]\varepsilon(t)\ \mathrm{A}$$

$$i(t)=0.8\mathrm{e}^{-0.04t}\varepsilon(t)\ \mathrm{A}$$

14-21 电路如题 14-21 图所示,已知电容 C_1 和 C_2 原带电荷,方向如图所示,$C_1=3$ F,$q_{C_1}(0_-)=15$ C,$C_2=6$ F,$q_{C_2}(0_-)=60$ C,$t=0$ 时,开关 S 闭合,求开关 S 闭合后电压 $u(t)$。

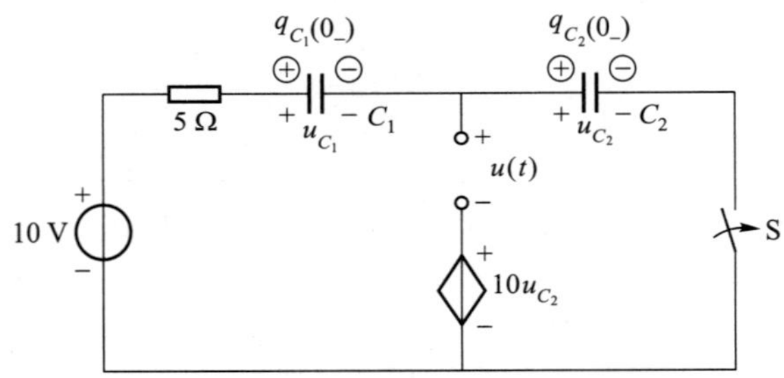

题 14-21 图

解:将电容器上的电荷用初始电压表示,作出运算电路如题解 14-21 图所示。

$$u_{C_1}(0_-)=\frac{q_{C_1}(0_-)}{C_1}=\frac{15}{3}\ \mathrm{V}=5\ \mathrm{V}$$

$$u_{C_2}(0_-)=\frac{q_{C_2}(0_-)}{C_2}=\frac{60}{6}\ \mathrm{V}=10\ \mathrm{V}$$

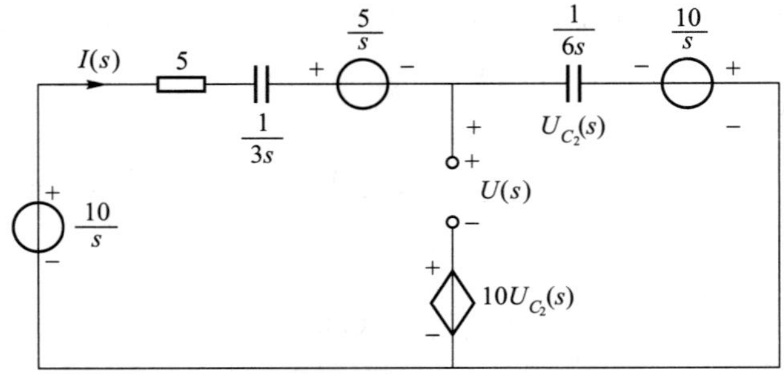

题解 14-21 图

列出回路的 KVL 方程为

$$\left(5+\frac{1}{3s}+\frac{1}{6s}\right)I(s)=\frac{10}{s}-\frac{5}{s}+\frac{10}{s}$$

解得

$$I(s)=\frac{30}{10s+1}$$

$$U(s)=U_{C_2}(s)-10U_{C_2}(s)$$
$$=-9U_{C_2}(s)$$

而

$$U_{C_2}(s)=\frac{1}{6s}I(s)-\frac{10}{s}$$

$$U(s)=-9\left[\frac{1}{6s}I(s)-\frac{10}{s}\right]$$
$$=\frac{90s+4.5}{s\left(s+\frac{1}{10}\right)}$$

其拉氏逆变换为

$$u(t)=45(1+\mathrm{e}^{-0.1t})\varepsilon(t)\ \mathrm{V}$$

14-22　绘出 $H(s)=\frac{2s^2-12s+16}{s^3+4s^2+6s+3}$的零、极点图。

解:分子　$N(s)=2(s^2-6s+8)=2(s-2)(s-4)$

分母　$D(s)=(s+1)(s^2+3s+3)$

$$=(s+1)\left(s+\frac{3}{2}+\mathrm{j}\frac{\sqrt{3}}{2}\right)\left(s+\frac{3}{2}-\mathrm{j}\frac{\sqrt{3}}{2}\right)$$

所以 $H(s)$有 2 个零点:$z_1=2$,$z_2=4$;3 个极点:$p_1=-1$,$p_2=-\frac{3}{2}-\mathrm{j}\frac{\sqrt{3}}{2}$,$p_3=-\frac{3}{2}+\mathrm{j}\frac{\sqrt{3}}{2}$。其零、极点图如题解 14-22 图所示。

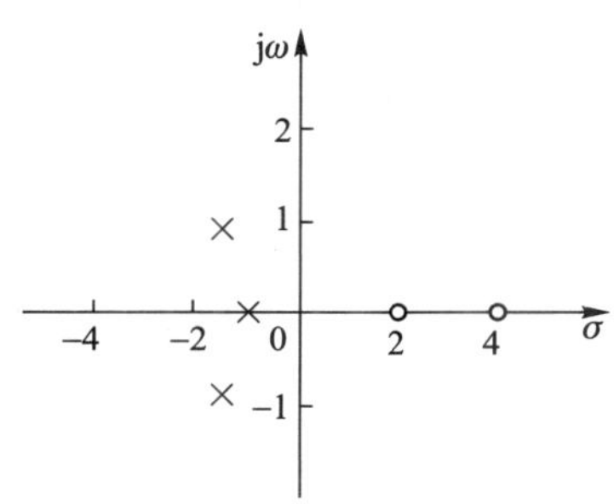

题解 14-22 图

14-23　试求题 14-23 图所示线性一端口网络的驱动点阻抗 $Z(s)$的表达式,并在 s 平面上绘出极点和零点。已知 $R=1\ \Omega$,$L=0.5\ \mathrm{H}$,$C=0.5\ \mathrm{F}$。

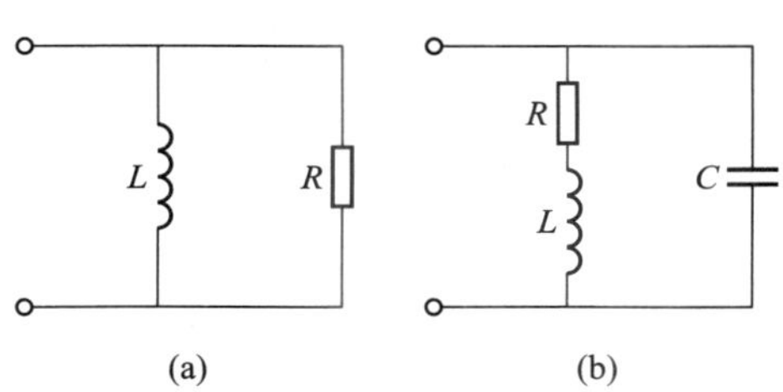

题 14-23 图

解:(1) 题 14-23 图(a)电路的驱动点阻抗为

$$Z(s)=\frac{RsL}{R+sL}=\frac{0.5s}{0.5s+1}=\frac{s}{s+2}$$

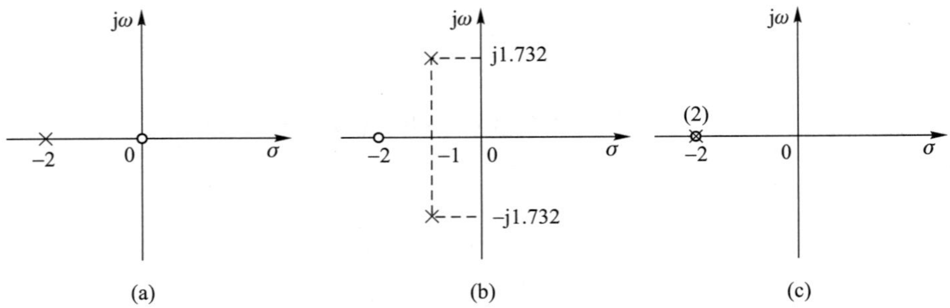

题解 14-23 图

$Z(s)$有一个零点:$z_1=0$;1 个极点:$p_1=-2$,$Z(s)$在 s 平面上的极点和零点位置如题解 14-23(a)所示。

(2) 题 14-23 图(b)电路的驱动点阻抗为

$$Z(s)=\frac{(R+sL)\dfrac{1}{sC}}{R+sL+\dfrac{1}{sC}}=\frac{sL+R}{LCs^2+RCs+1}=\frac{2(s+2)}{s^2+2s+4}$$

$Z(s)$有一个零点:$z_1=-2$;两个极点:$p_1=-1+\text{j}1.732$,$p_2=-1-\text{j}1.732$,$Z(s)$的零、极点图如题解 14-23 图(b)所示。

(3) 题 14-23 图(c)电路的驱动点阻抗为

$$Z(s)=\frac{(R+sL)\left(\dfrac{1}{sC}+R\right)}{R+sL+\dfrac{1}{sC}+R}=\frac{(s+2)^2}{s^2+4s+4}=1$$

$Z(s)$有二阶零点:$z_1=z_2=-2$;二阶极点:$p_1=p_2=-2$。$Z(s)$的零、极点图如题解 14-23 图(c)所示。

14-24　求题 14-24 图所示各电路的驱动点阻抗 $Z(s)$的表达式,并在 s 平面上绘出极点和零点。

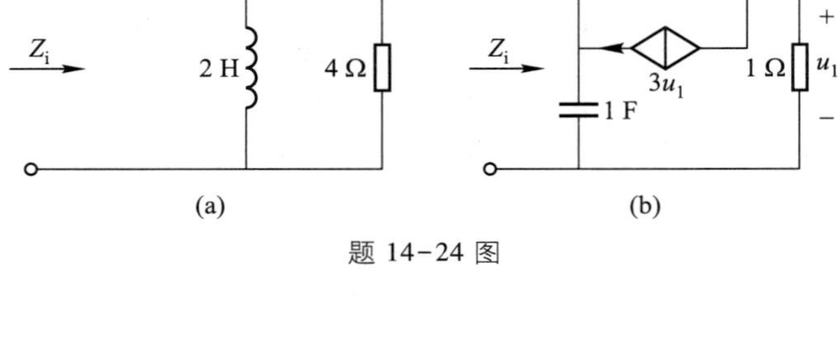

题 14-24 图

解：(1) 题 14-24 图(a)电路的驱动点阻抗 $Z(s)$ 为

$$Z(s)=1+\frac{2s\left(\dfrac{1}{3s}+4\right)}{2s+\dfrac{1}{3s}+4}=1+\frac{2s(1+12s)}{6s^2+12s+1}=\frac{30s^2+14s+1}{6s^2+12s+1}$$

可求得 $Z(s)$ 有 2 个零点：$z_1=-0.08804$，$z_2=-0.37863$；2 个极点：$p_1=-0.08713$，$p_2=-1.91288$。在 s 平面上的极点和零点位置如题解 14-24 图(a)所示。

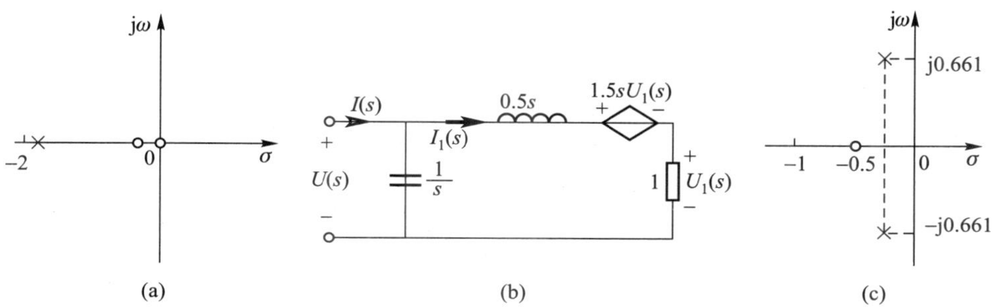

题解 14-24 图

(2) 为求解方便，将题 14-24 图(b)所示电路等效变换为题解 14-24 图(b)所示电路，且在端口处加电压 $U(s)$，求出电流 $I(s)$，根据 KCL、KVL，有

$$I(s)=sU(s)+I_1(s)$$

$$U(s)=(0.5s+1)I_1(s)+1.5sI_1(s)$$

解得

$$I_1(s)=\frac{U(s)}{0.5s+1+1.5s}=\frac{U(s)}{2s+1}$$

$$I(s)=sU(s)+\frac{U(s)}{2s+1}=\frac{2s^2+s+1}{2s+1}U(s)$$

所以，驱动点阻抗为

$$Z(s)=\frac{U(s)}{I(s)}=\frac{2s+1}{2s^2+s+1}$$

$Z(s)$ 有 1 个零点：$z=-\dfrac{1}{2}$；2 个极点：$p_1=-0.25+\mathrm{j}0.661$，$p_2=-0.25-\mathrm{j}0.661$。其零、极点图如题解 14-24 图(c)所示。

14-25　题 14-25 图所示为一线性电路，输入电流源的电流为 i_S。

(1) 试计算驱动点阻抗 $Z_d(s)=\dfrac{U_1(s)}{I_s(s)}$。

(2) 试计算转移阻抗 $Z_t(s)=\dfrac{U_2(s)}{I_s(s)}$。

(3) 在 s 平面上绘出 $Z_d(s)$ 和 $Z_t(s)$ 的极点和零点。

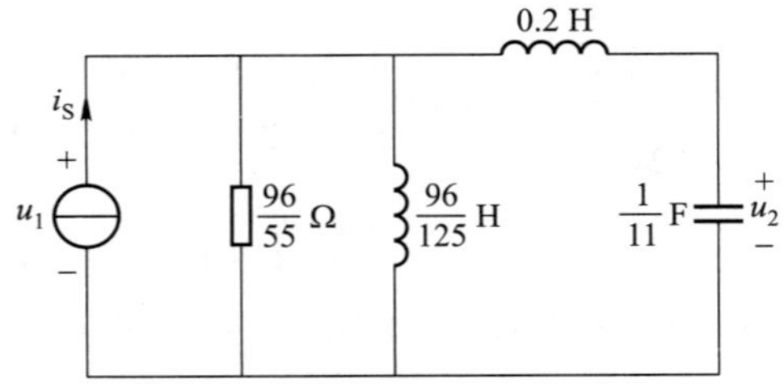

题 14-25 图

解:设输入电流源的电流 $I_s(s)$,计算电压 $U_1(s)$ 和 $U_2(s)$。

(1) 应用节点电压法求解,节点电压 $U_1(s)$ 满足方程

$$\left(\frac{55}{96}+\frac{125}{96s}+\frac{1}{0.2s+\frac{1}{\frac{1}{11}s}}\right)U_1(s)=I_s(s)$$

则

$$U_1(s)=\frac{96s(s^2+55)}{55(s^3+11s^2+55s+125)}I_s(s)=\frac{96s(s^2+55)}{55(s+5)(s^2+6s+25)}I_s(s)$$

驱动点阻抗 $Z_d(s)$ 为

$$Z_d(s)=\frac{U_1(s)}{I_s(s)}=\frac{96s(s^2+55)}{55(s+5)(s^2+6s+25)}$$

(2) 因为电压 $U_2(s)$ 为

$$U_2(s)=\frac{\frac{11}{s}}{0.2s+\frac{1}{\frac{1}{11}s}}U_1(s)=\frac{55}{s^2+55}U_1(s)$$

把(1)中求出的电压 $U_1(s)$ 代入到上式中,得

$$U_2(s)=\frac{96s}{(s+5)(s^2+6s+25)}I_s(s)$$

所以,转移阻抗 $Z_t(s)$ 为

$$Z_t(s)=\frac{U_2(s)}{I_s(s)}=\frac{96s}{(s+5)(s^2+6s+25)}$$

(3) 由以上计算可求得驱动点阻抗 $Z_d(s)$ 有 3 个零点:$z_1=0, z_2=j\sqrt{55}, z_3=-j\sqrt{55}$;3 个极点:$p_1=-5, p_2=-3+j4, p_3=-3-j4$。其零、极点图如题解 14-25 图(a)所示。

同样可求得转移阻抗 $Z_t(s)$ 有 1 个零点:$z=0$;3 个极点与 $Z_d(s)$ 的 3 个极点相同。

其零、极点图如题解 14-25 图(b)所示。

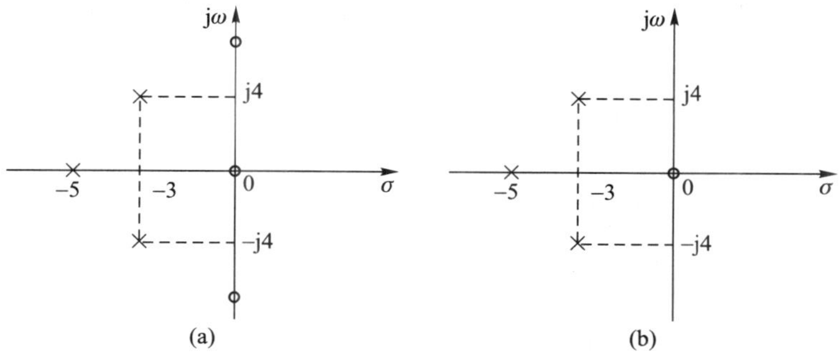

题解 14-25 图

14-26　电路如题 14-26 图所示,已知 $u_S(t)=4\varepsilon(t)$ V。(1) 求网络函数 $H(s)=\dfrac{U_o(s)}{U_s(s)}$。(2) 绘出 $H(s)$ 的零、极点图。

解:

$$U_C(s)=\frac{U_s(s)}{1+\dfrac{1}{2s}}\times\frac{1}{2s}=\frac{1}{1+2s}U_s(s)$$

$$U_o(s)=-2U_C(s)\cdot\frac{1}{2s}$$

$$=\left(-\frac{1}{1+2s}\times\frac{1}{2s}\right)U_s(s)$$

$$H(s)=\frac{U_o(s)}{U_s(s)}$$

$$=\frac{-1}{s(1+2s)}=\frac{-1}{2s\left(s+\dfrac{1}{2}\right)}$$

该网络函数无零点,有 2 个极点:$p_1=0,p_2=-\dfrac{1}{2}$,零、极点图如题解 14-26 图所示。

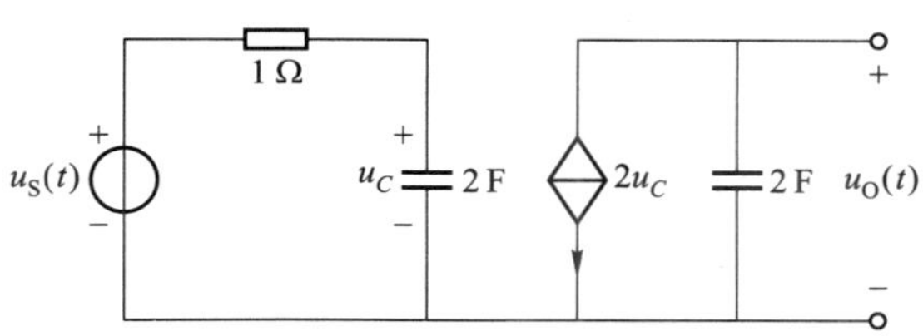

题 14-26 图

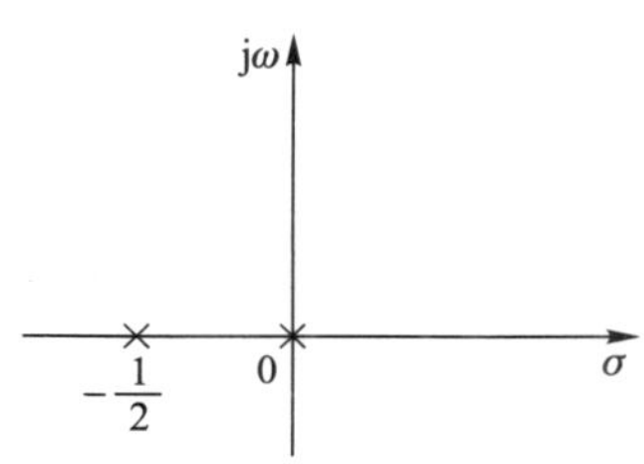

题解 14-26 图

14-27　题 14-27 图所示为 RC 电路,求它的转移函数 $H(s)=\dfrac{U_o(s)}{U_i(s)}$。

解:设电压象函数为 $U_i(s)$ 和 $U_o(s)$,则有

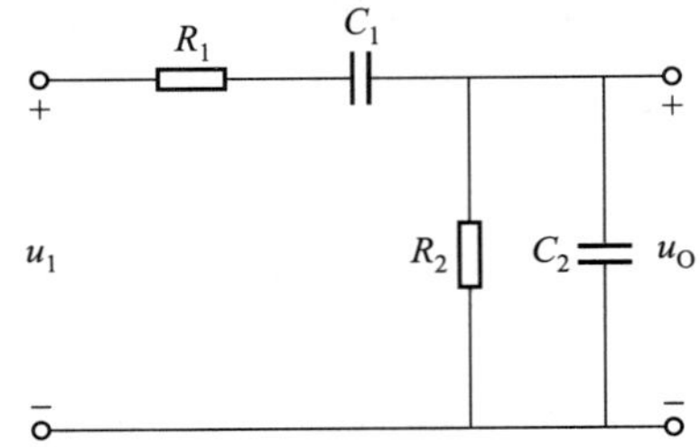

题 14-27 图

$$U_o(s)=\frac{\dfrac{1}{\dfrac{1}{R_2}+sC_2}}{R_1+\dfrac{1}{sC_1}+\dfrac{1}{\dfrac{1}{R_2}+sC_2}}U_i(s)$$

$$=\frac{R_2 s}{R_1R_2C_2s^2+\left(R_1+R_2+R_2\dfrac{C_2}{C_1}\right)s+\dfrac{1}{C_1}}U_i(s)$$

所以,其转移函数 $H(s)$ 为

$$H(s)=\frac{U_o(s)}{U_i(s)}=\frac{\dfrac{1}{R_1C_2}s}{s^2+s\left(\dfrac{1}{R_2C_2}+\dfrac{1}{R_1C_2}+\dfrac{1}{R_1C_1}\right)+\dfrac{1}{R_1R_2C_1C_2}}$$

14-28　题 14-28 图所示电路中,$L=0.2\ \text{H}$,$C=0.1\ \text{F}$,$R_1=6\ \Omega$,$R_2=4\ \Omega$,$u_S(t)=7e^{-2t}\ \text{V}$,求 R_2 中的电流 $i_2(t)$,并求网络函数 $H(s)=\dfrac{I_2(s)}{U_s(s)}$ 及单位冲激响应。

解:题 14-28 图所示电路的运算电路如题解 14-28 图所示,其中电压源电压的拉普拉斯变换为

$$U_s(s)=\frac{7}{s+2}$$

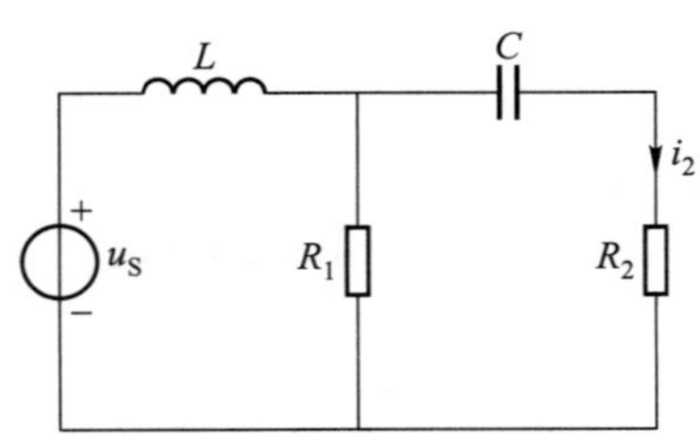

题 14-28 图

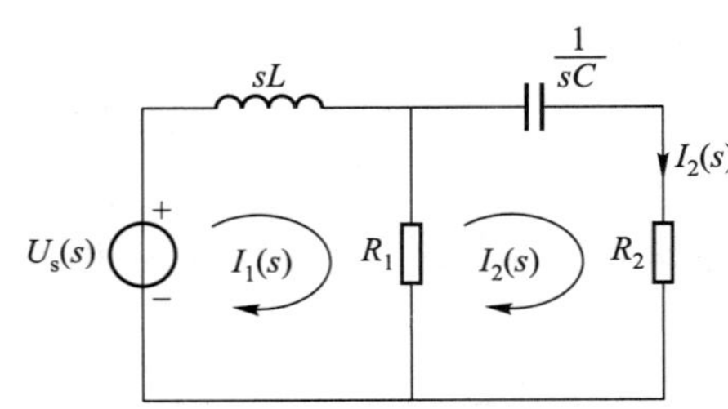

题解 14-28 图

应用回路电流法,对所选取的回路电流列出方程为

$$(sL+R_1)I_1(s)-R_1I_2(s)=U_s(s)$$

$$-R_1I_1(s)+\left(R_1+\frac{1}{sC}+R_2\right)I_2(s)=0$$

代入已知参数值,得

$$(0.2s+6)I_1(s)-6I_2(s)=U_s(s)$$

$$-6I_1(s)+\left(10+\frac{1}{0.1s}\right)I_2(s)=0$$

解得

$$I_2(s)=\frac{3s}{s^2+13s+30}U_s(s)=\frac{21s}{(s+3)(s+10)(s+2)}$$

$$=\frac{9}{s+3}-\frac{3.75}{s+10}-\frac{5.25}{s+2}$$

故有

$$i_2(t)=(9e^{-3t}-3.75e^{-10t}-5.25e^{-2t})\ \text{A}$$

网络函数 $H(s)$ 为

$$H(s)=\frac{I_2(s)}{U_2(s)}=\frac{3s}{(s+3)(s+10)}=\frac{K_1}{s+3}+\frac{K_2}{s+10}$$

经计算得

$$K_1=-\frac{9}{7},\quad K_2=\frac{30}{7}$$

故可得单位冲激响应为

$$h(t)=\left(-\frac{9}{7}e^{-3t}+\frac{30}{7}e^{-10t}\right)\varepsilon(t)$$

14-29　已知网络函数为

(1) $H(s)=\dfrac{2}{s-0.3}$。

(2) $H(s)=\dfrac{s-5}{s^2-10s+125}$。

(3) $H(s)=\dfrac{s+10}{s^2+20s+500}$。

试定性作出单位冲激响应的波形。

解:(1) $h(t)=\mathscr{L}^{-1}[H(s)]=\mathscr{L}^{-1}\left[\dfrac{2}{s-0.3}\right]=2e^{0.3t}$

由于 $H(s)$ 有 1 个极点:$p_1=0.3$,且为正值,所以,单位冲激响应 $h(t)$ 随 t 按指数增长,其波形如题解 14-29 图(a)所示。

(2) 因为 $H(s)$ 的分母 $D(s)=0$ 的两个根 $p_1=5+j10$,$p_2=5-j10$ 为共轭复根。所以,设 $H(s)$ 为

$$H(s)=\frac{s-5}{s^2-10s+125}=\frac{K_1}{s-5-j10}+\frac{K_2}{s-5+j10}$$

计算得

$$K_1=\frac{1}{2},\quad K_2=K_1^*=\frac{1}{2}$$

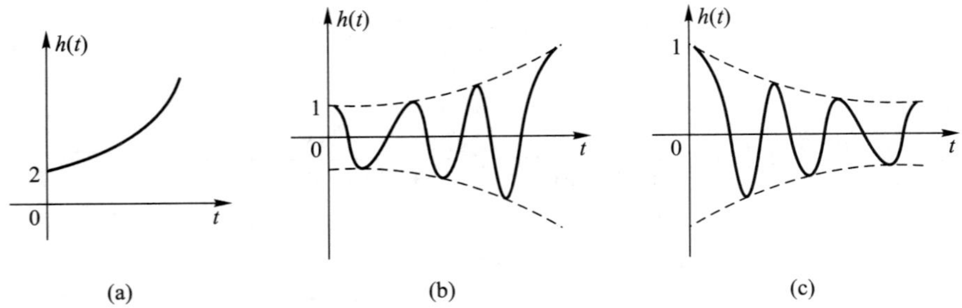

题解 14-29 图

故

$$h(t)=\mathscr{L}^{-1}[H(s)]=2|K_1|e^{5t}\cos(10t)=e^{5t}\cos(10t)$$

由于 $H(s)$ 的极点是一对共轭复根，且实部为正值，所以单位冲激响应 $h(t)$ 是按增长的正弦规律变化的，其波形如题解 14-29 图(b)所示。

(3) 因为 $H(s)$ 的分母 $D(s)=0$ 的两个根 $p_1=-10+j20$，$p_2=-10-j20$ 是共轭复根。所以，设 $H(s)$ 为

$$H(s)=\frac{s+10}{s^2+20s+500}=\frac{K_1}{s+10-j20}+\frac{K_2}{s+10+j20}$$

可求得

$$K_1=\frac{1}{2},\quad K_2=K_1^*=\frac{1}{2}$$

故

$$h(t)=\mathscr{L}^{-1}[H(s)]=2|K_1|e^{-10t}\cos(20t)=e^{-10t}\cos(20t)$$

由于 $H(s)$ 有一对共轭极点，且实部为负值，所以，单位冲激响应 $h(t)$ 是按衰减的正弦规律变化的，其波形如题解 14-29 图(c)所示。

14-30　设某线性电路的冲激响应 $h(t)=e^{-t}+2e^{-2t}$，试求相应的网络函数，并绘出零、极点图。

解：所求线性电路的网络函数 $H(s)$ 为

$$H(s)=\mathscr{L}[h(t)]=\frac{1}{s+1}+\frac{2}{s+2}=\frac{3s+4}{(s+1)(s+2)}$$

显然，$H(s)$ 有 1 个零点：$z_1=-\dfrac{4}{3}$；2 个极点：$p_1=-1$，$p_2=-2$。其零、极点图如题解 14-30 图所示。

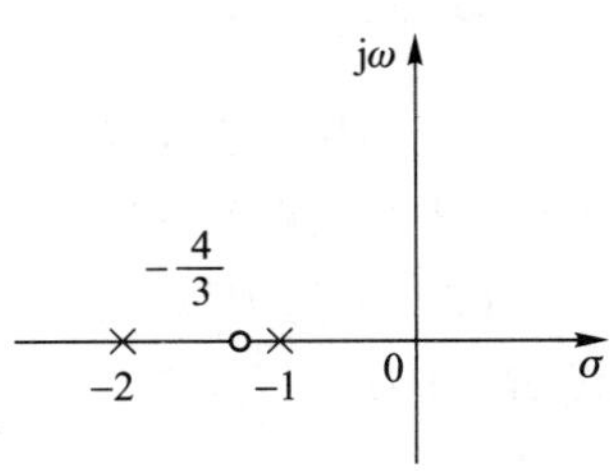

题解 14-30 图

14-31　设网络的冲激响应为

(1) $h(t)=\delta(t)+\dfrac{3}{5}e^{-t}$。

(2) $h(t)=e^{-at}\sin(\omega t+\theta)$。

(3) $h(t)=\dfrac{3}{5}e^{-t}-\dfrac{7}{9}te^{-3t}+3t$。

试求相应的网络函数的极点。

解：(1) $h(t)$ 相应的网络函数 $H(s)$ 为

$$H(s)=\mathscr{L}[h(t)]=1+\frac{3}{5}\ \frac{1}{s+1}=\frac{5s+8}{5(s+1)}$$

所以，$H(s)$ 有 1 个极点：$p_1=-1$；1 个零点：$z_1=-\dfrac{8}{5}$。

(2) 因为

$$\begin{aligned}h(t)&=e^{-\alpha t}\sin(\omega t+\theta)=e^{-\alpha t}[\sin(\omega t)\cos\theta+\cos(\omega t)\sin\theta]\\&=e^{-\alpha t}\sin(\omega t)\cos\theta+e^{-\alpha t}\cos(\omega t)\sin\theta\end{aligned}$$

其相应的网络函数 $H(s)$ 为

$$H(s)=\mathscr{L}[h(t)]=\frac{\omega\cos\theta+(s+\alpha)\sin\theta}{(s+\alpha)^2+\omega^2}$$

$H(s)$ 有 2 个极点：$p_1=-\alpha+j\omega$，$p_2=-\alpha-j\omega$，为共轭复根；1 个零点：$z_1=-\alpha-\omega\cot\theta$。

(3) $h(t)$ 相应的网络函数 $H(s)$ 为

$$\begin{aligned}H(s)=\mathscr{L}[h(t)]&=\frac{3}{5}\ \frac{1}{s+1}-\frac{7}{9}\ \frac{1}{(s+3)^2}+\frac{3}{s^2}\\&=\frac{27s^4+262s^3+1\ 153s^2+2\ 025s+1\ 215}{45s^2(s+1)(s+3)^2}\end{aligned}$$

所以，$H(s)$ 有 5 个极点：$p_1=p_2=0$（二阶极点），$p_3=-1$，$p_4=p_5=-3$。

14-32　画出与题 14-32 图所示零、极点分布相应的幅频响应 $|H(j\omega)|-\omega$ 曲线。

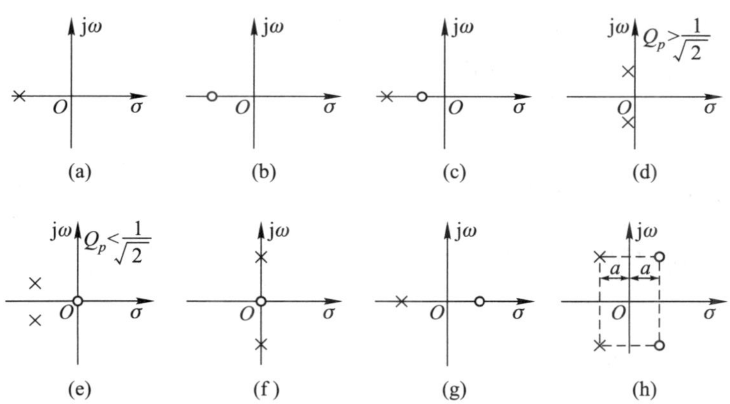

题 14-32 图

解：(1) 根据题 14-32 图(a)的零、极点分布可知，只有 1 个极点：$p_1=-\alpha$，其相应的网络函数 $H(s)$ 可设为

$$H(s)=\frac{H_0}{s+\alpha}$$

对应的幅频响应 $|H(\mathrm{j}\omega)|$ 随 ω 的增长而单调减小，$|H(\mathrm{j}\omega)|-\omega$ 的波形如题解 14-32 图(a)所示。

(2) 由题 14-32 图(b)的零、极点分布可知，只有 1 个零点：$z_1=-\alpha$，其相应的网络函数 $H(s)$ 可设为

$$H(s)=H_0(s+\alpha)$$

其幅频响应 $|H(\mathrm{j}\omega)|-\omega$ 如题解 14-32 图(b)所示。

(3) 由题 14-32 图(c)的零、极点分布可知，有 1 个零点：$z_1=-a$；1 个极点：$p_1=-b$，且 $a<b$，其相应的网络函数 $H(s)$ 为

$$H(s)=H_0\frac{s+a}{s+b}$$

其幅频响应 $|H(\mathrm{j}\omega)|$ 在 $\omega=0$ 时，有 $|H(\mathrm{j}0)|=H_0\dfrac{a}{b}<H_0$，而在 $\omega\to\infty$ 时，有 $|H(\mathrm{j}\omega)|=H_0$，所以，$|H(\mathrm{j}\omega)|-\omega$ 的波形如题解 14-32 图(c)所示。

(4) 由题 14-32 图(d)的零、极点分布可知，有 2 个极点：$p_1=-\alpha+\mathrm{j}\omega_\mathrm{d}$，$p_2=-\alpha-\mathrm{j}\omega_\mathrm{d}$，为共轭复根，其相应的网络函数 $H(s)$ 为

$$H=\frac{H_0}{(s+\alpha-\mathrm{j}\omega_\mathrm{d})(s+\alpha+\mathrm{j}\omega_\mathrm{d})}=\frac{H_0}{(s+\alpha)^2+\omega_\mathrm{d}^2}$$

其幅频响应 $|H(\mathrm{j}\omega)|$ 随 $\omega\to\infty$ 而衰减，但由于 $Q_p>\dfrac{1}{\sqrt{2}}$，所以，当 $\omega\approx\omega_\mathrm{d}$ 时，$|H(\mathrm{j}\omega)|$ 将出现峰值，$|H(\mathrm{j}\omega)|-\omega$ 的波形如题解 14-32 图(d)所示。

(5) 由题 14-32 图(e)的零、极点分布可知，有 2 个极点：$p_1=-\alpha+\mathrm{j}\omega_\mathrm{d}$，$p_2=-\alpha-\mathrm{j}\omega_\mathrm{d}$，为共轭复根；1 个零点：$z_1=0$，其相应的网络函数 $H(s)$ 为

$$H(s)=\frac{H_0 s}{(s+\alpha-\mathrm{j}\omega_\mathrm{d})(s+\alpha+\mathrm{j}\omega_\mathrm{d})}=\frac{H_0 s}{(s+\alpha)^2+\omega_\mathrm{d}^2}$$

其幅频响应 $|H(\mathrm{j}\omega)|$ 在 $\omega=0$ 时，有 $|H(\mathrm{j}0)|=0$；在 $\omega\to\infty$ 时，$|H(\mathrm{j}\omega)|=0$；而在 $\omega\approx\omega_\mathrm{d}$ 时，$|H(\mathrm{j}\omega)|$ 达到最大值。由于此时有 $Q_p<\dfrac{1}{\sqrt{2}}$，所以，$|H(\mathrm{j}\omega)|$ 随 ω 的变化较平坦，如题解 14-32 图(e)所示。

(6) 由题 14-32 图(f)的零、极点分布可知，有 2 个极点：$p_1=\mathrm{j}\omega_\mathrm{d}$，$p_2=-\mathrm{j}\omega_\mathrm{d}$，为共轭虚根；1 个零点：$z_1=0$，其相应的网络函数 $H(s)$ 为

$$H(s)=\frac{H_0 s}{(s-\mathrm{j}\omega_\mathrm{d})(s+\mathrm{j}\omega_\mathrm{d})}=\frac{H_0 s}{s^2+\omega_\mathrm{d}^2}$$

幅频响应 $|H(\mathrm{j}\omega)|$ 在 $\omega=0$ 时，$|H(\mathrm{j}0)|=0$；在 $\omega\to\infty$ 时，$|H(\mathrm{j}\omega)|=0$；在 $\omega=\omega_\mathrm{d}$ 时，$|H(\mathrm{j}\omega)|$ 达到无穷大，所以，幅频响应 $|H(\mathrm{j}\omega)|-\omega$ 的波形如题解 14-32 图(f)所示。

（7）由题 14-32 图（g）的零、极点分布可知，有 1 个极点：$p_1=-b$；1 个零点：$z_1=a$，其中 $b>a>0$。相应的网络函数 $H(s)$ 为

$$H(s)=H_0\frac{s-a}{s+b}$$

其 $|H(\mathrm{j}\omega)|$ 在 $\omega=0$ 时，有 $|H(\mathrm{j}0)|=H_0\frac{a}{b}$；在 $\omega\to\infty$ 时，$|H(\mathrm{j}\omega)|=H_0$，所以，幅频响应 $|H(\mathrm{j}\omega)|-\omega$ 如题解 14-32 图（g）所示。

（8）由题 14-32 图（h）的零、极点分布可知，有 2 个极点：$p_1=-\alpha+\mathrm{j}\omega_d$，$p_2=-\alpha-\mathrm{j}\omega_d$，为共轭复根；2 个零点：$z_1=\alpha+\mathrm{j}\omega_d$，$z_2=\alpha-\mathrm{j}\omega_d$，为共轭复根，其相应的网络函数 $H(s)$ 为

$$H(s)=H_0\frac{(s-\alpha-\mathrm{j}\omega_d)(s-\alpha+\mathrm{j}\omega_d)}{(s+\alpha-\mathrm{j}\omega_d)(s+\alpha+\mathrm{j}\omega_d)}=H_0\frac{(s-\alpha)^2+\omega_d^2}{(s+\alpha)^2+\omega_d^2}$$

幅频响应 $|H(\mathrm{j}\omega)|$ 在 $\omega=0$ 时，$|H(\mathrm{j}0)|=H_0$；在 $\omega\to\infty$ 时，$|H(\mathrm{j}\omega)|=H_0$，所以，$|H(\mathrm{j}\omega)|-\omega$ 如题解 14-32 图（h）所示。

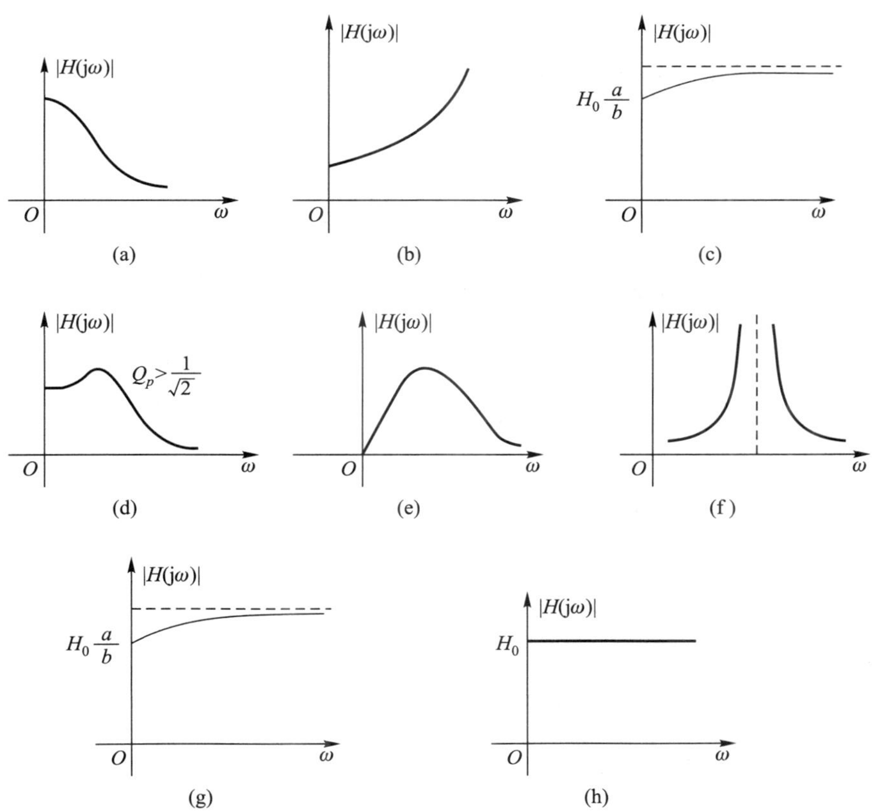

题解 14-32 图

14-33　已知电路如题14-33图所示,求网络函数 $H(s)=\dfrac{U_2(s)}{U_s(s)}$,定性画出幅频特性和相频特性示意图。

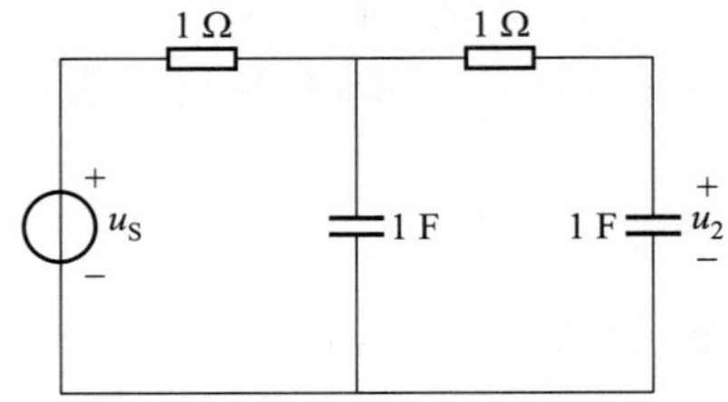

题14-33图

解:设电压源 u_S 的象函数为 $U_s(s)$,电压 u_2 的象函数为 $U_2(s)$,应用回路电流法或节点电压法解得 $H(s)$。

$$H(s)=\frac{U_2(s)}{U_s(s)}=\frac{1}{s^2+3s+1}$$

显然,$H(s)$ 有2个极点:$p_1=\dfrac{-3+\sqrt{5}}{2}=-0.381\ 97$,$p_2=\dfrac{-3-\sqrt{5}}{2}=-2.618\ 03$,均为负实数,其零、极点图如题解14-33图(a)所示。且幅频特性 $|H(\mathrm{j}\omega)|$ 和相频特性 $\varphi(\omega)$ 分别为

$$|H(\mathrm{j}\omega)|=\frac{1}{|(\mathrm{j}\omega)^2+3\mathrm{j}\omega+1|}=\frac{1}{|\mathrm{j}\omega-p_1||\mathrm{j}\omega-p_2|}$$

$$\varphi(\omega)=\arg[H(\mathrm{j}\omega)]=-[\arg(\mathrm{j}\omega-p_1)+\arg(\mathrm{j}\omega-p_2)]$$

当 $\omega=\omega_1$ 时,有

$$|H(\mathrm{j}\omega_1)|=\frac{1}{|\mathrm{j}\omega_1-p_1||\mathrm{j}\omega_1-p_2|}=\frac{1}{M_1M_2}$$

$$\varphi(\omega_1)=\arg[H(\mathrm{j}\omega_1)]=-(\theta_1+\theta_2)$$

定性的幅频特性和相频特性的图形如题解14-33图(b)和(c)所示。

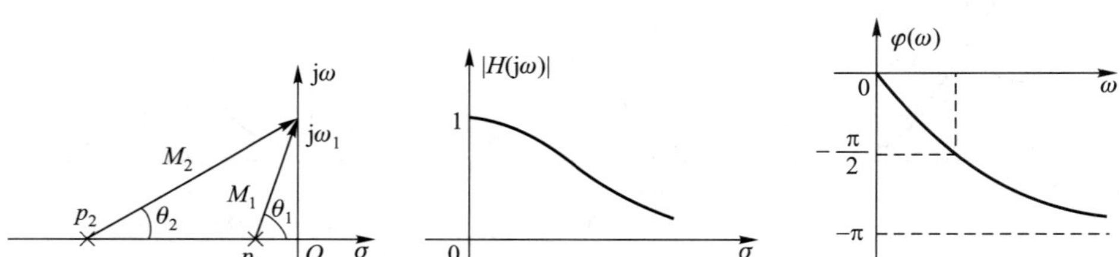

(a)　　(b)　　(c)

题解14-33图

14-34　题14-34图所示电路为 RLC 并联电路,试用网络函数的图解法分析 $H(s)=\dfrac{U_2(s)}{I_s(s)}$ 的频率响应特性。

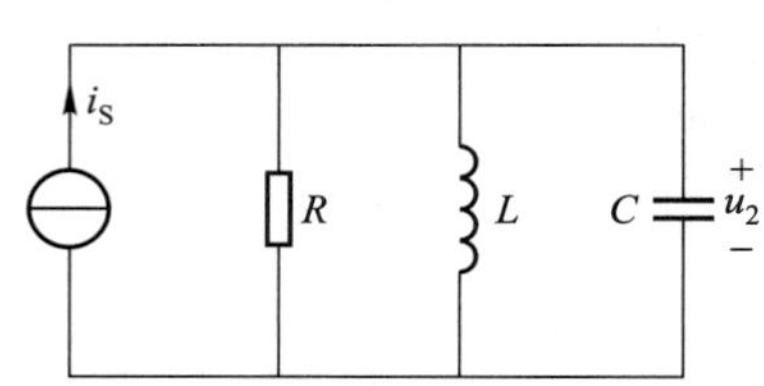

题14-34图

解:题14-34图所示电路中,网络函数$H(s)$为

$$H(s)=\frac{U_2(s)}{I_s(s)}=\frac{1}{\frac{1}{R}+\frac{1}{sL}+sC}$$

$$=\frac{\frac{s}{C}}{s^2+\frac{1}{RC}s+\frac{1}{LC}}=\frac{1}{C}\frac{s}{(s-p_1)(s-p_2)}$$

$$=H_0\frac{s}{(s-p_1)(s-p_2)}$$

令 $s=\mathrm{j}\omega$，有

$$H(\mathrm{j}\omega)=\frac{\dot{U}_2}{\dot{I}_s}=H_0\frac{\mathrm{j}\omega}{(\mathrm{j}\omega-p_1)(\mathrm{j}\omega-p_2)}$$

显然，$H(\mathrm{j}\omega)$ 在 $\omega=0$ 处有 1 个零点；设极点为一对共轭复数，即

$$p_{1,2}=-\frac{1}{2RC}\pm\mathrm{j}\sqrt{\frac{1}{LC}-\left(\frac{1}{2RC}\right)^2}=-\delta\pm\mathrm{j}\omega_d$$

上式中，$\omega_d=\sqrt{\omega_0^2-\delta^2}$，而 $\omega_0=\frac{1}{\sqrt{LC}}=\sqrt{\omega_d^2+\delta^2}$。可画出 $H(s)$ 的零、极点图如题解 14-34 图(a)所示。

当 $\omega=\omega_1$ 时，有

$$|H(\mathrm{j}\omega_1)|=\frac{H_0|\mathrm{j}\omega_1|}{|\mathrm{j}\omega_1-p_1||\mathrm{j}\omega_1-p_2|}=\frac{H_0\omega_1}{M_1M_2}$$

$$\varphi(\omega_1)=\arg[H(\mathrm{j}\omega_1)]=\frac{\pi}{2}-(\theta_1+\theta_2)$$

当 $\omega=0$ 时，$|H(\mathrm{j}0)|=0$，$\varphi(\omega)=\frac{\pi}{2}$；当 $\omega\to\infty$ 时，$|H(\mathrm{j}\omega)|=0$，$\varphi(\omega)=-\frac{\pi}{2}$；当 $\omega\approx\omega_0$ 时，$|H(\mathrm{j}\omega)|$ 达到最大值，$\varphi(\omega)=0$。定性绘出的幅频特性和相频特性如题解 14-34 图(b)和(c)所示。

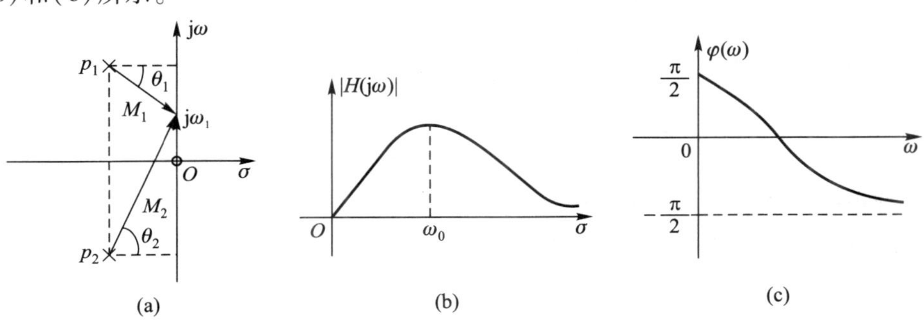

题解 14-34 图

14-35 题 14-35 图所示电路,试求:

(1) 网络函数 $H(s)=\dfrac{U_3(s)}{U_1(s)}$,并绘出幅频特性示意图。

(2) 冲激响应 $h(t)$。

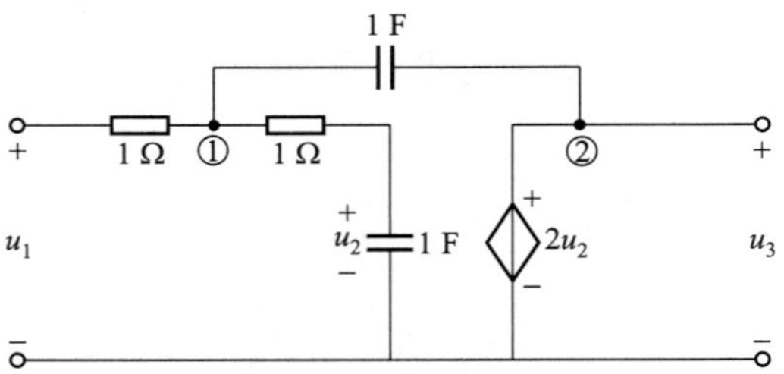

题 14-35 图

解:(1) 对题 14-35 图所示电路应用节点电压法求解,节点电压 $U_{n1}(s)$ 和 $U_3(s)$ 的方程为

$$\left(1+s+\frac{s}{s+1}\right)U_{n1}(s)-sU_3(s)=U_1(s)$$

$$U_3(s)=2U_2(s)$$

$$U_2(s)=\frac{1}{s+1}U_{n1}(s)$$

将以上三式中的 $U_{n1}(s)$,$U_2(s)$ 消去,可解得

$$H(s)=\frac{U_3(s)}{U_1(s)}=\frac{2}{s^2+s+1}=\frac{2}{(s-p_1)(s-p_2)}$$

显然,$H(s)$ 有 2 个极点:$p_1=-\dfrac{1}{2}+\mathrm{j}\dfrac{\sqrt{3}}{2}$,$p_2=-\dfrac{1}{2}-\mathrm{j}\dfrac{\sqrt{3}}{2}$,为共轭复数,其零、极点图如题解 14-35 图(a)所示。令 $s=\mathrm{j}\omega$,有

$$H(\mathrm{j}\omega)=\frac{\dot{U}_3}{\dot{U}_1}=\frac{2}{(\mathrm{j}\omega-p_1)(\mathrm{j}\omega-p_2)}$$

当 $\omega=\omega_1$ 时,则有

$$|H(\mathrm{j}\omega_1)|=\frac{2}{|\mathrm{j}\omega_1-p_1||\mathrm{j}\omega_1-p_2|}=\frac{2}{M_1M_2}$$

定性地绘出幅频特性 $|H(\mathrm{j}\omega)|-\omega$ 示意图如题解 14-35 图(b)所示。

(2) 因为网络函数 $H(s)$ 可展开为

$$H(s)=\frac{2}{s^2+s+1}=\frac{K_1}{s+\dfrac{1}{2}-\mathrm{j}\dfrac{\sqrt{3}}{2}}+\frac{K_2}{s+\dfrac{1}{2}+\mathrm{j}\dfrac{\sqrt{3}}{2}}$$

经计算,可求得:$K_1=1.155\mathrm{e}^{-\mathrm{j}\frac{\pi}{2}}$;$K_2=K_1^*=1.155\mathrm{e}^{\mathrm{j}\frac{\pi}{2}}$。故冲激响应 $h(t)$ 为

$$h(t)=2|K_1|\mathrm{e}^{-\frac{1}{2}t}\cos\left(\frac{\sqrt{3}}{2}t-\frac{\pi}{2}\right)=2.31\mathrm{e}^{-\frac{1}{2}t}\sin\left(\frac{\sqrt{3}}{2}t\right)$$

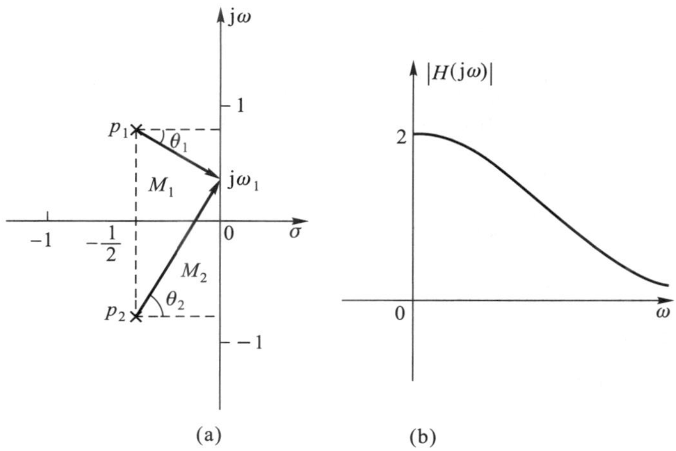

题解 14-35 图

14-36 求题 14-36 图所示电路的电压转移函数 $H(s)=\dfrac{U_o(s)}{U_i(s)}$,设运放是理想的。

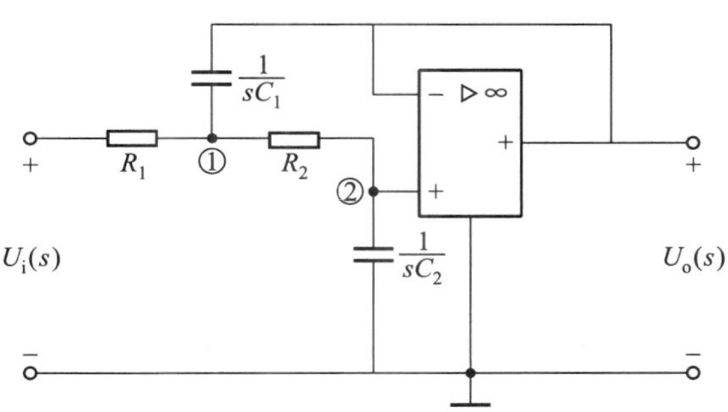

题 14-36 图

解:应用节点电压法,根据选取的节点电压 $U_{n1}(s)$ 和 $U_{n2}(s)$ 可列出方程,并注意到理想运放的规则 1(虚断路),得

$$\left(\frac{1}{R_1}+\frac{1}{R_2}+sC_1\right)U_{n1}(s)-\frac{1}{R_2}U_{n2}(s)-sC_1U_o(s)=\frac{U_i(s)}{R_1} \quad ①$$

$$-\frac{1}{R_2}U_{n1}(s)+\left(\frac{1}{R_2}+sC_2\right)U_{n2}(s)=0 \quad ②$$

运用理想运放的规则 2(虚短路),得 $U_{n2}(s)=U_o(s)$,代入方程式①和②中,解得该电路的电压转移函数 $H(s)$ 为

$$H(s)=\frac{U_o(s)}{U_i(s)}=\frac{1}{s^2R_1R_2C_1C_2+s\left(\frac{1}{R_1}+\frac{1}{R_2}\right)R_1R_2C_2+1}$$

$$=\frac{\frac{1}{R_1R_2C_1C_2}}{s^2+s\left(\frac{1}{R_1C_1}+\frac{1}{R_2C_1}\right)+\frac{1}{R_1R_2C_1C_2}}$$

14-37 题 14-37 图所示电路为一低通滤波器,若已知冲激响应为

$$h(t)=\left[\sqrt{2}\,e^{-\frac{\sqrt{2}}{2}t}\sin\left(\frac{1}{\sqrt{2}}t\right)\right]\varepsilon(t)$$

求:(1) L、C 值。

(2) 幅频响应 $|H(j\omega)|-\omega$ 曲线。

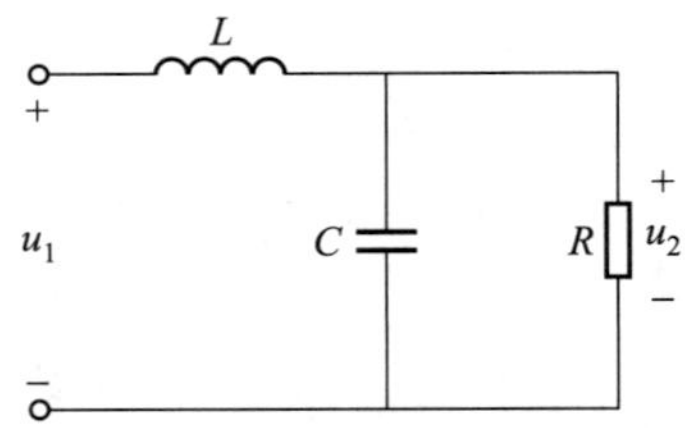

题 14-37 图

解:(1) 网络函数 $H(s)$ 为

$$H(s)=\frac{U_2(s)}{U_1(s)}=\frac{\frac{1}{sC+1}}{sL+\frac{1}{sC+1}}$$

$$=\frac{1}{sL(sC+1)+1}=\frac{1}{LC}\ \frac{1}{s^2+\frac{1}{C}s+\frac{1}{LC}}$$

$$=\frac{1}{LC}\ \frac{1}{\left(s+\frac{1}{2C}\right)^2+\frac{1}{LC}-\left(\frac{1}{2C}\right)^2}$$

根据已知的电路冲激响应 $h(t)$,可得

$$H(s)=\mathscr{L}[h(t)]=\frac{1}{\left(s+\frac{\sqrt{2}}{2}\right)^2+\left(\frac{1}{\sqrt{2}}\right)^2}$$

对比以上两式中的系数,得

$$\frac{1}{LC}=1,\quad \frac{1}{2C}=\frac{\sqrt{2}}{2}$$

解得

$$C=\frac{1}{\sqrt{2}}\ \text{F},\quad L=\frac{1}{C}=\sqrt{2}\ \text{H}$$

(2) 令 $s=j\omega$,有

$$H(j\omega)=\frac{\dot{U}_2}{\dot{U}_1}=\frac{1}{(j\omega)^2+j\sqrt{2}\,\omega+1}$$

所以，幅频响应为

$$|H(\mathrm{j}\omega)|=\frac{1}{|1-\omega^2+\mathrm{j}\sqrt{2}\,\omega|}=\frac{1}{\sqrt{(1-\omega^2)^2+(\sqrt{2}\,\omega)^2}}=\frac{1}{\sqrt{1+\omega^4}}$$

14-38　电路如题 14-38 图所示，已知激励 $u(t)=10\mathrm{e}^{-at}[\varepsilon(t)-\varepsilon(t-1)]$ V，试用卷积定理求电流 $i(t)$。

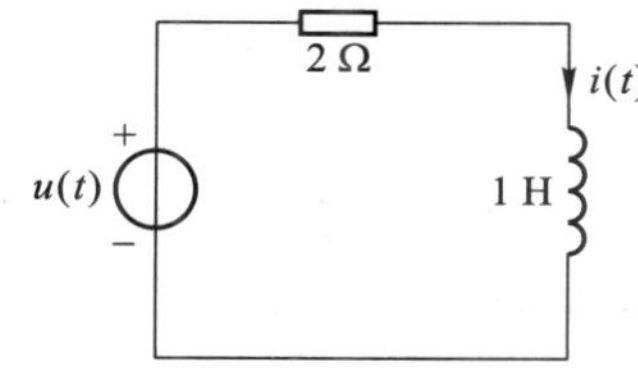

题 14-38 图

解：由所给出的电路和参数可求得

$$H(s)=\frac{I(s)}{U(s)}=\frac{1}{Z(s)}=\frac{1}{s+2}$$

$$h(t)=\mathscr{L}^{-1}[H(s)]=\mathscr{L}^{-1}\left[\frac{1}{s+2}\right]=\mathrm{e}^{-2t}\varepsilon(t)$$

又已知

$$u(t)=10\mathrm{e}^{-at}[\varepsilon(t)-\varepsilon(t-1)]$$

所以

$$\begin{aligned}i(t)=r(t)&=\int_0^t h(t-\xi)u(\xi)\,\mathrm{d}\xi\\&=10\int_0^t \mathrm{e}^{-2(t-\xi)}\mathrm{e}^{-a\xi}[\varepsilon(\xi)-\varepsilon(\xi-1)]\,\mathrm{d}\xi\\&=\frac{10\mathrm{e}^{-2t}}{2-a}[(\mathrm{e}^{(2-a)t}-1)\varepsilon(t)-(\mathrm{e}^{(2-a)t}-\mathrm{e}^{2-a})\varepsilon(t-1)]\\&=\frac{10}{2-a}\{(\mathrm{e}^{-at}-\mathrm{e}^{-2t})\varepsilon(t)-[\mathrm{e}^{-at}-\mathrm{e}^{-2(t-1)-a}]\varepsilon(t-1)\}\ \mathrm{A}\end{aligned}$$

***14-39**　电路如题 14-39 图所示，网络 N 为线性无源网络，已知其网络函数 $H(s)=\dfrac{I(s)}{U(s)}=\dfrac{s}{s^2+2s+2}$。

（1）给出该网络的一种结构及合适的元件值。

（2）判断该网络冲激响应的性质。

解：（1）由于给出的网络函数 $H(s)=\dfrac{I(s)}{U(s)}$是驱动点导纳函数，即$Y(s)=\dfrac{s}{s^2+2s+2}$。

给出一种 RLC 串联网络如题解 14-39 图所示，该网络的 $Y(s)$ 为

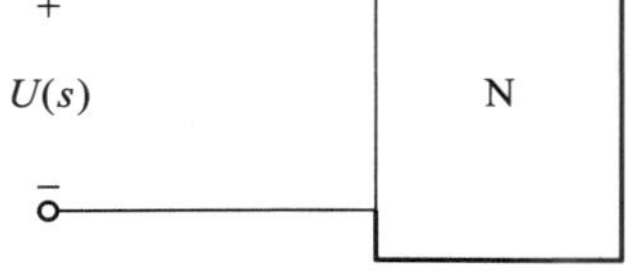

题 14-39 图

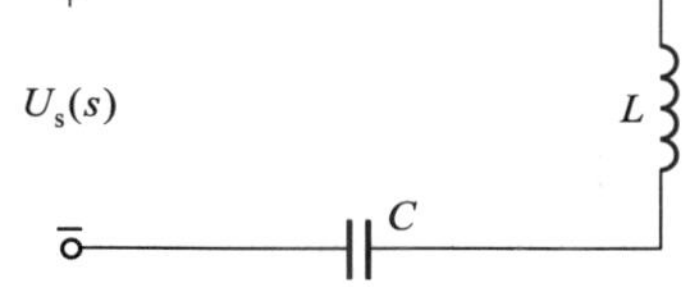

题解 14-39 图

$$Y(s)=\frac{sC}{s^2LC+sRC+1}=\frac{s}{s^2+2s+2}$$

当 $LC=\frac{1}{2}$、$RC=1$ 时,可解得

$$C=\frac{1}{2}\ \text{F},\quad L=1\ \text{H},\quad R=2\ \Omega$$

同理还可以给出 RLC 并联结构或其他结构的网络,但其中的参数与 RLC 串联结构的网络参数不同。

(2) 由于网络函数为

$$H(s)=\frac{s}{s^2+2s+2}$$

它有 1 个零点:$z=0$;一对共轭极点:$p_{1,2}=-1\pm \text{j}$。所以冲激响应为衰减振荡。

14-40 电路如题 14-40 图(a)所示,网络函数 $H(s)=\frac{U(s)}{I(s)}$,其零、极点分布如题 14-40 图(b)所示,且 $H(0)=1$,求 R、L、C 的值。

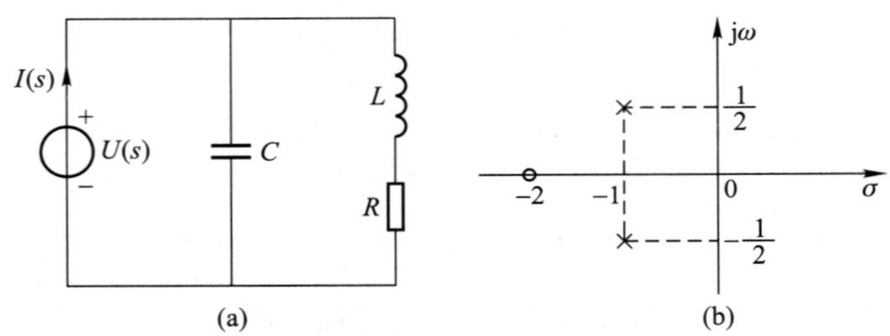

题 14-40 图

解:网络函数为

$$H(s)=\frac{U(s)}{I(s)}=Z(s)=\frac{\frac{1}{sC}(R+sL)}{\frac{1}{sC}+R+sL}$$

$$=\frac{L\left(s+\frac{R}{L}\right)}{LC\left(s^2+\frac{R}{L}s+\frac{1}{LC}\right)}$$

因已知 $H(0)=1$,即

$$H(0)=H(s)\bigg|_{s=0}=1$$

可解得

$$R=1\ \Omega$$

由题 14-40 图(b)可知零点 $z=-2$,即

$$\frac{R}{L}=2$$

解得

$$L=\frac{1}{2}\ \mathrm{H}$$

由于极点 $p_{1,2}=-1\pm\mathrm{j}\,\frac{1}{2}$,即

$$p_{1,2}=\frac{-\frac{R}{L}\pm\sqrt{\left(\frac{R}{L}\right)^2-4\,\frac{1}{LC}}}{2}=-1\pm\mathrm{j}\,\frac{1}{2}$$

代入已求得的 $R=1\ \Omega$、$L=\frac{1}{2}\ \mathrm{H}$,解得

$$C=1.6\ \mathrm{F}$$

14-41　电路如题图 14-41 所示,已知 $R_1=R_2=1\ \Omega$,$C=\frac{1}{2}\ \mathrm{F}$,$L=2\ \mathrm{H}$,$g=\frac{1}{2}\ \mathrm{S}$。

(1) 求电压转移函数 $H(s)=\frac{U_o(s)}{U_s(s)}$及其冲激响应。

(2) 定性绘出 $|H(\mathrm{j}\omega)|-\omega$ 及 $\arg[H(\mathrm{j}\omega)]-\omega$ 曲线。

解:(1) 应用节点电压法,可列得节点①和节点②的方程为

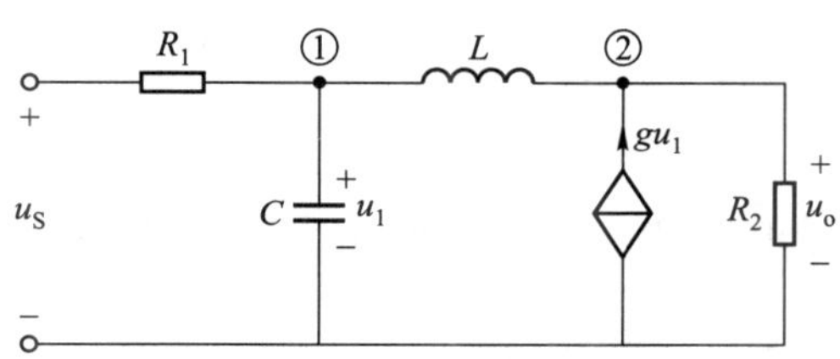

题 14-41 图

$$\left(\frac{1}{R_1}+sC+\frac{1}{sL}\right)U_1(s)-\frac{1}{sL}U_2(s)=\frac{U_s(s)}{R_1}$$

$$-\frac{1}{sL}U_1(s)+\left(\frac{1}{sL}+\frac{1}{R_2}\right)U_2(s)=gU_1(s)$$

代入数据,经整理后得

$$(s^2+2s+1)U_1(s)-U_2(s)=2sU_s(s)$$

$$-(s+1)U_1(s)+(2s+1)U_2(s)=0$$

解得

$$U_2(s)=\frac{2}{2s+3}U_s(s)$$

而

$$U_o(s)=U_2(s)$$

所以有

$$H(s)=\frac{U_o(s)}{U_s(s)}=\frac{2}{2s+3}$$

其冲激响应为

$$h(t)=\mathscr{L}^{-1}[H(s)]=\mathrm{e}^{-1.5t}\varepsilon(t)$$

(2) 将 $s=\mathrm{j}\omega$ 代入 $H(s)$,得

$$H(\mathrm{j}\omega)=\frac{2}{2\mathrm{j}\omega+3}=\frac{1}{\mathrm{j}\omega+1.5}$$

该电路具有低通特性。

$\omega=0$ 时,有

$$H(\mathrm{j}0)=0.667\underline{/0^{\circ}}$$

$\omega=1$ 时,有

$$H(\mathrm{j}1)=0.555\underline{/-33.69^{\circ}}$$

$\omega=3$ 时,有

$$H(\mathrm{j}3)=0.298\underline{/-63.43^{\circ}}$$

$\omega=5$ 时,有

$$H(\mathrm{j}5)=0.192\underline{/-73.30^{\circ}}$$

$\omega=7$ 时,有

$$H(\mathrm{j}7)=0.140\underline{/-77.91^{\circ}}$$

$\omega=10$ 时,有

$$H(\mathrm{j}10)=0.099\underline{/-81.47^{\circ}}$$

$\omega\to\infty$ 时,有

$$H(\mathrm{j}\infty)\to 0$$

绘出其 $|H(\mathrm{j}\omega)|-\omega$ 及 $\arg[H(\mathrm{j}\omega)]-\omega$ 曲线如题解 14-41 图所示。

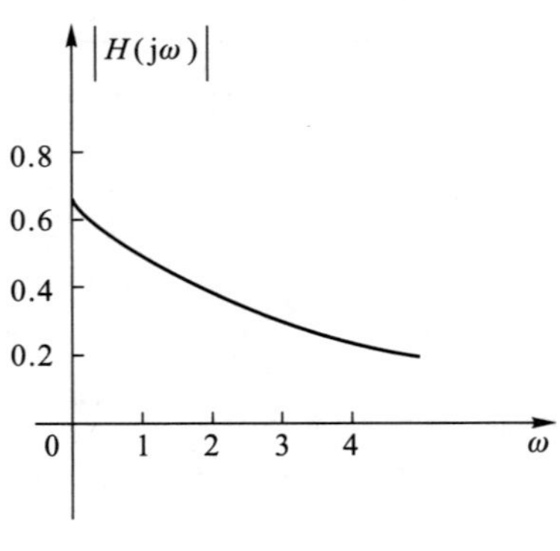

(a)

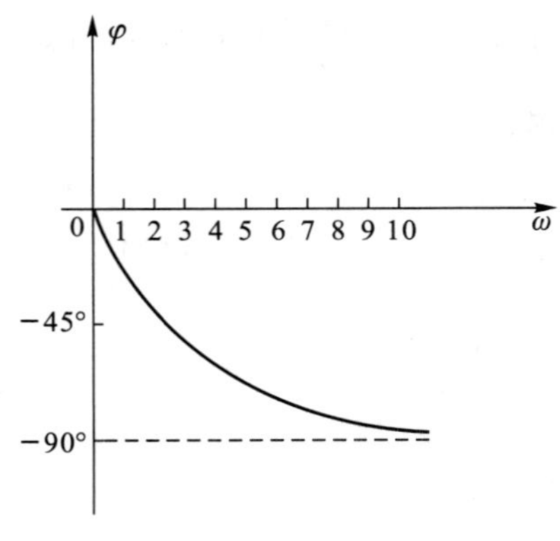

(b)

题解 14-41 图

第十五章 电路方程的矩阵形式

一、重点和难点

第十五章课件

① 本章所讨论的内容，是应用计算机辅助设计和分析电路所必需的基本知识。要求计算机直接建立电路方程，因此，必须首先将电路的结构，以计算机能够接受的形式输入计算机，这种形式就是有关电路的拓扑矩阵，即关联矩阵、回路矩阵和割集矩阵。根据分析电路的方法，将电路的已知参数以特定的形式输入计算机，计算机将按照分析电路的方法编制程序，并自行计算出结果。用计算机对电路进行辅助分析和计算具有许多优点，它能处理大规模集成电路、大型电力系统网络等。本章主要介绍这些分析方法的思路，至于如何编写电路分析的程序则不属于本书的范围。

② 本章的重点是要充分理解树、割集、关联矩阵、基本割集矩阵、基本回路矩阵的概念，正确列写关联矩阵、基本割集矩阵和基本回路矩阵，理解其含义及其在电路分析中的重要作用；掌握节点电压矩阵方程的导出及其方程的意义，在此基础上深入了解割集电压矩阵方程式和回路电流矩阵方程式；熟悉列表法。难点是如何列写电路的矩阵方程式。

③ 本章内容与主教材第三章关系密切，是第三章一些分析方法的发展和矩阵形式。这些矩阵方程为计算机辅助电路分析提供了方便。

二、学习方法指导

① 任一具体电路的电性能，除取决于组成该电路的各个元件的电性能之外，还取决于这些元件相互之间是如何连接的，即该电路的拓扑结构。显然，一个电路的拓扑结构确定之后，这些元件上的电压就受到 KVL 的约束，而流过这些元件中的电流则受到 KCL 的约束。由于基尔霍夫定律 KVL、KCL 并不涉及各元件本身的伏安关系，因此，单纯描述电路结构服从 KVL 和 KCL 的方程时，一个元件（或一条支路）就可以抽象为一条有向线段，其方向与该元件（或该支路）关联电压、电流参考方向一致，而支路的连接点则抽象为一个点，这样所研究的电路就抽象为一个有向图。电路中各支路电压、各支

路电流之间的约束关系就可用其有向图来表征;反之,利用其有向图就能够写出该电路的KCL和KVL方程。但是,要全面分析这个电路的电性能,还需给出该电路中各元件的电特性方程。因此,电路的有向图是很重要的,它表征了电路的结构,即表征了电路的拓扑性质,所以本章介绍的图论的基本知识是很重要的。网络图论又称为网络拓扑学,它应用图论通过网络的几何结构及其性质对网络进行分析和研究。

要特别注意认真领会"图""连通图""有向图"的概念,要熟练地掌握"回路""树""割集"的基本定义。

② 要熟练地画出电路的有向图G,熟练地列写其关联矩阵 $\boldsymbol{A}$,对于任一个具有 n 个结点、b 条支路的有向图G,要列写其独立的关联矩阵 $\boldsymbol{A}$,必须选择一个节点作为参考节点,并在关联矩阵中划掉该节点所对应的一行元素,即得到一个 $(n-1)\times b$ 阶的降阶关联矩阵,这个降阶关联矩阵一定是独立的。关联矩阵的行对应于节点,而列编号对应于支路,要熟练掌握关联矩阵中任一元素 a_{jk} 的定义。

对于关联矩阵 $\boldsymbol{A}$ 的应用一定要熟练掌握。$\boldsymbol{Ai}=\boldsymbol{0}$,这是用关联矩阵 $\boldsymbol{A}$ 表示的KCL的矩阵形式。$\boldsymbol{u}=\boldsymbol{A}^{\mathrm{T}}\boldsymbol{u}_{\mathrm{n}}$,这是用关联矩阵 $\boldsymbol{A}$ 表示的KVL的矩阵形式,该式表明电路中各支路电压可用节点电压来表示。

要熟练列写独立回路矩阵,在指定独立回路参考方向后,支路与回路的关联性质可用独立回路矩阵 $\boldsymbol{B}$ 来描述。它是一个 $l\times b$ 阶矩阵,它的行对应于回路,列编号对应于支路,要熟练掌握回路矩阵中任一元素 b_{jk} 的定义。对于任一个电路的有向图,先选定一个树,然后每连一个连支,就形成一个独立回路,这种由对应于一个树的单连支回路组构成的回路矩阵,用 $\boldsymbol{B}_{\mathrm{f}}$ 表示,称为单连支回路矩阵,它是基本回路矩阵,基本回路矩阵一定是独立的。注意编写 $\boldsymbol{B}_{\mathrm{f}}$ 矩阵时,其列编号是先连支后树支,而每个回路的方向与它包含的连支的方向一致。对于任一电路,$\boldsymbol{Bu}=\boldsymbol{0}$,是用独立回路矩阵 $\boldsymbol{B}$ 表示的KVL的矩阵形式,注意支路电压的序号必须与独立回路矩阵 $\boldsymbol{B}$ 的列编号一致。而 $\boldsymbol{i}=\boldsymbol{B}^{\mathrm{T}}\boldsymbol{i}_{l}$,此式是用独立回路矩阵 $\boldsymbol{B}$ 表示的KCL的矩阵形式,它表明各支路电流可用与该支路所关联的回路电流来表示。

要熟练列写独立割集矩阵 $\boldsymbol{Q}$,它描述了支路与割集的关联性质。独立割集矩阵是一个 $(n-1)\times b$ 阶矩阵。它的行对应于割集,列编号对应于支路,要熟练掌握割集矩阵中任一元素 q_{jk} 的定义。对于一个电路的有向图,若选定一个树,每个割集只含一个树支和相关的连支,这就形成 $(n-1)$ 个独立割集,这种由对应于一个树的单树支割集组构成的割集矩阵称为基本割集矩阵,用 $\boldsymbol{Q}_{\mathrm{f}}$ 表示。编写 $\boldsymbol{Q}_{\mathrm{f}}$ 矩阵时,其列编号是先树支后连支,而每个割集的方向与它所包含的树支的方向一致。对于任一电路,则有 $\boldsymbol{Qi}=\boldsymbol{O}$,这是用割集矩阵 $\boldsymbol{Q}$ 表示的KCL的矩阵形式,其支路电流的序号必须与独立割集矩阵 $\boldsymbol{Q}$ 的列编号一致。对于任一电路,$\boldsymbol{u}=\boldsymbol{Q}^{\mathrm{T}}\boldsymbol{u}_{\mathrm{t}}$,这是用割集矩阵 $\boldsymbol{Q}$ 表示的KVL的矩阵形式,它表明各支路电压可用各树支电压来表示。

③ 节点电压方程的矩阵形式为

$$\boldsymbol{AYA}^{\mathrm{T}}\dot{\boldsymbol{U}}_{\mathrm{n}}=\boldsymbol{A}\dot{\boldsymbol{I}}_{\mathrm{s}}-\boldsymbol{AY}\dot{\boldsymbol{U}}_{\mathrm{s}}$$

上式左边表征了由节点电压 $\dot{\boldsymbol{U}}_{\mathrm{n}}$ 引起的流出节点的电流，而右边则表征了电源 $\dot{\boldsymbol{I}}_{\mathrm{s}}$ 和 $\dot{\boldsymbol{U}}_{\mathrm{s}}$ 注入节点的电流。当电路中无互感、无受控源时，上式中 $\boldsymbol{Y}$ 为对角阵。如果电路中第 k 条支路只有一个电流源，则支路导纳矩阵 $\boldsymbol{Y}$ 中的 y_{kk} 元素等于零；如果电路中第 k 条支路的电压源方向或电流源方向与“复合支路”中规定的方向相反，则在 $\dot{\boldsymbol{U}}_{\mathrm{s}}$ 或 $\dot{\boldsymbol{I}}_{\mathrm{s}}$ 的列向量中第 k 个元素就为负值。当电路中含受控源或含有互感时，则支路导纳矩阵 $\boldsymbol{Y}$ 为非对角阵，具体列写通过例题予以说明。当电路中含有受控电压源时，通常将受控电压源变换成受控电流源处理。

④ 回路电流方程的矩阵形式为

$$\boldsymbol{B}_{\mathrm{f}}\boldsymbol{Z}\boldsymbol{B}_{\mathrm{f}}^{\mathrm{T}}\dot{\boldsymbol{I}}_{\mathrm{l}}=\boldsymbol{B}_{\mathrm{f}}\dot{\boldsymbol{U}}_{\mathrm{s}}-\boldsymbol{B}_{\mathrm{f}}\boldsymbol{Z}\dot{\boldsymbol{I}}_{\mathrm{s}}$$

当电路中电感之间无耦合时，支路阻抗矩阵 $\boldsymbol{Z}$ 是一个对角阵。当电路中电感之间有耦合时，$\boldsymbol{Z}$ 不再是对角阵，其主对角线元素为各支路阻抗，而非对角元素将是相应的支路之间的互感抗。当电路中含有与无源元件串联的受控电压源时，$\boldsymbol{Z}$ 的非主对角元素将可能是与受控电压源的控制系数有关的元素。

⑤ 割集电压方程的矩阵形式为

$$\boldsymbol{Q}_{\mathrm{f}}\boldsymbol{Y}\boldsymbol{Q}_{\mathrm{f}}^{\mathrm{T}}\dot{\boldsymbol{U}}_{\mathrm{s}}=\boldsymbol{Q}_{\mathrm{f}}\dot{\boldsymbol{I}}_{\mathrm{s}}-\boldsymbol{Q}_{\mathrm{f}}\boldsymbol{Y}\dot{\boldsymbol{U}}_{\mathrm{s}}$$

割集电压法是节点电压法的推广，或者说节点电压法是割集电压法的一个特例。若选择一组独立割集，使每一割集都由汇集在一个节点上的支路构成时，割集电压法便成为节点电压法。

⑥ 列表法对支路类型无过多限制。由于回路电流法不允许存在无伴电流源支路，且规定复合支路不允许存在受控电流源；而节点电压法和割集电压法不允许存在无伴电压源支路，且规定复合支路不允许存在受控电压源，所以其对应的分析方法有一定的局限性。因此，列表法适应性强，但方程数较多，以节点列表法为例，规定一个元件为一条支路，则有

$$\mathrm{KCL}:\boldsymbol{A}\dot{\boldsymbol{I}}=\boldsymbol{0}$$

$$\mathrm{KVL}:\dot{\boldsymbol{U}}-\boldsymbol{A}^{\mathrm{T}}\dot{\boldsymbol{U}}_{\mathrm{n}}=\boldsymbol{0}$$

支路方程

$$\boldsymbol{F}\dot{\boldsymbol{U}}+\boldsymbol{H}\dot{\boldsymbol{I}}=\dot{\boldsymbol{U}}_{\mathrm{s}}+\dot{\boldsymbol{I}}_{\mathrm{s}}$$

将上述 3 个方程合在一起，便得到节点列表方程的矩阵形式为

$$\begin{bmatrix}\boldsymbol{0} & \boldsymbol{0} & \boldsymbol{A}\\ -\boldsymbol{A}^{\mathrm{T}} & \boldsymbol{I}_{b} & \boldsymbol{0}\\ \boldsymbol{0} & \boldsymbol{F} & \boldsymbol{H}\end{bmatrix}\begin{bmatrix}\dot{\boldsymbol{U}}_{\mathrm{n}}\\ \dot{\boldsymbol{U}}\\ \dot{\boldsymbol{I}}\end{bmatrix}=\begin{bmatrix}\boldsymbol{0}\\ \boldsymbol{0}\\ \dot{\boldsymbol{U}}_{\mathrm{s}}+\dot{\boldsymbol{I}}_{\mathrm{s}}\end{bmatrix}$$

上式中 $\boldsymbol{I}_{b}$ 为 b 阶单位矩阵，由于 $\boldsymbol{A}$ 为 $(n-1)\times b$ 阶关联矩阵，$\boldsymbol{F}$ 和 $\boldsymbol{H}$ 是与支路内容有关的 b 阶方阵，故方程总数为 $(2b+n-1)$。

三、典型例题

例 15-1　某一电网络的有向图如图 15-1 所示。

(1) 以节点⑤为参考点写出关联矩阵 $\boldsymbol{A}$;

(2) 以实线为树支,虚线为连支,写出其单连支回路矩阵 $\boldsymbol{B}_{\mathrm{f}}$;

(3) 写出其单树支割集矩阵 $\boldsymbol{Q}_{\mathrm{f}}$。

解:

$$\boldsymbol{A}=\begin{array}{c}\begin{matrix}1&2&3&4&5&6&7&8&9\end{matrix}\\ \begin{bmatrix}1&0&0&0&1&0&0&-1&1\\0&-1&0&0&-1&1&0&0&0\\0&0&-1&0&0&-1&1&0&-1\\-1&1&1&1&0&0&0&0&0\end{bmatrix}\end{array}$$

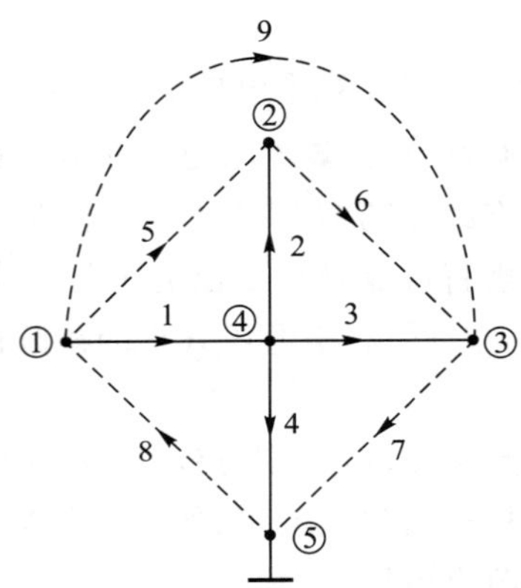

图 15-1　例 15-1 图

$$\boldsymbol{B}_{\mathrm{f}}=\begin{array}{c}\begin{matrix}5&6&7&8&9&1&2&3&4\end{matrix}\\ \begin{bmatrix}1&0&0&0&0&-1&-1&0&0\\0&1&0&0&0&0&1&-1&0\\0&0&1&0&0&0&0&1&-1\\0&0&0&1&0&1&0&0&1\\0&0&0&0&1&-1&0&-1&0\end{bmatrix}\end{array}$$

$$\boldsymbol{Q}_{\mathrm{f}}=\begin{array}{c}\begin{matrix}1&2&3&4&5&6&7&8&9\end{matrix}\\ \begin{bmatrix}1&0&0&0&1&0&0&-1&1\\0&1&0&0&1&-1&0&0&0\\0&0&1&0&0&1&-1&0&1\\0&0&0&1&0&0&1&-1&0\end{bmatrix}\end{array}$$

例 15-2　电路如图 15-2(a)所示,编写其节点电压方程的矩阵形式。

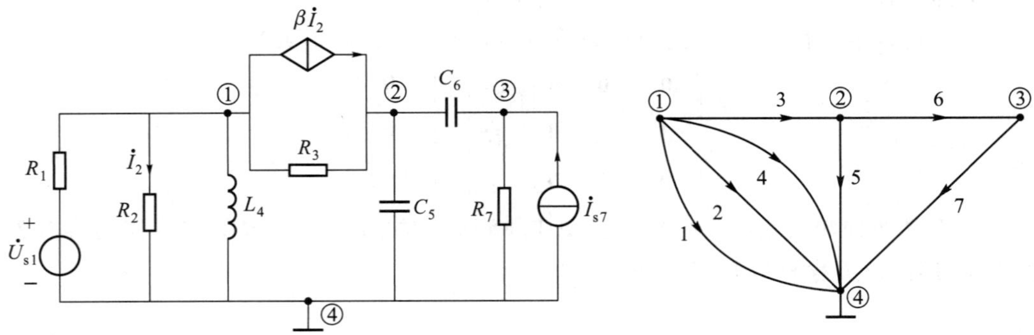

(a)　　(b)

图 15-2　例 15-2 图

解：首先根据所给电路作出相应的有向图，如图 15-2(b)所示。以节点④为参考节点，其关联矩阵为

$$
\begin{array}{c} \\ \boldsymbol{A}= \end{array}
\begin{array}{c}
\begin{matrix} 1 & 2 & 3 & 4 & 5 & 6 & 7 \end{matrix} \\
\begin{bmatrix} 1 & 1 & 1 & 1 & 0 & 0 & 0 \\ 0 & 0 & -1 & 0 & 1 & 1 & 0 \\ 0 & 0 & 0 & 0 & 0 & -1 & 1 \end{bmatrix}
\end{array}
$$

对于支路导纳矩阵 $\boldsymbol{Y}$ 来说，由于在支路 3 中有一个受支路 2 电流控制的 CCCS，所以矩阵 $\boldsymbol{Y}$ 不再是对角阵，矩阵 $\boldsymbol{Y}$ 的第 3 行第 2 列的元素为 $\boldsymbol{Y}_{32}=\dfrac{\beta}{R_2}$，于是

$$
\boldsymbol{Y}=\begin{bmatrix}
\frac{1}{R} & 0 & 0 & 0 & 0 & 0 & 0 \\
0 & \frac{1}{R_2} & 0 & 0 & 0 & 0 & 0 \\
0 & \frac{\beta}{R_2} & \frac{1}{R_3} & 0 & 0 & 0 & 0 \\
0 & 0 & 0 & \frac{1}{\mathrm{j}\omega L_4} & 0 & 0 & 0 \\
0 & 0 & 0 & 0 & \mathrm{j}\omega C_5 & 0 & 0 \\
0 & 0 & 0 & 0 & 0 & \mathrm{j}\omega C_6 & 0 \\
0 & 0 & 0 & 0 & 0 & 0 & \frac{1}{R_7}
\end{bmatrix}
$$

（列序号：1　2　3　4　5　6　7）

电压源列向量为

$$\dot{U}_{\mathrm{s}}=[-\dot{U}_{\mathrm{s1}}\quad 0\quad 0\quad 0\quad 0\quad 0\quad 0]^{\mathrm{T}}$$

电流源列向量为

$$\dot{I}_{\mathrm{s}}=[0\quad 0\quad 0\quad 0\quad 0\quad 0\quad \dot{I}_{\mathrm{s7}}]^{\mathrm{T}}$$

节点电压方程的矩阵形式为

$$\boldsymbol{AYA}^{\mathrm{T}}\dot{\boldsymbol{U}}_{\mathrm{n}}=\boldsymbol{A}\dot{\boldsymbol{I}}_{\mathrm{s}}-\boldsymbol{AY}\dot{\boldsymbol{U}}_{\mathrm{s}}$$

将上述有关矩阵代入此式得

$$
\begin{bmatrix}
\frac{1}{R_1}+\frac{1}{R_2}+\frac{\beta}{R_2}+\frac{1}{R_3}+\frac{1}{\mathrm{j}\omega L_4} & -\frac{1}{R_3} & 0 \\
-\left(\frac{\beta}{R_2}+\frac{1}{R_3}\right) & \frac{1}{R_3}+\mathrm{j}\omega C_5+\mathrm{j}\omega C_6 & -\mathrm{j}\omega C_6 \\
0 & -\mathrm{j}\omega C_6 & \mathrm{j}\omega C_6+\frac{1}{R_7}
\end{bmatrix}
\begin{bmatrix} \dot{U}_{\mathrm{n1}} \\ \dot{U}_{\mathrm{n2}} \\ \dot{U}_{\mathrm{n3}} \end{bmatrix}
=\begin{bmatrix} \frac{\dot{U}_{\mathrm{s1}}}{R_1} \\ 0 \\ \dot{I}_{\mathrm{s7}} \end{bmatrix}
$$

例 15-3　电路如图 15-3(a)所示,写出其割集电压方程的矩阵形式。

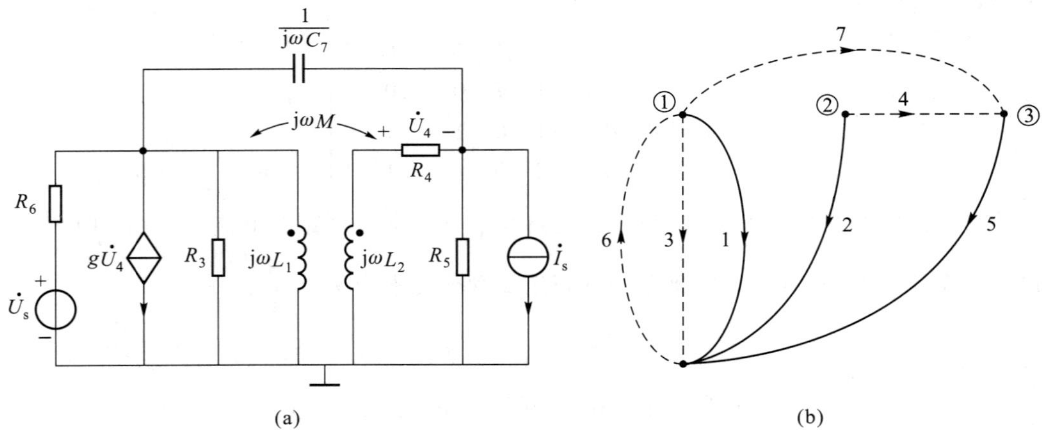

图 15-3　例 15-3 图

解:先画出电路的有向图,如图 15-3(b)所示,以支路(1,2,5)为树支,其单树支基本割集矩阵 $\boldsymbol{Q}_{\mathrm{f}}$ 为

$$\boldsymbol{Q}_{\mathrm{f}}=\begin{array}{c} \begin{matrix} 1 & 2 & 5 & 3 & 4 & 6 & 7 \end{matrix} \\ \begin{bmatrix} 1 & 0 & 0 & 1 & 0 & -1 & 1 \\ 0 & 1 & 0 & 0 & 1 & 0 & 0 \\ 0 & 0 & 1 & 0 & -1 & 0 & -1 \end{bmatrix} \end{array}$$

注意:图 15-3(b)中实线为树支,虚线为连支。

由于

$$\dot{U}_1=\mathrm{j}\omega L_1\dot{I}_1+\mathrm{j}\omega M\dot{I}_2$$

$$\dot{U}_2=\mathrm{j}\omega M\dot{I}_1+\mathrm{j}\omega L_2\dot{I}_2$$

而

$$\begin{bmatrix}\dot{I}_1\\ \dot{I}_2\end{bmatrix}=\begin{bmatrix}\mathrm{j}\omega L_1 & \mathrm{j}\omega M\\ \mathrm{j}\omega M & \mathrm{j}\omega L_2\end{bmatrix}^{-1}\begin{bmatrix}\dot{U}_1\\ \dot{U}_2\end{bmatrix}$$

$$=\frac{1}{\mathrm{j}\omega(L_1L_2-M^2)}\begin{bmatrix}L_2 & -M\\ -M & L_1\end{bmatrix}\begin{bmatrix}\dot{U}_1\\ \dot{U}_2\end{bmatrix}$$

$$=\begin{bmatrix}\dfrac{L_2}{\Delta} & \dfrac{-M}{\Delta}\\ \dfrac{-M}{\Delta} & \dfrac{L_1}{\Delta}\end{bmatrix}\begin{bmatrix}\dot{U}_1\\ \dot{U}_2\end{bmatrix}$$

其中

$$\Delta=\mathrm{j}\omega(L_1L_2-M^2)$$

由于电路中有受控源 VCCS,故在 $\boldsymbol{Y}$ 阵的 k 行 j 列位置写上受控源的控制电导,其支路导纳矩阵为

$$\boldsymbol{Y}=\begin{bmatrix}\dfrac{L_2}{\Delta} & \dfrac{-M}{\Delta} & 0 & 0 & 0 & 0 & 0\\ \dfrac{-M}{\Delta} & \dfrac{L_1}{\Delta} & 0 & 0 & 0 & 0 & 0\\ 0 & 0 & \dfrac{1}{R_5} & 0 & 0 & 0 & 0\\ 0 & 0 & 0 & \dfrac{1}{R_3} & g & 0 & 0\\ 0 & 0 & 0 & 0 & \dfrac{1}{R_4} & 0 & 0\\ 0 & 0 & 0 & 0 & 0 & \dfrac{1}{R_6} & 0\\ 0 & 0 & 0 & 0 & 0 & 0 & \mathrm{j}\omega C_7\end{bmatrix}$$

电流源列向量为

$$\dot{\boldsymbol{I}}_{\mathrm{s}}=\begin{bmatrix}0 & 0 & -\dot{I}_{\mathrm{s}5} & 0 & 0 & 0 & 0\end{bmatrix}^{\mathrm{T}}$$

电压源列向量为

$$\dot{\boldsymbol{U}}_{\mathrm{s}}=\begin{bmatrix}0 & 0 & 0 & 0 & 0 & \dot{U}_{\mathrm{s}6} & 0\end{bmatrix}^{\mathrm{T}}$$

将以上矩阵代入下式

$$\boldsymbol{Q}_{\mathrm{f}}\boldsymbol{Y}\boldsymbol{Q}_{\mathrm{f}}^{\mathrm{T}}\dot{\boldsymbol{U}}_{\mathrm{t}}=\boldsymbol{Q}_{\mathrm{f}}\dot{\boldsymbol{I}}_{\mathrm{s}}-\boldsymbol{Q}_{\mathrm{f}}\boldsymbol{Y}\dot{\boldsymbol{U}}_{\mathrm{s}}$$

得

$$\begin{bmatrix}\dfrac{L_2}{\Delta}+\dfrac{1}{R_3}+\dfrac{1}{R_6}+\mathrm{j}\omega C_7 & g-\dfrac{M}{\Delta} & -g\\ -\dfrac{M}{\Delta} & \dfrac{L_1}{\Delta}+\dfrac{1}{R_4} & -\dfrac{1}{R_4}\\ -\mathrm{j}\omega C_7 & -\dfrac{1}{R_4} & \dfrac{1}{R_4}+\dfrac{1}{R_5}+\mathrm{j}\omega C_7\end{bmatrix}\begin{bmatrix}\dot{U}_{\mathrm{t}1}\\ \dot{U}_{\mathrm{t}2}\\ \dot{U}_{\mathrm{t}3}\end{bmatrix}=\begin{bmatrix}\dfrac{\dot{U}_{\mathrm{s}6}}{R_6}\\ 0\\ -\dot{I}_{\mathrm{s}5}\end{bmatrix}$$

例 15-4 正弦稳态电路如图 15-4 所示,以回路电流为未知量,写出基本回路方程的矩阵形式。

解: 回路电流方程的矩阵形式为

$$\boldsymbol{B}\boldsymbol{Z}_{\mathrm{b}}\boldsymbol{B}^{\mathrm{T}}\dot{\boldsymbol{I}}_{\mathrm{l}}=\boldsymbol{B}\dot{\boldsymbol{U}}_{\mathrm{s}}-\boldsymbol{B}\boldsymbol{Z}_{\mathrm{b}}\dot{\boldsymbol{I}}_{\mathrm{s}}$$

画出有向图,如图 15-5 所示。

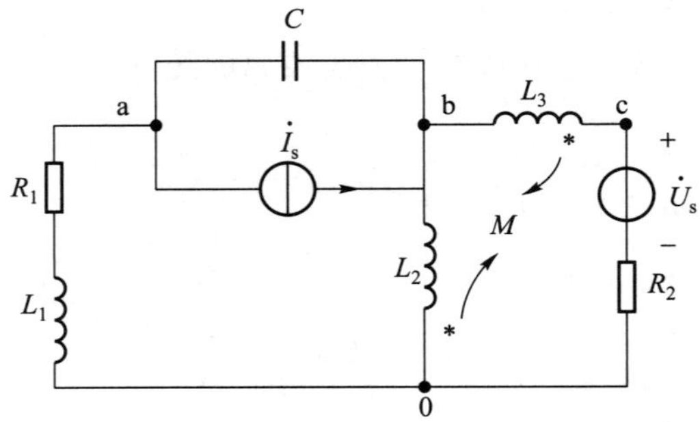

图 15-4　例 15-4 图

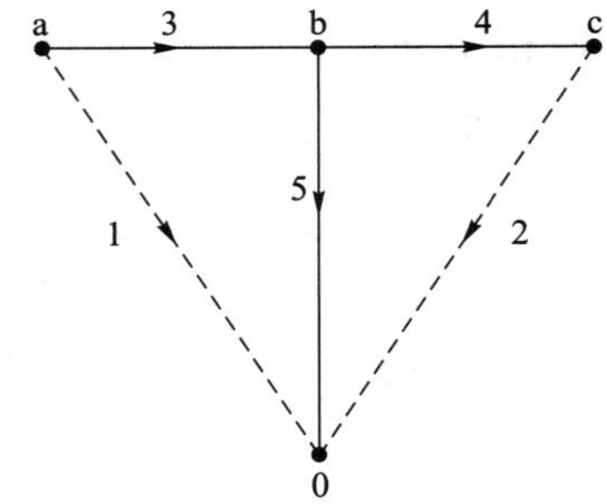

图 15-5　例 15-4 图

对于有向图 15-5，实线为树支，虚线为连支，这里采用单连支回路，即每个回路仅包含一个连支，设基本回路的绕行方向与该回路所包含的连支方向一致，其基本回路矩阵 $\boldsymbol{B}$ 为

$$\boldsymbol{B}=\begin{bmatrix}1 & 0 & -1 & 0 & -1\\ 0 & 1 & 0 & 1 & -1\end{bmatrix}$$

其转置 $\boldsymbol{B}^{\mathrm{T}}$ 为

$$\boldsymbol{B}^{\mathrm{T}}=\begin{bmatrix}1 & 0\\ 0 & 1\\ -1 & 0\\ 0 & 1\\ -1 & -1\end{bmatrix}$$

支路阻抗矩阵 $\boldsymbol{Z}_{\mathrm{b}}$ 为

$$\boldsymbol{Z}_{\mathrm{b}}=\begin{bmatrix}R_1+\mathrm{j}\omega L_1 & 0 & 0 & 0 & 0\\ 0 & R_2 & 0 & 0 & 0\\ 0 & 0 & \dfrac{1}{\mathrm{j}\omega C} & 0 & 0\\ 0 & 0 & 0 & \mathrm{j}\omega L_3 & \mathrm{j}\omega M\\ 0 & 0 & 0 & \mathrm{j}\omega M & \mathrm{j}\omega L_2\end{bmatrix}$$

回路阻抗矩阵为

$$\boldsymbol{Z}_{\mathrm{l}}=\boldsymbol{B}\boldsymbol{Z}_{\mathrm{b}}\boldsymbol{B}^{\mathrm{T}}=\begin{bmatrix}R_1+\mathrm{j}\omega L_1+\mathrm{j}\omega L_2-\mathrm{j}\dfrac{1}{\omega C} & \mathrm{j}\omega L_2-\mathrm{j}\omega M\\ \mathrm{j}\omega L_2-\mathrm{j}\omega M & R_2+\mathrm{j}\omega L_2+\mathrm{j}\omega L_3-\mathrm{j}2\omega M\end{bmatrix}$$

故该电路的基本回路方程的矩阵形式为

$$\begin{bmatrix}R_1+\mathrm{j}\omega L_1+\mathrm{j}\omega L_2-\mathrm{j}\dfrac{1}{\omega C} & \mathrm{j}\omega L_2-\mathrm{j}\omega M\\ \mathrm{j}\omega L_2-\mathrm{j}\omega M & R_2+\mathrm{j}\omega L_2+\mathrm{j}\omega L_3-\mathrm{j}2\omega M\end{bmatrix}\begin{bmatrix}\dot{I}_1\\ \dot{I}_2\end{bmatrix}=\begin{bmatrix}\dfrac{\dot{I}_s}{j\omega C}\\ -\dot{U}_s\end{bmatrix}$$

四、习题分析

15-1　以节点⑤为参考，写出题 15-1 图所示有向图的关联矩阵 $\boldsymbol{A}$。

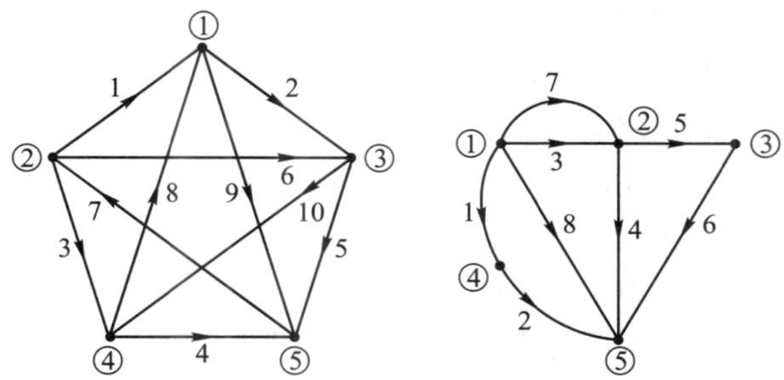

(a)　　(b)

题 15-1 图

解：(1) 题 15-1 图(a)所示有向图的关联矩阵 $\boldsymbol{A}$ 为

$$
\begin{array}{c} \\ \\ \boldsymbol{A}= \end{array}
\begin{array}{c} \\ ① \\ ② \\ ③ \\ ④ \end{array}
\begin{array}{c}
\begin{array}{cccccccccc} 1 & 2 & 3 & 4 & 5 & 6 & 7 & 8 & 9 & 10 \end{array} \\
\left[\begin{array}{cccccccccc}
-1 & 1 & 0 & 0 & 0 & 0 & 0 & -1 & 1 & 0 \\
1 & 0 & 1 & 0 & 0 & 1 & -1 & 0 & 0 & 0 \\
0 & -1 & 0 & 0 & 1 & -1 & 0 & 0 & 0 & 1 \\
0 & 0 & -1 & 1 & 0 & 0 & 0 & 1 & 0 & -1
\end{array}\right]
\end{array}
$$

(2) 题 15-1 图(b)所示有向图的关联矩阵 $\boldsymbol{A}$ 为

$$
\begin{array}{c} \\ \\ \boldsymbol{A}= \end{array}
\begin{array}{c} \\ ① \\ ② \\ ③ \\ ④ \end{array}
\begin{array}{c}
\begin{array}{cccccccc} 1 & 2 & 3 & 4 & 5 & 6 & 7 & 8 \end{array} \\
\left[\begin{array}{cccccccc}
1 & 0 & 1 & 0 & 0 & 0 & 1 & 1 \\
0 & 0 & -1 & 1 & 1 & 0 & -1 & 0 \\
0 & 0 & 0 & 0 & -1 & 1 & 0 & 0 \\
-1 & 1 & 0 & 0 & 0 & 0 & 0 & 0
\end{array}\right]
\end{array}
$$

15-2　对于题 15-2 图(a)和(b)，与用虚线画出的闭合面 S 相切割的支路集合是否构成割集？为什么？

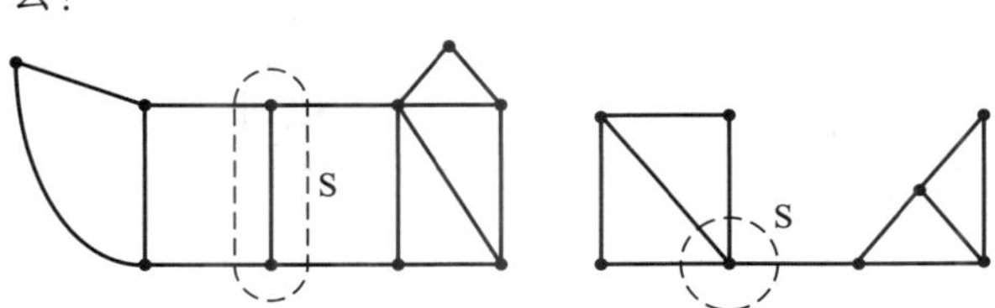

(a)　　(b)

题 15-2 图

解：连通图 G 的一个割集是图 G 的一个支路集合，将这些支路移去，将使图 G 分离成两部分，但如果少移去其中一条支路，图 G 仍将连通。对于题 15-2 图（a）和图（b）所示的图 G，若将与图示中闭合面 S 相切割的支路集合移去，图 G 将分离为 3 个部分，故这些切割的支路集合不构成割集。

15-3　对于题 15-3 图所示有向图，若选支路（1，2，3，7）为树，试写出基本割集矩阵和基本回路矩阵；另外，以网孔作为回路写出回路矩阵。

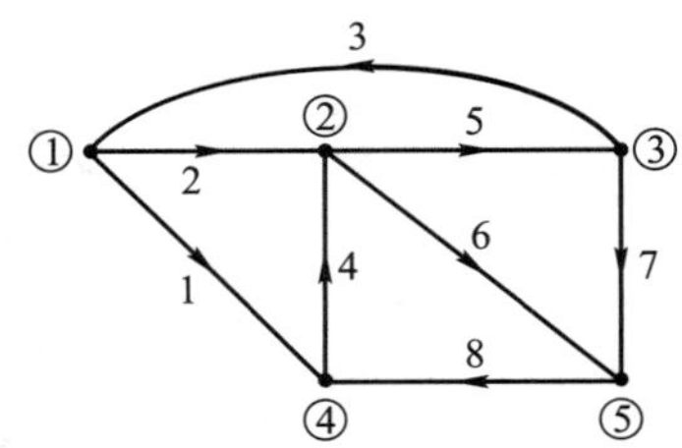

题 15-3 图

解：对于题 15-3 图所示有向图，当选支路（1，2，3，7）为树时，单树支割集（基本割集）组为 $Q_1(1,4,8)$，$Q_2(2,4,5,6)$，$Q_3(3,5,6,8)$，$Q_4(7,6,8)$，分别如题解 15-3 图（a）中虚线所示。按先树支后连支排序，得到的基本割集矩阵为

$$
\boldsymbol{Q}_f = \begin{array}{c} \\ 1 \\ 2 \\ 3 \\ 4 \end{array}
\begin{array}{c} \begin{matrix} 1 & 2 & 3 & 7 & 4 & 5 & 6 & 8 \end{matrix} \\
\begin{bmatrix} 1 & 0 & 0 & 0 & -1 & 0 & 0 & 1 \\ 0 & 1 & 0 & 0 & 1 & -1 & -1 & 0 \\ 0 & 0 & 1 & 0 & 0 & -1 & -1 & 1 \\ 0 & 0 & 0 & 1 & 0 & 0 & 1 & -1 \end{bmatrix} \end{array}
$$

对于所选定的树（1，2，3，7）的单连支回路（基本回路）组为 $l_1(4,1,2)$，$l_2(5,2,3)$，$l_3(6,2,3,7)$，$l_4(8,1,3,7)$，分别如题解 15-3 图（b）所示。按先连支后树支排序，则基本回路矩阵为

$$
\boldsymbol{B}_f = \begin{array}{c} \\ 1 \\ 2 \\ 3 \\ 4 \end{array}
\begin{array}{c} \begin{matrix} 4 & 5 & 6 & 8 & 1 & 2 & 3 & 7 \end{matrix} \\
\begin{bmatrix} 1 & 0 & 0 & 0 & 1 & -1 & 0 & 0 \\ 0 & 1 & 0 & 0 & 0 & 1 & 1 & 0 \\ 0 & 0 & 1 & 0 & 0 & 1 & 1 & -1 \\ 0 & 0 & 0 & 1 & -1 & 0 & -1 & 1 \end{bmatrix} \end{array}
$$

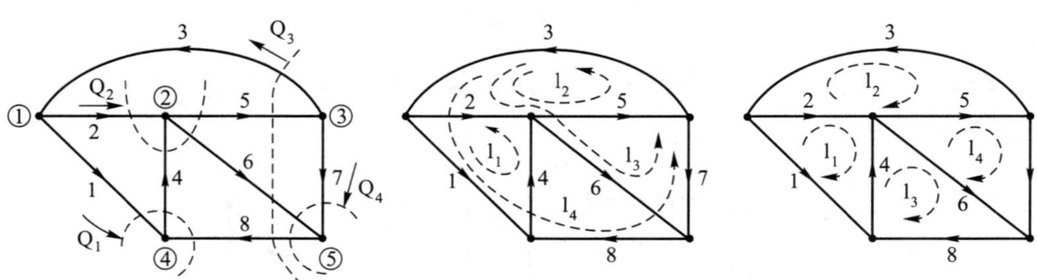

题解 15-3 图

以网孔作为回路时，回路组为 $l_1(1,2,4)$，$l_2(2,3,5)$，$l_3(4,6,8)$，$l_4(5,6,7)$，回路方

向均取顺时针方向,如题解 15-3 图(c)所示,则回路矩阵为

$$
\begin{array}{c} \\ \\ \boldsymbol{B}= \\ \\ \end{array}
\begin{array}{c} \\ 1\\2\\3\\4 \end{array}
\begin{array}{c}
\begin{array}{cccccccc} 1 & 2 & 3 & 4 & 5 & 6 & 7 & 8 \end{array}\\
\left[\begin{array}{cccccccc}
-1 & 1 & 0 & -1 & 0 & 0 & 0 & 0\\
0 & -1 & -1 & 0 & -1 & 0 & 0 & 0\\
0 & 0 & 0 & 1 & 0 & 1 & 0 & 1\\
0 & 0 & 0 & 0 & 1 & -1 & 1 & 0
\end{array}\right]
\end{array}
$$

15-4　对于题 15-4 图所示有向图,若选支路(1,2,3,5,8)为树,试写出基本割集矩阵和基本回路矩阵。

解:题 15-4 图所示有向图中,对于所选树(1,2,3,5,8)的单树支割集(基本割集)组为:$Q_1(1,4,9,10)$,$Q_2(2,4,9)$,$Q_3(3,4,6,7)$,$Q_4(5,6,7,9,10)$,$Q_5(8,7,9,10)$,分别如题解 15-4 图所示,则可得到基本割集矩阵为

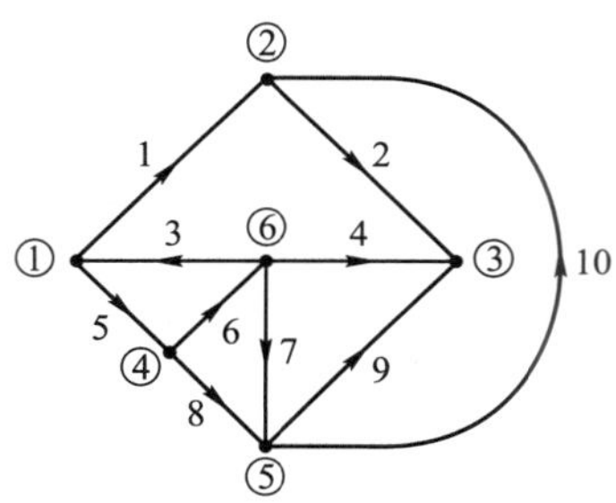

题 15-4 图

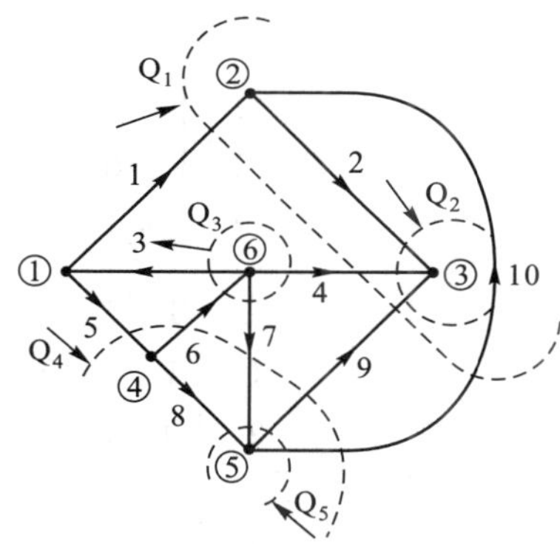

题解 15-4 图

$$
\begin{array}{c} \\ \\ \\ \boldsymbol{Q}_{\mathrm{f}}= \\ \\ \\ \end{array}
\begin{array}{c} \\ 1\\2\\3\\4\\5 \end{array}
\begin{array}{c}
\begin{array}{cccccccccc} 1 & 2 & 3 & 5 & 8 & 4 & 6 & 7 & 9 & 10 \end{array}\\
\left[\begin{array}{cccccccccc}
1 & 0 & 0 & 0 & 0 & 1 & 0 & 0 & 1 & 1\\
0 & 1 & 0 & 0 & 0 & 1 & 0 & 0 & 1 & 0\\
0 & 0 & 1 & 0 & 0 & 1 & -1 & 1 & 0 & 0\\
0 & 0 & 0 & 1 & 0 & 0 & -1 & 1 & -1 & -1\\
0 & 0 & 0 & 0 & 1 & 0 & 0 & 1 & -1 & -1
\end{array}\right]
\end{array}
=[\boldsymbol{I}_{\mathrm{t}} \mid \boldsymbol{Q}_{\mathrm{l}}]
$$

依据 $\boldsymbol{B}_{\mathrm{t}}=-\boldsymbol{Q}_{\mathrm{l}}^{\mathrm{T}}$ 的关系,可写出基本回路矩阵为

$$
\boldsymbol{B}_{\mathrm{f}}=[\boldsymbol{B}_{\mathrm{t}} \mid \boldsymbol{I}_{\mathrm{l}}]=
\begin{array}{c}
\begin{array}{cccccccccc} 1 & 2 & 3 & 5 & 8 & 4 & 6 & 7 & 9 & 10 \end{array}\\
\left[\begin{array}{cccccccccc}
-1 & -1 & -1 & 0 & 0 & 1 & 0 & 0 & 0 & 0\\
0 & 0 & 1 & 1 & 0 & 0 & 1 & 0 & 0 & 0\\
0 & 0 & -1 & -1 & -1 & 0 & 0 & 1 & 0 & 0\\
-1 & -1 & 0 & 1 & 1 & 0 & 0 & 0 & 1 & 0\\
-1 & 0 & 0 & 1 & 1 & 0 & 0 & 0 & 0 & 1
\end{array}\right]
\end{array}
$$

15-5　对于题15-5图所示有向图，若选节点⑤为参考，并选支路(1,2,4,5)为树。试写出关联矩阵、基本回路矩阵和基本割集矩阵；并验证 $\boldsymbol{B}_t^T=-\boldsymbol{A}_t^{-1}\boldsymbol{A}_l$ 和 $\boldsymbol{Q}_l=-\boldsymbol{B}_t^T$。

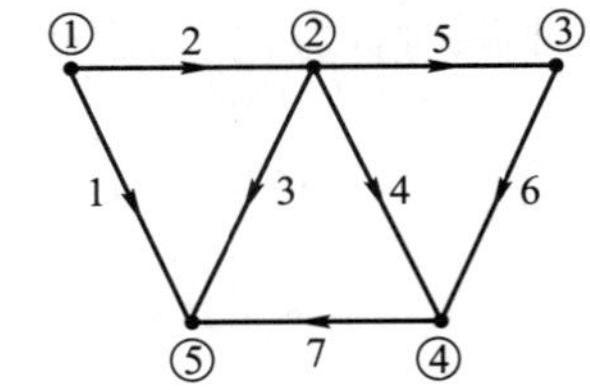

题15-5图

解：设题15-5图所示有向图的矩阵 $\boldsymbol{A}$、$\boldsymbol{B}_f$ 和 $\boldsymbol{Q}_f$ 均按先树支后连支排序，则 $\boldsymbol{A}$、$\boldsymbol{B}_f$ 和 $\boldsymbol{Q}_f$ 分别如下：

$$\boldsymbol{A}=\begin{matrix} & 1 & 2 & 4 & 5 & 3 & 6 & 7\\ 1 & 1 & 1 & 0 & 0 & 0 & 0 & 0\\ 2 & 0 & -1 & 1 & 1 & 1 & 0 & 0\\ 3 & 0 & 0 & 0 & -1 & 0 & 1 & 0\\ 4 & 0 & 0 & -1 & 0 & 0 & -1 & 1\end{matrix}=[\boldsymbol{A}_t \mid \boldsymbol{A}_l]$$

$$\boldsymbol{B}_f=\begin{matrix} & 1 & 2 & 4 & 5 & 3 & 6 & 7\\ 1 & -1 & 1 & 0 & 0 & 1 & 0 & 0\\ 2 & 0 & 0 & -1 & 1 & 0 & 1 & 0\\ 3 & -1 & 1 & 1 & 0 & 0 & 0 & 1\end{matrix}=[\boldsymbol{B}_t \mid \boldsymbol{E}_l]$$

$$\boldsymbol{Q}_f=\begin{matrix} & 1 & 2 & 4 & 5 & 3 & 6 & 7\\ 1 & 1 & 0 & 0 & 0 & 1 & 0 & 1\\ 2 & 0 & 1 & 0 & 0 & -1 & 0 & -1\\ 3 & 0 & 0 & 1 & 0 & 0 & 1 & -1\\ 4 & 0 & 0 & 0 & 1 & 0 & -1 & 0\end{matrix}=[\boldsymbol{E}_t \mid \boldsymbol{Q}_l]$$

由以上矩阵 $\boldsymbol{B}_f$ 和 $\boldsymbol{Q}_f$，可得 $\boldsymbol{Q}_l=-\boldsymbol{B}_t^T$，而

$$-\boldsymbol{A}_t^{-1}\boldsymbol{A}_l=-\begin{bmatrix}1 & 1 & 1 & 1\\ 0 & -1 & -1 & -1\\ 0 & 0 & 0 & -1\\ 0 & 0 & -1 & 0\end{bmatrix}\begin{bmatrix}0 & 0 & 0\\ 1 & 0 & 0\\ 0 & 1 & 0\\ 0 & -1 & 1\end{bmatrix}=\begin{bmatrix}-1 & 0 & -1\\ 1 & 0 & 1\\ 0 & -1 & 1\\ 0 & 1 & 0\end{bmatrix}$$

所以

$$\boldsymbol{B}_t^T=-\boldsymbol{A}_t^{-1}\boldsymbol{A}_l$$

15-6　对于题15-6图所示电路，选支路(1,2,4,7)为树，用矩阵形式列出其回路电流方程。各支路电阻均为5 Ω，各电压源电压均为3 V，各电流源电流均为2 A。

解：在题15-6图(b)所示有向图中，对所选树(1,2,4,7)的单连支回路(基本回路)组为 $l_1(3,1,2,4)$，$l_2(5,4,7)$，$l_3(6,1,2,7)$，$l_4(8,2,4)$，如题解15-6图所示，则

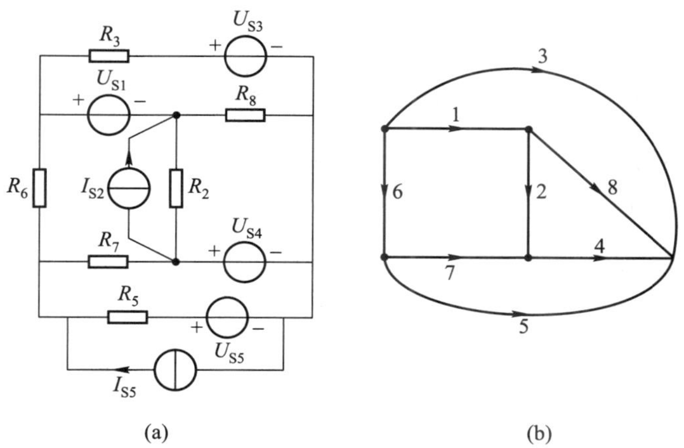

题 15-6 图

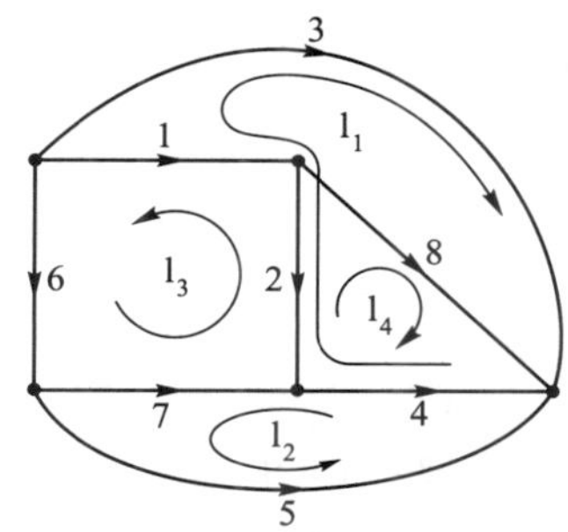

题解 15-6 图

$$
\boldsymbol{B}=\begin{matrix} \\ 1\\ 2\\ 3\\ 4\end{matrix}
\begin{matrix} & \begin{matrix} 1 & 2 & 3 & 4 & 5 & 6 & 7 & 8 \end{matrix} \\ & \begin{bmatrix} -1 & -1 & 1 & -1 & 0 & 0 & 0 & 0 \\ 0 & 0 & 0 & -1 & 1 & 0 & -1 & 0 \\ -1 & -1 & 0 & 0 & 0 & 1 & 1 & 0 \\ 0 & -1 & 0 & -1 & 0 & 0 & 0 & 1 \end{bmatrix}\end{matrix}
$$

$$\boldsymbol{R}=\mathrm{diag}[0,R_2,R_3,0,R_5,R_6,R_7,R_8]$$

$$\boldsymbol{U}_S=[-U_{S1}\quad 0\quad -U_{S3}\quad -U_{S4}\quad -U_{S5}\quad 0\quad 0\quad 0]^T$$

$$\boldsymbol{I}_S=[0\quad I_{S2}\quad 0\quad 0\quad I_{S5}\quad 0\quad 0\quad 0]^T$$

将以上矩阵、向量代入到式 $\boldsymbol{BRB}^T\boldsymbol{I}_l=\boldsymbol{BU}_S-\boldsymbol{BRI}_S$ 中，可得回路电流方程的矩阵形式为

$$
\begin{bmatrix} R_2+R_3 & 0 & R_2 & R_2 \\ 0 & R_5+R_7 & -R_7 & 0 \\ R_2 & -R_7 & R_2+R_6+R_7 & R_2 \\ R_2 & 0 & R_2 & R_2+R_8 \end{bmatrix}
\begin{bmatrix} I_{l1} \\ I_{l2} \\ I_{l3} \\ I_{l4} \end{bmatrix}=
\begin{bmatrix} U_{S1}-U_{S3}+U_{S4}+R_2I_{S2} \\ U_{S4}-U_{S5}-R_5I_{S5} \\ U_{S1}+R_2I_{S2} \\ U_{S4}+R_2I_{S2} \end{bmatrix}
$$

将已知参数值代入上式得

$$
\begin{bmatrix} 10 & 0 & 5 & 5 \\ 0 & 10 & -5 & 0 \\ 5 & -5 & 15 & 5 \\ 5 & 0 & 5 & 10 \end{bmatrix}
\begin{bmatrix} I_{l1} \\ I_{l2} \\ I_{l3} \\ I_{l4} \end{bmatrix}=
\begin{bmatrix} 13 \\ -10 \\ 13 \\ 13 \end{bmatrix}
$$

15-7　对于题 15-7 图所示电路，用运算形式（设零值初始条件）在下列 2 种不同情况下列出网孔电流方程：（1）电感 L_5 和 L_6 之间无互感。（2）L_5 和 L_6 之间有互感 M。

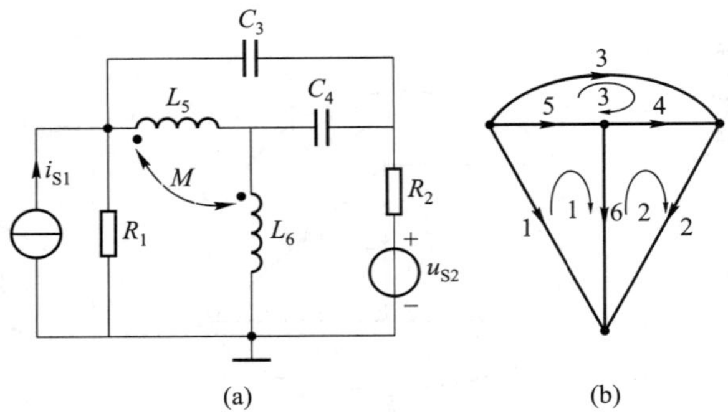

题 15-7 图

解:(1) 电感 L_5 和 L_6 之间无互感,若网孔电流方向均取顺时针方向,如题 15-7 图(b)所示,则有

$$\boldsymbol{B}=\begin{matrix} \\ 1 \\ 2 \\ 3 \end{matrix}\begin{matrix} 1 & 2 & 3 & 4 & 5 & 6 \\ \end{matrix}\begin{bmatrix} -1 & 0 & 0 & 0 & 1 & 1 \\ 0 & 1 & 0 & 1 & 0 & -1 \\ 0 & 0 & 1 & -1 & -1 & 0 \end{bmatrix}$$

$$\boldsymbol{Z}(s)=\operatorname{diag}\left[R_1,R_2,\frac{1}{sC_3},\frac{1}{sC_4},sL_5,sL_6\right]^{\mathrm{T}}$$

$$\boldsymbol{U}_{\mathrm{s}}(s)=\begin{bmatrix}0 & -U_{\mathrm{s2}}(s) & 0 & 0 & 0 & 0\end{bmatrix}^{\mathrm{T}}$$

$$\boldsymbol{I}_{\mathrm{s}}(s)=\begin{bmatrix}I_{\mathrm{s1}}(s) & 0 & 0 & 0 & 0 & 0\end{bmatrix}^{\mathrm{T}}$$

将以上各矩阵代入式 $\boldsymbol{BZ}(s)\boldsymbol{B}^{\mathrm{T}}\boldsymbol{I}_l(s)=\boldsymbol{BU}_{\mathrm{s}}(s)-\boldsymbol{BZ}(s)\boldsymbol{I}_{\mathrm{s}}(s)$ 中,得到的网孔电流方程的矩阵形式为

$$\begin{bmatrix} R_1+s(L_5+L_6) & -sL_6 & -sL_5 \\ -sL_6 & R_2+\dfrac{1}{sC_4}+sL_6 & -\dfrac{1}{sC_4} \\ -sL_5 & -\dfrac{1}{sC_4} & \dfrac{1}{sC_3}+\dfrac{1}{sC_4}+sL_5 \end{bmatrix}\begin{bmatrix} I_{l1}(s) \\ I_{l2}(s) \\ I_{l3}(s) \end{bmatrix}=\begin{bmatrix} R_1I_{\mathrm{s1}}(s) \\ -U_{\mathrm{s2}}(s) \\ 0 \end{bmatrix}$$

(2) L_5 和 L_6 之间有互感,此时 $\boldsymbol{B}$、$\boldsymbol{U}_{\mathrm{s}}(s)$ 和 $\boldsymbol{I}_{\mathrm{s}}(s)$ 均不变,只有支路运算阻抗矩阵有变化,即

$$\boldsymbol{Z}(s)=\begin{bmatrix} R_1 & 0 & 0 & 0 & 0 & 0 \\ 0 & R_2 & 0 & 0 & 0 & 0 \\ 0 & 0 & \dfrac{1}{sC_3} & 0 & 0 & 0 \\ 0 & 0 & 0 & \dfrac{1}{sC_4} & 0 & 0 \\ 0 & 0 & 0 & 0 & sL_5 & sM \\ 0 & 0 & 0 & 0 & sM & sL_6 \end{bmatrix}$$

同理,将上式表示的 $\boldsymbol{Z}(s)$ 及 $\boldsymbol{B}$、$\boldsymbol{U}_s(s)$ 和 $\boldsymbol{I}_s(s)$ 代入到网孔电流方程的矩阵形式中,可得

$$\begin{bmatrix} R_1+s(L_5+L_6+2M) & -s(L_6+M) & -s(L_5+M) \\ -s(L_6+M) & R_2+\dfrac{1}{sC_4}+sL_6 & -\dfrac{1}{sC_4}+sM \\ -s(L_5+M) & -\dfrac{1}{sC_4}+sM & \dfrac{1}{sC_3}+\dfrac{1}{sC_4}+sL_5 \end{bmatrix}\begin{bmatrix} I_{l1}(s) \\ I_{l2}(s) \\ I_{l3}(s) \end{bmatrix}=\begin{bmatrix} R_1 I_{s1}(s) \\ -U_{s2}(s) \\ 0 \end{bmatrix}$$

15-8　对题 15-8 图所示电路,选支路(1,2,3,4,5)为树,试写出此电路回路电流方程的矩阵形式。

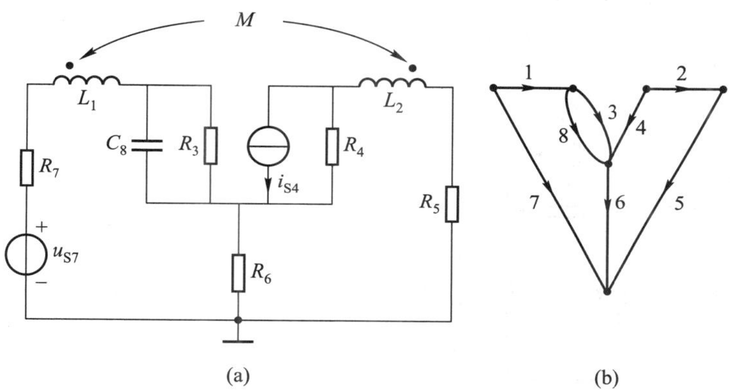

题 15-8 图

解:在题 15-8 图(b)所示有向图中,对于所选树的单连支回路(基本回路)组为 $l_1(6,2,4,5)$,$l_2(7,1,2,3,4,5)$,$l_3(8,3)$,各回路方向为该回路中的连支方向,则

$$\boldsymbol{B}=\begin{array}{c} \\ 1 \\ 2 \\ 3 \end{array}\begin{array}{c} \begin{array}{cccccccc} 1 & 2 & 3 & 4 & 5 & 6 & 7 & 8 \end{array} \\ \begin{bmatrix} 0 & -1 & 0 & 1 & -1 & 1 & 0 & 0 \\ -1 & -1 & -1 & 1 & -1 & 0 & 1 & 0 \\ 0 & 0 & -1 & 0 & 0 & 0 & 0 & 1 \end{bmatrix} \end{array}$$

$$\boldsymbol{Z}=\begin{bmatrix} \mathrm{j}\omega L_1 & -\mathrm{j}\omega M & 0 & 0 & 0 & 0 & 0 & 0 \\ -\mathrm{j}\omega M & \mathrm{j}\omega L_2 & 0 & 0 & 0 & 0 & 0 & 0 \\ 0 & 0 & R_3 & 0 & 0 & 0 & 0 & 0 \\ 0 & 0 & 0 & R_4 & 0 & 0 & 0 & 0 \\ 0 & 0 & 0 & 0 & R_5 & 0 & 0 & 0 \\ 0 & 0 & 0 & 0 & 0 & R_6 & 0 & 0 \\ 0 & 0 & 0 & 0 & 0 & 0 & R_7 & 0 \\ 0 & 0 & 0 & 0 & 0 & 0 & 0 & \dfrac{1}{\mathrm{j}\omega C_8} \end{bmatrix}$$

$$\dot{\boldsymbol{U}}_s=[0\quad 0\quad 0\quad 0\quad 0\quad 0\quad -\dot{U}_{s7}\quad 0]^T$$

$$\dot{\boldsymbol{I}}_s=[0\quad 0\quad 0\quad -\dot{I}_{s4}\quad 0\quad 0\quad 0\quad 0]^T$$

将以上各矩阵代入式 $\boldsymbol{BZB}^T\dot{\boldsymbol{I}}_l=\boldsymbol{B}\dot{\boldsymbol{U}}_s-\boldsymbol{BZ}\dot{\boldsymbol{I}}_s$ 中，获得的回路电流方程的矩阵形式为

$$\begin{bmatrix} R_4+R_5+R_6+j\omega L_2 & R_4+R_5+j\omega(L_2-M) & 0 \\ R_4+R_5+j\omega(L_2-M) & R_3+R_4+R_5+R_7+j\omega(L_1+L_2-2M) & R_3 \\ 0 & R_3 & R_3+\dfrac{1}{j\omega C_8} \end{bmatrix}\begin{bmatrix}\dot{I}_{l1}\\ \dot{I}_{l2}\\ \dot{I}_{l3}\end{bmatrix}=\begin{bmatrix}R_4\dot{I}_{s4}\\ -\dot{U}_{s7}+R_4\dot{I}_{s4}\\ 0\end{bmatrix}$$

15-9　写出题15-9图所示电路网孔电流方程的矩阵形式。

解：题15-9图所示电路的有向图如题解15-9图所示，网孔电流方向均选取为顺时针方向，则有

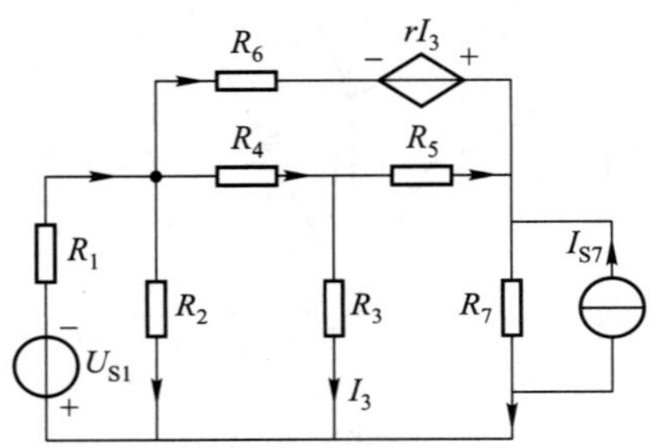

题15-9图

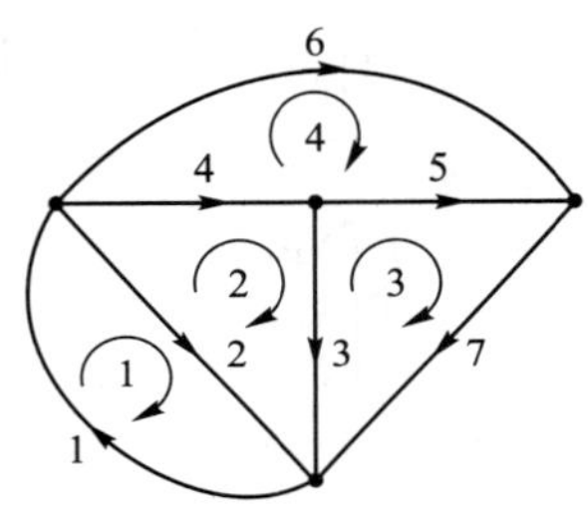

题解15-9图

$$\boldsymbol{B}=\begin{matrix} & \begin{matrix}1 & 2 & 3 & 4 & 5 & 6 & 7\end{matrix} \\ \begin{matrix}1\\2\\3\\4\end{matrix} & \begin{bmatrix}1 & 1 & 0 & 0 & 0 & 0 & 0\\ 0 & -1 & 1 & 1 & 0 & 0 & 0\\ 0 & 0 & -1 & 0 & 1 & 0 & 1\\ 0 & 0 & 0 & -1 & -1 & 1 & 0\end{bmatrix}\end{matrix}$$

支路电阻矩阵为(注意 r 出现的位置)

$$\boldsymbol{R}=\begin{bmatrix}R_1 & 0 & 0 & 0 & 0 & 0 & 0\\ 0 & R_2 & 0 & 0 & 0 & 0 & 0\\ 0 & 0 & R_3 & 0 & 0 & 0 & 0\\ 0 & 0 & 0 & R_4 & 0 & 0 & 0\\ 0 & 0 & 0 & 0 & R_5 & 0 & 0\\ 0 & 0 & -r & 0 & 0 & R_6 & 0\\ 0 & 0 & 0 & 0 & 0 & 0 & R_7\end{bmatrix}$$

电压源向量和电流源向量分别为

$$\boldsymbol{U}_S=[-U_{S1}\quad 0\quad 0\quad 0\quad 0\quad 0\quad 0]^T$$

$$\boldsymbol{I}_S=[0\quad 0\quad 0\quad 0\quad 0\quad 0\quad I_{S7}]^T$$

将以上各矩阵、向量代入式 $\boldsymbol{BRB}^{\mathrm{T}}\boldsymbol{I}_l=\boldsymbol{BU}_\mathrm{S}-\boldsymbol{BRI}_\mathrm{S}$ 中，可得网孔电流方程的矩阵形式为

$$\begin{bmatrix} R_1+R_2 & -R_2 & 0 & 0 \\ -R_2 & R_2+R_3+R_4 & -R_3 & -R_4 \\ 0 & -R_3 & R_3+R_5+R_7 & -R_5 \\ 0 & -(r+R_4) & r-R_5 & R_4+R_5+R_6 \end{bmatrix}\begin{bmatrix} I_{l1} \\ I_{l2} \\ I_{l3} \\ I_{l4} \end{bmatrix}=\begin{bmatrix} -U_{\mathrm{S1}} \\ 0 \\ -R_7I_{\mathrm{S7}} \\ 0 \end{bmatrix}$$

15-10　题 15-10 图所示电路中电源角频率为 ω，试以节点④为参考节点，列写出该电路节点电压方程的矩阵形式。

解：题 15-10 图所示电路的有向图如题解 15-10 图所示，以节点④为参考节点，则关联矩阵为

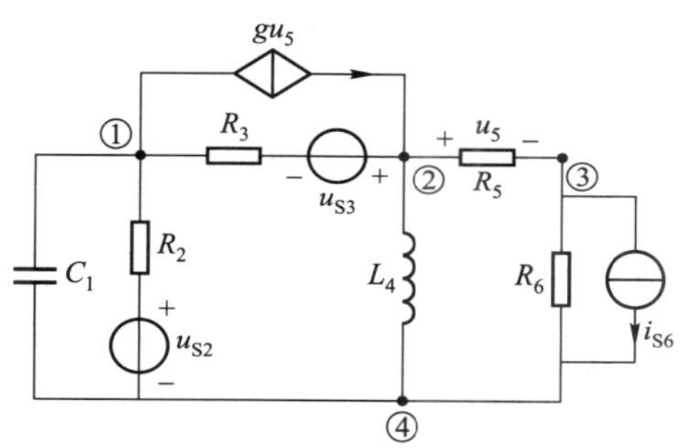

题 15-10 图

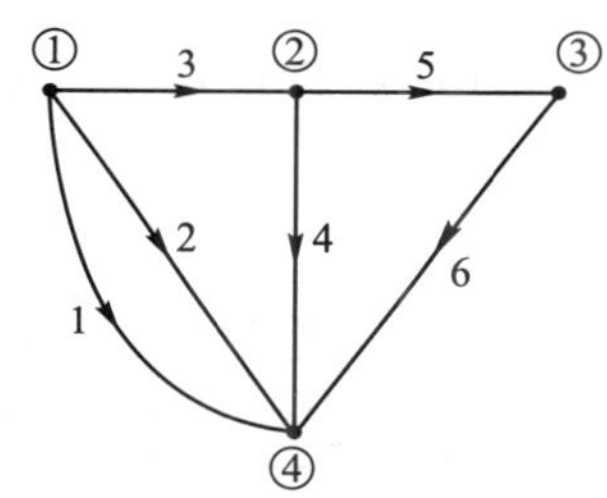

题解 15-10 图

$$\boldsymbol{A}=\begin{matrix} ① \\ ② \\ ③ \end{matrix}\overset{\begin{matrix}1 & 2 & 3 & 4 & 5 & 6\end{matrix}}{\begin{bmatrix} 1 & 1 & 1 & 0 & 0 & 0 \\ 0 & 0 & -1 & 1 & 1 & 0 \\ 0 & 0 & 0 & 0 & -1 & 1 \end{bmatrix}}$$

而支路导纳矩阵为（注意 VCCS 的控制系数 g 的位置）

$$\boldsymbol{Y}=\begin{bmatrix} \mathrm{j}\omega C_1 & 0 & 0 & 0 & 0 & 0 \\ 0 & \dfrac{1}{R_2} & 0 & 0 & 0 & 0 \\ 0 & 0 & \dfrac{1}{R_3} & 0 & g & 0 \\ 0 & 0 & 0 & \dfrac{1}{\mathrm{j}\omega L_4} & 0 & 0 \\ 0 & 0 & 0 & 0 & \dfrac{1}{R_5} & 0 \\ 0 & 0 & 0 & 0 & 0 & \dfrac{1}{R_6} \end{bmatrix}$$

电压源向量和电流源向量分别为

$$\dot{\boldsymbol{U}}_s=[0\quad -\dot{U}_{s2}\quad \dot{U}_{s3}\quad 0\quad 0\quad 0]^T$$

$$\dot{\boldsymbol{I}}_s=[0\quad 0\quad 0\quad 0\quad 0\quad -\dot{I}_{s6}]^T$$

将以上矩阵和向量代入式 $\boldsymbol{AYA}^T\dot{\boldsymbol{U}}_n=\boldsymbol{A}\dot{\boldsymbol{I}}_s-\boldsymbol{AY}\dot{\boldsymbol{U}}_s$ 中,可得节点电压方程的矩阵形式为

$$\begin{bmatrix} j\omega C_1+\dfrac{1}{R_2}+\dfrac{1}{R_3} & -\dfrac{1}{R_3}+g & -g \\ -\dfrac{1}{R_3} & \dfrac{1}{R_3}+\dfrac{1}{j\omega L_4}+\dfrac{1}{R_5}-g & -\dfrac{1}{R_5}+g \\ 0 & -\dfrac{1}{R_5} & \dfrac{1}{R_5}+\dfrac{1}{R_6} \end{bmatrix}\begin{bmatrix}\dot{U}_{n1}\\ \dot{U}_{n2}\\ \dot{U}_{n3}\end{bmatrix}=\begin{bmatrix}\dfrac{\dot{U}_{s2}}{R_2}-\dfrac{\dot{U}_{s3}}{R_3}\\ \dfrac{\dot{U}_{s3}}{R_3}\\ -\dot{I}_{s6}\end{bmatrix}$$

***15-11** 试以节点⑥为参考节点,列出题 15-11 图所示电路矩阵形式的节点电压方程。

解:题 15-11 图所示电路的有向图如题解 15-11 图所示,以节点⑥为参考节点,则关联矩阵为

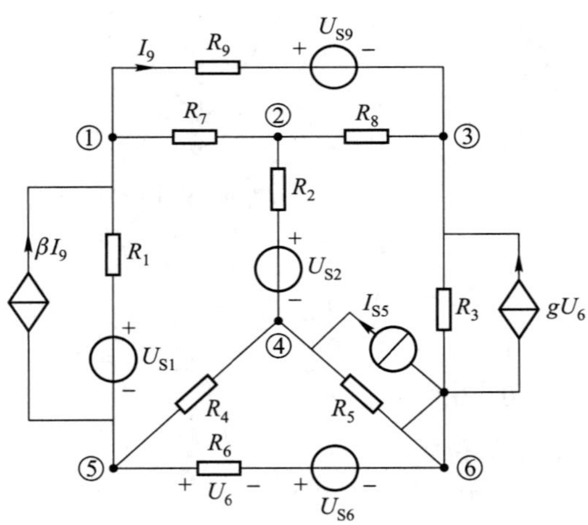

题 15-11 图

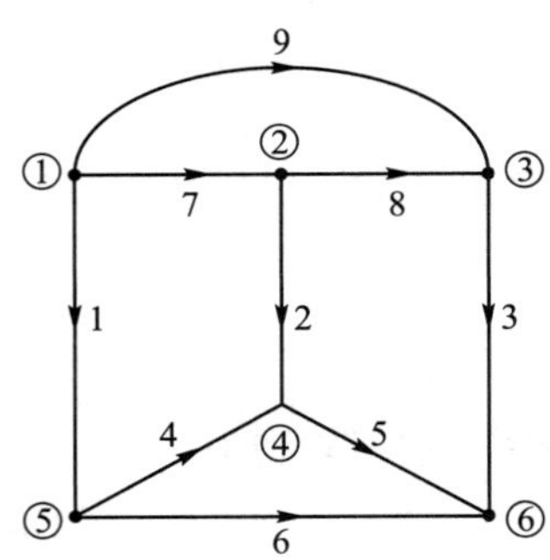

题解 15-11 图

$$\boldsymbol{A}=\begin{matrix} \\ ①\\ ②\\ ③\\ ④\\ ⑤\end{matrix}\begin{matrix} \begin{matrix}1 & 2 & 3 & 4 & 5 & 6 & 7 & 8 & 9\end{matrix}\\ \begin{bmatrix} 1 & 0 & 0 & 0 & 0 & 0 & 1 & 0 & 1\\ 0 & 1 & 0 & 0 & 0 & 0 & -1 & 1 & 0\\ 0 & 0 & 1 & 0 & 0 & 0 & 0 & -1 & -1\\ 0 & -1 & 0 & -1 & 1 & 0 & 0 & 0 & 0\\ -1 & 0 & 0 & 1 & 0 & 1 & 0 & 0 & 0 \end{bmatrix}\end{matrix}$$

图示电路中 CCCS 受第 9 支路中 R_9 的电流 I_9 控制,而

$$I_9=G_9(U_{b9}-U_{S9})$$

VCCS 受第 6 支路中 R_6 的电压 U_6 控制,而

$$U_6=U_{b6}-U_{S6}$$

因此,支路 1 和支路 3 的支路方程分别为

$$I_1=G_1(U_{b1}-U_{S1})-\beta I_9=G_1(U_{b1}-U_{S1})-\beta G_9(U_{b9}-U_{S9})$$

$$I_3=G_3(U_{b3}+0)-gU_6=G_3U_{b3}-g(U_{b6}-U_{S6})$$

以上各式的 U_{bk} 为支路电压,所以,支路电导矩阵为

$$\boldsymbol{G}=\begin{bmatrix} G_1 & 0 & 0 & 0 & 0 & 0 & 0 & 0 & -\beta G_9 \\ 0 & G_2 & 0 & 0 & 0 & 0 & 0 & 0 & 0 \\ 0 & 0 & G_3 & 0 & 0 & -g & 0 & 0 & 0 \\ 0 & 0 & 0 & G_4 & 0 & 0 & 0 & 0 & 0 \\ 0 & 0 & 0 & 0 & G_5 & 0 & 0 & 0 & 0 \\ 0 & 0 & 0 & 0 & 0 & G_6 & 0 & 0 & 0 \\ 0 & 0 & 0 & 0 & 0 & 0 & G_7 & 0 & 0 \\ 0 & 0 & 0 & 0 & 0 & 0 & 0 & G_8 & 0 \\ 0 & 0 & 0 & 0 & 0 & 0 & 0 & 0 & G_9 \end{bmatrix}$$

电压源向量和电流源向量分别为

$$\boldsymbol{U}_S=[-U_{S1}\quad -U_{S2}\quad 0\quad 0\quad 0\quad -U_{S6}\quad 0\quad 0\quad -U_{S9}]^T$$

$$\boldsymbol{I}_S=[0\quad 0\quad 0\quad 0\quad I_{S5}\quad 0\quad 0\quad 0\quad 0]^T$$

将以上矩阵和向量代入式 $\boldsymbol{AGA}^T\boldsymbol{U}_n=\boldsymbol{AI}_S-\boldsymbol{AGU}_S$ 中,可得节点电压方程的矩阵形式为

$$\begin{bmatrix} G_1+G_7+G_9-\beta G_9 & -G_7 & -G_9+\beta G_9 & 0 & -G_1 \\ -G_7 & G_2+G_7+G_8 & -G_8 & -G_2 & 0 \\ -G_9 & -G_8 & G_3+G_8+G_9 & 0 & -g \\ 0 & -G_2 & 0 & G_2+G_4+G_5 & -G_4 \\ -G_1+\beta G_9 & 0 & -\beta G_9 & -G_4 & G_1+G_4+G_6 \end{bmatrix}\begin{bmatrix} U_{n1} \\ U_{n2} \\ U_{n3} \\ U_{n4} \\ U_{n5} \end{bmatrix}$$

$$=\begin{bmatrix} G_1U_{S1}+G_9U_{S9}-\beta G_9U_{S9} \\ G_2U_{S2} \\ -G_9U_{S9}-gU_{S6} \\ I_{S5}-G_2U_{S2} \\ -G_1U_{S1}+G_6U_{S6}+\beta G_9U_{S9} \end{bmatrix}$$

15-12　电路如题 15-12 图(a)所示,题 15-12 图(b)为其有向图。选支路(1,2,6,7)为树,列出矩阵形式的割集电压方程。

解:题 15-12 图(b)所示有向图中,对于所选树(1,2,6,7)的单树支割集(基本割集)组为 $Q_1(1,4,8)$,$Q_2(2,4,5,8)$,$Q_3(6,3,4,5,8)$,$Q_4(7,3,4)$。$Q_1\sim Q_4$ 如题解 15-12

图所示，各割集的方向为树支方向，所以基本割集矩阵为

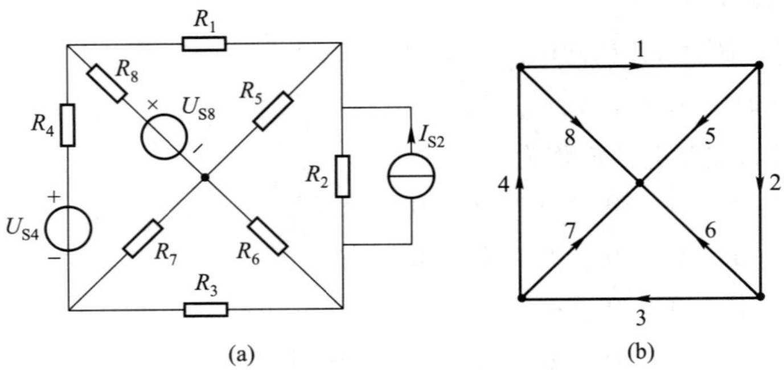

题 15-12 图

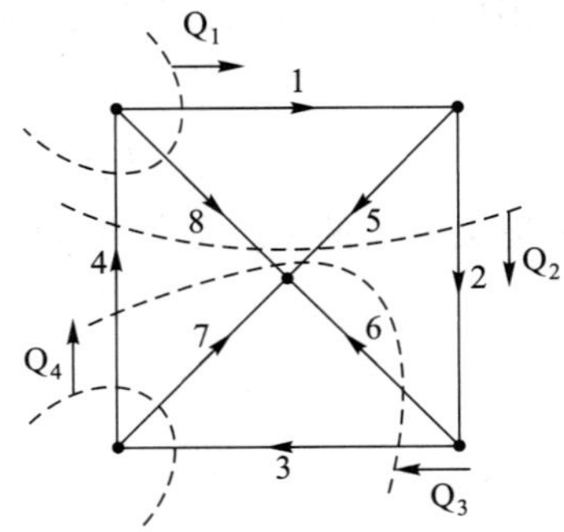

题解 15-12 图

$$
\begin{array}{c}
 \\ 1\\ 2\\ 3\\ 4
\end{array}
\begin{array}{c}
\begin{array}{cccccccc} 1 & 2 & 3 & 4 & 5 & 6 & 7 & 8 \end{array}\\
\boldsymbol{Q}_{\mathrm{f}}=\begin{bmatrix}
1 & 0 & 0 & -1 & 0 & 0 & 0 & 1\\
0 & 1 & 0 & -1 & 1 & 0 & 0 & 1\\
0 & 0 & 1 & -1 & 1 & 1 & 0 & 1\\
0 & 0 & -1 & 1 & 0 & 0 & 1 & 0
\end{bmatrix}
\end{array}
$$

支路电导矩阵为

$$\boldsymbol{G}=\operatorname{diag}[G_1,G_2,G_3,G_4,G_5,G_6,G_7,G_8]$$

电压源向量和电流源向量为

$$\boldsymbol{U}_{\mathrm{S}}=\begin{bmatrix}0 & 0 & 0 & U_{\mathrm{S4}} & 0 & 0 & 0 & -U_{\mathrm{S8}}\end{bmatrix}^{\mathrm{T}}$$

$$\boldsymbol{I}_{\mathrm{S}}=\begin{bmatrix}0 & I_{\mathrm{S2}} & 0 & 0 & 0 & 0 & 0 & 0\end{bmatrix}^{\mathrm{T}}$$

将以上矩阵和向量代入式 $\boldsymbol{Q}_{\mathrm{f}}\boldsymbol{G}\boldsymbol{Q}_{\mathrm{f}}^{\mathrm{T}}\boldsymbol{U}_{\mathrm{t}}=\boldsymbol{Q}_{\mathrm{f}}\boldsymbol{I}_{\mathrm{S}}-\boldsymbol{Q}_{\mathrm{f}}\boldsymbol{G}\boldsymbol{U}_{\mathrm{S}}$ 中，可得割集电压方程的矩阵形式为

$$
\begin{bmatrix}
G_1+G_4+G_8 & G_4+G_8 & G_4+G_8 & -G_4\\
G_4+G_8 & G_2+G_4+G_5+G_8 & G_4+G_5+G_8 & -G_4\\
G_4+G_8 & G_4+G_5+G_8 & G_3+G_4+G_5+G_6+G_8 & -(G_3+G_4)\\
-G_4 & -G_4 & -(G_3+G_4) & G_3+G_4+G_7
\end{bmatrix}
\begin{bmatrix}U_{\mathrm{t1}}\\ U_{\mathrm{t2}}\\ U_{\mathrm{t3}}\\ U_{\mathrm{t4}}\end{bmatrix}
$$

$$
=\begin{bmatrix}
G_4U_{\mathrm{S4}}+G_8U_{\mathrm{S8}}\\
I_{\mathrm{S2}}+G_4U_{\mathrm{S4}}+G_8U_{\mathrm{S8}}\\
G_4U_{\mathrm{S4}}+G_8U_{\mathrm{S8}}\\
-G_4U_{\mathrm{S4}}
\end{bmatrix}
$$

* **15-13**　电路如题 15-13 图（a）所示，题 15-13 图（b）为其有向图。试写出节点列表法中支路方程的矩阵形式。

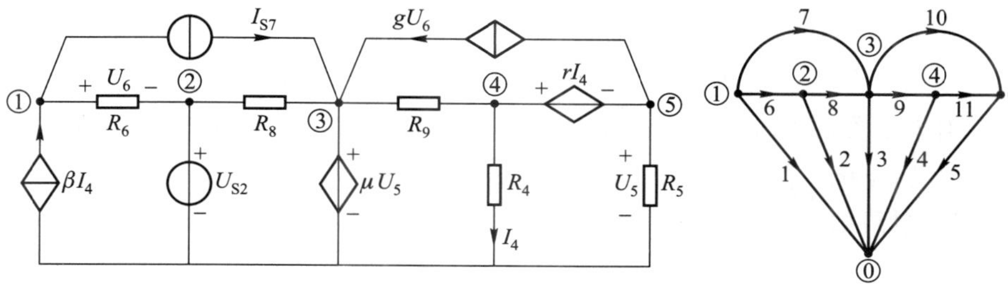

(a)　　　　(b)

题 15-13 图

解:依据节点列表法中所采用的支路方程的矩阵形式 $\boldsymbol{FU}+\boldsymbol{HI}=\boldsymbol{U}_S+\boldsymbol{I}_S$,对于题 15-13 图(a)所示电路和图(b)标出的支路方向,可得出电路各支路方程为 $I_1+\beta I_4=0$, $U_2=U_{S2}$, $U_3-\mu U_5=0$, $U_4-R_4I_4=0$, $U_5-R_5I_5=0$, $U_6-R_6I_6=0$, $I_7=I_{S7}$, $U_8-R_8I_8=0$, $U_9-R_9I_9=0$, $I_{10}+gU_6=0$, $U_{11}-rI_4=0$。所以,矩阵 $\boldsymbol{F}$ 和 $\boldsymbol{H}$ 分别为

$$\boldsymbol{F}=\begin{array}{r}\\ \\ 3\\ \\ \\ \\ \\ \\ \\ 10\\ \\ \end{array}\begin{array}{c} \qquad\qquad\qquad\qquad 5 \\ \begin{bmatrix} 0 &&&&&&&&&& \\ & 1 &&&&&&&&& \\ && 1 && -\mu &&& \mathbf{0} &&& \\ &&& 1 &&&&&&& \\ &&&& 1 &&&&&& \\ &&&&& 1 &&&&& \\ & \mathbf{0} &&&&& 0 &&&& \\ &&&&&&& 1 &&& \\ &&&&&&&& 1 && \\ &&&&& g &&&& 0 & \\ &&&&&&&&&& 1 \end{bmatrix} \\ \qquad\qquad\qquad\qquad\quad 6 \end{array}$$

$$\boldsymbol{H}=\begin{array}{r} 1\\ \\ \\ \\ \\ \\ \\ \\ \\ \\ 11 \end{array}\begin{array}{c} \qquad\qquad 4 \\ \begin{bmatrix} 1 &&& \beta &&&&&&& \\ & 0 &&&&&&&&& \\ && 0 &&&&&&&& \\ &&& -R_4 &&&& \mathbf{0} &&& \\ &&&& -R_5 &&&&&& \\ & \mathbf{0} &&&& -R_6 &&&&& \\ &&&&&& 1 &&&& \\ &&&&&&& -R_8 &&& \\ &&&&&&&& -R_9 && \\ &&&&&&&&& 1 & \\ &&& -r &&&&&&& 0 \end{bmatrix} \\ \qquad\qquad 4 \end{array}$$

电压源向量与电流源向量之和为

$$\boldsymbol{U}_S+\boldsymbol{I}_S=\begin{bmatrix}0 & U_{S2} & 0 & 0 & 0 & 0 & I_{S7} & 0 & 0 & 0 & 0\end{bmatrix}^T$$

而 $\boldsymbol{U}$、$\boldsymbol{I}$ 分别为支路电压向量和支路电流向量。将以上矩阵、向量代入式 $\boldsymbol{FU}+\boldsymbol{HI}=\boldsymbol{U}_S+\boldsymbol{I}_S$，就得到节点列表法中支路方程的矩阵形式。

15-14　电路如题 15-14 图(a)所示，题 15-14 图(b)为其有向图。列出节点列表方程的矩阵形式。

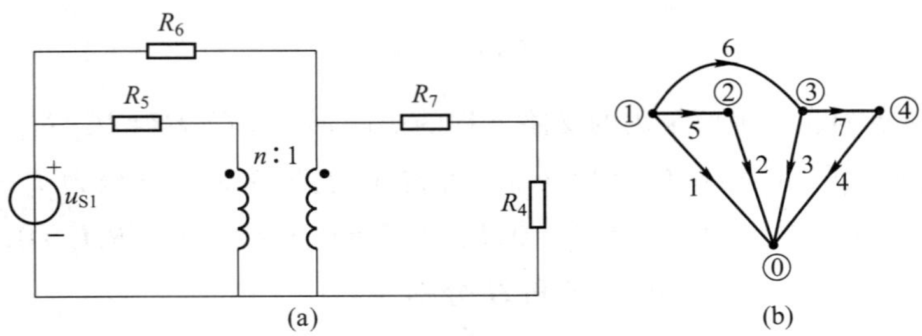

题 15-14 图

解：略。

15-15　列出题 15-15 图所示电路的状态方程。若选节点①和②的节点电压为输出量，写出输出方程。

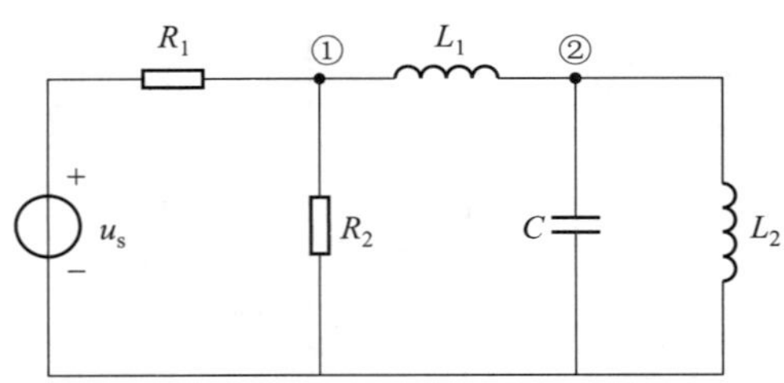

题 15-15 图

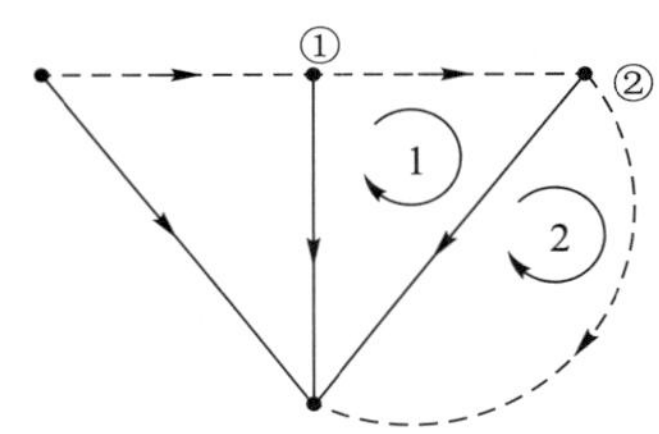

题解 15-15 图

解：画出题 15-15 图所示电路的有向图，如题解 15-15 图所示，并选特有树如图中实线所示。对只含电容树支的节点②列出 KCL 方程

$$C\frac{\mathrm{d}u_C}{\mathrm{d}t}=i_{L_1}-i_{L_2}$$

对由电感 L_1 和 L_2 连支所确定的基本回路 1 和 2 列出 KVL 方程

$$L_1\frac{\mathrm{d}i_{L_1}}{\mathrm{d}t}=u_{R_2}-u_C$$

$$L_2\frac{\mathrm{d}i_{L_2}}{\mathrm{d}t}=u_C$$

消去非状态变量 u_{R_2}，$u_{R_2}=R_2(i_{R_1}-i_{L_1})$，而 $i_{R_1}=\dfrac{1}{R_1}(u_s-u_{R_2})$，经整理后得

$$u_{R_2}=-\frac{R_1R_2}{R_1+R_2}i_{L_1}+\frac{R_2}{R_1+R_2}u_s$$

将 u_{R_2} 代入到相应的状态方程中，得出该电路的状态方程为

$$\frac{\mathrm{d}u_C}{\mathrm{d}t}=\frac{1}{C}i_{L_1}-\frac{1}{C}i_{L_2}$$

$$\frac{\mathrm{d}i_{L_1}}{\mathrm{d}t}=-\frac{1}{L_1}u_C-\frac{R_1R_2}{L_1(R_1+R_2)}i_{L_1}+\frac{R_2}{L_1(R_1+R_2)}u_s$$

$$\frac{\mathrm{d}i_{L_2}}{\mathrm{d}t}=\frac{1}{L_2}u_C$$

以上各式亦可写为状态方程的矩阵形式：

$$\dot{\boldsymbol{x}}=\boldsymbol{A}\boldsymbol{x}+\boldsymbol{B}\boldsymbol{v}$$

其中，各矩阵分别为

$$\boldsymbol{A}=\begin{bmatrix}0 & \frac{1}{C} & -\frac{1}{C}\\ -\frac{1}{L_1} & -\frac{R_1R_2}{L_1(R_1+R_2)} & 0\\ \frac{1}{L_2} & 0 & 0\end{bmatrix},\quad \boldsymbol{B}=\begin{bmatrix}0\\ \frac{R}{L_1(R_1+R_2)}\\ 0\end{bmatrix}$$

$$\boldsymbol{x}=[u_C\quad i_{L_1}\quad i_{L_2}]^{\mathrm{T}},\quad \boldsymbol{v}=[u_s(t)]$$

若选节点①和②的节点电压为输出，则由于

$$u_{n1}=u_{R_2}=-\frac{R_1R_2}{R_1+R_2}i_{L_1}+\frac{R_2}{R_1+R_2}u_s$$

$$u_{n2}=u_C$$

整理后写出输出方程的矩阵形式为　$\boldsymbol{y}=\boldsymbol{C}\boldsymbol{x}+\boldsymbol{D}\boldsymbol{v}$

其中，各矩阵分别为

$$\boldsymbol{C}=\begin{bmatrix}0 & -\frac{R_1R_2}{R_1+R_2} & 0\\ 1 & 0 & 0\end{bmatrix},\quad \boldsymbol{D}=\begin{bmatrix}\frac{R_2}{R_1+R_2}\\ 0\end{bmatrix}$$

$$\boldsymbol{y}=\begin{bmatrix}u_{n1}\\ u_{n2}\end{bmatrix},\quad \boldsymbol{v}=[u_s(t)]$$

15-16　列出题 15-16 图所示电路的状态方程。设 $C_1=C_2=1\ \mathrm{F}$，$L_1=1\ \mathrm{H}$，$L_2=2\ \mathrm{H}$，$R_1=R_2=1\ \Omega$，$R_3=2\ \Omega$，$u_s(t)=2\sin t\ \mathrm{V}$，$i_S(t)=2\mathrm{e}^{-t}\ \mathrm{A}$。

解：题 15-16 图所示电路的有向图如题解 15-16 图所示，选取特有树如图中实线所示。对由电容 C_1 和 C_2 两树支所确定的基本割集 Q_1 和 Q_2 列出 KCL 方程：

$$C_1\frac{\mathrm{d}u_{C_1}}{\mathrm{d}t}=-i_{L_2}-i_{R_1}-i_{R_3}+i_S \qquad ①$$

$$C_2\frac{\mathrm{d}u_{C_2}}{\mathrm{d}t}=-i_{L_1}-i_{L_2}-i_{R_1}-i_{R_3}+i_S \qquad ②$$

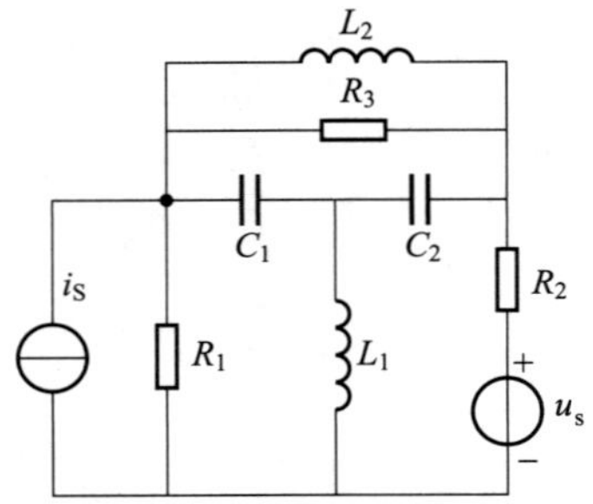

题 15-16 图

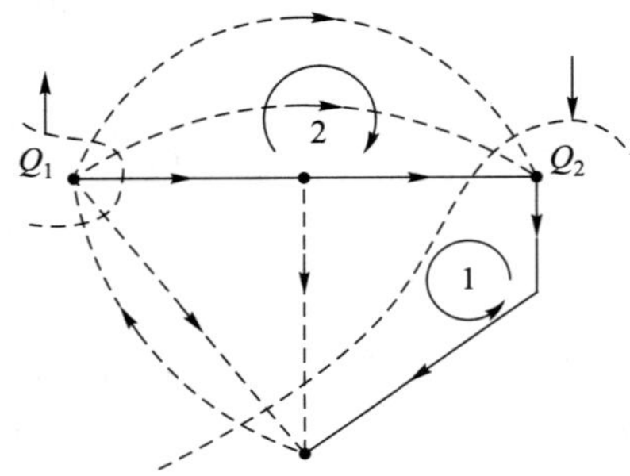

题解 15-16 图

对由电感 L_1 和 L_2 两个连支所确定的基本回路 1 和 2 列出 KVL 方程：

$$L_1\frac{\mathrm{d}i_{L_1}}{\mathrm{d}t}=u_{C_2}+u_{R_2}+u_s \qquad ③$$

$$L_2\frac{\mathrm{d}i_{L_2}}{\mathrm{d}t}=u_{C_1}+u_{C_2} \qquad ④$$

消去非状态变量 i_{R_1}、i_{R_3} 和 u_{R_2}

$$i_{R_1}=\frac{1}{R_1}(u_{C_1}+u_{C_2}+u_{R_2}+u_s) \qquad ⑤$$

$$u_{R_2}=R_2(-i_{R_1}-i_{L_1}+i_S) \qquad ⑥$$

$$i_{R_3}=\frac{1}{R_3}(u_{C_1}+u_{C_2}) \qquad ⑦$$

从式⑤和⑥两方程中解出 i_{R_1} 和 u_{R_2} 为

$$i_{R_1}=\left[\frac{1}{R_2}(u_{C_1}+u_{C_2}+u_s)+i_S-i_{L_1}\right]\Big/\left(1+\frac{R_1}{R_2}\right) \qquad ⑧$$

$$u_{R_2}=[R_1(-i_{L_1}+i_S)-u_{C_1}-u_{C_2}-u_s]\Big/\left(1+\frac{R_1}{R_2}\right) \qquad ⑨$$

将已知各参数值代入以上各式中，再将式⑦⑧和⑨代入式①～④中，即可消去非状态变量 i_{R_1}、i_{R_3} 和 u_{R_2}，得

$$\frac{\mathrm{d}u_{C_1}}{\mathrm{d}t}=-u_{C_1}-u_{C_2}+\frac{1}{2}i_{L_1}-i_{L_2}-\frac{1}{2}u_s+\frac{1}{2}i_S$$

$$\frac{\mathrm{d}u_{C_2}}{\mathrm{d}t}=-u_{C_1}-u_{C_2}-\frac{1}{2}i_{L_1}-i_{L_2}-\frac{1}{2}u_s+\frac{1}{2}i_S$$

$$\frac{\mathrm{d}i_{L_1}}{\mathrm{d}t}=-\frac{1}{2}u_{C_1}+\frac{1}{2}u_{C_2}-\frac{1}{2}i_{L_1}+\frac{1}{2}u_{s}+\frac{1}{2}i_{S}$$

$$\frac{\mathrm{d}i_{L_2}}{\mathrm{d}t}=\frac{1}{2}u_{C_1}+\frac{1}{2}u_{C_2}$$

亦可写为状态方程的矩阵形式：　$\dot{\boldsymbol{x}}=\boldsymbol{A}\boldsymbol{x}+\boldsymbol{B}\boldsymbol{v}$

其中，各矩阵分别为

$$\boldsymbol{A}=\begin{bmatrix}-1 & -1 & \frac{1}{2} & -1\\ -1 & -1 & -\frac{1}{2} & -1\\ -\frac{1}{2} & \frac{1}{2} & -\frac{1}{2} & 0\\ \frac{1}{2} & \frac{1}{2} & 0 & 0\end{bmatrix},\quad \boldsymbol{B}=\begin{bmatrix}-\frac{1}{2} & \frac{1}{2}\\ -\frac{1}{2} & \frac{1}{2}\\ \frac{1}{2} & \frac{1}{2}\\ 0 & 0\end{bmatrix}$$

$$\boldsymbol{x}=[u_{C_1}\quad u_{C_2}\quad i_{L_1}\quad i_{L_2}]^{\mathrm{T}}$$

$$\boldsymbol{v}=[2\sin t\quad 2\mathrm{e}^{-t}]^{\mathrm{T}}$$

注：电路的状态可以通过该电路的一组最少数目的独立变量来表示。这组变量就称为状态变量。在线性电路中，选择储能元件中独立的电容电压和电感电流作状态变量比较方便。但这不是唯一的选择，也可以选择别的一组最少变量作为状态变量。如题 15-15 中选节点电压为状态变量。

列写状态方程有直观列写法和系统列写法两种方法。状态方程系统列写法的步骤为：

（1）选择状态变量（设选电容电压 u_C 和电感电流 i_L 为变量）。

（2）选择特有树（它包含网络中所有电压源、电容和一些必要的电阻，但不包含任何电感和电流源）。

（3）列出每一个电容支路所属的基本割集上的 KCL 方程（将含有 $C\frac{\mathrm{d}u_C}{\mathrm{d}t}$）和每一个电感支路所属的基本回路上的 KVL 方程（将含有 $L\frac{\mathrm{d}i_L}{\mathrm{d}t}$）。

（4）消去非状态变量（这也是建立状态方程的主要难点）。

第十六章 二端口网络

第十六章课件

一、重点和难点

① 本章内容主要讨论用来表征和分析二端口网络的各种方法，二端口网络中许多概念和方法都是从研究一端口网络中直接引申而得的。这里感兴趣的主要是两个端口的电压和电流，共 4 个变量，所以，从不同的要求来选取这 4 个变量中的两个作为独立变量的方法共有 6 种。因此，共有 6 种可以用来表征二端口网络的方程和参数。而常用的只有 Y、Z、T、H 4 种方程和参数。

② 本章的重点是二端口网络的方程和参数，二端口网络的等效电路。二端口网络的相互连接也是很重要的，在分析较为复杂的二端口网络时，可以起到简化的作用。

③ 回转器和负阻抗变换器在电路理论分析中也同理想变压器一样，已成为常用的多端元件；因此，对于回转器和负阻抗变换器也要有所了解。

本章的难点在于如何求解二端口网络的 Y、Z、T、H 4 种常用参数；如果已知二端口网络的 Y、Z、T、H 参数，如何求出其二端口网络的等效电路。

二、学习方法指导

① 二端口网络与一端口网络的区别在于它具有两对向外伸出的端钮，每对端钮形成一个端口；并且每个端口还必须满足端口条件，即从该端口的一个端钮流进的电流，必须等于从该端口的另一端钮流出的电流，这个基本概念读者一定要清楚。对于二端口网络，主要是分析端口的电压和电流，通过端口电压与电流之间的关系来表征二端口网络的电特性，并不涉及二端口网络内部的工作状况。

本章强调的是分析线性无源二端口，线性无源二端口的构成元件都是线性的，且其内部不含独立源，同时储能元件无初始储能。二端口可根据两个端口是否服从互易定理，分为可逆与不可逆的二端口；根据使用时将两个端口互换位置是否不改变其外电路的工作状况，分为对称和不对称二端口。

② 通过前几章的学习可知，对于线性无源一端口网络来说，在端口只有两个物理

量 $\dot{U}$ 和 $\dot{I}$。当选其中一个物理量为自变量时,可得端口的特性方程为 $\dot{U}=Z\dot{I}$ 或 $\dot{I}=Y\dot{U}$。因此,表征一端口网络电特性的独立参数只有一个,它有两种表示:入端阻抗 Z 或入端导纳 Y。

对于二端口网络来说,它有 4 个物理量 $\dot{U}_1$、$\dot{U}_2$、$\dot{I}_1$、$\dot{I}_2$。在外电路限定的情况下,这 4 个量之间存在着通过二端口网络参数来描述的约束方程。若任意选取 4 个物理量中的其中两个为自变量,可得到 6 组描述二端口网络端口特性的独立方程。由于每组方程有两个独立方程式,而每个方程式都有两个物理量为自变量,因此,二端口网络的每组参数有 4 个独立的参数。本章仅介绍 4 种参数,即二端口网络的 Z 参数、Y 参数、T 参数和 H 参数。

讨论二端口网络的方程和参数时,必须注意端口电压、电流的参考方向。本书规定端口电流的参考方向均由相应端口电压的正端流入二端口网络。

③ 二端口网络电压和电流之间的关系用如下参数和方程来表示:

Y 参数方程,用相量表示为

$$\dot{I}_1=Y_{11}\dot{U}_1+Y_{12}\dot{U}_2$$
$$\dot{I}_2=Y_{21}\dot{U}_1+Y_{22}\dot{U}_2$$

式中 Y_{11}、Y_{12}、Y_{21}、Y_{22} 称为二端口网络的 Y 参数,它们具有导纳的量纲。当二端口网络里不含受控源时,则有 $Y_{12}=Y_{21}$;当二端口网络里含有受控源时,$Y_{12}\neq Y_{21}$。

Z 参数方程,用相量表示为

$$\dot{U}_1=Z_{11}\dot{I}_1+Z_{12}\dot{I}_2$$
$$\dot{U}_2=Z_{21}\dot{I}_1+Z_{22}\dot{I}_2$$

式中 Z_{11}、Z_{12}、Z_{21}、Z_{22} 称为二端口网络的 Z 参数,它们具有阻抗的量纲。当二端口网络里不含受控源时,则有 $Z_{12}=Z_{21}$;当二端口网络含有受控源时,$Z_{12}\neq Z_{21}$。

T 参数方程,用相量表示为

$$\dot{U}_1=A\dot{U}_2-B\dot{I}_2$$
$$\dot{I}_1=C\dot{U}_2-D\dot{I}_2$$

要特别注意 T 参数方程式中电流 $\dot{I}_2$ 前面的负号。式中 A、D 无量纲,B 具有阻抗的量纲,而 C 具有导纳的量纲。当二端口里无受控源时,则 A、B、C、D 中只有三个参数是独立的,即 $AD-BC=1$。T 参数方程亦称为传输参数方程,A、B、C、D 称为传输参数。

H 参数方程,亦称为混合参数方程,用相量表示为

$$\dot{U}_1=H_{11}\dot{I}_1+H_{12}\dot{U}_2$$
$$\dot{I}_2=H_{21}\dot{I}_1+H_{22}\dot{U}_2$$

式中 H_{11}、H_{12}、H_{21}、H_{22} 称为 H 参数,亦称混合参数,其中 H_{11} 具有阻抗的量纲,H_{22} 具有导纳的量纲,而 H_{12}、H_{21} 均无量纲。当二端口不含受控源时,H 参数中也只有三个是独立的,即 $H_{12}=-H_{21}$。

④ 二端口网络的等效电路也很重要，任何一个二端口网络均可用一个等效电路对外来表示它，如果给定 Z 参数，且此二端口不含受控源，那么此二端口就只有三个参数是独立的，确定此二端口的等效T形电路则比较方便，通常应用回路法求解。

如果已知二端口的 Y 参数，且不含受控源，那么此二端口也只有三个参数是独立的，确定此二端口的等效 π 形电路则比较方便，通常应用节点电压法求解。

如果已知二端口某种参数中的4个量都是独立的，则该二端口网络的等效电路中通常含有受控源，这是需要特别注意的。

⑤ 要熟悉二端口网络可按不同的方式进行连接，其主要方式有级联(链联)、串联和并联。

a. 二端口网络的级联(链联)：当二端口网络 P_1 的传输参数为 T'，另一个二端口网络 P_2 的传输参数为 T'' 时，对于级联后的复合二端口网络，其传输参数则为

$$T=T'\cdot T''$$

b. 二端口网络的并联：当二端口网络 P_1 的短路导纳参数为 Y'，而另一个二端口网络 P_2 的短路导纳参数为 Y''，对于这两个二端口并联后构成的复合二端口网络来说，其短路导纳参数为

$$Y=Y'+Y''$$

c. 二端口网络的串联：当二端口网络 P_1 的开路阻抗参数为 Z'，而另一个二端口网络 P_2 的开路阻抗参数为 Z''，对于它们串联后构成的复合二端口网络来说，其开路阻抗参数为

$$Z=Z'+Z''$$

⑥ 回转器是一种线性非互易的多端元件，回转器有把一个端口的电流回转为另一端口的电压或相反过程的性质。读者一定要熟练地掌握回转器的端口特性方程。

对于任一个二端口网络究竟选用何种参数进行分析，要看实际需要。通常分析电力系统级联网络选用 T 参数；分析晶体管的等效电路则常用 H 参数或 Y 参数。

三、典型例题

例16-1　求图16-1所示二端口网络的 Y 参数矩阵、Z 参数矩阵。

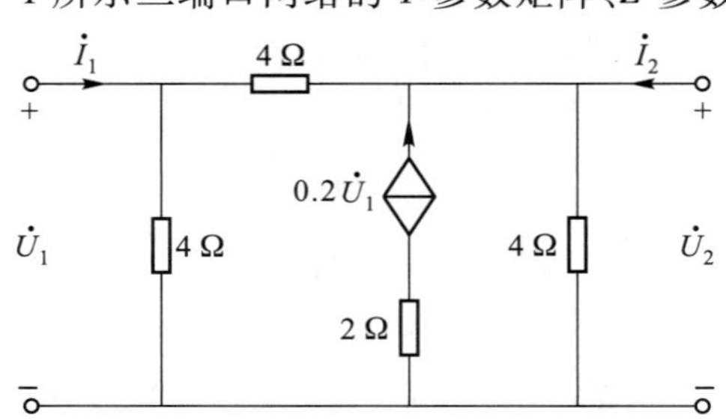

图16-1　例16-1图

解:对于图 16-1 所示电路,应用节点电压法,则有

$$\dot{I}_1=\left(\frac{1}{4}+\frac{1}{4}\right)\dot{U}_1-\frac{1}{4}\dot{U}_2=0.5\dot{U}_1-0.25\dot{U}_2$$

$$\dot{I}_2=-0.2\dot{U}_1-\frac{1}{4}\dot{U}_1+\left(\frac{1}{4}+\frac{1}{4}\right)\dot{U}_2=-0.45\dot{U}_1+0.5\dot{U}_2$$

其 Y 参数矩阵为

$$\boldsymbol{Y}=\begin{bmatrix}0.5 & -0.25\\ -0.45 & 0.5\end{bmatrix}\ \mathrm{S}$$

对于 Z 参数,由于

$$\dot{I}_1=0.5\dot{U}_1-0.25\dot{U}_2$$

$$\dot{I}_2=-0.45\dot{U}_1+0.5\dot{U}_2$$

故

$$\dot{U}_1=\frac{\begin{vmatrix}\dot{I}_1 & -0.25\\ \dot{I}_2 & 0.5\end{vmatrix}}{\begin{vmatrix}0.5 & -0.25\\ -0.45 & 0.5\end{vmatrix}}=3.64\dot{I}_1+1.82\dot{I}_2$$

$$\dot{U}_2=\frac{\begin{vmatrix}0.5 & \dot{I}_1\\ -0.45 & \dot{I}_2\end{vmatrix}}{\begin{vmatrix}0.5 & -0.25\\ -0.45 & 0.5\end{vmatrix}}=3.27\dot{I}_1+3.64\dot{I}_2$$

其 Z 参数矩阵为

$$\boldsymbol{Z}=\begin{bmatrix}3.64 & 1.82\\ 3.27 & 3.64\end{bmatrix}\ \Omega$$

例 16-2　求图示二端口网络的 Y 参数矩阵、Z 参数矩阵。

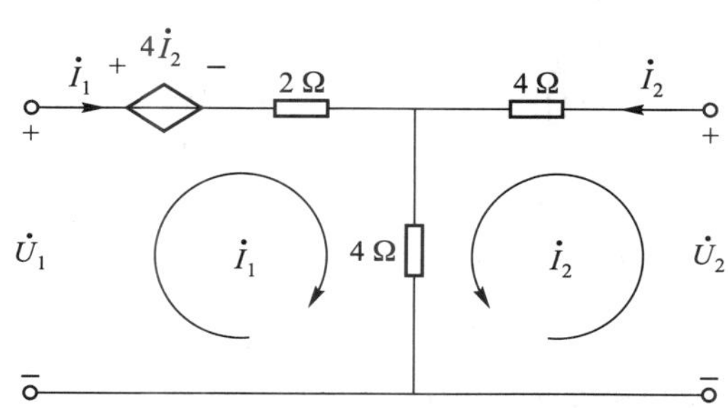

图 16-2　例 16-2 图

解:对于图 16-2 所示电路,应用回路电流法,则有

$$\dot{U}_1=(2+4)\dot{I}_1+4\dot{I}_2+4\dot{I}_2=6\dot{I}_1+8\dot{I}_2$$

$$\dot{U}_2=4\dot{I}_1+(4+4)\dot{I}_2=4\dot{I}_1+8\dot{I}_2$$

故其 Z 参数矩阵为

$$\boldsymbol{Z}=\begin{bmatrix}6 & 8\\4 & 8\end{bmatrix}\ \Omega$$

而其 Y 参数方程为

$$\dot{I}_1=\frac{\begin{vmatrix}\dot{U}_1 & 8\\ \dot{U}_2 & 8\end{vmatrix}}{\begin{vmatrix}6 & 8\\4 & 8\end{vmatrix}}=0.5\dot{U}_1-0.5\dot{U}_2$$

$$\dot{I}_2=\frac{\begin{vmatrix}6 & \dot{U}_1\\ 4 & \dot{U}_2\end{vmatrix}}{\begin{vmatrix}6 & 8\\4 & 8\end{vmatrix}}=-0.25\dot{U}_1+0.375\dot{U}_2$$

其 Y 参数矩阵为

$$\boldsymbol{Y}=\begin{bmatrix}0.5 & -0.5\\-0.25 & 0.375\end{bmatrix}\ \mathrm{S}$$

例 16-3　已知二端口网络的 Y 参数矩阵为

$$\boldsymbol{Y}=\begin{bmatrix}6 & -2\\0 & 8\end{bmatrix}\ \mathrm{S}$$

试问二端口网络是否含有受控源,并求它的等效 π 形电路。

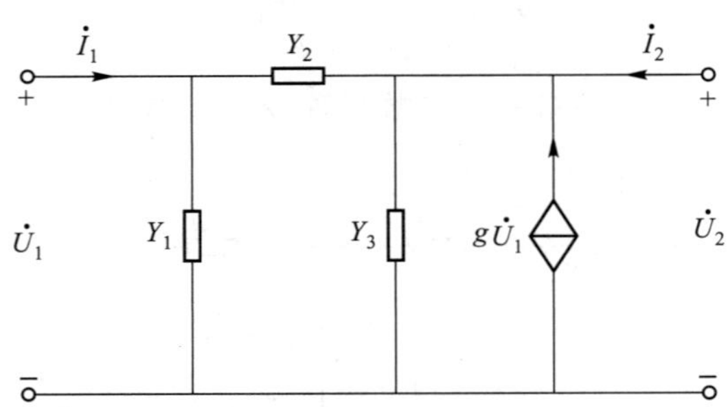

图 16-3　例 16-3 图

解:由于 $Y_{12}\neq Y_{21}$,所以其等效 π 形电路中含有受控源,如图 16-3 所示。由于

$$\dot{I}_1=(Y_1+Y_2)\dot{U}_1-Y_2\dot{U}_2$$

$$\dot{I}_2=(-g-Y_2)\dot{U}_1+(Y_2+Y_3)\dot{U}_2$$

而

$$-Y_1+Y_2=6,\quad -Y_2=-2$$
$$-g-Y_2=0,\quad Y_3+Y_2=8$$

解得

$$Y_1=4\ \text{S},\quad Y_2=2\ \text{S},\quad Y_3=6\ \text{S},\quad g=-2\ \text{S}$$

例 16-4　已知二端口网络如图 16-4 所示，已知 $R_1=50\ \Omega$，$R_2=R_3=50\ \Omega$，$\mathrm{j}\omega L=\mathrm{j}500\ \Omega$，$\dfrac{1}{\mathrm{j}\omega C}=-\mathrm{j}450\ \Omega$，$\beta=40\ \Omega$，求其 H 参数矩阵。

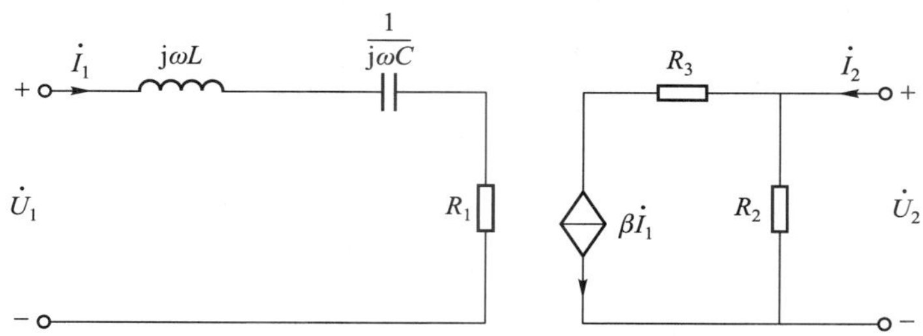

图 16-4　例 16-4 图

解：由于

$$\dot U_1=H_{11}\dot I_1+H_{12}\dot U_2$$
$$\dot I_2=H_{21}\dot I_1+H_{22}\dot U_2$$

应用试验测量法，将输出端口短路，输入端口接电流源 $\dot I_1$，按下述方法解得

$$H_{11}=\left.\frac{\dot U_1}{\dot I_1}\right|_{\dot U_2=0}=\left.\frac{\left(\mathrm{j}\omega L+\dfrac{1}{\mathrm{j}\omega C}+R_1\right)\dot I_1}{\dot I_1}\right|_{\dot U_2=0}$$
$$=50+\mathrm{j}500-\mathrm{j}450$$
$$=50+\mathrm{j}50\ \Omega$$

由于输出端口短路，R_2 中无电流，故

$$H_{21}=\left.\frac{\dot I_2}{\dot I_1}\right|_{\dot U_2=0}=\left.\frac{\beta\dot I_1}{\dot I_1}\right|_{\dot U_2=0}=40$$

将输入端口开路，输出端口接电压源 $\dot U_2$，故 $\dot I_1=0$，$\dot U_1=0$，按下述方法解得

$$H_{12}=\left.\frac{\dot U_1}{\dot U_2}\right|_{\dot I_1=0}=\left.\frac{\dot U_1}{\dot U_2}\right|_{\dot I_1=0}=0$$

而

$$H_{22}=\left.\frac{\dot I_2}{\dot U_2}\right|_{\dot I_1=0}=\left.\frac{\dot I_2}{R_2\dot I_2}\right|_{\dot I_1=0}=\left.\frac{\dot I_2}{20\dot I_2}\right|_{\dot I_1=0}=0.05\ \text{S}$$

从而得

$$H=\begin{bmatrix}(50+j50)\ \Omega & 0\\ 40 & 0.05\ S\end{bmatrix}$$

四、习题分析

16-1　求题16-1图所示二端口的 Y 参数、Z 参数和 T 参数矩阵。

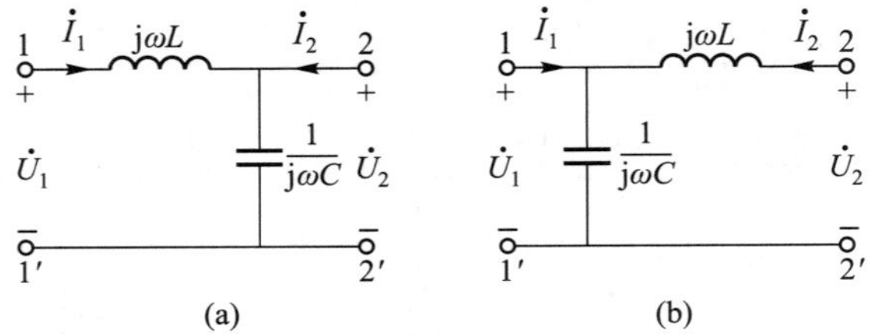

题16-1图

解:(1) 本题可以采用主教材中各参数的定义求解,也可通过对端口处的电压、电流列KCL、KVL得到各参数矩阵。对题16-1图(a)所示电路,标出端口电压 $\dot{U}_1$、$\dot{U}_2$ 和电流 $\dot{I}_1$、$\dot{I}_2$ 的参考方向,由KCL和VCR得

$$\dot{I}_1=\frac{\dot{U}_1-\dot{U}_2}{j\omega L}=-j\frac{1}{\omega L}\dot{U}_1+j\frac{1}{\omega L}\dot{U}_2$$

$$\dot{I}_2=\frac{\dot{U}_2-\dot{U}_1}{j\omega L}+j\omega C\dot{U}_2=j\frac{1}{\omega L}\dot{U}_1+j\left(\omega C-\frac{1}{\omega L}\right)\dot{U}_2$$

所以,Y 参数矩阵为

$$Y=\begin{bmatrix}-j\dfrac{1}{\omega L} & j\dfrac{1}{\omega L}\\ j\dfrac{1}{\omega L} & j\left(\omega C-\dfrac{1}{\omega L}\right)\end{bmatrix}$$

由KVL得

$$\dot{U}_1=j\omega L\dot{I}_1+\frac{1}{j\omega C}(\dot{I}_1+\dot{I}_2)=j\left(\omega L-\frac{1}{\omega C}\right)\dot{I}_1-j\frac{1}{\omega C}\dot{I}_2$$

$$\dot{U}_2=\frac{1}{j\omega C}(\dot{I}_1+\dot{I}_2)=-j\frac{1}{\omega C}\dot{I}_1-j\frac{1}{\omega C}\dot{I}_2$$

所以 Z 参数矩阵为

$$Z=\begin{bmatrix}j\left(\omega L-\dfrac{1}{\omega C}\right) & -j\dfrac{1}{\omega C}\\ -j\dfrac{1}{\omega C} & -j\dfrac{1}{\omega C}\end{bmatrix}$$

根据 KCL、KVL，可得出端口 1-1′处电压 $\dot{U}_1$ 和电流 $\dot{I}_1$ 为

$$\dot{U}_1 = \mathrm{j}\omega L\dot{I}_1 + \dot{U}_2 \quad ①$$

$$\dot{I}_1 = \mathrm{j}\omega C\dot{U}_2 - \dot{I}_2 \quad ②$$

将式②代入式①，得

$$\dot{U}_1 = (1-\omega^2 LC)\dot{U}_2 - \mathrm{j}\omega L\dot{I}_2 \quad ③$$

由式③和式②，得到 T 参数矩阵为

$$\boldsymbol{T} = \begin{bmatrix} 1-\omega^2 LC & \mathrm{j}\omega L \\ \mathrm{j}\omega C & 1 \end{bmatrix}$$

以上 Z 参数矩阵和 T 参数矩阵还可以利用它们与 Y 参数之间的关系求得。

（2）对题 16-1 图(b)所示电路，标出端口电压 $\dot{U}_1$、$\dot{U}_2$ 和电流 $\dot{I}_1$、$\dot{I}_2$ 的参考方向，由 KCL 和 VCR 得

$$\dot{I}_1 = \mathrm{j}\omega C\dot{U}_1 + \frac{\dot{U}_1 - \dot{U}_2}{\mathrm{j}\omega L} = \mathrm{j}\left(\omega C - \frac{1}{\omega L}\right)\dot{U}_1 + \mathrm{j}\,\frac{1}{\omega L}\dot{U}_2$$

$$\dot{I}_2 = \frac{\dot{U}_2 - \dot{U}_1}{\mathrm{j}\omega L} = \mathrm{j}\,\frac{1}{\omega L}\dot{U}_1 - \mathrm{j}\,\frac{1}{\omega L}\dot{U}_2$$

所以，Y 参数矩阵为

$$\boldsymbol{Y} = \begin{bmatrix} \mathrm{j}\left(\omega C - \dfrac{1}{\omega L}\right) & \mathrm{j}\,\dfrac{1}{\omega L} \\ \mathrm{j}\,\dfrac{1}{\omega L} & -\mathrm{j}\,\dfrac{1}{\omega L} \end{bmatrix}$$

由 KVL 得 Z 参数方程为

$$\dot{U}_1 = \frac{1}{\mathrm{j}\omega C}(\dot{I}_1 + \dot{I}_2) = -\mathrm{j}\,\frac{1}{\omega C}\,\dot{I}_1 - \mathrm{j}\,\frac{1}{\omega C}\,\dot{I}_2$$

$$\dot{U}_2 = \mathrm{j}\omega L\dot{I}_2 + \frac{1}{\mathrm{j}\omega C}(\dot{I}_1 + \dot{I}_2) = -\mathrm{j}\,\frac{1}{\omega C}\dot{I}_1 + \mathrm{j}\left(\omega L - \frac{1}{\omega C}\right)\dot{I}_2$$

从而 Z 参数矩阵为

$$\boldsymbol{Z} = \begin{bmatrix} -\mathrm{j}\,\dfrac{1}{\omega C} & -\mathrm{j}\,\dfrac{1}{\omega C} \\ -\mathrm{j}\,\dfrac{1}{\omega C} & \mathrm{j}\left(\omega L - \dfrac{1}{\omega C}\right) \end{bmatrix}$$

端口 1-1′处的电压 $\dot{U}_1$ 和电流 $\dot{I}_1$ 为

$$\dot{U}_1 = \dot{U}_2 - \mathrm{j}\omega L\dot{I}_2 \quad ④$$

$$\dot{I}_1 = \mathrm{j}\omega C\dot{U}_1 - \dot{I}_2 \quad ⑤$$

将式④代入到式⑤，可得

$$\dot{I}_1 = \mathrm{j}\omega C\dot{U}_2 - (1-\omega^2 LC)\dot{I}_2 \quad ⑥$$

式④与式⑥联立即为 T 参数方程,所以 T 参数矩阵为

$$\boldsymbol{T}=\begin{bmatrix}1 & \mathrm{j}\omega L\\ \mathrm{j}\omega C & 1-\omega^2 LC\end{bmatrix}$$

16-2 求题 16-2 图所示二端口的 Y 参数和 Z 参数矩阵。

解:(1) 对题 16-2 图(a)所示电路,标出端口电压 $\dot{U}_1$、$\dot{U}_2$ 和电流 $\dot{I}_1$、$\dot{I}_2$ 的参考方向。欲求 Y_{11} 和 Y_{21},将端口 2-2′短路,在端口 1-1′处外施电压 $\dot{U}_1$,则可求得

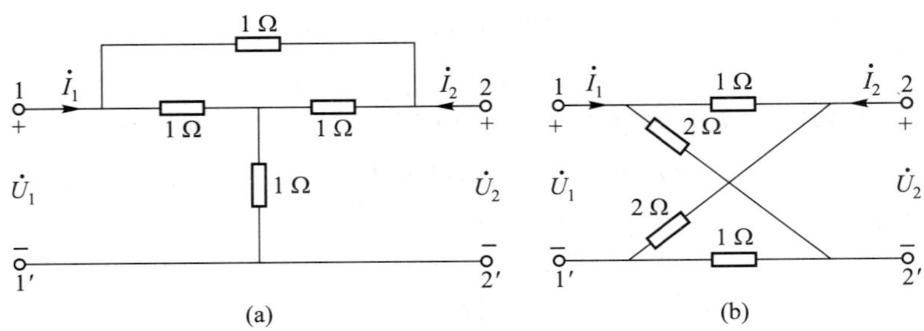

题 16-2 图

$$\dot{I}_1=\frac{\dot{U}_1}{1}+\frac{\dot{U}_1}{1+\dfrac{1}{2}}=\frac{5}{3}\dot{U}_1$$

$$-\dot{I}_2=\frac{\dot{U}_1}{1}+\frac{1}{2}\times\frac{\dot{U}_1}{1+\dfrac{1}{2}}=\frac{4}{3}\dot{U}_1$$

由 Y 参数的定义可得

$$Y_{11}=\frac{\dot{I}_1}{\dot{U}_1}\bigg|_{\dot{U}_2=0}=\frac{5}{3}\ \mathrm{S},\quad Y_{21}=-\frac{4}{3}\ \mathrm{S}$$

由对称性和互易性可得

$$Y_{22}=Y_{11}=\frac{5}{3}\ \mathrm{S},\quad Y_{12}=Y_{21}=-\frac{4}{3}\ \mathrm{S}$$

故 Y 参数矩阵为

$$\boldsymbol{Y}=\begin{bmatrix}\dfrac{5}{3} & -\dfrac{4}{3}\\ -\dfrac{4}{3} & \dfrac{5}{3}\end{bmatrix}\mathrm{S}$$

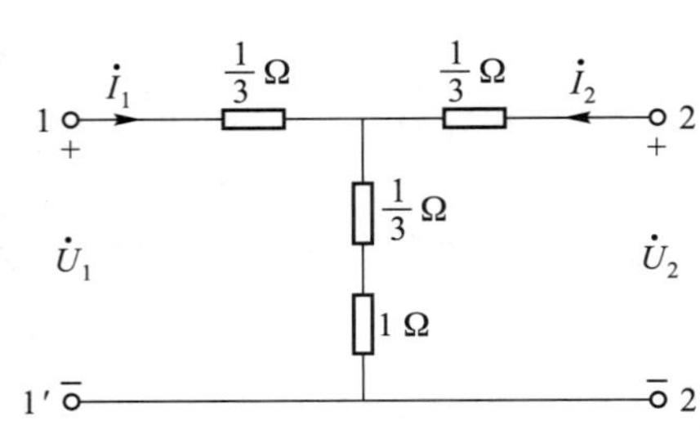

题解 16-2 图

为了求 Z 参数矩阵,对题 16-2 图(a)所示电路先进行 Δ-Y 等效变换,得到题解 16-2 图所示电路,其端口电压 $\dot{U}_1$ 和 $\dot{U}_2$ 为

$$\dot{U}_1=\frac{1}{3}\dot{I}_1+\left(\frac{1}{3}+1\right)(\dot{I}_1+\dot{I}_2)=\frac{5}{3}\dot{I}_1+\frac{4}{3}\dot{I}_2$$

$$\dot{U}_2=\frac{1}{3}\dot{I}_2+\left(\frac{1}{3}+1\right)(\dot{I}_1+\dot{I}_2)=\frac{4}{3}\dot{I}_1+\frac{5}{3}\dot{I}_2$$

所以 Z 参数矩阵为

$$\boldsymbol{Z}=\begin{bmatrix}\frac{5}{3} & \frac{4}{3}\\ \frac{4}{3} & \frac{5}{3}\end{bmatrix}\ \Omega$$

（2）对题 16-2 图(b)所示电路，标出端口电压 $\dot{U}_1$、$\dot{U}_2$ 和电流 $\dot{I}_1$、$\dot{I}_2$ 的参考方向。欲求 Y_{11} 和 Y_{21}，将端口 2-2′短路，在端口 1-1′处施加电压 $\dot{U}_1$，则可求得

$$\dot{I}_1=\frac{\dot{U}_1}{\frac{1\times 2}{1+2}+\frac{1\times 2}{1+2}}=\frac{3}{4}\dot{U}_1$$

$$-\dot{I}_2=\frac{2}{1+2}\dot{I}_1-\frac{1}{1+2}\dot{I}_1=\frac{1}{3}\dot{I}_1=\frac{1}{4}\dot{U}_1$$

根据定义可求得 Y_{11} 和 Y_{21} 为

$$Y_{11}=\frac{\dot{I}_1}{\dot{U}_1}\bigg|_{\dot{U}_2=0}=\frac{3}{4}\ \text{S},\quad Y_{21}=\frac{\dot{I}_2}{\dot{U}_1}\bigg|_{\dot{U}_2=0}=-\frac{1}{4}\ \text{S}$$

由对称性和互易性可得

$$Y_{22}=Y_{11}=\frac{3}{4}\ \text{S},\quad Y_{12}=Y_{21}=-\frac{1}{4}\ \text{S}$$

故 Y 参数矩阵为

$$\boldsymbol{Y}=\begin{bmatrix}\frac{3}{4} & -\frac{1}{4}\\ -\frac{1}{4} & \frac{3}{4}\end{bmatrix}\ \text{S}$$

欲求 Z_{11} 和 Z_{21}，将端口 2-2′开路，在端口 1-1′处施加电流 $\dot{I}_1$，则有

$$\dot{U}_1=\frac{(1+2)(2+1)}{(1+2)+(2+1)}\dot{I}_1=\frac{3}{2}\dot{I}_1$$

$$\dot{U}_2=\frac{2}{1+2}\dot{U}_1-\frac{1}{2+1}\dot{U}_1=\frac{1}{3}\dot{U}_1=\frac{1}{2}\dot{I}_1$$

根据定义可求得 Z_{11} 和 Z_{21} 为

$$Z_{11}=\frac{\dot{U}_1}{\dot{I}_1}\bigg|_{\dot{I}_2=0}=\frac{3}{2}\ \Omega,\quad Z_{21}=\frac{\dot{U}_2}{\dot{I}_1}\bigg|_{\dot{I}_2=0}=\frac{1}{2}\ \Omega$$

由对称性和互易性,可得

$$Z_{22}=Z_{11}=\frac{3}{2}\ \Omega,\quad Z_{12}=Z_{21}=\frac{1}{2}\ \Omega$$

故 Z 参数矩阵为

$$\boldsymbol{Z}=\begin{bmatrix}\frac{3}{2} & \frac{1}{2}\\ \frac{1}{2} & \frac{3}{2}\end{bmatrix}\ \Omega$$

16-3　求题 16-3 图所示二端口的 T 参数矩阵。

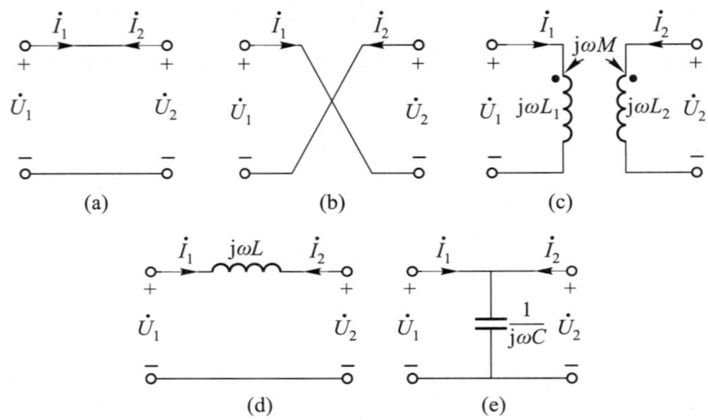

题 16-3 图

解:(1) 题 16-3 图(a)所示电路的端口电压 $\dot{U}_1$、$\dot{U}_2$ 和电流 $\dot{I}_1$、$\dot{I}_2$ 的参考方向已经标出,T 参数方程为

$$\dot{U}_1=\dot{U}_2,\quad \dot{I}_1=-\dot{I}_2$$

所以 T 参数矩阵为

$$\boldsymbol{T}=\begin{bmatrix}1 & 0\\ 0 & 1\end{bmatrix}$$

(2) 按题 16-3 图(b)所标出的端口电压 $\dot{U}_1$、$\dot{U}_2$ 和电流 $\dot{I}_1$、$\dot{I}_2$ 的参考方向,题 16-3 图(b)所示电路的 T 参数方程为

$$\dot{U}_1=-\dot{U}_2,\quad \dot{I}_1=\dot{I}_2$$

故 T 参数矩阵为

$$\boldsymbol{T}=\begin{bmatrix}-1 & 0\\ 0 & -1\end{bmatrix}$$

(3) 题 16-3 图(c)所示电路为耦合电感,按已标出的端口电压 $\dot{U}_1$、$\dot{U}_2$ 和电流 $\dot{I}_1$、$\dot{I}_2$ 的参考方向,其端口电压、电流满足方程

$$\dot{U}_1=\mathrm{j}\omega L_1\dot{I}_1+\mathrm{j}\omega M\dot{I}_2 \tag{①}$$

$$\dot{U}_2 = \mathrm{j}\omega M\dot{I}_1 + \mathrm{j}\omega L_2\dot{I}_2 \quad ②$$

由式②，得

$$\dot{I}_1 = \frac{1}{\mathrm{j}\omega M}\dot{U}_2 - \frac{L_2}{M}\dot{I}_2 \quad ③$$

将式③代入到式①中，可得

$$\dot{U}_1 = \frac{L_1}{M}\dot{U}_2 - \mathrm{j}\omega\frac{L_1L_2 - M^2}{M}\dot{I}_2 \quad ④$$

式④与式③联立可得 T 参数矩阵为

$$\boldsymbol{T} = \begin{bmatrix} \dfrac{L_1}{M} & \mathrm{j}\omega\dfrac{L_1L_2 - M^2}{M} \\ -\mathrm{j}\dfrac{1}{\omega M} & \dfrac{L_2}{M} \end{bmatrix}$$

（4）对题 16-3 图（d）所示电路，按标出的端口电压和电流的参考方向，其 T 参数方程为

$$\dot{U}_1 = \dot{U}_2 - \mathrm{j}\omega L\dot{I}_2, \quad \dot{I}_1 = -\dot{I}_2$$

故 T 参数矩阵为

$$\boldsymbol{T} = \begin{bmatrix} 1 & \mathrm{j}\omega L \\ 0 & 1 \end{bmatrix}$$

（5）对题 16-3 图（e）所示电路，按标出的端口电压和电流的参考方向，其 T 参数方程为

$$\dot{U}_1 = \dot{U}_2, \quad \dot{I}_1 = \mathrm{j}\omega C\dot{U}_2 - \dot{I}_2$$

故 T 参数矩阵为

$$\boldsymbol{T} = \begin{bmatrix} 1 & 0 \\ \mathrm{j}\omega C & 1 \end{bmatrix}$$

16-4　求题 16-4 图所示二端口的 Y 参数矩阵。

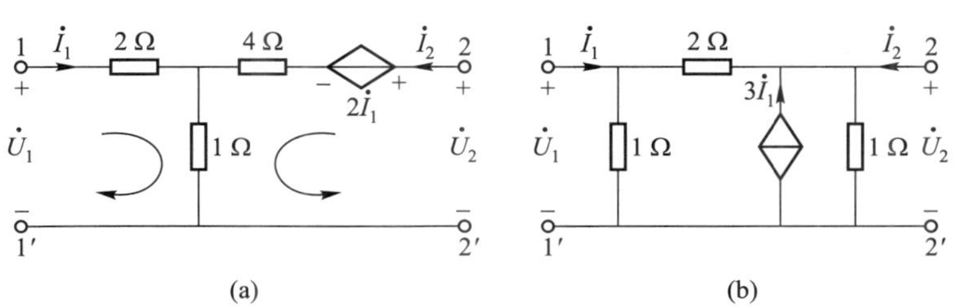

题 16-4 图

解：（1）对题 16-4 图（a）所示电路，根据标出的端口电压 $\dot{U}_1$、$\dot{U}_2$ 和电流 $\dot{I}_1$、$\dot{I}_2$ 的参考方向，应用回路电流法，有

$$\dot{U}_1=(2+1)\dot{I}_1+\dot{I}_2=3\dot{I}_1+\dot{I}_2$$

$$\dot{U}_2=2\dot{I}_1+(4+1)\dot{I}_2+\dot{I}_1=3\dot{I}_1+5\dot{I}_2$$

所以,Z 参数矩阵为

$$\boldsymbol{Z}=\begin{bmatrix}3 & 1\\ 3 & 5\end{bmatrix}\ \Omega$$

由 Y 参数与 Z 参数之间的关系,可求得 Y 参数矩阵为

$$\boldsymbol{Y}=\boldsymbol{Z}^{-1}=\begin{bmatrix}\dfrac{5}{12} & -\dfrac{1}{12}\\ -\dfrac{1}{4} & \dfrac{1}{4}\end{bmatrix}\ \mathrm{S}$$

(2) 对题 16-4 图(b)所示电路,根据图中指定的端口电压 $\dot{U}_1$、$\dot{U}_2$ 和电流 $\dot{I}_1$、$\dot{I}_2$ 的参考方向,由 KCL 有

$$\dot{I}_1=\frac{\dot{U}_1}{1}+\frac{\dot{U}_1-\dot{U}_2}{2}=\frac{3}{2}\dot{U}_1-\frac{1}{2}\dot{U}_2$$

$$\dot{I}_2=\frac{\dot{U}_2}{1}+\frac{\dot{U}_2-\dot{U}_1}{2}-3\dot{I}_1=-5\dot{U}_1+3\dot{U}_2$$

所以,Y 参数矩阵为

$$\boldsymbol{Y}=\begin{bmatrix}\dfrac{3}{2} & -\dfrac{1}{2}\\ -5 & 3\end{bmatrix}\ \mathrm{S}$$

16-5　求题 16-5 图所示二端口的混合(H)参数矩阵。

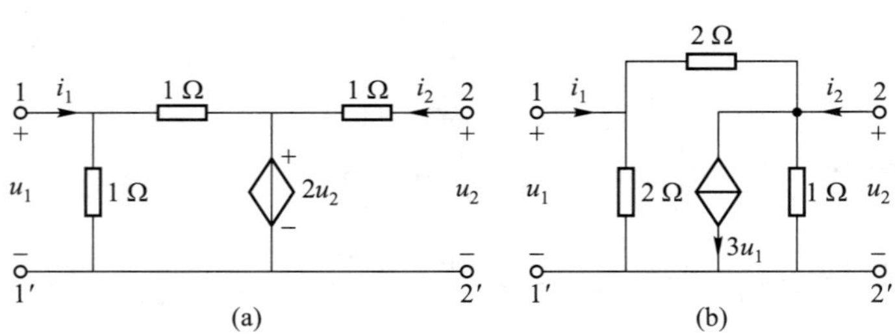

题 16-5 图

解:(1) 对题 16-5 图(a)所示电路,根据图中指定的端口电压 u_1、u_2 和电流 i_1、i_2 的参考方向,由 KCL、KVL 和 VCR,得

$$u_1=\left(i_1-\frac{u_1}{1}\right)\times 1+2u_2$$

经整理,有

$$u_1=\frac{1}{2}i_1+u_2$$

而

$$i_2=\frac{u_2-2u_2}{1}=-u_2$$

故 H 参数矩阵为

$$\boldsymbol{H}=\begin{bmatrix}\frac{1}{2} & 1\\ 0 & -1\end{bmatrix}$$

（2）对题 16-5 图(b)所示电路，根据图中指定的端口电压和电流的参考方向，则有

$$u_1=2\times\left(i_1-\frac{u_1-u_2}{2}\right)=2i_1-u_1+u_2$$

所以

$$u_1=i_1+\frac{1}{2}u_2 \qquad ①$$

而

$$i_2=\frac{u_2}{1}+3u_1+\frac{u_2-u_1}{2}=\frac{5}{2}u_1+\frac{3}{2}u_2 \qquad ②$$

将式①代入式②中，得

$$i_2=\frac{5}{2}i_1+\frac{11}{4}u_2 \qquad ③$$

将式①与式③联立可得 H 参数矩阵，即

$$\boldsymbol{H}=\begin{bmatrix}1 & \frac{1}{2}\\ \frac{5}{2} & \frac{11}{4}\end{bmatrix}$$

16-6　已知题 16-6 图所示二端口的 Z 参数矩阵为

$$\mathbf{Z}=\begin{bmatrix}10 & 8\\ 5 & 10\end{bmatrix}\ \Omega$$

求 R_1、R_2、R_3 和 r 的值。

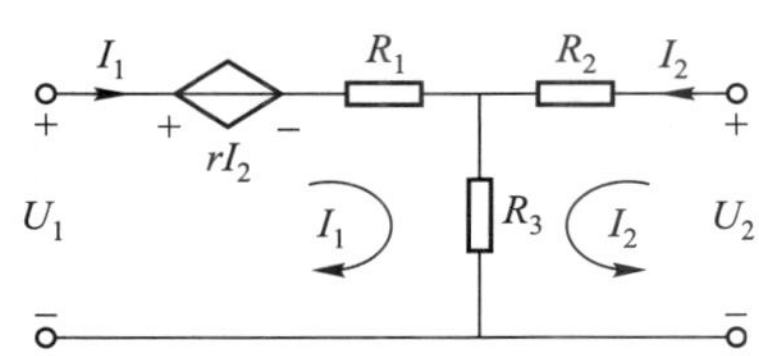

题 16-6 图

解：对题 16-6 图所示电路，指定端口电压 U_1、U_2 和电流 I_1、I_2 的参考方向，应用回路电流法，有

$$U_1=(R_1+R_3)I_1+R_3I_2+rI_2=(R_1+R_3)I_2+(R_3+r)I_2$$

$$U_2=R_3I_1+(R_2+R_3)I_2$$

所以，Z 参数矩阵为

$$\mathbf{Z}=\begin{bmatrix}R_1+R_3 & R_3+r\\ R_3 & R_2+R_3\end{bmatrix}$$

将上式与已知的 Z 参数矩阵比较,可得出各元件参数值为

$$R_3=5\ \Omega,\quad R_2=5\ \Omega,\quad R_1=5\ \Omega,\quad r=3\ \Omega$$

16-7　已知二端口的 Y 参数矩阵为

$$\boldsymbol{Y}=\begin{bmatrix}1.5 & -1.2\\ -1.2 & 1.8\end{bmatrix}\ \text{S}$$

求 H 参数矩阵,并说明该二端口中是否有受控源。

解:因为 Y 参数方程为

$$I_1=Y_{11}U_1+Y_{12}U_2 \qquad ①$$

$$I_2=Y_{21}U_1+Y_{22}U_2 \qquad ②$$

若 $Y_{11}\neq 0$,由式①,得

$$U_1=\frac{1}{Y_{11}}I_1-\frac{Y_{12}}{Y_{11}}U_2 \qquad ③$$

将式③代入式②,得

$$I_2=\frac{Y_{21}}{Y_{11}}I_1+\frac{Y_{11}Y_{22}-Y_{12}Y_{21}}{Y_{11}}U_2 \qquad ④$$

将式③与式④联立,即为 H 参数方程,所以 H 参数矩阵为

$$\boldsymbol{H}=\begin{bmatrix}\dfrac{1}{Y_{11}} & -\dfrac{Y_{12}}{Y_{11}}\\ \dfrac{Y_{21}}{Y_{11}} & \dfrac{Y_{11}Y_{22}-Y_{12}Y_{21}}{Y_{11}}\end{bmatrix}=\begin{bmatrix}0.667 & 0.8\\ -0.8 & 0.84\end{bmatrix}$$

由于 Y 参数 $Y_{12}=Y_{21}=-1.2$ S,说明该二端口满足互易性,所以,二端口中不含有受控源。

16-8　求题 16-8 图所示二端口的 Z 参数、T 参数矩阵。

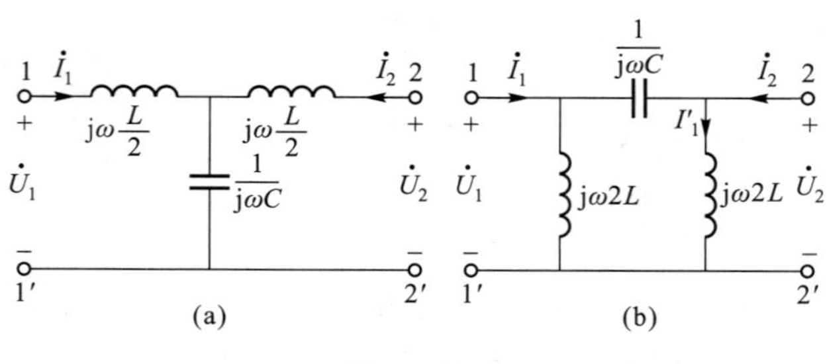

题 16-8 图

解:(1) 对题 16-8 图(a)所示电路,指定端口电压 $\dot{U}_1$、$\dot{U}_2$ 和电流 $\dot{I}_1$、$\dot{I}_2$ 的参考方向。欲求 Z_{11} 和 Z_{21},将端口 2-2′开路,在端口 1-1′处施加电流 $\dot{I}_1$,则

$$Z_{11}=\frac{\dot{U}_1}{\dot{I}_1}\bigg|_{\dot{I}_2=0}=j\omega\frac{L}{2}+\frac{1}{j\omega C}=j\left(\frac{\omega L}{2}-\frac{1}{\omega C}\right)$$

$$Z_{21}=\frac{\dot{U}_2}{\dot{I}_1}\bigg|_{\dot{I}_2=0}=\frac{1}{\mathrm{j}\omega C}=-\mathrm{j}\,\frac{1}{\omega C}$$

由于该电路无受控源且结构、参数对称，因此具有对称性和互易性，所以

$$Z_{22}=Z_{11}=\mathrm{j}\left(\frac{\omega L}{2}-\frac{1}{\omega C}\right),\quad Z_{12}=Z_{21}=-\mathrm{j}\,\frac{1}{\omega C}$$

故 Z 参数矩阵为

$$\boldsymbol{Z}=\begin{bmatrix}\mathrm{j}\left(\frac{\omega L}{2}-\frac{1}{\omega C}\right) & -\mathrm{j}\,\frac{1}{\omega C}\\ -\mathrm{j}\,\frac{1}{\omega C} & \mathrm{j}\left(\frac{\omega L}{2}-\frac{1}{\omega C}\right)\end{bmatrix}$$

根据 T 参数与 Z 参数之间的关系，可得

$$A=D=\frac{Z_{11}}{Z_{21}}=1-\frac{\omega^2 LC}{2}$$

$$B=\frac{\Delta_Z}{Z_{21}}=\frac{Z_{11}Z_{22}-Z_{12}Z_{21}}{Z_{21}}=\mathrm{j}\omega L\left(1-\frac{\omega^2 LC}{4}\right)$$

$$C=\frac{1}{Z_{21}}=\mathrm{j}\omega C$$

所以，T 参数矩阵为

$$\boldsymbol{T}=\begin{bmatrix}1-\frac{\omega^2 LC}{2} & \mathrm{j}\omega L\left(1-\frac{\omega^2 LC}{4}\right)\\ \mathrm{j}\omega C & 1-\frac{\omega^2 LC}{2}\end{bmatrix}$$

(2) 对题 16-8 图(b)所示电路，指定端口电压和电流的参考方向。由于该电路具有对称性和互易性，所以，$Z_{22}=Z_{11}$，$Z_{12}=Z_{21}$。欲求 Z_{11} 和 Z_{21}，令端口 2-2′开路，在端口 1-1′处施加电流 $\dot{I}_1$，则

$$Z_{22}=Z_{11}=\frac{\dot{U}_1}{\dot{I}_1}\bigg|_{\dot{I}_2=0}=\frac{\mathrm{j}2\omega L\left(\mathrm{j}2\omega L+\frac{1}{\mathrm{j}\omega C}\right)}{\mathrm{j}2\omega L+\mathrm{j}2\omega L+\frac{1}{\mathrm{j}\omega C}}=\frac{\mathrm{j}2\omega L(1-2\omega^2 LC)}{1-4\omega^2 LC}$$

$$Z_{12}=Z_{21}=\frac{\dot{U}_2}{\dot{I}_1}\bigg|_{\dot{I}_2=0}=\frac{\mathrm{j}2\omega L\dot{I}_1'}{\dot{I}_1}=\frac{\mathrm{j}2\omega L}{\dot{I}_1}\times\frac{\mathrm{j}2\omega L}{\mathrm{j}2\omega L+\mathrm{j}2\omega L+\frac{1}{\mathrm{j}\omega C}}\dot{I}_1$$

$$=-\mathrm{j}\,\frac{4\omega^3 L^2 C}{1-4\omega^2 LC}$$

根据 T 参数与 Z 参数之间的关系，可得

$$A=D=\frac{Z_{11}}{Z_{21}}=\frac{\dfrac{\mathrm{j}2\omega L(1-2\omega^2LC)}{1-4\omega^2LC}}{-\mathrm{j}\dfrac{4\omega^3L^2C}{1-4\omega^2LC}}=1-\frac{1}{2\omega^2LC}$$

$$B=\frac{\Delta_Z}{Z_{21}}=\frac{Z_{11}^2-Z_{21}^2}{Z_{21}}=-\mathrm{j}\frac{1}{\omega C}$$

$$C=\frac{1}{Z_{21}}=\mathrm{j}\frac{1-4\omega^2LC}{4\omega^3L^2C}$$

所以,T 参数矩阵为

$$\boldsymbol{T}=\begin{bmatrix}1-\dfrac{1}{2\omega^2LC} & -\mathrm{j}\dfrac{1}{\omega C}\\ \mathrm{j}\dfrac{1-4\omega^2LC}{4\omega^3L^2C} & 1-\dfrac{1}{2\omega^2LC}\end{bmatrix}$$

16-9　电路如题 16-9 图所示,已知二端口的 H 参数矩阵为

$$\boldsymbol{H}=\begin{bmatrix}40 & 0.4\\ 10 & 0.1\end{bmatrix}$$

求电压转移函数$\dfrac{U_2(s)}{U_1(s)}$。

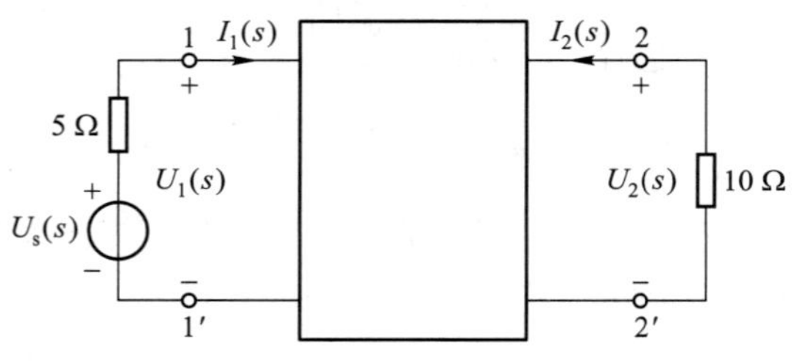

题 16-9 图

解:根据题 16-9 图电压电流的参考方向,由 H 参数矩阵得知

$$U_1(s)=40I_1(s)+0.4U_2(s) \quad ①$$

$$I_2(s)=10I_1(s)+0.1U_2(s) \quad ②$$

端口处所接外电路满足方程

$$I_2(s)=-\frac{1}{10}U_2(s) \quad ③$$

将式③代入式②中,整理后可得

$$10I_1(s)+0.2U_2(s)=0 \quad ④$$

将式①改写成

$$40I_1(s)+0.4U_2(s)=U_1(s) \quad ⑤$$

从以上两式解得

$$\frac{U_2(s)}{U_1(s)}=-2.5$$

16-10　已知二端口参数矩阵为

(1) $\boldsymbol{Z}=\begin{bmatrix}\frac{60}{9} & \frac{40}{9}\\ \frac{40}{9} & \frac{100}{9}\end{bmatrix}\ \Omega$；

(2) $\boldsymbol{Y}=\begin{bmatrix}5 & -2\\ 0 & 3\end{bmatrix}\ \mathrm{S}$。

试问二端口是否有受控源，并求它们的等效 π 形电路。

解：(1) 因为 Z 参数矩阵中 $Z_{12}=Z_{21}=\frac{40}{9}\ \Omega$，所以，该二端口中不含受控源。由 Z 参数矩阵可求得 Y 参数矩阵为

$$\boldsymbol{Y}=\boldsymbol{Z}^{-1}=\begin{bmatrix}\frac{Z_{22}}{\Delta_Z} & -\frac{Z_{12}}{\Delta_Z}\\ -\frac{Z_{21}}{\Delta_Z} & \frac{Z_{11}}{\Delta_Z}\end{bmatrix}=\begin{bmatrix}0.204\ 5 & -0.081\ 8\\ -0.081\ 8 & 0.122\ 7\end{bmatrix}\ \mathrm{S}$$

设等效 π 形电路如题解 16-10 图(a)所示，由于

$$Y_a+Y_b=Y_{11}=0.204\ 5\ \mathrm{S},\quad Y_b=-Y_{12}=0.081\ 8\ \mathrm{S}$$

$$Y_b+Y_c=Y_{22}=0.122\ 7\ \mathrm{S}$$

可求得

$$Y_a=0.122\ 7\ \mathrm{S},\quad Y_b=0.081\ 8\ \mathrm{S},\quad Y_c=0.040\ 9\ \mathrm{S}$$

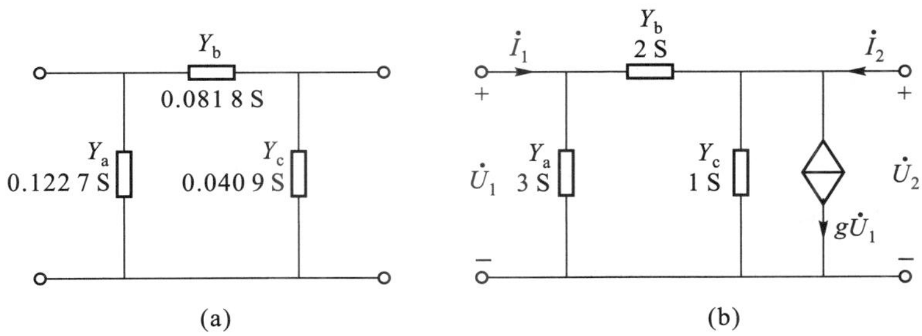

题解 16-10 图

(2) 由 Y 参数矩阵知：$Y_{12}\neq Y_{21}$，所以，该二端口中含有受控源，设等效 π 形电路如题解 16-10 图(b)所示，其 Y 参数方程为

$$\dot{I}_1=(Y_a+Y_b)\dot{U}_1-Y_b\dot{U}_2$$

$$\dot{I}_2=(-Y_b+g)\dot{U}_1+(Y_b+Y_c)\dot{U}_2$$

将 Y 参数方程与已知 Y 参数矩阵比较可得

$$Y_a+Y_b=5\ \text{S},\quad -Y_b=-2\ \text{S},\quad -Y_b+g=0,\quad Y_b+Y_c=3\ \text{S} \qquad ①$$

从式①解得

$$Y_b=2\ \text{S},\quad Y_a=3\ \text{S},\quad g=Y_b=2\ \text{S},\quad Y_c=1\ \text{S}$$

16-11　求题 16-11 图所示双 T 电路的 Y 参数矩阵。

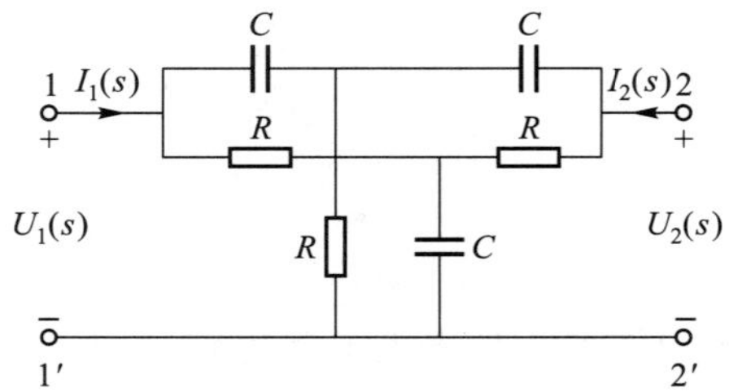

题 16-11 图

解:对题 16-11 图所示电路指定端口电压和电流的参考方向。注意到该电路具有对称性和互易性,因此

$$Y_{22}=Y_{11}=\frac{I_1(s)}{U_1(s)}\bigg|_{U_2(s)=0}=\frac{1}{\dfrac{1}{sC}+\dfrac{R\times\left(\dfrac{1}{sC}\right)}{R+\dfrac{1}{sC}}}+\frac{1}{R+\dfrac{R\times\left(\dfrac{1}{sC}\right)}{R+\dfrac{1}{sC}}}$$

$$=\frac{sC\left(s+\dfrac{1}{RC}\right)}{2\left(s+\dfrac{1}{2RC}\right)}+\frac{s+\dfrac{1}{RC}}{R\left(s+\dfrac{2}{RC}\right)}$$

$$Y_{12}=Y_{21}=\frac{I_2(s)}{U_1(s)}\bigg|_{U_2(s)=0}=-\left[\frac{s^2C}{2\left(s+\dfrac{1}{2RC}\right)}+\frac{\dfrac{1}{R^2C}}{s+\dfrac{2}{RC}}\right]$$

16-12　求题 16-12 图所示二端口的 T 参数矩阵,设内部二端口 P_1 的 T 参数矩阵为

$$\boldsymbol{T}_1=\begin{bmatrix}A & B\\ C & D\end{bmatrix}$$

解:(1) 题 16-12 图(a)所示二端口电路,可看成是由 Y 作为一个二端口与 P_1 的级联。由题解 16-12 图(a)表示的二端口,有

$$\dot{U}_1=\dot{U}_2$$

$$\dot{I}_1=Y\dot{U}_2-\dot{I}_2$$

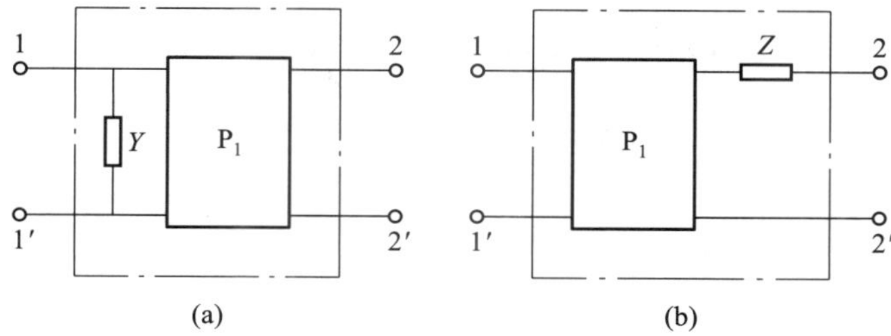

题 16-12 图

所以，Y 作为一个二端口时，该二端口的 T 参数矩阵为

$$\boldsymbol{T}_Y=\begin{bmatrix}1 & 0\\ Y & 1\end{bmatrix}$$

所以，题 16-12 图(a)所示二端口的 T 参数矩阵为

$$\boldsymbol{T}=\boldsymbol{T}_Y\boldsymbol{T}_1=\begin{bmatrix}1 & 0\\ Y & 1\end{bmatrix}\begin{bmatrix}A & B\\ C & D\end{bmatrix}=\begin{bmatrix}A & B\\ AY+C & BY+D\end{bmatrix}$$

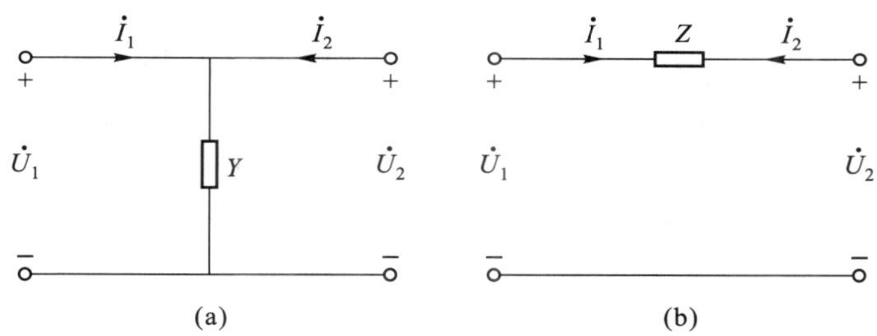

题解 16-12 图

(2) 题 16-12 图(b)所示二端口电路，可看作是由题解 16-12 图(b)所示二端口电路与 P_1 的级联。由题解 16-12 图(b)表示的二端口，有

$$\dot{U}_1=\dot{U}_2-Z\dot{I}_2$$

$$\dot{I}_1=-\dot{I}_2$$

故 Z 作为一个二端口时，该二端口的 T 参数矩阵为

$$\boldsymbol{T}_Z=\begin{bmatrix}1 & Z\\ 0 & 1\end{bmatrix}$$

所以，题 16-12 图(b)所示二端口的 T 参数矩阵为

$$\boldsymbol{T}=\boldsymbol{T}_1\boldsymbol{T}_Z=\begin{bmatrix}A & B\\ C & D\end{bmatrix}\begin{bmatrix}1 & Z\\ 0 & 1\end{bmatrix}=\begin{bmatrix}A & AZ+B\\ C & CZ+D\end{bmatrix}$$

16-13　利用题 16-1、题 16-3 的结果，求出题 16-13 图所示二端口的 T 参数矩阵。设已知 $\omega L_1=10\ \Omega$，$\dfrac{1}{\omega C}=20\ \Omega$，$\omega L_2=\omega L_3=8\ \Omega$，$\omega M_{23}=4\ \Omega$。

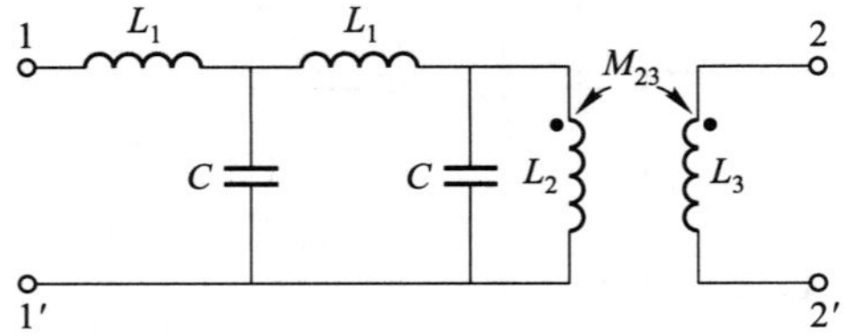

题 16-13 图

解:将题 16-13 图所示电路看作三个二端口的级联,利用题 16-1 图(a)电路和题 16-3 图(c)电路的 T 参数结果,可求出该二端口的 T 参数矩阵为

$$\boldsymbol{T}=\begin{bmatrix}1-\omega^2L_1C & \mathrm{j}\omega L_1\\ \mathrm{j}\omega C & 1\end{bmatrix}^2\begin{bmatrix}\dfrac{L_2}{M_{23}} & \mathrm{j}\omega\,\dfrac{L_2L_3-M_{23}^2}{M_{23}}\\ -\mathrm{j}\,\dfrac{1}{\omega M_{23}} & \dfrac{L_3}{M_{23}}\end{bmatrix}$$

$$=\begin{bmatrix}1-\dfrac{10}{20} & \mathrm{j}10\\ \mathrm{j}\,\dfrac{1}{20} & 1\end{bmatrix}^2\begin{bmatrix}\dfrac{8}{4} & \mathrm{j}\,\dfrac{8^2-4^2}{4}\\ -\mathrm{j}\,\dfrac{1}{4} & \dfrac{8}{4}\end{bmatrix}=\begin{bmatrix}3.25 & \mathrm{j}27\\ \mathrm{j}0.025 & 0.1\end{bmatrix}$$

16-14　试证明两个回转器级联后[如题 16-14 图(a)所示],可等效为一个理想变压器[如题 16-14 图(b)所示],并求出变比 n 与两个回转器的回转电导 g_1 和 g_2 的关系。

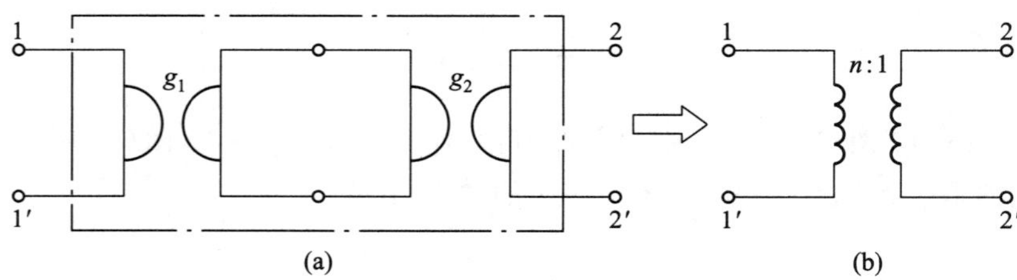

题 16-14 图

解:题 16-14 图(a)所示二端口可视为两个回转器的级联,由回转器的端口电压、电流关系式

$$\begin{cases}i_1=gu_2\\ i_2=-gu_1\end{cases}$$

可得回转器的 T 参数矩阵为

$$\boldsymbol{T}=\begin{bmatrix}0 & \dfrac{1}{g}\\ g & 0\end{bmatrix}$$

所以,题 16-14 图(a)所示二端口的 T 参数矩阵为

$$\boldsymbol{T}=\boldsymbol{T}_1\boldsymbol{T}_2=\begin{bmatrix}0 & \dfrac{1}{g_1}\\ g_1 & 0\end{bmatrix}\begin{bmatrix}0 & \dfrac{1}{g_2}\\ g_2 & 0\end{bmatrix}=\begin{bmatrix}\dfrac{g_2}{g_1} & 0\\ 0 & \dfrac{g_1}{g_2}\end{bmatrix}$$

而理想变压器的 T 参数矩阵为

$$\boldsymbol{T}=\begin{bmatrix}n & 0\\ 0 & \dfrac{1}{n}\end{bmatrix}$$

由上述的 T 参数矩阵可知,两个回转器级联后,可等效为一个理想变压器,其等效变比 n 为

$$n=\frac{g_2}{g_1}$$

16-15　试求题 16-15 图所示电路的输入阻抗 Z_i。已知 $C_1=C_2=1$ F,$G_1=G_2=1$ S,$g=2$ S。

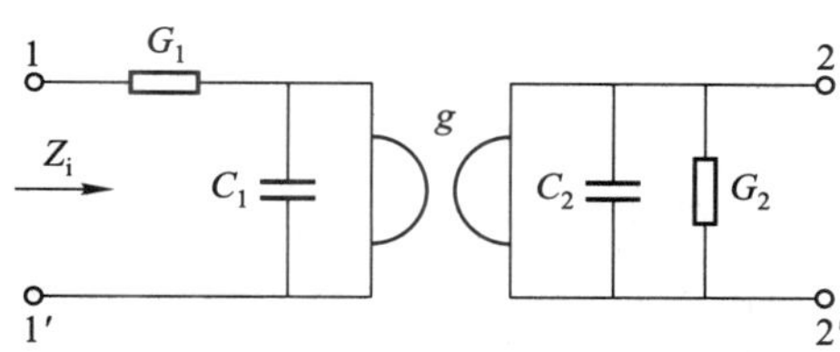

题 16-15 图

解:题 16-15 图所示电路中,回转器输出端口接导纳 $Y_2(s)=G_2+sC_2$,从回转器输入端口看进去的输入导纳为

$$Y_1(s)=\frac{I_1(s)}{U_1(s)}=\frac{gU_2(s)}{-\dfrac{1}{g}I_2(s)}=g^2\ \frac{U_2(s)}{-I_2(s)}$$

$$=g^2\ \frac{1}{Y_2(s)}$$

所以,输入阻抗 $Z_i(s)$ 为

$$Z_i=\frac{1}{G_1}+\frac{1}{sC_1+Y_1(s)}=\frac{1}{G_1}+\frac{1}{sC_1+\dfrac{g^2}{G_2+sC_2}}=\frac{s^2+2s+5}{s^2+s+4}$$

第十七章 非线性电路

第十七章课件

一、重点和难点

① 非线性电路是在掌握了线性电路的基础上学习的，所以必须注意非线性电路与线性电路分析方法的共同点和不同点。

② 非线性电阻电路方程是非线性代数方程，除对某些特殊情况能够用解析法求出其解答外，通常是难以用解析法求出解答的。而非线性动态电路方程是非线性微分方程，通常只能应用计算机求得其数值解。

③ 重点是掌握非线性电阻元件、非线性电容元件、非线性电感元件的特性，难点是如何正确列写非线性电阻电路的非线性代数方程，非线性动态电路的非线性微分方程；同时也要理解应用小信号分析法分析非线性电路的原理，掌握图解分析法和分段线性化分析法。

二、学习方法指导

① 基尔霍夫定律 KCL、KVL 说明了电路中各支路的电流和各支路电压之间所遵循的规律，基尔霍夫定律与电路元件的性质无关，因此，无论是线性电路还是非线性电路，其分析都必须服从基尔霍夫定律。然而分析非线性电路的困难在于表征非线性元件（非线性电阻、非线性电感、非线性电容）中电压和电流之间的关系是非线性的，它们并不像线性元件那样简单，有时甚至还不能用解析的函数式来表示，而是要根据元件的伏安特性、库伏特性或韦安特性曲线来表征其特性，因此，在分析非线性电路时，必须弄清楚非线性元件的电特性及描述其伏安关系的非线性函数表达式。弄清楚非线性元件的电特性是单调型还是非单调型，在非单调型中其电特性又分为电压控制型、电流控制型，或者电荷控制型、磁链控制型。

在非线性电路分析过程中，静态参数和动态参数的概念非常重要，以非线性电阻元件为例，其静态电阻 $R=\dfrac{u}{i}$，正比于 $\tan\alpha$，但是它随着静态工作点 P 的不同而不同（即随着加在该电阻上的电压或电流数值的不同而不同),显然静态电阻只有对恒定的电压和电流才有意义。而动态电阻 $R_d=\dfrac{du}{di}$,从主教材中可以看到其值正比于 $\tan\beta$,它虽然也随着工作点 P 的不同而不同,但它对在工作点 P 附近变化的电压和电流才真正具有意义,所以,R_d 所表征的精确度只与 P 点附近的电压和电流变化的幅度以及 P 点附近曲线的形状有关。因此,动态电阻是分析交流小信号的一个近似线性化的参数。而动态电容、动态电感也具有类似的含义。

② 非线性元件的参数不等于常数,这一特征导致了非线性电路与线性电路分析具有一个根本的区别,这就是非线性电路分析不能使用叠加定理和齐性定理,但是,分析非线性电路的基本理论依据仍然是基尔霍夫电流定律(KCL)和电压定律(KVL)。

对于非线性电阻电路通常应用支路电流法、回路电流法、节点电压法、戴维南定理等来列写其代数方程。

对于含有储能元件的非线性动态电路,通常是以非线性电感的磁通链和非线性电容的电荷为电路变量,来列写非线性动态电路的微分方程,其计算方法通常是采用计算机进行辅助分析和数值求解法。

③ 小信号分析法是工程上分析非线性电路的一个重要方法,它的实质就是将非线性电路分别对直流偏置和交流小信号进行线性化处理,然后按线性电路分析方法进行分析计算。读者在学习时要注意以下几点:

a. 当电路中输入的交流信号的幅度相对偏置直流电源的幅度足够小时,该交流信号通常就被称为小信号。

b. 求解非线性电路的静态工作点。

c. 求解非线性电路的动态电导或动态电阻。

d. 作出所求解的非线性电阻电路在静态工作点处的小信号等效电路,而小信号等效电路应与原非线性电路具有相同的拓扑结构。

e. 对于小信号等效电路应用支路电流法、回路电流法、节点电压法等线性电路的分析方法进行求解。

三、典型例题

例 17-1 电路如图 17-1 所示,其中 $R_1=3\ \Omega$,$R_2=2\ \Omega$,$u_S=10\ \text{V}$,$i_S=1\ \text{A}$,非线性电阻的特性是电压控制型的,$i=(u^2+u)\ \text{A}$,求 u 为多少伏?

解:首先写出电路元件的特性方程

$$u_1=R_1i_1=3i_1$$

$$u_2=R_2i_2=2i_2$$

对于非线性电阻

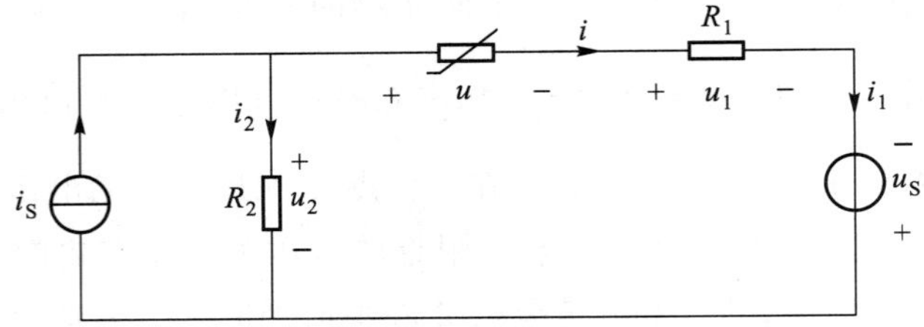

图 17-1　例 17-1 图

$$i=u^2+u$$

根据 KCL 和 KVL，有

$$i_1=i$$

$$i_2=i_S-i$$

$$u+u_1=u_2+u_S$$

考虑到线性电阻的伏安特性和非线性电阻的特性方程，有

$$u_1=R_1i=3u^2+3u$$

而

$$u_2=R_2(i_S-i)$$

从而有

$$u_2=2(1-u^2-u)$$

最后整理以上各式，得

$$u^2+1.2u-1.6=0$$

故解得

$$u=0.8\ \text{V 或 } u=-2\ \text{V}$$

在此例中，电路有两个解。通常在线性电路中是不可能出现这种情况的。这显然是非线性电阻的参数不等于常数这一特点，导致了非线性电路的解不是唯一的值。

例 17-2　电路如图 17-2 所示，其中各电阻是线性的，非线性电容的特性为 $u_C=h(q)$，非线性电感的特性为 $i_L=f(\Psi)$。试列写此电路的状态方程。

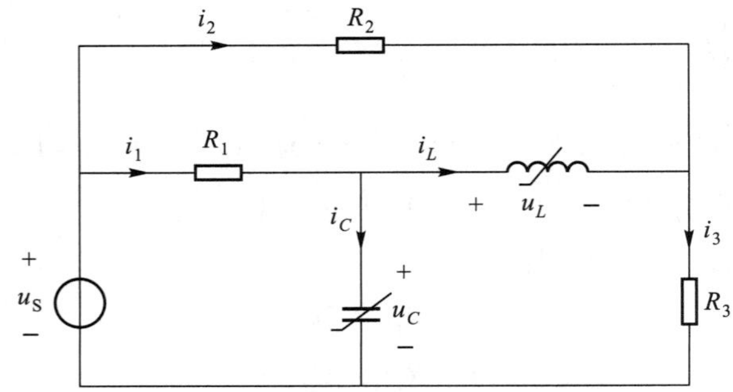

图 17-2　例 17-2 图

解:电路的状态方程是一组独立的一阶微分方程,对于非线性动态电路,选取电容电荷 q 和电感磁通链 Ψ 为状态变量,应用 KCL 和 KVL,电路方程为

$$i_C=i_1-i_L$$
$$i_L=-i_2+i_3$$
$$R_1i_1+u_C=u_S$$
$$R_2i_2+R_3i_3=u_S$$
$$u_L+R_3i_3=u_C$$

考虑到非线性元件的电特性,有

$$i_C=\frac{\mathrm{d}q}{\mathrm{d}t},\quad u_C=h(q)$$
$$i_L=f(\Psi),\quad u_L=\frac{\mathrm{d}\Psi}{\mathrm{d}t}$$

从以上各式中消去电路中的非状态变量,就可以得到电路的状态方程为

$$\frac{\mathrm{d}q}{\mathrm{d}t}=-\frac{1}{R_1}h(q)-f(\Psi)+\frac{1}{R_1}u_S$$
$$\frac{\mathrm{d}\Psi}{\mathrm{d}t}=h(q)-\frac{R_2R_3}{R_2+R_3}f(\Psi)-\frac{R_3}{R_2+R_3}u_S$$

例 17-3　图 17-3(a)所示电路中非线性电阻的伏安关系为 $u=i+0.4i^2$,给定的直流电压源 $U_S=2.4\ \mathrm{V}$,$R_0=1\ \Omega$,小信号电压源 $u_s(t)=0.28\cos(\omega t)\ \mathrm{V}$,试求:(1) 静态工作点;(2) 在工作点处由小信号产生的电压和电流。

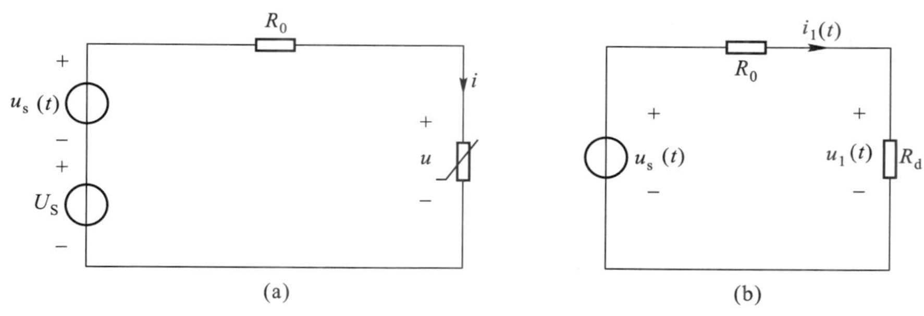

图 17-3　例 17-3 图

解:(1) 对于图 17-3(a)所示电路,应用 KVL,有

$$R_0i+u=u_s+U_S$$

当小信号电压源为零值,而只有直流偏置电压源单独作用于电路时,则电路方程为

$$R_0I+U=U_S$$

代入数据,有

$$1\times I+I+0.4I^2=2.4$$

整理后,得

$$I^2+5I=6$$

解得静态工作点为

$$I_Q=1\ \text{A}$$
$$U_Q=I_Q+0.4I_Q^2=1.4\ \text{V}$$

在静态工作点处,非线性电阻的动态电阻为

$$R_d=\left.\frac{\mathrm{d}u}{\mathrm{d}i}\right|_{I_Q=1}=(1+2\times0.4i)\ \Omega=1.8\ \Omega$$

(2) 由(1)的结果,得小信号等效电路如图17-3(b)所示,应用欧姆定律,得

$$i_1(t)=\frac{u_s}{R_0+R_d}=\frac{1}{1+1.8}\times0.28\cos(\omega t)\ \text{A}=0.1\cos(\omega t)\ \text{A}$$

$$u_1(t)=R_di_1=1.8\times0.1\cos(\omega t)\ \text{V}=0.18\cos(\omega t)\ \text{V}$$

例17-4　电路如图17-4(a)所示,已知直流工作电源$U_S=2$ V,小信号$u(t)=0.1\sqrt{2}\cos(100t)$ V,$R_1=R_2=2\ \Omega$,非线性电容为压控型,电容电荷$q=0.005u_C^2$,试求电路处于稳定状态时的电容电压$u_C(t)$和电容电流$i_C(t)$。

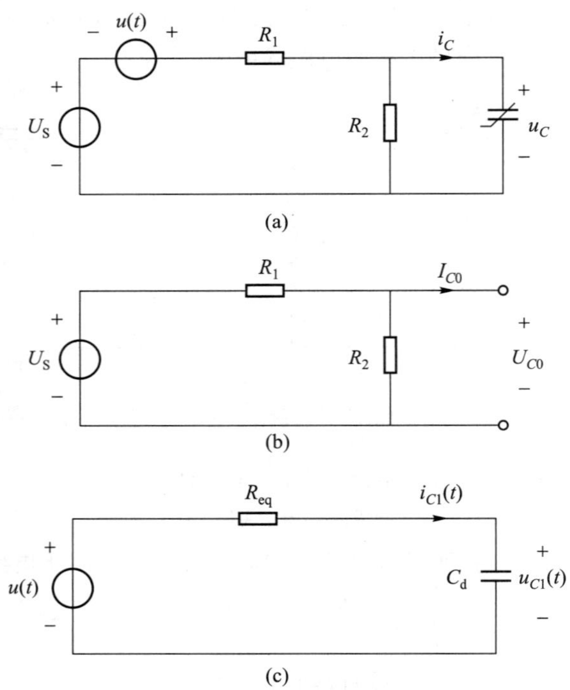

图17-4　例17-4图

解:(1) 求解非线性电容的静态工作点,当直流工作电源 U_S 单独工作时,电路如图 17-4(b)所示,电容对直流相当于断开,此时电容的静态工作点电压

$$U_{C0}=\frac{U_S\times R_2}{R_1+R_2}=\frac{2\times2}{2+2}\ \text{V}=1\ \text{V}$$

$$I_{C0}=0\ \text{A}$$

(2) 非线性电容的动态电容为

$$C_d=\left.\frac{dq}{du_C}\right|_{U_{C0}=1}=2\times0.005u_C=0.01\ \text{F}$$

(3) 小信号 $u(t)$ 单独工作时,对于图 17-4(a)从电容两端看进,其戴维南等效电路如图 17-4(c)所示。$R_{eq}=1\ \Omega$,应用相量法,设 $\dot{U}=0.1\angle0°$,则

$$\dot{U}_{C1}=\frac{U\dot{Z}_C}{R_{eq}+Z_C}=\frac{0.1\times\left(-j\dfrac{1}{\omega C_d}\right)}{R_{eq}-j\dfrac{1}{\omega C_d}}=\frac{0.1\times\left(-j\dfrac{1}{100\times0.01}\right)}{1-j}\ \text{V}=0.05\sqrt{2}\angle-45°\ \text{V}$$

$$\dot{I}_{C1}=j\omega C_d\dot{U}_{C1}=j1\times0.05\sqrt{2}\angle-45°\ \text{A}=0.05\sqrt{2}\angle45°\ \text{A}$$

故瞬时值为

$$u_{C1}(t)=0.1\cos(100t-45°)\ \text{V}$$
$$i_{C1}(t)=0.1\cos(100t+45°)\ \text{A}$$

根据叠加定理,有

$$u_C(t)=U_{C0}+u_{C1}(t)=[1+0.1\cos(100t-45°)]\ \text{V}$$
$$i_C(t)=I_{C0}+i_{C1}(t)=0.1\cos(100t+45°)\ \text{A}$$

四、习题分析

17-1　如果通过非线性电阻的电流为 $\cos(\omega t)$ A,要使该电阻两端的电压中含有 4ω 角频率的电压分量,试求该电阻的伏安特性,写出其解析表达式。

解:由此题意可知,非线性电阻中的电流为

$$i=\cos(\omega t)\ \text{A}$$

而由三角恒等式可知

$$\begin{aligned}\cos(4\omega t)&=2\cos^2(2\omega t)-1=2(2\cos^2\omega t-1)^2-1\\&=1-8\cos^2(\omega t)+8\cos^4(\omega t)\end{aligned}$$

故非线性电阻的伏安关系为

$$u=1-8i^2+8i^4$$

因此电阻两端的电压的角频率为 4ω。

17-2　写出题 17-2 图所示电路的节点电压方程,假设电路中各非线性电阻的伏安特性为 $i_1=u_1^3,i_2=u_2^2,i_3=u_3^{\frac{3}{2}}$。

解:应用KCL,对节点①和节点②分别写出方程

$$i_1+i_2=12 \quad ①$$

$$-i_2+i_4=4 \quad ②$$

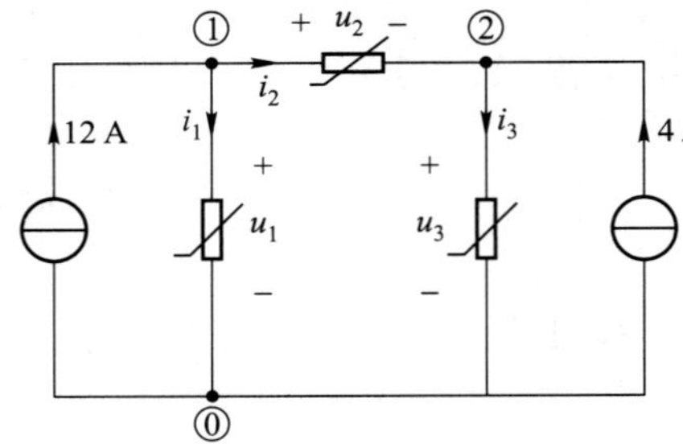

题17-2图

将各支路电流用节点电压来表示,则有

$$i_1=u_1^3=u_{n1}^3$$

$$i_2=u_2^2=(u_{n1}-u_{n2})^2$$

$$i_3=u_3^{\frac{3}{2}}=u_{n2}^{\frac{3}{2}}$$

将上述i_1,i_2和i_3的表达式代入式①和式②中,可得

$$u_{n1}^3+(u_{n1}-u_{n2})^2=12$$

$$-(u_{n1}-u_{n2})^2+u_{n2}^{\frac{3}{2}}=4$$

可见所得方程是一组非线性的代数方程组。

17-3　一个非线性电容的库伏特性为$u=1+2q+3q^2$,如果电容从$q(t_0)=0$充电至$q(t)=1$ C。试求此电容储存的能量。

解:当电容充电时,吸收的功率为

$$p=u\cdot i=u\frac{\mathrm{d}q}{\mathrm{d}t}=(1+2q+3q^2)\frac{\mathrm{d}q}{\mathrm{d}t}$$

因此电容储存的能量为

$$W=\int_{t_0}^{t}p\mathrm{d}t=\int_0^{t}(1+2q+3q^2)\mathrm{d}q$$
$$=3\ \mathrm{J}$$

17-4　非线性电感的韦安特性为$\Psi=i^3$,当有2 A电流通过该电感时,试求此时的静态电感值。

解:当电感电流$i=2$ A时,其静态电感值为

$$L=\frac{\Psi(i)}{i}\bigg|_{i=2\ \mathrm{A}}=\frac{8}{2}\ \mathrm{H}=4\ \mathrm{H}$$

而其动态电感值为

$$L_{\mathrm{d}}=\frac{\mathrm{d}\Psi}{\mathrm{d}i}\bigg|_{i=2\ \mathrm{A}}=3i^2\bigg|_{i=2\ \mathrm{A}}=12\ \mathrm{H}$$

17-5　已知题17-5图所示电路中,$U_S=84$ V,$R_1=2$ kΩ,$R_2=10$ kΩ,非线性电阻R_3的伏安特性可表示为$i_3=0.3u_3+0.04u_3^2$。试求电流i_1和i_3。

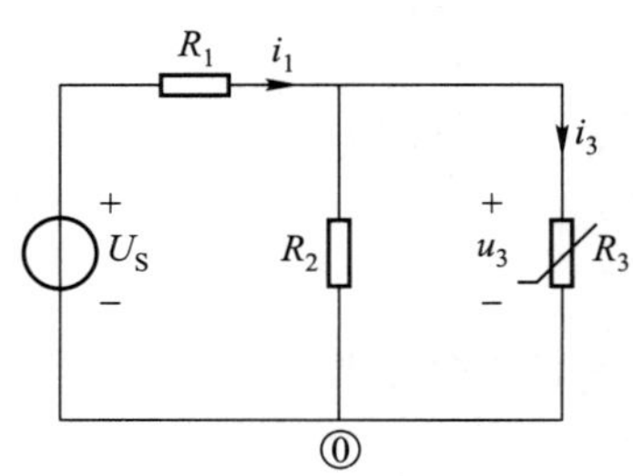

题17-5图

解:选取电压u_3为节点电压,其节点电压方程为

$$\left(\frac{1}{R_1}+\frac{1}{R_2}\right)u_3+i_3=\frac{U_S}{R_1}$$

将各参数值及 $i_3=0.3u_3+0.04u_3^2$ 代入节点电压方程，得

$$u_3^2+7.515u_3-1.05=0$$

解得

$$u_3'=0.137\ 22\ \text{V},\quad u_3''=-7.652\ 22\ \text{V}$$

从而可求得相应的电流为

$$i_3'=[0.3\times0.137\ 22+0.04\times(0.137\ 22)^2]\ \text{A}\approx0.041\ 92\ \text{A}$$

$$i_1'=\frac{u_3'}{R_2}+i_3'=\left(\frac{0.137\ 22}{10\times10^3}+0.041\ 92\right)\ \text{A}\approx0.041\ 93\ \text{A}$$

$$i_3''=[0.3\times(-7.652\ 22)+0.04\times(-7.652\ 22)^2]\ \text{A}\approx0.046\ 59\ \text{A}$$

$$i_1''=\frac{u_3''}{R_2}+i_3''=\left(\frac{-7.652\ 22}{10\times10^3}+0.046\ 59\right)\ \text{A}\approx0.045\ 82\ \text{A}$$

此题说明非线性电路的解答不是唯一的，有时在某种情况下，甚至会出现无穷多个解。

17-6　题 17-6 图所示电路由一个线性电阻 R、一个理想二极管和一个直流电压源串联组成。已知 $R=2\ \Omega, U_S=1\ \text{V}$，在 u-i 平面上画出对应的伏安特性。

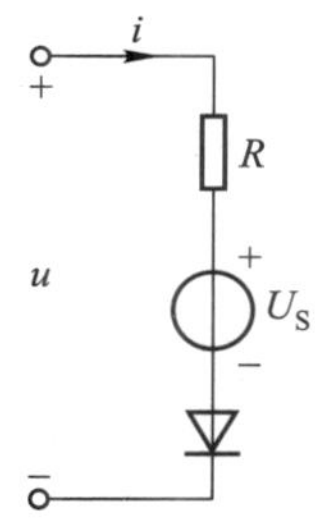

题 17-6 图

解：题 17-6 图所示电路中三个元件的伏安特性如题解 17-6 图(a)所示，根据 KVL，得

$$u=Ri+u_d+U_S=2i+1,\quad i>0$$

当 $u<U_S=1$ V 时，其电流 $i=0$。因此在 u-i 平面上，可用图解法求出串联电路的等效伏安特性，如题解 17-6 图(b)中的折线 ABC 所示。

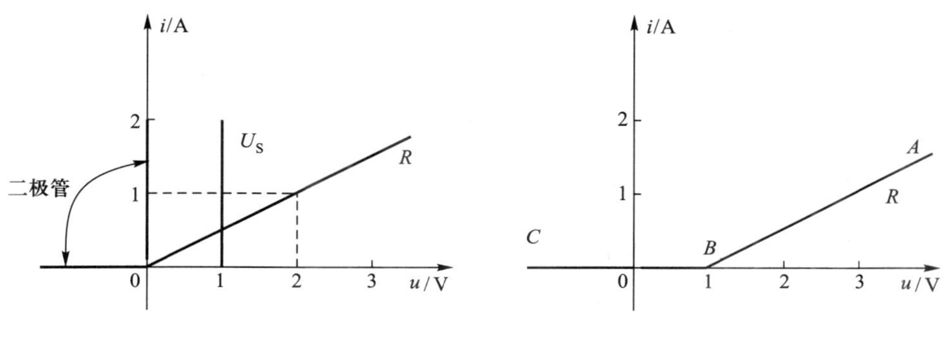

题解 17-6 图

17-7　题 17-7 图所示电路由一个线性电阻 R、一个理想二极管和一个直流电流源并联组成。已知 $R=1\ \Omega, I_S=1\ \text{A}$，在 u-i 平面上画出对应的伏安特性。

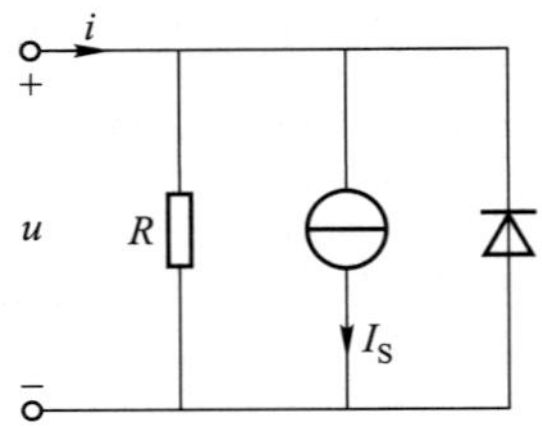

题 17-7 图

解:题 17-7 图所示电路中三个元件是并联组合,各元件的伏安关系如题解 17-7 图(a)所示,应用 KCL,得

$$i=\frac{u}{R}+I_S+i_d=u+1,\quad u>0$$

当 $i<I_S=1$ A 时,端口电压 $u=0$。在 $u-i$ 平面上,可用图解法求出并联电路的等效伏安特性,如题解 17-7 图(b)中的折线 ABC 所示。

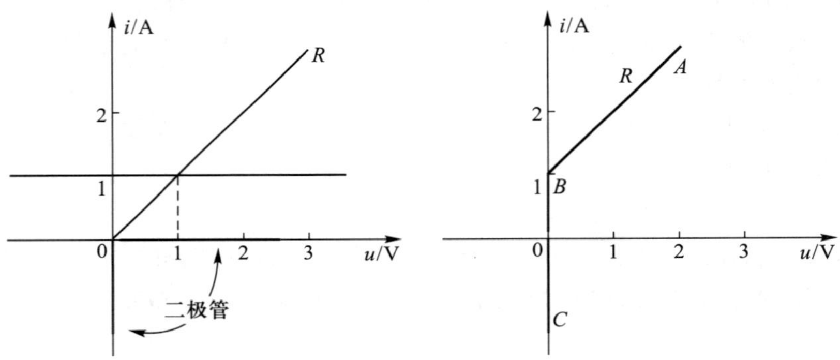

(a)　　　　(b)

题解 17-7 图

17-8　试设计一个由线性电阻,独立电源和理想二极管组成的一端口网络,要求它的伏安特性具有题 17-8 图所示特性。

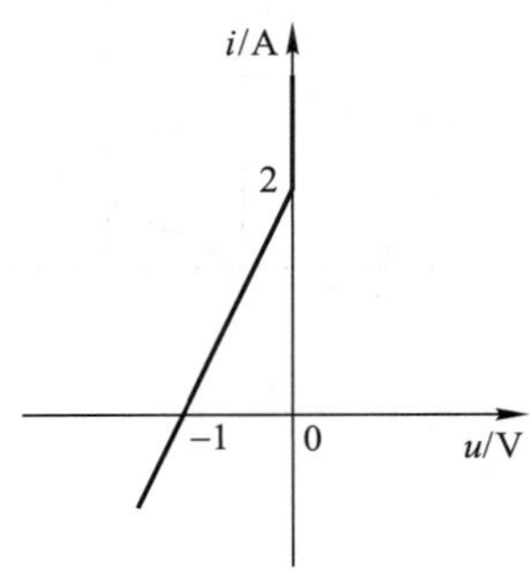

题 17-8 图

解:由一端口的伏安特性可得

$$u=\begin{cases}0, & i\geqslant 2\ \text{A}\\ \dfrac{1}{2}i-1, & i<2\ \text{A}\end{cases}$$

所以有

$$i=2u+2=\frac{u}{R}+I_S,\quad u<0$$

当 $i>I_S=2$ A 时,$u=0$,因此分解为题解 17-8 图(a)所示的三条伏安特性曲线。从

而可以构成如题解 17-8 图(b)所示的一端口电路。

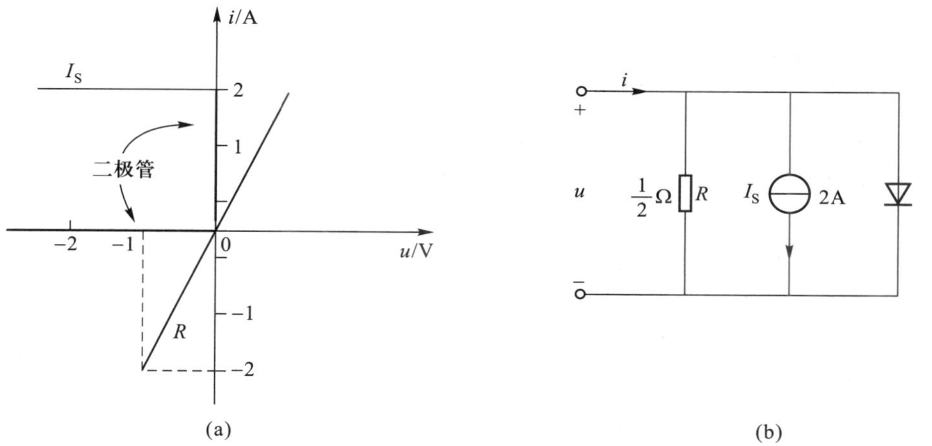

题解 17-8 图

17-9　设题 17-9 图所示电路中二极管的伏安特性可用下式表示：

$$i_D = 10^{-6}(e^{40u_D}-1)\ A$$

式中 u_D 为二极管的电压，其单位为 V，已知 $R_1=0.5\ \Omega$，$R_2=0.5\ \Omega$，$R_3=0.75\ \Omega$，$U_S=2\ V$。试用图解法求出静态工作点。

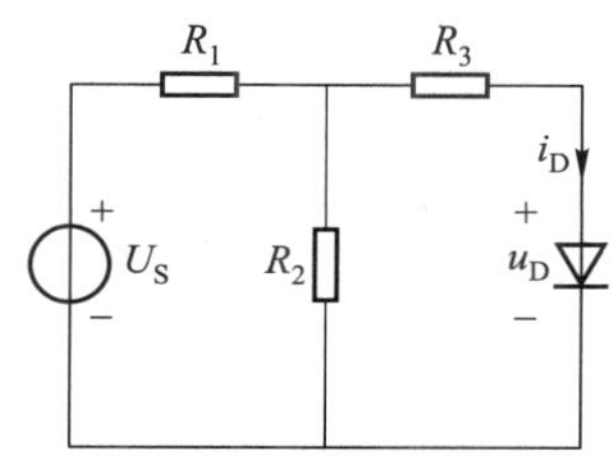

题 17-9 图

解：对于题 17-9 图所示电路中二极管左边部分的线性电路，可求得其戴维南等效电路如题解 17-9 图(a)所示，其中

$$u_{oc}=\frac{R_2}{R_1+R_2}U_S=\frac{1}{2}\times 2\ V=1\ V$$

$$R_{eq}=R_3+R_1/\!/R_2=(0.75+0.25)\ \Omega=1\ \Omega$$

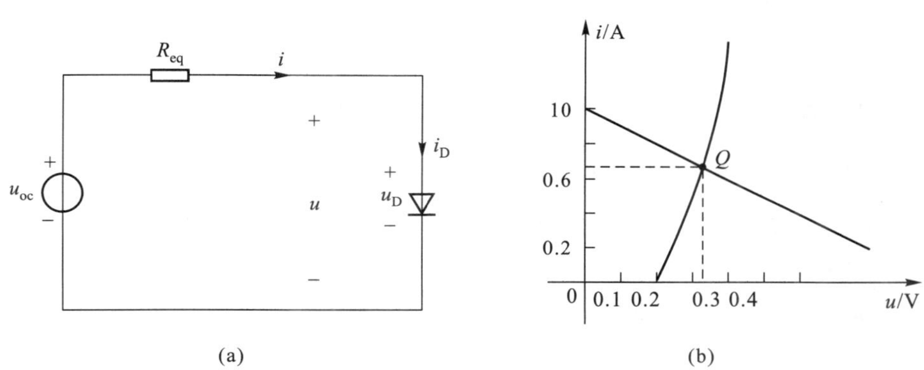

题解 17-9 图

题解17-9图(a)中,线性电路一端口的伏安特性为

$$u=u_{oc}-R_{eq}i=1-i$$

二极管的伏安特性为

$$i_D=10^{-6}(e^{40u_D}-1)\ A$$

其中,$u=u_D$,$i=i_D$。在 $u-i$ 平面上,分别作出二极管的 i_D-u_D 曲线和线性电路的 $i-u$ 特性曲线,如题解17-9图(b)所示,从图中可得出,其静态工作点 Q 的值为

$$U_Q=0.34\ V,\quad I_Q=0.66\ A$$

17-10　题17-10图所示非线性电阻电路中,非线性电阻的伏安特性为

$$u=2i+i^3$$

现已知当 $u_S(t)=0$ 时,回路中的电流为1 A。如果 $u_S(t)=\cos(\omega t)$ V 时,试用小信号分析法求回路中的电流 i。

解:由题意可知,题17-10图所示电路的静态工作点为

$$I_Q=1\ A$$

其工作点处的动态电阻为

$$R_d=\frac{du}{di}\bigg|_{i=I_Q}=2+3i^2\bigg|_{i=1\ A}=5\ \Omega$$

其小信号等效电路如题解17-10图所示,小信号电流 i_1 为

$$i_1=\frac{u_S(t)}{2+5}=\frac{1}{7}\cos(\omega t)\ A$$

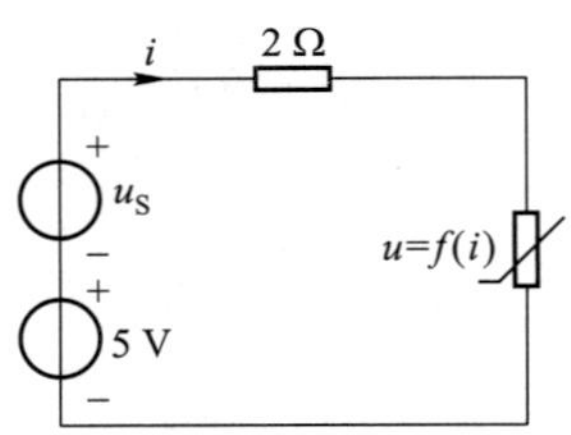

题17-10图

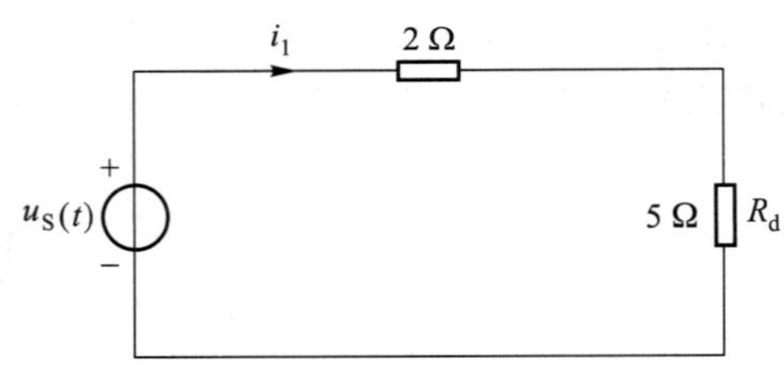

题解17-10图

所以,原电路中的总电流为

$$i=I_Q+i_1=\left[1+\frac{1}{7}\cos(\omega t)\right]\ A$$

17-11　题17-11图所示电路中,$R=2\ \Omega$,直流电压源 $U_S=9$ V,非线性电阻的伏安特性 $u=-2i+\frac{1}{3}i^3$,若 $u_S(t)=\cos t$ V,试求电流 i。

解:先求题17-11图所示电路的静态工作点,令 $u_S(t)=0$,应用KVL列写方程,得

$$Ri+u=U_S$$

由于非线性电阻的伏安特性为

$$u=-2i+\frac{1}{3}i^3$$

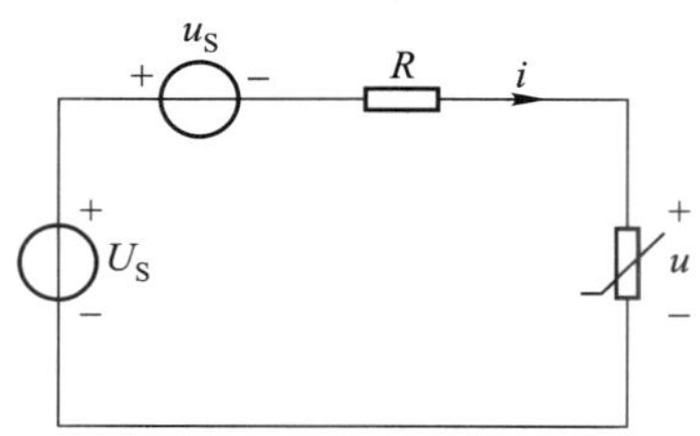

题 17-11 图

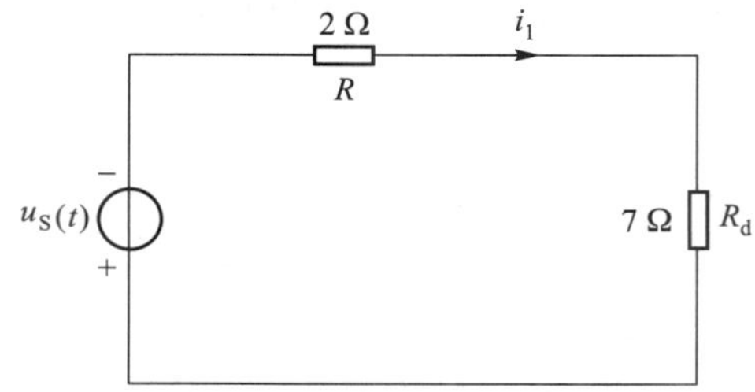

题解 17-11 图

将上式代入回路电压方程，得

$$2i-2i+\frac{1}{3}i^3=9$$

从而解得

$$I_Q=3\ \text{A},\quad U_Q=3\ \text{V}$$

因此，工作点处的动态电阻为

$$R_d=\frac{\mathrm{d}u}{\mathrm{d}i}\bigg|_{i=I_Q}=i^2-2\bigg|_{i=3\ \text{A}}=7\ \Omega$$

其小信号等效电路如题解 17-11 图所示，由此可求出小信号电流为

$$i_1=\frac{-u_S(t)}{2+7}=-\frac{1}{9}\cos\ t\ \text{A}$$

因此，原电路中的电流 i 为

$$i=I_Q+i_1=\left(3-\frac{1}{9}\cos\ t\right)\ \text{A}$$

17-12　题 17-12 图(a)所示电路中，直流电压源 $U_S=3.5$ V，$R=1\ \Omega$，非线性电阻的伏安特性曲线如题 17-12 图(b)所示。

(1) 试用图解法求静态工作点。

(2) 如将曲线分成 $0C$、CD 和 DE 三段，试用分段线性化方法求静态工作点，并与(1)的结果相比较。

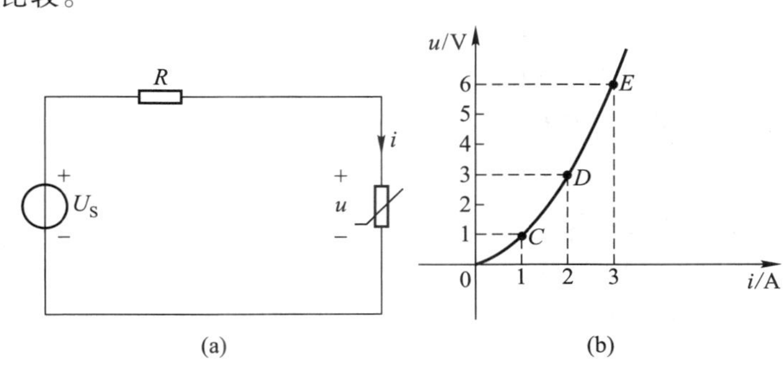

题 17-12 图

解:(1) 题 17-12 图(a)所示非线性电路中,其非线性电阻左边的线性一端口电路伏安特性为

$$u=-Ri+U_S=3.5-i \qquad ①$$

将上式表示的特性曲线画在与非线性电阻伏安特性曲线所在的同一个 $u-i$ 平面上,如题解 17-12 图(a)所示,可得两个特性曲线的交点 Q,即为静态工作点,其中 $U_Q \approx 1.9$ V,$I_Q \approx 1.7$ A。

(2) 若将非线性电阻的伏安特性曲线分成 $0C$、CD 和 DE 三段,则其对应的直线方程为

$0C$ 直线段: $u=i$ $(0 \leqslant i<1\ \text{A}, 0 \leqslant u<1\ \text{V})$ ②

CD 直线段: $u=2i-1$ $(1\ \text{A} \leqslant i<2\ \text{A}, 1\ \text{V} \leqslant u<3\ \text{V})$ ③

DE 直线段: $u=3i-3$ $(2\ \text{A} \leqslant i \leqslant 3\ \text{A}, 3\ \text{V} \leqslant u \leqslant 6\ \text{V})$ ④

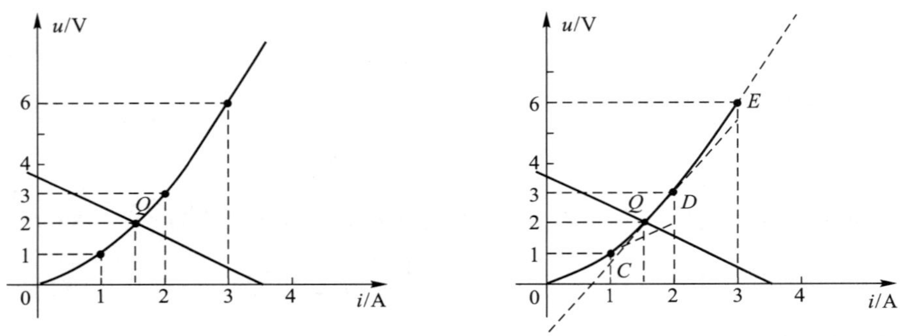

(a) (b)

题解 17-12 图

显然,上述三个线性方程中,只有式③与式①联立后求得的解在其相应的区域内,即为

$$u=3.5-i$$

$$u=2i-1$$

解得

$$I_Q=1.5\ \text{A}, \quad U_Q=2\ \text{V}$$

需要注意的是:在计算时,每个线性区段必须应用线性电路的计算方法。

17-13 题 17-13 图所示电路中,非线性电阻的伏安特性为 $i=u^2$,试求电路的静态工作点及该点的动态电阻 R_d。

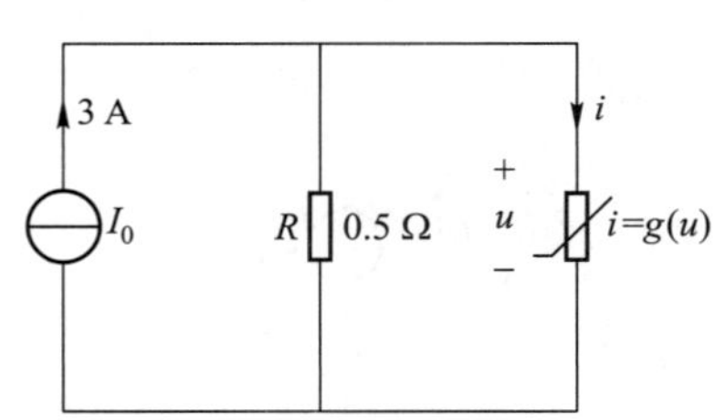

题 17-13 图

解:由于非线性电阻的伏安特性为

$$i=g(u)=u^2$$

对于题 17-13 图所示电路应用 KCL,有

$$i+\frac{u}{R}=I_0$$

将 $i=u^2$, $R=0.5\ \Omega$, $I_0=3$ A 代入上式，得

$$u^2+2u-3=0$$

解得

$$u'=1\ \text{V},\quad u''=-3\ \text{V}(\text{将 } u'' \text{舍掉})$$

而动态电导为

$$G_d=\frac{\mathrm{d}i}{\mathrm{d}u}\bigg|_{u'=1\ \text{V}}=2u\bigg|_{u'=1\ \text{V}}=2\ \text{S},\quad R_d=\frac{1}{G_d}=0.5\ \Omega$$

17-14　题 17-14 图所示电路中，非线性电阻的伏安特性为 $u=i^3$，如将此电阻突然与一个充电的电容接通，试求电容两端的电压 u_C，设 $u_C(0_+)=U_0$。

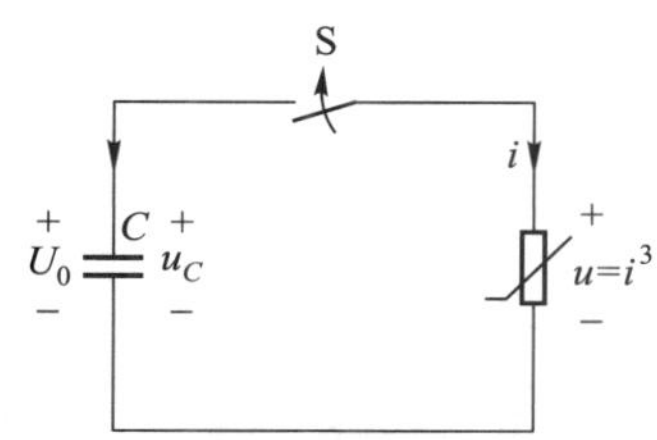

题 17-14 图

解：当开关 S 闭合后，有

$$u_C=u=i^3$$

即

$$i=u_C^{\frac{1}{3}}$$

而电容的伏安特性关系为

$$i=-C\frac{\mathrm{d}u_C}{\mathrm{d}t}$$

故可得关于 u_C 的微分方程为

$$\frac{\mathrm{d}u_C}{\mathrm{d}t}=-\frac{i}{C}=-\frac{1}{C}u_C^{\frac{1}{3}}$$

且电容电压的初始值为

$$u_C(0_+)=U_0$$

应用分离变量法求解此微分方程，得

$$\int u_C^{-\frac{1}{3}}\mathrm{d}u_C=-\frac{1}{C}\int \mathrm{d}t$$

积分后根据电容电压初始值确定其积分常数，则得

$$u_C(t)=\left(-\frac{2t}{3C}+U_0^{\frac{2}{3}}\right)^{\frac{3}{2}}\ \text{V}$$

17-15　在题 17-15 图(a)所示电路中，线性电容通过非线性电阻放电，非线性电阻伏安特性如题 17-15 图(b)所示。已知 $C=1$ F，$u_C(0_-)=3$ V，试求 u_C。

解：对于此 RC 电路，采用分段线性化方法求解。题 17-15 图(a)所示电路中，当开关 S 闭合后电路方程为

$$C\frac{\mathrm{d}u_C}{\mathrm{d}t}=-i$$

而 $u_R=u_C$，故有

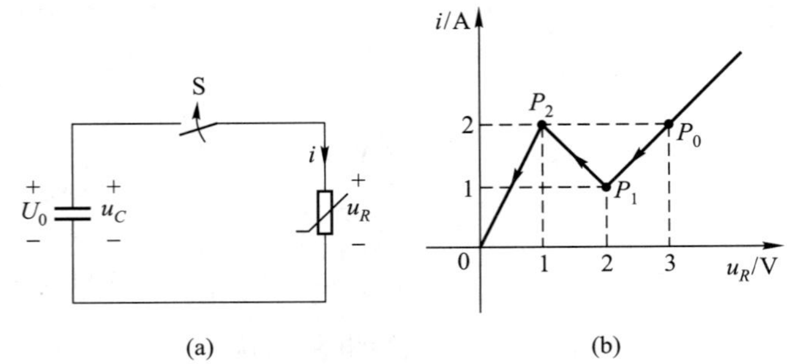

题 17-15 图

$$\frac{\mathrm{d}u_C}{\mathrm{d}t}=\frac{\mathrm{d}u_R}{\mathrm{d}t}=-\frac{i}{C}=-i$$

由于电容初始电压为 $u_C(0_-)=3\ \mathrm{V}$,所以在题 17-15 图(b)中,动态路径的起始点为 P_0 点,即 $u_R=3\ \mathrm{V}$。当 $i>0$ 时,由上式可知,电压 $u_R(t)$ 总是随时间 t 的增大而其值在不断减小,因此,动态路径从 P_0 点起始将沿着 u_R-i 曲线从 P_0 点经 P_1 点和 P_2 点最终到达 0 点。图(b)中的 u_R-i 曲线分为三个直线段,其相应的直线方程为

P_0P_1 直线段:　$i=u_R-1$　　$(2\ \mathrm{V}\leqslant u_R\leqslant 3\ \mathrm{V},1\ \mathrm{A}\leqslant i\leqslant 2\ \mathrm{A})$

上式也可写为

$$u_R=i+1=R_1i+U_{S1}$$

则有

$$R_1=1\ \Omega,\quad U_{S1}=1\ \mathrm{V}$$

其等效电路与电容连接如题解 17-15 图(a)所示。

P_1P_2 直线段:　$i=-u_R+3$　　$(1\ \mathrm{V}\leqslant u_R<2\ \mathrm{V},1\ \mathrm{A}\leqslant i\leqslant 2\ \mathrm{A})$

上式也可写为

$$u_R=-i+3=R_2i+U_{S2}$$

则有

$$R_2=-1\ \Omega,\quad U_{S2}=3\ \mathrm{V}$$

其等效电路与电容连接如题解 17-15 图(b)所示。

P_20 直线段:　　$i=2u_R$　　$(0\leqslant u_R<1\ \mathrm{V},0\leqslant i\leqslant 2\ \mathrm{A})$

上式也可写为

$$u_R=\frac{1}{2}i=R_3i$$

而

$$R_3=\frac{1}{2}\ \Omega,\quad U_{S3}=0$$

其等效电路与电容连接如题解 17-15 图(c)所示。

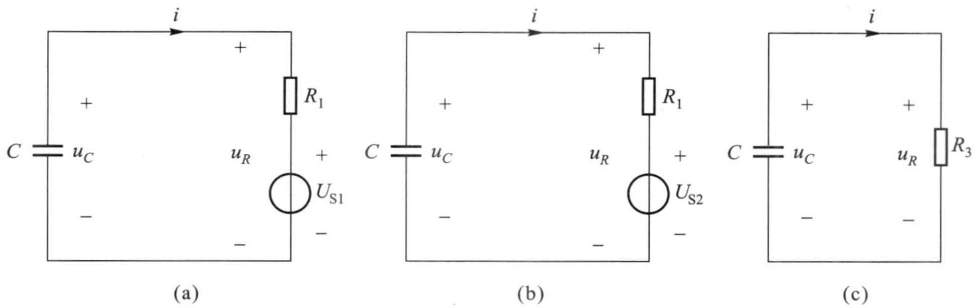

题解 17-15 图

从 P_0 到 P_1，对应的 u_R 从 3 V 到 2 V，由题解 17-15 图(a)所示的等效电路，得

$$u_C(t)=U_{S1}+[u_C(0_+)-U_{S1}]e^{-\frac{t}{\tau_1}}$$

式中，$\tau_1=R_1C=1$ s，所以，从 P_0 到 P_1 所需时间 t_1[且知 $u_C(t_1)=2$ V]为

$$t_1=\tau_1\ln\frac{u_C(0_+)-U_{S1}}{u_C(t_1)-U_{S1}}=\ln\frac{3-1}{2-1}\ \text{s}=0.693\ \text{s}$$

因此

$$u_C(t)=(1+2e^{-t})\ \text{V},\quad 0\leqslant t\leqslant 0.693\ \text{s}$$

从 P_1 到 P_2，对应的 u_R 从 2 V 到 1 V，由题解 17-15 图(b)所示的等效电路，得

$$u_C(t)=U_{S2}+[u_C(t_{1+})-U_{S2}]e^{-\frac{t-t_1}{\tau_2}}$$

式中，$\tau_2=RC=-1$ s，从 P_0 经 P_1 到达 P_2 所需的时间 t_2[且知 $u_C(t_2)=1$ V]为

$$\begin{aligned}t_2&=t_1+\tau_2\ln\frac{u_C(t_{1+})-U_{S2}}{u_C(t_2)-U_{S2}}=\left(0.693-\ln\frac{2-3}{1-3}\right)\ \text{s}\\&=1.386\ \text{s}\end{aligned}$$

因此

$$u_C(t)=[3-e^{t-0.693}]\ \text{V},\quad 0.693\ \text{s}<t\leqslant 1.386\ \text{s}$$

从 P_2 到 0 点，对应的 u_R 从 1 V 到 0 V，由题解 17-15 图(c)所示的等效电路，则有

$$u_C(t)=u_C(t_{2+})e^{-\frac{t-t_2}{\tau_3}}$$

式中，$\tau_3=R_3C=\frac{1}{2}$ s，故有

$$u_C(t)=e^{-2(t-1.386)}\ \text{V},\quad t>1.386\ \text{s}$$

*__17-16__　含有非线性电感的一阶动态电路如题 17-16 图所示，已知直流电压源 $U_S=40$ V，小扰动电压源 $u_S(t)=1.2e^{-10t}\varepsilon(t)$ V，线性电阻 $R_1=10\ \Omega$，$R_2=40\ \Omega$，非线性电感 $\psi=0.5i^3$（ψ 单位为 Wb，i 单位为 A）。求 $t>0$ 时的响应 $i_L(t)$，$u_2(t)$。

解：(1) 由题意可知，当直流电压源单独作用于电路时，由于电感对直流相当于短路，此时等效电路如图题解 17-16（a）所示。

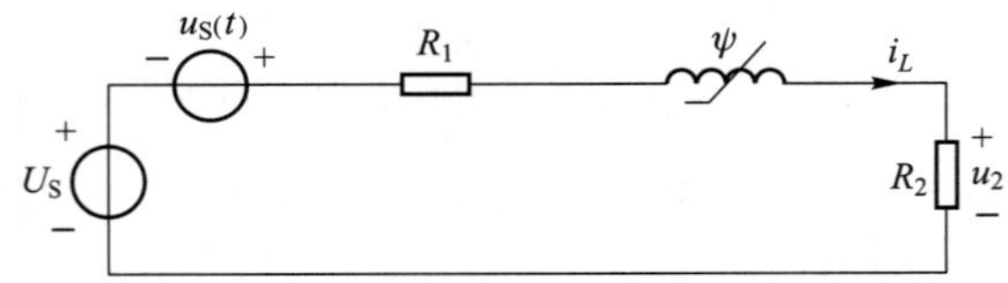

题 17-16 图

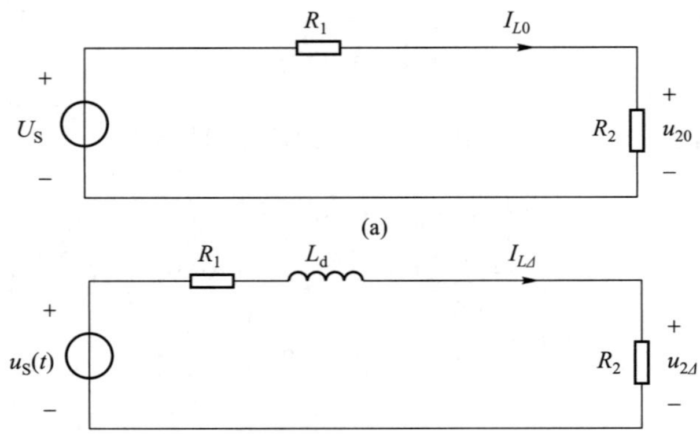

(a)

(b)

题解 17-16 图

根据等效电路求得

$$I_{L0}=\frac{U_{\mathrm{S}}}{R_1+R_2}=\frac{40}{50}\ \mathrm{A}=0.8\ \mathrm{A},\quad U_{20}=R_2\times I_{L0}=40\times 0.8\ \mathrm{V}=32\ \mathrm{V}$$

（2）电路的动态电感为

$$L_{\mathrm{d}}=\left.\frac{\mathrm{d}\psi}{\mathrm{d}i}\right|_{i=I_{L0}}=3\times 0.5\times I_{L0}^2=0.96\ \mathrm{H}$$

（3）根据动态电感值建立的小参数一阶线性动态电路如图题 17-16（b）所示，且电路处于零状态，求小扰动电压源激励时的零状态响应 $i_{L\Delta}(t)$。其一阶电路的微分方程为

$$L_{\mathrm{d}}\frac{\mathrm{d}i_{L\Delta}}{\mathrm{d}t}+(R_1+R_2)i_{L\Delta}=u_{\mathrm{S}}(t)$$

代入参数得

$$0.96\frac{\mathrm{d}i_{L\Delta}}{\mathrm{d}t}+50i_{L\Delta}=1.2\mathrm{e}^{-10t},\quad 即\frac{\mathrm{d}i_{L\Delta}}{\mathrm{d}t}+52.08i_{L\Delta}=1.25\mathrm{e}^{-10t}$$

则

$$i_{L\Delta}(t)=\mathrm{e}^{-\int 52.08\mathrm{d}t}\left[\int 1.25\mathrm{e}^{-10t}\mathrm{e}^{\int 52.08\mathrm{d}t}\mathrm{d}t+A\right]$$

$$=e^{-52.08t}\left[\int 1.25e^{-10t}e^{52.08t}dt + A\right]$$
$$=e^{-52.08t}\times 0.03e^{42.08t}+Ae^{-52.08t}$$
$$=0.03e^{-10t}+Ae^{-52.08t}$$

当 $t=0_+$ 时，$i_{L\Delta}(0_+)=i_{L\Delta}(0_-)=0$，故 $A=-0.03$，因此小扰动电压源激励时的零状态响应为

$$i_{L\Delta}(t)=(0.03e^{-10t}-0.03e^{-52.08t})\varepsilon(t)\ \text{A}$$

$$u_{2\Delta}(t)=R_2 i_{2\Delta}=(1.2e^{-10t}-1.2e^{-20t})\varepsilon(t)\ \text{V}$$

因此电路的总响应为

$$i_L(t)=I_{L0}+i_{L\Delta}=0.8+(0.03e^{-10t}-0.03e^{-52.08t})\varepsilon(t)\ \text{A}$$

$$u_2(t)=U_{20}+u_{2\Delta}=32+(1.2e^{-10t}-1.2e^{-52.08t})\varepsilon(t)\ \text{V}$$

* **17-17**　(综合设计题)已知 Lorenz 混沌系统为

$$\frac{dx}{dt}=a(y-x)$$

$$\frac{dy}{dt}=bx-xz-y$$

$$\frac{dz}{dt}=xy-cx$$

系统参数 $a=10$，$b=28$，$c=8/3$，试应用电路元件电阻、电容、运算放大器、乘法器来设计实现 Lorenz 混沌系统。

解：略。

第十八章 均匀传输线

一、重点和难点

第十八章课件

① 本章讨论的均匀传输线属于分布参数电路的一种。分布参数电路与集总参数电路不同，描述分布参数电路的方程是偏微分方程，它以时间 t 和空间长度 x 为自变量，因此，它具有两个自变量，具有电磁场特点。而集总参数电路的方程是常微分方程，只有一个自变量。

② 本章的重点是分析均匀传输线的正弦稳态过程，包括方程解的性质，传输线的参数，传输线终端接上不同负载时电压、电流沿线分布的规律，入端阻抗，无损耗传输线的分析。

本章的难点是分布参数电路的求解。无论求解其瞬时值还是求解其相量，它们都和自变量 x 有关。

二、学习方法指导

① 学习本章内容时，一定要建立一些基本概念。要清楚传输线上沿线电压和电流，既是时间 t 的函数，又是距离 x 的函数，它们是传输线周围磁场和电场作用的结果。传输线上任何一段导线除具有电阻外，也具有电感，两导线间还具有电容和漏电导。在电流波和电压波传播的过程中，电感和电容较之电阻和漏电导有着更重要的物理意义。电流波、电压波从分布参数电路的始端到其终端需要一定的时间。

② 均匀传输线研究的主要问题是其电参数（电阻、电感、电容及漏电导）对沿线上电流、电压的影响，因此，分析时通常把负载端的电流、电压或者把电源端的电流、电压作为已知条件，来求解传输线上各处的电流和电压。一对传输线有两个端口，在列出其始端和终端间电流、电压关系式之后，可用集总电路中的二端口网络的分析方法研究它。要特别注意：影响电压、电流大小和其相位的因素是电源角频率 ω，电源初相角 φ_0，电路参数 L_0、C_0、R_0、G_0 以及自变量 t 和 x。

三、典型例题

例 18-1　某无损耗传输线长 4.5 m，特性阻抗为 300 Ω。在始端接有电压为 100 V、频率为 10^8 Hz 的正弦电源和电阻为 100 Ω 的串联组合，当终端负载阻抗为 400 Ω 时，求在距始端 1 m 处的电压、电流相量。

解：无损耗线的相速度为

$$v=3\times10^8\ \text{m/s}$$

波长为

$$\lambda=\frac{v}{f}=\frac{3\times10^8}{10^8}\ \text{m}=3\ \text{m}$$

线长为

$$l=4.5\ \text{m}=1.5\lambda=\frac{3}{2}\lambda$$

传输线始端输入阻抗为

$$\begin{aligned}Z&=\frac{Z_2+\text{j}Z_\text{c}\tan\left(\dfrac{2\pi}{\lambda}\cdot\dfrac{3}{2}\lambda\right)}{1+\text{j}\dfrac{Z_2}{Z_\text{c}}\tan\left(\dfrac{2\pi}{\lambda}\cdot\dfrac{3}{2}\lambda\right)}\\&=\frac{Z_2+\text{j}Z_\text{c}\tan(3\pi)}{1+\text{j}\dfrac{Z_2}{Z_\text{c}}\tan(3\pi)}\\&=Z_2\end{aligned}$$

从上式可以看出，无论终端负载为何值，始端输入阻抗恒等于终端阻抗。

设 $\dot{U}_\text{s}=100\underline{/0^\circ}$ V，当负载为 400 Ω 时，在无损耗线始端的电压、电流为

$$\dot{U}_1=\frac{100\underline{/0^\circ}\times400}{100+400}\ \text{V}=80\underline{/0^\circ}\ \text{V}$$

$$\dot{I}_1=\frac{\dot{U}_1}{Z_2}=\frac{80\underline{/0^\circ}}{400}\ \text{A}=0.2\underline{/0^\circ}\ \text{A}$$

$$\begin{aligned}\dot{U}_x&=\dot{U}_1\cos(\gamma x)-\text{j}\dot{I}_1Z_\text{c}\sin(\gamma x)\\&=\left[80\cos\left(\frac{2\pi}{3}\times1\right)-\text{j}0.2\times300\sin\left(\frac{2\pi}{3}\times1\right)\right]\ \text{V}\\&=(-40-\text{j}51.96)\ \text{V}\\&=65.57\underline{/232.41^\circ}\ \text{V}\end{aligned}$$

例 18-2　某高压输电线长 200 km，线路的传播常数 $\gamma=1.06\times10^{-3}\underline{/84.70^\circ}$ 1/km，特性阻抗 $Z_\text{c}=385\underline{/-5.3^\circ}\,\Omega$。现供电给消耗有功功率为 40 MW、功率因数为 0.9 的

感性负载。如果负载端的电压为 127 kV,求传输线始端的电压、电流和线路的传输效率。

解:为求出传输线的始端电压、电流值,应先知道终端的电压、电流值。然后用传输线方程就可计算出始端电压、电流值。

由于已知终端电压为 127 kV,故设

$$\dot{U}_2 = 127\angle 0^\circ\ \text{kV}$$

而

$$I_2 = \frac{P}{U_2 \cos\varphi_2} = \frac{40}{127\times 0.9}\ \text{kA} = 0.35\ \text{kA}$$

因为

$$\varphi_2 = \arccos 0.9 = 25.842^\circ$$

所以

$$\dot{I}_2 = 0.35\angle -25.842^\circ\ \text{kA}$$

由传输线的参数,可得

$$\begin{aligned} \gamma l &= 1.06\times 10^{-3}\angle 84.7^\circ \times 200 \\ &= 0.0196 + \text{j}0.2111 \\ \text{e}^{\gamma l} &= 0.9972 + \text{j}0.2137 \\ \text{e}^{-\gamma l} &= 0.9588 - \text{j}0.2055 \\ \cosh(\gamma l) &= 0.9780\angle 0.2402^\circ \\ \sinh(\gamma l) &= 0.2105\angle 84.766^\circ \end{aligned}$$

于是

$$\dot{U}_1 = \dot{U}_2 \cosh(\gamma l) + Z_c \dot{I}_2 \sinh(\gamma l) = 142.949\angle 9.405^\circ\ \text{kV}$$

$$\dot{I}_1 = \dot{I}_2 \cosh(\gamma l) + \frac{\dot{U}_2}{Z_0}\sinh(\gamma l) = 0.319\angle -14.341^\circ\ \text{kV}$$

始端发出的功率为

$$\begin{aligned} P_1 &= U_1 I_1 \cos\varphi_1 = 142.949\times 0.319\cos 23.746^\circ\ \text{MW} \\ &= 41.74\ \text{MW} \end{aligned}$$

传输效率为

$$\eta = \frac{P_2}{P_1}\times 100\% = \frac{40}{41.74}\times 100\% = 95.8\%$$

例 18-3 某一条始端电压 750 kV、频率 $f=50$ Hz 的高压输电线长 600 km,其终端开路时,始端的输入阻抗 $Z_{1oc} = 0.9\times 10^{-3}\text{e}^{-\text{j}50^\circ}\ \Omega$;当该高压输电线终端短路时,始端的输入阻抗 $Z_{1d} = 100\text{e}^{\text{j}86^\circ}\ \Omega$。试求:

(1) 均匀高压传输线的特性阻抗 Z_c;

(2) 设该均匀高压传输线无损耗,当始端电压为 750 kV,负载端开路时的终端电压 U_2。

解:根据开路阻抗 Z_{1oc} 和输电线终端短路时始端的输入阻抗 Z_{1d} 与特性阻抗 Z_c 的关系,可求出特性阻抗 Z_c 为

$$\begin{aligned}Z_c &= \sqrt{Z_{1d}Z_{1oc}} = \sqrt{100e^{j86°}\times 0.9\times 10^{-3}e^{-j50°}}\ \Omega \\ &= \sqrt{90\times 10^{-3}e^{j36°}}\ \Omega = 0.3e^{j18°}\ \Omega\end{aligned}$$

由于该均匀高压传输线无损耗,故

$$\alpha = 0,\quad \beta = \frac{2\pi}{\lambda}$$

由于

$$f = 50\ \text{Hz},\quad \lambda = vT = 3\times 10^8\times 0.02\ \text{m} = 6\ 000\ \text{km}$$

$$\beta l = \frac{2\pi}{\lambda}\times 600 = \frac{2\pi}{6\ 000}\times 600 = \frac{\pi}{5} = 36°$$

当输电线终端开路时,反射系数 $\rho = 1$,则有

$$U(x) = U^+(e^{-j\beta} + \rho e^{j\beta}) = U^+ 2\cos\beta x$$

由于 $U(-l) = U^+ 2\cos\beta x = 750$ V,可得

$$U_2 = \frac{750}{\cos\beta l} = \frac{750}{\cos 36°}\ \text{V} = 927.05\ \text{V}$$

当该均匀高压传输线始端电压为 750 kV,负载端开路时,由于反射,终端电压 U_2 上升到 927.05 kV。

四、习题分析

18-1　一对架空传输线的原参数是 $L_0 = 2.89\times 10^{-3}$ H/km,$C_0 = 3.85\times 10^{-9}$ F/km,$R_0 = 0.3\ \Omega$/km,$G_0 = 0$。试求当工作频率为 50 Hz 时的特性阻抗 Z_c、传播常数 γ、相位速度 v_φ 和波长 λ。如果频率为 10^4 Hz,重求上述各参数。

解:(1) 当 $f = 50$ Hz 时,有

$$\begin{aligned}Z_0 &= R_0 + j\omega L_0 = (0.3 + j100\pi\times 2.89\times 10^{-3})\ \Omega/\text{km} \\ &= (0.3 + j0.907\ 9)\ \Omega/\text{km} = 0.956\ 2\underline{/71.71°}\ \Omega/\text{km}\end{aligned}$$

$$Y_0 = G_0 + j\omega C_0 = j100\pi\times 3.85\times 10^{-9}\ \text{S/km} = j1.210\times 10^{-6}\ \text{S/km}$$

特性阻抗为

$$Z_c = \sqrt{\frac{Z_0}{Y_0}} = \sqrt{\frac{0.956\ 2\underline{/71.71°}}{1.210\times 10^{-6}\underline{/90°}}}\ \Omega = 888.95\underline{/-9.145°}\ \Omega$$

传播常数为

$$\begin{aligned}\gamma &= \sqrt{Z_0Y_0} = \sqrt{(0.3 + j0.907\ 9)\times j1.210\times 10^{-6}}\ 1/\text{km} \\ &= 1.075\times 10^{-3}\underline{/80.86°}\ 1/\text{km} \\ &= 0.170\ 9\times 10^{-3} + j1.061\times 10^{-3}\ 1/\text{km}\end{aligned}$$

其中,衰减系数为

$$\alpha=0.170\ 9\times10^{-3}\ \text{Np/km}$$

相位系数为

$$\beta=1.061\times10^{-3}\ \text{rad/km}$$

相速为

$$v_\varphi=\frac{\omega}{\beta}=\frac{100\pi}{1.061\times10^{-3}}\ \text{km/s}=2.961\times10^{5}\ \text{km/s}$$

波长为

$$\lambda=\frac{v_\varphi}{f}=\frac{2.961\times10^{5}}{50}\ \text{km}=5\ 922\ \text{km}$$

(2) 当 $f=10^4$ Hz 时,有

$$\begin{aligned}Z_0&=R_0+\text{j}\omega L_0=(0.3+\text{j}2\times10^{4}\pi\times2.89\times10^{-3})\ \Omega/\text{km}\\&=(0.3+\text{j}181.5)\ \Omega/\text{km}=181.58\angle 89.95^\circ\ \Omega/\text{km}\end{aligned}$$

$$Y_0=G_0+\text{j}\omega C_0=\text{j}2\times10^{4}\pi\times3.85\times10^{-9}\ \text{S/km}=\text{j}2.419\times10^{-4}\ \text{S/km}$$

特性阻抗为

$$Z_c=\sqrt{\frac{Z_0}{Y_0}}=\sqrt{\frac{181.58\angle 89.95^\circ}{2.419\times10^{-4}\angle 90^\circ}}\ \Omega=8.664\times10^{-2}\angle -0.047\ 3^\circ\ \Omega$$

传播常数为

$$\begin{aligned}\gamma&=\sqrt{Z_0Y_0}=\sqrt{181.58\angle 89.95^\circ\times2.419\times10^{-4}\angle 90^\circ}\ 1/\text{km}\\&=(1.731\ 3\times10^{-4}+\text{j}0.209\ 6)\ 1/\text{km}\end{aligned}$$

衰减系数为

$$\alpha=1.731\ 3\times10^{-4}\ \text{Np/km}$$

相位系数为

$$\beta=0.209\ 6\ \text{rad/km}$$

相位速度为

$$v_\varphi=\frac{\omega}{\beta}=\frac{2\pi\times10^{4}}{0.209\ 6}\ \text{km/s}=2.998\times10^{5}\ \text{km/s}$$

波长为

$$\lambda=\frac{v_\varphi}{f}=\frac{2.998\times10^{5}}{10^{4}}\ \text{km}=29.98\ \text{km}$$

18-2 一同轴电缆的原参数为:$R_0=7\ \Omega/\text{km}$,$L_0=0.3\ \text{mH/km}$,$C_0=0.2\ \mu\text{F/km}$,$G_0=0.5\times10^{-6}\ \text{S/km}$。试计算当工作频率为 800 Hz 时此电缆的特性阻抗 Z_c、传播常数 γ、相位速度 v_φ 和波长 λ。

解:
$$\begin{aligned}Z_0&=R_0+\text{j}\omega L_0=(7+\text{j}2\pi\times800\times0.3\times10^{-3})\ \Omega/\text{km}=(7+\text{j}1.508)\ \Omega/\text{km}\\&=7.160\ 6\angle 12.157^\circ\ \Omega/\text{km}\end{aligned}$$

$$Y_0=G_0+\mathrm{j}\omega C_0=(0.5\times10^{-6}+\mathrm{j}2\pi\times800\times0.2\times10^{-6})\ 1/\mathrm{km}$$
$$=(0.5\times10^{-6}+\mathrm{j}1.0053\times10^{-3})\ 1/\mathrm{km}=1.0053\times10^{-3}\angle89.972^\circ\ 1/\mathrm{km}$$

特性阻抗为

$$Z_c=\sqrt{\frac{Z_0}{Y_0}}=\sqrt{\frac{7.1606\angle12.157^\circ}{1.0053\times10^{-3}\angle89.972^\circ}}\ \Omega=84.397\angle-38.91^\circ\ \Omega$$

传播常数为

$$\gamma=\sqrt{Z_0Y_0}=\sqrt{7.1606\angle12.157^\circ\times1.0053\times10^{-3}\angle89.972^\circ}\ 1/\mathrm{km}$$
$$=8.4844\times10^{-2}\angle51.0645^\circ\ 1/\mathrm{km}$$
$$=(5.332\times10^{-2}+\mathrm{j}6.5996\times10^{-2})\ 1/\mathrm{km}$$

衰减系数为

$$\alpha=5.332\times10^{-2}\ \mathrm{Np/km}$$

相位系数为

$$\beta=6.599\times10^{-2}\ \mathrm{rad/km}$$

相位速度为

$$v_\varphi=\frac{\omega}{\beta}=\frac{2\pi\times800}{6.5996\times10^{-2}}\ \mathrm{km/s}=7.6164\times10^4\ \mathrm{km/s}$$

波长为

$$\lambda=\frac{v_\varphi}{f}=\frac{7.6164\times10^4}{800}\ \mathrm{km}=95.206\ \mathrm{km}$$

18-3　传输线的长度 $l=70.8$ km，其中 $R_0=1\ \Omega/\mathrm{km}$，$\omega C_0=4\times10^{-4}$ S/km，而 $G_0=0$，$L_0=0$。在线的终端所接阻抗 $Z_2=Z_c$。线端的电压 $U_2=3$ V。试求始端的电压 U_1 和电流 I_1。

解：传输线的特性阻抗与传播常数分别为

$$Z_c=\sqrt{\frac{R_0+\mathrm{j}\omega_0}{G_0+\mathrm{j}\omega C_0}}=\sqrt{\frac{R_0}{\mathrm{j}\omega C_0}}=\sqrt{\frac{1}{\mathrm{j}4\times10^{-4}}}\ \Omega=50\angle-45^\circ\ \Omega$$

$$\gamma=\sqrt{(R_0+\mathrm{j}\omega_0)(G_0+\mathrm{j}\omega C_0)}=\sqrt{R_0\mathrm{j}\omega C_0}=\sqrt{\mathrm{j}4\times10^{-4}}\ 1/\mathrm{km}$$
$$=0.02\angle45^\circ 1/\mathrm{km}=(1.4142+\mathrm{j}1.4142)\times10^{-2}\ 1/\mathrm{km}$$

传输线终端负载阻抗与传输线匹配，$Z_2=Z_c$，线上仅有入射波，没有反射波。线上的电压、电流可写为

$$\begin{cases}\dot U(x)=\dot U_2\mathrm{e}^{\gamma x}\\ \dot I(x)=\dot I_2\mathrm{e}^{\gamma x}\end{cases}$$

此处 x 为距终端的距离。若 $x=l$，则可求得始端的电压、电流。于是有

$$\dot U_1=\dot U(l)=\dot U_2\mathrm{e}^{rl}=3\mathrm{e}^{(0.01442+\mathrm{j}0.01442)\times70.8}\ \mathrm{V}$$
$$=8.1652\angle57.358^\circ\ \mathrm{V}$$

由于线上没有反射波,因此,任一点 $\dot{U}(x)=Z_c\dot{I}(x)$,$\dot{I}_1=\dfrac{\dot{U}_1}{Z_c}=\dfrac{8.1652\angle 57.358^\circ}{50\angle -45^\circ}$ A = 0.1633$\angle 102.36^\circ$ A

18-4　一高压输电线长 300 km,线路原参数 $R_0=0.06\ \Omega/\text{km}$,$L_0=1.40\times10^{-3}$ H/km,$G_0=3.75\times10^{-8}$ S/km,$C_0=9.0\times10^{-9}$ F/km。电源的频率为 50 Hz。终端为一电阻负载,终端的电压为 220 kV,电流为 455 A。试求始端的电压 $\dot{U}_1$ 和电流 $\dot{I}_1$。

解:传输线的原参数为

$$Z_0=R_0+\text{j}\omega L_0=(0.06+\text{j}100\pi\times1.4\times10^{-3})\ \Omega/\text{km}=(0.06+\text{j}0.43982)\ \Omega/\text{km}$$
$$=0.4439\angle 82.232^\circ\ \Omega/\text{km}$$
$$Y_0=G_0+\text{j}\omega C_0=(3.75\times10^{-8}+\text{j}100\pi\times9\times10^{-9})\ \text{S/km}$$
$$=2.8277\times10^{-6}\angle 89.24^\circ\ \text{S/km}$$

特性阻抗为

$$Z_c=\sqrt{\frac{Z_0}{Y_0}}=\sqrt{\frac{0.4439\angle 82.232^\circ}{2.8277\times10^{-6}\angle 89.24^\circ}}\ \Omega=396.21\angle -3.5042^\circ\ \Omega$$

传播常数为

$$\gamma=\sqrt{Z_0Y_0}=\sqrt{0.4439\angle 82.232^\circ\times2.8277\times10^{-6}\angle 89.24^\circ}\ 1/\text{km}$$
$$=1.1204\times10^{-3}\angle 85.736^\circ\ 1/\text{km}=(8.3342\times10^{-5}+\text{j}1.1173\times10^{-3})\ 1/\text{km}$$

应用公式:

$$\dot{U}(x)=\dot{U}_2\cosh(\gamma x)+Z_c\dot{I}_2\sinh(\gamma x)$$
$$\dot{I}(x)=\dot{I}_2\cosh(\gamma x)+\frac{\dot{U}_2}{Z_c}\sinh(\gamma x)$$

式中,x 为距终端的距离,在 $x=l$ 时,可得

$$\dot{U}_1=\dot{U}_2\cosh(\gamma l)+Z_c\dot{I}_2\sinh(\gamma l)$$
$$\dot{I}_1=\dot{I}_2\cosh(\gamma l)+\frac{\dot{U}_2}{Z_c}\sinh(\gamma l)$$

先计算出

$$\cosh(\gamma l)=\cosh(1.1204\times10^{-3}\angle 85.36^\circ\times300)=0.9446+\text{j}8.2212\times10^{-3}$$
$$\sinh(\gamma l)=\sinh(1.1204\times10^{-3}\angle 85.36^\circ\times300)=2.3602\times10^{-2}+\text{j}0.32904$$

可计算得

$$\dot{U}_1=[220\times(0.9446+\text{j}8.2212\times10^{-3})+396.21\times10^{-3}\angle -3.5042^\circ\times445\times(2.3602\times10^{-2}+\text{j}0.32904)]\ \text{kV}=223.57\angle 15.424^\circ\ \text{kV}$$

$$\dot{I}_1=\left[445\times(0.9446+\text{j}8.2212\times10^{-3})+\frac{220\times10^3\times(2.3602\times10^{-2}+\text{j}0.32904)}{396.21\angle -3.5042^\circ}\right]\ \text{A}$$
$$=461.76\angle 23.865^\circ\ \text{A}$$

18-5　两段特性阻抗分别为 Z_{c1} 和 Z_{c2} 的无损耗线连接的传输线如题 18-5 图所

示。已知终端所接负载为 $Z_2=(50+j50)\ \Omega$。设 $Z_{c1}=75\ \Omega, Z_{c2}=50\ \Omega$。两段线的长度都为 0.2λ（λ 为线的工作波长），试求 1-1′端的输入阻抗。

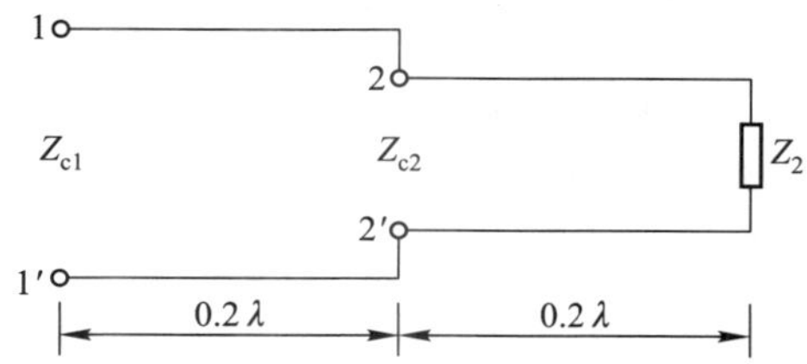

题 18-5 图

解：无损耗传输线的终端接以负载阻抗 Z_2 时，在距终端 x 处的输入阻抗为

$$Z_i(x)=\frac{\dot{U}(x)}{\dot{I}(x)}=Z_c\frac{Z_2+jZ_c\tan(\beta x)}{Z_c+jZ_2\tan(\beta x)}$$

在 2-2′处，向终端看去的输入阻抗为

$$Z_i=Z_{c2}\frac{Z_2+jZ_{c2}\tan(\beta\times0.2\lambda)}{Z_{c2}+jZ_2\tan(\beta\times0.2\lambda)}$$

由于 $\beta=\dfrac{2\pi}{\lambda}$，故 $\beta\times0.2\lambda=0.4\pi$（相当于 72°），并代入 Z_2、Z_{c2} 数字，有

$$\begin{aligned}Z_{i1}&=50\times\frac{(50+j50)+j50\tan(0.4\pi)}{50+j(50+j50)\tan(0.4\pi)}\ \Omega\\&=56.5327\angle-47.8^\circ\ \Omega=(37.973-j41.881)\ \Omega\end{aligned}$$

接于 2-2′的 Z_{i1} 是传输线 1 的终端负载，故 1-1′端的输入阻抗为

$$\begin{aligned}Z_i&=Z_{c1}\frac{Z_{i1}+jZ_{c1}\tan(\beta l_1)}{Z_{c1}+jZ_{i1}\tan(\beta l_1)}\\&=75\times\frac{(37.973-j41.881)+j75\tan(0.4\pi)}{75+j(37.973-j41.881)\tan(0.4\pi)}\ \Omega\\&=(40.499+j46.287)\ \Omega=61.503\angle48.816^\circ\ \Omega\end{aligned}$$

18-6 特性阻抗为 50 Ω 的同轴线，其中介质为空气，终端连接的负载 $Z_2=(50+j100)\ \Omega$。试求终端处的反射系数，距负载 2.5 cm 处的输入阻抗和反射系数。已知线的工作波长为 10 cm。

解：传输线上距终端 x 处的反射系数 n 是该点反射波电压（或电流）与入射波电压（或电流）之比，即

$$n=\frac{\dot{U}^-(x)}{\dot{U}^+(x)}=\frac{(\dot{U}_2-Z_c\dot{I}_2)e^{-\gamma x}}{(\dot{U}_2+Z_c\dot{I}_2)e^{\gamma x}}=\frac{\dot{U}_2-Z_c\dot{I}_2}{\dot{U}_2+Z_c\dot{I}_2}e^{-\gamma 2x}$$

式中 x 为自终端计算的距离。该同轴线工作波长为 10 cm，工作频率非常高，可以认为 $R_0\ll j\omega L_0$；$G_0\ll j\omega C_0$，作为无损耗线处理。因此，$\gamma=j\beta$。

在终端的反射系数,代入 $\dot{U}_2=Z_2\dot{I}_2$ 后可得

$$n_2=\frac{\dot{U}^-(0)}{\dot{U}^+(0)}=\frac{\dot{U}_2-Z_c\dot{I}_2}{\dot{U}_2+Z_c\dot{I}_2}=\frac{Z_2-Z_c}{Z_2+Z_c}=\frac{50+\mathrm{j}100-50}{50+\mathrm{j}100+50}$$

$$=\frac{\mathrm{j}100}{100+\mathrm{j}100}=\frac{\mathrm{j}}{1+\mathrm{j}}=\frac{\sqrt{2}}{2}\angle 45^\circ=0.707\angle 45^\circ$$

离终端 2.5 cm,即 $x_1=2.5\ \mathrm{cm}=\frac{\lambda}{4}$ 时,$\beta x=\beta\frac{\lambda}{4}=\frac{2\pi}{4}=\frac{\pi}{2}$,则该点的反射系数为

$$n_{x_1}=\frac{Z_2-Z_c}{Z_2+Z_c}\mathrm{e}^{\mathrm{j}2\times\frac{\pi}{2}}=-n_2=0.707\angle -135^\circ$$

该处的输入阻抗为

$$Z_{\mathrm{i}x}=Z_c\frac{Z_2+Z_c\tan(\beta x)}{Z_c+Z_2\tan(\beta x)}=Z_c\frac{Z_2+Z_c\tan\frac{\pi}{2}}{Z_c+Z_2\tan\frac{\pi}{2}}$$

由于 $\tan\frac{\pi}{2}\to\infty$,应用洛必达法则,可求得

$$Z_{\mathrm{i}\frac{\lambda}{4}}=\frac{Z_c^2}{Z_2}=\frac{50^2}{50+\mathrm{j}100}\ \Omega=(10-\mathrm{j}20)\ \Omega=22.36\angle -63.435^\circ\ \Omega$$

18-7 试证明无损耗线沿线电压和电流的分布及输入导纳可以表示为下面的形式:

$$\dot{U}=\dot{U}_2\left[\cos(\beta x)+\mathrm{j}\frac{Y_2}{Y_c}\sin(\beta x)\right]$$

$$\dot{I}=\dot{I}_2\left[\cos(\beta x)+\mathrm{j}\frac{Y_c}{Y_2}\sin(\beta x)\right]$$

$$Y_{\mathrm{i}}=Y_c\frac{Y_2+\mathrm{j}Y_c\tan(\beta x)}{Y_c+\mathrm{j}Y_2\tan(\beta x)}$$

其中 $Y_c=\frac{1}{Z_c}$,$Y_2=\frac{1}{Z_2}$,Z_2 为负载阻抗。

证明:对于无损耗线,$\gamma=\mathrm{j}\beta$,$\cosh(\gamma x)=\cosh(\mathrm{j}\beta x)=\cos(\beta x)$,$\sinh(\gamma x)=\sinh(\mathrm{j}\beta x)=\mathrm{j}\sin(\beta x)$。因而有

$$\dot{U}=\dot{U}_2\cosh(\gamma x)+Z_c\dot{I}_2\sinh(\gamma x)=\dot{U}_2\left[\cos(\beta x)+\mathrm{j}\frac{Z_c}{Z_2}\sin(\beta x)\right]$$

$$=\dot{U}_2\left[\cos(\beta x)+\mathrm{j}\frac{Y_2}{Y_c}\sin(\beta x)\right]$$

$$\dot{I}=\dot{I}_2\cosh(\gamma x)+\frac{\dot{U}_2}{Z_c}\sinh(\gamma x)=\dot{I}_2\left[\cos(\beta x)+\mathrm{j}\frac{Z_2}{Z_c}\sin(\beta x)\right]$$

$$=\dot{I}_2\left[\cos(\beta x)+\mathrm{j}\frac{Y_\mathrm{c}}{Y_2}\sin(\beta x)\right]$$

输入阻抗为

$$Z_\mathrm{i}=Z_\mathrm{c}\frac{Z_2+Z_\mathrm{c}\tan(\beta x)}{Z_\mathrm{c}+Z_2\tan(\beta x)}$$

$$Y_\mathrm{i}=\frac{1}{Z_\mathrm{i}}=Y_\mathrm{c}\frac{Z_\mathrm{c}+Z_2\tan(\beta x)}{Z_2+Z_\mathrm{c}\tan(\beta x)}=Y_\mathrm{c}\frac{\dfrac{1}{Y_\mathrm{c}}+\dfrac{1}{Y_2}\tan(\beta x)}{\dfrac{1}{Y_2}+\dfrac{1}{Y_\mathrm{c}}\tan(\beta x)}$$

$$=Y_\mathrm{c}\frac{Y_2+Y_\mathrm{c}\tan(\beta x)}{Y_\mathrm{c}+Y_2\tan(\beta x)}$$

参 考 文 献

[1] 邱关源,罗先觉. 电路[M]. 6 版. 北京:高等教育出版社,2022.

[2] 周守昌. 电路原理(上册)[M]. 2 版. 北京:高等教育出版社,2004.

[3] 周守昌. 电路原理(下册)[M]. 2 版. 北京:高等教育出版社,2004.

[4] 陈希有. 电路理论基础[M]. 3 版. 北京:高等教育出版社,2004.

[5] 吴锡龙. 电路分析[M]. 北京:高等教育出版社,2004.

[6] 刘崇新. 电路(第四版)学习指导书[M]. 北京:高等教育出版社,1999.

[7] 赵录怀,王曙鸿. 电路重点难点及典型题精解[M]. 西安:西安交通大学出版社,2000.